Friedrich Knauer

Mitteilungen des ornithologischen Vereines in Wien

Zwölfter Jahrgang

Friedrich Knauer

Mitteilungen des ornithologischen Vereines in Wien
Zwölfter Jahrgang

ISBN/EAN: 9783743342439

Hergestellt in Europa, USA, Kanada, Australien, Japan

Cover: Foto ©berggeist007 / pixelio.de

Manufactured and distributed by brebook publishing software (www.brebook.com)

Friedrich Knauer

Mitteilungen des ornithologischen Vereines in Wien

MITTHEILUNGEN

DES ORNITHOLOGISCHEN VEREINES IN WIEN.

Blätter für Vogelkunde, Vogel-Schutz und -Pflege, Geflügelzucht und Brieftaubenwesen.

REDACTEUR: DR. FRIEDRICH KNAUER.

ZWÖLFTER JAHRGANG.

1888.

Herausgeber: Der Ornithologische Verein in Wien.

Commissions-Verleger: Die k. k. Hofbuchhandlung Wilhelm Frick (vormals Faesy & Frick) in Wien.

Druck von J. B. Wallishausser in Wien.

INHALT.

Kleinere Mittheilungen.

Sitz des Vereines: Wien, VIII., Buchfeldgasse 19.

XII. Jahrg. Nr. 1.

Blätter für Vogelkunde, Vogel-Schutz und -Pflege, Geflügelzucht und Brieftaubenwesen.

Redacteur: Dr. Friedrich K. Knauer.

Jänner 1888.

Die „Mittheilungen“ des unter dem Protectorate Seiner kaiserlichen und königlichen Hoheit des durchlauchtigsten Kronprinzen **Erzherzog Rudolf** stehenden **„Ornithologischen Vereines in Wien“** erscheinen in der Stärke von 2 Bogen **am 15. jeden Monates. Abonnements** à 5 fl., sammt Franco-Zustellung 5 fl. 50 kr. = 12 Mark jährlich, werden in der k. k. Hofbuchhandlung **Wilhelm Frick** in Wien, I., Graben Nr. 27, entgegengenommen, und einzelne Nummern [illegible] = 1 Mark daselbst ausgegeben. — **Inserate** 6 kr. = 12 Pfennige für die 3fach gespaltene Nonpareille-Zeile oder deren Raum. **Mittheilungen** an das **Präsidium** sind an Herrn **Adolf Bachofen von Echt** in Nussdorf bei Wien, die **Jahresbeiträge** der Mitglieder an Herrn **Dr. Karl Zimmermann,** I., Bauernmarkt 11, alle anderen für die **Redaction**, das **Secretariat**, die **Bibliothek** u. s. w. bestimmten Briefe, Bücher-, Zeitungs-, Werthsendungen, an die **Redaction der „Mittheilungen des Ornithologischen Vereines“**: Wien, VIII., Buchfeldgasse 19, zu senden. — **Vereinslocale**: (Bibliothek, Sammlungen, Redaction) VIII., Buchfeldgasse 19, I. Stiege, III. Stock 11. — Die **General-Versammlungen** und die mit Vorträgen verbundenen **Monats-Versammlungen** finden im grünen Saale der k. k. Akademie der Wissenschaften: I., Universitätsplatz 2, statt. **Sprechstunden** der **Redaction** und des **Secretariates**: Dienstag und Freitag, 2—4 Uhr.

Vereinsmitglieder beziehen das Blatt gratis.

Beitrittserklärungen (Mitgliedsbeitrag 5 fl. jährlich) sind an das Secretariat zu richten.

Zwei Monate in West-Florida.

Von **August Koch.**

Mitte Februar 1887 verliess ich, begleitet von einem Theile meiner Familie, das noch immer von Schnee und Eis beherrschte Pennsylvania, um in wenigen Tagen die warme, mit Blumenduft gewürzte Luft von West-Florida zu geniessen. Durch voraussichtliche Gelegenheit zur Jagd angezogen, hoffte ich zugleich meine schon vorher werthvolle Vogelsammlung durch weitere schöne Exemplare zu bereichern. Auf einer früheren Reise, der Ostküste entlang, war es mir nicht vergönnt, den Bald-Eagle (Halaetus leucocephalus) zu erlegen, noch den Elfenbeinschnabel-Specht (Campephilus principalis) und Carolina-Papagai (Conurus carolinensis) in ihrem Naturleben zu sehen. Jeder Besitzer einer Sammlung schätzt schöne und seltene Exemplare höher, wenn solche von ihm selbst in ihrem natürlichen Wirkungskreise erlegt worden sind, als wenn dieselben auf andere Weise erworben wurden. Am ersten Abend unserer Reise kamen wir in Baltimor Md. an, um am folgenden Morgen in S. W. Richtung nach Columbus Ga. per Eisenbahn und von dort in südlicher Richtung den Chatahootschee und

Apalachicola-Fluss per Dampfboot hinab zu fahren. In der Stadt Baltimor angekommen, fanden wir keine Spur von Schnee oder Eis.

Als wir nach einigen Tagen in die Nähe von Columbus kamen, zeigten sich die ersten etwa Meter hohen Palmen in grosser Anzahl in den mit grossem Holze bewachsenen Sümpfen. Auch der schöne Magnolia-Baum (Magnolia grandiflora) flog immer häufiger an den Fenstern des Zuges vorüber.

An einem schönen Morgen in Columbus angekommen, wurde uns berichtet, dass für mehrere Tage kein Dampfboot zu erwarten sei, und dann erst den darauffolgenden Tag abgehen könne. Im Süden ist Niemand in der Eile, man ist eben gezwungen, Alles so kühl zu nehmen, als es die oft sehr warme Witterung erlaubt.

Ein kurzer Spaziergang unter den schönen Lebenseichen an das Ufer des Flusses wärmte uns dergestalt auf, dass wir sehr ungemüthlich erinnert wurden, dass unsere Anzüge für kaltes Wetter berechnet waren. Alles Warten hat ein Ende, das Boot kam endlich mit drei langgezogenen und in tiefem Bass gegebenen Pfiffen an. Wir waren bald mit dem freundlichen Capitän bekannt und wurden sehr gut behandelt. Alle durch den Bürgerkrieg und andere Ursachen merkwürdig gewordenen Stellen der Ufer wurden uns mit vieler Aufmerksamkeit gezeigt.

Am folgenden Morgen wurden die Ufer etwas nieder, das Wasser tiefer und der Fluss schmäler, die Bäume aber höher, je weiter wir den Fluss abwärts fuhren. Nun hörten wir auch die muntere Weise des rothen Cardinals und der Carolina-Meise (Parus caroliensis). Ersterer ist wohl der häufigste Vogel der Uferwaldungen. Sonst zeigte sich ausser einigen wilden Enten, von denen eine den Tod am Abend an einer der elektrischen Lampen fand, noch einige Geier (Cathartes aura) und (Catharista atrata).

Die warme Sonne brachte uns bald die auf dem Rand des Ufers sich sonnenden Gestalten der trägen Alligatoren zu Gesichte. Man hört einen Ausruf: „Gätor". Ein oder mehrere Schüsse werden vom oberen Verdeck abgefeuert, und die Gestalt bekommt Leben, macht entweder einige komische Sprünge in die Luft oder rollt sich schnell wie eine Welle dem schützenden Wasser zu, wo sie augenblicklich verschwindet. Jeder verfolgt diesen Saurier, und wohl mit Recht, denn kein Hund ist sicher, wenn er seinen Durst, und sei es nur an einer Pfütze im sonst trockenen Tannenwald, löschen will. Kein Schwein, viel weniger seine Jungen sind in der Nähe des Wassers ausser Gefahr. Ein Pflanzer, der in der Nähe eines Sees wohnt, erzählte mir, dass vor Kurzem eines seiner Kälber ununterbrochen blöckte. Als er sich dorthin begab, fand er, dass der „Gätor" sich am hintern Schenkel des armen Thieres eingebissen hatte und es dem Wasser zuzuschleifen suchte.

Weiter den Fluss hinab entfaltete sich immer mehr Vogelleben. Zuerst zeigten sich einige Reiher, später der kleine Weisse (Garzetta candidissima) in kleinen Flügen, und noch später eine Masse von gegen dreihundert weisse Vögel, die uns einfach als „Curlew" (Brachvögel) bezeichnet wurden. Bald aber sahen wir, dass es weisse Ibisse (Eudocimus albus) waren. Letztere Vögel setzten sich unter vielem Hin- und Hergeflatter auf die Wipfel hoher Cypressen, so nahe zusammen, als es eben anging. Sobald das Boot in ihre Nähe kam, flogen die Vögel weiter, um noch oft dasselbe Manöver zu wiederholen. Endlich sollten wir auch den weder von mir noch von meiner Frau zuvor lebend gesehenen Picus principalis zu Gesichte bekommen.

Von meiner Frau zuerst gesehen und erkannt, rief mir dieselbe zu: „See the Ivory Bill!" (Sieh den Elfenbeinschnabel.)

Dort endlich kletterte der mir höchst interessante Vogel, langsam, mit zuckenden Bewegungen an einem Stamme der Höhe zu.

Ein kleiner Specht (Centurus carolinus) verfolgte unter lautem, rätschendem Geschrei den stolzen Vogel. Bei jedem dem eines Raubvogels ähnlichen Stosse des kleinen Verwandten spreitete der grosse Specht seine weissen, vom übrigen, meist glänzend schwarzen Leib prächtig abstechenden Flügel zur Vertheidigung. Blitzartig schnell zog er die Flügel wieder an den Leib, sobald der kleine Verfolger abliess. Wahrscheinlich hatte der letztere schon sein Nest in dem todten Stamme angelegt, daher seine Feindschaft.

Der weisse Schnabel und die hochrothe, im höchsten Affecte gespreizte Holle des schönen Vogels, seine rein weissen Flügel und das tiefe Schwarz des Körpers, Alles in Bewegung, muss gesehen werden, um gewürdigt zu sein.

Der Vogel war mir wohl eine grosse Augenweide, war aber ganz sicher vor meinen unwillkürlichen Mordgedanken. Bald war er weit hinter uns, um noch fernerhin die Riesenstämme und Wipfel der majestätischen Cypressen zu bearbeiten und mit seinem kindertrompetenartigen Geschrei sein dem menschlichen Auge minder schön erscheinendes Weibchen herbeizurufen. Letzterem fehlt nämlich das Roth am Kopfe gänzlich.

Noch einmal wurde es Abend, die elektrischen Lampen erleuchteten für weite Entfernung den mit meterlangem Moose dicht behängten Cypressenwald auf beiden Ufern. Es sah wundervoll aber doch etwas unheimlich aus, dazu das regelmässige Schnauben und Stöhnen des keineswegs kleinen Dampfers. Grosse Abwechslung in obenbeschriebener Scene machten die mit rothem Lichte von Kienholz erleuchteten Landungen, welche ein wahrhaft dämonisches Ansehen erhielten durch die wie Lastthiere mit Scheitholz beladenen, hin und her rennenden Neger, die obgleich vom Capitän scharf getrieben, doch ihre schwere Arbeit unter lustigem Gesange besorgten.

Die Landungen sind öfter nur eine Ausmündung eines durch den Sumpf führenden Waldweges, durch den einer oder mehrere Pflanzer ihre Producte, Baumwolle, Pech, Süsskartoffeln, Mais, Reis etc. der übrigen Welt zuführen.

Gewöhnlich erblickt man auch einen zweirädrigen, mit Ochsen oder auch nur einem Ochsen bespannten Karren, dessen schwarzer Treiber die Befehle des bärtigen und oft wild aussehenden Pflanzers oder „Cräckers" erwartet, auch wohl die Post für umliegende Pflanzer in Empfang nimmt und neue zur Absendung bereit hat.

An einem der hohen Bäume angebunden steht des Pflanzers gesatteltes Sumpf-Pony, welches durch das meist freie Leben im Sumpf die Farbe des trockenen Morastes angenommen hat.

Da wir nun der Golfküste immer näher kamen, so erwartete ich mit Ungeduld das Erscheinen des weissköpfigen Adlers. Der Capitän ersuchte mich, einige Stunden Geduld zu haben und er werde mir nicht nur Adler, sondern auch ihre Nester und darinsitzende Junge zeigen.

Die versprochenen Horste bekamen wir nun wohl zu sehen, junge und alte Vögel aber waren keine zu erschauen. Wahrscheinlich waren erstere abgeflogen und von den Alten in Sicherheit gebracht.

Am Ziele unserer Reise angekommen, fanden wir den schönen Garten rings um das grosse zweistöckige, mit Veranda umgebene Haus, förmlich mit Rosen und einigen anderen Arten Blumen beladen. Die japanesischen Pflaumenbäume hatten verblüht, die Orangenbäume hatten noch einige reife Früchte anhängen und die neuen Knospen der Blüthen fingen an sich zu entwickeln. Einer der letztgenannten Bäume war noch dazu ausersehen, ganz andere Früchte zu tragen. Ein Spottvogelpaar (Mimus polyglottus) trug später zu Neste und die langgeschwänzten Vögel huschten wie Pfeile dem Baume zu, wenn sie sich unbeachtet glaubten. Vom frühen Morgen bis spät am Abend unterhielten und erfreuten uns diese Künstler mit ihrem schönen Gesang. Der Gesang eines im Käfig verkommenen Spottvogels ist kaum zu vergleichen mit dem in der Freiheit, mit dem Feuer der Liebe und Vertheidigung des Nestes vorgetragenen. In der Seeluft unter Palmen und Orangenbäumen, von blühenden Rosen umgeben, namentlich am Abend und unter diesem Himmel klingt es anders.

Ein Männchen hat sich auf den Kamin des Hauses geschwungen, einige schnelle Bücklinge mit ebenso schnellem Spreizen des langen Schwanzes begleitet und die Töne sprudeln durch die Luft.

Ein wüster Lärm und zwei männliche Spottvögel überstürzen sich im tollsten Jagen. Das zum Neste gehörige Männchen hat den Eindringling vertrieben.

Er nimmt nun selbst die erledigte hohe Stelle ein und singt aus voller Kehle.

Etwa zweihundert Schritte entfernt, auf dem Dache eines Hauses, vielleicht in der Nähe des eigenen Nestes, sitzt das erste Männchen und es wird nun um die Wette musicirt, bis die Sonne zu tief gesunken ist, um noch weiter den westlichen Horizont zu erhellen.

Spottvögel scheinen, wie die Amseln (Merula migratoria) im Norden, die Nähe der Häuser dem Walde vorzuziehen. Der Cardinal hingegen zeigt sich selten in den Strassen, aber in Feldhölzern oder in, mit Bäumen und Gebüschen bewachsenen Sümpfen und deren Rändern ist er fast immer, oft in ziemlicher Anzahl, anzutreffen. Hier lebt er ziemlich versteckt und ist viel am Boden, kommt aber gern einige Meter in die Höhe um zu singen.

Mein erster Ausgang war zum Strand, wo mir alsbald Bonaparts Möve (Larus philadelphia) nebst einigen kleinen Strandvögeln in's Auge fiel.

Kaum dreissig Meter von den nächsten Häusern entfernt sprangen mehrere Schnepfen (Galinago media Wilsoni) mit lautem „Scäss“ aus dem Sumpfgrase in die Luft, um eine kleine Strecke weiter wieder einzufallen.

Unsere Wohnung war nicht sehr weit entfernt. Ungesäumt lief ich zurück, um meine Flinte zu holen, wurde aber berichtet, dass ein Erlaubnissschein für das Jahr nothwendig sei, um im Bereich der Stadt den Strand zu beschiessen.

Natürlich machte ich mich sogleich auf den Weg, um etwas Derartiges zu erhalten.

Die Schnepfen wurden öfter besucht und gewöhnlich auch gute Beute gemacht, da mit der Fluth immer wieder neue Vögel herbeikamen. Die liebe Jugend war immer gleich da, um mich bestens zu unterstützen, um sowohl die Schnepfen zu markiren als nach dem Schusse zu apportiren. Die Langschnäbel nahmen oft die Richtung nach dem offenen Wasser und stürzten in dasselbe.

In Ermanglung des viel erprobten, im Norden um mich trauernden rothen Setters, war die ebenso freudige Hilfe der Jungen nicht zu verachten, indem Letztere ihres leichteren Gewichtes halber viel weniger tief in den Moarst einsanken, als meine viel schwerere Wenigkeit.

Schnepfen und andere Strandvögel streichen oft in kleinen Schaaren über die Stadt und letztere lassen dabei ihre klagenden Pfiffe hören.

In unmittelbarer Nähe der Stadt hielt sich eine Schaar Rothschwanzstaare (Quiscalus major) auf, waren aber wie gewöhnlich sehr wild, sobald sie sich verfolgt sahen. Durch einige weite Schüsse erhielt ich mehrere Exemplare. Die Purpurschwalben (Proyne subis) waren in ziemlicher Anzahl anwesend, aber blieben immer in der Nähe von zwei für sie errichteten Häuschen, mit vielen Eingängen. Weissbauch-Schwalben (Tachycincta bicolor) waren immer viele am Strande.

Die Geier fehlten nie, eine verendete Kuh war in 3—4 Tagen bis auf Haut und Knochen aufgezehrt.

Die nächsten Tage wurde ich mit mehreren Jägern bekannt, keiner aber hatte der Vogelwelt viel Aufmerksamkeit geschenkt. Nur einer kannte den Elfenbeinschnabelspecht. Adler wurden sehr selten geschossen. Reiher und andere Wasservögel könne man auf einigen benachbarten Inseln viele antreffen. Für Gänse und Enten war es zu spät. Ueber Hirsche, Bären, Truthühner, Feldhühner etc. wären die Herren mit Vergnügen bereit, mir nicht nur alle Auskunft zu geben, sondern auch mich zu begleiten.

Eine Hirschjagd von der Dauer einer Woche war bald verabredet, alle Jäger waren zu Pferd und ein mit Maulesel bespannter Wagen, enthielt das Zelt, Proviant, Teppiche, Kochgeschirr etc. und den unentbehrlichen Schwarzen, einige Hunde nicht zu vergessen.

Es ging etwa zwanzig engl. Meilen durch Tannenwald, dessen weisser Sand zum Theil mit niedern Sägepalmen und theilweise mit dünnem Grase bewachsen ist. Am Abend wurde das geräumige Zelt aufgeschlagen und nach dem Abendbrot war es wohlig im weissen, warmen Sande um's Feuer zu lagern.

Der Verlauf der Jagd gehört wohl nicht hierher, aber ich erwähne nur so viel, um der inzwischen gesehenen Vögel besser gedenken zu können.

Wir waren nun in einer Art Prairiewaldung, nirgends eine in's Auge fallende Erhöhung. Die hohen Tannen waren weit genug von einander entfernt um im schnellsten Rennen dazwischen durchzureiten, oft aber mussten Sümpfe umgangen werden.

Wie Inseln sahen die sumpfigen mit Hartholz oder Cypressen bewachsenen Dickichte (Hamocks) aus, diese enthalten das hier vorkommende Wild und auch verschiedene Vögel. Die mit hohen Palmen bewachsenen „Hamocks“ sind gewöhnlich am Strande oder auf Inseln zu finden.

Auf dem Anstande neben meinem Pferde stehend, hörte ich ein lautes, wiederhallendes Geschrei, welches ich als von Kranichen (Grus canadensis) herrührend erkannte, bald kamen die grossen Vögel, mit langgestreckten Hälsen, ganz nieder, jedoch ausser Schussweite vorbei geflogen. Bei einer späteren Gelegenheit schoss einer meiner Begleiter auf etwa zweihundert Schritte Entfernung auf die gleiche Truppe, während dieselben in einem Sumpfe umherliefen, traf aber leider keinen. Am frühen Morgen war hier der erste Laut der Gesang (wenn man es so nennen kann) des Wiesenstaares; er klingt hier noch viel trauriger als im Norden, hat aber gar keine Aehnlichkeit. Im trockenen Grase standen oft viele Wiesenstaare auf, um auf den umstehenden hohen Tannen Sicherheit zu suchen. Hier traf ich auch Merula migratorius in Flügen auf den Tannen, diese Vögel waren hier sehr wild.

Einige Turteltauben, wenige Heher (Cyanocitta cristata), aber viele kleine Spechte zogen von Baum zu Baum.

Der kleine Kleiber (Sitta pussilla) war am häufigsten. Sonst sah ich Picus querulus, Centurus carolinus, Colaptes auratus und einige Exemplare von Hylotomus pileatus im Hamock beim Strande.

An den Rändern der runden oder länglich-runden Hamocks sangen Cardinale oder man hörte den einförmigen Gesang des „Peucaea aestivalis" und seltener des „Ammodramus Henslowii". In den Hamocks, welche sich in der Nähe des Strandes befanden, war der gelbkehlige Waldsänger (Dendroveca dominica) in immerwährender Bewegung.

Einmal hörte ich eine Vogelstimme am Boden eines sumpfigen Dickichts, meiner Meinung nach konnte diese Stimme nur einer Ralle angehören — ich hörte es hier, und wieder dort. Deutlich konnte ich hören, dass der Vogel während schnellem Rennen seine schnarrende, wie durch einen Kamm hervorgebrachte Stimme hören liess.

Mit vieler Mühe gelang es mir, den Vogel im Moment des Aufstehens zu sehen. — Es war eine Art schwarzer Staar und ich bedauerte sehr, den Vogel nicht erlegen zu können. Er war der Einzige, von dem ich diese Stimme hörte.

Raubvögel waren selten in dieser Einöde zu sehen, einigemale liess sich der rothschulterige Bussard (Buteo lineatus) hören, nur einmal sah ich — Tinnunculus Sparvius. Fischadler zeigten sich öfters, im Begriff grosse Seeforellen ihrem Horste zuzutragen. Bei einer solchen Gelegenheit schoss ich nach einem mit seinem Raub vorüberziehenden Fischadler, er liess seine schöne Beute fallen und der noch lebende Fisch war wohl den Schuss werth.

Auf einem Ritte nach dem Strande, bekam ich die seltene gelbe Ralle (Porzana noveboracensis) für einen Augenblick zu sehen. — So viel ich mir auch Mühe gab zu Fuss diejenige Stelle des dichten Sumpfgrases, wo der interessante Vogel verschwand, zu durchsuchen, konnte ich denselben doch nicht mehr zum Aufstehen bringen. Eine grosse Ralle, in der ich einen alten Bekannten von der Ostküste zu sehen glaubte, stand auf, und ich war sehr angenehm überrascht, nach dem Schuss meine erste „Rallus elegans" in der Hand zu halten. Nach eifrigem Weitersuchen brachte ich noch eine ungewöhnlich dunkle (Melanismus?) „Porzana carolina" heraus.

Am Strande schoss ich noch „Symphemia semipalmata" im Sommerkleide und „Actodromas maculata". In einem Dickicht auch den schönen Waldsänger" Prothonotaria citrea".

Reiher waren folgende Arten in der Nähe: Ardea Herodeas, Herodias alba egretta, Garzetta candidissima, Hydronassa tricolor ludoviciana, Florida caerula, Butorides virescens, Botaurus lentiginosus.

Auf dem Heimwege wurde etwa auf halbem Wege Halt gerufen. Ein Adlerhorst war nicht weit vom Wege entdeckt worden, er befand sich auf einer sehr hohen Tanne.

Der Entdecker nahm sich zugleich das Vorrecht einen der Vögel für mich zu schiessen. Während er sich anschlich, erhoben sich die im Horste sitzenden jungen Adler, der Schütze glaubte die alten Vögel zu sehen, schoss auf die Jungen und fehlte auch diese. Die jungen Adler flogen ab, begleitet von den inzwischen herbeigekommenen Alten — und so endete meine erste Gelegenheit einen Adler zum Schusse zu bekommen.

Am folgenden Montag machte ich mich früh zu Fuss auf den Weg, den wenigstens zehn Meilen entfernten Horst zu besuchen. Eine Büchse mit kleinem Blei für die grossen und ein kleines pistolenartiges Schrotgewehr für kleine Vögel war meine Ausrüstung.

In der Nähe der Tanne angekommen, kamen die Adler sogleich herbei geflogen und kreisten unter lautem Geschrei hoch ausser Schussweite über mir. Hier war also nichts zu machen; mein Plan musste geändert werden. Noch früher morgens auf dem Platze angekommen, verbarg ich mich in der Nähe der Tanne, ohne vorher gesehen zu werden. Diesesmal war ich mit einer schweren Schrotflinte versehen. Bald kam das Männchen angeflogen, und als es mich entdeckte, warf es sich mehrere Fuss gegen mich herab, um sich im gleichen Augenblicke um die Krone einer Palme zu schwenken. Aber schon krachte der Schuss und der Vogel, das Männchen, arbeitete sich mit zerschossenem Flügel, dem Strande zu. Seine Flugkraft war gebrochen, er musste auf den Sand.

Lange wartete ich noch auf die Ankunft des Weibchens, ehe ich dem Seestrande zuging, um das verwundete Männchen aufzusuchen.

(Schluss folgt.)

Psychologische Bilder aus der Vogelwelt.

Von **Hans von Basedow.**

I.

Gesang und Liebeswerbung.

Frieden und Ruhe herrscht in der Natur, die letzten Strahlen der scheidenden Sonne vergolden Baum und Sträucher ringsumher — leise murmelt ein Bächlein — hie und da äugt ein Reh mit seinem sanften Blick aus dem grünen Walde — es ist Lenz, die Zeit der Liebe. Ein einsames Menschenpaar wandelt süss kosend, in trautem Liebesgeflüster und süssem Minnespiel unter den Bäumen, ein feierliches Schweigen liegt auf dem Walde. Da plötzlich wird eine sanft flötende Stimme hörbar, mächtiger und mächtiger schwillt sie an, erhebt sich in feurigem Schwunge zum begeisterten Lied! — Es singt im Busch die Nachtigall das hohe Lied der Liebe. Seiner Erkorenen singt er seine Gefühle vor — beredter — feuriger — in edlerer Sprache, als die des wandelnden Menschenpaares. Die Nachtigall verstummt, wieder herrscht eine Weile Schweigen. Fernher nur tönt der monotone Ruf der Unken, die in stinkenden Wässern ein beschauliches Leben führen, und wieder wird das Schweigen unterbrochen durch eine sanft klagende Weise, es ist auch eine Nachtigall, die den Verlust des Weibchens betrauert. Wie verschieden ist der Ausdruck der beiden

Gesänge — hier jubelndes Entzücken — dort tiefe Melancholie.

Der Gesang der Vögel ist ein starker Beweis für das hoch ausgebildete Seelenleben der Vögel, trotz des Kopfschüttelns der Stubengelehrten und Afterweisen. Wie wahr sagt der Professor Kussmaul in seinem Buche über das Seelenleben der neugeborenen Menschen: „Es kann dem Unbefangenen nicht entgehen, wie sogar die besten Köpfe vielfach das Auge den überzeugendsten Thatsachen geradezu verschliessen und die Dinge nach vorgefassten dogmatischen Anschauungen metaphysischer oder theologischer Art sich zurecht legten." So hat man es mit dem Gesange, dem Nestbau, der Kindesliebe der Vögel getrieben, man hat sie für Ausflüsse des Instinctes, des Naturtriebes erklärt.

Das ist aber nicht der Fall. Betrachten wir zuerst den Gesang. Der vorhin erwähnte Unterschied im Ausdruck spricht schon gegen den Instinct, oder hat der Instinct für die jeweilige Gemüthsstimmung, für das momentane Gefallen gleich diesbezüglichen Ausdruck, diesbezügliche Variationen und Modulationen mitgebracht, werden diese instinctiv verwendet? Hat die Natur ab initio bestimmt, dass die und die Variationen im Gesange stets bei fröhlicher, oder stets bei trauriger Stimmung eintreten? Wohl nicht: dagegen sprechen unzählige Beweise.

Wenn der Gesang instinctiv wäre, müsste er beim jungen Vogel vorhanden sein. Das ist er aber nicht, wohl liegt der Mechanismus, anders ausgedrückt, das Talent dazu im jungen Thier. Der Vogel muss aber ebenso lernen wie der Mensch, um die Meisterschaft zu erlangen. Aber nicht nur das: der Vogel studirt sich alljährlich seinen Gesang von Neuem ein, da er ihn vergessen in der Zeit des Schweigens. Wäre das nothwendig, wenn der Gesang instinctiv? Ferner: Wäre der Gesang wirklich nur Naturtrieb, würde der Dompfaff, der Kreuzschnabel, die Spottdrossel ihr Naturlied dann oft ganz verlernen und dafür nur den vom Menschen einstudirten Gesang zum Besten geben. Das, was wir unter Instinct verstehen, d. h. der rohe, von der Natur mitgegebene Trieb in den und den Fällen das und das zu thun, kann der Mensch nicht nach seinem Gefallen umändern, ein Naturtrieb lässt sich nicht ersticken. Man sieht aber in der That oft, dass der Mensch nicht nur die äussere Gestalt nach seinem jeweiligen Gefallen variirt, sondern auch etwas rein Innerliches, wie den Gesang. Würde der Gesang, wenn er Instinct und nicht gelernt wäre, in verschiedenen Gegenden verschieden sein, wie dies bei Fringilla coelebs, bei Sylvia atricapilla der Fall?

Der Gesang ist Folge der Liebe oder des momentanen Wohlbefindens. Der Vogel wirbt singend um sein Weibchen. Das Weibchen wählt sich den besten Sänger, es gibt also einen Unterschied im Gesang, das Weibchen kennt diesen Unterschied, fühlt ihn heraus. Das ist Seelenthätigkeit. Das abgewiesene Männchen vergeht in Seelenschmerz. Sein kleines Herz vermag den Kummer nicht zu ertragen, er schweigt in übergrossem Wehe der verschmähten Liebe. Sehr schön sagte Mantagazza: „Im stillen Waldesschatten sinkt das Nachtigallenmännchen hilflos zusammen und stirbt, weil es mit der Macht seiner Stimme nicht den glücklicheren Nebenbuhler aus dem Felde zu schlagen im Stande war und so verzehren sich in den labyrinthischen Qualen des Lebens hundert und aber hundert Herzen vor Liebesschmerz, eben weil auch sie nicht verstanden, stärker und süsser zu singen, als andere Herzen." Würde es aber Seelenschmerz geben, wenn die Liebeswerbung nur instinctiv wäre? Die Liebeswerbung beim Vogel ist so wohl berechnet, voller Ueberlegung, man muss nur gesehen haben, wie coquett die Weibchen sind, wie sie das Männchen necken, scheinbar abweisen, um sich ihm doch voll und ganz hinzugeben. Die reine Liebe, die aufopfernde Pflege, das Unterhalten durch Gesang, wie es das Vogelmännchen ja aufweist, nennt man beim Vogel Instinct, beim Menschen würde man es mit höchst moralischen Tugenden etc. etc. bezeichnen.

Ich komme heim, mein Hänfling oder Kanarienvogel empfängt mich mit freudigem Gesang, ich sitze am Arbeitstisch, er spricht singend sein Entzücken über meine Anwesenheit aus: ich verreise auf Tage, der Vogel schweigt, trauert, da er den geliebten Herrn nicht sieht. Ist das nun Instinct?

Mit Nichten, das ist Seelenthätigkeit. Die Psychologie, die in die kleinsten Fältchen der Menschenseele hineindringt, hat eine nicht minder dankbare und interessante Aufgabe bei den Thieren. Die vorliegende Skizze soll nun, im Bunde mit der in der nächsten Nummer folgenden über Nestbau und Kinderpflege, auf die seelischen Eigenschaften des Vogels aufmerksam machen, um dann die Basis zu bilden für das rein Psychologische im Vogel, welches an der Hand gegebener Thatsachen dargelegt werden soll.

Nordseetaucher (Colymbus septentrionalis Linn.) — an der Donaubrücke in Linz.

Von **Rudolf O. Karlsberger.**

„A' Wildant'n!" „Schauts de Wildant'n an!" „Is das a zahms Viecherl!" So rufen auf der Donaubrücke die Leute durcheinander. „A Meerrach is"*) behauptet ein anderer und ein biederes Bäuerlein aus den Mühlviertler Bergen belehrt mit Kennermiene das Publicum: „Dös is ja a Fischotter!" Alles bleibt stehen und schaut von der Brücke durch den dichten Nebel in die Donau hinab, auf deren Fluthen sich vergnüglich ein — Nordseetaucher tummelte!

Kaum 20 Schritte vor dem Brückenjoche ruderte er sehr hastig donauaufwärts, ohne aber infolge der sehr starken Strömung weit vom Platze zu kommen, misstrauisch äugt er dabei auf die Menge oben! Plötzlich taucht er unter, verweilt verhältnismässig sehr lange unter Wasser und kommt stromaufwärts weit ab wieder zum Vorscheine. Beim Auftauchen schüttelte er sehr lebhaft das Wasser aus Kopf und Hals ab. Er wiederholte dieses Tauchen sehr oft und näherte sich dabei dem Uferquai, von wo ich ihn aus nächster Nähe bequem beobachten konnte. Als er uns dort erblickte, tauchte er mit dem Körper so tief unter Wasser, dass nur Kopf und Hals daraus emporragten, ähnlich wie dies vom Schlangenhalsvogel beschrieben wird.

Leider wurde der Vogel bald durch muthwillige Gassenjungen mit Steinwürfen vertrieben, arbeitete sich durch anhaltendes oft wiederholtes Tauchen ziemlich weit donauaufwärts und verschwand in der Mitte des Stromes im Nebel.

*) Mit dem Namen „Meerrache" bezeichnet der Volksmund die 3 Mergus-Arten.

Ein zweites Exemplar hat sich gleichfalls an jenem Sonntage (27. November 1887) in Begleitung des ersteren gezeigt, aber frühzeitig sich donauaufwärts gewandt und blieb dann im dichten Nebel unsichtbar!

Das Erscheinen dieses Vogels im Weichbilde unserer Stadt während der Zugzeit ist übrigens nicht so selten, als man annehmen dürfte.

Schon im Jahre 1854 schrieb Hinterberger in seinem Musealberichte „Die Vögel von Oesterreich ob der Enns" über diesen Vogel: „Bisweilen wagten sich einzelne Exemplare hart zur Linzer Donaubrücke, wo sie auch meistens erlegt wurden." und seither wurde er auch schon daselbst beobachtet.

Derselbe Autor erwähnt auch einen jungen Vogel dieser Art, der an einem nebligen Morgen auf einem grossen Felde bei Kremsmünster ganz ermattet gefunden und geschossen wurde.

Linz, im December 1887.

Die ornithologische Sammlung des Landesmuseums in Klagenfurt.

Von Josef Talský.

Während meiner vorjährigen Ferienreise berührte ich unter anderen auch die Hauptstadt von Kärnthen, Klagenfurt. Es war am 1. September. Nachdem ich die Stadt durchschritten und ihre Umgebung überblickt hatte, zog es mich, als alten, unverbesserlichen Vogelfreund, in das Landesmuseum, um dort mit den einheimischen Vogelarten nähere Bekanntschaft zu machen.

Bei dem Anblicke des neuen ansehnlichen Gebäudes, des sogenannten „Rudolfinums", das die gesammelten Natur- und Kunstgegenstände Kärnthens beherbergt, wurde ich auf das Angenehmste überrascht. Ein solches „Landesmuseum", wie es das kleine Herzogthum besitzt, würde selbst grösseren Ländern unseres Reiches zu Ehren gereichen! — Dem Aeusseren des schönen Bauwerkes entspricht auch seine innere Anordnung. Es enthält eine geräumige Vorhalle, bequeme Stiegen, Gänge, entsprechend grosse Säle, und was besonders hervorzuheben ist, viel Licht.

Die ornithologische Sammlung ist in einem Saale des I. Stockwerkes untergebracht.

Ein Katalog für den Besucher wird dermalen noch nicht ausgegeben, wäre aber sehr erwünscht. Der Ornithologe erkennt allerdings auf den ersten Blick, dass die Leitung des Museums darauf hinarbeitet, eine Sammlung der im Lande vorkommenden Vögel zusammenzubringen, was nur zu loben ist; leider aber bleibt der Beschauer bei den meisten Vogelpräparaten im Zweifel, ob sie wirklich im Lande, wo und wann, zu Stande gebracht worden sind, da die Etiquetten mit seltenen Ausnahmen ausser dem Namen des Vogels gar keine weiteren Angaben enthalten und der mit der Aufsicht betraute Diener trotz seiner anerkennenswerthen Bereitwilligkeit nicht in der Lage ist, die an ihn in dieser Richtung gestellten Fragen entsprechend zu beantworten.

Aus diesem Grunde enthält auch mein Bericht über den gegenwärtigen Stand der Sammlung nur wenige nähere Daten über die einzelnen Vögel und muss sich grösstentheils auf die einfache Aufzählung der selteneren Arten derselben, wie ich sie während meines einstündigen Aufenthaltes an Ort und Stelle notirt, beschränken.

Die Zahl der europäischen, und wie angenommen werden kann, zumeist in Kärnthen gesammelten Vögel, beträgt nach meinen flüchtigen Aufzeichnungen über 210 Arten in vielleicht noch einmal so vielen Exemplaren. Aussereuropäische Vögel, die ich ganz ausser Acht gelassen, kommen nur in geringer Zahl vor. Die Präparate sind der Mehrzahl nach recht gut erhalten, systematisch geordnet und in verglasten, nicht zu hohen Kästen, zweckmässig aufgestellt.

Die Arten vertheilen sich nach den einzelnen Ordnungen wie folgt:

I. Ordnung: Rapaces. Raubvögel.

Etwa 27 Arten, darunter erwähnenswerth:

Vultur monachus, L. Grauer Geier, ein älteres, minder gelungenes Präparat. — Gyps fulvus, Gm., brauner Geier. Zwei Exemplare; eines aus dem Canalthale, das andere ohne Angabe des Fundortes. — Milvus ater, Gm. Schwarzbrauner Milan, von Krastowitz. — Erythropus vespertinus, L. Rothfussfalke, in mehreren Exemplaren und verschiedenen Alterskleidern. — Falco peregrinus, Tunstall. Wanderfalke, 3 Stücke. — Aquila naevia, eigentlich clanga, Pall. Schelladler aus Bleiberg. — Aquila chrysaëtus, L. Goldadler, 6 Stücke. — Haliaëtus albicilla, L. Seeadler, 3 Exemplare, wovon eines der beiden älteren vor etwa 7 Jahren von einer Klagenfurter Jagdgesellschaft am Wörther-See erlegt. Der dritte im Bunde, ein jüngerer Vogel stammt vom Ossiacher See. — Athene passerina, L. Sperlingseule. — Nyctale Tengmalmi, Gm. Rauchfusskauz. — Syrnium uralense, Pall. Ural. — Habichtseule, 4 Stücke. — Bubo maximus, Sibb. Uhu, 5 Exemplare, worunter eines aus St. Veit. — Scops Aldrovandi, Willughby. Zwergohreule, hier allgemein „Tschuk" (aus dem Slavischen), genannt, 3 Exemplare.

II. Ordnung: Fissirostres. Spaltschnäbler.

5 Arten, darunter:

Cypselus melba, L. Alpensegler.

III. Ordnung: Insessores. Sitzfüssler.

3 Arten, mit Merops apiaster, L. Bienenfresser.

IV. Ordnung: Coraces. Krähenartige Vögel.

10 Arten, worunter: Corvus corax, L. Kolkrabe. — Pastor roseus, L. Rosenstaar, 3 Stücke. — Pyrrhocorax alpinus, L. Alpendohle. Eine Gruppe, bestehend aus 6 Exemplaren. — Corvus cornix, L. Nebelkrähe. Mehrere, darunter eine Varietät mit schwarzen Schaftflecken auf den grauen Partien des Gefieders. — Garrulus glandarius, L. Eichelheher, volksthümlich „Tschoja" (vergl. das böhmische „sojka"), genannt. In mehreren Stücken, worunter auch ein weiss befiedertes. — Nucifraga caryocatactes, L. Tannenheher, vom Volke „Nusskrakl" genannt. Mehrere.

V. Ordnung: Scansores. Klettervögel.

9 Arten, und zwar alle europäischen Spechtarten mit Ausnahme des mittleren Buntspechtes. Picus medius L., weiters der Alpenmauerläufer. Tichodroma muraria, L. und Upupa epops L., der Wiedehopf.

VI. Ordnung: Captores. Fänger.

18 Arten. Unter den Würgern befindet sich neben Lanius exubitor, auch der einspiegelige Raubwürger, Lanius excubitor, var. major, Cab., unter den Meisen eine Haubenmeise, Parus cristatus L., in weissem Gefieder.

VII. Ordnung: Cantores. Sänger.

24. Arten. Erwähnenswerth sind: Phyllopneuste Bonelli, Vieill., Berglaubvogel, mehrere Varietäten von Merula vulgaris, Leach, der Kohlamsel, darunter ein Albino: Monticola cyanea, L., die Blaudrossel nebst der Steindrossel, Monticola saxatalis, L. und einem Exemplare von Melanocorypha calandra, L., der Kalanderlerche.

VIII. Ordnung: Crassirostres. Dickschnäbler.

11 Arten, darunter: Emberiza cia, L. Zippammer, ein Albino vom Haussperling, Passer domesticus, L., nebst mehreren anderen Ausartungen. Plectrophanes nivalis, L., der Schneespornammer und Canabina flavirostris, L., der Zwerghänfling.

IX. Ordnung: Columbae. Tauben.

4 Arten, nämlich unsere 3 gewöhnlichen Wildtauben und eine Anzahl von verschiedenen Haustaubenracen.

X Ordnung: Rasores. Scharrvögel.

8 Arten, u. z. alle unsere Rauhfusshühner mit einem prachtvollen Rackelhahn, Tetrao medius, Meyer, vom Dobratsch und einer Collection von Alpenschneehühnern, Lagopus alpinus, in verschiedenen Alters- und Jahreskleidern. Letztere soll das Museum dem P. Blasius Hanf (Mariahof in Steiermark), zu verdanken haben. Aus der Familie der Perdicidae verdient Perdix saxatilis, M. u. W., das Steinhuhn, das in 4 Exemplaren vorhanden ist, genannt zu werden.

XI. Ordnung: Grallae. Stelzvögel.

10 Arten. Zu erwähnen sind: Glareola pratincola, Briss. Halsbandgiarol. — Otis tarda, L., Grosstrappe, 2 Stücke. — Endromias morinellus, L., Mornell. — Haemantopus ostralegus, L., Austernfischer. — Grus cinerea, Bechst. Grauer Kranich, 2 Exemplare.

XII. Ordnung: Grallatores. Reiherartige Vögel.

14 Arten, darunter: Platalea leucorodia, L. Löffelreiher. — Falcinellus igneus, Leach. Dunkelfarbiger Sichler, in 3 Exemplaren, wovon eines am 18. Mai 1878 in Maria-Saal erlegt wurde. — Ardea purpurea, L. Purpurreiher. 5 Stück. — Ardea egretta, Bechst. Silberreiher. — Ardea garzetta, L. Seidenreiher. — Ardea ralloides, Scop. Rallen- oder Schopfreiher, 4 Exemplare — Nicticorax griseus, Strickl. Nachtreiher, 5 Stücke, junge und ausgewachsene Vögel. — Gallinula minuta, Pall. Kleines Sumpfhuhn. Geschenk des P. Bl. Hanf.

XIII. Ordnung: Scolopaces. Schnepfen.

18 Arten. Unter diesen sind hervorzuheben: Numenius phaeopus, L Regenbrachvogel. — Limosa aegocephala, Bechst. Schwarzschwänzige Uferschnepfe. — Totanus fuscus, L. dunkler Wasserläufer, in 4 Exempl. — Machetes pugnax, L. Kampfschnepfe. 9 Präparate in verschiedenen Altersstufen und Farben. — Tringa alpina, L. Alpenstrandläufer. — Tringa subarquata, Güldenst. Bogenschnäbliger Strandläufer. — Tringa Temmincki, Leisl. Temmings Zwergstrandläufer. — Himantopus rufipes, Bechst. Grauschwänziger Stelzenläufer, 3 Stücke. — Recurvirostra avocetta, L. Avosettsäbler.

XIV. Ordnung: Anseres. Gänseartige Vögel.

24 Arten, darunter: Bernicla torquata, Bechst. Ringelgans, am 27. December 1875 in Mies (Tirol) erbeutet. — Anser albifrons, Bechst. Blässengans. — Eine nicht bestimmte, mir unbekannte, grössere Art. — Cygnus musicus, Bechst. Singschwan. Tadorna cornuta, Gm. Brandente. — Spatula clypeata, L. Löffelente. — Anas acuta, L. Spiessente, 4 Exemplare. — Anas strepera, L. Mittelente. — Anas penelope, L. Pfeifente, ♂ und ♀. — Fuligula marila, L. Bergente. Von P. Bl. Hanf. — Clangula glaucion, L. Schellente, von St. Veit-Wolfsberg. — Oidemia nigra, L. Trauerente. Erbeutet am 4. März 1878, in Velden. — Oidemia fusca, L. Sammtente. Von P. Bl. Hanf. — Mergus merganser, L. Grosser Säger, 4 Exemplare. — Mergus serrator, L. Mittlerer Säger, 4 Stücke. — Mergus albellus, L. Kleiner Säger, 6 Exemplare.

XV. Ordnung: Colymbidae. Taucher.

10 Arten, worunter: Mormon fratercula, Tem. Nordischer Larventaucher. — Colymbus glacialis, L. Eisseetaucher. — Pelecanus onocrotalus, L. Gemeiner Pelikan. — Carbo cormoranus, M. und W. Kormoranscharbe, 2 Exemplare.

XVI. Ordnung: Laridae. Mövenartige Vögel.

12 Arten, mit: Lestris pomarina, Tem. Mittlere Raubmöve. — Lestris parasitica, L. Schmarotzer Raubmöve. — Larus marinus, L. Mantelmöve. — Larus canus L. Sturmmöve, 2 Exemplare, aus Vietring, 9. Februar 1878. — Rissa tridactila, L. dreizehige Möve. — Xema melanocephalum, Natt. Schwarzköpfige Möve. — Hydrochelidon leucoptera, M. u. Sch. Weissflügelige Seeschwalbe.

Nebst den angeführten Vogelarten umfasst die ornithologische Sammlung des Landes-Museums eine kleine Eiersammlung, mehrere Nester und einige Vogelskelette.

Seltene Durchzügler und Wintergäste in Ungarn.

Von Stephan Chernel von Chernelháza.

Nachstehende Notizen sammelte ich diesen Herbst bei meinen Streifereien im Weissenburger Comitat und speciell am Velenczeer-See und dessen Umgebung. Da es sich um Arten handelt, welche in der Fauna Ungarns theils wenig bekannt, theils aber in der heimischen Literatur nicht genug beachtet sind, erscheint es mir wichtig diese Daten im Interesse unserer Wissenschaft mitzutheilen.

Hypotriorchis aesalon Tunnstall. Erschien heuer im Herbst recht zahlreich; ich sah mehrere Exemplare am Velenczeer-See und bei Stuhlweissenburg. Schoss am 7. November ein [illegible].

Nucifraga caryocatactes L. Nachdem meine Aufmerksamkeit durch die Notiz vom Tannenheherzuge Vict. Ritter von Tschusi's auf diesen Vogel gerichtet war, erfuhr ich in der von mir durchstreiften Gegend Folgendes über ihn: Mitte October sass ein Exemplar in Velencze auf dem Dache eines Hauses und liess seinen einfachen, mehr aus einzelnen Tönen bestehenden Gesang hören. Ende October erschienen ebenda wieder 3 Stück und zogen von West (Vértesgebirge, Bakonyerwald) über dem See nach Südost. Prof. Szikla in Stuhlweissenburg erhielt vier Stück — im Comitat geschossene Exemplare — welche, wie ich gesehen, alle der „schlankschnäbligen" Gattung angehören.

Loxia curvirostra L. Anfangs November erschien auf der Puszta Kajtor auf den einzelnen kleine Gruppen bildenden Fichten und Kiefern ein Schwarm, welcher den ganzen Monat hier verweilte eines Tags verschwindend, den anderen sich wieder zeigend. Ein Stück wurde auch gefangen. Somit ist diese Art im Weissenburger Comitat nachgewiesen.

Ardea egretta Bech. Der grosse Silberreiher kommt in den Sümpfen des Weissenburger Comitates nur als sehr seltener Durchzugsvogel vor. Ein Stück wurde Mitte September in Dinnyés flügellahm geschossen und mehrere Tage durch einen Heger gehalten.

Grus cinereus Bech. Kommt auch nur im Zuge. In der Ebene von Sz. Agotha liess sich Ende October ein Schwarm nieder. Am 5. November hörte ich am Gänseanstand in der Höhe den charakteristischen kruuh, kruuh-Ruf der ziehenden Kraniche.

Totanus fuscus L. Nach 20. October erschien dieser nordische Wasserläufer in dem versumpften brüchigen Abfluss des Velenczeer-Sees bei Kajtor in kleinen, 3—10 Stück zählenden Gesellschaften. Am 31. October sah ich bei 12 Stück und am 7. November 5 Stück. Schoss davon ein ♀ im Winterkleid. Ihr Vulgärname ist hier Napoleonschnepfe.

Anser obscurus Brehm. Von der unzähligen Menge Wildgänse, welche mit dem Herbst im Comitate erschienen, hatte ich Gelegenheit an ziemlich vielen frisch geschossenen Exemplaren Vergleichungen anzustellen. Ich fand unter den erlegten mehrere Anser segetum, var. arvensis N. und in St. Agotha beobachtete ich am Morgenanstand, schon in der Höhe bemerkbar, kleinere Gänse, von welchen auch ein Stück erbeutet wurde. Ich erkannte darin die von Brehm beschriebene Rothfussgans. Sogar den Laien war der Unterschied bemerkbar, welcher diese Art von segetum trennt. Ihre Kennzeichen sind: die geringere Grösse, der kurze, an der Basis hohe Schnabel mit einem rosarothen Ring Schnabelwurzel und Nagel schwarz); die kleineren, starken, rosaroth gefärbten Füsse; das sehr dunkle Kopf- und Halsgefieder. An der Stirn, bei den Schnabelwinkeln und am Kinn hatte dieses Exemplar kleine halbmondförmige schneeweisse Flecke.

Cygnus musicus Bech. Mitte October zeigten sich bei Dinnyés am Velenczeer-See 6 Stück. Ein Heger wollte sie beschleichen, doch flogen sie schon in bedeutender Entfernung auf.

Tadorna cornuta Gm. Die Rostente ist bis heute, meines Wissens in Ungarns Vogelfauna nicht nachgewiesen worden. Petényi führt diese Art in seinen hinterlassenen Notizen „Ueber die Entenarten Ungarns" nach Schoenbauer jun. und Baron Wiedersperg an[1]), doch schenkt er diesen Daten wenig Glauben. In Siebenbürgen wurde ein Stück — wie Joh. v. Csató angibt — vor dem Jahre 1848 am Strehlfluss erlegt (ein ausgewachsenes ♂). Wurde auch später einigemal beobachtet, aber nicht erlegt.[2]

Als ich am 21. November in Velencze am Teichufer herumspähte, sah ich in einem Schwarm Querquedula crecca, ganz nahe am Ufer, einen grossen entenartigen Vogel, dessen Gefieder von Weitem vorherrschend weiss und am Kopfe, an den Flügeln schwarz schien. Ich hielt ihn für ein ♂ Mergus merganser, doch näher kommend, erkannte ich, dass er nichts Anderes als Tadorna cornuta sein kann. Kaum 120 Schritte vor mir schwamm die schöne Ente mit eingezogenem Halse langsam herum, tauchte nicht und schien mit den Umgebungsverhältnissen ganz unvertraut zu sein. Beim Herannahen erhob sie sich mit langsamem, gänseartigem Flügelschlag, fiel aber nach einigen hundert Schritten wieder zum Ufer ein. Zwei Tage trachtete ich vergebens, sie zu erbeuten, trotzdem ich sie immer an den Orten traf, wo sie mir das erstemal aufflog und später einfiel. Den 22. November kam ich mit dem Kahne ungefähr auf 80 Gänge in ihre Nähe, schoss sie herunter, aber kaum erreichte der verwundete Vogel den Wasserspiegel, verschwand er auch, ohne wieder zum Vorschein zu kommen. Doch nächsten Tag morgens — ich war nicht wenig erstaunt — fand ich meine Ente wieder am gewohnten Platze. Jetzt flog sie weit vor dem Kahne auf und liess sich auf der Hutweide neben dem Teiche nieder. Ich schlich ihr unter einen Damm gedeckt zu, und schoss — nachdem ich ungedeckt nicht weiter vorrücken konnte — von einer ziemlich grossen Entfernung hin. Nach dem Schusse blieb die Ente am Platze, doch als ich mich rasch näherte, machte sie einige Schritte und flog sich immer höher erhebend weit weg. Einige Federn, welche vom Flügel und vom schönen Rostroth des Brustbandes zurückgeblieben, sind mein einziges Andenken an diese missglückte Jagd.

Doch Eines ist nun bestimmt — ich sah ja den Vogel durch das Fernrohr so nahe, als wäre er 10 Schritte vor mir — dass Tadorna cornuta in der Vogelfauna Ungarns vorkommt.

Mergus merganser L. Ein ♀ wurde am Velenczeer-See den 29. September geschossen und ist jetzt in meiner Sammlung.

---

[1]) v. Madarász: Zeitschr. f. d. ges. Ornith. I. p. 32.

[2]) Ueber den Zug, das Wandern und die Lebensweise der Vögel in den Comitaten Alsó-Fehér und Hunyad. — Jb. II p. 504.

Colymbus arcticus L. In Dinnyés sah ich am 28. October 6 Stück am See. Am 2. November fingen die Fischer ein Stück mit dem Netz und ich hatte Gelegenheit diesen nordischen Taucher mehrere Tage hindurch im Käfig und in einem Wasserbassin zu beobachten. Aufrecht konnte er nicht stehen. Menschen und Hunde verfolgte er in froschartigen Sprüngen mit dem Schnabel; Fische, welche ihm vorgeworfen wurden, nahm er nicht zu sich.

Da ich am 7. November wieder ein Exemplar am See wahrnahm, welches nach einer ausdauernden Jagd auch erbeutet wurde, behielt ich mir das geschossene und gab das andere dem National-Museum. Beide trugen das Federkleid des einjährigen Vogels.

Lestris parasitica L. Mitte September wurde in Velencze ein junges Exemplar geschossen, welches in die Sammlung des Herrn Prof. Szikla gerieth.

Larus canus L. Einzelne erschienen Mitte November. Ein sehr schön ausgefärbtes Exemplar bekam ich am 22. November vom See.

Xema minutum Pall. Ein junges Exemplar wurde auf den Feldern bei Seregélyes unweit der Dinnyéser Moräste am 2. September geschossen und steht nun in der Sammlung des Herrn Prof. Szikla. Trägt ein ganz weisses Federkleid, nur am Rücken sind schwarze Querstreifen und Flecke.

Nachträglich sei bemerkt, dass ich am Budapester Wildpretmarkt den 11. November 4 Stück Eudromias morinellus L. kaufte, welche im Pester Comitate geschossen wurden und mir als Kiebitze um 1 Gulden österr. Währung angeboten wurden.

Budapest, 26. November 1887.

Die Verbreitung der mövenartigen Vögel (Laridae) in Böhmen.

Von Med. Dr. **Wladislaw Schier.**

Larus ridibundus kommt gewöhnlich in der zweiten Hälfte des März nach Böhmen und zieht im October fort; es ist aber vorgekommen, dass einige im milden Winter an den Teichen bei Frauenberg auch das ganze Jahr hindurch verblieben. Die Lachmöven sind in Böhmen an vielen Nist- und Zugsorten bekannt und selbst auch an anderen, weil sie von ihren Aufenthalts- und Nistplätzen selbst stundenweit entfernte Teiche und Flüsse besuchen. Grössere Gesellschaften (selbst einige Hunderte) nisten: im Königgrätzer Kreise bei Reichenau besonders am Černikowitzer Teiche, dann bei Solnitz und Weiss-Oujezd; bei Gross-Babitz (Nechanitz) am Třeschitzer-Teiche; bei Kopidlno (Gitschin); bei Hirschberg am grossen Teiche auf der Insel „Mäuseloch" viele hunderte Nester dicht nebeneinander; bei Kottowitz unweit Haida am Roth-Teiche; bei Kreuzberg und Wojnomiestetz besonders in dem Sumpfe des kleinen und grossen Teiches Dářek. Im Budweiser Kreise sind folgende Hauptplätze: der Mühlteich bei Čejkowitz; Černitzer Teich bei Budweis, der Teich Wlkow bei Wesely; dann die Teiche bei Zirnau, Pischtin, Nakři und Gross-Žablat. — Im Egerer Kreise, besonders bei Plan. Viele Lachmöven nisten an den Teichen im Pisoker Kreise; dann auch im nördlichen Theile Böhmens von Niemes, Reichstadt, Wellnitz, Walten und Gabel bis Kratzau. — Kleinere Ansiedlungen und auch einzelne Nester in gewissen Entfernungen findet man selbst an kleineren Teichen, dann längs der Elbe und Moldau.

Larus minutus wurde in Böhmen schon mehrmals erbeutet, so bei Pardubitz, Rusin in der Nähe von Prag, Franzensbad und Plan. — Nach Fierlinger nistete die Zwergmöve in Böhmen. Ich bekam im Jahre 1865 eine junge Zwergmöve vom Křeschitzer Teiche bei Kopidlno, welche gleich bei der ersten Entenjagd geschossen wurde; bei der zweiten Jagd bekam ich abermals eine und der Förster erzählte mir, dass er die Alten nach ihren schwarzen Köpfen schon im Frühjahre beobachtet hatte und dass sie dort genistet haben.

Rissa trydactyla kommt nur manchmal nach Böhmen. Im Jahre 1848 und zwar in den Monaten Januar und Februar sind einige dreizehige Möven an der Moldau bei Prag erlegt worden; in demselben Jahre, im Februar, sind auch in der Umgebung von Franzensbad etwa 20 Stück erschossen worden. Ferner wurden einzelne bei Pardubitz, Frauenberg, Gitschin (1865) und bei Arnau (1876) erbeutet.

Larus glaucus ist eine grosse Seltenheit. So viel bekannt ist, bekam bloss Prof. Dr. A. Fritsch eine lebende Eismöve aus der Gegend von Beraun und 1 Exemplar befand sich in der Sammlung des H. Wobořil.

Larus argentatus wurde vor vielen Jahren am Prager Markte gekauft und dem Dr. Palliardi nach Franzensbad zugeschickt.

Larus canus wurde mehrmals geschossen, besonders bei Pardubitz, Franzensbad, Prag, Frauenberg, Pischtin und an anderen Orten. Gegen Ende Januar 1877 erschienen drei Sturmmöven bei Žiželitz und eine von ihnen wurde abgeschossen.

Larus marinus kommt sehr selten vor. Im Jahre 1864 bekam ich eine junge Mantelmöve, welche bei Branna (Starkenbach) erlegt wurde. Im Jahre 1870 am 28. October wurde eine bei Wittingau und vor zwei Jahren eine bei Budweis erbeutet.

Larus fusus wurde einmal an der Moldau bei Krumau, dann bei Daschitz (Juni 1843) und bei Tabor (Juli 1851) geschossen.

Lestris pomarina kommt sehr selten vor. Einen jungen Vogel bekam ich im Herbste 1870; derselbe wurde auf einer fast in der Mitte des Dorfes Kamenitz (Gitschin) gelegener Tränke erschossen.

Lestris parasitica wurde bereits einige Male in Böhmen beobachtet und auch erlegt. Im Jahre 1868 bekam ich einen jungen Vogel, welcher bei Gelegenheit einer Rebhühnerjagd im Herbste auf einer Wiese bei Wolanitz in der Nähe von Gitschin geschossen wurde.

Lestris Buffoni (crepidata) wurde bloss einmal bei Franzensbad gesehen und am Felde mit Steinen erschlagen.

Sterna fluviatilis ist an den Teichen und Flüssen Böhmens ziemlich bekannt. Einzelne Paare nisten im Budweiser Kreise bei Neuhaus, Polikna, Königseck, Plavsko, Pischtin und Blauenschlag; im Taborer Kreise bei Zalschi und Deutsch-Reichenau; im Časlauer Kreise bei Schwarz-Kostelete; im Königgrätzer Kreis bei Gross-Běltsch; im Gitschiner Kreise bei Chotetsch; im Prager Kreise bei Záboř, Wepřek und Modřan; im Egerer Kreise bei Prachomet, Bruch, Dreihacken, Taschwitz und Udrtsch; im Pisoker Kreise bei Wilschin, Záboř, Metschichow und Pisek.

Am Zuge wird die Flussseeschwalbe beobachtet bei: Moldau-Thein: Petrovitz (Tabor); Kowanitz, Podiebrad, Wojnomiestetz, Sirakau und Deutsch-Brod (Caslau); bei Sopotnitz (Chrudim); bei Miletin, Zdobnitz und Himmlisch-Ribnei (Königgratz); bei Nalzi und Kopidlno (Gitschin); bei Libotejnitz, Ratschitz, Konojed und Dux (Leitmeritz); bei Wrbčan (Saaz); bei Nassengrub und Kumpholec (Eger); bei Wrbno, Citow, Hořovic, Kralup und Unhoscht (Prag); bei Dneschitz (Pilsen) und bei Warwažow (Pisek).

Hydrochelidon nigra erscheint im Mai und nistet auch an einigen Orten, wie z. B. bei Dürrmaul (Eger); bei Stradouň und Landskron (Chrudim); bei Domanin (Budweis) und bei Nadryb (Pilsen). — Am Zuge wird die schwarze Seeschwalbe beobachtet bei Chotetsch, Kopidlno und Gitschin; bei Neu-Sattel (Saaz); bei Moldau-Thein und Domanin (Budweis); bei Hlawitz und N. Lyssa (Jungbunzlau).

Hydrochelidon leucoptera kommt nach Böhmen im April und zieht Ende September wieder fort. Einzelne nisten bei Bystřic (Tabor); Radomyschl und Nezamyslic (Pisek); Lužec (Prag); Zawieschin, Neu-Sattel und Hackenhäuser (Eger); Kralup (Saaz); Zenotin (Budweis) und Nadryb (Pilsen). Am Zuge wird die weissflügelige Seeschwalbe dann und wann beobachtet bei: Kačerow (Königgrätz); Stiekna (Pisek); Wrbno, Hostaun, Rakonitz und Chwal (Prag); Otwitz und Laun (Saaz); Unter-Branischau und Škrdlowitz (Caslau); Nezdaschow, Wittingau, Suchenthal und Oleschnitz (Budweis); bei Postřekow (Pilsen); Kopidlno (Gitschin); Gablonz, Hlawitz und N. Lyssa (Jungbunzlau) dann bei Černowes und Salezel (Leitmeritz).

Hydrochelidon hybrida ist weniger bekannt und soll bei Kreuzberg (Caslau), dann bei Unter-Cerekew und Thein (Tabor) nisten. Am Zuge wurde die weissbärtige Seeschwalbe bloss bei Weleschin (Budweis) beobachtet.

Ornithologische Notizen aus Salzburg (1887).

Von **Victor Ritter v. Tschusi zu Schmidhoffen.**

Falco peregrinus, Tunst. Heuer nur ein Stück beobachtet. Ich schoss am 27. October eine vor mir am Bache aufstehende Becassine an, die noch einige hundert Schritte flog und dann in einem Felde einfiel. In demselben Augenblicke stiess ein Wanderfalke herab und schlug sie, liess sie aber bei meinem Näherkommen liegen und empfahl sich noch ausser Schussweite.

Archibuteo lagopus, Brünn. Innerhalb einer 16jährigen Beobachtungszeit bemerkte ich hier bei Hallein den 5. Jänner den Rauhfuss zum zweitenmal.

Nucifraga caryocatactes, Linn. Unsere Gebirgsheher (var. pachyrhyncha, R. Blas.) zeigten sich in diesem Herbste ziemlich vereinzelt im Thale und kamen auch öfter auf die Haselstauden im Garten. Der erste erschien den 27. August, der letzte den 29. November.

Den 27. October erlegte ich ein sehr starkschnäbeliges Exemplar, das sehr an die nordischen Heher erinnert.

Die dünnschnäbligen Heher (var. leptorhyncha, R. Blas.), welche nach 1885 heuer wieder in grösserer Zahl in verschiedenen Provinzen Oesterr.-Ung. erschienen, zeigten sich hier nur sparsam. Ich sah 2 einzige Vögel dieser Form am 20. und 23. October, die ich auch erlegte. Beide waren im Verhältniss zu den dickschnäbligen sehr zutraulich und hatten nur Insectenreste im Magen.

Dryocopus martius, Linn. Ein am 7. Januar erlegtes ♀ besitzt im Flügel zwei aus demselben hervortretende doppelte Armschwingen. (Vgl. folgende pag.

Certhia familiaris var. brachydactyla, Chr. L. Br. Bisher habe ich mich immer vergeblich nach dem graurückigen Baumläufer hier umgesehen; alle, welche mir in die Hände kamen, gehörten der typischen C. familiaris an, die häufig unsere Nadelwaldungen bewohnt und zur Herbst- und Winterszeit mit Meisen vereinigt in den Gärten erscheint. Den 13. November nun hörte ich durch das Fenster einen Baumläufer im Garten, der mir sofort durch seinen Ruf „Tit", den er nicht rasch nach einander, sondern immer in verhältnissmässig längeren Pausen hören liess, auffiel. Als ich den Vogel mit dem Flobert heruntergeschossen hatte, hielt ich zu meiner Freude einen graurückigen Baumläufer in den Händen. Später, den 28. desselben Monates erlegte ich ein Paar und den 8. December ein ♂, gleichfalls im Garten. Der Vogel ist im Freien leicht durch seinen Ruf, in der Hand durch seine graue — statt lohfarbe — Rücken- und schmutzigweisse — statt atlassweiss glänzende — Unterleibsfärbung zu erkennen.

Tichodroma muraria, Linn. Ueber eine abnorme Beobachtung — ich traf den Mauerläufer im Gebüsch hüpfend und dann einen Baum emporkletternd — berichtete ich in diesem Journal (XI. 1887. p. 169).

Parus borealis var. alpestris, Baill. Das erste bisher im Lande erlegte Exemplar schoss ich den 27. October in meinem Garten.

Diese Graumeise, welche den Parus palustris, L. im Gebirge ersetzt, unterscheidet sich von diesem hauptsächlich durch das bis zum Rücken sich erstreckende Schwarz der Kopfplatte (ohne bläulichen Schimmer), durch die weissen Wangen- und Halsseiten und durch die weissliche Säumung der Schwung- und Steuerfedern. Detaillirte Angaben behalte ich mir für später vor.

Budytes flavus var. borealis, Sundev. Mein Sohn Rudolf schoss den 26. August ein jüngeres ♂ auf einem frisch gepflügten Acker.

Emberiza hortulana, Linn. Fehlte in diesem Frühling, war aber im Herbste in kleinen Gesellschaften auf frisch bebauten Feldern zu sehen; so am 11. September in 6, am 13. in 3 und am 14. in 5 Exemplaren, wovon ich und mein Sohn Rudolf einige erlegten. Die alten ♂ liessen öfters ihren charakteristischen Gesang am Boden hören.

Emberiza miliaria. Nur einmal, den 3. November, in einem Paare auf einer gedüngten Wiese unter Goldammern angetroffen.

Emberiza schoeniclus var. intermedia, Mich. Den 6. November traf ich nach Schneefall ein Paar im Röhricht des Baches, wo ich das ♂ schoss, das ♀ aber entkam. Bisher erhielt ich nur ein den 22. März 1883 zu Mauterndorf im Lungau erlegtes ♂.

Charadrius pluvialis, Linn. Den 15. November von 6 Uhr Abends bis den folgenden Tag ½5 Uhr Früh hörte man bei starkem Schneegestöber von allen Seiten die Rufe von Goldregenpfeifern, welche in grosser Menge durchgezogen sein mussten. Ich bemerke ausdrücklich, dass es Goldregenpfeifer und nicht Brachschnepfen waren, da ich die Stimmen beider wohl unterscheide.

Eudromias morinellus, Linn. Laut gefälliger Bekanntgabe Herrn Directors Dr. Alex. Petter erhielt das Museum Carolino Augusteum in Salzburg ein am 5. Mai auf der Schmittenhöhe bei Zell a. S. geschossenes ♀, das erste aus dem Lande herrührende Exemplar.

Gallinago major, Bp. Ein einziges Exemplar am 24. September auf dem bekannten Fundorte dieser Schnepfe — einer untern der Villa gelegenen Wiese — angetroffen und erlegt.

Gallinago gallinula, Linn. Das zweite Stück seit meinem Hiersein am 16. November nach Schneefall am Bachrande gefunden.

Tringa alpina, Linn. Den 9. September schoss mein Sohn Rudolf bei starkem Regen einen einzelnen jüngeren Vogel auf einem geackerten Felde, längs dessen Furchen er lief. Ich selbst traf die Art hier noch nie.

Lestris pomarina, Temm. Im zweiten Drittel des Septembers wurde, wie mir Herr Director Dr. A. Petter mittheilt, ein Exemplar in Seeham bei Mattsee geschossen und an das Museum in Salzburg eingeliefert.

Larus minutus, Pall. Um dieselbe Zeit wie die vorhergehende wurden nach Herrn Director Dr. A. Petter mehrere Stücke der bei uns sehr seltenen Zwergmöve am Hintersee bei Faistenau erlegt und 1 Exemplar dem Salzburger Museum übergeben.

Villa Tännenhof b. Hallein, im December 1887.

Vögel von den Molukken, Neu-Guinea und umliegenden Inseln.

Gesammelt durch F. H. H. Guillemard. Excerpt aus: „The Cruise of the Marchesa to Kamtschatka and New-Guinea."

Mitgetheilt von **Baron H. v. Rosenberg.**

Vögel, gesammelt auf den Molukkischen Inseln.

Cuncuma leucogaster Gm.
Haliastur intermedius Gurney.
Tinnunculus moluccensis Schleg.
Cacatua alba Müll.
Tanygnathus megalorhynchus Bodd.
Geoffroyus cyanicollis S. Müll.
„ obiensis Finsch.
Eclectus roratus P. L. S. Müll.
Lorius domicella Linn.
„ flavo-palliatus Salvad.
Eos riciniata Bechst.
„ insularis Guillem.
Coriphilus placens Temm.
Cuculus canoroides S. Müll.
Nesocenter goliath Forster.
Rhytidoceros plicatus Penn.
Merops ornatus Lath.
Alcedo moluccensis Blyth.
Alcyone pusilla Temm.
Ceyx lepida Temm.
Tanysiptera margarethae Heine.
„ obiensis Salvad.
„ dea Linn.
Halcyon diops Temm.
Sauropatis saurophaga Gould.
„ chloris Bodd.
„ sancta Vig. et Horsf.
Eurystomus orientalis Linn.
„ azureus G. R. Gr.
Macropteryx mystacea Less.
Hirundo gutturalis Scop.
Monarcha inornatus Garn.
„ chalybeocephalus Garn.
Sauloprocta melaleuca Qu. et G.
Rhipidura obiensis Salvad.
Graucalus magnirostris Forster.
Campephaga obiensis Salvad.
Lalage aurea Temm.
Dicruropsis atrocaerulea G. R. Gr.
„ sp.
Pachycephala mentalis Wall.
„ obiensis Salvad.
Cinnyris auriceps G. R. Gr.
„ frenatus S. Müll.
Melitograis gilolensis Temm.
Criniger chloris Finsch.
Pitta maxima Forster.
„ rufiventris Heine.
Anthus gustavi Swinh.
Erythrura trichroa Kittl.
Calornis mettallica Temm.
„ obscura Forster.
Corvus validissimus Schleg.
Lycocorax obiensis Bernst.
Semioptera Wallacei G. R. Gr.
Ptilopus superbus Temm.
„ prasinorrhous G. R. Gr.
„ monachus Reinw.
„ ionogaster Reinw.
Carpophaga myristicivora Scop.
„ basilica Sund.
Myristicivora bicolor Scop.
Reinwardtaenas reinwardti Temm.
Macropygia batchianensis Wall.
Calaenas nicobarica Linn.
Megapodius freycineti Qu. et G.
Tringa albescens Temm.
Numenius uropygialis Gould.

Vögel, gesammelt in Neu-Guinea und umliegenden Inseln.

Batanta.

Astur torquatus, Cuv.
Aprosmictus dorsalis, Q. et G.
Geoffroyus pucherani, B. p.
Eclectus pectoralis, P. L. S. Müller.
Trichoglossus cyanogrammus, Wagl.
Alcyone lessoni, Cass.
Alcyone pusilla, Temm.
Tanysiptera galatea, G. R. Gr.
Sauropatis sancta, Vig. et Horsf.
Sauromarptis gaudichaudi, Q. et G.
Eurystomus orientalis, L.
Macropteryx mystacea, Less.
Arses batantae, Sharpe.
Sauloprocta melaleuca, Q. et G.
Chibia carbonaria, S. Müll.
Cracticus cassicus, Bodd.
Collurieincla megarhyncha, Q. et G.
Tropidorhynchus novae guineae, Salv.
Pitta novae guineae, Müll. et Schleg.
Pitta mackloti, Temm.
Mino dumonti, Less.
Mimeta striatus, Q. et G.
Paradisea rubra, Lacep.
Diphyllodes wilsoni, Cass.
Aeluraedus buccoides, Temm.
Megaloprepia puella, Less.
Carpophaga myristicivora, Scop.
Carpophaga rufiventris, Salvad.
Carpophaga pinon, Q. et G.
Reinwardtaenas reinwardti, Temm.
Aegialitis mongolica, Pall.

Waigeu.

Haliastur girrenera, Vieill.
Baza reinwardti, Müll. et Schleg.
Microglossus aterrimus, Gm.
Tanygnathus megalorhynchus, Bodd.
Aprosmictus dorsalis, Q. et G.
Geoffroyus pucherani, B. p.
Eclectus pectoralis, P. L. S. Müll.
Lorius lory, Linn.
Eos wallacei, Finsch.
Trichoglossus cyanogrammus, Wagl.
Coriphilus placens, Temm.
Cuculus canoroides, S. Müll.
Eudynamis rufiventer, Less.
Rhytidoceros plicatus, Penn.
Alcyone pusilla, Temm.
Ceyx solitaria, Temm.
Tanysiptera galatea, G. R. Gr.
Sauropatis saurophaga, Gould.
Sauropatis sancta, Vig. et Horsf.
Syma torotoro, Less.
Sauromarptis gaudichaudi, Q. et G.
Melidora macrorhina, Less.
Podargus papuensis, Q. et G.
Podargus ocellatus, Q. et G.
Macropteryx mystacea, Less.
Peltops blainvillei, Less. et Garn.
Monarcha guttulatus, Garn.
Monarcha chalybeocephalus, Garn.
Arses batantae, Sharpe.
Sauloprocta meloleuca, Q. et G.
Rhipidura setosa, Q. et G.
Muscicapa griseosticta, Swinh.
Poecilodryas hypoleuca, G. R. Gr.
Graucalus magnirostris, Forster.
Edoliisoma melan., S. Müll.
Artamus leucogaster, Valenc.
Chibia carbonaria, S. Müll.
Crecticus cassicus, Bodd.
Cracticus quoyi, Less.
Rhectes leucorhynchus, G. R. Gr.
Collurieincla affinis, G. R. Gr.
Cinnyris aspasiae, Less.
Cinnyris frenatus, S. Müll.
Dicaeum pectorale, Müll. et Schleg.
Melilestes megarhynchus, G. R. Gr.
Melilestes novae guineae, Less.
Ptilotis analoga, Rchb.
Ptilotis fusciventris, Salvad.
Tropidorhynchus novae guineae, Salvad.
Pitta mackloti, Temm.
Calobates melanope, Pall.
Mino dumonti, Less.
Corvus orru, Müll.
Manucodia atra, Less.
Paradisea rubra, Lacep.
Diphyllodes wilsoni, Cass.
Ptilopus pulchellus, Temm.
Ptilopus humeralis, Wall.
Ptilopus pectoralis, Wagl.
Megaloprepia puella, Less.
Carpophaga myristicivora, Scop.

Wie fängt man Raubvögel?

Nur zu oft sieht sich der Landwirth, der Freund der Niederjagd genöthigt, sein Nutzgeflügel und die Jagdthiere seines Revieres gegen die Nachstellungen zahlreicher Raubvögel zu schützen. Wo er ihnen nicht selbst mit der Schusswaffe beikommt, wird er zu verschiedenen Methoden greifen und verschiedene Fangapparate aufstellen, um sie in seine Gewalt zu bekommen.

Das mit Recht vielgelesene Buch der Niederjagd von Diezel in Parey's Verlag (Berlin), jetzt in 6. Auflage erschienen, gibt in dieser Beziehung beste Auskunft, und wir wollen dessen Angaben folgend hier einige dieser Fangmethoden in Wort und Bild vorführen.

Viele Raubvögel lieben es, auf freien, einzeln stehenden alten Bäumen oder Pfählen aufzuhacken. Für diese Räuber bringt man in jungen Schonungen, an Fluss-, Teich-, Seeufern, in Brüchen auf noch mit Rinde versehenen Stangen (so dass etwa auf ein Gebiet von 100 Morgen eine solche Stange kommt) Raubvögelpfahleisen an, wie die nebenstehenden Figuren 1 und 2 solche darstellen. In ersterer Art, der besseren, ist *a* das Trittholz, welches in dem zweitabgebildeten Fangeisen durch den Teller *b* ersetzt ist; *a* und *b* ragen einige Centimeter über die heruntergeschlagenen Bügel hervor.

Beide Eisen werden mit den beiden seitlichen eisernen Bändern, an das Ende einer möglichst baumähnlichen Stange befestigt; die Stange ist entweder nach Art der Flaggenstangen niederzulassen oder durch angebrachte Löcher, in die man Wirbel aus hartem Holze stecken kann, erkletterbar. Auch kann man an passenden Orten die Stange aus einem Heuschober hervorragen lassen (siehe Fig. 3) oder das Tellereisen an einer Kette befestigt auf dem Heuschober oben aufgelegt werden. Die Fangeisen werden natürlich mit einem Köder belegt. Im Winter empfiehlt es sich, solche Fangeisen mit Schutz- und Futterplätzen zu verbinden, wie dies etwa Fig. 4 versinnlicht; die bei grosser Kälte nach Futter fahndenden Vögel suchen das ihnen unter dem Dache gestreute Futter auf und tragen so dazu bei, die Raubvögel anzulocken.

Fig. 1.

Fig. 2.

Fig. 3.

Sehr praktisch ist es, solche Fangeisen mit Körben in Verbindung zu bringen, wie dies der in Fig. 5 abgebildete Habichtskorb andeutet. Am Grunde des Korbes befindet sich die ausgestopfte Locktaube (eine weisse im Sommer, eine dunkelfärbige im Winter), während das Tellereisen an der oberen Krümmung des Korbes entsprechend befestigt ist. Man kann auch den in Fig. 6 abgebildeten eisernen Taubenkorb, in den eine lebende Taube als Köder gebracht wird, in den entsprechend grossen Raubvogelkorb hineinschieben.

Neuerer Construction als die bisher erwähnten Fangapparate ist der Habichtskorb mit Sprungfedereinrichtung, wie er in Fig. 7 und 8 ab-

Fig. 4.

gebildet ist. Man bringt ihn entweder frei auf die Erde, oder auf ein Gerüst, indem man die Schienenenden *a*, *b*, *c* und *d* an einen Block nagelt. Beim Stossen auf die Locktaube muss der Raubvogel die Abzugsschraube oberhalb des Fanges berühren, der Stellhaken gleitet dadurch von seinem Stift ab, der das Dach haltende eiserne Bügel schnellt heraus und das Netz überspannt sofort die obere Fläche des Fanges (siehe Fig. 8).

Fig. 6.

Revierförster Jadda hat einen anderen, in Fig. 9 abgebildeten Habichtskorb construirt; die Abbildung zeigt ihn in der Stellung vor dem Fange. Will der Raubvogel auf die Taube stossen, so muss er in einen der Seitengänge stossen, worauf durch ein erfolgtes Abdrücken einer der Holzzungen der Drahtschieber *a* oder *b* herunterfällt. Auf der Spitze der Mittelsäule *C* lässt sich ausserdem eines der früher beschriebenen Fangeisen aufstellen. Diesen Apparat steckt man am Besten auf schmalen, beiderseits von Wald begrenzten Wiesen auf.

Einen anderen Raubvogel-Fangapparat stellt Fig. 10 dar, ein Raubvogeleisen mit Netzen. Beiderseits der unterhalb des Apparates liegenden Feder befinden sich dünne Bretter, die durch drei Querleisten verbunden sind. Bei der Aufstellung zum Fange hängt das

Fig. 5.

Netz an der einen Seite ganz herunter, während auf der anderen Seite, auf der sich die Stellung befindet, das Netz zwischen dem halbkreisförmigen Brett und den aufrechtstehenden Eisenschienen, an welchen sich oben die Stellzunge befindet, eingelegt und dann die Stellzunge über das Netz gelegt wird. Ist das Instrument zum Fange gestellt, so sieht man oben bloss eine glatte Holzfläche, da die dazwischen liegende, gespannte Feder gar nicht

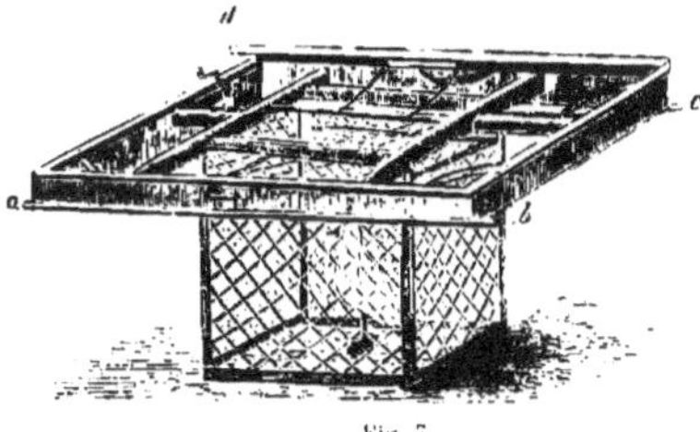

Fig. 7.

über die Brettchen hinausragt. Nun zieht man durch die auf der Mitte des Fanges befindliche Drahtöse den Abzugsfaden und bindet an dessen Ende eine todte Taube als Köder, so dass sie genau auf der Mitte des Fanges liegt. Endlich bindet man den Abzugsfaden, bevor man das Eisen einscharrt, an dem Stellhaken fest. Den Apparat bringt man in möglichster Höhe an.

Ein sehr billiger Fangapparat ist der Bügelfangapparat (siehe Fig. 11). Eine etwa 3 Meter hohe, 12—15 Centim. dicke, berindete Stange wird oben haar-

Fig. 8.

scharf zugespitzt, bei *b* und *c* je ein $1^1/_2$ bis 2 Centim. Durchmesser habendes Loch durch die Stange gebohrt

Fig. 9.

und ein federkräftiges Rohr (Bügel *d*) von 80 bis 90 Centim. Länge mit dem dickeren Ende in das Loch *c* gesteckt und

Fig. 10.

verkeilt; an das schwächere Ende wird die eine Schlinge *e* (aus Pferdehaaren oder ganz feinem Blumendraht) gebunden; in das Loch *b* steckt man bei *g* ein gegabeltes langes Stäbchen *f*, krümmt den Bügel *d* gewaltsam um, zieht die Schlinge durch das Loch *b*, und legt sie zum Fange aufgezogen über die Gabel von *f*. Das gegabelte Stäbchen *f*

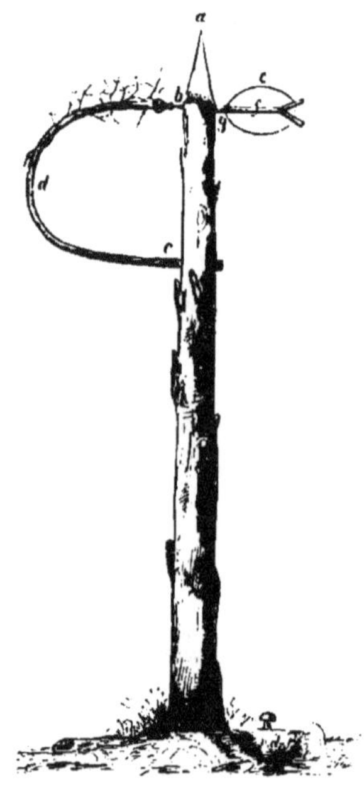

Fig. 11.

hält mit dem lose, recht knapp eingelegten Ende den Bügel *d* im Loche *b* mit der Gabel die Schlinge fest, und so auch den Bügel *d* in der gekrümmten Lage. Sowie nun ein Raubvogel bei *f* aufhackt, so muss er mit einem Fusse in die Schlinge treten, durch sein Gewicht drückt er aber den Stock *f* sofort heraus, der Bügel *d* schnellt zurück und die Schlinge zieht sich fest zusammen; die scharfe Spitze *b* und etwa angebrachte dornige Zacken am Bügel verhindern, dass der Raubvogel auf den Bügel *d* loshackt.

Es gibt noch andere, zum Theil ältere Fangmethoden, doch werden die hier angeführten gewiss mit zufriedenstellendem Erfolg angewendet.

Kaspisches Königshuhn in der Gefangenschaft.

Die Feldhühner-Gattung **Megaloperdix** Brandt, **Felsenhühner**, welche von den Feldhühnern zu den Fasanen überführt, ist in fünf Arten bekannt. Es sind kräftig gebaute Vögel von der Grösse des Birkhuhnes und darüber, in der Gestalt an die Rebhühner erinnernd. Die kurze Hinterzehe stösst nur mit der Krallenspitze auf. An den Läufen befinden sich stumpfe Spornhöcker. Der Schwanz ist gerundet, seine Länge beiläufig von zweidrittel Flügellänge. Im Unterschiede von den Auer- und Birkhühnern sind die Läufe unbefiedert.

Schon länger und besser bekannt ist das **Haldenhuhn** (Megaloperdix himalayensis Gray) des westlichen Himalaya mit dem angrenzenden Hochgebirge, durch die Schilderungen Mountaineers und A. Brehm's bekannt. Das **kaukasische Königshuhn** (Megaloperdix caucasica Pall.) im grossen Kaukasus ist erst durch Radde's Schilderungen genau bekannt geworden. Mit dieser Art immer wieder verwechselt gleichfalls erst durch Radde's genaue Beobachtungen (s. Ornithologia caucasica. Von Dr. Gustav **Radde**. Kassel 1884. Theodor Fischer. S. 343 bis 348) besser bekannt, lebt im Hochgebirge Armeniens und der Elbruskette das **kaspische Königshuhn** (Megaloperdix caspia Gmel.).

Vor vier Jahren erhielt ich durch einen hier weilenden, mit Thieren handelnden Armenier neben einigen Reptilien auch ein Königshuhn. Damals ornithologischen Beobachtungen mich nur nebenbei widmend, kam ich um so weniger dazu, diesem interessanten Vogel meine eingehende Beobachtung zu widmen, als derselbe nach kaum dreiwöchentlicher Gefangenschaft durch eine Nachlässigkeit der Dienerin während der Nacht entkam und jedenfalls ein sehr unkönigliches Ende gefunden haben mag; ich konnte von seinem Verbleib nichts mehr erfahren. Nach den spärlichen Notizen aus dieser Zeit glaube ich gleichwohl bestimmt behaupten zu können, dass es M. caspia und nicht caucasica war, da ich die Gesammtlänge mit 69·5 cm, die Länge des Schwanzes mit 19·1 cm, die des Fittigs mit 29·2 cm verzeichnet finde und bezüglich der Beschreibung die Angaben lese: „Kopf und Hinterhals dunkelgrau; Kehle, Unterhals und ein schmaler Streifen an der Halsseite schneeweiss; zwischen diesen zwei weissen Zonen ein blaugrauer Streifen; Brust bläulichgrau, schwarz gefleckt; übriger Unterleib dunkel blaugrau, braungelb gesprenkelt; Rücken dunkelgrau mit feinen, schwarzen und gelblichen Querzeichnungen.“

Ich hielt das Huhn in einem sehr hellen Kabinet, dessen Doppelfenster Tag und Nacht geöffnet blieb, so dass durch das Drahtgitter der Schnee in das Zimmer strich. Der Boden war mit Sand und mit Tannenzweigen bestreut. In einer geräumigen Kiste waren grössere Steine übereinander gehäuft; hier zog sich das Huhn vor Eintritt der Dämmerung in eine Ecke zurück. Ein Steinhuhn und eine Dohle waren seine Gesellschafter, mit denen es im friedlichsten Einvernehmen lebte. Trat man in das Zimmer, so flog das Huhn ängstlich gackernd, unter sehr lautem Schnurren dem Fenster zu, beruhigte sich aber sofort wieder und las dann, noch einige ruhigere leise Gackerlaute hören lassend, am Boden Futter auf und suchte immer in Nachbarschaft des Steinhuhnes zu bleiben. Aus dem gemischten Futter, das ich ihm vorwarf, las es Hirse und Korn mit Vorliebe heraus; gerne frass es Brunkresse und sogenannten Vogelsalat; auch an den Tannenzweigen zupfte es herum. Befand ich mich einige Zeit im benachbarten Zimmer, so hörte ich zuweilen kurze Pfeiftöne. Ich kann nicht sagen, dass das Königshuhn weniger lebhaft gewesen wäre als das Steinhuhn, und ich glaube auch, dass sich das Thier in der Gefangenschaft auch in das Sommerleben hinein gefunden hätte. (Beistehendes Bild ist nach einer Farbentafel Mützel's [in dem oben angezogenen Werke: Ornis caucasica nach einem von Dr. G. Radde nach Berlin gesandten Exemplare] angefertigt.)

Knauer.

Der Grünling (Fringilla chloris) in der Gefangenschaft.

Von **Guido v. Bikkessy** jun.

Unter allen unseren einheimischen Singvögeln wird wohl dem Grünling oder Grünfink so ziemlich die wenigste Beachtung gewidmet; man betrachtet ihn eben als „ordinären Körnerfresser", welcher weder durch vorzüglichen Gesang noch durch andere liebenswürdige Eigenschaften sich dem Vogelliebhaber empfiehlt. Doch dem ist nicht ganz so; man kann im Gegentheil behaupten, dass dieser Vogel unter allen kleineren Arten für die Gefangenschaft am besten geeignet erscheint, u. zw. durch seine ungemeine Ausdauer in derselben bei sehr geringer Müheanwendung von Seite des Pflegers; daneben besitzt er aber auch noch andere Eigenschaften, welche ihn als Hausgenossen recht angenehm machen.

In Bezug auf seine Ausdauer übertrifft der Grünling beinahe sämmtliche Stubenvögel, da er sozusagen, beinahe gar keinen Krankheiten unterworfen ist, wenigstens bei halbwegs entsprechender Pflege nicht. Auch geht die Singgewöhnung dieses Vogels viel leichter von statten wie bei den meisten anderen Stubenvögeln; während nämlich selbst bei seinen nahen Gattungsverwandten aus dem Finkengeschlechte als: Stieglitz, Hänfling, Zeisig u. s. w. die frischgefangenen Exemplare (wie ich leider selbst mehrmals erfuhr) sehr oft dahinsterben, manchmal sogar dann noch, wenn sich dieselben anscheinend leicht eingewöhnten, pflegt dies beim Grünling nur selten vorzukommen; nur muss man es vermeiden, dieselben zur Winterszeit allsogleich in die warme Stube zu bringen, da solch' plötzlichem Temperaturwechsel auch die übrigens dauerhafte Gesundheit dieser Vögel nothwendigerweise unterliegen muss. Ueberhaupt thut man am besten dieselben in einem ungeheizten Raume unterzubringen, wie ich schon einmal in Betreff sämmtlicher Körnerfresser Gelegenheit hatte zu erwähnen. Bezüglich der Nahrung erscheint kein anderer Stubenvogel anspruchsloser wie unser Grünling; öhlige Sämereien, namentlich Hanf, sowie im Frühling und Sommer möglichst häufig Grünkraut genügt vollkommen um denselben Jahre lang bei bester Gesundheit zu erhalten. Mehlwürmer und andere Fleischnahrung, welche bei manchen Körnerfressern als: Buchfink, Zeisig u. a. m. vom Standpunkte der rationellen Vögelpflege zur Frühlings- und Sommerszeit als durchaus erforderlich erscheint, wird hier gar nicht beansprucht, da eben dieser Vogel durch die Form seines Schnabels ausschliesslich auf vegetabilische Nahrung angewiesen zu sein scheint, wiewohl dies bei anderen Arten von ähnlicher Schnabelbildung nicht immer der Fall ist; im übrigen hat man dieselbe Behandlungsweise anzuwenden wie bei seinen Gattungsverwandten.

Schon einigermassen durch seinen Gesang, noch viel mehr aber durch sein im ganzen recht hübsches Gefieder sowie durch seine bedeutende Zähmbarkeit, verdient dieser Vogel die volle Aufmerksamkeit des Liebhabers.

Obwohl durchaus nicht zu den vorzüglichen Sängern zählend und in dieser Hinsicht einigen anderen Arten aus dem Finkengeschlechte, wie Hänfling, Stieglitz, Zeisig u. a. m., weit nachstehend, klingt sein Gesang im Ganzen durchaus nicht unangenehm; einige Strophen desselben sogar recht lieblich. In Betreff seines Gefieders verdient der Grünfink den schöneren Arten unserer einheimischen Vogelwelt mit vollem Rechte beigezählt zu werden, da einzelne Partien seines Gefieders namentlich aber die Brust, durch ihre wirklich schöne grasgrüne Färbung beinahe an das Federkleid des Amazonenpapageies erinnern. Was die bereits erwähnte Zähmbarkeit des Grünfinken anbelangt, so kann ich aus Erfahrung versichern, dass alt eingefangene Wildlinge stets einen gewissen Grad von Wildheit mehr oder minder behalten; jungaufgezogene hingegen sind eines hohen Grades von Zähmung fähig und sogar ziemlich gelehrig. Ich sah mehrmals welche, die auf Ständen freistehend, gleich den dazu abgerichteten Kanarienvögeln auf blosses Commando ihres Pflegers Druckzettel zogen und sich von denselben ohne die mindeste Scheu greifen liessen. Infolge dieser grossen Zähmbarkeit dürfte es auch unschwer gelingen, jungaufgezogene Grünlinge bei anpassendem Raume und gehörigen Vorkehrungen in der Gefangenschaft zum Nisten zu bringen; auch lässt sich dieser Vogel mit dem Kanarienweibchen paaren und jedenfalls sind die auf diese Art gezogenen Bastarde noch viel dauerhafter und viel weniger Krankheiten unterworfen als die echten Kanarienracen, wenn sie auch andererseits in Betreff des Gesanges denselben nachstehen dürften. Es dürfte jedoch anzurathen sein, zu dieser Gattung Zucht bloss die Weibchen von möglichst grossen und starken Kanarienracen zu verwenden, da der Grünling die meisten an Grösse und Stärke übertrifft. Schliesslich bleibt mir noch zu erwähnen übrig, dass dieser Vogel als unverträglich anderen Vögeln gegenüber von Manchen übel beleumundet wurde; dies ist jedoch nicht ganz begründet; wenn auch vielleicht zuweilen alteingefangene Grünlinge gegen andere Vögel unverträglich sich zeigen und selbst manchmal ein wenig ausarten, so ist dies doch im Ganzen nicht sehr häufig der Fall, indem viele Exemplare sich durch ihre Friedfertigkeit vor anderen Vögeln, als z. B. den Distelfinken geradezu vortheilhaft auszeichnen. Bei jungaufgezogenen Grünfinken dürfte dies noch mehr der Fall sein, da dieselben wie vorhin erwähnt, im allgemeinen zutraulicher zu sein pflegen.

Ueber das Aufhängen der Nistkästen für Vögel und über Futterplätze für Vögel im Winter hat Hofrath Prof. Dr. K. Th. Liebe auf Ansuchen der Section für Thierschutz der Gesellschaft von Freunden der Naturwissenschaften in Gera zwei gemeinverständliche Schriftchen verfasst, auf die wir die Vogelfreunde und Thierschutzvereine hiermit aufmerksam machen. In Anbetracht des guten Zweckes hat die Verlagsbuchhandlung von Theodor Hofmann in Gera (Reuss) nur gegen Erstattung der Druck- und Versandtkosten den buchhändlerischen Vertrieb übernommen und können beide Schriften unter den Titeln: „Winke betreffend das Aufhängen der Nistkästen für Vögel" und „Futterplätze für Vögel im Winter" bezogen werden. Für jede derselben sind nachfolgende Preise festgesetzt: 1 Expl. 0,20 M., 10 Expl. 1,50 M., 25 Expl 2,50 M., 50 Expl. 3,50 M. und 100 Expl. 4,50 M. Wir empfehlen diese bewährten Fingerzeige allen Vogel- und Thierschutzvereinen zur baldigen Bestellung und bemerken, dass bei Einsendung des Betrages per Postanweisung oder in Briefmarken an die oben genannte Firma portofreie Zusendung erfolgt.

Die Brieftaubendressur zum Hin- und Rückflug.

Von **Robert Eder.**

Indem ich mich auf jene, die Abrichtung der Brieftaube zum Hin- und Rückflug behandelnden Artikel in den zwei vorhergegangenen Jahrgängen dieser Mittheilungen beziehe, erlaube ich mir nochmals auf dieses Thema zurückzukommen.

Es wird schwer halten, dass Abrichtungsversuche zum Hin- und Rückflug der Brieftaube von privater Seite eingeleitet werden, da doch zu einem solchen Versuche zwei Personen nöthig sind, welche sich der Aufgabe vollkommen widmen können. Es ist aber schwierig einen Partner zu finden, dem die nöthige Zeit zur Verfügung steht und der genügend Geduld einem so zeitraubenden und mühevollen Dressurversuche entgegenbringt. Und doch könnte eine derartige Abrichtung der Brieftaube von grossem Nutzen sein. Es sei mir daher die Bemerkung hier gestattet, dass vielleicht der Leiter einer Militärbrieftaubenstation leichter in der Lage sein würde, die Abrichtung, zu welcher eben Specialisirung gehört, durchführen zu lassen.

Obwohl die Thatsache einer in den letzten Jahren gelungenen Dressur, von welcher Herr Hofrath Dr. A. B. Meyer im 10. Jahrgang dieser Blätter pag. 308 erzählt, als Beweis für die Möglichkeit einer derartigen Abrichtung genügend ist, so will ich doch noch andere Belege aus der Literatur anführen, welche gleichzeitig beweisen, dass die Alten mit der Taubenpost weiter waren, als dies heute der Fall ist.

Vorerst weise ich auf den interessanten Artikel in den „Blättern für Geflügelzucht" Nr. 33/35, letzter Jahrgang: „Zwei arabische Schriftsteller über Tauben und Brieftauben" von Abicht Kauern hin, in welchem unter Anderem mitgetheilt wird, dass es unter dem Chalifen Almustasim ausnahmsweise gelungen sein soll, Tauben so abzurichten, dass sie nicht nur zwischen zwei, sondern zwischen drei und mehr Stationen circulirten, und ebendaselbst wird von Nûraddîn, welcher nach dem im Jahre 1146 plötzlich erfolgten Tode seines Vaters Zanki sich eine ausgedehnte Herrschaft erobert hatte, erzählt, dass er eine weitverzweigte Taubenpost in seinem Reiche eingerichtet hatte und ihm das Neue gelang, dass die Tauben nach den gewünschten Stationen hinflogen und zu ihm zurückkehrten.

Die nun folgende Notiz über die Benützung der Brieftaube zum Hin- und Herflug entnehme ich einem, wie ich glaube, bisher nicht bekannten Taubenbuche, welches zu Ulm im Jahre 1790 erschienen und „Nützliches und vollständiges Taubenbuch, oder genauer Unterricht von der Tauben Natur, Eigenschaften, Verpflegung, Nahrungsmitteln, Krankheiten, Nutzen, Schaden u. s. w." betitelt ist. Der anonyme Autor bezeichnet sein Buch als das erste Taubenbuch, da er in der Vorrede sagt: „Ein eigenes Taubenbuch ist meines Wissens noch nicht gedruckt, wenigstens ist mir, und auch Anderen, welche ich darüber gefragt habe, keines zu Gesicht gekommen". Im §. 41, Seite 49 wird die Posttaube behandelt. Von ihr heisst es: „Einige zweideutige Spielarten, welche wahrscheinlicher Weise aus den angeführten entstanden sind, berühre ich bloss dem Namen nach. Es gehört hieher . . . . 4. Die Posttaube, welche viele Aehnlichkeit mit der türkischen hat, und auch die türkische oder persische Post- oder Brieftaube genannt wird. Man soll sich derselben vor Zeiten bedient haben, um Briefe sehr schnell in die Ferne zu schicken".

Zu dieser kurzen Beschreibung der Posttaube findet sich folgende für mein Thema sehr beachtenswerthe Bemerkung auf Seite 49 und 50.

„Wenn man diese Tauben an zwei entlegenen Oertern angewöhnt, und an beiden füttert, so fliegen sie beständig hin und her. Man kann ihnen sodann kleine Briefe oder Zettelchen unten an den Flügeln anhängen, welche sie nach dem anderen Orte in einem Flug hinbringen, wo man auf sie wartet, ihnen in ihrem Taubenschlag das Briefchen abnimmt, und sie mit einer Antwort nach dem vorigen Orte zurückschickt."

„Das Vaterland dieser Tauben ist vermuthlich das Morgenland, Damaskus, das gelobte Land u. s. w. Man soll sich ihrer zum Briefversenden ehemals am stärksten in Aegypten bedient haben, z. B. in Cairo. Eine solche Taube macht in einem Tage eine Reise, die ein Fussgänger in sechs Tagen unmöglich vollenden kann. Auch zu Aleppo in Syrien hatte man solche Tauben, welche vor Ablauf sechs völliger Stunden Briefe von Alexandretta bis Aleppo, also zweiundzwanzig starke Meilen weit brachten." —

„Eine Taube, die hierzu gebraucht werden soll, muss zuvor in einem offenen, d. h. ganz durchsichtigen Käfig den Weg, den sie nachher machen soll, getragen werden, und an beiden Orten ein bestimmtes Taubenhaus haben. Dabei müssen sie immer an beiden Orten wohl gefüttert werden. Es versteht sich also von selbst, dass man sie nicht willkürlich an jeden Ort mit Briefen senden kann, denn sie machen immer nur wieder ihren alten Weg."

Wie aus dem Mitgetheilten zu entnehmen, benützte man schon vor circa 800 Jahren die Brieftaube zum Botendienst mit Hin- und Rückflug und vor circa 100 Jahren wusste man noch von dieser Art der Abrichtung zu berichten; seither aber ist diese Art der Benützung der Brieftaube ganz in's Vergessen gerathen, bis der Fall Bronkhorst die Möglichkeit der Dressur zum Hin- und Rückflug bewies und diese Frage wieder in Fluss brachte. Möchten doch diese Zeilen zu Versuchen anregen.

Die Musterbrieftaube englischer Ausstellungen nach dem Ideale der Preisrichter soll eine von den Schnabelwarzen bis zum Nacken elegant gebogenen, zwischen den Augen breiten Kopf haben.

dessen Profil von der Schnabelspitze nicht eiförmig sein darf der Schnabel muss höher als die Warzen sein; der Schnabel soll gross, festschliessend sein, von der Mitte der Augen bis an die Spitze nicht mehr als 3 cm haben; die Schnabelwarzen dürfen nicht zu gross sein, sollen flach sein und gegen den Kopf hin leicht aufsteigen; das Auge soll stark hervorragen, die Haut um dasselbe möglichst schmal und dunkelfärbig sein, die Körperhaltung sei eine aufrechte, die Brust breit, voll, die vorn vom Körper freien Flügel mit guten Muskeln und Knochen; die Flügelfedern I. Ordnung, ebenso die II. Ordnung müssen sehr breit sein und einander in der Reihenfolge halb bedecken, bei aufrechter Haltung der Taube von oben den Schwanz berühren, so dass sie zu beiden Seiten einen Triangl bilden; die Füsse dürfen nicht zu kurz sein; der Schwanz muss klein sein; die Federn müssen dem Körper fest anliegen. Unter den verschiedenen Farbenvarietäten haben die ganz genagelten den Vorzug.

Vermischte kleinere Mittheilungen.

Der Kampf zwischen zwei Adlern ist nach der Photographie*) eines japanischen Original-Gemäldes ausgeführt und zeigt uns, wie meisterhaft die Künstler aus dem fernen Inselreiche im Osten es verstehen, das Leben und Treiben der Thiere in der Natur einzig treu zu belauschen. Auf einer im letzten Sommer in Ulm stattgefundenen Ausstellung japanischer Erzeugnisse der Kunst, Industrie und Gewerbe erregte obiges Bild mit Recht die allgemeine Bewunderung. Die Original-Abbildung, welche, wie fast alle japanischen Gemälde, auf einer Rolle dargestellt wird, ist das Eigenthum des Herrn Dr. Baelz, welcher schon seit einer Reihe von Jahren eine hervorragende Stellung als Professor der Ornithologie an der Universität Tokio einnimmt und während seines dortigen Aufenthaltes die beste Gelegenheit hatte, eine grössere Anzahl kostbarer japanischer Kunst-Gegenstände zu sammeln. Die Abbildung erbittert kämpfender Raubvögel ist in der Tusch-Schnellmalerei, in der sie unübertroffen dastehen, ausgeführt, und sind die beiden Adler in halbnatürlicher Grösse abgebildet. Man muss das Original-Gemälde gesehen haben, um sich einen richtigen Begriff der prächtigen Darstellung zu machen — denn man glaubt den Kampf auf Leben und Tod der erbitterten Vögel vor sich zu haben, der siegesbewusste Blick des oberen Adlers; der scheinbar seinen schwächeren Gegner bewältigt hat, ist meisterhaft wiedergegeben. Man sieht förmlich, wie sich das Gefieder der wüthend kämpfenden Raubvögel durch die Aufregung, in der sie sich befinden, sträubt, während einzelne im hitzigen Streite ausgerissene Federn hervor flattern und sich deutlich von dem Hintergrunde abheben. Der Anblick des herrlichen Vogelpaares wirkt unwillkürlich imponirend auf den Beschauer ein — denn der Adler zeigt uns hier durch seine Kraft und Schönheit: „Ich bin der König unter allen Vögeln, der hoch oben in den Lüften thront! Wer nimmt es mit mir auf?“ Beim Betrachten dieses japanischen Meisterstückes, wird man zur Bewunderung hingerissen und findet es nur zu begreiflich, dass „Japan“ mit seinen genialen geschmackvollen und originellen Erzeugnissen der Kunst und Industrie, sowie kein zweites fernes Land, sich bei uns eingebürgert hat und Mode geworden ist.

Freifrau von Ulm-Erbach, geb. von Siebold.

*) Nach einer uns übersandten Photographie durch Phototypie im Halbton vervielfältigt. Die Red.

Richtigstellung zu Dr. H. v. Kadich „Hundert Tage im Hinterlande.“

Seit dem 27. November von Wien abwesend und anlässlich der Kahlwildjagden bis zum 23. December in Kiritein weilend, vor wenigen Tagen erst hierher zurückgekehrt, bin ich erst heute in der Lage, einige Unrichtigkeiten richtig zu stellen, welche sich in meinem, in den Mittheilungen des Ornithologischen Vereines in Wien enthaltenen Verzeichniss der von mir in der Herzegovina beobachteten, beziehungsweise erlegten Ornisarten finden und auf welche ich von unserem Ehrenmitgliede Herrn von Tschusi zu Schmidhoffen mittelst Schreibens vom 11. und 21. November aufmerksam gemacht worden bin. Ich lasse nun die betreffenden Passus, in denen Herr von Tschusi in seinem Schreiben vom 11. November diese Berichtigungen vornimmt, wörtlich folgen, da ich hiedurch jeden Irrthum am besten zu vermeiden hoffe.

1. „Pag. 157 des genannten Journals rechts wurden Cinclus aquaticus var. meridionalis Br. (albicollis Salv. und Passer Italiae (cisalpinus) für die österreichische Monarchie als neu angeführt. Dies ist ein entschiedener Irrthum. Ersteren führt Chr. Ludwig Brehm bereits 1855 (vollständiger Vogelfang pag. 222) aus Kärnten an und ich 1877 (Vogel Salzburgs pag. 31) aus Salzburg; letzterer ist ja bekanntlich ein häufiger Vogel Süd-Tirols und findet sich auch in verschiedenen Theilen Istriens.“

2. „Was Grus virgo anbelangt, so steht im Hofmuseum ein ♂ aus Szegedin (20 VI. 1858) aus Fingers Collection.“

3. „Was Budytes anbelangt, dessen verschiedene Formen ohne Vergleichsmaterial nicht leicht zu erkennen sind und daher häufig verwechselt werden, so sah ich die ersten unzweifelhaften Exemplare von melanocephala Lichtenst. aus Oesterreich-Ungarn bei Dr. von Lorenz, der sie in Dalmatien erlegt hatte."

Soweit Herrn von Tschusi's Berichtigung, zu der ich — pro domo — nur Folgendes zu bemerken habe. — Ich habe das am Schluss meiner Abhandlung „Hundert Tage im Hinterlande" angefügte Verzeichniss der herzegowinischen Ornis innerhalb sehr kurzer Zeit zusammengestellt, da die Arbeit dem Drucke zugeführt werden musste und die Drucklegung, beziehungsweise Fortsetzung der Artikelserie nicht nach meiner damals entfallenden Reise nach Deutschland zu verschieben war (November, December 1886). Bei Zusammenstellung dieses Verzeichnisses habe ich mich ausschliesslich an den I. Jahresbericht (1882) (Wien 1883) des Comités für ornithologische Beobachtungs-Stationen gehalten, in dem von Grus virgo pag. 155 nur die Notiz enthalten ist: „Feldegg soll diese Art in Dalmatien gefunden haben". — Cinclus meridionalis var. Chr. Lud. Brehm nur erwähnt wird; Passer Italiae (cisalpinus) gar nicht genannt ist. Andere literarische Hilfsmittel zu benützen war mir bei der Kürze der Zeit unmöglich und so konnten die erwähnten Irrthümer sich leicht einstellen, deren Richtigstellung ich — dem Rechte der Wahrheit huldigend — gerne hiemit veranlasse. Im allgemeinen enthalten die Schreiben des von mir sehr verehrten Herrn von Tschusi auch noch für mich ausserordentlich schätzenswerthe Hinweise über Nomenclaturen, Benützung literarischer Hilfsmittel und Quellen etc., für die ich Herrn von Tschusi umso mehr zu Dank verpflichtet bin, als durch ihre Beachtung, Irrthümer dieser Art unmöglich werden. In meinem Ende Jänner erscheinenden Werke: „Die höhere Thierwelt der Herzegowina" kommen sie nicht mehr vor.

Wien, 26. December 1887. **Dr. Hans von Kadich.**

Gegen die so häufige Croup, Diphtherytis, Pips genannte Halskrankheit des Geflügels empfiehlt M. J. Schuster in der „Zeitschrift für Geflügel- und Singvögelzucht" Einpinselung des Rachens und der Nasenlöcher mit Petroleum. Meist hilft schon eine einmalige Einpinselung.

Ist die Haustaube für die Oekomomie nützlich oder schädlich? Pfarrer Snell in Hohenstein (Nassau), Bonizzi in Italien, Zorn in Pappenheim (Baiern), Beffroy in Frankreich u. A. haben durch sehr eingehende Beobachtungen den Nachweis erbracht, dass die Tauben nicht so sehr den Nutzsämereien als vielmehr mit Vorliebe dem Samen einer Reihe sehr lästiger Unkräuter nachgehen, insbesondere dem Samen der Vogelwicke, der Ackerwinde, Wucherblume, Kornblume und von diesen unglaubliche Mengen (eine Taube täglich über 8000 Vogelwickensamen) verzehren, so dass dieser ihr Nutzen durch Beseitigung so vielen Unkrautes das Mitauflesen freiliegender Nutzsamen weitaus wettmacht.

Halbalbino von Turdus viscivorus. Als ich den 21. November l. J. von der Jagd heimkehrte, flog vor mir ein stark weissgefleckter Vogel auf, den ich im ersten Moment für einen Tannenheher hielt — in meiner Gegend wurde der erste Tannenheher heuer den 27. October erlegt — und den ich trotz des dichten Nebels sofort zu verfolgen begann. Endlich gelang es mir den Vogel auf der Spitze eines Eichbaumes zu erspähen und wohl oder übel musste ich, da ich kein dünneres Blei hatte, mit Schrott Nr. 6 loskrachen. Wer beschreibt meine Freude, als ich ein schönes Halbalbino-Exemplar von turdus viscivorus, wenn auch furchtbar lädirt, vor mir hatte. Es ist mir nicht möglich eine genauere Beschreibung zu geben, da ich den Vogel, um ihn für unser National-Museum zu erhalten, sofort an Herrn Prof. Brusina sandte, der in gewohnter Liebenswürdigkeit sicherlich Jedem, der sich für die Sache interessirt, nähere Auskunft geben wird.

Pozuanovec, 10. December 1887.

Adolf Ritter.

Eine Geschichte aus dem Vogelleben.

Ein schöner, sonniger Herbstmorgen war es, der uns zu einem „Bummler" in die prächtigen Anlagen unseres Stadtparkes einlud, dessen respectablen Hintergrund die im Norden angrenzenden, gebirgigen Weingärten bilden, von wo zur Zeit die reifenden Trauben lächelnd herüber winkten, gute Ernte verheissend. „Noch vierzehn Tage und die segensreiche, das steirische Unterland beglückende Weinlese kann beginnen. Und wenn einmal die heuer überaus reichlich beladenen Weinreben der köstlichen Frucht entledigt sein werden, dann eröffnet sich dieses Terrain auch uns Jägern wieder". So die Bemerkung meines Freundes, der ein gewaltiger Nimrod vor Gott dem Herrn. Das auf diese Weise eingeleitete Gespräch über Jagd und deren Vergnügen bildete den weiteren Unterhaltungsstoff auf unserer Wanderung durch den Park. Da mit einem Male bemerkten wir, nicht ohne Ueberraschung, einen wohl über tausend Stück zählenden Zug von Schwalben, welcher vom fernen Norden kommend, auf seiner grossen Reise nach dem Süden hier innehielt, um in den Wellen des Parkteiches ein stärkendes Bad zu nehmen. Warum sie gerade dieses wenig einladende, eben nicht krystallhelle Gewässer wählten, dass wissen die — Schwalben! Genug, sie thaten es und badeten und tranken da mit einer Lust, welche jedem Zuschauer eine wahre Freude bereiten musste. Wie schwärmende Mucken bildeten sie eine himmelhohe Säule über dem Wasserspiegel, über welchem die untersten hinflatterten, der trauten Welle einen stillen Gruss des rauhen Nordens entbietend, sie durch Eintauchen ihres zarten Brüstchens liebkosend oder auch gelegentlich einen erquickenden Schluck machend.

Ungeachtet dieses tollen Durcheinanderschwärmens herrschte dennoch eine bewunderungswürdige Ordnung. Etwa zehn Minuten lang beobachteten wir dieses höchst anziehende und interessante Schauspiel, als es plötzlich, wie aus einem Munde, ertönte: „O, das arme Thierchen!" Wir bemerkten nämlich gleichzeitig vor uns eine Schwalbe auf der Oberfläche des Wassers umherplätschern, welche die grössten Anstrengungen machte, sich wieder aus dem Wasser zu erheben. Allein, vergebens!

Vermuthlich hatte sich das zarte Vöglein zu tief getaucht und die vom langen Fluge ermatteten Schwingen hatten nicht mehr die Kraft, den Körper mit raschem Schlage wieder aus den Wellen emporzuschnellen. Das Thierchen schien verloren. Hilfe konnte man ihm nicht leisten; es war in der Mitte des Teiches. Da wendete sich die Schwalbe auf einmal gegen die im Centrum des Teiches um den spielenden Springbrunnen angebrachte Steingruppe, welche sie, mühsam herbei schwimmend, zu unserer besonderen Freude auch thatsächlich erreichte. Dann verkroch sie sich in ein dort befindliches Schilfbüschel, in welchem sie jedenfalls von der grossen ungewohnten Anstrengung ausruhte und sich erwärmte. Nach einer Viertelstunde erst konnte man aus der Bewegung des Schilfes entnehmen, dass die Schwalbe sich wieder zu regen beginne und bald konnte man sie ganz wahrnehmen, da sie im weniger dichten Grase, ein sonnigeres Plätzchen suchte. Gerne hätten wir noch den Aufflug des Vogels abgewartet, allein die Berufspflicht rief meinen Freund ab und ich gab ihm ein Stück Weges das Geleite. Nach beiläufig einer halben Stunde kam ich wieder in die Nähe des Parkteiches und konnte nicht umhin, nachzusehen, ob das Vöglein noch da sei. Ich spähte nach der Stelle hin, wo ich es vermuthen konnte, ich suchte und schaute, — jedoch vergebens, wahrscheinlich hatte sie im raschen Fluge schon die Ihrigen erreicht und ihnen von den Erlebnissen am Marburger Stadtparkteiche erzählt.

Mit diesen beruhigenden Gedanken wollte ich eben den Heimweg antreten, als plötzlich das Zwitschern einer Schwalbe an mein Ohr drang. Ich blickte rings umher, und so viel ich auch spähen mochte, — nirgends eine Schwalbe. Sollte ich mich denn getäuscht haben? Unmöglich! — Doch horch! Da ertönt nochmals ganz deutlich vernehmbar der Ruf der Schwalbe vom Teiche her, es war kein Zweifel mehr, sie war noch dort. Um auch nach der anderen Seite hin besser sehen und beobachten zu können, verliess ich meinen Standort und siehe da! schon nach einigen Schritten gewahrte ich das Vöglein auf der Spitze eines ungefähr meterhoch über dem Wasser emporragenden Steines. Mit sichtlichem Behagen richtete es sein Federkleidchen zurecht, — es dehnte und streckte sich und zog die Schwungfedern durch den Schnabel; nun hob es prüfend die kleinen Schwingen. Jetzt und jetzt musste es auffliegen! — Da auf einmal schnellt in mächtigem Schwunge vom Fusse des Steines aus ein gewaltiger Teichfrosch empor, erfasst das arglose Schwälbchen und stürzt mit seinem kläglich schreienden Opfer in ununterbrochenem Sprungfluge auf der anderen Seite des Steines in die Flut. Dieser meuchlerische Ueberfall war das Werk eines Augenblickes.

Mich erfasste eine eigenthümliche Wehmuth und mich von dem Orte dieser scheusslichen That rasch abwendend, entschlüpften im flüsternden Tone unwillkürlich meinen Lippen die Gedanken: „Du arme Schwalbe, du! So elend und jammervoll musstest du enden! Du, die unübertreffliche Schnellseglerin der Lüfte musstest von einem an die Scholle gefesselten Lurch gefangen und ertränkt untergehen in jenen Fluthen, in welchen du Erquickung und Labung suchtest." A. St.

Marburg a. D., im October 1887.

Aus anderen Vereinen.

Verein für Naturwissenschaften in Braunschweig. In der Sitzung vom 27. October v. J. machte Dr. R. Blasius einige Mittheilungen über den diesjährigen Wanderzug des sibirischen Tannenhehers (Nucifraga caryocatactes leptorhynchus, R. Blas.), in dem er auf seinen im Winter 1885/86 im Verein gehaltenen, den damaligen Wanderzug des schlankschnabligen Tannenhehers betreffenden Vortrag und seine sich daran schliessende monographische Arbeit, veröffentlicht in der „Ornis", 1886, Heft 4, verwies. Die erste Nachricht über eine diesjährige Wanderung erhielt der Vortragende aus Lippine O. S., wo der Lehrer Herr G. Weiss am 23. September ein bei Beuthen O. S. erlegtes Exemplar zum Ausstopfen erhielt. — Nach anderer brieflicher Nachricht bekam Herr G. Schneider in Basel am 29. September einen bei Engelberg am Vierwaldstädtersee frisch geschossenen ebenfalls schlankschnabligen Tannenheher. — Herr Baurath Pietsch aus Torgau schreibt, dass er am 8. October in der Nähe des Entenfanges an dem dortigen grossen Teiche aus einem Fluge von vier Stück einen exquisiten „Schlankschnabel" erlegt habe, und theilt ferner mit, dass Rey und Schlüter in dieser Zeit einige schlankschnäblige Tannenheher aus der Gegend von Leipzig, bezüglich Halle erhalten hätten. Das Exemplar aus Torgau legte der Vortragende durch die Güte des Baurath Pietsch, der es übersandt hatte, vor im Vergleich mit „Schlankschnäbeln" aus Asien und „Dickschnäbeln" aus den europäischen Gebirgen. —Auch hier bei Braunschweig wurde am 17. October ein schlankschnäbliger Tannenheher erlegt, der ebenfalls (derselbe war Herrn Krull zum Ausstopfen übersandt) zur Demonstration mitgebracht war und, wenn auch der Schwanz durch den Schuss vollständig zerstört war, in der Bildung des Schnabels ganz die charakteristischen Kennzeichen des sibirischen Tannenhehers hatte. — Ausserdem ist der diesjährige Tannenheherzug auch in Norwegen und Dänemark beobachtet. Herr Professor Collett schreibt aus Christiania, dass zur Zeit eine ziemlich zahlreiche Einwanderung des schlankschnabligen Tannenhehers im südlichen Norwegen beobachtet würde, dass die Vögel aber nicht in grösseren Massen, sondern nur einzeln oder in kleineren Trupps vorkämen und dass die ersten Anfang September erlegt worden seien. — Herr Professor Lütken theilt aus Kopenhagen mit, dass eine ziemlich grosse Anzahl von Tannenhehern in diesem Herbste in Dänemark erlegt wurden und dass sämmtliche im Museum eingelieferten Exemplare der schlankschnäbligen Form angehörten. — Ausserdem findet sich in Nr. 10 der „Mittheilungen des ornithologischen Vereines in Wien" die Mittheilung von Herrn von Tschusi, dass er soeben (2. October) einen frisch geschossenen „Schlankschnabel" aus Oedenburg in Ungarn erhalten habe, und Herr Professor Zahrádnik theilt mit, dass am 15. September bei Kremsier in Mähren die Tannenheher erschienen seien.

Es unterliegt hiernach wohl keinem Zweifel, dass auch in diesem Jahre ein weit verbreiteter (Norwegen, Dänemark, Deutschland, Mähren, Ungarn und Schweiz) Wanderzug des sibirischen Tannenhehers stattgefunden hat, und es dürfte erwünscht sein, möglichst viele Notizen über diesjährige Tannenheher-Beobachtungen zu sammeln. Der Vortragende bittet um Einsendung der erlangten Exemplare oder kurze Mittheilung der Beobachtungen.

Recensionen und Anzeigen.

1. Dritter Jahresbericht (1884) des Comité's für ornithologische Beobachtungsstationen in Oesterreich-Ungarn. Redigirt von Victor Ritter v. Tschusi zu Schmidhoffen und W. v. Dalla-Torre (Separatabdruck aus „Ornis", Jahrgang 1887). Wien. Carl Gerold's Sohn. 1887.

Wieder liegt ein Jahresbericht des Comité's für ornithologische Beobachtungsstationen unserer Monarchie vor, der einen deutlichen Beweis dafür liefert, dass der Sinn für Vogelkunde und Vogelbeobachtung in immer weitere Kreise dringt; denn obschon das späte Erscheinen des II. Jahresberichtes viele früheren Beobachter glauben machte, dass das Unternehmen aufgelassen worden sei und sie daher diesmal mit ihren Beobachtungen ausblieben, so bringt der vorliegende Band gleichwohl Mittheilungen über 322 Vogelarten von 60 Beobachtern.

Der allgemeine Theil (Schilderung der Beobachtungsgebiete, nebst allgemeinen Angaben über den Vogelzug, S. 13—25) ist von Dr. Wilhelm Niedermair in Hallein, der specielle Theil (S. 25—352) von Prof. Dr. v. Dalla-Torre in Innsbruck zusammengestellt. Den Schluss bilden allgemein gehaltene Beobachtungen S. 352—355 und locale Beobachtungen über den Zug (S. 356). Die Seiten I bis XI bringen ein systematisches Verzeichniss der angeführten Arten. Das erste Mal erscheinen in dem Berichte Dank den Bemühungen des Prof. Spiridion Brusina, des Mandatars für diese Länder, Croatien und Slavonien vertreten. Die Zusammenstellung der aus Böhmen und Schlesien eingegangenen Berichte und wo nöthig auch die Uebersetzung, besorgten die Herren Dr. W. Schier in Prag und Em. Urban in Troppau. Die Durchsicht und Prüfung der gesammten Manuscripte und die gesammten Correcturen, eine mühselige Arbeit, die nur der zu würdigen vermag, der weiss, welche Schwierigkeiten bei undeutlichen Manuscripten die Richtigstellung der Orts- und Personennamen bereitet und wie wenig viele Beobachter sich an die Instructionen halten — wurde von Herrn V. Ritter v. Tschusi besorgt, von dem auch das Vorwort (2—4), in welchem die 19 Mandatare für Oesterreich-Ungarn genannt sind, und der „Ueberblick über die ornithologische Literatur der Monarchie 1884" verfasst ist. S. 11—13 werden die 60 Beobachter namhaft gemacht.

Indem wir hier diesen dritten Jahresbericht zur Anzeige bringen und uns dessen Autoren für ihre Mühewaltung im Dienste der ornithologischen Wissenschaft zu grossem Danke verpflichtet fühlen, können wir nur lebhaft wünschen, dass die Zahl der Beobachter aus den verschiedenen Provinzen eine immer grössere werden möge. Vogelkundigen, die dem nächsten Berichte ihre Beobachtungen zur Verfügung zu stellen wünschen, sei hier mitgetheilt, dass die nöthigen Instructionen vom Präsidenten des Comité's Herrn Victor Ritter von Tschusi zu Schmidhoffen, Villa Tännenhof bei Hallein (Salzburg) franco erhältlich sind.

Dr. K.

2. Berichte über die von der kaiserl. Akademie der Wissenschaften ausgerüsteten Expedition nach den neusibirischen Inseln und dem Jana-Lande. Von den Reisenden Dr. Alex. Bunge und Baron Eduard Toll. (Schluss.) Mit 5 Karten. (Separatabdruck aus den: „Beiträgen zur Kenntniss des russischen Reiches und der angrenzenden Länder Asiens. 3. Folge. Band III.") St. Petersburg. 1887.

Mit dem vorliegenden Bande (S. 169—350) erscheint der interessante Bericht dieser Expedition abgeschlossen. Er berichtet über den ferneren Gang der Expedition, die Reise nach den neusibirischen Inseln, den Aufenthalt auf der grossen Ljachof-Insel (Berichterstatter Dr. A. Bunge), die Fahrten auf den neusibirischen Inseln und den Aufenthalt auf der Insel Kotelnyi (Baron Eduard Toll), von Dr. A. Bunge auf den neusibirischen Inseln und von Baron Eduard Toll auf den neusibirischen Inseln und im Jana-Lande angestellte meteorologische Beobachtungen (bearbeitet vom Physikus R. Bergmann). Die beigegebenen Karten betreffen die grosse Ljachof-Insel, die im Eismeer neuentdeckten Länder und Küsten (1811 zusammengestellt), die neusibirischen Inseln nach den Aufnahmen des Lieutenants Anjou (1821—23), die neusibirischen Inseln mit dem Jana-Land nach den Aufnahmen der Expedition, die drei Ljachof'schen Inseln (nach einem Plane von 1808.) S. 210 bis 221 werden auch ornithologische Beobachtungen aus dem Jahre 1886 mitgetheilt, auf die wir noch zurückkommen.

Dr. K.

---

3. Die Blutgefässkeime und deren Entwicklung bei einem Hühnerembryo. Von Dr. N. Uskow. Mit 2 Kupfertafeln. (Mémoires de l'académie impériale des scienc. de St. Petersburg. VII. Séria. Tome XXXV. Nr. 4.) 1887.

Inhalt: I. Die Entstehung des Gefässkeimes aus dem Mesoblast. II. Peripherische Theile der Embryonalplatte. III. Die Entstehung des Gefässkeimes aus dem Hypoblast. IV. Die Bildung des Blutes und der Gefässe.

Der Autor widerlegt, nachdem er zuerst die von früheren Forschern gemachten Untersuchungen und daraufhin aufgestellten Thesen geprüft und dann seine eigenen Forschungen dargelegt, die gegen die histogenetische Darstellung der drei Platten (zuerst von His) gemachten Einwürfe und kommt endlich zum Schlusse: 1. Die Bildung des Blutes und der Gefässe bei einem Huhn kann als ein deutlicher Beweis für die Annahme geführt werden, dass das lebendige Protoplasma eines befruchteten Eies in verschiedenen Theilen verschiedene bestimmte Gewebe des Organismus, aus welchen es hervorgegangen ist, enthalten. 2. Man kann die histogenetische Deutung der Remak'schen drei Platten nicht verwerfen. Diese Lehre muss nur durch die Theilung der Platten in verticaler Richtung ergänzt werden.

Dr. K.

4. Beschreibung einiger Vogelbastarde. Von Theodor Pleske. Mit 1 Tafel. (Ebenda. Tome XXXV. Nr. 5.) 1887.

Der Verfasser behandelt in dieser Schrift 1. einen männlichen und weiblichen Bastard von Tetrao tetrix L. und Bonasa betulina Scop.; 2. einen Bastard von Motacilla flava L. var. belma und Motacilla melanocephala Licht.; 3. einen männlichen Bastard von Parus borealis de Selys. und Lophophanes cristatus L. und 4. einen Bastard von Emberiza citrinella L. und Emberiza leucocephala Gmel. Sämmtliche vier Bastarde sind in dem Werke abgebildet. Wir kommen auf den Inhalt noch zurück.

Dr. K.

5. Diezel's Niederjagd. Sechste umgearbeitete Auflage. Mit 10 Jagdhund-Racebildern in Farbendruck, 112 Holzschnitten, und 22 farbigen Capitel-Vignetten. Berlin. Paul Parey 1887. Pracht-Ausgabe.

In prächtigster Ausstattung liegt ein altbewährtes Werk in neuer Auflage vor uns, die alle die Vorzüge des alten Werkes beibehalten und ausserdem entsprechend den neuen Errungenschaften fast um die Hälfte des Umfanges vermehrt wurde. Die Umarbeitung wurde in trefflicher Weise von einem Schüler Diezel's, dem Premier-Lieutenant a. D. E. v. d. Bosch besorgt. Wir können dem Jäger von Beruf, wie dem aus Liebhaberei, aber auch allen Freunden der freien Natur und ihrer Thierwelt dieses Werk als verlässlichen Rathgeber in Fragen der niederen Jagd und als anregende, durch die prächtigen Tafeln und Vignetten erhöht wirkende Lectüre empfehlen. Auch im Texte sind viele instructive Illustrationen (so sind die im Artikel über den Raubvogelfang gebrachten diesem Werke entnommen) an passender Stelle beigegeben.

Inhalt: (S. 1—888.) Die Jagdhunde. Das Reh. Der Hase. Das Kaninchen. Der Fuchs. Der Dachs. Der Wolf. Die wilde Katze. Der Fischotter. Der Steinmarder. Der Baummarder. Der Iltis. Die Wiesel. Das Rebhuhn. Die Waldschnepfe. Die Becassine. Die wilden Enten. Die wilden Gänse. Die Raubvögeljagd. Die Schiesskunst und die Jagdgewehre der Neuzeit.

Auf den 10 Farbendrucktafeln sind abgebildet: Kurzhaariger, deutscher Vorstehhund (Rüde und Hündin), langhaariger deutscher Vorstehhund (Rüde und Hündin), stichelhaariger deutscher Vorstehhund (Rüde und Hündin), stichelhaariger Dachshund, kurzhaariger Dachshund, langhaariger Dachshund, Schweisshund.

Dr. K.

6. Hans von Kadich, Wald-Fahrten. Wild-, Wald- und Waidmannsbilder aus Oesterreichs Bergen. Neudamm, J. Neumann 1888. 8°, 123 S.

Endlich ein Mal wieder ein Buch über Wild und Wald, auf welches man mit einem Gefühl dankbarer Freude hinweisen kann! Treffliche, zartempfundene und treu und anschaulich gezeichnete Skizzen über einen Gegenstand, der leider nur zu oft von Federn geschildert worden ist, denen nichts als ein gut' Mass sentimentaler Gefühlsduselei und üppiger Einbildungskraft hiezu die Berechtigung verlieh!

Was der Verfasser in dem vorliegenden Buche schildert, hat er selbst gesehen und sich ganz zu eigen gemacht. In warmer überzeugender Darstellung erzählt er uns von seinen Wanderungen, die ihn zu Waidwerk und Vogelfang in die wilden Felsenlabyrinthe düsterer Bergwälder, an die grünen Ufer lieblicher Alpenseen und auf die Kahlen Kuppen der Kalkalpen seiner österreichischen Heimat geführt haben.

Hans von Kadich ist nicht nur ein trefflicher, unermüdlicher Waidmann, der mit Rucksack und Büchse gar manchen Tag in den Bergen herumgestiegen ist, bei Sturm, Regen und Schnee, und sich mit Stolz zur grünen Farbe bekennt, — solcher Männer gibt es mehr! — sondern er ist in ganz hervorragendem Grade auch ein fein fühlender Beobachter der Natur und vermag in frischer Darstellung das wiederzugeben, was er auf einsamen Bergpfaden im stillen Hochgebirge geschaut hat, beim Erwachen der Natur im Frühling und im harten Winter, wenn das Eis die Hochseen bedeckt. Seine Skizzen zeichnen das Jagdwild in Oesterreichs Bergen in trefflicher Darstellung und schildern in gewinnenden Zügen das hart mühselige und gefährliche Leben Derjenigen, die zu Hütern des Waldes und Wildes bestellt sind. Von Kindheit an hat der Verfasser mit den Berufsjägern des Hochgebirges verkehrt, hat mit ihnen gelebt und so ein warmes Verständniss des Charakters und Wesens, des Fühlens und Denkens dieser rauhen aber biederen Söhne des Gebirges gewonnen. Und wie die Beobachtungen gesammelt wurden, so werden sie gegeben: schlicht und einfach aber doch packend und treffend bis in die kleinsten Züge.

Aus innerster Ueberzeugung möchte ich den „Wald-Fahrten“ eine weite Verbreitung wünschen; mögen sich viele Leser an den gesunden und frischen Schilderungen des Verfassers erfreuen! Nicht ein Geringes werden sie dazu beitragen, die Liebe zur Allmutter Natur bei allen Denen zu festigen, denen ungebundenes Streifen in den Bergen und Wäldern höher gilt, als alle die Modethorheiten unseres städtischen Lebens.

Berlin. Hermann Schalow.

Schliesslich bringen wir noch eine uns soeben zugekommene Novität, auf die wir noch zurückkommen, zur Anzeige: Bidrag Till Käneamen om Sibireska ishafokertens Fogelfauna erligt Vega-Expeditionens iakttageker och samlingar bearbesade at J. A. Palmen. (V. 245—511.)

Aus unserem Vereine.

Auszug aus dem Protokolle der Ausschusssitzung vom 9. d. M.

1. Cassier Herr Dr. K. Zimmermann übergibt dem Secretär 17 Mitgliedskarten zur Versendung (s. nachfolgenden Ausweis).

2. Herr Dr. Fr. Knauer stellt sieben Anträge, betreffend die Richtung des Vereinsblattes und dessen Erweiterung, die Vermehrung der Mitglieder, die Erhöhung der Vereinseinnahmen, die Erweiterung der Wirksamkeit des Vereines nach Aussen. Sämmtliche Anträge werden nach eingehender Debatte, an der sich die Herren v. Bachofen, v. Kadich, Zeller, Dr. Zimmermann betheiligten, einstimmig angenommen. Die Richtung des Blattes betreffend, berichtet der Redacteur über die von verschiedener Seite vorliegenden Wünsche; der Zusammensetzung des Vereines aus Fach-Ornithologen, Dilettanten, Jagdfreunden, Züchtern u. s. w. entsprechend dürfe das Organ des Vereines keine der Richtungen vernachlässigen, stehe doch am Kopfe des Blattes: „Blätter für Vogelkunde, Vogel-Schutz und -Pflege, Geflügelzucht und Brieftaubenwesen“, werden daher die Mittheilungen von nun ab wieder alle diese Richtungen pflegen; ohne alle Frage aber müsse der fachlichen Ornithologie vorwiegende Beachtung zu Theil werden; aus all' diesen Gründen werde es sich empfehlen, diese verschiedenen Gebiete im Blatte auch äusserlich auseinander zu halten und schlage er vor, ausser den Monatsnummern von Zeit zu Zeit zwangslose Hefte erscheinen zu lassen, welche speciell der Fach-Ornithologie dienen sollen; für dieses Beiblatt hätten die Mitglieder keine weitere Zahlung zu leisten.

3. Auf den Antrag der Societa regale di Napoli, bezüglich Schriftentausch, wird eingegangen.

4. Es kommt die Versicherungsfrage der Bibliothek, der Sammlungen und der Einrichtungsgegenstände zur Behandlung. Nach den Mittheilungen Dr. Knauer's und Dr. Zimmermann's wird von einer weiteren Unterhandlung mit der Gesellschaft „Donau“ abgesehen und der Versicherungsantrag einer anderen Gesellschaft unterbreitet.

5. Für die Bibliothek wird die neueste Auflage von Meyer's Conversations-Lexikon angekauft und sind 9 Bände bereits geliefert.

6. Dr. Knauer referirt über die für die Mittheilungen eingelaufenen Arbeiten.

7.—17. Es kommen nun Steuerangelegenheiten, die Sarajevoer Berichtigungsfrage, Aufnahme neuer Mitglieder, Bücherankauf-Offerten, Inventarzuwachs, die Neujahrshonorare zur Besprechung. 53 andere Einläufe wurden der nächsten Sitzung zur Berathung überlassen.

Ausweis des Secretariates über den Einlauf der Mitgliederbeiträge.

Bis 9. d. M. sind an Jahresbeiträgen eingelaufen:

I. Beim Cassier Dr. Carl Zimmermann (I., Bauernmarkt 13).

1. Nr. **87.** S. B.; 2. Nr. **91.** G. v. B.; 3. Nr. **110.** W. v. D. T.; 4. Nr. **123.** R. E.; 5. Nr. **132.** M. F.; 6. Nr. **145.** Fst. E. z. F.; 7. Nr. **171.** E. H. s.; 8. Nr. **209.** O. K.; 9. Nr. **244.** Gr. W. M. j. 10. Nr. **267.** Gf. A. P.; 11. Nr. **268.** L. P.; 12. Nr. **274.** A. R.; 13. Nr. **298.** A. Schw.; 14. Nr. **311.** R. v. St.; 15. Nr. **319.** E. U.; 16. Nr. **335.** E. Z.; 17. Nr. **341.** Zool. G.; 18. Nr. **199.** F. K. (Sämmtliche à 5 fl. pro 1888.)

II. Beim Secretariate (VIII., Buchfeldgasse 19).

1. Nr. **279.** Ver. f. Vogelsch. S. pro 1887.) 2. Nr. **241.** K. k. t. a. M. C.; 3. Nr. **144.** Fst. E. zu F.; 4. Nr. **200.** J. K.; 5. Nr. **304.** H. v. S.; 6. Nr. **258.** A. v. P. (3. 3 fl., 1., 2., 4., 5., 6., 5 fl.).

☞ **Die Ausweise erfolgen unter der betreffenden Nummer des letzten Mitgliederverzeichnisses (vom 15. Jänner) und den Initialen. — Reclamationen bittet man an das Secretariat zu richten.** ☜

Neu beigetretene Mitglieder.

Johann Sennik, Gymnasialprofessor in Sarajevo.

Julius Michel, Lehrer in Neustadtl bei Friedland in Böhmen.

Correspondenz.

Löbl. Verlagsbuchhandlung **P. P . . . y**, Berlin. Bestätigen den Empfang der letzten Sendung. — Frau Pastorin **E . . . . h**, Erbach. Mit bestem Danke für die gütige Mittheilung sehen wir diesmal von der Reproduction des erwähnten Bildes ab, da wir nicht eine schon in einem verbreiteten Kalender erschienene Illustration bringen möchten. Sehr angenehm aber wäre es uns, früher oder später durch Ihre gütige Vermittlung Stoff zu einem illustrirten Aufsatze über diese oder jene neue Hühnerrace zu erhalten. — Herrn **Dr. Tr . . . . . s**, Sarajevo. Wir müssen sehr bedauern, Ihnen in Erwiderung Ihrer letzten gegen alles Herkommen verstossenden Zuschrift nur Folgendes erwidern zu können. Nicht einmal eine Behörde, geschweige ein privater Verein hat das Recht, in dieser Form eine Richtigstellung zu fordern; es ist nur eine Gefälligkeit unsererseits, wenn wir in einer unseren Verein selbst nicht berührenden ganz privaten Angelegenheit einer Correctur Platz geben und es muss doch unserem Ermessen überlassen bleiben, auf welchen Umfang wir eine solche Verificirung ausgedehnt wissen wollen; persönlichen Discussionen haben wir principiell gleich von Anfang an Blatte keinen Raum gegeben, wir werden dies so halten, solange uns die Redaction anvertraut bleibt; in jeder Streitfrage ist es doch üblich, vorher auch den angegriffenen Theil zu hören. Ihr zweites Ergusss kam aber schon, ehe wir noch mit dem anderen Theile gesprochen hatten; und endlich, wenn man in so energischer Weise auf vollinhaltlichen Abdruck eines „Eingesendet" dringt, soll man doch auch dafür sorgen, dass dieses Schriftstück druckreif sei und nicht von sprachlichen und sachlichen Fehlern strotze; finden Sie die richtige Form der Richtigstellung, so sind wir gerne bereit, dieselbe zu veröffentlichen. — Wir mussten diese Antwort hier geben, weil uns ein von Ihnen beliebter Verkehr durch dritte Hand nicht passen kann. — Löbl. k. k. Zeitungs-Expedition, hier. Vom 15. d. ab. — Herren **H. H . . . . n's**, Journal-Verlag hier. Bestätigen den Empfang, könnten aber nur einen eventuellen Tausch in Vorschlag bringen. Herrn Dr. med. **Leop. T . . . . . . z**, bei Stuttgart. Wir kommen in dem heutigen Artikel: „Wie fängt man Raubvögel?" Ihrem Wunsche, so wie dem zweier früher Auskunft Verlangender hoffentlich zur Zufriedenheit nach. — Herrn **A. S . . . . . . s**, Hier. Mit dieser Nr. lassen wir zugleich die drei letzten des Vorjahres an Ihre Adresse abgehen; dass Sie die Nummern nicht erhielten, ist nur Versehen der Expedition. — Löbl. **Sociela Reale**, Neapel. Mit grossem Vergnügen von 1888 an. — **California Academy of Sciences**, San Francisco. Bestätigen dankend den Empfang von Bulletin VI. — Herrn k. k. Hofopernsänger **M . . . . r**, Hier. Die geänderte Adresse zur Kenntniss genommen. — Herrn Universitätsassistent **A. Fi . . . . r**, Agram. Der in Aussicht gestellte Aufsatz kommt uns jedenfalls gelegen. Einen Bastard von Anas boschas mas., mit Carina moschata fem. beschreibt und bildet ab Radde in Ornis caucasica, S. 453 (Taf. XXV). — Herrn **Rob. E . . r**, Neustadtl. Besten Dank für das Uebersandte. Da wir von jetzt ab diesen beiden Richtungen mehr Beachtung schenken wollen, wird es uns sehr freuen, öfter über Brieftauben- und Geflügelzucht Arbeiten eingesandt zu erhalten und wären wir auch dankbar, falls Sie in Ihrem Bekanntenkreise im Sinne der Mitarbeit wirken wollten. — Herrn **A. K . . h**, Williamsport [illegible] unseren besten Dank für den gesandten Aufsatz. — Herrn Prof. **Dr. B . . . . z**, [illegible]. Ihre bezügliche Ansicht deckt sich mit unserer vor einigen Tagen [illegible] dargelegten. — Herrn Baron **R . . . . g**, 's Gravenhage. Wir [illegible] drei Wochen 10 Exemplare der betreffenden Nummer; zugleich mit Nummer [illegible] lassen wir weitere 6 Exemplare nachfolgen. — Herrn **O. M . . . . . r**, Lemberg. Der Verein kam einmal eine einzige solche Tafel auf über 500 fl. zu stehen. — Herrn Oekonom Rich. **W . . . . . r**, bei Hannover und **mehreren anderen Anfragenden**. Es ist das ein heikler Punkt, eine Schwierigkeit jedes solchen Vereinsblattes. Ein ornithologischer Verein setzt sich aus Fachmännern, Dilettanten, Züchtern, Freunden des Nutzgeflügels u. s. w. zusammen; da ist es begreiflich, dass jede dieser Richtungen im Blatte besonders, wenn nicht ausschliesslich gepflegt sein will. Da die Erhaltung des Blattes grosse Kosten verursacht, müssen da auch finanzielle Erwägungen mitsprechen. Wir hoffen, übrigens von jetzt ab nach allen Seiten intensiver wirken zu können, und wenn unsere Anregungen auf fruchtbaren Boden fallen und wir die nöthige Förderung und Unterstützung finden, sind wir vielleicht schon in nächster Zeit im Stande, die Fachornithologie ausser im Hauptblatte auch noch in speciell für sie reservirten Jahresheften zu pflegen. Für die beiden Mittheilungen besten Dank. Brief folgt in der nächsten Woche.

Herausgeber: Der Ornithologische Verein in Wien (verantwortlich: **Dr. Fr. Knauer**). Druck von J. B. Wallishausser.
Commissionsverleger: Die k. k. Hofbuchhandlung **Wilhelm Frick** (vormals Faesy & Frick) in Wien, Graben 27.

Dieser Nummer liegt das Mitglieder-Verzeichniss und Titel und Inhalts-Verzeichniss des abgelaufenen Jahrganges bei.

Sitz des Vereines: Wien, VIII., Buchfeldgasse 19.

XII. Jahrg. Nr. 2.

Blätter für Vogelkunde, Vogel-Schutz und -Pflege, Geflügelzucht und Brieftaubenwesen.

Redacteur: Dr. Friedrich K. Knauer.

Februar 1888.

Die „Mittheilungen“ des unter dem Protectorate Seiner kaiserlichen und königlichen Hoheit des durchlauchtigsten Kronprinzen **Erzherzog Rudolf** stehenden **„Ornithologischen Vereines in Wien“** erscheinen in der Stärke von 2 Bogen **am 15. jeden Monates. Abonnements** à 6 fl., sammt Franco-Zustellung 6 fl. 50 kr. = 13 Mark jährlich, werden in der k. k. Hofbuchhandlung **Wilhelm Frick** in Wien, I., Graben Nr. 27, entgegengenommen, und einzelne Nummern à 50 kr. = 1 Mark daselbst abgegeben. — **Inserate** 6 kr. = 12 Pfennige für die 3fach gespaltene Nonpareille-Zeile oder deren Raum. — **Mittheilungen** an das **Präsidium** sind an Herrn **Adolf Bachofen von Echt** in Nussdorf bei Wien, die **Jahresbeiträge** der Mitglieder an Herrn Dr. **Karl Zimmermann**, I., Bauernmarkt 11, alle anderen für die **Redaction**, das **Secretariat**, die **Bibliothek** u. s. w. bestimmten Briefe, Bücher-, Zeitungs-, Werthsendungen, an die **Redaction der „Mittheilungen des Ornithologischen Vereines“**: Wien, VIII., Buchfeldgasse 19, zu senden. **Vereinslocale**: (Bibliothek, Sammlungen, Redaction) VIII., Buchfeldgasse 19, I. Stiege, III. Stock 11. — Die mit Vorträgen verbundenen **Monats-Versammlungen** finden im grünen Saale der k. k. Akademie der Wissenschaften: I., Universitätsplatz 2, statt. **Sprechstunden der Redaction** und des **Secretariates**: Dienstag und Freitag, 2—4 Uhr.

Vereinsmitglieder beziehen das Blatt gratis.

Beitrittserklärungen (Mitgliedsbeitrag 5 fl. jährlich) sind an das Secretariat zu richten.

Zwei Monate in West-Florida.

Von **August Koch.**

(Schluss.)

Ich fand es auf einem Stamme sitzend, aber sobald es mich wahrnahm, füsste es schnell dem Wasser zu und zu meiner Verwunderung schwamm der edle Vogel mit rudernden Flügeln der Tiefe zu.

Schon hatte der Vogel mir etwa fünfundsiebzig Schritte abgewonnen, aber mein zweiter Schuss rettete mir seinen Balg, bald wäre das Wasser zu tief für mich gewesen.

Zwei weitere Exemplare erlegte ich später, während dieselben über die Wipfel der Bäume flogen, unter denen ich mich gerade befand.

Ein anderer Horst wurde mir von einem Schwarzen auf einer Insel gezeigt, aber ein Zwischenfall vereitelte unser Vorhaben. Im Begriffe den Versuch zu machen, unbemerkt in die Nähe zu kommen, wurde ein schöner Hirsch flüchtig und mein Schuss donnerte durch das dichte

Gebüsch von Lebenseichen, von wo aus uns die weisse Fahne eben zugeweht hatte. Bald konnte man das halb stürzende Springen des Wildes hören und etwa siebenzig Schritte weiter fanden wir dasselbe verendet, in der nassen Umgebung einer Quelle. Stundenlang hielten wir uns noch in der Nähe des Horstes auf, aber die Adler waren gewarnt.

Die Insel enthält etwa 600 Stück wilde Rinder, welche nach Fleischbedarf abgeschossen werden. Nur wenig begünstigte Jäger oder Sammler bekommen die Erlaubniss dort zu jagen, da die Rinder durch Schiessen beunruhigt werden. Ich schätzte mich glücklich, vom freundlichen Besitzer nicht nur das Recht zum Jagen und Sammeln zu erhalten, sondern auch das leerstehende, schöne Betten enthaltende, mit vielen Palmen umgebene (ehemalige) Pflanzenhaus zu meiner Verfügung gestellt zu sehen. Gute Süsswasserfische warten in der Nähe des Hauses, um zu jeder Zeit mit dem Wurfnetze aus dem Wasser gehoben zu werden.

An bester Qualität Austern war kein Ende, man brauchte nur wenige Zoll in's Wasser zu waten, um alle Essgelüste befriedigen zu können.

An Vögeln schoss ich auf der Insel verschiedene Reiher, Fischadler, einige Enten, Strandvögel, kleine Tauben — Chamaepella passerina — Anthus ludovicianus und Cardinäle.

Das verabredete Ziel meiner Erholungs-Reise kam immer näher. Ohne dem ersehnten Picus principalis und Conurus caroliensis einen Besuch in ihrer beinahe unzugänglichen Heimat, den Cypressen-Sümpfen, abgestattet zu haben, konnte ich mich nicht entschliessen, heim zu reisen.

In der Nähe von einem mehrere engl. Meilen breiten und eben so langen krystallhellen See, nahm ich bei einem fleissigen Pflanzer Quartier.

Am folgenden Morgen war ich im Begriffe dem etwa von dort drei Meilen entfernten Cypressen-Sumpfe auf den Leib zu rücken, wurde aber von meinem besorgten Wirthe abgehalten.

Er stellte mir vor, dass ich mich ganz gewiss verirren werde, ich könne schon für einen Tag genug Interessantes in der Nähe der Pflanzung finden.

Am folgenden Tag werde er oder sein erwachsener Sohn mich begleiten, später möchte ich es dann allein versuchen. Umsonst belächelte ich seine gutgemeinte Vorsicht und versicherte ihm, dass mein getreuer Compass mich noch nie im Stiche gelassen habe.

Ich sah, dass es ihm nicht lieb war, wenn ich allein ginge, so stand ich davon ab. In der Nähe fand ich nun nichts Neues ausser einigen schönen Exemplaren der südlichen Varietät des Fuchseichhorns und verschiedene Ketten Feldhühner oder Hühnchen.

Als ich mich näher wegen Carolinen-Papagaien erkundigte, erhielt ich zur Antwort: Sie können welche beim Hause schiessen, die abscheulichen Dinger verwüsten mir alle meine Maulbeeren. — Hier war ich also am rechten Flecken.

Die bösen Vögel hatten aber leider keine Gelüste nach Maulbeeren während der Woche, die ich dort zubrachte. Besser wollte mir das Glück im Sumpfe. Am folgenden Morgen machten wir, der Sohn meines Wirthes und meine Wenigkeit, uns früher auf den Weg nach dem Sumpfe. Dort angekommen fanden wir eine meilenlange Vertiefung, welche von meinem Begleiter See genannt wurde. Dieser See war ungefähr 40 Meter breit und mit vielen hohen Cypressen und anderen Bäumen bewachsen und erhielt das meiste Wasser vom Apalachicolu-Fluss. Wir fanden einen Kahn vor und waren eben im Begriff einzusteigen, als mein Begleiter seinen Kopf in die Höhe warf — gleichzeitig schlugen einige metallische Klänge an mein Ohr — „Parrots", es sind Carolina-Papageien. Wir hielten uns nun ganz ruhig und schauten in die Wipfel der Cypressen. — Auf einem nicht sehr hohen, rothblühenden Zuckerbaum (Ahorn) regte sich etwas — Crick — Crick — dort hing einer der schönen und jetzt so seltenen Vögel, den Kopf nach unten.

Ohne dass ich es eigentlich wollte, stürzte auch schon der unvorsichtige Vogel herunter, mehrere andere verliessen den Baum mit lautem Geschrei und fuhren so schnell durch die Blätter der anderen Seite des Baumes ab, dass an keinen zweiten Schuss zu denken war. Nun wurde über das Wasser gesetzt und nach wilden Truthahnen gesucht. Frische Spuren von gewichtigen Hahnen, tief in den weichen Morast eingedrückt, fanden sich überall. Mein Begleiter bekam einen schnelllaufenden Hahn zum Schuss — fehlte aber.

Ich selber hatte den Blick viel zu viel in der Höhe, immer den heiss ersehnten „Picus principalis" suchend. Truthühner hatte ich schon öfter in der Heimat geschossen, P. principalis noch nicht einmal einen verfolgt. Oefters zeigte mir mein Begleiter den Hylotomus pileatus, anstatt den P. p. Wiederholt wurde er von mir belehrt, dass der gesuchte Vogel grösser sei, weissen Schnabel und Flügel habe. Endlich — halt — der Ton einer Kindertrompete — er ist es — muss es sein. Schnell arbeitete ich mich von den dicken Stämmen gedeckt, durch den Sumpf. Dort lässt der Ersehnte sich von Oben herab fallen und wirft sich gegen einen starken Stamm, zugleich kracht mein Schuss. Ein zweiter Vogel, das Weibchen fliegt hoch oben weg, mein zweiter Schuss erreicht es nicht.

Mit grösster Zärtlichkeit wird der jetzt sehr seltene (im Aussterben begriffene) Vogel im Tragkorb gebettet. Den übrigen und alle folgenden Tage der Woche suchten wir weiter, aber nur dieses einzige Paar hatte dort seine Heimat. Das Weibchen wurde einmal noch gesehen, aber nicht erlegt. Die Papageien traf ich nochmals, als ich allein die Gegend nach ihnen absuchte. Von den mir nun bekannten Lauten aufmerksam gemacht, schaute ich lange aufwärts — keiner der Vögel rührte sich, endlich unterschied ich eine Anzahl gelber Flecken, wie grosse gelbe Blumen mit rothem Centrum. Es waren die unbeweglichen Köpfe der Papageien — und zwei weitere Exemplare zählten zu meiner Beute. Die Uebrigen flogen schreiend nach geraumer Zeit ausser Schussweite umher, setzten sich auch wieder, liessen aber ihren Feind nicht mehr ankommen — hinzufügen will ich noch, dass ich mich gegen Abend, trotz meinem verlässlichen Compass für mehrere Stunden verirrt hatte und wegen der schnell sinkenden Sonne, nahe daran war, die Nacht im Sumpfe zuzubringen.

Noch kurz möchte ich den Schwalbenweih (Elanoides forficatus) erwähnen, den ich auf der Heimreise mehrere Mal vom Dampfboot aus zu sehen bekam. In kleinen Kreisen schwangen sich mehrere dieser interessanten Vögel in der Luft. Einige Schüsse aus unseren Büchsen, auf die kreisenden Vögel abgeschossen, brachten sie wenig aus der Fassung, ein paar rasche Flügelschläge und die früheren Bewegungen wurden wieder aufgenommen.

Auch die Brautenten erfreuten uns noch — als dieselben mit ihren etwa wachtelgrossen jungen Entchen, aus dem Wasser heraus und am bergenden Ufer hinaufsprangen.

Am 1. Mai zu Hause angekommen, entfaltete sich die Natur auch dort, und unser zweites Frühjahr des Jahres 1887 nahm seinen Anfang.

Vulgärnamen der Vögel Oberösterreichs.

Gesammelt von **Rudolf O. Karlsberger.**

Nachfolgend übergebe ich als Frucht mehrjährigen eifrigen Sammelns eine Zusammenstellung von Vogelnamen, wie sie im Volksmunde Oberösterreichs gebräuchlich sind.

Schon der nunmehr längst verstorbene oberösterr. Ologe Christian Brittinger beklagt sich im Vorworte zu seiner Arbeit „Die Brutvögel Oberösterreichs (1866)“, dass man stets diesem Zweige (der Ornithologie) hier zu Lande zu wenig Aufmerksamkeit schenkte und dass die Berichte der Jäger, Fischer und Vogelfänger etc. durch die Localnamen, deren sie sich bedienen, so unverständlich und wenig scharf bezeichnet seien, dass man oft nicht in's Klare kommen kann, was sie darunter verstehen.

Zu diesen auch heut' zu Tag bestehenden Uebelständen gesellt sich seit dem Inslebentreten des Vogelschutzgesetzes auch noch das grosse Misstrauen der Vogelsteller gegen jeden „Herrischen“, der sie mit Kreuz- und Querfragen tractirt, da sie dahinter voll schlechten Gewissens die Polizei wittern! Diese Umstände erschwerten die Arbeit sehr und ich bitte daher um Nachsicht, wenn dieses Verzeichniss manche Lücke aufweist! Den Herren Anton und Bernhard Koller, die mich durch Namenangaben freundlichst unterstützten, sage ich an dieser Stelle meinen besten Dank.

I. Rapaces. Raubvögel.

Accipitres diurni. Tagraubvögel. Leider herrscht auch bei uns in Oberösterreich selbst in gebildeteren Jagdkreisen noch vielfach die Unsitte, jeden Raubvogel kurzweg mit „Geier“ zu bezeichnen. Im Landvolke aber trifft man mitunter für die häufigeren Arten wie Habicht und Sperber, recht bezeichnende und originelle Namen.

Gyps fulvus Gm. Brauner Geier. Lämmergeier.

Milvus regalis auct. Rother Milan. Geier, rother Geier.

Cerchneis tinnunculus L. Thurmfalke. Geier, Taubenstessl, Vögelstessl, Falkel, Hawi.

Falco subbuteo L. Lerchenfalke. Kleiner Geier, Vögelstessl, Stossfalk, Schwalbnhabi, Schwalbnstessl, Bamfalk.

Falco peregrinus Tunstall. Wanderfalke. Geier, Habi, Taubenfalk, Taubenstessl.

Astur palumbarius L. Habicht. Geier, Stockfalk, Stockhabi, Hühnerhabi, Taubenstosser, Taubenstessl, Langschwanz (oberes Mühlviertel nach Angabe des Herrn Lehrers Anton Koller) Hühnergeier.

Accipiter nisus L. Sperber. Kleiner Geier, Falkel Vögelstessl, Vögelhabicht, Langschwanz, sehr originell und eine gute Beobachtungsgabe bekundend ist die im Mühlviertel nach Herrn Lehrer Anton Koller hie und da gebräuchliche Bezeichnung: „Vögelspritzn“, der Eigenschaft des Sperbers entnommen, sich dem Vogelschwarm möglichst gedeckt zu nähern und dann wie der Blitz aus heiterem Himmel unter die auseinanderstiebenden Vögel zu fahren.

Pandion haliaetus. L. Fischadler. Er wird am Gmundnersee fälschlich „Seeadler“ genannt. Fischgeier.

Aquila chrysaëtus var. fulva Linn. Gold- oder Steinadler. Adler, Stoanadler, Lämmergeier, Gamsgeier.

Haliaëtus albicilla L. Seeadler. Wird zumeist fälschlich „Stoanadler“ genannt.

Pernis apivorus. L. Wespenbussard. Stockfalk, Geier, Habicht.

Archibuteo lagopus Brünn. Rauhfussbussard. Geier, Schneegeier.

Buteo vulgaris Bechst. Mäusebussard. Geier, Mausgeier, Stockgeier, Stockhabi, seltener bei Jägern „Bussard“.

Circus aeruginosus Sumpfweihe.	Für keine der vier in Oberösterreich nachgewiesenen Weihenarten konnte ich eine speciellere Bezeichnung erfragen.
„ **cyaneus Kornweihe.**	
„ **pallidus Steppenweihe.**	
„ **cineraceus Wiesenweihe.**	

Vorkommenden Falles werden sie gleichfalls als „Geier“ oder „Habi“ bezeichnet.

Nachtraubvögel.

Accipitres nocturni. Dieselbe Bedeutung wie der Name „Geier“ bei den Tagraubvögeln hat die Bezeichnung „Auf“ für die Eulenarten, das Volk fügt nur selten eine weitere Bezeichnung hinzu.

Athene passerina L. Sperlingseule. Auf, kleiner Auf.

Athene noctua Retz. Steinkauz. Auf, Steinauf, Wichtel, Käuzl, Todtenvogel und Leichhuhn, letztere beiden Bezeichnungen auf dem bekannten Aberglauben basirend, dass Jemand in dem Hause sterben müsse, vor welchem der Steinkauz seine Stimme erschallen lässt. Dieser Aberglaube ist selbst unter den Stadtbewohnern so lebhaft vorhanden, dass mir z. B. schon zweimal in Gefangenschaft gehaltene Steinkäuze böswilliger Weise aus dem Käfig entlassen wurden!

Nyctale Tengmalmi Gm. Rauhfusskauz. Er wird vom vorigen wohl kaum unterschieden werden.

Syrnium aluco Linn. Waldkauz. Auf, das ♀ Aufin, Brandauf.

Strix flammea Linn. Schleiereule. Schleiereule, Perleule, Auf, Schleierauf.

Bubo maximus Sibb. Uhu. Buhu, Schuhu, Stockauf.

Scops Aldrovandi Willughbi. Zwergohreule: Kleine Eule.

Otus vulgaris Flem. Waldohreule. Auf, Waldauf, Buhu, kleiner Uhu.

Brachyotus palustris Forster Sumpfohreule. Sumpfeule, Auf.

II. Fissirostres. Spaltschnäbler.

Caprimulgus europaeus L. Nachtschwalbe. Nachtschwalbe, Gaismelker, Ziegenmelker.

Cypselus apus Linn. Mauersegler. Thurmspei, Spei, Speier, Mauerschwalbn, Rauchschwalbn, Thurmschwalbn.

Hirundo rustica L. Rauchschwalbe. Hausschwalbn, Rauchschwalbn. An diese Schwalbe knüpfen sich mancherlei Aberglauben: Wo sie nistet, da schlägt der Blitz nicht ein und mit ihr kommt Segen in's Haus. So viel Junge ihr im Neste sterben, so viel Kinder sterben im selben Hause; wer ihr Nest zerstört oder sie selber tödtet, den trifft Unglück über Unglück. Sie gilt als ein der Jungfrau Maria geweihter Vogel und das Volk bringt ihr Kommen und Abziehen mit Marienfesten in Verbindung, daher das alte Sprüchlein: „Zu Maria Geburt ziehen die Schwalben furt.“ „Zu Mariä Verkündigung kommen die Schwalben wiederumb.“

Hirundo urbica Linn. Stadtschwalbe. Kothschwalbe Spreidener (Mühlviertel). Von ihr gilt der Mariencultus und der vorerwähnte Aberglaube nicht und der Bauer zerstört mit grosster Gemüthsruhe ihre Nester, wenn sie ihm unterm Dache lästig fallen.

Hirundo riparia Linn. Uferschwalbe. Sandschwalbe, Mauerschwalbe.

III. Insessores. Sitzfüssler.

Cuculus canorus Linn. Kuckuck. Kuckuck, Guga, Gugaza, Vögelstessl. Letztere Bezeichnung beruht auf dem auch hier weitverbreiteten Aberglauben, dass der Kuckuck, wenn er flügge wird, die eigenen Zieheltern verspeist und dann als Raubvogel herumstreift. Gleichfalls sehr verbreitet sind noch folgende abergläubische Gebräuche: Wer den Kuckuck zum erstenmale im Frühjahre hört, der soll auf ein grünes Plätzlein springen und sein Geld durch einanderschütteln, dass es klinge, dann geht es ihm in diesem Jahre nicht mehr aus. Die Mädchen zählen seinen Ruf, um daraus zu erfahren, wie viele Jahre sie noch auf den Bräutigam warten müssen, den verheirateten Frauen aber profezeit er durch denselben, wie viele Kinder ihnen noch der Storch bringt.

Alcedo ispida Linn. Eisvogel. Eisvogel.

Coracias garrula Linn. Blauracke. Birkhäher.

Oriolus galbula L. Pirol. Dieser in Oberösterreich häufige Vogel nennt eine grosse Anzahl Dialectnamen sein eigen. Die häufigsten darunter sind Nachahmungen seines Rufes: sie lauten: Gugläwa, Guglfürhaus, Vogl vom Haus, Voglfürhaus und Guglvierhaus, sonst nennt man ihn noch sehr häufig Goldamel, Goldamurgsel, seltener „Pirol", ferners „Kaiservogel" von seiner schwarzgelben Färbung und „Goissvogel", da schlechte Witterung eintreten soll, wenn er besonders anhaltend ruft. Letzteren Namen führen aus diesem Grunde auch die meisten Spechte, besonders der Grünspecht und auch der Kleiber.

IV. Coraces. Krähenartige Vögel.

Sturnus vulgaris Linn. Staar. Staarl.

Lycos monedula Linn. Dohle. „Daha", „Dacha" und „Daga" sind Lautnachahmungen. Auch der im Innkreise (Schmolln nach Herrn Lehrer Bernhard Koller) übliche Name „Dahenne" ist auf eine solche zurückzuführen.

Corvus corax L. Kolkrabe. Rab', Galgenvogel, Stoanrab'.

Corvus corone Linn. Rabenkrähe. Krah(n), Krah(n)veitel, Rabe, Galgenvogel.

Corvus cornix Linn. Nebelkrähe. Neblkrah(n), grauer Krah(n); mahrische Krah(n) (Ottnang, Hausruckkreis nach Herrn Lehrer Ant. Koller).

Corvus frugilegus Linn. Saatkrähe. Wird von der Rabenkrähe nur selten unterschieden und dann nach dem stahlblauen Schimmer der Färbung mitunter „blaulata Krah(n)" genannt.

Pica caudata Boie Elster. Alster und Alsterngingal. Ihr Erscheinen am Wege des Wanderers bedeutet nach dem Volksaberglauben Unglück.

Garrulus glandarius L. Eichelhäher. Eichlheher und Nussheher.

Nucifraga caryocatactes L. Tannenhäher. Nussheher, Jagerin (Steyregg im Mühlviertel), Böhmer (Freistadt). Letztere Bezeichnung gebrauchen die Landleute im oberen Mühlviertel, nach Angabe des Herrn Lehrers Ant. Koller überhaupt für alle grösseren Vögel, die im Spätherbste und Winter von den Bergen herab in die Ebene kommen oder durchziehen, so besonders für die verschiedenen Drosselarten.

V. Scansores. Klettervögel.

Jeder Specht heisst bei unserem Landvolke einfach „Bamhackl" und es werden dieser Bezeichnung dann noch verschiedene charakteristische Ausschmückungen, meist der Färbung entnommen, beigegeben. Im unteren Mühlviertel soll nach Angabe des Herrn Schulleiters Joh. Walter bezüglich des Grünspechtes ein ähnlicher Aberglaube herrschen, wie der beim Steinkauz erwähnte.

Gecinus viridis Linn. Grünspecht. Greana (grüner) Bamhackl, allgemein Goissvogel, Greanspatz (oberes Mühlviertel).

Gecinus canus Gm. Grauspecht. Wird vom vorigen im Volke nicht unterschieden.

Dyrocopus martius Linn. Schwarzspecht. Allgemein schwarzer Bamhackl, Goissvogel, Waldhahnl und Schwarzhahnl (oberes Mühlviertel, Kirchberg), Holzkrahn und Holzhahn (Innkreis nach Herrn Lehrer Bernhard Koller).

Picus maior Linn. Grosser Buntspecht. } Gsche-
Picus medius Linn. Mittlerer Buntspecht. } kada
Bamhackl, sehr verbreitet ist auch ein zwar derber aber bezeichnender Ausdruck, der sich auf Hochdeutsch etwa mit „rothsteissiger" Bamhackl wiedergeben liesse, Goissvogel.

Picus minor Linn. Kleiner Buntspecht. Kloaner Bamhackl, gschekada Bamhackl.

Iynx torquilla Linn. Wendehals. Wendelhals, Giess oder Goissvogel und Todtenvogel (oberes Mühlviertel) in Folge seines Rufes.

Sitta europaea Linn. Gelbbrüstige Spechtmeise. Klener, Bamhackl.

Certhia familiaris L. Langzehiger Baumläufer. Bamlaferl, Bamremerl, Bamrutscherl.

Upupa epops Linn. Wiedehopf. Allgemein „Vogel Wud Wud" geheissen, nach seinem Lockrufe. Sehr verbreitet sind auch die auf seinen üblen Geruch während der Nistzeit deutenden Bezeichnungen: Saulacka (Mühlviertel und Hausruckkreis), Dreckvogel und Stingerwitz.

VI. Captores. Fänger.

Lanius excubitor Linn. Raubwürger. Sperrelster, Bergalster, Alsterweigl.

Lanius minor Linn. Kleiner Grauwürger. Sperralster, Alsterweigl.

Lanius rufus Briss. Rothköpfiger Würger. Rothkopf, Alsterweigl.

Lanius collurio Linn. Rothrückiger Würger. Blaukopf, Alsterweigl, Kleiner Stecher, Dornreiher.

Muscicapa grisola Linn. Grauer Fliegenfänger. Fliegenschnapper.

Muscicapa luctuosa Linn. Schwarzrückiger Fliegenfänger. } Auf eine dieser Arten vielleicht auch auf
Muscicapa albicollis Tem. Weisshalsiger Fliegenfänger. } beide dürfte sich der Name „Spaliervogel"
(Mühlviertel) beziehen, doch konnte ich nach der Beschreibung von Vogelstellern diesbezüglich nicht recht in's Reine kommen.

Accentor modularis Linn. Heckenbraunelle. Berglerch'n, Waldlerch'n (am Attersee), Staudenvogel.

Troglodytes parvulus Linn. Zaunkönig. Kinigerl, Schneekinigerl, Woiterl.

Cinclus aquaticus Linn. Bachamsel. Wasseramschl, Wasseramurgsel, Wasserstaarl.

Poecile palustris Linn. Sumpfmeise. Sperrmoas(n), Behmmoas(n).

(Schluss folgt.)

Ornithologische Beobachtungen im Frühjahr und Sommer 1887.

Alexanderfeld (Ostschlesien) bei Bielitz.

Von Hubert **Panzner**.

Das Beobachtungsgebiet umfasst einen Umkreis mit einem Radius von ½—1 Meile, und erstreckt sich hauptsächlich auf die Gemeindegebiete von Alexanderfeld, Alt-Bielitz und Kamitz auf schlesischer, und Alsen, Pisarzowice, Wilkowice und Porabka (Reviere des Bielitz-Bialaer Jagd-Clubs) auf galizischer Seite.

Bielitz-Biala, das Centrum des Beobachtungsgebietes, liegt im Bialkathale, an welches nach Ost und West hügeliges von vielen kleineren und grösseren Schluchten und Mulden (welche meist bewaldet oder mit Gestrüpp ausgefüllt sind und Potoks heissen) zerschnittenes Terrain anschliesst.

Dieses Wellen- und Hügelland bildet gleichsam die letzte Stufe der Ausläufer der Beskiden und Karpathen, reicht nach Norden sich mehr und mehr verflachend bis an die Weichsel, während nach Süden auf schlesischer Seite die Ausläufer der Beskiden mit dem Klimczok (1119 m) und auf galizischer Seite die Ausläufer der Karpathen mit dem Josefsberg (918 m) als höchste Punkte sich relativ bedeutend und jäh erheben, denn Biala selbst (Kirchschwelle) liegt nur 312 m hoch und sind vorerwähnte 2 Höhenpunkte bloss 9000 und 7000 m in horizontaler Projection entfernt, wovon noch 3000 bis 4000 m auf das oben beschriebene Hügelland entfallen und erst der Rest dem Gebirgsaufzuge angehört.

Diese beiden Gebirgszüge trennt das Bialkathal, welches nach Süden mässig ansteigt und bei Mikusovice scharf nach Südwest abbiegend, in das schmale und steile Bistrathal sich verläuft, welch' letzteres den Klimczok hinansteigt und bei den Bialkaquellen endet.

Zwischen Mikusowice und Lodigowice verbindet ein relativ sehr niederer Sattel (389 m im niedersten Sattelpunkt zu 338 m circa 2000 Schritt südlich Bielitz am Bialkabache) das Bialkathal mit dem Thalkessel, der Sola bei Saybusch, so dass sich dem Auge fast gar kein Uebergangspunkt zeigt und Bielitz-Biala mit Saybusch sich durch ein von hohen Gebirgszügen begleitetes Thal verbunden darstellt.

Dieses scheinbare Thal, welches seine Fortsetzung nach Süden in dem Laufe der Sola findet, ist eine für die Gegend wichtige Zugstrasse.

Noch spät im Mai, sogar bis anfangs Juni schimmert von den Gebirgen, besonders vom Klimczok, Schnee herunter und erwacht auf denselben die Vegetation 14 Tage, 3 bis 4 Wochen sogar später, wie in dem vorliegenden Hügellande, weshalb kaum anzunehmen ist, dass die Zugvögel das Thal meidend, diese um die Zugzeiten noch unwirthlichen Gebirge, abgesehen von der bedeutend relativen Erhebung als Zugsroute wählen würden. Als Beweis voriger Annahme dient übrigens die Thatsache, dass man stets längs des Bialkabaches und weiter gegen Lodygowice bei Wilkowice die ersten Ankömmlinge findet.

Ueber meteorologische Beobachtungen fehlen mir Daten. Das Gebiet ist schneereich, kalt, rauh, mit verhältnissmässig langem Winter, welcher fast jedes Jahr im April, ja sogar Mai noch Ueberraschungen in Form ausgiebiger Rückschläge bietet. Im Sommer sind anhaltende Regen und vom August an durch den Herbst Trockenheit vorherrschend.

Da das Gebiet den Nord-, Nordost- und Nordwest-Stürmen, von denen letztere besonders heftig auftreten, vollkommen offen daliegt, gestaltet sich das Klima rauh.

Meine Beobachtungen erstrecken sich bloss auf den Frühjahrszug und die Brutzeit, denen bei mancher Art Beobachtungen während meines 3½ jährigen Aufenthaltes angefügt sind.

Alauda arvensis L., gemeiner Sommervogel.

6. März kamen die ersten, 4—5 Stück (neblig, beinahe windstill, warm) an und liessen ihren Gesang vernehmen.

7. März, Gesang allgemein.

Während des Nachwinters vom 13.—24. März (Schnee, Frost, Stöberwetter) waren sie verschwunden.

24. März schlug der bisher rauhe West- und Nordwest in warmen Südwind um und sah ich auf den Feldern Nachmittags wieder 2—3 Stück, welche im Gesang die harte Zeit vergessen machen wollten.

29. bis 31. März war wieder Schnee bei rauhem Westwinde eingekehrt und unsere Frühlingsboten verschwunden.

1. April bei leichtem, warmem Südwinde erschienen sie wieder und liessen sich durch die noch nachfolgenden Schneeschauer nicht mehr verdrängen.

Emberiza citrinella, häufiger Standvogel.

Den ganzen Winter durch hatte ich 20—25 Stück auf dem Futterplatz in meinem Garten als tägliche Gäste.

6. März blieben sie in Folge eingetretenen warmen Wetters aus, kehrten jedoch am 13. März bei eingetretenem heftigen Schneefalle wieder; ja am 18. März erschienen circa 30 Stück auf dem Futterplatze, mehr wie während des Winters. Seit 24. März verschmähen sie in Folge eingetretener warmer Witterung wohl ihren gedeckten Tisch, bleiben aber ihrem Winteraufenthalte zum grössten Theile treu und erfreuen durch ihren Gesang. 6. Mai fand ich im Garten ein Nest mit 3 Eiern ganz nahe am Promenadeweg an einem Haselnussstämmchen zwischen Gaisblättern versteckt.

10. Mai fand ich wieder ein fertiges Nest zwischen hohem Grase (wahrscheinlich vom vorigen Pärchen, welchem ich das 1. Nest mit Eiern für meine Sammlung nahm). 14. Mai Mittags lagen 2 und am 15. Mai um 9 Uhr Vormittags das 3. Ei darinnen. Nachmittags fand ich das Weibchen brütend und musste dasselbe ein 4. Ei, wie sich später herausstellte, kurz vorher gelegt haben.

Nach 15 Tagen, 30. Mai, war das Brutgeschäft vollendet, welches das Weibchen allein besorgt hatte.

Fringilla coelebs L., häufiger Sommervogel, einzelne ♂ überwintern.

Zwei ♂ waren mit den Goldammern den Winter durch tägliche Gäste des Futterplatzes in meinem Garten.

13. März stellte sich das erste ♀ ein (kalter West).

So wie die Goldammer kamen auch diese während des Nachwinters vom 14.—23. März wieder auf den Futterplatz.

Im Ganzen fand ich 3 Nester, von denen ich eines mit dem Gelege von 5 Eiern für meine Sammlung nahm, eines wahrscheinlich von Hauskatzen aus der Nachbarschaft zerstört wurde und in dem 3. das ♀ das Brutgeschäft beenden konnte, welches vom 4.—20. Mai dauerte, somit 16 Tage in Anspruch nahm. 2 Nester standen in Astgabeln von Pflaumenbäumen, eines in einer solchen von Populus nigra und waren 3½ m, 6 m und 5 m hoch. Beobachtete nur ♀ beim Brutgeschäft.

Accipiter nisus L., Standvogel. Nächst dem Thurmfalken und gemeinen Bussard der gewöhnlichste, obwohl alle Raubvögel sehr sparsam oder sehr selten vorkommen, was ich einestheils mit der schlechten Niederjagd, sowie anderntheils damit begründe, dass die nördlich an das Beobachtungsgebiet grenzenden grossen Teichcomplexe mit ihren vielen Wasser- und Sumpfwild die Raubvögel der Umgebung dahin locken.

Den Sperber bloss 1 Mal in diesem Jahre beobachtet und zwar am 18. Jänner bei einer Jagd im Solathal ein Pärchen, von dem ich das ♂ erbeutete.

Sturnus vulgaris, häufiger Sommervogel, der zum Theil in Nistkästen, zum Theil in hohlen Bäumen sich häuslich niederlässt.

7. März zwischen 5 und 6 Uhr Nachmittags, nahezu windstill, 8—12 Stück in Richtung Nordwest gezogen.

9. März bei leichtem Nordost 30—40 Stück in Richtung Nordost zwischen 10 und 12 Uhr Vormittags gezogen.

12. Mai. Zwei Flüge à 10—15 Stück bei leichtem Nordost um Sonnenuntergang in Richtung Süden gezogen — wahrscheinlich Rückzug in Folge der darauffolgenden kalten Tage, Regen, Schnee und Fröste vom 14.—19. April.

Motacilla alba L., häufiger Sommervogel.

19. März bei leichtem Nordwest in meinem Garten die erste gesehen.

24. März erst wieder ein Stück daselbst gesehen (zwischen diesen beiden Beobachtungen liegt der schon mehrfach erwähnte Nachwinter vom 14.—23. März).

1. April daselbst 2 Stück. 5. April eines am Alt-Bielitzer Bache und am 7. April 2 Stück auf den Wilkowicer Feldern. Die nachfolgenden Tage häufiger gesehen.

Vanellus cristatus L., ziemlich gemeiner Sommervogel, besonders in den naheliegenden Teichcomplexen. Bei vorhergehendem heftigen Schneefall und kalten Nordwest am 20. März (Schnee fusshoch), etwas wärmer, starker Nordost 1 Stück am Bache bei Wilkowice aufgestossen, zog nach Süden ab.

3. April bei starkem West und nach einem Schneeschauer zwischen 5 und 6 Uhr Nachmittags 5 Stück in Richtung Nord gezogen.

10. Mai erhielt ich ein Gelege von 3 Stück Eiern, wovon auffallend 2 Stück stark, 1 gar nicht angebrütet war (das 4. Stück dieses Geleges zerschlug der Ueberbringer unterwegs). 1. Juni erhielt ich ein Gelege von 2 ziemlich angebrüteten Eiern.

Columba palumbus L., häufiger Sommervogel.

5. April bei warmem Südwest 2 und 3 Stück je beisammen auf den Alt Bielitzer Feldern gesehen. 10. Mai erhielt ich von Alsen ein Gelege mit 2 Stück unbebrüteten Eiern.

Turdus pilaris L., sehr häufiger Wintervogel und auch Brutvogel.

18. Jänner sah ich bei einer Jagd auf den Hängen des Solathales in den dort ausgedehnten Wachholdergestrüppen eine auf 10,000 zu schätzende Schaar bei hohem Schnee, aber warmem Wintertag.

5. April sah ich ein Pärchen bei Alt-Bielitz in einem mit hohen Eichen bestockten Potok ganz nahe bei den Häusern. Da ich, so oft ich später in diese Gegend kam, das Pärchen oder doch mindestens ein Stück sah, vermuthe ich, dass dieses daselbst nistete.

28. April sah ich bei einem Ausfluge nach Alsen in einem 8—10 Joch grossen Wäldchen mit hohen glattschäftigen Fichten und Tannen bestockt, nahe beim Dorfe gelegen, circa 6 Pärchen, welche Genist zum Nestbau tragen (meist paarweise fliegend). 13. Mai beobachtete ich ebendaselbst, wie einzelne Futter (Würmer) von einem naheliegenden Brachfelde zutragen (♂ dürften die brütenden ♀ füttern).

31. Mai. Die Alten füttern und constatire, dass mindestens 12 Pärchen in diesem Wäldchen gebrütet haben müssen.

Ganz eigenthümlich ist es, dass diese Drossel die prachtvollen, einsamen, für sie wie geschaffenen Gebirgswaldungen zur Brutzeit meidet und in der Nähe der Ortschaften im Hügellande sich während dieser ansiedelt und durchaus nicht scheu ist, denn sowohl, als sie Genist zum Nestbau, als auch Futter trugen, die einmal vom Wäldchen zu den Feldern oder retour eingeschlagene Richtung beibehielten, trotzdem sie eine ziemlich parallel zur Lisière des Wäldchens (50—200 Schritte entfernt) laufende sehr frequentirte Landstrasse überflogen. Ob nun da Menschen, Fuhrwerke etc. des Weges kamen, sie liessen sich nicht beirren, was um so sonderbarer ist, da sie ihren Cours oft nur 6—8 m hoch nehmen.

Am 28. April, als sie noch mit dem Nestbau beschäftigt waren, liess ich mich mit einem Freunde, der mich auf meiner Excursion begleitete, am Rande des Wäldchens nieder und beobachteten wir das Treiben unserer Drossel, während verschiedene Sänger ihre Lieder anstimmten, eine Singdrossel in unserer Nähe schlug und wir von ferne her den ersten Kuckuck hörten. Plötzlich machte sich eine Wachholderdrossel durch Geschrei in unserer Nähe bemerkbar, der bald die zweite folgte. Sie sassen auf den Spitzen der nächsten Fichten und Tannen unaufhörlich ihr aufgeregtes chi-chi-chi hören lassend. Wir mochten wohl in der Nähe des auserwählten Nistplatzes ausruhen. Uns belustigte dies und da sie einsahen, dass wir uns doch nicht vom Platze wegzettern liessen, machten sie Pausen, um bei der geringsten Bewegung, die wir machten, wieder zu zanken.

Ein Schuss, den ich abgab, vertrieb sie nur kurze Zeit aus unserer Nähe und als wir endlich nach circa 1½stündiger Rast wieder aufbrachen, glaube ich ihre Befriedigung in dem Tone ihres chi-chi-chi wahrgenommen zu haben.

Als ich später dieses Wäldchen durchquerend nach den Nestern spähte, empfingen sie mich stets in ähnlicher Weise. Diese waren sehr schwer in den dichten Kronen zu finden; bloss bei einem gelang es mir, welches hart am Stamme zwischen Aesten versteckt stand — leider für meine Baumsteiger unerreichbar.

1886 war diese kleine Turdus pilaris-Colonie in einem von der heurigen circa 1000—1500 Schritte entfernten Eichenhochwäldchen, eben so nahe am Dorfe und einzelnen Häusern etablirt und da im Winter 1886 auf 1887 dort gepläntert wurde, haben sie die alte Localität verlassen.

Habe im Vorjahre nicht so genau beobachtet, doch glaube ich, dass heuer die Colonie zahlreicher war. Auch frühere Jahre sollen schon einzelne Pärchen in den Eichenwäldchen gebrütet haben. Nach einem verlässlichen Gewährsmanne dürfte es 15—20 Jahre her sein, dass die Wachholderdrossel um Bielitz-Biala nistet.

Im August, Anfangs September des Vorjahres (1886) hatte ich bei einer Hühnerjagd in der Nähe des Dorfes Pisarzowice in einem mit Schwarzpappeln und Eichen bestockten Potok 8—10 Stück alte und junge (vollkommen flugbare) Turdus pilaris angetroffen.

Nachdem ich nun schon so weit bei dieser Art von dem eigentlichen Zwecke dieser Mittheilung abgewichen bin und in dem vorigen Jahre mehrfach über Turdus pilaris in den ornithologischen Mittheilungen geschrieben wurde, will ich noch Beobachtungen aus früheren Jahren über unseren Vogel zur Kenntniss bringen.

Schon in den 70er-Jahren machte ich den Sommer über seine Bekanntschaft im böhmischen Erzgebirge bei Teplitz, wo ich meine Ferien und später Urlaube verbrachte.

Es mochte um 1872 und 1873 sein, als ich gegen Ende August vom Abendanstand einging, den Weg abkürzte und quer über eine Moorfläche, mit einzelnen struppigen Fichten und Birken bewachsen, den Weg einschlug. Es war schon ziemlich dunkel, als plötzlich aus einer dichten niedrigen Fichte lärmend 6–8 Wachholderdrosseln herausstieben und wirr durcheinanderflogen, bis sie einen andern Ruheplatz gefunden. Ich muss annehmen, dass dies eine Familie war.

Auch erinnere ich mich noch öfters diesen Vogel im Sommer im böhmischen Erzgebirge bei Teplitz gesehen zu haben, so auch im Sommer 1881 und 1882 bei Komotau, wo ich damals in Garnison lag, am Hutberg.

Es war mehrere Tage vor dem 22. Juli 1882, als ich ein Nest mit Jungen in einem dichten 20—25jährigen Fichtenbestande im Moldauer Reviere, im böhmischen Erzgebirge bei Teplitz fand und ist mir die ziemlich genaue Zeitangabe deshalb möglich, weil ich einem Rehbock mit abnormen Gehörne nachging, den ich an obigem Tage erlegte und in meiner Schusstabelle notirt habe.

Ich pürschte von einem Schlage zum andern durch den erwähnten Fichtenbestand und vorsichtig einige Schneebruchlücken abspähend, als sich plötzlich ein heftiges Lärmen von Turdus pilaris ober meinem Haupte erhebt. Mehr ärgerlich denn erfreut, damals lag mir an einem Rehbocke mehr, wie an solcher Beobachtung, blickte ich in die Höhe und stehe nur wenige Fuss unter dem Neste, aus welchem ich die Köpfchen der Jungen, auf die Seite tretend, herausragen sehe, während die Alten lärmend mich kaum auf 20—30 Schritte umfliegen, um meine Aufmerksamkeit auf sich zu lenken und sich erst wieder beruhigten, als ich weiter pürschte.

Ob dieser kleinen Ueberschreitung meiner Aufgabe um Entschuldigung bittend, wende ich mich wieder den 1887er Beobachtungen zu.

Ruticilla tithys L., häufiger Sommervogel.

6. April bei warmem Südwest 2 Pärchen in meinem Garten eingetroffen.

15.—21. April bei Schnee und Regen (15.—17. April blieb Schnee liegen und Frost), verschwanden sie wieder. 22. April, bei leichtem Ostwest kamen die Pärchen wieder.

Ein Pärchen begann auf meinem Balkon ein Nest zu bauen, als dieses beinahe fertig war, 28. April, verliessen sie es.

(Schluss folgt.)

Eine kleine literarische Studie über den Auerhahn.

Von **Robert Eder.**

Der Auerhahn wär schon in den letztverflossenen Jahrhunderten ein bevorzugter Jagdvogel und doch findet man nur dürftige Mittheilungen über denselben in der ornithologischen Literatur jener Zeit. Noch weniger als der Auerhahn, scheint aber der Birkhahn im Allgemeinen bekannt gewesen zu sein.

In der zweiten Ausgabe des Conrad Gesner: „Icones Avium omnium“ herausgegeben von C. Froschauer im Jahre 1560 findet sich zur Abbildung des Auerhahnes auf pag. 58 nur folgende Synonymie:

Vrogallus simpliciter, uel Vrogallus maior.

Videtur autem Tetraon Plinij. Bellonius etiam Tetraonem uel Erythrotaon nominat. Otidem uerti uel Tardam, facit alteram Tetraonis speciem hanc. Gallus sylnestris uel montanus maximus.

Italice: Cedron, Gallo Cedrone, Gallo seluatico: Stolzo, Stolgo, Stolcho.

Gall. Apud Sabaudos & Aruernos, Coc de bois, faisant bryant.

German. Orhan Vrhan, Pirckhun Grosser bergfasan.

Unterhalb der Abbildung des Auerhahnes befindet sich noch ein kleines Bild, einen viereckigen Schneewall darstellend, in dessen Inneren neun Auerhähne, mit sechszinkigen Kronen ähnlichen Kämmen ausgestattet, zu sehen sind und wird bezüglich dieses Bildnisses gesagt, dass die kleinen Auerhähne im Norden zwei oder drei Monate unter dem Schnee überwintern, was Olaus der Grosse bestätigt, aus dessen Tafeln des nördlichen Oceans das Bild entnommen wurde.

Etwas mehr bringt Colerus in seinem im Jahre 1603 im Wittenberger Verlage erschienenen „Haussbuch“, gehörig zum „Calendario Oeconomica perpetuo“, „Ornithiacus“, „Von Vogelsang“ benannt: „Tetrax ein Awerhan quasi Vrhan das ist ein grosser Hahn denn er ist grösser denn irgent ein Hahn sein kann. Wie Vrus ein Awerochss oder Vhrochss das ist ein grosser Ochss denn Vhr haben die alten gros geheissen. Die findet man auch in den grossen Wäldern oder gehöltzen. Sie haben eine himmelblawe grawlichte Farbe einen weislichten hals vnd vor den Ohren hangen jhm zwo wammen herunter wie dem Haushanen. Man sehet sie in fallen vnd im Winter scheust man sie auff dem Felde oder in den höhen.“

„Aber da mus der Weidman ein weis Hembde anzihen so kan er nahe zu jhnen kommen wenns Schne ist. Man scheust ja zu tage und nacht. Man mus jhm aber des Nachts ein Gesicht mit einem Pappier machen das man am Pappier merket wie man schissen sol. Wenn ein Awerhan schreiet so höret vnd sihet er nichts in schrein mus man etliche schrit herzuschleichen das man im jmmer neher kömpt. Wenn sonsten nur ein Höltzlein vnter den Füssen zubricht so höret ers vnd fleuget balde dauon. Wenn er nicht schreiet so mus man gar stille stehen vnd nicht fortgehen.“

„Er helt seine stadte eigen innen wo er den einen morgen ist da kömpt er den andern morgen gewiss wider hin. Er höret vnter seinem schreien oder baltzen (denn also nennens die Weidleute) auch das Rohr nicht loss gehen wenn man gleich zwantzig mal schüsse.“

Die Abbildung des Auerhahnes zu obiger Beschreibung ist gewiss nach Allem zu urtheilen, eine verschlechterte Wiedergabe im kleinem Massstabe der Abbildung aus Gesner's Werk.

Eine Wiederbenützung derselben Abbildung, wenn auch in besserer Ausführung wie die letzterwähnte, findet sich in Johann Conrad Aitinger's „Jagd- und

Weydbüchlein", welches im Jahre 1681 in zweiter Auflage erschienen ist. Die Auffassung der Figur, als auch die Federstructur, insbesondere die gleiche Zeichnung der drei getheilten Partien der oberen Schwanzdeckfedern zeigen deutlich, dass auch hier Gesner copirt wurde.

Aitinger widmet sein „Federweidbüchlein" den Landgrafen zu Hessen „dem Hocherwünschten Printzen Paare, den neuaufgehenden Hessen Sonnen" und bemerkt im Laufe der Widmungsschrift, dass Alexander der Grosse dem Aristoteles [1]) eine grosse Anzahl Jäger gehalten habe, welche demselben „Nachrichten und Anlass" zu seinem Historiam animalium bringen mussten, dass aber unter diesen Jägern mancher Schalk gewesen sein mag, der „den guten Aristoteli" hier und da wie aus der Beschreibung der „Uhrhanen" zu sehen, „eines aufgebunden" habe.

Derselbe Verfasser schreibt über den Auerhahn Seite 213 Folgendes: „Der Aurhahn gehöret unter den sechsten Ordinen des Herrn Gesneri [2]). Ob ich wol mit nachfolgenden hohen Federwildpreth so billig allein vor die hohe Obrigkeit und Herrschaft gehörig nicht umbgangen dann es auch nicht allerorten gesehen oder gehöret wird muss ich doch hiervon setzen was ich von etzlichen Thüringer Weidleuten vernommen und darvon ferner gelesen habe. Der Herr Colerus schreibt in seinem Vogelbuch: Wann man die Auerhanen oder Hennen schiessen wolte müsste man im Schnee ein Hembd anziehen so könten sie im Schnee zu Tag und nacht geschossen werden und auff das Nachtschiessen ein Gesicht von Pappier machen. Wann sonst der Auerhahn in seiner Paltzzeit schreyet welches im Frühling vor Ostern ja offt im Februario beschicht so höret oder siehet er nicht. Sein Geschrey wenn er es gar gerade machet soll nicht viel anders lauten als wenn ein Grassmeder mit dem Stein gerade die Sense streichet oder wetzet. Im schreien wird etzliche Schritt auff ihn zugegangen bist man immer näher zu ihm kompt wann sonst nur ein Höltzlein unter den Füssen knacket so er nicht schreyet, soll ers hören und merken und darvon eylen? Drumb wann er nicht schreyet wird still gestanden und nicht fortgangen. Wo er sich einen Morgen finden lässt da ist er die gantze Brunstzeit des Morgens zu finden. Daselbst er dann vor Tage oder wohl in der Demmerung schnell auff den Paltzplatz fället aber nicht lange darauff verharret. Daselbst machen etzliche Schützen ihre Hütten hin und warten den Herrn auff den Dienst. Er soll unter seinen schreyen und Brunst auch keine Büchsen loss gehen hören wann schon zwantzigmahl geschossen würde. Im Schnee wann es obenher freuret und knittert kann man nicht so balde an sie kommen dann das knacken hören sie im Schnee sehr weit. Derowegen pflegen etzliche breite Schuhe oder dünne Bretter so über anderthalb Wergschue gross umb die Schuhe zu binden und darauff leise zu gehen damit es nicht zu hart knacket und ziehen wie vermeldet in solchen Schuen weisse Hembder an über ihre Kleidung.

Dass der Auerhahn aber den Schuss nicht leichtlich scheichet geschicht wie etzliche Weidleute darvorhalten darumb das er meyne dass ein gantzer Baum oder Ast darvon niederfälle und brassle oder dass es donnere [3]). In den Heiden sollen sie auch stets liegen da man ihnen dann mit sonderbaren Schleiffen daran schwere Höltzer zu folgern und Steine gehenecket wie dann auch mit sonderbaren Fallen und Tritten auffwartet. Dieser Drahtschleiffen ist ferne beym Hunerfangen etwas gedacht wie auch die Fallen hernach folgen sollen.

„Dieses Paltzweidwerk beschicht am meisten kurtz nach Mitternacht biss es eine weile Tag gewesen darumb auch vieler grosser Herren Diener so in der Demmerungen oder des Nachts von zehen Uhren biss es Tag wird auffwarten und den Schlaff brechen müssen mit diesem Perschen nicht allzuwol zufrieden seyn."

In den folgenden zwei Büchern: „Angenehmer Zeit-Vertreib, welchen das liebliche Geschöpf die Vögel auch ausser dem Fang u. s. w. dem Menschen schaffen können. Durch einen die erschaffenen Creaturen beschauenden Liebhaber" (von F. A. v. P.) Nürnberg 1716, ferner „Gründliche Anweisung alle Arten Vögel zu fangen, einzustellen, abzurichten u. s. w." Nürnberg, 1754, findet sich nur Weniges über den Auerhahn, da zu jener Zeit die Auerhahnjagd dem Adel entzogen und nur den Fürsten zugehörig war. Der Autor des erstbenannten Buches spricht die Befürchtung aus, dass in kurzem der Edelleute Jagdgerechtigkeit verloren gehen werde und hofft, dass diese ihm dankbar sein werden, wenn er ihnen durch das Tractätlein Mittel an die Hand gebe, dass sie nach dem Verlust

[1]) Auch Colerus erwähnt in seinem Buche: „Von der Jagtkunst allerley wilden Thieren und Wildprets" im Jahre 1603, dass Alexander der Grosse den Aristoteles bedeutend unterstützte: „Denn ihm Alexander darzu viermal hundert tausend vnd achtzig tausend Kronen verehrt vnd hat jhm drey tausend Menschen zugegeben so allerley Wälde / Vogelgärten Wasser vnd Teiche durch gantz Affricam, Asiam vnd Europam ausgangen vnd ihm allerley Thier haben bringen müssen das er ihre natur erlernen vnd darnach recht beschreiben kont."

[2]) Unter der sechsten Ordnung fasst Conrad Gesner folgende Vögel zusammen: Auerhahn, Birkhahn (unter dem Namen Laubhan), Bromhan (kleiner Bergfasan), Grügelhan (Schneehuhn), Perlhuhn, schottisches Moorschneehuhn, Fasan, Haselhuhn, Rothuhn, Rebhuhn, Steinhuhn, Alpenschneehuhn (im Winterkleid), Holztaube, Ringeltaube, Turteltaube, kleiner und grosser Trappe, „Eggenschar" (?Ralle?), Strauss, Heidelerche, Haubenlerche, Wachtelkönig und Wachtel. Die fünfte Ordnung weist auf: den Haushahn und die Henne, den Pfau, den Truthahn, die zahme Taube. Man sieht, dass er die sogenannten wilden, von den zahmen Thieren trennt, indem er wohl meint, dass sie zweierlei Geschöpfe seien. Dieser Meinung war auch Colerus, welcher sagt: „So wie Gott zweyerley Kühe Pferde Ochsen Hunde Katzen Tauben und dergleichen andere Thier und Vogel mehr hat also hat er auch zweierley Menschen Zame und Wilde etc." Dagegen findet sich bereits in einem Taubenbuch „Nützliches und vollständiges Taubenbuch", Ulm 1790, folgende bemerkenswerthe Stelle auf Seite 27: „Ich betrachte die Bergtaube als die erste Stammart, von welcher alle die anderen ihren Ursprung genommen, und von welcher sie mehr oder weniger abweichen, je nachdem sie mehr oder weniger unter menschlicher Zucht gestanden haben." Ferner Seite 31: „Und da der Mensch alles, was von ihm abhängt, wenn man so sagen darf, umgeschaffen hat, so ist kein Zweifel, dass er der Urheber aller dieser Sclavengattungen seie, die je mehr sie für uns Vollkommenheit erlangt haben, desto mehr abgeartet, und für die Natur verdorben worden sind." (Der Autor sagt, er folge bei seiner Besprechung der Abstammung der Taube dem grossen Naturhistoriker Herrn von Büffon.

[3]) Da über die Ursache, dass der Auerhahn während des Balzens nicht hört, noch vielfach recht irrige Meinungen verbreitet sind, so dürfte es nicht unangebracht sein, bei dieser Gelegenheit folgenden Aufschluss aus A. B. Meyer's Abbildungen von „Vogel-Skeletten" 1881 2 wiederzugeben: „Tetrao urogallus L. Die Länge des processus angularis posterior (Owen) vom Unterkieferrand gemessen, beträgt 27·8 mm; bei geschlossenem Schnabel steht dieser Fortsatz frei über das Hinterhauptbein hinaus, bei geöffnetem Schnabel läuft er von unten nach oben über die äussere Ohröffnung und steht noch 7·8 mm über dem oberen Rand hervor."

Die Ursache der Taubheit des Auerhahnes während des Balzens ist nach obigem dadurch bedingt, dass sich der Knochenfortsatz bei Oeffnen des Schnabels über die Ohröffnung legt und diese vorübergehend verschliesst.

Bei Tetrao tetrix ist dieser Fortsatz nicht grösser als bei den übrigen Hühnern und beträgt 7·5 mm; bei Tetrao tetrix urogallus M., dem Rackelhahn, hält er die Mitte zwischen Auerhahn und Birkhahn inne.

solcher Gerechtsame, doch noch Fasanen und Rebhühner zu speisen hätten. Seinen Freund, den Freiherrn von Stockhorn und Stearein preist er aber glücklich, dass dieser unter der mildesten Regierung des durchlauchtigsten Erzhauses lebe, wo die Freiheit keinen Abbruch leide und sagt dann, dass die ganze Welt von der österreichischen Regierung rühme, dass sie zu „lauter Milde, Gnade und Gelindigkeit“ geneigt sei, so dass sie nimmer zugeben würde, dass dem geringsten Bauern eine Hand breit Erde genommen würde. Seite 35 führt er den Auerhahn an, „der nunmehr dem Adel entzogen und allein denen Fürsten zugehörig und also zur grossen Jagd zu rechnen ist“. — „Er hält sich das ganze Jahr in grossen Wäldern auf weil er sich im Winter von jungen Schössen an Bäumen nährt und daher ein hartes Fleisch bekommt so dass wann man fraget warum die vom Adel noch Rebhüner fangen und doch keinen Auerhan schiessen dörffen man keine andere Ursache zu geben weis als weil der Auerhan grösser ist dann dass er edler sey kan kein Mensch sagen“. Auch meint er, dass vom Auerhahn nicht mehr „denkwürdiges“ zu schreiben sei, als von einem indianischen Hahn und sagt weiters: „Dann was von seiner Geilheit gemeldet wird ist meistens Exaggeration[4], so viel aber daran war ist nicht so bewunderungswürdig als die so genannte grosse Jäger die da von dem Auerhan etwas sagen müssen weil sie von allen anderen Vögeln nichts wissen insgemein vorgeben.“

In dem zweiten Buche aus dem Jahre 1754, welches ich oben aufführte, benützt der anonyme Verfasser vollständig das vorerwähnte Buch; er erweitert aber dasselbe dahin, dass er bei jedem Vogel angibt, welche Bastardirung etwa für ihn passend wäre, ob derselbe auch zur Erlernung des Gesanges eines anderen Vogels geeignet sei und ob man den betreffenden Vogel soweit zähmen könne, dass er aus dem Hause, wo er eingewöhnt wurde, auch aus- und einfliege, wie die der Verfasser bei der Angabe der Abrichtung bei Rebhühnern, Finken, Gimpeln, Hänflingen, Grünlingen, Stieglitzen, Zeisigen, Canarienvögel und anderen als durchführbar erwähnt. Auch bei der Besprechung über den Auerhahn wird Seite 103 angeführt, dass er zur Bastardirung mit der indianischen Henne (Truthenne) geeignet sei: „Bastarden mit Auerhanen und Indianischen Hühnern zu ziehen, ist aber wohl möglich, wann man junges Auergeflügel von Indianischen Hühnern ausbrüten lässet und dieselben zur äussersten Zamigkeit bringet. Allein diese Erziehung gehet anders nicht glücklich von statten, man treibe dann das junge Auergeflügel, wann sie vorher acht Tage lang mit lauter Ameiseiern gespeiset worden, mit ihrer Pflegmutter, der Indianischen Henne alltäglich in einen Schwarzwald, damit sie daselbsten ihre natürliche Nahrung finden. Gleichwie aber dieses ohne einen Hirten sich nicht practiciren lässet, also muss ihnen ein darzu bestellter Jung immer auf dem Fusse folgen, damit kein Raubthier sowohl die Indianische Henne, als die Jungen hinweg nehme. Auch ist dabey zu beobachten, dass man das Austreiben über acht Tage nicht darf anstehen lassen, sondern selbiges anfangen muss, ehe die Jungen an Füssen erstarken und allzuschnell laufen, sonsten lassen sie sich nicht mehr treiben, und wird man sie nicht können in den Wald hinaus, noch weniger aber aus demselben wieder nach Haus bringen. Da hingegen, wann sie noch sehr jung und schwach von ihrer Pflegmutter, der Indianischen Henne und den Hirten angeführet werden, dieselbe hernach biss sie über halb gewachsen sind, und wann man ihnen die Flügel beschneidet, noch länger der Anführung ganz willig folgen. Es braucht aber auch nicht, wann sie 4 bis 5 Wochen alt sind, dass man sie noch immerfort in Wald treibe, sondern man kann sie hernach nur in die Gärten gehen lassen und mit Körnern, auch in Milch geweichter Semmel, endlich aber in Milch geweichten Kleyen mit Holzsaamen vermischt glücklich vollends aufziehen und das andere Jahr von ihnen Bastarden bekommen. Und also versteht sich ohnedem, dass man solche Auerhüner, nachdem man viel oder wenig Mühe anwendet, entweder nur halbzahm, dass sie sind wie andere zahme Hüner, die ausweichen, wann man auf sie zugehet, oder noch zamer gewöhnen kann, dass sie sich so oft man will fangen lassen.“

Obige Beschreibung, wie man junges Auerwild gross zieht, fand ich sehr erwähnenswerth, da wohl auch in selber Weise Birkwild aufgezogen und so Bastardirungsversuche zwischen Beiden angestellt werden könnten, wie dies ja von Herrn v. Kralik in Adolf in Böhmen mit Erfolg bereits durchgeführt wurde und welcher hoffentlich auch in Zukunft neue weittragende Erfolge darin aufweisen wird.

(Schluss folgt.)

[4] Wie mir aus Gablonz an der Neisse mitgetheilt wurde, flog im Frühjahr 1887 ein Auerhahn einer Frau, welche Klaubholz im Walde holen wollte, auf den Kopf und wurde der tolle Vogel von der Frau gefangen und lebend nach Hause gebracht. Aehnliche Fälle erzählt auch A. C. Brehm im Thierleben.

Sula dactylatra Lesson und Sula Nebouxii M. A. Milne Edwards, zwei Tölpel-Arten.

Die Tölpel (Sulidae), bekanntlich mit den Familien: Pelikane (Pelicanidae), Fregattvögel (Tachypetidae), Scharben (Phalacrocoracidae), Schlangenhalsvögel (Plotidae) und Tropikvögel (Phaëthonidae) die Ordnung der Ruderfüssler (Steganopodes) bildend, sind durch die gesägten Schnabelränder, den 12fedrigen, keilförmigen Schwanz, die sehr langen Flügel (zweite Schwinge am längsten) charakterisirt und werden durch eine einzige Gattung (Sula Brisson) vertreten.

Die Tölpel sind ausgezeichnete Flugkünstler, leben ausschliesslich von Fischen, die sie stosstauchend aus dem Wasser holen. Eine Art: der Basstölpel oder weisse Tölpel (Sula bassana Gray) gehört dem Norden Europas an, wo er besonders auf der Insel Bass an der Westküste Schottlands auf den Felsklippen in vielen Tausenden zum Brüten sich einfindet. Die anderen Arten: Sula serrator Gray (aus Australien, Tasmanien und Neu-Seeland), Sula capensis Lichtenstein vom Cap und der Gabonküste, Sula piscatrix L. von den Seychellen, Cayenne und Haiti, Sula parva Gmelin von Chili, Rio de Janeiro, Japan, dem indischen Archipel und dem rothen Meere, Sula dactylatra Lesson und Sula Nebouxii M. A. Milne Edwards sind tropisch.

Hier wollen wir nur die beiden letzten Arten besprechen. Bezüglich der Species Sula dactylatra herrscht grosse Verwirrung. Tschudi beschreibt eine Sula variegata und charakterisirt sie folgendermassen: Kopf, Hals, die Rückenoberseite und die ganze Unterseite des Leibes sind glänzend weiss, die Flügel und grossen Federn bräunlichschwarz auf der Aussenseite, aber weiss auf der unteren Hälfte der Innenseite. Der Hinterrücken, der Schwanz und die Seiten sind weiss und schwarz gefleckt. Bei den jungen Thieren erstrecken sich diese Flecken über den ganzen Rücken, die Seiten und einen Theil des Bauches. Der Schnabel ist hornbraun, die Füsse schwarz, die Iris dunkelbraun.

Sula dactylatra Lesson.

Gray identificirt diese Art mit Sula piscator, Bonaparte mit Sula cyanops de Sundevall. Wenn man aber die Tölpel von der Peruküste mit Sula piscator vergleicht, so sieht man auf den ersten Blick den Unterschied in der Schnabelform, in der Grösse und in der Zeichnung. Sula cyanops ist vielmehr mit Sula personata de Gould identisch. Dagegen hat Lesson sie als Sula dactylatra beschrieben. Um dieser Confusion einigermassen ein Ende zu bereiten, und diese Tölpelart unter den Naturforschern bekannter zu machen, bildet M. A. Milne Edwards dieselbe im XIII. Bande (Sixieme Serie) Annales des

Sula Nebouxii.

Liste der bisher durch Belegstücke für Bosnien und die Herzegowina nachgewiesenen Vögel.

Von **Othmar Reiser.**

Die Zusammenstellung der nachfolgenden nackten Liste unternehme ich aus dem Grunde, um etwaigen Irrthümern, welchen man häufig und gerade in jüngster Zeit über die Fauna dieser Länder zu begegnen pflegt, insoweit vorzubeugen, dass man durch dieselbe diejenigen Arten erfährt, welche thatsächlich innerhalb der Grenzen des Occupations-Gebietes erlegt wurden und deren Belege sich im Lande vorfinden. Es liegt auf der Hand, dass diese Liste, ich möchte sagen über Nacht, sich vergrössern muss und dass das Vorkommen mancher Arten so gut wie sicher anzunehmen ist; allein der Genauigkeit halber wurden solche durchaus nicht aufgenommen.

Exemplare der mit * bezeichneten Arten sind im bosnisch-herzegowinischen Landesmuseum in Sarajevo zu finden.

*Vultur monachus.
*Gyps fulvus.
*Neophron percnopterus.
*Gypaëtus barbatus. [NB. Das pag. 155 des vorigen Jahrganges d. M. erwähnte dritte Stück und var. meridionalis befindet sich nicht i. Museum.]
*Milvus ater.
*Cerchneis tinnunculus.
*Erythropus vespertinus.
*Hypotriorchis aesalon.
Falco subbuteo.
*Falco peregrinus.
*Falco lanarius.
Nisaëtus Bonellii.
*Astur palumbarius.
*Accipiter nisus.
Aquila pennata.
*Aquila nævia.
*Aquila clanga. [NB. Statt der pag. 103 des vorigen Jahrg. erwähnten Collection von 14 Stücken dieser beiden Adler sind nur 7 Stück im Museum, wovon 2 durch Bezirksämter eingeliefert wurden.]
*Aquila imperialis.
Aquila chrysaëtus var. fulva.
*Haliaëtus albicilla.
*Circaëtus gallicus.
Pernis apivorus.
*Buteo ferox.
*Buteo vulgaris.
*Circus æruginosus.
*Circus cyaneus.
*Circus pallidus.
*Circus cineraceus.
*Athene passerina.
*Athene noctua.
Nyctale Tengmalmi.
*Syrnium uralense.
*Syrnium aluco.
*Bubo maximus.
*Scops Aldrovandi.
*Otus vulgaris.
*Brachyotus palustris.
*Caprimulgus europæus.
*Cypselus melba.
Cypselus apus.
*Hirundo rustica und var. pagorum.
*Hirundo urbica.
*Hirundo riparia.
*Cuculus canorus.
Merops apiaster.
*Alcedo ispida.
Coracias garrula.
*Oriolus galbula.
*Pastor roseus.
*Sturnus vulgaris.
*Pyrrhocorax alpinus.
*Lycos monedula.
*Corvus corax.
*Corvus cornix.
*Corvus frugilegus.
*Pica caudata.
*Garrulus glandarius.
*Nucifraga caryocatactes.
*Gecinus viridis.
*Gecinus canus.
*Dryocopus martius.
*Picus maior.
*Picus leuconotus var. Lilfordi.
*Picus medius.
*Picus minor.
*Picoides tridactylus var. alpinus.
Iynx torquilla.
*Sitta europæa var. cæsia.
Sitta syriaca.
Tichodroma muraria.
*Certhia familiaris.
*Upupa epops.
*Lanius excubitor.
Lanius minor.
*Lanius collurio.
*Muscicapa grisola.
*Muscicapa luctuosa.
*Accentor alpinus.
*Accentor modularis.
*Troglodytes parvulus.
*Cinclus aquaticus und var. meridionalis.
*Pœcile palustris.
*Pœcile borealis var. alpestris.
*Pœcile lugubris.
*Parus ater.
*Parus cristatus.
*Parus maior.
*Parus cœruleus.
*Acredula caudata.
*Regulus cristatus.
*Regulus ignicapillus.
*Phyllopneuste sibilatrix.
*Phyllopneuste rufa.
*Hypolais salicaria.
*Acrocephalus arundinacea.
*Acrocephalus turdoides.
*Calamoherpe phragmitis.
Pyrophtalma subalpina.
*Sylvia curruca.
*Sylvia cinerea.
*Sylvia atricapilla.
*Sylvia hortensis.
*Merula vulgaris.
*Merula torquata.
*Turdus pilaris.
*Turdus viscivorus.
Turdus musicus.
*Monticola saxatilis.
*Ruticilla tithys.
*Ruticilla phoenicura.
*Luscinia minor.
*Dandalus rubecula.
*Saxicola œnanthe.
*Pratincola rubetra.
*Pratincola rubicola.
*Motacilla alba.
*Motacilla sulphurea.
*Budytes flavus.
Budytes cinereocapillus.
[NB. Von den pag. 122 des vorig. Jahrganges erwähnten 3 „Beweisstücken“ des Museums findet sich keines vor.]
*Anthus aquaticus.
*Anthus pratensis.
*Anthus arboreus.
*Galerida cristata.
*Lullula arborea.
*Alauda arvensis.
*Miliaria europaea.
*Emberiza citrinella.
*Emberiza cia.
*Schœnicola intermedia.
*Plectrophanes nivalis.
*Passer montanus.
*Passer domesticus.
*Fringilla cœlebs.
*Fringilla montifringilla.
*Coccothraustes vulgaris.
*Ligurinus chloris.
*Serinus hortulanus.
*Chrysomitris spinus.
*Carduelis elegans.
*Cannabina sanguinea.
*Pyrrhula europæa.
*Loxia curvirostra.
*Columba palumbus.
*Columba œnas.
*Columba livia.
*Turtur auritus.
*Turtur risorius.
*Tetrao urogallus.
*Tetrao tetrix.
*Tetrao bonasia.
*Perdix saxatilis.
Starna cinerea.
*Coturnix dactylisonans.
*Otis tetrax.
*Oedicnemus crepitans.
*Eudromias morinellus.
*Aegialites minor.
*Vanellus cristatus.
[NB. Grus virgo, auf pag. 139 des vorjährigen Jahrganges d. Mitth. als im Museum befindlich aufgeführt, ist dort nicht vorhanden.]
Ciconia alba.
*Ciconia nigra.
*Platalea leucorodia.
Falcinellus igneus.
*Ardea cinerea.
*Ardea purpurea.
*Ardea egretta.
*Ardea garzetta.
*Ardea ralloides.
*Ardetta minuta.
*Nycticorax griseus.
*Botaurus stellaris.
*Rallus aquaticus.
*Crex pratensis.
*Gallinula porzana.
*Gallinula chloropus.
*Fulica atra.
*Numenius arquatus.
*Scolopax rusticola.
*Gallinago scolopacina.
Gallinago major.
*Gallinago gallinula.
*Totanus fuscus.
*Totanus calidris.
*Totanus glottis.
*Totanus ochropus.
*Totanus glareola.
*Actitis hypoleucus.
*Machetes pugnax.
*Tringa alpina.
*Tringa subarquata.
*Calidris arenaria.
Himantopus rufipes.
*Anser segetum.
*Cygnus olor.
*Cygnus musicus.
[NB. Tadorna cornuta, pag. 146 des vorigen Jahrganges als in 2 Stücken im Museum von Sarajevo befindlich aufgeführt, ist dort nicht vorfindbar. Auch über das Vorkommen der hochnordischen Anas dispar ist kein Belegstück vorhanden.]
Spatula clypeata.
*Anas boschas.
*Anas acuta.
*Anas strepera.
*Anas querquedula.
*Anas crecca.
*Anas penelope.
*Fuligula nyroca.
*Fuligula ferina.
Fuligula marila.
Fuligula cristata.
*Clangula glaucion.
*Mergus merganser.
*Mergus albellus.
Podiceps cristatus.
*Podiceps minor.
*Colymbus arcticus.
*Colymbus septentrionalis.
*Carbo cormoranus.
*Carbo pygmaeus.
*Larus argentatus var. Michahellesi.
Larus canus.
*Xema ridibundum.
*Sterna fluviatilis.
Sterna minuta.
*Hydrochelidon leucoptera.
*Hydrochelidon nigra.

Sarajevo, Jänner 1888.

Aus meinem ornithologischen Tagebuch.

Von **Hans von Basedow.**

In Regensburg, wo ich Anfangs November einige Tage weilte, beobachtete ich folgende interessante Thatsache: Im fürstlichen Schlossparke wurden im letzten Sommer 8 Wildenten (Anas boschas) ausgebrütet und auch grossgezogen. Im Spätherbste fanden sich nun circa 80 Wildenten beiderlei Geschlechtes auf dem kleinen Teiche ein, um dort ihr Futter entgegen zu nehmen; sie sind vollständig zahm, schwimmen und schnattern trotz der vielen Passanten und des unmittelbar sich daneben befindenden Bahnhofes den ganzen Tag auf dem kleinen Teich herum, brechen dann Abends auf, um ihre gewohnten Schlafplätze aufzusuchen, während die dort ausgebrüteten sich selbstredend in ihre Schutzhütte zurückziehen. Jahrelange Zähmungsversuche vermögen einen Vogel auch nicht zahmer zu machen, als es die Wildenten sind in dem Bewusstsein, auf dem Regensburger Teiche gehegt und gepflegt zu werden. Der den Menschen sonst so ängstlich meidende Vogel hat jede Scheuheit verloren. Ich stand in so unmittelbarer Nähe einiger Vögel, dass nur eine kleine Bewegung der Hand genügt hätte, einen derselben zu ergreifen. Ist diese Zahmheit Vernunft oder Instinct? Schulfuchserei wird letzteres immer noch behaupten, klare Köpfe über diese Behauptung lächeln.

Unter dem 7. October vergangenen Jahres notirte ich Folgendes. Vorausschicken muss ich hier, dass mein Arbeitszimmer mir den Blick auf die alten Frauenthürme, die mit ihren Nachtmützen gar wunderlich in die Höhe starren und die neben dem „Kindle" sowohl eigentlich das Wahrzeichen der alten Bierstadt München sind, gewährt. Auf diesen Thürmen nun nisten mehrere Paare Thurmfalken (Falco tinnunculus) und viele Paare Dohlen (Corvus monedula). Am besagten 7. October Abends 5½ Uhr war ich Zeuge einer interessanten Scene, die die Instincttheorie über den Haufen wirft und die Verstandestheorie unterstützt.

Einer der Falken machte vergebliche Anstrengungen zu fussen. Ich habe das bei widrigem Winde oft bemerkt. — Bei seinen diesbezüglichen Manipulationen gerieth er, welcher Umstand diesen Zufall veranlasste, weiss ich nicht — unter die Drähte der Blitzableiter und wurde so eingeklemmt in drangvoll fürchterliche Enge. Ein jämmerliches Gekreisch erfüllte die Luft — die Mitfalken eilen herbei, und rütteln über dem armen Gefangenen — überzeugen sich, dass sie nicht helfen können und — enteilen! Das ängstliche Rufen des Falken wurde in vermehrter und verbesserter Auflage fortgesetzt — eine neugierige Dohle eilte herbei, liess sich neben dem eingeklemmten Falken nieder, untersuchte augenscheinlich den Thatbestand und rief dann ihre Genossen herbei. — Nachdem dann die erste Dohle die übrigen auf den Umstand aufmerksam gemacht hatte, stemmten sich die Thiere mit vereinten Kräften unter den Draht und nestelten so lange am Falken herum, bis derselbe frei war. Der Gedankengang der Dohle war augenscheinlich der: Wenn der Draht gehoben wird, kann der Falke herausschlüpfen, da sie allein dies nicht vollbringen konnte, rief sie Hilfe herbei — dieser musste sie ihre Rettungsmethode mittheilen, wenn man nicht annehmen will, dass die anderen Dohlen denselben Gedanken gehabt. Der Falke war frei und die Dohle umkreiste noch lange den Schauplatz ihrer edlen That!

Im Isarthale bei Freising befindet sich eine grosse Colonie Eisvögel (Alcedo ispida) welche sich, entgegen meiner Beobachtung in Arnstadt (Thür.) sehr wohl untereinander und mit der Wasseramsel (Cinclus aquaticus) vertragen. Letzterer Vogel ist auch in München, an der Maximiliansbrücke häufig in seinem munteren Treiben zu beobachten. — Auch sind die Möven in grossen Schwärmen eingezogen.

Am 31. October beobachtete ich am Starnberger-See ein Paar Haubentaucher (Podiceps cristatus), am 5. November beobachtete ich ein Paar desselben Vogels eben einfallend Abends 6½ Uhr in Pasing. — Am 31. October beobachtete ich ausser Eisvogel und Wasseramsel eine Schaar Teichhühner (Stagnicola chloropus), einen Zug auf der Durchreise begriffener Fischreiher (Ardea cinerea), welcher Abends 6 Uhr 38 Minuten aufbrach. Ferner einige Möven, welche schon um diese Zeit die See aufsuchen, um dann bei intensiver Kälte den Chiemsee zu beleben. — Merkwürdig ist, dass hier in der ganzen Umgegend der Storch (Ciconia alba) nicht vorkommt. Ebenso ist der Mangel an Nachtigallen recht zu beklagen. — Ich will versuchen im nächsten Frühjahr im Parke eines mir befreundeten Interessenten solche anzusiedeln.

Hier möchte ich die Bemerkung daran knüpfen, dass in diesem Jahre ein Paar Kleiber (Sitta caesia) bei mir sich gepaart. — Das Weibchen legte fleissig und brachte Junge zur Welt, welche jetzt völlig ausgemausert liebenswürdige Vögel sind. Nähere Details gebe ich später.

Sonst weist mein Tagebuch die regelmässigen Notizen über Durchzug etc. etc. auf; da die Liste der beobachteten Vögel sehr lang, spare ich mir die Mittheilung derselben auf später auf, was ich um so lieber thue, als auch jetzt noch diese und jene Schaar durch München durchzieht und meine Liste in circa 4 Wochen dann auf Vollständigkeit Anspruch machen kann.

In Folge der Artikel der Frau von Ulm-Erbach und des Herrn Tschusi zu Schmidhoffen (pag. 94 und pag. 198 des Jahrg. 1887 der in Gera erscheinenden Monatsschrift des deutschen Vereines zum Schutze der Vogelwelt) habe ich Erkundigungen eingezogen über die Brut von Gallinago gallinula und kann mittheilen, dass diese Schnepfe nachträglich gebrütet hat im Isarthale bei München — am Ammersee — Chiemsee. Ferner nördlich von München in Regensburg bei Ansbach und in der Nähe von Rottenburg a. T. — Soweit meine in Erfahrung gebrachten, nachgewiesenen Bruten der Gallinago gallinula. Ich werde Details über das Auffinden der Eier, nähere Beobachtungen etc. zu erfahren suchen und das Ergebniss dem Leserkreise selbstredend nicht vorenthalten.

Füttert die hungernden Vögel!

Von **Freifrau von Ulm-Erbach.**

„Schützet, o Menschen, die Vögel,
Die lieblichen Sänger der Flur,
Füttert die harmlosen Wesen,
Das nützlichste Thier der Natur.
Trachtet zu fristen ihr Leben,
Steht ihnen bei in der Noth!
So Ihr die Vögel beschirmet,
Gibt Gott Euch das tägliche Brot!"

In diesem so anhaltend strengen Winter, in dem wir oft bis zu 25° Kälte hatten, und wo ausserdem Alles mit tiefem Schnee bedeckt ist, tritt obige Mahnung an jedes thierfreundliche Herz heran, der armen darbenden und frierenden Vogelwelt zu gedenken, um dieselbe so weit es in unseren Kräften steht, am Leben zu erhalten.

Es ist in diesen Blättern schon öfters auf den Nutzen der gefiederten Welt hingewiesen worden, so dass es wohl überflüssig ist, wieder darauf zurückzukommen.

ebenso wie man kaum daran erinnert zu werden braucht, welche grosse Freude uns schon die liebliche Vogelschaar durch ihr munteres Wesen und ihren herrlichen Gesang bereitet hat. Besitzt auch die liebe Vogelwelt so manchen Freund und Beschützer, so hat sie leider noch viele Feinde und Verfolger. Unter den Letzteren befinden sich nicht nur andere Thiere, sondern auch herzlose Menschen, so dass man die traurige Wahrnehmung machen muss, dass die Vögel immer mehr im Abnehmen begriffen sind, und es zu befürchten ist, dass es noch soweit kommen wird, dass wir manche Arten derselben nur noch dem Namen nach und aus wissenschaftlichen Werken kennen werden.

Obgleich die rauhe Witterung wohl bald ihrem Ende entgegengeht, so möchte ich doch noch alle Liebhaber der nützlichen Vogelwelt daran erinnern, wenn es nicht bereits geschehen sein sollte, sei es in der Stadt oder auf dem Lande, im Hof und Garten Futterplätze für dieselben herzurichten, und zwar an solchen, vor Raubzeug geschützten Stellen. Ich liess zu diesem Zwecke kleine Hütten von Tannenreiser herstellen, worin es stets von den mannigfaltigsten Vogelarten wimmelt, welche sich die ausgestreuten Leckerbissen schmecken lassen. Als Futter kann man alle möglichen Abfälle vom Tisch und aus der Küche verwerthen, die sonst verloren gehen würden, ebenso wie verschiedene Körner und Unkrautsämereien dazu benützen. Ausserdem möchte ich alle Freunde der gefiederten Welt darauf aufmerksam machen, vor einem Fenster ein Futterbrett, eine sogenannte „offene Tafel“ anbringen zu lassen, denn das nahe Beobachten der verschiedenen Vögel, die es aufsuchen, gewährt zugleich ein grosses Vergnügen.

Ich liess ein etwa 35 cm breites Brett, und zwar ein älteres, damit die Vögel vor dem hellen Aussehen eines neuen nicht abgeschreckt werden, vor einem nach Süden gelegenen Fenster, an welchem ich mich am häufigsten aufhalte, anbringen. Auf dieses Brett lege ich einen Tannenzweig, um es durch das Grün den Vögeln recht heimisch zu machen, und gebe mehrere Male des Tages verschiedene Sämereien, Brotkrumen, Stückchen Speck, rohes Fleisch und Unschlitt, sowie Apfelschnitzen, getrocknete Hollunderbeeren und frische Weintrauben auf dasselbe. Sobald ich das Fenster öffne, um das Futter auszustreuen, kommen meine hungrigen, gefiederten Gäste von allen Seiten angeflogen, denn sie wissen schon, dass man ihnen nichts zu Leide thut, sondern dass sie von Herzen willkommen sind. Meine täglichen Kostgänger sind schon so zutraulich geworden, dass es sie gar nicht stört, wenn ich dicht am Fenster sitze, um sie bei ihrem heiteren Treiben und lustigen Schmause zu beobachten. Es scheint, als ob auch die Vögel ihre bestimmte Tagesordnung einhalten, denn sie erscheinen ziemlich regelmässig in der Früh, Mittags und Abends vor der Dämmerung auf dem Brette, und geht es meist ganz friedlich bei den Mahlzeiten zu, denn Futterneid unter einander habe ich selten bemerkt.

Zu den täglichen Besuchern zähle ich unsere herrliche Sängerin, die Schwarzamsel, Turdus merula, welche mich an warmen Sommerabenden so oft durch ihr melancholisches Lied entzückte, und von der ein Pärchen, meist ganz in der Nähe, in einem Weissdornstrauch, dessen Beeren es gerne verzehrt, nistet. Die Sippe der Meisen ist am zahlreichsten auf meinem Futterbrette vertreten, und zwar am häufigsten die muntere Kohlmeise, Parus major, die hier seltener vorkommende Sumpfmeise, Parus palustris, die mit ihrem grauen Federkleidchen, nebst schwarzem Köpfchen, einer Kutte ähnlich sehend, auch sehr bezeichnend den Namen „Nonnenmeise“ führt. In einzelnen Exemplaren lässt sich auch wohl die schönste ihrer Familie, die Blaumeise, Parus coeruleus, erblicken, welche sich ebenso wie die übrigen Meisenarten Hanf- und Mohnsamen gerne schmecken lässt, während sie im Sommer sich von Kerbthieren und Insecten nährend von unberechenbarem Nutzen sind. Aus der Familie der Spechtmeisen ist besonders der drollige Kleiber, Sitta caesia, ein gern gesehener Gast, der aber am liebsten das Futterbrett für sich allein behaupten möchte und seine reizenden Verwandten, die Meisen, mit seinem breiten Schnabel etwas unfreundlich abwehrt. Merkwürdig ist es, dass die doch sonst so kecken Sperlinge und Emberizen es bis jetzt noch nicht gewagt haben, auf meinem Fensterbrette zu erscheinen, während sie sich aber fast zu zahlreich auf den übrigen Futterplätzen einfinden, wo auch hauptsächlich die Finkenarten vertreten sind, so der Distelfink, Fringilla carduelis, der Buchfink, Fringilla coelebs, dann der Dompfaffe, Pyrrhula vulgaris und die anderen Vogelarten, die bei uns überwintern.

Sollten die ersten Zugvögel, die Staare, Bachstelzen, Rothbrüstchen u. s. f. etwas verfrüht bei uns eintreffen, und, wie es häufig der Fall ist, sich noch Frost und Schneefall einstellen, so ist es für diese weitgereisten und oft erschöpft heimgekehrten Vögel von der grössten Wichtigkeit, dieselben noch mit entsprechendem Futter zu versorgen, da sonst viele derselben durch das mildere Klima verwöhnt, vor Hunger und Kälte erliegen müssen.

Es kann deshalb nicht oft genug gesagt, in jeder Zeitschrift wiederholt werden, und möchte es Jedermann beherzigen: „Erbarmt Euch der darbenden Vogelwelt!“

Vom neuen Vogelschutzgesetze für Niederösterreich. Wie wohl allen unseren Lesern bekannt, ist in der diesjährigen Session des Landtages das Vogelschutzgesetz vom December 1868 abgeändert worden. Das neue Vogelschutzgesetz theilt die Vögel Niederösterreichs ein in: 1. schädliche, also nicht dem Schutze empfohlene Vögel; 2. nur während einer bestimmten Zeit im Jahre fang- und handelbare Vögel; 3. ausgesprochen nützliche, deshalb nie zu fangende, zu erlegende und verkäufliche Vögel und 4. ausserhalb ihrer Brutzeit als Esswaaren handelbare Vögel.

Zu den immer geschützten Vögeln gehören die Bachstelzen, Spechte, Wendehälse, Kleiber, Baumläufer, Alpenmauerläufer, Schwalben, Segler, Wiedehopfe, Ziegenmelker und alle Meisen mit Ausnahme der Kohlmeise (ein im letzten Momente gemachter Zusatz, der der Prägnanz dieses Paragraphen sehr Eintrag thut.)

Um neben den Kernbeissern, Sperlingen, Krammetsvögeln (Misteldrossel, Wachholderdrossel, Weindrossel) nicht auch Finken, Hänflinge, Singdrosseln, u. s. w. als nach der Brutzeit fang- und handelbare Esswaaren auf den Markt bringen zu lassen, befiehlt das neue Gesetz, dass solche Vögel nur im befiederten (nicht wie bisher auch in gerupftem) Zustande feilgeboten werden dürfen, und zwar nur in der Zeit vom 1. August bis 15. Jänner.

Während der Brutzeit (vom 1. Jänner bis 31. Juli) ist das Kaufen und Verkaufen folgender Vögel verboten: Nachtigall, (Waldvogel), Sprosser (Auvogel), Grasmücken, darunter auch das Schwarzplättchen, Laubsänger, Spotter, Rohrsänger, Steinschmätzer, Fliegenschnäpper, Rothkehlchen, Blaukehlchen, Wiesenschmätzer, Haus- und Garten-Rothschwänzchen, Braunelle (grosser Zaunkönig), Pieperarten, Lerchenarten, Goldhähnchen, Zaunkönig (Zaunschlüpfer), kleine Grauwürger, rothköpfige Würger, Kohlmeise, Kuckuck, Staar, Mandelkrähe, Saatkrähe, Pirol (Goldamsel, Pfingstvogel), Ammerarten (Goldammer, Ammerling), Buchfink, Bergfink oder Quäcker (Nigowitz), Bluthänfling, Berghänfling, Grünhänfling oder Grünling, Distelfink (Stieglitz), Erlenzeisig (Zeisig), Girlitz, Leinfinken, Gimpel (Dompfaffen), Kreuzschnabelarten (Krummschnäbel), die Drosselarten. Getödtet dürfen diese Vögel mit Ausnahme der Krammetsvögel im ganzen Jahre nicht werden.

Zu den schädlichen Vögeln (Adler: Aquila, Pandion, Haliaetus, Circaëtus, Wanderfalke, Würgfalke, Baumfalke, Zwergfalke, Habicht, Sperber, rother und schwarzbrauner Milan, Weiher, Uhu, Kolkrabe, Elster, Nebelkrähe, gemeine Krähe, Dohle, rothrückiger Würger), fügte der Entwurf den Eichelheher und die Feinde der Fischzucht: Wasseramsel, Eisvogel, schwarze Seeschwalbe, Flussseeschwalbe, Möven, Kormoran, Haubentaucher, Säger, grauer Reiher hinzu.

Vertrauenswürdigen Personen kann, wenn der Grundeigenthümer, Jagdberechtigte und das Bürgermeisteramt ihres Wohnortes zustimmen, innerhalb der gesetzlichen Zeit der Vogelfang von der zuständigen politischen Behörde auf höchstens drei Jahre gestattet werden. Für wissenschaftliche Zwecke kann die politische Landesbehörde Ausnahmen von den Bestimmungen dieses Gesetzes eintreten lassen.

Vergleicht man dieses neue Vogelschutzgesetz mit dem früheren, so erscheinen als entschiedene Vorzüge des neuen Gesetzes:

1. Dass auch das Feilbieten der Eier und Jungen der nützlichen Vogelarten verboten wird;

2. dass eine dem gegenwärtigen Stande der Naturwissenschaft entsprechende Benennung der Vogelarten gebraucht wird und dass auch die der Fischerei schädlichen Vögel aufgeführt werden;

3. dass das Fangen und Todten, sowie der An- und Verkauf einer bestimmten Gattung von Vögeln, die sich einerseits als besonders nützlich erweisen, anderseits als Stuben- oder Singvögel nicht angesehen werden können und die wegen ihrer Ernährungsweise in der Gefangenschaft nur sehr schwer fortzubringen sind wie zum Beispiel die Schwalben und Spechte gänzlich verboten wird;

4. dass für alle anderen als nützlich anzusehenden heimischen Vögel das Todten zu keiner Zeit, das Fangen und Feilbieten als Stuben- oder Singvögel nur ausserhalb der Brutzeit, als welche die Zeit vom 1. Jänner bis 31. Juli zu gelten hat, gestattet wird;

5. dass als Nahrungsmittel nur die sogenannten Krammetsvögel, Kernbeisser und Sperlinge in der Zeit vom 1. August bis 31. Jänner entsprechend den Bestimmungen des Schongesetzes über den Verkauf des niederen Federwildes, lebend oder getödtet, aber im befiederten Zustande feilgeboten werden dürfen;

6. dass beim Fange der nützlichen Vögel eine Reihe von Fangarten, die als grausam bezeichnet werden müssen oder durch welche eine Massenvertilgung von Vögeln ermöglicht würde, verboten werden;

7. dass bezüglich der Licenzertheilung für Vogelfänger gewisse Beschränkungen auferlegt werden;

8. dass das Ausmass der Strafen erhöht wird und dass die Amtshandlung bei Uebertretung dieses Gesetzes in erster Instanz der politischen Behörde übertragen wird, während jetzt der Gemeindevorstand als solche bestimmt ist.

Die wichtigsten Racen des Haushuhnes in flüchtiger Rundschau.

1. Das Brahma- oder Brahmaputra-Huhn.

Sehr fruchtbares, leicht zu acclimatisirendes, grosses asiatisches Haushuhn, 1846 aus Luckipoor an der Mündung des Brahma-Pootra nach New-York eingeführt und von da aus weiter verbreitet.

Besonderes Kennzeichen: der dreifache Kamm.

Der Engländer wünscht an dieser Race folgende Eigenschaften: 1. Beim Hahne: Kopf klein, sehr kurz, Schnabel gebogen, kurz; Kinnlappen dünn, hängend, von mässiger Länge; Ohrlappen gross, bis unter die Kinnlappen fallend; Hals dicht befiedert, stark gebogen; Rumpf im Bau fest, compact, gross; Rücken kurz und breit; Sattel sehr breit, nach dem Schwanze hin sich allmählig erhebend; Brust voll vortretend; Unterschenkel stark befiedert; Ferse ohne feste Kielfedern, mit weichen Kräuselfedern; Läufe dick, nicht lang, an der Aussenseite stark befiedert, stark seitlich gestellt; Zehen stark, gross, gut ausgespreizt; Sichelfedern des Schwanzes sehr kurz, die kleinen und die Bürzelfedern sehr zahlreich, die obersten zwei Schwanzfedern wie beim Haushuhn nach auswärts gebogen; Gewicht 11—15 englische Pfund. — 2. Beim Weibchen: Kopf, Schnabel, Kamm sehr klein; Ohrlappen gut entwickelt; über den Augen ein kleiner Vorsprung; Kinnlappen fein, ohne Falten, von schöner Form; Hals gut befiedert, kurz; Rumpf von zierlichem, aber doch gedrungenem Bau; Rücken kurz, breit, flach; Bürzel breit; Schwanz ziemlich kurz; Gewicht 8—13 englische Pfund.

Von den verschiedenen Farbenschlägen sind die hellen und die dunklen Brahma's am beliebtesten.

Entsprechend gefüttert ist das Fleisch dieses Haushuhnes sehr zart und schmackhaft. Von einzelnen Hennen erhält man oft 240 bis 250 Eier. Hält auch in kalten Wintern sehr gut aus.

2. Das Cochinchina-Huhn.

Sehr gute Eierleger; Fleisch minder schmackhaft als bei der vorigen Race. 1843 kam ein Stamm nach England und von hier wurde diese Race weiter verbreitet. Doch erinnern die Abkömmlinge dieses ersten Stammes nur mehr durch ihre gelben Läufe und die Grösse an die heutigen Cochins, die 1847 vom Hafen von Shanghai durch englische Züchter eingeführt worden sein sollen.

Charakteristik: 1. des Hahnes: Kopf klein, Schnabel an den eines Papageies erinnernd; Kamm einfach, straff aufrecht, Rand gewölbt, regelmässig gekerbt; die Ohrlappen und die dünnen Kinnlappen lang herabhängend; der kurze Hals wird ein wenig nach vorwärts getragen; Rumpf tief, Rücken kurz, Sattel breit; Brust, voll, breit, tief herabhängend; die kleinen Flügel dicht angezogen; die starken Unterschenkel dicht von flaumigen Federn besetzt; Fersen reich befiedert; die kurzen, dicken Läufe an ihrer Aussenseite bis zur Mittel- und Aussenzehe mit Federn dicht besetzt, weit seitlich eingesetzt; die kleinen, weichen flach getragenen Schwanzfedern mit wenig Kielen. Gewicht 5—7 Kilogramm. — 2. Der Henne: der Kopf breit, Kamm und Lappen sehr klein; der gebogene Schnabel kurz, Hals sehr kurz; Rumpf massiger als beim Hahn, Schultern mehr hervortretend; der flache Rücken kurz; Bürzel voll, sehr breit; die Spitzen der kleinen Flügel fast in dem weichen Gefieder des Rumpfes verborgen; Schwanz sehr klein, fast wagrecht.

Von den verschiedenen Farbenschlägen seien erwähnt: Die weissen Cochins (Gefieder weiss, Schnabel und Füsse gelb), die schwarzen Cochins (Gefieder glänzend schwarz), die rebhuhnfarbigen Cochins oder Partridge-Cochins (Halsfedern beim Hahn hellroth mit breiten schwarzen Streifen in der Mitte jeder Feder, Rücken-, Schulter- und Bugfeder tiefroth und dunkel schattirt, Sattelfedern roth und orange, Brust, Unterseite, Unterschenkel, Schwanz und Federn der Läufe glänzend schwarz; bei den Hennen Halsfedern hell, gold- oder orangegelb mit breiten schwarzen Mittelstreifen, übriges Gefieder braun mit dunkler Sprenkelung), citronengelbe Cochins oder Lemon-Buff-Cochins und zimmtfarbene oder Cinnamon-Cochins (beim Männchen die Brust und Unterseite schön citronengelb respective zimmtfarben mit verschiedenen Nuancen) und die Kuckuckscochins (dunkel blaugrau mit lichteren Quersprenkeln).

Welche Hühnerrace soll sich der Bauer halten?

Auf diese Frage eine Antwort zu geben scheint bei der grossen Zahl heute bestehender Hühnerracen und den unstreitigen Vorzügen, die den einzelnen guten Racen zukommen, gar nicht möglich. Und doch gibt die ganze Geschichte der Hausthierzucht, die uns zeigt, wie die vortrefflichen Hausthierracen von heute erst im Laufe der Jahrhunderte aus unscheinbaren Anfängen zu ihrer heutigen Leistungsfähigkeit herangezüchtet wurden, die beste Antwort. An verschiedenen Orten haben sich unter den verschiedenen klimatischen und anderen Einflüssen gewisse Racen herangebildet, die, mögen sie auch an Qualität anderen Ortes gezüchteten Racen nachstehen, vor diesen die bessere Widerstandsfähigkeit für die äusseren Einflüsse des gegebenen Ortes voraus haben. Dass man mit dieser Vorbedingung für die Haltung einer Race in einer bestimmten Gegend so wenig rechnet, ist die Hauptursache der Misserfolge so mancher auf Racenverbesserung abzielenden Zuchtversuche. Eben deshalb wird meiner Meinung nach dem mit kleinen Mitteln arbeitenden Bauer immer wieder zu rathen sein, dass er das heimische Landhuhn nicht einfach zu Gunsten einer der berühmten Hühnerracen aufgebe, sondern, sein Landhuhn, natürlich nur gute Exemplare auswählend, mit einer guten fremden Race kreuze: für unser deutsches Landhuhn wird sich Kreuzung mit Houdans besonders empfehlen. Aufbesserung des heimischen Stammes also durch Kreuzung mit fremder Race, nicht reine Racenzucht ist dem kleinen Oekonomen zu empfehlen. F. K.

Hühnerfütterung im Winter.

Sparsamkeit ist gewiss eine schöne Tugend des Landwirthes, aber sie muss doch immer an der richtigen Stelle angebracht werden. So erscheint es nur sehr wenig richtig, bei der Fütterung, welche man den Hühnern während der Zeit zu Theil werden lassen will, wo sie nicht legen, das Futter also nicht vergüten, auf die Billigkeit des Futters einen Hauptwerth zu legen, sondern wir meinen, dass namentlich um die Zeit der Mauser und auch nach Beendigung derselben die Fütterung derart beschaffen sein muss, dass sie im Stande ist, den Hühnern ihre vorherige Productionskraft zu erhalten und auch den Beginn des Wiederlegens zu beschleunigen. Wir meinen deshalb, ein nahrhaftes Futter aus einem Gemisch von Getreide, Fleischabfällen und Hackfrüchten empfehlen zu müssen. Statt des Getreides (wir würden am liebsten Gerste füttern) hat man in neuerer Zeit auch mit gutem Erfolge Malzkeime gefüttert, die billig sind, sowie statt des Fleisches Fleischfuttermehl. Zur Beschleunigung des Wiederanfangens des Legens wird eine kräftige, nahrhafte Fütterung jedenfalls mehr beitragen, als alle in neuerer Zeit empfohlenen Reizmittel, wie Zugaben von Cayennepfeffer u. dergl. Höchstens möchten wir die Samen der gewöhnlichen Brennessel, dem sonstigen Futter beigemischt, für zweckmässig erachten. Ausserdem dürfte es nicht wenig zur Erzielung eines frühzeitigen Wiederlegens beitragen, wenn man den Hühnern einen warmen Aufenthaltsort im Winter verschafft. Dies geschieht am besten dadurch, dass man den Boden der Ställe etwa im October, November mit einer 2 Fuss dicken Schicht von Pferdemist belegt, auf welche eine 1/2 Fuss dicke Sandschicht gebracht wird.

Herr J. Völschau-Hamburg schreibt in „Canaria, mecklenburgische Blätter für Geflügel- und Vogelzucht“: „Ueber Fütterung der Hühner im Winter“ einen längeren Artikel, dem wir Folgendes entnehmen: „Gerade im Winter müssen die Thiere besonders gepflegt werden, zumal bei strenger Kälte. Man gebe den Thieren des Morgens weiches Futter, etwa Gries oder Kleie mit Brod vermischt, mit heissem Wasser angerührt und den Thieren recht warm vorgesetzt. Es ist eine Lust, zu sehen, wie die Thiere darüber herfallen. Mittags gebe man Weizen oder Gerste, des Abends Mais, letzterer ist besonders sehr wärmend durch seinen Fettgehalt. Das erwärmte Trinkwasser reiche man ihnen zweimal am Tage frisch.

Man darf nicht versäumen, ihnen Grünfutter zu geben, am besten Kohl oder Steckrüben, welches Alles nach und nach rein aufgepickt wird.

Will man ein Uebriges thun, so reiche man den Thieren zwei- oder dreimal wöchentlich Fleischabfälle und lasse sie im Winter nicht schon bei Tagesgrauen hinaus, sie entwickeln mehr Wärme, als man glaubt, und diese ist ihnen heilsamer, als alles Andere.“

Dethlef Frhaw.

Die Aufzucht der Puter.

Bei der Aufzucht der Puter oder Kalekuten sollen folgende Punkte beobachtet werden:

1. Man lasse die jungen Puter niemals nass werden. Die geringste Nässe kann ihnen verderblich werden.

2. In den ersten vierundzwanzig Stunden nach dem Ausschlüpfen aus den Eiern dürfen dieselben nicht gefüttert werden.

3. Vor dem Einsetzen in den Stall muss man sich überzeugen, dass derselbe völlig rein und frei von Läusen ist. Dieser Raum ist dreimal in der Woche mit persischem Insectenpulver zu bestreuen.

4. Man muss nachsehen, ob die Henne frei von Läusen ist; sie ist ebenfalls mit Insectenpulver zu bestreuen.

5. Man muss untersuchen, ob die Henne am Kopfe, dem Halse und am Leibe Milben oder grosse Läuse hat. Der Kopf, Nacken und Leib ist mit Schmalz einzureiben.

6. Neun Zehntel der Aufzucht der Puter geht an Läusen zu Grunde.

7. Durch Schmutz werden die jungen Puter rasch zu Grunde gerichtet. Deshalb füttere man in reinen Gefässen. Das Trinkwasser muss in der Art gereicht werden, dass sie nur mit dem Schnabel hineingelangen können.

8. In der ersten Lebenswoche sollen die jungen Puter mit einem Gemenge von einem geschlagenen Ei und Weizenkleie, Schrot, etwas Salz ernährt werden. Ausserdem wird süsse Milch als Getränk gereicht. Die Fütterung hat in Zwischenräumen von zwei Stunden zu geschehen.

9. An jedem Tage wird etwas rohes Fleisch nebst geriebenen Zwiebeln oder sonstigem Grünfutter gereicht.

10. Nach Ablauf der ersten Lebenswoche wird den jungen Putern ein Kasten mit Weizen und gehacktem Fleisch in den Stall gesetzt. Ausserdem wird dreimal am Tage eine Mischung von Maismehl, Weizenkleie und geschrotenem Hafer nebst Grünfutter gefüttert.

11. Gequetschte Kartoffeln, gekochte Rüben und roher Reis können immer gereicht werden.

12. Durch das Uebermass von hartgekochten Eiern werden Verdauungsbeschwerden verursacht.

13. Der Fussboden des Stalles muss oftmals gesäubert werden, um die Bildung von Schmutz zu verhindern.

14. Knochenmehl, feiner Kies, gestossene Austerschalen und ein öfteres Staubbad sind für die jungen Puter sehr nützlich.

15. An trockenen, warmen Tagen können sie sich im Freien aufhalten.

16. Die jungen Puter müssen gut gewartet und sorgfältig versorgt werden, bis sie gut befiedert sind.

(Fühlings landw. Ztg.)

Brieftaubenwesen.

Der Fadenwurm der Haustaube.

In den Eingeweiden, manchmal auch im Magen der Tauben tritt ein für seinen Wirth sehr gefährlicher Fadenwurm der Gattung Heterakis Dujardin auf, von dem ausserdem je eine Art im deutschen, australischen und brasilianischen Haushuhn, in einer Wildente, einem Gürtelthier, im wilden Meerschweinchen, in Schollen, in der Klapperschlange und in einer Eidechse aufgefunden wurde, während die Art H. foreiparia Rudolphi im Seriema, in drei Kuckucksarten, in einem Ziegenmelker, in einer Tetraoart, in einem Bucco (sämmtlich in Brasilien) und einem spanischen Ziegenmelker vorkommen soll.

Die hier zu besprechende Art: Heterakis maculosa der Haustaube tritt in den Gedärmen oft in ganz überraschender Menge auf, an 500 Stücke in einer einzigen Taube, so dass diese Schmarotzer schon durch ihre Masse allein auf die ganze Verdauung vollständig hemmend und stauend einwirken. Ausserdem aber verursachen sie durch Reizung der Darmschleimhaut tödtlichen Darmkatarrh. Verräth nicht schon Appetitlosigkeit, Trägheit, zeitweiser schleimiger Durchfall, endlich bei längerer Dauer starker Schwund der Brustmuskeln die Anwesenheit des gefährlichen Gastes in den Tauben, so gibt sich dessen Gegenwart unzweifelhaft durch die Anwesenheit der zahlreichen 0·09 mm langen, 0·005 mm breiten Eier in dem mit dem Mikroskope untersuchten Kothe kund; man hat in dem von einer Taube während eines Tages entleerten Kothe an 12000 Eier dieses Parasiten vorgefunden. So ist es auch erklärlich, dass durch Vermengung des Kothes kranker Tauben mit der Nahrung, durch Weitertragen der Eier vom Luftzuge u. dgl. gesunde Tauben inficirt werden, indem die Hülle der eingeschleppten Eier im Magen der gesunden Tauben durch den Magensaft aufgelöst wird, die auskriechenden Embryonen in den Darm einwandern und in etwa 17 Tagen geschlechtreif werden.

Will man nicht, dass nach und nach der ganze Stand eines Taubenschlages diesem Schmarotzer erliegt, so tödte man sofort die kranken Thiere und unterziehe den Schlag einer gründlichen Reinigung. Kommt man der Erkrankung einer Taube gleich im Beginne auf die Spur, so gelingt es wohl noch, durch abführende Mittel (z. B. eine aus 1 gr. gepulverte Arekanuss mit Butter gekneteten Pille) die Würmer abzutreiben.

(Was den Wurm selbst betrifft, so ist derselbe 15—24 mm (♂), 20—34 mm (♀) lang, von der Dicke etwa einer feineren Stecknadel. Der Körper erscheint an beiden Enden verdünnt; der dreieckige Mund ist von drei Papillen umgeben; am vorderen Ende des Schlundes liegt eine gezähnte Platte; auf der Bauchseite des Schwanzendes ist ein grosser Saugnapf vorhanden, zu dessen beiden Seiten zwei Spicula (Haftborsten) sich befinden; knapp unter diesem Saugnapf befindet sich der After; jederseits zwischen dem Hinterleibsende und dem Saugnapf sieht man zehn kleine Warzen.)

Eine kurze Geschichte der Brieftaubenkunde.

Mehrfach finden sich schon aus ältester geschichtlicher Zeit Hinweise auf die Eigenschaft der Haustaube, ihrem Wohnorte aus bedeutender Entfernung immer wieder zuzufliegen. Die Legende von Noah's Taube, Stellen in Anakreons (1550 vor Chr. Geb.), Varro's, Plinius' Schriften beweisen, dass diese Heimatsliebe der Tauben ausgenützt wurde und man sich ihrer auch zu Kriegszwecken bediente. Besonders standen sie bei den Kampfesspielen als Siegesbotinnen in Verwendung. Bei den Chinesen ist nach Swinhoe der Brieftaubendienst seit Jahrhunderten bekannt; ihre Postschiffe nehmen viele Brieftauben mit in die See und lassen dann durch sie Nachrichten an's Festland gelangen. Eine wichtige Rolle spielte die Brieftaube zur Zeit der Kreuzzüge. Zuerst wurde sie bei der Belagerung der Burg Haxar (1098 n. Chr. zwischen Edessa und Antiochien) gebraucht. Eigene Taubenposten mit eigens angestellten Beamten wurden vom Khalifen von Bagdad Nurreddin (1146 bis 1174) errichtet, welche bis in die Mitte des 13. Jahrhunderts in Blüthe standen und erst nach der Einwanderung der Türken und Tartaren in Vergessenheit geriethen. Sehr vollkommen eingerichtete solche Brieftaubenposten bestanden in der Mitte des 15. Jahrhunderts in Aegypten und Syrien; hier waren die Städte durch Taubenstationen, jede mit einem Vorstande und den nöthigen Wärtern, mit einander verbunden. Der osmanische Ausdruck „einen Brief zufliegen machen" deutet am besten auf die im Oriente längst bekannte Verwendung der Brieftaube; „Propheten unter den Vögeln", „Vögel glücklicher Vorbedeutung", „Engel der Könige" werden die Brieftauben in orientalischen Schriften genannt; es gab Zeiten, da man dort 1000 Goldstücke für eine vorzügliche Fliegerin bezahlte.

Dr. T. C. Winkler führt in seiner Schrift: „Die Posttaube" aus Dr. C. Ckama's: „Belagerung und Vertheidigung Haarlems im Jahre 1572 und 1573" an, dass die Obrigkeit der belagerten Stadt zum Brieftaubendienste griff, um sich mit ihren Parteigängern in der Ferne zu verständigen; ebenso kam die Brieftaube bei der Belagerung von Leyden (1574) in Anwendung. Ueber die Verwendung der Brieftaube in England wird zuerst in John Moore's: „Columbarium" (1735) berichtet. Zu Beginn dieses Jahrhunderts stand dort die Brieftaube im Dienste der Tagesblätter, um Neuigkeiten zu überbringen, desgleichen als Curstaube in den von Börsenmännern zur Vermittlung der Curse; so soll der Londoner Rothschild einen guten Theil seines Vermögens durch die Vortrefflichkeit seiner Brieftauben, die ihm die Börsencurse der Pariser Börse früher, als anderen Bankiers überbrachten, zu danken gehabt haben. Natürlich flogen diese Curstauben nicht direct von Paris nach London, sondern bestanden in Calais, Dover, Sittingburne und Blackheath Zwischenstationen, in denen immer frische Tauben losgelassen wurden. Vor etwa 50 Jahren benützte man Brieftauben auch, um von Frankreich nach England geschliffene Edelsteine einzuschmuggeln. Erst mit der Erfindung des Telegraphen hatte die allgemeine Anwendung der Brieftauben ein Ende und wurde nur mehr als Sport betrieben, kam aber zur Zeit der Pariser Belagerung (1870—1871) wieder zu Ehren und wird jetzt mehr als je betrieben. Heute steht Belgien mit seinen 1800 Zucht- und Liebhabereivereinen mit einem Stande von fast einer Million Brieftauben, die einen Werth von über zwei Millionen Francs repräsentiren, obenan. Wenn man dort bei den Taubenwettfliegen Preise von 5000 Francs festgesetzt sieht, beweist dies wohl am besten, welche Ausbreitung das belgische Brieftaubenwesen gefunden hat.

Vermischte kleine Mittheilungen.

Vom naturhistorischen Museum in Tiflis. Aus einem Briefe des berühmten Ornithologen Radde an uns, in welchem er alle die Mitglieder des Vereines, die sich seiner noch erinnern, grüssen lässt, theilen wir folgende allgemein interessante Stellen mit:

Hier Orts ist bis auf wenige fragliche Arten, die wir aus Mangel an Literatur nicht bewältigen können, die transcaspische Säuger- und Vogelfauna fertig gestellt worden. Dr. Walter, der Mitglied der Transcaspi-Expedition war, hat da am meisten geleistet. Im Herbste werde ich wohl an den Druck gehen können, obwohl mir bis dato noch die Summen dazu fehlen. Kommt Zeit, kommt Rath. Im vorigen Sommer wurde mir die Reise in die ossetischen Hochalpen leider total verdorben. Es war Alles zum Aufbruche fertig, als ich plötzlich von einem sehr schmerzhaften Fussleiden betroffen wurde. Dieses erklärten meine Freunde, die Aerzte, als einen richtigen Podagra-Anfall und da bin ich denn ganz blamirt! Was soll ich ohne gute Beine werden? Als ich genesen war, versuchte ich es mit dem S. W. Gletscher am Kasbek, aber schon im Felsenmeere, vor Beginn der Moränen, sah ich ein, dass auf meine Füsse kein Verlass mehr ist. Vielleicht aber wird das Alles wieder gut! Jedenfalls trinke ich vergnüglich den lieben Kachetiner und sollte ich wirklich alt und gebrechlich werden, so bin ich reich genug an Erinnerungen, um darin bis an's Ende meiner Tage zu schwelgen. Mein treues Gedächtniss und die lebhafte Phantasie bringen mir Alles aus längst entschwundenen Zeiten lebensfrisch vor die Seele und dann bin ich vergnügt.

Die Museum-Volièren sind prachtvoll besetzt. Seit 4 Tagen leben 3 ♂ von Phasianus principalis Sclt. = Ph. Komarowi Bgd. in einer mit Grus virgo, Vulpanser rutilus, Larus argentatus, leucophaeus Lichst. zusammen. In der grossen Raubvogel-Volière leben: 2 Gypaëtos (ganz alt), 3 V. cinereus, 2 G. fulvus, 3 Aq. fulva, 2 Aq. imperialis (1 alt ♂) und 3 Neophron. Getrennt lebt 1 Aq. naevia mit Milvus ater und Buteo tachardus. — Wiederum getrennt 1 Circ. gallicus (hier selten) mit Falco tinnl., 1 prachtvoller F. peregrinus entkam nach zweijähriger Gefangenschaft. 4 Uhu's leben gesondert, ebenso etliche Frankolins, Turteltauben und Cac. saxatilis.

Farbenvarietäten bei Vögeln. Paul Leverkühn führt in Cabanis Journal für Ornithologie (1887, Jännerheft) aus den Museen in Hannover, Hamburg und Kopenhagen, u. a. an: rein weisse Exemplare von Bussard, Schleiereule, Stadt- und Dorfschwalbe, Staar, Dohle, Corvus cornix und corone, Elster, Gartengrasmücke, Misteldrossel, Anthus campestris, Sperling, Lachtaube, Fasan, Pfau, Ardea cinerea, Numenius phaeopus, Uria Brünnichi, Mormon fratercula, Eudytes glacialis, ausserdem zahlreiche mehr oder weniger weissgefärbte Albinos anderer Vogelarten.

Vögel der Schönbrunner Menagerie. Es freut uns, Vogelfreunde und Vogelkenner auf die in den letzten Jahren der Vogelkunde immer mehr zu Theile werdende Beachtung seitens der Schönbrunner Menagerie verweisen zu können. Während sich seiner Zeit die zur Schau gestellten Vögel fast ganz auf einige grosse Raubvögel, die Sumpf-, Schwimmvögel, Hühner und Papageien beschränkten, finden wir jetzt nicht nur beinahe die ganze heimische Raubvogel-Ornis in schönen Exemplaren vertreten und sehr nett untergebracht, sondern wächst immer wieder eine neue Vogelbehausung hinzu und finden wir von zahlreicheren kleineren Vogelbehausungen mit prächtigen Exoten abgesehen, schön ausgestattete grosse Volièren mit einer geradezu einzigen Collection von Webervögeln, mit unseren heimischen Kleinvögeln, mit verschiedenen Kleinpapageien u. s. w. Wir können dieses schrittweise Fortschreiten der Menagerie zum modernen Thiergarten nur wärmstens begrüssen.

Recensionen und Anzeigen.

Monatsschrift des deutschen Vereines zum Schutze der Vogelwelt. Begründet unter der Redaction von E. v. Schlechtendal, redigirt von Hofrath Prof. Dr. Liebe, Dr. Rey, Dr. Frenzel, Steuerinspector Thiele. XII. Band. 1887.

In prächtiger Ausstattung mit fünf Farbentafeln, einem Vollbilde und vielen hübschen Textbildern geschmückt, liegt der XII. Jahrgang der Zeitschrift dieses sehr rührigen Vereines vor uns. Wir finden eine Fülle populärer und fachwissenschaftlicher Aufsätze über Vogelzucht, Vogelschutz, Fachornithologisches aus der Feder bewährter Ornithologen. Der warme Ton, in welchem hier für immer weitere Verbreitung der Ideen des Vogelschutzes Propaganda gemacht und überhaupt dazu beigetragen wird, vogelkundliches Wissen in weiteste Kreise zu tragen, spricht so sehr an, dass wir Jedem, der einiges Interesse für die Ornithologie hegt, diese Zeitschrift auf das Wärmste empfehlen. Dr. K.

Pierer's Conversations-Lexicon. Siebente Auflage, herausgegeben von Josef Kürschner. Mit Universal-Sprachen-Lexicon. Vollständig in 234 Heften, von denen 140 Hefte 3 Bogen und 90 Hefte 2 Bogen à 16 Seiten umfassen. Mit 74 Kartenseiten und 320 Illustrationskarten-Beilagen. W. Spemann, Berlin und Stuttgart.

Wir machen unsere Leser auf dieses reich ausgestattete Conversations-Lexicon, welche alle bisherigen grossen Lexica an Billigkeit übertrifft und gleichzeitig ein Sprachen-Lexicon für 2 todte und 10 lebende Sprachen bietet, besonders aufmerksam. Das vorliegende erste Heft reicht von A bis Ablassbrief und enthält an Illustrationstafeln 1 Farbentafel: Kolibris, 1 Farbentafel: Das Todtengericht in Aegypten, 1 Tafel: Aegyptische Bauten, 2 Tafeln: Afrikanische Völkertypen, 3 Kartentafeln: Alpen.

Das Werk erscheint in 230 Lieferungen à 35 Pf. oder in 24 Halbbänden à M. 3·25 oder in 12 Halbfranzbänden à M. 8·50.

A. und G. Ortleb. Der Vogelfreund und Geflügelzüchter. Anleitung zur Pflege und Züchtung der beliebtesten und bekanntesten Stuben- und Hausvögel nebst Angabe der einfachsten Fangmethoden. Mit 52 Original-Abbildungen. Fr. Bartholomäus in Erfurt.

Für angehende Vogelzüchter zu empfehlendes Buch, welches viele recht praktische Anleitungen zur Pflege und Züchtung bekannterer Stuben- und Nutzvögel ertheilt.

Vögel der Heimat. Unsere Vogelwelt in Lebensbildern geschildert von Dr. Karl Russ. Mit 120 Abbildungen in Farbendruck. G. Freytag und F. Tempsky. Leipzig, Wien und Prag. 18 Lieferungen à 1 M.

Dieses warmer Befürwortung würdige Werk, welches nach Text und Ausstattung berufen ist, der Vogelkunde in weitesten Kreisen Freunde zu gewinnen, liegt nun abgeschlossen vor. Der Vogelliebhaber wird sich hier über verschiedenste, unsere heimische Vogelwelt betreffende Fragen Rath und Belehrung holen können und findet die heimischen Vögel vor allem nach ihrer Lebensweise naturwahr geschildert. Die hübschen Farbentafeln nach Aquarellen von E. Schmidt sind allein eine Zierde des Buches, die demselben eine weite Verbreitung sichert. D. A.

Aus unserem Vereine.

Ausweis des Secretariates über den Einlauf der Mitgliederbeiträge.

Bis 12. d. M. sind an Jahresbeiträgen eingelaufen.

I. Beim Cassier Dr. Carl Zimmermann (I., Bauernmarkt 13).

1. Nr. **102.** Ch. v. Ch.; 2. Nr. **105.** Fürst C. M.; 3. Nr. **114.** C. D.; 4. Nr. **155.** H. G.; 5. Nr. **168.** J. H.; 6. Nr. **178.** Freih. J. H.; 7. Nr. **179.** M. H.; 8. Nr. **192.** R. K.; 9. Nr. **219.** Dr. F. K.; 10. Nr. **249.** F. N.; 11. Nr. **270.** Dr. O. R.; 12. Nr. **271.** O. R.; 13. Nr. **277.** K. S.; 14. Nr. **290.** H. Schm.; 15. Nr. **322.** J. B. W; Sämmtliche à 5 fl.

II. Beim Secretariate (VIII., Buchfeldgasse 19).

1. Nr. **109.** H. Cz.; 2. Nr. **147.** V. G.; 3. Nr. **208.** J. K.; 4. Nr. **256.** H. P.; 5. Nr. **273.** A. R. Sämmtliche à 5 fl.

Die **ordentliche Generalversammlung** des ornithologischen Vereines in Wien findet Sonntag, den 26. Februar l. J., 11 Uhr Vormittags im Vereinslocale: VIII., Buchfeldgasse 19, statt.

Tagesordnung:

1. Cassabericht für das Jahr 1887.
2. Bericht der Herren Rechnungsrevisoren für das Jahr 1887.
3. Rechenschaftsbericht des Ausschusses für das Jahr 1887.
4. Neuwahl des Ausschusses.
5. Wahl zweier Rechnungsrevisoren für das Jahr 1888.

Nächste **Monatsversammlung**, Freitag, den 9. März 1888, im grünen Saale der k. k. Akademie der Wissenschaften in Wien (I., Universitätsplatz 2), um 7 Uhr Abends.

Vortrag des Herrn Dr. Hanns von Kadich über die „Feinde unserer Waldhühner".

Als neue Mitglieder sind beigetreten:

1. Der Deutsche Verein zum Schutze der Vogelwelt in Gera.
2. Prof. Dr. Blasius Knauer, k. k. Schulrath, Wien, VIII., Bennogasse.
3. Anton Hauptmann in Breitenau, Papierfabrik bei Neunkirchen (Südbahn).
4. Forstadjunct Dr. Georg Bleyer in Hannover.
5. Die Gesellschaft der Vogelfreunde in Frankfurt a. M.
6. Oscar Rüf, Dornbirn (Vorarlberg).

Mittheilung an die geehrten Mitglieder des Vereines. Der erste Jahresbericht (1882) des Comité's für ornithologische Beobachtungsstationen in Oesterreich und Ungarn, war im Buchhandel nicht mehr zu haben. Es diene zur gefälligen Nachricht, dass derselbe für die Mitglieder des Vereines zu dem ermässigten Preise von 1 fl. vom Secretariate zu beziehen ist. Für Nichtmitglieder kostet er franco zugestellt 1 fl. 65 kr. ö. W.

Correspondenz der Redaction.

Herrn **A. Sch........r**, Graz. Betrag eingesandt. Haben uns ... recom. Brief erhalten. — Frau Baronin **U...E......h**, Erlach. Der Entwurf d. Ges. z. Sch. d. Vögel kommt uns ... erwünscht. Exempl. Nr. 1 folgen unter Kreuzband mit. Für die ... Bestimmung bezüglich des zu entlehnenden Cliches besten Dank. Herrn Ingenieur **G. P......h**, Etsach. Brief folgt. — Löbliche Verlagsbuchhandlung **Pr.** und **M.**, Magdeburg. Wir sehen Ihrer Entschliessung entgegen. — Herrn **A. Ha...r**, Zistersdorf. Hoffentlich ist Ihnen mit der Anzeige in dieser Form gedient. — Löbl. Verlag **Fr. B......r**, Erfurt. War früher nicht möglich. — Herrn **O. R...f**, Dornbirn. Brief bereits abgegangen. — Herrn **V. R. v. Tsch.-Schm.**, Hallein. Ausführlicher Bericht folgt nächsten Sonntag. — Herrn **Ch. v. Ch.........r**, Budapest. Sind die Separata endlich an ihr Ziel gelangt? — Hofbuchhandlung **A. W. K...t**, hier. Die erste Auflage dieses Verzeichnisses ist schon längst vergriffen, die zweite nicht mehr in unserem Verlage erschienen. — Herr **H. Sch...w**, Berlin. Ist die Kreuzbandsendung richtig eingelangt? — Herrn **H. v. B......w**, München. Die Fortsetzung haben wir bis heute nicht erhalten. — Herrn **G. v. B.....y**, Ungarisch-Altenburg. Wir bitten recht sehr um gütige Entschuldigung, dass es uns die kaum mehr erträgliche Arbeitslast noch nicht möglich gemacht hat, ausführlicher zu schreiben. Für Ihre gütige Zusage bezüglich der Mitarbeit an beiden Blättern unseren besten Dank. Die Ornithologie Brasiliens behandelten Spix und Martius, Prinz v. Neuwied, Burmeister, v. Pelzeln. Ihrem Zwecke dürfte Swainson's Birds of Brasilien, dann Jehring: Vögel von Rio grande do Sol am besten entsprechen.

Errata: In Nr. 1, S. 7, VII. Ordnung, 3. Zeile soll es heissen: Monticola saxatilis (nicht saxatalis), S. 7, VIII. Ordnung, 5. Zeile Cannabina (nicht Canabinas), S. 7, VII. Ordnung, 2. Spalte, 3. Zeile Nycticorax (nicht Nicticorax), S. 8, 2. Spalte, 9. Zeile von oben Tadorna cornuta Gm. bis Brandente (statt Rostente), S. 9, 2. Spalte, 1. Zeile Larus (nicht Lara), S. 9, 1. Spalte, 6. Zeile von unten Rissa tridactyla (nicht trydactyla), S. 9, 2. Spalte, Larus fuscus nicht fusc...

Frühere Jahrgänge der „Mittheilungen" sind, so lange der Vorrath reicht, zu dem ermässigten Preise von à 4 fl. = 8 Mark durch das Secretariat (VIII., Buchfeldgasse 19) zu beziehen. Alle eilf Jahrgänge werden zu dem Preise von 40 Mark abgegeben, doch sind nur mehr wenige Exemplare vorhanden.

Herausgeber: Der Ornithologische Verein in Wien. — Verantwortlich: **Dr. Fr. Knauer**. — Druck von J. B. Wallishausser.

Commissionsverleger: Die k. k. Hofbuchhandlung **Wilhelm Frick** (vormals Faesy & Frick) in Wien, Graben 27.

Sitz des Vereines: Wien, VIII., Buchfeldgasse 19.

XII. Jahrg. Nr. 3.

Blätter für Vogelkunde, Vogel-Schutz und -Pflege, Geflügelzucht und Brieftaubenwesen.

Redacteur: Dr. Friedrich K. Knauer.

März 1888.

Die „Mittheilungen“ des unter dem Protectorate Seiner kaiserlichen und königlichen Hoheit des durchlauchtigsten Kronprinzen **Erzherzog Rudolf** stehenden **„Ornithologischen Vereines in Wien“** erscheinen in der Stärke von 2 Bogen **am 15. jeden Monates. Abonnements** à 6 fl., sammt Franco-Zustellung 6 fl. 50 kr. = 13 Mark jährlich, werden in der k. k. Hofbuchhandlung **Wilhelm Frick** in Wien, I., Graben Nr. 27, entgegengenommen, und einzelne Nummern à 50 kr. = 1 Mark daselbst abgegeben. **Inserate** 6 kr. = 12 Pfennige für die 3fach gespaltene Nonpareille-Zeile oder deren Raum. **Mittheilungen** an das **Präsidium** sind an Herrn **Adolf Bachofen von Echt** in Nussdorf bei Wien, die **Jahresbeiträge** der Mitglieder an Herrn Dr. **Karl Zimmermann**, I., Bauernmarkt 11, alle anderen für die **Redaction**, das **Secretariat**, die **Bibliothek** u. s. w. bestimmten Briefe, Bücher-, Zeitungs-, Werthsendungen, an die **Redaction der „Mittheilungen des Ornithologischen Vereines“**: Wien, VIII., Buchfeldgasse 19, zu senden. — **Vereinslocale**: (Bibliothek, Sammlungen, Redaction) VIII., Buchfeldgasse 19, I. Stiege, III. Stock 11. — Die mit Vorträgen verbundenen **Monats-Versammlungen** finden im grünen Saale der k. k. Akademie der Wissenschaften: I. Universitätsplatz 2, statt. **Sprechstunden** der **Redaction** und des **Secretariates**: Dienstag und Freitag, 2—4 Uhr.

Vereinsmitglieder beziehen das Blatt gratis.

Beitrittserklärungen (Mitgliedsbeitrag 5 fl. jährlich) sind an das Secretariat zu richten.

am 9. März der erlauchte Gönner unseres Vereines

Seine Majestät

WILHELM I.,

Deutscher Kaiser und König von Preussen.

Gefiederabnormität bei einem Alpenmauerläufer (Tichodroma muraria L.)

Von **Dr. A. Girtanner**, St. Gallen.

In Nr. 12 des letzten Jahrganges dieser Zeitschrift berichtet mein sehr geehrter Freund v. Tschusi über eine Beobachtung an dem immer interessanten und noch nicht „ausstudirten" Alpenmauerläufer, und widerlegt damit meinen vor nun freilich schon 20 Jahren niedergeschriebenen Ausspruch: dass nämlich dieser Vogel nie an Bäume gehe und nie auf Gestrüpp zu sehen sei. Weitentfernt, über derartige Widerlegungen, auf so freundliche Art gebracht, auf Thatsachen basirend und von so berufener Seite herstammend, mich nicht selbst zu freuen, geschweige denn gegen dieselben etwas zu haben, sollen dieselben vielmehr nur dazu dienen, mich und alle Beobachter, welche es noch nöthig haben, zu ermahnen, mit dem kleinen Wörtchen nie recht sparsam umzugehen, oder es wenigstens, wie es im 2. Theil jenes Passus meinerseits geschah, nur auf die eigene Beobachtung und nur für Gegenwart und Vergangenheit, nie aber auch als für die Zukunft gelten sollend, zu gebrauchen; denn was kann heutzutage nicht Alles geschehen, das früher nie möglich schien!

Selbst habe ich nun zwar auch in den seither verflossenen 20 Jahren Tichodroma nie auf Bäumen oder Gestrüpp gesehen, so oft ich die lebende Alpenrose im heimatlichen Gefelse, an Gemäuer, hie und da auch an Schindelbekleidungen, und selbst als fleissige Kirchengängerin angetroffen. Wenn sie aber von Tschusi nur einmal an Bäumen und Gestrüpp beobachtet hat, so gilt mir dies so viel, als wenn ich sie dort wenigstens zweimal selbst gesehen hätte.

Widerlegungen vermeintlich richtiger Beobachtungen werden auf jeden Forscher, dem die Wahrheit und nicht seine eigene Unfehlbarkeit zu oberst steht, stets nur einen angenehmen Eindruck machen; eine Kritik aber, in einer Art gebracht, dass sie kaum noch diesen Namen verdient und die dazu noch aus unberufenem Munde geht, wie eine solche manche meiner Bartgeier-Beobachtungen erfuhren und leider in dieser geschätzten Zeitschrift Aufnahme zur Verbreitung über die ganze Welt fanden, schliesst ein Eintreten meinerseits auf jene Auslassungen eo ipso aus, macht auf keinen billig denkenden Menschen einen günstigen Eindruck und schadet jedenfalls dem Kritikaster mehr, als dem Bekrittelten. Und damit Punktum für immer! Aber so viel zu sagen, war ich mir selbst schuldig!

Ich bin heute sehr froh, seinerzeit nicht auch noch geschrieben zu haben: Tichodroma zeigt nie wesentliche Abweichungen der Gefiederfärbung von der normalen, obwohl ich 20 Jahre lang keine solche beobachtet hatte und auch seither nicht — bis heute; denn mich selbst zu widerlegen wäre doch hart und ginge streng wie das Verschlucken einer grossen alten Cocosnuss, wenn sie auch sicher geschluckt würde.

Eine solche und zwar ebenso schöne als interessante Gefiederabnormität dieses Vogels ging soeben Herrn Präparator Zollikofer aus Graubünden zu, die mit ausgebreiteten Flügeln sehr schön aufgestellt, die reichhaltige Sammlung an Gefiederabnormitäten in unserem Museum zieren wird. Das betreffende weibliche Exemplar der Länge des Schnabels und dem Zustand des Flügel- und Schwanzgefieders nach, als nicht von 1887 stammend anzusprechen, muss als ein Albino leichteren Grades angesehen werden, obwohl an der Iris (am todten Vogel nämlich) keine Abweichung bemerkbar war. Der Schnabel hingegen ist wesentlich heller als normaler Weise, die Tarsen sind braun und die Nägel hell, auf weiss ziehend. Ich habe zu besserem Vergleich ein normal gefärbtes Weibchen neben dem Albinismus vor mir stehen. Kopfplatte dunkel rauchgrau, auf braun ziehend. Kehle und Brust etwas weisser als beim Nestkleid, aber bei weitem nicht so weiss wie beim vermauserten Wintervogel. Rücken- und ganzes übriges Körpergefieder in dunkleren und helleren Schattirungen düster rauchgrau anstatt des schönen duftigen bläulichen Grau. Sämmtliche Schulter- und Flügeldeckfedern, soweit sie bei normaler Färbung ihr prächtiges Carmin zeigen, hier verwaschen blassroth, ähnlich dem in Gefangenschaft erblassten Gefieder. Das Roth der Hand- und Armschwingen blass, aber, anstatt in ungefähr der halben Länge der Federn zu endigen, setzt sich dasselbe dem Federschafte nachlaufend bis fast zur Spitze in schmalen Streifen fort. Der sonst glänzend schwarze Federtheil bräunlich und stahlglänzend. Die gelben und weissen Monde und Flecken weder so gelb noch so weiss wie normal; Endsäume schmutzig weiss. Der Flügel en face betrachtet, und so beleuchtet, zieht im sonst schwarzen Theil deutlich auf Weiss. An den Flügeldeckfedern ist derselbe eisengrau, matt glänzend, anstatt schwärzlich. Schwanz eisengrau, schwach glänzend, mit deutlich röthlichem Anflug. Die sonst schön weissen Enden namentlich der äusseren Schwanzfedern sind verwaschen weisslich, und kürzer als normalerweise.

So bietet der besprochene Vogel mit seinem über das ganze Gefieder ausgegossenen, man möchte sagen kalten Glanz, in Verbindung mit dem matten, wie mit leichtem Pinselstrich zur Federspitze ausgezogenen Roth der Flügel, einen eigenthümlichen Anblick dar, und erzeugt einen Eindruck, der sich nur allmählig zurechtlegen, und auf seine Ursachen im Einzelnen zurückführen lässt.

Mittheilungen über einige Anomalien der Färbung krähenartiger Vögel aus dem Gebiete der steiermärkischen Ornis.

Von **Dr. Stefan Freiherrn von Washington.**

kommnisse doch um so eher in dieser Zeitschrift besprechen zu dürfen, als dieselben zum Theile als ungewöhnliche bezeichnet werden können.

1. Lycos monedula, Linn. aberr.

Im Januar l. J. hatte mein werther Freund Herr Othmar Reiser die Güte, mir ein weibliches Exemplar genannter Art zur Ansicht zu übersenden, welches am 3. jenes Monates bei Rothwein nächst Marburg a. d. Dr. von einem Jäger des Herrn Dr. Othmar Reiser sen., Alois Wutte, erlegt und präparirt worden war.

Ungeachtet der Aberration, welche das Gefieder der Dohle aufweist, besitzt dasselbe dennoch eine vollkommen symmetrische Farbenvertheilung, indem nur an den beiden Flügeln, sowie an einem Theile der Steuerfedern eine abnorme und zwar kaffee- oder „brand“-braune Färbung vorhanden ist. Die scharfe Abgrenzung der letzteren von dem normalen schwärzlichen Gefieder des Vogels gewährt einen eigenthümlichen Anblick und erhöht den Werth und die Schönheit dieser ungewöhnlichen Aberration in bedeutendem Masse. Das Braun der Flügel und des Schwanzes ist ein ziemlich dunkles, gesättigtes, seinem Farbentone nach gänzlich verschieden von jenem fahlen, gelblichen Graubraun, welches bei gewissen Species der Corvidae, insbesondere bei Corvus cornix Linn. und Pica caudata Boie nicht eben selten vorzukommen pflegt und bei den genannten Arten die gewöhnlichste Erscheinungsform der Leukopathie repräsentirt.[1])

Die Dohle steht in vollem Federwechsel: es stecken sogar die neuen Steuerfedern zum Theile noch in ihren Blutkielen, ein Umstand, welcher mit Rücksicht auf das Datum der Erlegung des Exemplares (3. Januar) besonderer Erwähnung verdient. Das frisch gewechselte, resp. eben in Neubildung begriffene Gefieder zeigt überall die normale Färbung, daher ich mich der mir brieflich mitgetheilten Ansicht Herrn Othmar Reiser's anschliesse, der zufolge das Individuum voraussichtlich binnen Kurzem das normale Kleid der Art angelegt hätte, vor dem Beginne der Mauser dagegen vermuthlich vollkommen braun gefärbt war.

In der Gesellschaft der Dohle befand sich ein zweites, ganz ähnlich gefärbtes (wohl derselben Brut entstammendes) Exemplar, welches jedoch nicht erbeutet werden konnte und zwei oder drei Tage nach Erlegung des Anderen aus der Gegend verschwand.

2. Garrulus glandarius Linn. aberr.

Gelegentlich der Uebersendung des vorstehend beschriebenen Exemplares machte mich Herr Reiser gleichzeitig auf die ebenfalls in der Umgebung Marburgs erfolgte Erbeutung eines albinistischen Eichelhehers aufmerksam, weshalb ich mich bald darauf an Ort und Stelle begab, um denselben besichtigen zu können. Der glückliche Besitzer dieser in ihrer Art sehr interessanten Aberration, Herr Raimund Pichler in Marburg, war so freundlich, mir das Exemplar in seiner sehr beachtenswerthen Vogelsammlung vorzuzeigen und bin ich in der Lage, Nachstehendes über dasselbe mitzutheilen. Gegenüber normal gefärbten Individuen des Garrulus glandarius fällt der Vogel sogleich durch seinen erheblich geringeren Körperwuchs auf, wie denn das Exemplar überhaupt den Eindruck eines krankhaft und schwächlich constituirten Individuums hervorruft. Aus der Structur des Gefieders glaube ich auf ein jugendlicheres Alter desselben schliessen zu dürfen.

Die Gefiederfärbung ist durchwegs verblasst und im Allgemeinen eine weisse. An den Steuerfedern und Schwingen, namentlich auf den Innenfahnen der letzteren, ist ein lichtsilbergrauer Ueberflug zu bemerken; die Bartstreifen werden jederseits durch hellaschfarbene Flecken markirt, welche sich deutlich von dem Weiss des Kopf- und Halsgefieders abheben. Letzteres zeigt einen weinröthlichen Schimmer von geringer Intensität. Die schwarzen Kopfstreifen normaler Individuen finden sich an dem Exemplare als kaum wahrnehmbare Schattenstriche vor.

Besonders interessant ist der Vogel im Hinblick auf die Färbung seiner Horntheile und die Beschaffenheit der kleinen Deckfedern der Handschwingen, welche am gesunden Vogel das prächtige blau und schwarz gefelderte Flügelschild bilden.

Es ist eine bekannte Thatsache, dass die lebhafte Färbung dieser Federn der Leukopathie regelmässig Widerstand leistet und dass selbst die im Uebrigen als totale Albinismen erscheinenden Individuen, deren Iris und Horngebilde (Schnabel, Nägel etc.) jeglichen farbigen Pigmentes entbehren, dennoch fast immer den blau und schwarz gestreiften Flügelspiegel unversehrt beibehalten.

Auffallender Weise hat nun bei dem Marburger Exemplare ein gerade umgekehrtes Verhältniss statt. Denn obwohl die Horntheile des Vogels kaum merklich afficirt sind — sie besitzen eine dunkle, schwärzlichbraune Färbung — so ist trotzdem das Flügelschild vollkommen verblasst. Die schwarzen Querstreifen sind durch solche von reinweisser Farbe ersetzt, während an Stelle der blauen Felder ein ausserordentlich zarter, hellsilberblauer oder bläulichweisser wie Atlas glänzender Schimmer getreten ist. Herr Raimund Pichler glaubt sich erinnern zu können, dass die Iris des Eichelhehers keine röthliche war; das Exemplar müsste demnach und mit Berücksichtigung seiner Gesammtfärbung als ein sogenannter unechter Albino bezeichnet werden.[2])

3. Nucifraga caryocatactes Linn.

Die Gelegenheit zur Untersuchung und Beschreibung eines abnorm gefärbten Tannenhehers verdanke ich der Güte meines hochverehrten Freundes Herrn Prof. Dr. August von Mojsisovics, welcher das betreffende Exemplar bei Herrn Präparator Johann Leitinger in Graz im Fl. für die zoologische Lehrkanzel an der k. k. technischen Hochschule acquirirte. Das Individuum ward Anfangs Jänner l. J. auf dem in colliner Region gelegenen Hohenberg in der Umgebung der steiermärkischen Landeshauptstadt erlegt. Seiner Bauart, sowie seinen plastischen Verhältnissen nach gibt sich der Tannenheher als typischer Alpenvogel mit massivem, krähenartigem Schnabel und plumpen, starkknochigen Läufen zu erkennen.

Die Abnormität der Gefiederfärbung, deren Natur oder Charakter einstweilen als fraglich zu bezeichnen ist, beschränkt sich an dem Exemplare auf die Umgebung der Schnabelbasis, die Wangen, sowie auf einen Theil der Vorderseite, vom Kinn an abwärts bis zur Brustmitte. An diesen Partien zeigen die tropfenförmigen

[1]) Eine mit Ausnahme einzelner ganz weisser Federn durchaus (dunkel-) braun gefärbte Saatkrähe befindet sich, wie mir Herr O. Reiser schrieb, in der jetzt seiner Obhut anvertrauten zoologisch-botanischen Abtheilung des bosnisch-herzegovinischen Landesmuseums zu Sarajevo. — Ueber einen theilweise braungefärbten Corvus corax, Linn. habe ich seinerzeit in Dr. J. v. Madarász's „Zeitschr. f. d. ges. Ornithologie“ Jahrg. II. (1885), p. 349 berichtet.

[2]) Es ist bemerkenswerth, dass in dem „I. Jahresb. d. Com. f. ornithol. Beob.-Stationen in Oesterr. u. Ungarn“ vom Jahre 1882 von Herrn O. Reiser zwei bei Pikern in der Umgebung von Marburg erlegte Albinismen des Garrulus glandarius erwähnt wurden. (S. p. 67.)

Flecken, welche normaler Weise weiss gefärbt sind, einen mehr oder minder lebhaften rostigen (röthlichgelben bis braunröthlichen) Farbenton, dessen Intensität oberhalb der Kropfgegend, an dieser selbst und an den Wangenfedern am stärksten entwickelt ist, während von der Oberbrust an abwärts eine lichtere Nuancirung platzgreift. Das Abdomen ist ebenso wie das Gefieder der Oberseite normal weiss betropft. An den Mundwinkeln und Wangen finden sich ebenfalls einige vereinzelte weissgefleckte Federchen eingesprengt.

In seiner hervorragenden Schrift „Der Wanderzug der Tannenheher durch Europa im Herbste 1885 und Winter 1885/86"[3]) hat Dr. Rudolf Blasius — meines Wissens zuerst — auf das Vorkommen braunröthlich gefleckter Individuen des Tannenhehers aufmerksam gemacht und mehrere derartige Exemplare in seiner monographischen Studie verzeichnet. Bezüglich der muthmasslichen Entstehungsursache des abnormen Colorites theilt Herr Dr. Rudolf Blasius die Ansicht des Prof. Fatio in Genf mit, zufolge welcher die eigenthümliche Fleckung an Hals und Brust der Tannenheher durch den Genuss von Haselnüssen hervorgerufen wird; der geehrte Herr Verfasser selbst hält es dagegen für wahrscheinlicher, dass die farbliche Veränderung des Gefieders durch das Wühlen der Vögel nach Nahrung, namentlich im Pferdedünger, entstehe.[4])

Obschon ich nicht in der Lage bin, für die Entscheidung der vorliegenden Frage einen ausreichenden Beweis beizubringen, so möge es mir doch gestattet sein, einige Thatsachen anzuführen, von welchen ich glaube, dass dieselben wenigstens zur Klärung des Sachverhaltes dienen dürften und fernerhin einige Gründe namhaft zu machen, welche mich bestimmen, der Anschauung des Herrn Professor Fatio beizutreten und dieselbe zu unterstützen.

Vor Allem möchte ich darauf hinweisen, dass auf die von Herrn Dr. Blasius beregte Art und Weise zwar eine schmutzig gelbliche Trübung des Gefieders entstehen kann, nicht aber eine so lebhafte, rostbräunliche Färbung, wie eine solche z. B. das Grazer Exemplar aufzuweisen hat. Individuen, deren Gefieder ein unrein gelbliches Colorit zeigte, sind im Jahre 1885 mehrfach beobachtet, beziehungsweise erlegt worden und es ist rücksichtlich dieser Exemplare weiterhin auch nachweisbar, dass die gelbliche Färbung derselben auf die von Herrn Dr. Blasius bezeichnete Art, nämlich durch Verunreinigung an Dungstätten, verursacht wurde.[5]) Diese Erscheinung dürfte hauptsächlich an Exemplaren der schlankschnäbeligen Tannenheherform constatirt worden sein, welche auf ihrem letzten grossen Wanderzuge mit dem so vielen hochnordischen und aus menschenleeren Gegenden stammenden Vögeln eigenen Mangel an Lebenserfahrung mit besonderer Vorliebe frequentirte Fahrstrassen besuchte um dort ihrer Nahrung nachzugehen. Die dickschnäbelige Form des Tannenhehers, wenigstens soweit es die alpine betrifft, dürfte dagegen nur in sehr seltenen Fällen in ähnlichen Situationen anzutreffen sein.[6])

Es ist nun auffällig, dass bei einem so bedeutenden Vergleichsmateriale, wie es Dr. Rudolf Blasius zu Gebote stand, unter 90 Exemplaren der var. leptorhyncha, welche in dessen mühevoller Arbeit dem Wesentlichen nach charakterisirt werden, sich nicht ein einziges Individuum erwähnt findet, dessen Hals oder Brust röthlichgelbe oder braunröthliche Tropfenfleckung trug, während unter 65 Exemplaren der var. pachyrhyncha vier in dieser Weise gefärbte Vögel aufgeführt werden.[7]) Weit entfernt davon aus dem Gesagten etwa den Schluss ziehen zu wollen, dass die bräunliche Hals- und Brustfärbung nur bei der dick-, nicht aber auch bei der schlankschnäbeligen Form vorkomme, möchte ich damit nur angedeutet haben, dass nach den bisherigen Erfahrungen die erstere Varietät anscheinend nicht allzuselten das fragliche Colorit aufweist, während es für die andere Form, vielleicht (und sogar wahrscheinlich bloss in Folge Zufalles, noch nicht nachgewiesen werden konnte.

Dieser Umstand nun lässt sich, wie ich glaube, sehr wohl mit der Erklärungsweise des Herrn Professor Fatio in Zusammenhang bringen, wenn man sich die Ernährungsverhältnisse der beiden Tannenheherformen vergegenwärtigt.

Nach den eingehenden Untersuchungen, welche Dr. Rudolf Blasius in dieser Beziehung vorgenommen hat, ergibt sich als Resultat, dass zwar die Nahrung bei beiden Varietäten im grossen Ganzen eine übereinstimmende ist, dennoch aber gewisse und zwar nicht unwesentliche Unterschiede in den speciellen Ernährungsverhältnissen jeder Form vorliegen, indem die schlankschnäbeligen Tannenheher, soweit es sich um Vegetabilien handelt, fast ausschliesslich auf den Samen der Arve oder Zirbelkiefer angewiesen sind, während die dickschnäbelige Varietät sich nur zum Theil von Zirbelnüssen, hauptsächlich dagegen von Haselnüssen nährt.[8])

(Fortsetzung folgt.)

[3]) Internation. Zeitschr. „Ornis", Jahrg. II. Heft 4.

[4]) l. c. p. 49 et p. 101.

[5]) Vergl. l. c. insbesondere p. 18 (Anmerk.) p. p. 35 (Nr. 9). Zu dem pag. 29 erwähnten Exemplare, welches am 20. October 1885 in den sumpfigen Niederungen des Draneck's auf einer Chaussée erlegt und Herrn Professor Dr. A. v. Mojsisovics zugesandt ward, ersucht mich dieser zu bemerken, dass das Individuum der schlankschnäbeligen Form zugehört. Dieser Vogel wurde beim Durchsuchen des Pferdedüngers beobachtet und trägt am Gefieder der Unterseite unverkennbare Spuren dieser Beschäftigung; die Subcaudales sind durchaus trübgelblich gefärbt, auch an Bauch und Brust ist die Fleckenzeichnung von demselben schmutzigen Farbstoffe getränkt. Die Verschiedenheit dieses Colorites und der rostfarbenen Färbung, welche ich oben besprach, ist evident.

[6]) Wohl nur in sehr schneereichen Wintern!

[7]) l. c. p. 43 (Nr. 47, 48) et p. 49 (Nr. 131, 132).

[8]) Vergl. l. c. p. 94 ff.

Zwei neue Brutplätze des kleinen Fliegenfängers (Muscicapa-Eritrosterna parva) in Neu-Vorpommern.

Von Major **Alexander von Homeyer.**

statt seiner der schwarze Fliegenfänger (Muscicapa atra s. luctuosa) herunter.

Jahrelang hatte ich durch die Freundschaft des Dr. Bolle den kleinen Fliegenfänger im Käfig gehalten, und damals von ihm jeden Ton gekannt, — aber 19 Jahre hatte ich den Vogel nicht wiedergehört (zuletzt Ende Mai 1864 bei Cudowa, s. Journ. f. Ornith.) und so war Manches dem Gedächtniss entschwunden. So konnte es kommen, dass ich einen — allerdings abweichend singenden schwarzen Fliegenfänger für den Zwergfliegenfänger hielt.

Längst schon bin ich wieder orientirt, und kenne ich jetzt Muscicapa parva im Buchwalde, wenn ich nur einen Ton höre zwischen den etwas ähnlichen Gesängen des Buchenlaubvogels (Phylopneuste sibilatrix). Komisch bleibt mir die bei Anklam erlebte Verwechslung aber doch, um so mehr, als ich beim ersten neuen Zusammentreffen mit dem wirklichen Zwergfliegenfänger — und das an einem Orte, wo er bestimmt nicht zu vermuthen war — beim ersten Aufflackern den Gesang sofort ganz bestimmt wusste, mit welcher Art ich es zu thun, während ich damals bei Dr. Blasius schwankte und nur vermuthete.

Ich bin Ende Mai und Anfang Juni 1887 drei Mal mit ihm zusammengekommen und immer nicht gar weit von der Meeresküste ab.

Meine Tagebuchsnotizen besagen darüber.

1. 26. Mai Greifswald:

Ich gehe ½10 Uhr Vormittags durch die Stadtpromenade. Das Wetter ist mild und schön, sonnig. Sylvia philomela singt. Ueberall schreien junge Staare in den Kästen. In der Höhe des Bahnhofes, da wo der alte Wallgraben ziemlich dicht mit verschiedenen Baumarten bewachsen ist, wo alljährlich Sylvia atricapilla und Hypolais hortensis in 2—3 Paaren singen und nisten, klingt laut und klar die Strophe:

„Zied, zied, zied, idam, idam, idam" an mein Ohr. — Ich stutze und horche, und wieder dieselbe Strophe. — Das ist ja Muscicapa parva, denk' ich — ganz gewiss, und ich horche und beobachte weiter. Da ist der kleine Vogel, er hüpft oben in den Zweigen eines blühenden Apfelbaumes. — Nach kurzer Zeit verlasse ich den Platz, eile zu Hause, um mir ein Fernglas zu holen. Ich war meiner Sache ganz gewiss, doch nahm ich schnell Friedrich (das Handbuch über Stubenvögel) zur Hand und las über den Gesang. Da steht die Strophe wiedergegeben:

Tink, tink, tink, eida, eida, eida. Ich sehe in mein Notizbuch und vergleiche beide Strophen, — es war kein Zweifel, es war Muscicapa parva.

Nach Verlauf von 20 Minuten sass ich an richtiger Stelle in der Promenade auf einer Bank, das Vögelchen war ruhig. Sollte es weiter gezogen sein? Staare fütterten dicht vor mir ihre Jungen in einem Kasten mit Trittstange, dann flogen sie fort. Eine Krähe kommt, setzt sich auf die Trittstange — die jungen Staare werden laut und recken die Köpfe zum Flugloch hoch hinaus, die Krähe langt hinein, und fliegt im nächsten Momente mit einem jungen Staare davon. — Weg mit den Tritthölzern!

Zied, zied, zied, idam, idam, idam, klingt es wieder in lieblich glockenreiner Weise: mein Fliegenfängerchen ist wieder da. Er ist in der hohen Esche, er fliegt wieder zum blüthenreichen, flach abgekuppelten Apfelbaum und so habe ich meinen Operngucker vor den Augen und das Vögelchen klar vor mir. Es ist ein jüngeres Männchen ohne Roth an der Brust. Die Bewegungen sind ganz die der Laubsänger (Hypolais, Phylopneuste), eilfertig auf Insectenjagd in den Laubkronen, gelegentlich auch tiefer. Das Vögelchen sitzt kaum stille, ist immer in Bewegung, hüpft rasch durch das Gezweig, nimmt Kerfe von den Blättern ab, oder springt ihnen nach, wenn sie davon fliegen, schnappt selten wirklich fliegend, lockt loid, stürzt hüpfend 2—3 Schritt weit durch Gezweig, schnappt — singt, und fliegt zum nächsten oder nächstnächsten Baum, singt dort so fort und jagt von Neuem durch das Gezweig.

Nachmittags 3 Uhr bin ich wieder auf dem Platze, vom Fliegenfänger ist nichts zu hören.

Um 6 Uhr singt er im Garten des Landgerichtes, also circa 600 Schritt vom Vormittagsplatze ab. O weh, das ist ein schlechtes Zeichen, wo bleibt meine Hoffnung, in den Lindenbäumen der Promenade den Zwergfliegenfänger nisten zu sehen. Der Gesang ist hell, klar, weit schallend, fast so laut wie von Sylvia atricapilla. Am alten Platze ist alles still, unser Vogel ist noch auf der Wanderung, oder vielmehr auf der Weibersuche. — Und so ist es auch, ich habe ihn nie wiedergehört. Ihm zu Liebe war ich auch einige Mal im Buchwalde Eldena's, aber vergebens.

2. 6. Juni. Behrenshagen.

Ich bin einige Tage zum Besuch bei Herrn von Stumpfeld Lillienanker auf Behrenshagen und Daskow pp. Majorat bei Damgarten.

Wir machen manche Fahrt durch den hohen Buchwald und horchen. Der schwarze Storch zieht vorüber. Sylvia sibilatrix singt massenhaft, die Tauben rucksen, immer noch keine Zwergfliegenfänger, — da fahren wir in einen wirklichen Buchhochwald ein, der so dicht und schattig ist, dass kaum ein Sonnenstrahl das Blätterdach durchbrechen kann und da klingt es glockenrein:

Cied, cied cied, jemm, jemm, jemm. Wir haben ihn, wir sind mit Muscicapa parva zusammen. Auch das Weibchen zeigt sich, getrieben und verfolgt vom Männchen, doch immer am Platze bleibend, — wir befinden uns auf dem Brutplatze.

Dieses Vögelchen mit röthlicher Kehle ruft das cied wie das jemm gewöhnlich, drei Mal hintereinander, also ganz so wie der Promenadenvogel, doch kommen auch Aenderungen vor, wie 3 : 4, 4 : 2, 4 : 4.

Wir waren mehrere Mal auf dem Platze, Herr von Stumpfeld war so freundlich, meinen Studien zu Liebe den Wagen stundenlang auf dem Platze halten zu lassen. Hier trieb sich das Männchen selten hoch oben in den Zweigen herum, vielmehr unterhalb der Buchenkrone in den niederen Aesten aber immer noch 30—40 Fuss vom Boden. Sein Betragen beim Nahrungsuchen, Locken (loid) und Singen war genau so, wie von dem in der Greifswalder Promenade; zeigte sich ihm das Weibchen, so folgte er demselben, fleissig loid, loid lockend.

Nach einiger Zeit war immer das Weibchen wieder verschwunden. Es machte auf mich den Eindruck, dass das Nest bereits fertig, und das Weibchen beim Eierlegen war oder beim ersten Brüten. Vom Wagen aus — wir fuhren am Platze hin und her — haben viel nach dem Neste, aber vergebens gesucht.

3. 8. Juni.

Wir machten eine Wagentour nach dem Saaler Bodden. Im Buchwald des Herrn von Zanthier (Pütnitz) hörten wir den Zwergfliegenfänger:

Cied, cied, cied, wuwi, wuwi, wuwi. Hier wird cied im gleichen Ton gesungen, während die wuwi-Strophe fallend ist, oder wie Frau von Stumpfeld meinte die ersten 4 Töne hoch, die beiden letzten tiefer. Die Regel betreffs der einzelnen Strophen war auch hier 3 : 3, doch kamen auch Aenderungen vor von 4 : 2, von 2 : 4, von 3 : 4.

Während der Fliegenfänger vom sechsten seinen Aufenthalt im grossen, geschlossenen alten Buchwald genommen, hatten wir es hier nur mit einer frei vorspringenden Zunge zu thun, die von 3 Seiten mit Feld umgeben war. Das erwählte Plätzchen unseres Vogels war je nachdem nur 50—100 Schritt vom freien Land entfernt. Der Buchenbestand war sehr dicht (schattig also), und die einzelnen Bäume circa drei Viertel Fuss stark. — Dieses Vögelchen hatte einen ganz besonders lauten und klangvollen Gesang, es rief das zied weitschallend glockenrein, und das wuwi sanft heran. Es dürfte nicht angezweifelt werden, dass auch dieses Vögelchen auf der Brutstätte sich befand. Beide Brutplätze (Behrenshagen und Pütnitz) waren circa eine halbe Stunde von einander entfernt.

Stellt man die Gesangsnotirungen (incl. Friedrich) zusammen:

Tink, tink, tink, eida, eida, eida,
Zied, zied, zied, idam, idam, idam.
Zied, zied, zied, jemm, jemm, jemm,
Zied, zied, zied, wuwi, wuwi, wuwi,

so wird man eine ganz ausserordentliche grosse Uebereinstimmung finden. Ich machte die Notirungen sofort beim Gesang selbst und halte das für sehr gut, man kommt damit dem Gedächtniss zu Hilfe. Ohne diese Aufzeichnungen würde ich sicherlich mich nicht mehr so genau des Gesanges in seiner Eigenart erinnern können. Viele Ornithologen machen es gerade so, wie ich, viele aber verwerfen diese Methode. Gern bin ich bereit, eine bessere Methode anzunehmen, aber so lange mir dieselbe nicht genannt und bekannt wird, bleibe ich bei Vater Bechstein. Das zaunkönigartige (Troglodytes parvulus) Schnarren scheint ein Schreck-, Angst- oder Warnungslaut zu sein.

Ich habe betreffs Muscicapa parva noch mehrere Buchwaldungen Neu-Vorpommerns „abgehorcht", doch vergebens. Wer ein Mal den höchst charakteristischen Gesang kennt, d. i. in sich aufgenommen hat, wird bei einiger musikalischer Beanlagung ihn im Walde unter den Gesängen von Laubvögeln, Meisen, Schwarzköpfen sofort herauserkennen. Der Ton hat übrigens einige Aehnlichkeit mit den Volltönen der Meisen. Die Stärke der Stimme bei einem so kleinen Vogel setzt geradezu in Erstaunen. Das Benehmen des kleinen Fliegenfängers auf dem Brutplatze sowohl, wie beim Nahrungssuchen hat stets den Charakter der grössten Eile und Rührigkeit.

Greifswald, den 15. Februar 1888.

Wichtige ornithologische Beobachtungen im Kreise Spalato (Dalmatien) während des Jahres 1887 in knapper Aufführung.

Von Prof. **Georg Kolombatović.**

Im Winter fiel die Abwesenheit des Regulus und die Seltenheit aller Turdus-Arten, welche auch in der darauffolgenden Jahreszeit fortdauert: im Frühjahre: das Erscheinen eines Exemplars der Cyanecula leucocyanea am 26. März und die Verzögerung des Eintreffens fast aller Arten um mehr als 20 Tage, sowohl in Betreff des Durchzuges als auch der Frühjahrseinwanderung besonders auf, ebenso auch die schwache Anzahl aller Arten von Sterna und Hydrochelidon, die auch beim Sommerdurchzuge sehr selten waren. Im Herbste war zu beachten: das Wiedererscheinen des Regulus; das verfrühte Erscheinen (schon am 1. October) des Chrysomitris spinus, der während der ganzen Jahreszeit aussergewöhnlich zahlreich auftrat: das Erscheinen des Vultur monachus, welcher am 4. November im Umkreise der Stadt erlegt wurde, was aber nur als ein ganz zufälliger Fall in diesem Kreise anzusehen, das verfrühte Erscheinen von Turdus torquatus, die am 1. November erlegt wurde; die aussergewöhnliche Menge von Tadorna cornuta vom 20. November bis 10. December; die Anwesenheit der Loxia curvirostra seit 2. November; die relative Seltenheit (im Vergleich mit anderen Jahren) von Alauda calandra, Lullula arborea und Fringilla coelebs bis zum 22. December, an welchem Tage erst sich die genannten Arten in sehr grosser Anzahl in die umliegenden Felder herunterliessen, während T. torquatus und die L. curvirostra schon früher erschienen waren; die fortdauernde Anwesenheit von Sterna cantiana in ziemlicher Anzahl vom 11. November an bis über das Ende des Jahres hinaus; endlich ganz besonders beachtenswerth das zahlreiche Erscheinen von Phileremus alpestris Linn. am 28. December, einer bis jetzt in diesem Kreise noch nicht constatirten Art. Erwähnenswert ist weiters, dass die in anderen strengen Wintern hier erschienenen Pyrrhula vulgaris, Plectrophanes nivalis, Bombycilla garrula in diesem Winter nicht zu bemerken waren. Vielleicht war das aussergewöhnliche und zahlreiche Erscheinen des Phileremus alpestris in der Umgebung von Spalato einem von den Alpen her und mit grosser Heftigkeit gekommenen Windstosse zuzuschreiben.

Spalato, 10. Februar 1888.

Eine kleine literarische Studie über den Auerhahn.

Von **Robert Eder.**

(Schluss.)

Den Auerhahn schildert der Verfasser folgendermassen: „Auch dieser Vogel ist einer von denen, bey welchen Männlein und Weiblein von einander sehr kenntlich sind: Dann der Han ist schwarz, die Henne aber an der Farb gänzlich wie andere wilde Hüner Arten, als Phasanen und dergleichen, und wie bey diesen, nemlich bey denen Phasanen, der Han mit seinen rothen Augen pranget, also hat auch der Auerhan der gleichen schöne Farb über denen Augen, und ist der Schnabel ebenfalls blaulicht anzusehen, dahingegen die Henne einen braunen Schnabel behält. Die übrige Leibes-Gestalt betreffend, geben die Auerhanen an Grösse einem Indianischen Han nicht viel nach, doch sind sie etwas geringer, und sehr viel kurzbeiniger, so dass sie so wol, wann sie auf der Erden sitzen, als sonderlich auf denen Bäumen, fast wie ein Habicht aussehen; ingleichen kommet bey denen Hünern die Farb mit der Farb der Habichten fast überein, und werden jene öffters von denen unwissenden vor diese angesehen und geschossen."

Im weiteren Verlaufe wird die Klage geführt, dass der Auerhahn nunmehr dem Adel entzogen und allein zur fürstlichen Jagd zu rechnen sei. Auch dieser Verfasser befürchtet, dass die Edelleute anstatt mit der Jagd grösserer Vögel, mit dem kleinsten Vogelfang allein sich begnügen und dass es bald so weit kommen wird, dass dieselben statt der „Hasen, Rebhüner und Kranwets-Vögel", „Zeisslein" essen lernen müssten; denn das „nemo tenetur edere titulum suae possessionis", wird bald nicht mehr gelten und weiters klagt er: „Ja wann einer schon 200jährige Possesion erweiset, so wird er doch von seinem Recht abstehen müssen, wofern er nicht zugleich zeigen kann, dass sich solche Possesion auf eine von dem Territorial-Herrn erlangte besondere Concession gründe. Ein jedes Schneider- und Schusterhaus gehört, nach diesem neuen Principio, mehr dem Territorial-Herrn, als dem Handwerksmanne, der es erkauft oder ererbt. Und das Dominium eminens beruhet nicht mehr auf dem äussersten Nothfall und des Landes offenbaren Nutzen, sondern auf des Territorial-Herrn Willen."

Ich nahm obige Emanation aus dem Buche hier auf, da es doch bezeichnend ist, dass Territorialklagen sich bis in die ornithologische Literatur verpflanzten und diese Klagen als Stigma jener Zeit zu betrachten sind.

Nachdem ich nun Einiges über den Auerhahn aus der Literatur der letztverflossenen drei Jahrhunderte mittheilte, so möchte ich mir noch erlauben, auch die Literatur dieses Jahrhundertes zu berühren.

Vorerst erwähne ich C. L. Brehm's „Handbuch der Naturgeschichte aller Vögel Deutschlands" Ilmenau 1831; da der Autor, das Linné'sche System durch Aufstellung neuer Sippen, Arten und Gattungen erweiternd, bereits mehrere Varietäten der Auerhähne anzuführen weiss; da er ferner unter die ersten deutschen Ornithologen zu zählen ist, welche den Rackelhahn beschrieben, und weil irrthümlich Brehm für den Entdecker der Rackelhenne gehalten wird.

C. L. Brehm theilt die erste Familie der Waldhühner, welche er „die Waldhühner mit zugerundetem Schwanze (Auerhühner)" benennt, in vier Varietäten ein: 1. Das plattköpfige Auerhuhn; 2. das grosse Auerhuhn; 3. das dickschnäbelige Auerhuhn; 4. das gefleckte Auerhuhn. Zur zweiten Familie, „Gabelschwänzige Waldhühner", rechnet er auch das mittlere Waldhuhn, Tetrao medius, indem er dasselbe für eine eigene Art hält und widerspricht der Ansicht, dass Tetrao medius ein Bastard zwischen Auer- und Birkwild sein könnte. Seine Beweisgründe für die Behauptung sind folgende: 1. Die stets gleiche Zeichnung des Vogels; 2. die Auffindung des Weibchens; 3. die Gestalt und Farbe des Vogels.

Nachdem die Rackelfrage in dieser Hinsicht gelöst ist und man mit Bestimmtheit weiss, dass das Rackelwild aus der Kreuzung zwischen Birk- und Auerwild entsteht, so will ich nur das zweite Argument behandeln, und verweise diesbezüglich auf das Werk „Unser Auer-, Rackel- und Birkwild und seine Abarten" von Hofrath Dr. A. B. Meyer in Dresden p. 57, wo gesagt wird: „Chr. L. Brehm beschrieb als Rackelhenne eine Birkhenne und Naumann sah nicht nur dasselbe Exemplar auch für eine Rackelhenne an, sondern bildete es auch auf Tafel 156, Fig. 2 seines Werkes ab. Es ist auffallend, dass bis jetzt Niemand, so viel ich weiss, diesen Irrthum entdeckt hat, aber es beweist nur, wie wenige Exemplare von Rackelhennen in Sammlungen vorhanden sein mögen."

Nachdem der Autor den Beweis für seine Behauptung auf's Ausführlichste erbringt, heisst es weiter: „Es bedarf somit keines noch eingehenderen Beweises, dass weder Brehm noch Naumann die Rackelhenne gekannt haben. Vielleicht war das beschriebene Exemplar eine kräftige Birkhenne oder eine mit eben beginnender Hahnenfedrigkeit. Gloger, der jüngere Brehm, Altum, Wurm und eine Zahl anderer deutscher Autoren haben stets nur den älteren Brehm und Naumann bez. der Rackelhennen abgeschrieben, so dass in Folge dessen diese in Deutschland kaum gekannt ist".

Mithin gebührt dem citirten Autor das Verdienst, in der deutschen Literatur die Rackelhenne zuerst beschrieben und naturgetreu abgebildet zu haben.

Was nun die Behandlung des Auerhahnes in dem letztgenannten grossen Werke betrifft, so verweist dessen Verfasser bezüglich der Beschreibung, „da er nicht Bekanntes wiederholen wollte", unter Anderem auf Wurm: „Das Auerwild, dessen Naturgeschichte, Jagd und Hege, eine ornithologische und jagdliche Monographie". Es würde zu weit führen, wenn ich mich auf eine Besprechung des Inhaltes dieses Capitels des Meyer'schen Werkes einliesse und will ich nur die interessante Mittheilung über Wanderungen der Auerhähne in Skandinavien und dass besonders in Nord-Skandinavien sich grosse Schaaren auf die Wanderung begeben, welche gewöhnlich nur aus Hähnen bestehen, erwähnen.

Als unserem Auerwild verwandte Arten werden dort angeführt: Tetrao urogalloides Midd. Ost-Sibirien. Tetrao sachalinensis, Bogd. Sachalin. Tetrao Taczanowskii, Meyer, Südost-Sibirien. Tetrao uralensis, Sev. und Menzb. im Süden des Ural. Tetrao Kamtschaticus, Kittl. Kamtschatka.

Das hohe Interesse, welches dem Auerwild in den verflossenen Jahrhunderten dadurch, dass man es zur fürstlichen Jagd gehörig erklärte, entgegengebracht wurde, hat sich nun in wissenschaftlicher Hinsicht auf das Rackelwild vererbt. Denn wenn dieses auch nicht, wie seinerzeit der Auerhahn, der auch „Edelvogel"*) hiess, als ausschliesslich fürstliches Jagdwild bestimmt wird, so hat es sich doch in hervorragender Weise das wissenschaftliche Interesse eines fürstlichen Herrn aus dem Hause Habsburg zu erwerben gewusst. Auf Anregung Seiner k. u. k. Hoheit des durchlauchtigsten Kronprinzen Erzherzog Rudolf entstand das oben benützte herrliche Prachtwerk: „Unser Auer-, Rackel- und Birkwild und seine Abarten", mit seinen 17 künstlerisch ausgeführten grossen Tafeln farbiger Abbildungen, ein Werk, dessen Subscribenten-Verzeichniss, das sechs Majestäten, darunter die Kaiser von Oesterreich, Deutschland und Russland, und noch weitere Regenten und Prinzen eröffnen, zeigt, welch' lebhafte Theilnahme in den höchsten fürstlichen Kreisen noch heute diesem jagdbaren Wilde geschenkt wird.

Kronprinz Rudolf war der Erste, welcher auf Unterschiede der Rackelhähne unter sich aufmerksam machte; Meyer sagt (l. c. pag. 67) darüber: „Der Erste, welcher, meines Wissens, vom gewöhnlichen Rackelhahn bedeutend abweichende entdeckte, in ihrer Bedeutung erkannte und genau beschrieb, war Kronprinz Rudolf".

So hat auch dieses Jahrhundert in dem Rackelhahne einen fürstlich bevorzugten Vogel.

*) Allgemeine Encyklopädie der gesammten Forst- und Jagdwissenschaften von Raoul Ritter von Dombrowski.

Ornithologische Beobachtungen im Frühjahr und Sommer 1887.

Alexanderfeld (Ostschlesien) bei Bielitz.

Von Hubert **Panzner.**

(Schluss.)

Lanius collurio L. Sonst gemeiner Sommervogel, habe ich ihn in diesem Jahre bloss zweimal beobachtet wofür ich keinen Grund anzugeben weiss. Ich habe speciell auf diesen Vogel geachtet und ist ein Uebersehen nicht gut möglich. Ganz auffallend zeitig am 6. April bei warmem S. W. 1 ♀ in meinem Garten in den Vormittagsstunden beobachtet, die nächsten Tage verschwunden.

27. Mai ♂♀ in der Nähe von Alt-Bielitz gelegentlich eines Spazierganges gesehen.

Turdus musicus L. Ziemlich häufiger Sommervogel. Zum Herbstzuge 1886 sehr zahlreich gewesen.

7. April bei warmem S. 7—8 Stück auf den S. W.-Hängen bei Wilkowice gehört, während bei Bielitz weder eine gesehen, nach gehört wurde.

9. April ein Stück in einem Potok bei Alexanderfeld, in der Nähe meiner Wohnung, gesungen.

12. April ein Stück im Alsener Hochwäldchen gehört.

13. Mai ein Nest im Alsener herrschaftl. Wäldchen auf einer dünnen Fichte circa 3 m hoch mit erst vor Kurzem ausgebrüteten Jungen gefunden.

Scolopax rusticola L. Durchzügler, in den Gebirgen nicht zu seltener Brutvogel.

1886 brachte Förster J e m e l k a von Salmopal ein Gelege.

Der Herbstzug ist viel anhaltender und stärker wie der im Frühjahre, für welches ich folgenden Grund anzugeben vermag.

Haben die Schnepfen, sowie auch andere Zugvögel im Frühjahre die Beskiden und Karpathen überflogen, resp. in den Querthälern durchzogen, eilen sie nun über die weite, sich ihnen darbietende Ebene den Brutplätzen zu, weshalb ihr Aufenthalt am Nordfuss dieser Gebirge ein sehr kurzer ist. Im Herbste dagegen staut sich da der Zug und erst Fröste und Kälte veranlasst sie, die Gebirge zu passiren.

Es sei mir gestattet hier zu erwähnen, dass ich im böhmischen Erzgebirge in den 70er-Jahren öfter im Sommer, resp. August, September Schnepfen antraf und im böhmischen Mittelgebirge, im Meronitzer Revier bei Bilin, wo ich das Forstwesen prakticirte, im Jahre 1869 ein Gelege mit 4 Eiern fand.

Nach dieser kleinen Abweichung kehre ich zu den Beobachtungen 1887 zurück, deren ich nur eine am 9. April zu verzeichnen habe, an welchem Tage bei leichten N. O. ich in einem Alexanderfelder Potok ein Stück aufstöberte.

Pica caudata Boie. Ziemlich häufiger Standvogel.

12. April beobachtete ich in Alsen 1 Pärchen, welches im Nestbau begriffen ist.

28. April liess ich mehrere Nester, da dieselben fertig sind, untersuchen, fand aber noch kein Ei.

3. Mai erhielt ich ein Gelege mit 4 und am 23. Mai wieder eines mit 4 Eiern, beide unbebrütet.

Corvus cornix L. Ziemlich häufiger Standvogel.

12. April zwei Pärchen beim Nestbau in Alsen beobachtet.

8. Mai erbeutete ich bei Wilkowice ein Pärchen, das ♀ hatte erst ¼—½ entwickelte Eier.

10. Mai bekam ich von Pisarzowice 1 Ei (Beginn des Legens).

13. Mai fand ich in Alsen 1 Nest mit Jungen.

Sylvia hortensis auct. Sommervogel.

23. April bei leichtem N. O. die erste in meinem Garten gesehen.

24. April dieselbe beobachtet.

26. April beobachtete ich daselbst das Pärchen.

19. Mai ein im Baue begriffenes Nest in einem Rosenstrauch gefunden, welches nicht beendet wurde.

28. Mai fand ich in der Nähe des Vorigen in einem lebenden Zaune von Weissbuchen ein Nest mit 4 Eiern.

(Da ich nicht die Uebung habe, die verschiedenen Sänger im Freien bestimmt anzusprechen, habe ich nur genau erkannte hier angeführt.)

Anthus arborea Bechst. Sommervogel.

24. April bei leichtem S. ein Stück in einem Potok bei Alt-Bielitz beobachtet.

28. April 2 Stück bei Alsen gesehen.

1. Mai 2 Stück bei Wilkowice gesehen.

13. Mai ein Nest mit 5 Eiern schon stark bebrütet in Alsen gefunden.

Carduelis elegans ziemlich häufiger Sommervogel.

27. April bei leichtem W. und S. W. neblig regnerisch 3 Stück, und zwar 2 ♂ und 1 ♀ in meinem Garten gesehen.

29. April ein Pärchen daselbst gesehen.

3. Mai stellt sich noch ein Pärchen ein und beide blieben über den Sommer da und nisteten jedenfalls, ich konnte aber kein Nest finden.

Hirundo rustica häufiger Sommervogel.

Trotzdem die Vertretung dieser sowie der Stadtschwalbe noch immer Anspruch hat, „häufig" genannt zu werden, so ist doch besonders bei ersterer eine ziemliche Verminderung zu bemerken, wofür ich als Grund die in dieser Gegend schon in deren Beschreibung erwähnten späten Nachwinter ansehe. Ganz besonders 1886 waren schon viele Schwalben da, als in den ersten Tagen Mai heftiges Schneewetter eintrat und durch 8—10 Tage anhielt.

27. April bei W. neblig, regnerisch die erste bei Alexanderfeld zwischen 2—3 Uhr gesehen.

28. April wieder eine, wahrscheinlich dieselbe gesehen.

1. Mai bei Alexanderfeld 2 und bei Wilkowice ebenfalls 2 Stück beobachtet.

Phylopneuste sibilatrix Bechst. seltener Sommervogel.

28. April bei Alsen 2 Stück gesehen.

Muscicapa luctuosa L. seltener Sommervogel.

28. April 2 Stück bei Alsen beobachtet.

Cuculus canorus ziemlich häufiger Sommervogel.

28. April bei Alsen den ersten gehört.

1. Mai bei Wilkowice einen.

8. Mai eben daselbst 3 gehört, davon ein Stück gesehen.

26. Mai erhielt ich von Alsen ein Nest von Dantalus rubecola L. mit 4 Eiern und ein Kuckucksei.

Ruticilla phoenicura L. gemeiner Sommervogel.

29. April bei leichtem W. trüb. 2 Stück ♀ ♂ an der Bialka gesehen.

2. Mai stellte sich ein Pärchen in meinem Garten ein.

3. Mai kam ein zweites Pärchen daselbst an.

13. Mai fand ich bei Alsen 2 Nester mit 5 und 7 Eiern in einem hohlen Birnbaum und hohler Kopfweide 1 und $1^1/_2$ m hoch, von denen ich nur das zweite nahm, die Eier waren unbebrütet.

Jynx torquilla L. Sommervogel selten.

1. Mai bei Wilkowice einen gehört.

Buteo vulgaris Bechst. Sommervogel spärlich, doch unter den überhaupt seltenen Raubvögeln einer der häufigsten.

1. Mai bei Wilkowice einen gesehen, kam von S. und fiel im Gebirge ein.

Ardea cinerea L. Durchzügler, dürfte aber schon an den nahen ausgedehnten nördlich gelegenen galizischen, österreichisch- und preussisch-schlesischen Teichen, resp. in deren Nähe liegenden Wäldern horsten.

1. Mai bei Wilkowice zwischen 11 und 12 Uhr Vormittags 3 Stück in Richtung N. gezogen.

Xema ridibundum L. Hier Durchzügler, auf den vorhin erwähnten Teichen gemeiner Brutvogel.

1. Mai bei Wilkowice zwischen 11 und 12 Uhr Vorm. ein Stück in Richtung N.

8. Mai daselbst 2 Stück nach S. gezogen.

Anfangs Juli ziehen sie häufig familienweise oder auch zu Schaaren vereinigt von den Teichen auf die nahen Felder in das Beobachtungsgebiet auf Aesung. Dieses Jahr die ersten am 29. Juni gesehen.

Cypselus apus L. Sommervogel ziemlich häufig, brütet in den Bielitz-Bialaer Kirchthürmen.

2. Mai leichter S. die ersten 2 Stück eingetroffen.

4. Mai 8 Stück gesehen, die nachfolgenden Tage allgemein.

Hirundo urbica L. häufiger Sommervogel.

Die Ankömmlinge übersehen, denn diese Schwalbe beschränkt sich nur auf Bielitz-Biala, sowie massirte Ortschaften, was in Alexanderfeld nicht der Fall ist, habe sie hier nie beobachtet und war um diese Zeit selten in Bielitz-Biala.

Dürften zwischen 3 und 6. Mai angekommen sein.

8. Mai traf ich sie schon in grösserer Zahl.

Turtur auritus Ray. spärlicher Sommervogel.

Auffallend, dass ich bei meinen öfteren Excursionen in diesem Jahre weder eine sah noch hörte, bloss am 4. Mai fand ich beim hiesigen Präparator ein frisch erlegtes Exemplar.

Coccothraustes vulgaris Pall. Spärlicher Sommervogel.

5. Mai sah ich Nachm. 3 Stück bei Alt-Bielitz.

23. Mai erhielt ich ein Gelege von 4 Eiern sammt Nest von Alsen, leider schon stark bebrütet.

Coturnix dactylisonans Meyer Sommervogel.

Innerhalb dreier Sommer beobachtete ich eine stetige Abnahme, deren Ursachen kaum örtliche sein dürften.

7. Mai hörte ich die erste Früh und des Vormittags in der Nähe meiner Wohnung schlagen, welche die gewählte Localität beibehielt und von da an täglich zu vernehmen war.

8. Mai bei Wilkowice 2 Stück gehört.

Merkwürdig ist es, dass ich bei einem Ausfluge nach Alsen, wo sonst viele Wachteln waren, am 13. Mai keine vernahm.

Oriolus galbula L. Ziemlich häufiger Sommervogel.

8. Mai bei Wilkowice die erste gehört.

13. Mai in den Gärten bei Bielitz und in Alsen je eine vernommen.

18. Mai in den Bielitzer Gärten eine und später häufig besonders in Alsen gesehen und gehört.

Lycos monedula L. Sommervogel, kommt in drei Colonien im Beobachtungsgebiete vor.

In Wilkowice circa 8 Pärchen bei der Kirche in einigen hohlen Linden. Diese Colonie war früher stärker, wurde durch Abschuss vermindert.

In Pisarzowice ebenfalls in hohlen Linden um die Kirche circa 10—15 Pärchen und bei Bielitz in hohen hohlen Schwarzpappeln an der Bialka, sowie in den Kirchthürmen der beiden Städte viele — enthalte mich der Schätzung. An ersteren 3 Orten im Vereine mit Sturnus vulgaris, an letzteren mit Cypselus apus. Ankunft übersehen. 8. Mai erbeutete ich in Wilkowice 3 Stück.

Poecile palustris L. habe ich im Winter nicht beobachtet, wahrscheinlich Standvogel.

13. Mai fand ich bei Alsen 2 Nester, von denen eines 10 Eier enthielt, die unbebrütet und verlassen waren. Dasselbe war in einer hohlen Kopfweide. Auf dem anderen Neste sass das Weibchen so fest, dass, da man mit der Hand es durch das enge Schlupfloch nicht greifen konnte, es sich nicht von den Eiern wegjagen liess.

Ich versuchte es mit einem Stocke wegzuschieben, es drückte sich aber so fest, dass dies ohne das Thierchen beschädigen zu wollen, nicht möglich war.

Cerchneis tinnunculus Sommervogel, spärlich, doch unter den Raubvögeln der häufigste.

10. Mai erhielt ich ein ziemlich unbebrütetes Gelege von 5 Eiern.

13. Mai fand ich bei Alsen ein fertiges Nest und erlegte ein junges ♂ im Uebergangskleid.

31. Mai sah ich in Pisarzowice 2 Pärchen und am 20. Juni einen einzelnen Vogel beim Bielitzer Bahnhofe jagend.

Garrulus glandarius L. gem. Standvogel.

5. erhielt ich ein Gelege von 6 unbebrüteten Eiern.

13. Mai fand ich in Alsen 4 Nester, und zwar eines mit 5, eines mit 6 sehr stark bebrüteten Eiern, in 2 Nester waren schon Junge.

23. Mai erhielt ich ein Gelege mit 6 unbebrüteten Eiern (2. Brut).

Upupa epops seltener Sommervogel. Innerhalb dreier Jahre bloss einmal beobachtet.

In diesem Jahre fand ich am 13. Mai ein im Baue begriffenes Nest in einem hohlen Birnbaume nahe bei einem Hause, wurde leider nicht beendet.

Lanius excubitor L. seltener Standvogel.

Bloss einmal in diesem Jahre am 16. Mai in meinem Garten 1 Stück beobachtet.

Lanius minor L. sonst seltener Sommervogel, in diesem Jahre jedoch in Alsen an einem Bache und 2 Teichdämmen auf hohen Eichen häufiger aufgetreten.

31. Mai fand ich daselbst 14—16 m hoch auf einer Eiche in der Stammgabel ein Nest mit 6 noch unbebrüteten Eiern, von denen eines auffallend klein und ohne Dotter war.

Ferner fand ich ein Nest auf einer Tanne circa 10—12 m hoch auf langem schwachem Ast. Von ersterem Nest erbeutete ich das Brutpaar — ausserdem 2 ♂.

Lanius rufus Briss. seltener Sommervogel.

25. Mai erhielt ich von Alsen 1 Nest mit 6 unbebrüteten Eiern, sammt Brutpaar.

31. Mai sah ich ein Stück in Pisarzowice.

Luscinia minor Chr. L. Br. sehr seltener Sommervogel.

31. Mai hörte ich eine bei Pisarzowice schlagen, das zweitemal während meines 3½ jährigen Aufenthaltes in dieser Gegend.

Loxia curvirostra Standvogel.

18. Jänner an den Hängen des Solathales bei Porabka 10—15 Stück gesehen.

31. Mai in einem Kieferwäldchen bei Pisarzowice 4 Stück gesehen, von denen ich einen diesjährigen jungen Vogel erbeutete.

Vulgärnamen der Vögel Oberösterreichs.

Gesammelt von **Rudolf O. Karlsberger.**

(Fortsetzung.)

Parus ater Linn. Tannenmeise. Holzmoasn, Holzerl.

Parus cristatus Linn. Haubenmeise. Schoppfmoasn. Haubnmoasn.

Parus maior L. Kohlmeise. Kohlmoasn, Spieglmoasn (Schmolln im Innkreis, nach Herrn Lehrer Bernhard Koller).

Parus coeruleus Linn. Blaumeise. Blaberl, Blaumoasn.

Acredula caudata L. Schwanzmeise. Schneemoasn. Pfannastiel.

Regulus cristatus Koch., gelbköpfiges Goldhähnchen. Goldhahnl.

Regulus ignicapillus Chr. L. Br. Feuerköpfiges Goldhähnchen. Goldhahnl.

VII. Cantores. Sänger.

Phyllopneuste sibilatrix Bechst. Grauer Spotter.

Phyllopneuste trochilus L. Fitislaubvogel. Wasservögerl.

Hypolais salicaria Bp. Gartenspötter. Gelber Spotter. Spotter. Sämmtliche **Rohrsänger**-Arten werden kurzweg „Rohrspatz" genannt.

Sylvia curruca Linn. Zaungrasmücke. Dornreicherl. kleines Dornreicherl. Laubgrasmuckn (bei Händlern mitunter gebräuchlich). Grasmuckn.

Sylvia cinerea Lath. Dorngrasmücke. Dornreicherl. grosses Dornreicherl. Grasmuckn. kloansingada Staudenvogel (oberes Mühlviertel).

Sylvia atricapilla Linn. schwarzköpfige Grasmücke. Schwarzblattl. Schwarzplatal.

Sylvia hortensis auct. Gartengrasmücke. Grasmuckn, gelbe Grasmuckn (bei Händlern) groiss (gross) singada Staudenvogel (oberes Mühlviertel).

Merula torquata Boie Ringamsel. Halsete Amsel (steierisch-oberösterreichische Grenze).

Merula vulgaris Leach. Schwarzamsel. Amsel. Amschl. Amurgsel. Stockamurgsel (Ottnang, nach Herrn Lehrer Anton Koller).

Turdus pilaris Linn. Wachholderdrossel. Kronawitter. Kronaweltvogl. Krametzvogl. Quitschai (nach Angabe des Herrn Lehrers Anton Koller ist diese Bezeichnung beim Landvolke um Freistadt [Mühlviertel] üblich und wird im Allgemeinen für einen frierenden drosselartigen Vogel im Winter angewandt). Böhmer (um Freistadt. Mühlviertel, nach Herrn Lehrer Anton Koller).

Turdus viscivorus Linn. Misteldrossel. Zaritzer. Zoritzer. Scharitzer. Zicharatza. Quitschai. Böhmer (Mühlviertel um Freistadt) Weindrossel im Wildpret-Handel.

Turdus musicus Linn. Singdrossel. Drossel. Droschl. Dreschl (Schmolln Bernhard Koller).

Turdus iliacus Linn. Weindrossel. Rothdrossel. kleiner Krametsvogl im Wildpret-Handel.

Monticola saxatilis Linn. Steinmerle. Steinröthl.

Ruticilla tithys Linn. Hausrothschwanz. Rothschwaferl. schwarzes Rothschwaferl. Rothschwanzl. Rothmannderl (Schmolln im Innviertel nach Herrn Lehrer Bernhard Koller). Brandschwaferl. Wird auch Bei(n)wisperl genannt, da er bei den Imkern stark im Verdacht steht, die Bienen [Bei(n)] zu decimiren.

Ruticilla phoenicuoa Gartenrothschwanz. Weissblattl; im übrigen gelten für ihn die meisten Namen wie beim vorigen.

Cyanecula leucocyanea Chr. L. Br. Weisssterniges Blaukehlchen. Blaukröpferl. Blaukropf.

Dandalus rubecula L. Rothkehlchen. Rothkröpferl. Rothkropf.

Pratincola rubetra Linn. Braunkehliger Wiesenschmätzer. Wird im Mühlviertel Grasmuckn genannt. In Völklamarkt (im Bezirke Vöcklabruck, wo ich mich im Sommer Monate lang aufhielt, wimmelte die ganze Umgebung von diesen Vögleins. Kein Strauch, kein Pfahl, kein „geweihter Palmbuschen" in der Wiese, wo nicht ein Wiesenschmätzer sass, dem ungeachtet konnte ich trotz eifriger Nachfrage nie einen Vulgärnamen erfahren. Die stereotype Antwort auf meine Frage war: „Is halt ar so a Vogl!")

Motacilla alba Linn. Weisse Bachstelze. Bachstelzn. weisse Bachstelzn. Hardeln (im oberen Mühlviertel).

Motacilla sulphurea Bechstein Gebirgsbachstelze. Gelbe Bachstelzn. Hausbachstelzn.

Budytes flavus Linn. Gelbe Schafstelze. Gelbe Bachstelzn.

Anthus arboreus Bechst. Baumpieper. Baumlerchal.

Galerida cristata Linn. Haubenlerche. Schoppflerchn. Haubenlerchn.

Lullula arborea Linn. Haidelerche. Lullerche.

Alauda arvensis Linn. Feldlerche. Feldlerchal. Lerchn. Krautlerchen.

(Schluss folgt.)

§. 2. Verboten ist ferner:

a) Das Fangen und die Erlegung von Vögeln zur Nachtzeit mittelst Leimes, Schlingen, Netzen oder Waffen; als Nachtzeit gilt der Zeitraum, welcher eine Stunde nach Sonnenuntergang beginnt und eine Stunde vor Sonnenaufgang endet;

b) jede Art des Fangens und der Erlegung von Vögeln, so lange der Boden mit Schnee bedeckt ist;

c) das Fangen von Vögeln mit Anwendung von Körnern oder anderen Futterstoffen, denen betäubende oder giftige Bestandtheile beigemischt sind, oder unter Anwendung geblendeter Lockvögel;

d) das Fangen von Vögeln mittelst Fallkäfigen und Fallkästen, Reusen, grosser Schlag- und Zugnetze, sowie mittelst beweglicher und tragbarer, auf dem Boden oder quer über das Feld, das Niederholz, das Rohr oder den Weg gespannter Netze.

Der Bundesrath ist ermächtigt, auch bestimmte andere Arten des Fangens sowie das Fangen mit Vorkehrungen, welche eine Massenvertilgung von Vögeln ermöglichen, zu verbieten.

§. 3. In der Zeit vom 1. März bis zum 15. September ist das Fangen und die Erlegung von Vögeln, sowie das Feilbieten und der Verkauf todter Vögel überhaupt untersagt. Der Bundesrath ist ermächtigt, das Fangen und die Erlegung bestimmter Vogelarten, sowie das Feilbieten und den Verkauf derselben auch ausserhalb des im Absatz 1 bestimmten Zeitraums allgemein oder für gewisse Zeiten oder Bezirke zu untersagen.

§. 4. Dem Fangen im Sinne dieses Gesetzes wird jedes Nachstellen zum Zweck des Fangens oder Tödtens von Vögeln, insbesondere das Aufstellen von Netzen, Schlingen, Leimruthen oder anderen Fangvorrichtungen gleichgeachtet.

§. 5. In denjenigen Fällen, in welchen Vögel einen besonderen Schaden anstiften, sind die von den Landesregierungen bezeichneten Behörden befugt, das Erlegen solcher Vögel innerhalb der betroffenen Oertlichkeiten auch während der im §. 3, Absatz 1 bezeichneten Frist zu gestatten. Das Feilbieten und der Verkauf der auf Grund solcher Erlaubniss erlegten Vögel sind unzulässig. Zu wissenschaftlichen oder Lehrzwecken oder wegen besonderer örtlicher Bedürfnisse können von den im Absatz 1 genannten Behörden einzelne Ausnahmen von den Bestimmungen in den §§. 1—3 dieses Gesetzes bewilligt werden. Der Bundesrath bestimmt die näheren Voraussetzungen, unter welchen die in Absatz 1 und 2 bezeichneten Ausnahmen statthaft sein sollen. Von der Vorschrift unter §. 2 b kann der Bundesrath für bestimmte Bezirke eine allgemeine Ausnahme gestatten.

§. 6. Zuwiderhandlungen gegen die Bestimmungen dieses Gesetzes oder gegen die von dem Bundesrath auf Grund derselben erlassenen Anordnungen werden mit Geldstrafe bis zu Einhundertfünfzig Mark oder mit Haft bestraft. Der gleichen Strafe unterliegt, wer es unterlässt, Kinder oder andere unter seiner Gewalt stehende Personen, welche seiner Aufsicht untergeben sind und zu seiner Hausgenossenschaft gehören, von der Uebertretung dieser Vorschriften abzuhalten.

§. 7. Neben der Geldstrafe oder der Haft kann auf die Einziehung der verbotswidrig in Besitz genommenen, feilgebotenen oder verkauften Vögel, Nester, Eier, sowie auf Einziehung der Werkzeuge erkannt werden, welche zum Fangen oder Tödten der Vögel, zum Zerstören oder Ausheben der Nester, Brutstätten oder Eier gebraucht oder bestimmt waren, ohne Unterschied, ob die einzuziehenden Gegenstände dem Verurtheilten gehören oder nicht.

§. 8. Die Bestimmungen dieses Gesetzes finden keine Anwendung

a) auf das im Privateigenthum befindliche Federvieh,

b) auf die nach Massgabe der Landesgesetze jagdbaren Vögel,

c) auf die in dem nachstehenden Verzeichniss aufgeführten Vogelarten: 1. Tagraubvögel, 2. Uhu's, 3. Eisvögel, 4. Würger (Neuntödter), 5. Kreuzschnäbel, 6. Sperlinge (Haus- und Feld-Sperlinge), 7. Kernbeisser, 8. Rabenartige Vögel (Kolkraben, Rabenkrähen, Nebelkrähen, Saatkrähen, Dohlen, Elstern, Eichelheher, Nuss- und Tannenheher, 9. Wildtauben (Ringeltauben, Hohltauben, Turteltauben), 10. Wasserhühner (Rohr- und Blesshühner), 11. Reiher (eigentliche Reiher, Nachtreiher oder Rohrdommeln), 12. Störche (weisse oder Haus- und schwarze oder Waldstörche), 13. Säger (Sägetaucher, Tauchergänse), 14. Flussseeschwalben, 15. alle nicht im Binnenlande brütenden Möven, 16. Kormorane, 17. Taucher (Eistaucher und Haubentaucher).

Auch wird der in der bisher üblichen Weise betriebene Krammetsvogelfang durch die Vorschriften dieses Gesetzes nicht berührt.

§. 9. Die landesrechtlichen Bestimmungen, welche zum Schutz der Vögel weitergehende Verbote enthalten, bleiben unberührt. Die auf Grund derselben zu erkennenden Strafen dürfen jedoch den Höchstbetrag der in diesem Gesetze angedrohten Strafen nicht übersteigen.

(Schluss folgt.)

Schutz für die Lachmöve.

Im Jahre 1876 bin ich dem ornithologischen Vereine in Wien als Mitglied beigetreten und habe dem damaligen Secretär Herrn Dr. Carl Ritter v. Enderes ein Elaborat für die Vereinszeitung unter dem Titel zum Schutze unserer Culturen übergeben, welches in der ersten und zweiten Nummer des ersten Jahrganges im Jahre 1877, Seite 5, im Vereinsblatte zur Veröffentlichung gelangte.

Ich habe in diesem Aufsatze für die hohe Wichtigkeit der Lachmöve (Xema ridibundum) im Interesse der Landwirthschaft als Insectenvertilgerin gesprochen und hoffte im festen Glauben der guten Sache hiermit ein bahnbrechendes Wort in jene Kreise zu tragen, welche berufen sind die Erkenntniss werthvoller Eigenschaften unserer heimischen Vögel zu prüfen, um sie nach gewonnener Ueberzeugung dem ackerbautreibenden Publicum einer besonderen Beachtung zu empfehlen.

Leider fand diese meine Mittheilung damals ausser einiger Anerkennungsworte Seitens der Neuen freien Presse und, wie ich hörte, noch einiger Wiener Journale keinen nennenswerthen Nachklang.

Man muss, wie ich in einer solchen Gegend viele Jahre lang gelebt haben und mit dem treuen Gefühle eines Freundes der Natur und insbesondere des gesammten Vogellebens von Jugend an, an den Eindruck gewohnt sein, den das Treiben einer solchen nach Tausenden zählenden Vogelgesellschaft in der Flur hervorruft, um mit der bestimmten Aeusserung: Es gibt in unserem ganzen Naturhaushalte kein einziges Geschöpf, welches auf dem Gebiete der Insectenvertilgung der Lachmöve auch nur annäherungsweise gleichkommt, vor die Oeffentlichkeit zu treten.

Man muss als Landwirth mit dem Pflanzenbaue und aller durch die Kerbthier- und Insectenwelt das ganze Jahr begangenen Sünden an unseren Culturgewächsen vertraut sein, das Insect und Kerbthier in all' seinen Lebensmomenten und Verwandlungsstadien gut kennen, um selbes seinem ganzen Umfange nach als Schädling zu beurtheilen und schliesslich mit dem durch andauernde Beobachtung geübten Auge sich die Ueberzeugung erworben haben, dass nur eine jahrelange mit grossem Eifer und Freude in allen nur denkbaren Fällen betriebene Forschung ein ungetrübtes geistiges Gesammtbild liefern kann.

In der Eigenart des Vogels, mit welcher er seinem Nahrungserwerbe nachgeht, im quantitativen Verbrauche derselben und in der vollen Ueberzeugung, dass sein gesammter enormer Nahrungsbedarf nur der Insecten- und Kerbthierwelt entnommen wird, sein leichter Flug, der ihn in der Gegend, wo er brütet, auf einen weiten Umkreis fast zu gleicher Zeit überall dort gegenwärtig macht, wo sich ihm der Tisch mit Insectenkost am bequemsten deckt, verbunden mit seiner grossen Individuenzahl, sind Eigenschaften, welche wir in gleichem Massstabe keiner anderen Vogelart nachweisen können und welche bei genauer Beobachtung zu dem sicheren Schlusse führen, dass wir es hier mit einem Wesen zu thun haben, welches ganz geeignet ist, den weitgehendsten Verwüstungen durch den Maikäfer Einhalt zu gebieten.

Es erfreut sich eine als wichtig für den Forst, den Garten und das Feld uns wohlbekannte Anzahl von Geschöpfen aus der Vogelwelt des wohlverdienten Schutzes. Hiermit bitte ich um den Schutz für ein Geschöpf, dessen bis nun unbeachteter aber hoher Werth als Insectenvertilger in unserem Schutze die allererste Rolle zu spielen verdient. Bei Zusammenstellung vielseitiger Beobachtungen wird sich ein jedenfalls nur günstiges, meinem Urtheile gleiches Gesammtbild ergeben und bitte ich, weil ich bis heute immer noch der Erste und Einzige bin, der den Muth hat für ein bis jetzt in dieser Richtung fast unbeachtetes Geschöpf das Wort zu sprechen, diese meine Stimme nicht spurlos verklingen zu lassen.

Mit dem Ausdrucke der vorzüglichsten Achtung

Hanns Neweklowsky,
Oekonom, Fuchsengut bei Steyr, Post Garsten, Oberösterreich.

Selbsterwählte Gefangenschaft.

Am Neujahrstage d. J., an dem bekanntlich das Thermometer an einzelnen Orten Deutschlands auf — 26 Grad Réaumur gesunken war, kam ein Rothkehlchen an das Fenster des in seinem Auszugsstübchen hausenden Fleischermeisters Josef Larisch in Nassiedel (Kreis Leobschütz) und pickte die dort auf dem Gesims ausgestreut liegenden Brosamen auf. Als es seinen Hunger gestillt hatte, pickte es wiederholt an die Fensterscheibe, flatterte an derselben empor, hüpfte lebhaft hin und her und liess auf diese Weise erkennen, dass es gern in's Zimmer hinein wollte. Der Bewohner des Stübchens, ein freundlicher Greis, der das Treiben des Vögelchens beobachtet hatte, öffnete einen Fensterflügel und husch! flog das Thierchen in das Zimmer hinein. Hier blieb es nun den ganzen Winter über und machte nie einen Versuch, der selbstgewählten Gefangenschaft zu entfliehen, obwohl öfters Thüre oder Fenster offen standen. Vor einigen Tagen nun fing ein Enkel des Auszuglers, als er seinem Grossvater einen Besuch abstattete, das zutrauliche Vögelchen ein und trug es in die Wohnung seiner Eltern, die im selben Orte ein Bauerngut besitzen. Hier flog das Rothkehlchen einige Tage frei umher. Mochte ihm aber hier der Aufenthalt nicht behagt haben, eines Tages benützte es den Zufall, der die Zimmerthür offen liess und flog hinaus. Wenige Minuten später pickte es wiederum an das Fenster des Auszug-häuslers, welches von dem Bauernhause etwa ½ Kilometer entfernt in einer Nebengasse des Dorfes steht, erhielt den begehrten Einlass und hüpft nun in seinem Winterquartier vergnügt umher. Nur wenn die Kinder des Bauerngutsbesitzers den Grossvater besuchen, verkriecht es sich ängstlich unter das Bett.

A. d. schles. Zeitung.

Im Anna-Teiche unfern des Stiftes erblickte im vergangenen Jahre eine scheckige Stockente Anas boschas das Licht der Welt. Sie ist einer zweiten Hecke entsprossen, denn sie kam erst im August mit 3 normalen Geschwistern zum Vorscheine. Die Schwingen des linken Flügels waren insgesammt weiss, während am rechten Flügel nur die Handschwingen weiss waren. Ausserdem hatte sie einen linksseitigen weissen Genickfleck. Als der Kopf schon beinahe grün war, ist der schöne Erpel fortgezogen, um wahrscheinlich in einer Küche gebraten zu werden.

Franz Sales Bauer.

Das beste Huhn, und das Huhn im städtischen Haushalte.

Die Frage nach dem besten Huhne wird verschieden beantwortet und auch hier gilt Göthe's Wort: „Eines schickt sich nicht für Alle!“ Die Lösung der Frage wird hier nicht beabsichtigt, sondern nur Jeden in die Lage zu versetzen, sich selbst das Beste nach seinen Verhältnissen auszuwählen.

Von verschiedenen Gesichtspunkten aus kann man die Hühnerarten scheiden in Nutz- und Luxushühner, Brüter und Nichtbrüter, Masthühner und solche, an denen Mastversuche erfolglos sind, Lege- und Fleischhühner, früh reife und langsam wachsende.

Betrachten wir kurz die Nutzhühner.

Gerne, zum Theil fast leidenschaftlich brüten Cochins, Brahmas, Kämpfer, Dachshühner (Krüper): selten oder gar nicht brüten Italiener, Spanier, die drei französischen Hauptrassen, Hamburger etc.

Fleischproducenten sind Creve-Coeurs, La Fleche, Houdans, Dorkings, Plymouth-Rocks, Dominiques, Langshans.

Gute Winterleger sind Italiener, Ramelsloher, Frühbrut von Cochins und Brahmas im ersten Jahre, ausserdem sind Spanier, Hamburger als Eierleger zu loben.

Frühreif sind die Italiener und Ramelsloher, sie wachsen rasch, befiedern sich leicht und beginnen bisweilen mit 18 Wochen zu legen. Langsamer befiedern sich La Fleche und Spanier, welche auch zarter und weniger hart gegen die Witterung sind, als Italiener, Houdans und die grossen asiatischen Racen.

Hochfliegend sind Hamburger und Italiener. Durch niedriges Gehege leicht vom Nachbar abzuhalten sind alle schweren Arten.

Dem Landmanne, welcher Neigung hat, durch einige Sorgfalt Gewinn aus der Geflügelzucht zu schöpfen, wäre zu rathen, neben einer brütelustigen Art eine solche ohne Brüteneigung laufen zu lassen, z. B. Cochins, Brahmas, Langshans neben Italienern, Andalusiern etc.

Wenn es eine leicht erklärliche Thatsache ist, dass eine Hühnerschaar auf dem Lande, wo derselben in der freien Natur stets der Tisch gedeckt ist und ausserordentlich reich zu Zeiten, wo so manches Korn würde verloren gehen, wenn die fleissig suchenden Hühner es nicht als gute Beute einheimsen würden, billiger zu unterhalten ist als in der Stadt, wo sie in der Regel in beschränkten Räumen leben, ja sogar oftmals auf dem kahlen Steinpflaster aushalten müssen und für ihren Unterhalt wenig sorgen können, — so ist doch in der Stadt die Geflügelzucht nicht unvortheilhaft. Die Haushaltungsabfälle, welche entweder einfach weggeworfen, oder den sog. Tranktonnen einverleibt werden, sind das vorzüglichste Hühnerfutter. Eine sparsame Hausfrau sollte keine Tranktonne dulden, da die Versuchung so gross ist, den Inhalt derselben, welcher von den Köchinnen an Landleute verkauft wird, auf Kosten der Herrschaft zu verbessern.

Wer von den Städtern ein Hof- oder Gartenplätzchen hat, das von den Sonnenstrahlen erreicht wird, sollte einige Hühner halten, allerdings ist vor Uebertreibung zu warnen. Wer nicht genau zu rechnen braucht, kann sich das Vergnügen einer grösseren Hühnerschaar wohl gestatten. Sonst kann als Regel aufgestellt werden: für etwas besser Gestellte ist ein Huhn für jedes Familienmitglied, für in beschränkteren Verhältnissen Lebende ein Huhn auf zwei Hausgenossen einträglich. Rechnen wir eine Familie von 7 Köpfen; ihre Küchen- und Tischabfälle ernähren gut und reichlich 7 Hühner, wenn nur Abends in Ermangelung liegen gebliebener Brodkrumen wenig Körnerfutter gereicht wird. Diese Hühner legen jedes 120 Eier, zusammen 840 Eier, Stück 6 Pf. gerechnet macht 50 Mk. 40 Pf., jedem Huhn Abends 25 Gr. Gerste macht etwa 12 Mk. das Jahr. — So werden werthlos geachtete Abfälle in Form von frischen Eiern der Hausfrau zurückgegeben.

Für die Thiere selbst bedarf es als Obdach für die Nacht eines kleinen Stalles, für Regenwetter eines kleinen, trockenen Plätzchens mit Sand oder Asche zum Baden; wird ihnen mehr zur Verfügung gestellt, so danken sie es durch fröhliches Legen. Vom Garten oder Nachbar sind sie durch das jetzt so ausserordentlich billige verzinkte Drahtgeflecht leicht abzuhalten; vom Herbste bis zum Frühjahre vertilgen sie bei freiem Laufe im Garten viel Ungeziefer, besonders die Puppen und die an der Rinde der Bäume versteckten Eier schädlicher Schmetterlinge, z. B. des Frostspanners. — In den inneren Theilen unserer Steinkohlen verzehrenden Städte muss freilich auf hellbefiederte Hühner verzichtet werden, da solche immer schmutzig und russig aussehen würden.

Da reines, klares Wasser ja überall umsonst zu haben ist, können die Thiere solches einfach verlangen; im Winter ist denselben mehrmals am Tage erwärmtes Wasser vorzusetzen.

Sehr dankbar werden die Hühner sich zeigen, wenn ein Büschel Grünes, Löwenzahn, zartes Gras, Salat in ihrem Gehege aufgehängt wird. Solches ersetzt man im Winter, wenn man einen Kohlkopf, Runkelrüben und Aehnliches ihnen in die bekannte Raufe legt. Einige Hühner kann man auch an's Heufressen gewöhnen, allein die innere Organisation ist derartig, dass solches nur zum Theil ausgenutzt wird.

Detlef Frahm.

Vorkehrungen des Geflügelzüchters im März.

Da jetzt alle Hennen schon an's Eierlegen geschritten sind und die früh beginnenden Bruten am besten gedeihen und kräftigeren Nachwuchs liefern als die späteren Bruten, ist es an der Zeit, die besten Eier auszuwählen und für die Bebrütung bei Seite zu bringen.

Der März bringt häufig rauhes Rückschlagswetter; der Züchter sei daher nicht zu sorglos, dass nicht einige solche rauhe Märztage alle seine Vorsicht während des Winters nutzlos machen und seine Pfleglinge über den Winter gut davongekommen, sich jetzt Kämme und Füsse erfrieren.

Soll das friedliche Zusammenleben der Hühner durch zu späte Nachschüblinge nicht leiden, so ist es jetzt an der Zeit, nöthig gewordene Nachschaffungen an Hühnern zu erledigen, damit sich diese Neulinge rechtzeitig eingewöhnen und die Befruchtung der Eier nicht zu spät eintritt.

Aus den vorhandenen Zuchtthieren wähle er nur das gute, gesunde, kräftige Material aus, damit ein tauglicher Nachwuchs erzielt werde. Auch vermeide der Züchter verschiedene Stämme beisammen zu halten.

Die Stallwände werden jetzt sorgfältig gesäubert, gelüftet, mit Kalk (unter Zusatz von etwas Carbolsäure) frisch getüncht, desgleichen die Sitzstangen und Legenester gereinigt, erstere jede Woche mit Seife abgewaschen, letztere mit neuer Fourage versehen. Nur so vermag er dem Ueberhandnehmen von Ungeziefer zu steuern.

Ueber die Widerstandskraft der Tauben berichtet der Besitzer des „Deutschen Hauses" in Bückeburg, Herr H. Meyer, Folgendes. Vor etwa fünf bis sechs Jahren veranstaltete der Hannoversche Brieftauben-Verein von Bückeburg aus ein Wettfliegen. Zu diesem Zweck wurden die Tauben in grosser Zahl des Morgens ausgelassen. Nebliges Wetter verhinderte jedoch die Tauben, direct ihr Ziel zu nehmen, und sie umkreisten ängstlich Bückeburg. Schreiber dieses sah noch am späten Nachmittag viele Tauben ruhend auf den Dächern zubringen. Vierzehn Tage später liess ich einen steigbaren Schornstein fegen, da fand in der Ecke desselben der Schornsteinfeger eine fast verhungerte Brieftaube; dieselbe war von Russ bedeckt, und ihre Augen waren von Russ geblendet. Ich nahm das Thierchen in sorgsamste Pflege und sandte nach vier Tagen die wieder völlig munter gewordene Taube an ihren Besitzer in Hannover, dessen Ermittelung mir nicht schwer war, da die Schwungfedern der Taube in üblicher Art gestempelt waren.

Brieftauben zu Kriegszwecken. Das deutsche Kriegsministerium verlangt von allen Brieftauben-Vereinen des deutschen Reiches eine ordnungsgemässe Constatirung, die Vorlage der Reisepläne und Bestands-Nachweisung. Das soll zum Zwecke haben, dass das Kriegsministerium im Falle eines Krieges zweckmässig über die Tauben verfügen kann. Von der Einhaltung der verlangten oder gewünschten Verpflichtung hängt die Verleihung von Staatsmedaillen oder sonstigen Unterstutzungen ab.

Recensionen und Anzeigen.

Die Stubenvogelpflege im allgemeinen hat sich in letzterer Zeit überaus regsam entwickelt und namentlich nach einer neuen Richtung hin: der Stubenvogelzüchtung. Auch die bisherigen älteren Zweige der Liebhaberei sind seitdem keineswegs zurückgetreten. Die Neigung für die herrlichen Sänger, sowohl die einheimischen, wie Nachtigall, Sprosser, Schwarzblattl, als auch die fremdländischen, wie Spottdrossel, Schamadrossel u. a. und gleicherweise für die Sänger aus den Reihen aller Körnerfresser, erfreut sich immer zahlreicher werdender Anhänger. Die Zucht des feinen Harzer Kanarienvogels hat sich in erstaunlicher Grossartigkeit entwickelt. In der Abrichtung sprachbegabter Vögel sind glänzende Fortschritte zu verzeichnen und eine grosse Anzahl gefiederter Sprecher ist erst neuerdings als solche festgestellt, z. B. Wellensittich, Kanarienvogel. Eine reiche Mannigfaltigkeit bisher noch nicht zugänglicher fremdländischer Vögel hat der Handel als neue Erscheinungen gebracht: Klarinettenvogel, Pastorvogel, die verschiedenen Papagei-Amandinen u. a. m. Alle Erfahrungen, welche Dr. Russ selbst gewonnen und zugleich die, welche die hervorragendsten Kenner und Züchter in der „Gefiederten Welt" mitgetheilt, bilden die Grundlage für den Gesammtinhalt des „Lehrbuch", welcher umfasst: Rathschläge für den Einkauf aller Vögel, Beschreibung der verschiedenartigen Käfige, Vogelstuben, Vogelhäuser, Beherbergungs- und Züchtungs-Anlagen überhaupt, Beschreibung aller erforderlichen Geräthschaften u. a. Hilfsmittel, fachgemässer Ueberblick der Futterstoffe, sowie aller Verpflegungsmittel im allgemeinen, Angabe von Bezugsquellen, Anleitung zur bestmöglichsten Verpflegung, Züchtung und Abrichtung einheimischer wie fremdländischer Vögel (auch eine Vogelgesangslehre und Vorschrift zum erfolgreichen Sprachunterricht), schliesslich eine sehr gründliche Abhandlung über die Krankheiten, Anleitung zur Gesundheitspflege und Verordnungen für die Heilung.

Geschmückt ist das „Lehrbuch", ausser den zahlreichen Abbildungen im Text, welche Käfige u. a. Geräthschaften zeigen, mit drei Farbendrucktafeln, von denen eine gezüchtete Tropenvögel im Jugendkleid und die beiden anderen je eine Vogelstube für einheimische und fremdländische Vögel in treuester Darstellung veranschaulichen.

Aus unserem Vereine.

Rechenschaftsbericht des Ausschusses über das Jahr 1887.

Vorgelegt in der XII. ordentlichen Generalversammlung vom 26. Februar 1888.

Das elfte Vereinsjahr, über das, der Ausschuss hiermit Bericht zu erstatten die Ehre hat, wird in der Geschichte des ornithologischen Vereines einen wichtigen Abschnitt bilden, nicht so sehr in Hinblick auf in dieser Zeit erfolgte äussere, in die Augen fallende Leistungen, als wegen der Entfaltung einer inneren, reorganisirenden, vorbereitenden Thätigkeit: es war ein Jahr der Sammlung, der Consolidirung. Auf dieser geräuschlosen, aber schrittweise und consequent fortschreitenden inneren Thätigkeit, wie sie der Verein im abgelaufenen Vereinsjahre entfaltete und auch noch jetzt fortentwickelt, werden sich hoffentlich in nicht mehr zu ferner Zeit auch nach aussen hin zur Geltung kommende Erweiterungen der Vereinsthätigkeit aufbauen, die dann erst einen Prüfstein für die jetzige, der Discussion sich noch entziehende Wirksamkeit intra muros darbieten werden.

Ein für die Entfaltung intensiverer Vereinsarbeit höchst wichtiger Schritt war es, dass der Verein in Anbetracht der unzulänglichen bisherigen Räumlichkeiten für seine Bibliothek und seine Sammlungen, desgleichen für die Redaction und das Secretariat ein geräumiges Locale bezog und so die Benützung und Aufstellung der Sammlungen möglich wurde. Die in vollem Gange befindliche Ordnung und Sichtung der Bücher, Zeitschriften, Präparate u. s. w. ist auch bereits zur grösseren Hälfte beendet.

Nach aussen beschränkte sich aus Gründen, die aus dem oben Gesagten sich ergeben, die Vereinsthätigkeit vorläufig fast ganz auf die Publication seiner monatlichen Mittheilungen. Die Vereinszeitschrift ist bestens bestrebt, der fachwissenschaftlichen Ornithologie zu dienen und beweist wohl die grosse Zahl tüchtiger Ornithologen, welche dem Blatte ihre Mitwirkung nicht versagen, am besten, dass dieses Bestreben unseres Vereinsorganes seine Anerkennung findet. Aber auch jenen Mitgliedern unseres Vereines, die nicht Fachornithologen, sondern Vogelliebhaber, Vogelzüchter, Geflügelfreunde u. s. w. sind, bietet das Blatt wieder in populär gehaltenen oder von Praktikern geschriebenen Aufsätzen Unterhaltung und Belehrung. Dieses sein Organ, sobald die nöthigen Mittel hierzu vorhanden sind, noch zu erweitern, ist eines der Ziele, die der Verein nicht aus den Augen verlieren wird.

An dem Zustandekommen des neuen Vogelschutzgesetzes für Niederösterreich hat der ornithologische Verein, zum Theile im Einvernehmen mit dem Wiener Thierschutzvereine, wesentlichen Antheil genommen.

Oeffentliche Vorträge wurden in den Monatsversammlungen gehalten:

am 14. Jänner 1887 von Dr. H. v. Kadich über die zoologischen Verhältnisse der Herzegowina.
" 11. Febr. 1887 von demselben über seltene Ornis-Formen der Herzegowina.
" 11. März 1887 von demselben über den Fichtenkreuzschnabel.
" 22. April 1887 von Custos A. v. Pelzeln über die Vogelwelt Afrikas.
" 22. " 1887 von F. Zeller über ein Nest des Wasserstaares.
" 22. " 1887 von Dr. H. v. Kadich über Frühjahrsbeobachtungen.

Zu Ehrenmitgliedern ernannte der Verein im abgelaufenen Jahre die an den Bestrebungen unseres Vereines so warmen Antheil nehmenden Herren: Victor Ritter v. Tschusi und Pater Blasius Hanf.

Innerhalb des Ausschusses sind mehrfache Veränderungen vorgekommen. Am 1. Jänner 1887 übernahm Dr. Fr. Knauer die Redaction der Mittheilungen, die bisher provisorisch von Herrn Othmar Reiser geführt worden war. Im Frühjahre übersiedelte Herr E. Hodek, der dem Vereine seit seiner Begründung angehört und ihn begründen half, nach Amstetten, bald darauf Herr Othmar Reiser als Custos des naturhistorischen Museums nach Sarajewo; im Juli wurde Herr Secretär A. Kermenić als Rechnungsrath nach Radautz versetzt. Da die Interessen des Vereines von der Thätigkeit so bewährter Vertreter auch in der Ferne Nutzen ziehen können, zählt der Verein diese ausser Wien weilenden, aber zeitweise hier eintreffenden Herren nach wie vor zu seinen Ausschussmitgliedern. Zum Secretär wurde an Stelle des Herrn A. Kermenić Herr Dr. Fr. Knauer gewählt.

Der Verein zählt derzeit, wie der Personalstand in Nr. 1 des laufenden Jahrgangs ausweist, 1 Protector, 11 Gönner, 16 Ehrenmitglieder, 43 correspondirende Mitglieder, 8 Stifter und 263 ordentliche Mitglieder. Ausserdem werden aber die Mittheilungen des Vereines im Buchhändlerwege an Nichtmitglieder verkauft, im Tauschwege mit 52 Akademien, gelehrten Gesellschaften u. s. w. versendet und an Mitglieder anderer Vereine unter bestimmten Bedingungen abgegeben.

Der Ausschuss schliesst diesen seinen kurzen Rechenschaftsbericht mit der Bitte an alle Gönner und Freunde des Vereines, dieselben möchten den Bestrebungen des Vereines nach wie vor ihre gütige Unterstützung zu Theil werden lassen und dessen in nächster Zeit beabsichtigten Erweiterungen seiner Wirksamkeit thatkräftige Förderung nicht verweigern.

Rechnungsabschluss für das Jahr 1887.

Post-Nr.	Einnahmen	fl.	kr.	fl.	kr.	Post-Nr.	Ausgaben	fl.	kr.	fl.	kr.
1	Cassarest mit 1. Jänner 1887 . .	.	.	44	51	1	Benützung der Saallocalitäten . .	.	.	38	78
2	Mitgliederbeiträge		.	1283	55	2	Kanzlei-Auslagen, Porti, Dienstmänner, Taubentransport, Uebersiedlungs-Auslagen		.	305	71
3	Erträgniss der Mittheilungen:					3	Miethzins für die Vereinslocalitäten sammt Beleuchtung, Beheizung und Reinigungsgeld von Juli bis December	.	.	160	38
	a) Abonnement u. Blätterverkauf	175	50								
	b) Inserate	196	48	371	98						
4	Portoersätze		.	2	34	4	Inventars-Anschaffung u. Erhaltung	.	.	300	97
5	Diverse		.	385	38	5	Mittheilungen:				
							a) Druck und Illustrationskosten	966	14		
							b) Redactions- und Expeditionskosten	172	78	1138	92
						6	Steuern und Gebühren	.	.	30	95
						7	Diverse Auslagen	.	.	105	39
						8	Cassabarschaft mit Ende Decb. 1887	.	.	4	63
	Summe der Einnahmen .	.	.	2085	76		Summe der Ausgaben .	.	.	2085	76

Wien, am 31. December 1887.

Adolf Bachofen v. Echt,
Präsident.

Karl Zimmermann,
Cassier.

Geprüft und richtig befunden:
Hubert Panzner. A. Bachofen v. Echt j.

In der Generalversammlung vom 26. Februar l. J. wurden für die nächsten drei Jahre 1888–1890 in die Vereinsleitung gewählt: Adolf v. Bachofen, Hofrath Prof. Dr. C. Claus, Alfred Haffner, Eduard Hodek sen., Dr. Hans v. Kadich, Rechnungsrath Aurel Kermenić, Dr. Friedrich Knauer, Prof. Dr. Victor Langhans, Dr. Rudolf Lewandowski, Custos August v. Pelzeln, Oberlieutenant Hubert Panzner, Leopold Pianta, Dr. Leo Přibyl, Hof- und Gerichtsadvokat Dr. Othmar Reiser sen., Custos Othmar Reiser jun., Rechnungsrath Georg Spitschan, Hofrath A. Watzka, Julius Zecha, Fritz Zeller, Hof- und Gerichtsadvokat Dr. Carl Zimmermann. — Zu Rechnungsrevisoren für das Jahr 1888 Rechnungsrath Georg Spitschan und Bureauchef Josef Sich.

Aus dem Protokolle der Ausschusssitzung am 9. März 1888.

Anwesend: 1. Vicepräsident: A. v. Pelzeln, 2. Vicepräsident: Fritz Zeller; 1. Secretär: Dr. Friedrich Knauer, 2. Secretär: Julius Zecha; Cassier: Dr. Carl Zimmermann. Ausschüsse: Dr. Hans v. Kadich, Dr. Victor Langhans, H. Panzner, Leopold Pianta, Dr. Othmar Reiser, Georg Spitschan. Es wird zur Wahl der Functionäre für die nächste dreijährige Periode geschritten und wurden per Acclamation gewählt:

Adolf Bachofen v. Echt zum Präsidenten,
August v. Pelzeln zum 1. Vicepräsidenten,
Fritz Zeller zum 2. Vicepräsidenten,
Dr. Friedrich Knauer zum 1. Secretär.

Da Herr J. Zecha ersucht, von seiner Wahl zum 2. Secretär abzustehen und Herrn Dr. Hans v. Kadich zum 2. Secretär zu ernennen, wird zur Wahl geschritten und Herr Dr. v. Kadich mit 9 von 11 abgegebenen Stimmen zum 2. Secretär gewählt.

Ebenso Herr Dr. Carl Zimmermann mit 9 von 11 abgegebenen Stimmen zum Cassier.

2. Es werden drei neue Mitglieder in den Verein aufgenommen. (Siehe weiter unten.)

3.—24. Herr Dr. Friedrich Knauer referirt über für die Mittheilungen eingelangten Beiträge und verschiedene Anfragen.

Vor Schluss der Ausschusssitzung geben die Versammelten auf Antrag des Herrn Dr. Othmar Reiser ihrem tiefen Schmerze über das Hinscheiden des deutschen Kaisers durch Erheben von den Sitzen Ausdruck.

Hierauf **Beginn der Monatsversammlung (im grünen Saale der k. k. Akademie der Wissenschaften).**

Der Vorsitzende Herr A. v. Pelzeln ersucht die Versammelten zum Zeichen ihrer Trauer über den Todesfall Sr. Majestät des deutschen Kaisers Wilhelm I. sich von den Sitzen zu erheben.

Hierauf hält Herr Dr. Hans v. Kadich einen sehr anregenden Vortrag über die Feinde der Waldhühner. Nach ihm theilt Herr Dr. G. Bleyer aus Hannover Einiges über die Vogelwelt der Moore Hannovers mit.

Als Gast war auch das correspondirende Mitglied des Vereines Prof. Dr. Johann Palacky aus Prag anwesend.

Als neue Mitglieder sind beigetreten:

1. A. Siedentopf, Blankenburg a. Harz, Villa Helene.
2. Creutz'sche Verlagsbuchhandlung, Magdeburg.
3. Johann Winkler, Hausbesitzer, Fünfhaus, Neubaugürtel 35.

Nächste **Monatsversammlung**, Freitag, den 13. April 1888, im grünen Saale der k. k. Akademie der Wissenschaften in Wien I., Universitätsplatz 2, um 6 Uhr Abends.

Programm:

Josef Talsky: Reiseerinnerungen aus Steiermark und Kärnthen.
Dr. Georg Bleyer: Ueber die Vogelwelt der Moore Hannovers.
Dr. Friedrich Knauer: Ueber die Vogelwelt der Alpen.

Ausweis des Secretariates über den Einlauf der Mitgliederbeiträge.

Bis 9. d. M. sind an Jahresbeiträgen eingelaufen:

I. Beim Cassier Dr. Carl Zimmermann (I., Bauernmarkt 13).

1. Nr. **64.** A. B. v. E.; 2. Nr. **125.** C. E.; 3. Nr. **176.** A. v. H.; 4. Nr. **165.** J. H.; 5. Nr. **186.** Freih. Fr. K. v. W.; 6. Nr. **197.** Fr. K.; 7. Nr. **207.** C. K.; 8. Nr. **238.** Dr. A. B. M.; Nr. 9. Nr. **251.** Graf J. v. N. R.; 10. Nr. **260.** F. Pf.; 11. Nr. **297.** G. Sch.; 12. Nr. **308.** G. Sp.; 13. Nr. **325** A. W.; 14. Nr. **336.** J. Z.; 15. Neu eingetreten: A. S. . . . . f.

II. Beim Secretariate (VIII., Buchfeldgasse 19).

1. Nr. **137.** Graf St. F. v. G.; 2. Nr. **151.** M. Gr.; 3. Nr. **162.** Fr. H.; 4. Nr. **167.** C. Mr. H.; 5. Neu eingetreten: O. R. f.; 6. Neu eingetreten: J. W . . . . . r.

Mittheilung an die geehrten Mitglieder des Vereines. Der erste Jahresbericht (1882) des Comité's für ornithologische Beobachtungsstationen in Oesterreich und Ungarn war im Buchhandel nicht mehr zu haben. Es diene nun zur gefälligen Nachricht, dass derselbe für die Mitglieder des Vereines zu dem ermässigten Preise von 1 fl. vom Secretariate zu beziehen ist. Für Nichtmitglieder kostet er franco zugestellt 1 fl. 65 kr. ö. W.

Correspondenz der Redaction.

Wir bestätigen mit bestem Danke den Empfang folgender Aufsätze für die Mittheilungen: 1. **Psychologische Bilder aus der Vogelwelt.** II. Nestbau und Kinderpflege. Von **Hans v. Basedow.** — 2. **Beiträge zur Ornithologie Thüringens.** Von demselben. — 3. Die ornithologische Sammlung des steiermärkisch-landschaftlichen Joanneums in Graz. Von **Josef Talsky.** — 4. Reiseerinnerungen aus Steiermark und Kärnthen. Von demselben. — 5. Ein **Würgfalke** in Mittelsteiermark. Von Franz **Sales Bauer.** — 6. Beobachtungen aus dem Herbste 1887. Von **Robert Eder.** — Zur Publication liegen ferner bereit: **Einiges aus vergangener Zeit** von **Robert Eder,** Vögel gesammelt in Neu-Guinea und umliegenden Inseln von Baron **Rosenberg,** die Verbreitung der Dickschnäbler, Fänger, Klettervögel, Krähen, Sitzfüssler, Spaltschnäbler und Raubvögel in Böhmen von Dr. **Wladislaw Schier.**

Herren Baron Dr. **St. W . . . . n,** Pila, Major **A. v. H . . . . . . r,** Stettin, Hochwürden **P. S. B . . . r,** Rhein, **H. N . . . . y,** Garsten, Prof. **G. K . . . . ć,** Spalato. Für die interessanten Mittheilungen, von denen wir sofort Gebrauch machten, besten Dank. — Herrn Dr. **A. G . . . . r,** St. Gallen. Obschon wir glauben, dass Ihr geehrter Herr Doctor doch zu hart urtheilen und etwa ruhiger betrachtet die ganze Angelegenheit denn doch nicht in so gehässigem Lichte erscheint, so danken wir gleichwohl für die gemachte Concession. — Herrn Chefredacteur **E. v. D . . . . i,** Blasewitz. Vielen Dank für die übersandte Notiz. — Herrn Prof. Dr. **W. B . . . . . . s,** Braunschweig. Nr. 52 der Anzeigen dankend empfangen. — Löbl. **C . . . . z'scher** Verlag, Magdeburg. Belege abgesandt; Brief folgt. — Herrn **J. T . . . . y,** Neutitschein. Im April findet schon der letzte Vortrag statt. Vielleicht ist es aber doch noch möglich Ihrem Wunsche Rechnung zu tragen. Jedenfalls unseren aufrichtigen Dank. — Herrn Grafen **Wlad. M . . . . y, jun.** Rožnika. Die Expedition von Ihrem Wunsche sofort verständigt. — Herrn **O. R . . . . . r,** Sarajevo. Die reclamirte Nr. 2 ist nochmals abgegangen. Wann können wir auf den für uns in Ihren Händen befindlichen Aufsatz rechnen? Wir bitten auch, gütigst am dortigen Postamte nachzufragen, wie sich das Porto für Kreuzbande und Briefe nach Wien stellt; uns musste für die letzte Manuscriptsendung 32 kr. Strafporto, für eine im Vorjahre 12 kr. entrichtet werden. — Annoncenexpedition **R. M . . . . e,** hier. [illegible] erledigt. — Herrn **R. O. K . . . . r,** Linz. 12 Exemplare und das Verlangte an Sie abgesandt; heute folgen weitere 12 Exemplare Nr. [illegible] — Herrn Oekonom **H. N . . . . y,** [illegible] Waren Sie [illegible] Ihre Zusendung sehr erfreut und sind für ähnliche Mittheilungen jederzeit sehr dankbar. — Herrn **J. T . . . . y,** Neutitschein. Ist, wie Sie ersehen werden, nach Ihrem Wunsche erledigt. — Excell. Herrn **L. S . . . . k,** St. Petersburg. Wir beeilten uns, Ihrem Wunsche durch Uebersendung der betreffenden Nr. sofort zu willfahren. Für die Berichtigung der Adresse besten Dank.

Frühere Jahrgänge der „Mittheilungen" sind, so lange der Vorrath reicht, zu dem ermässigten Preise von à 4 fl. = 8 Mark durch das Secretariat (VIII., Buchfeldgasse 19) zu beziehen. Alle eilf Jahrgänge werden zu dem Preise von 40 Mark abgegeben, doch sind nur mehr wenige Exemplare vorhanden.

Herausgeber: Der Ornithologische Verein in Wien (verantwortlich: **Dr. Fr. Knauer**). Druck von J. B. Wallishausser.

Commissionsverleger: Die k. k. Hofbuchhandlung **Wilhelm Frick** (vormals Faesy & Frick) in Wien, Graben 27.

Dieser Nummer liegt ein Prospect der Creutz'schen Verlagsbuchhandlung in Magdeburg bei.

Sitz des Vereines: Wien, VIII., Buchfeldgasse 19.

XII. Jahrg. Nr. 4.

Blätter für Vogelkunde, Vogel-Schutz und -Pflege, Geflügelzucht und Brieftaubenwesen.

Redacteur: Dr. Friedrich K. Knauer.

April 1888.

Die „Mittheilungen des unter dem Protectorate Seiner kaiserlichen und königlichen Hoheit des durchlauchtigsten Kronprinzen **Erzherzog Rudolf** stehenden **„Ornithologischen Vereines in Wien"** erscheinen in der Stärke von 2 Bogen **am 15. jeden Monates. Abonnements** à 6 fl., sammt Francozustellung 6 fl. 50 kr. = 13 Mark jährlich, werden in der k. k. Hofbuchhandlung **Wilhelm Frick** in Wien, I., Graben Nr. 27, entgegengenommen, wo auch einzelne Nummern à 50 kr. = 1 Mark daselbst abgegeben. **Inserate** 6 kr. = 12 Pfennige für die 3fach gespaltene Nonpareille-Zeile oder deren Raum. **Mittheilungen** an das **Präsidium** sind an Herrn **Adolf Bachofen von Echt** in Nussdorf bei Wien, die **Jahresbeiträge** der Mitglieder an Herrn Dr. **Karl Zimmermann,** I., Bauernmarkt 11, alle anderen für die **Redaction,** das **Secretariat,** die **Bibliothek** u. s. w. bestimmten Briefe, Bücher-, Zeitungs-, Werthsendungen, an die **Redaction der „Mittheilungen des Ornithologischen Vereines"**: Wien, VIII., Buchfeldgasse 19, zu senden. — **Vereinslocale:** Bibliothek, Sammlungen, Redaction: VIII., Buchfeldgasse 19, I. Stiege, III. Stock 11. — Die mit Vorträgen verbundenen **Monats-Versammlungen** finden im grossen Saale der k. k. Akademie der Wissenschaften: I., Universitätsplatz 2, statt. — **Sprechstunden** der **Redaction** und des **Secretariates:** Dienstag und Freitag, 2—4 Uhr.

Vereinsmitglieder beziehen das Blatt gratis.

Beitrittserklärungen (Mitgliedsbeitrag 5 fl. jährlich) sind an das Secretariat zu richten.

Inhalt:

Mittheilungen über einige Anomalien der Färbung krähenartiger Vögel aus dem Gebiete der steiermärkischen Ornis.

Von **Dr. Stefan Freiherrn von Washington.**

(Vorläufiger Schluss.)*

Wenn die Tannenheher zur Herbstzeit mit dem Einsammeln der Wintervorräthe beschäftigt sind, so kann man oft die Beobachtung machen, dass die Kröpfe der Vögel durch die darin aufgenommenen Futterstoffe (in den Alpen zumeist Haselnüsse) in so bedeutendem Grade aufgetrieben werden, dass die Ausweitung derselben auch von Aussen leicht bemerkt werden kann.

Das Sammeln der Futtervorräthe wird zu jener Zeit ungemein emsig betrieben, und die Anzahl der auf einmal fortgeschafften Nüsse ist manchmal eine sehr grosse.

Es scheint mir nun nicht unmöglich zu sein, dass durch die reichliche Speichelabsonderung im Kropfe der

* Herr Dr. Baron St. Washington übersendet uns mit der Mittheilung, dass er derzeit durch Krankheit an jeder Arbeit verhindert ist, diesen Abschluss. Wir hoffen, dass recht baldige Genesung den Autor in die Lage versetzen wird, den Lesern unserer Mittheilungen die in Aussicht gestellten interessanten Mittheilungen schon in nächster Zeit zur Kenntniss zu bringen. Die Red.

Tannenheher eine Einwirkung auf die äussere Schale der Haselnüsse hervorgebracht wird, in deren Folge eine farbliche Veränderung zunächst des Speichels durch den in der Nusschale vorfindlichen Gerbstoff entsteht. Die röthlichbraune Färbung der Federn könnte aber vielleicht nicht allein von innen her zur Erscheinung kommen, sondern auch dadurch entstehen, dass der Speichel bei dem Auswürgen der im Kropfe der Heher befindlichen Nüsse, das Gefieder von aussen her durchtränkt.

Ich behalte mir vor, seinerzeit in diesen Blättern über einige Versuche zu berichten, welche über die Haltbarkeit dieser Hypothesen einiges Licht verbreiten könnten.

Ein Würgfalke (Falco sacer, Schlegel: laniarius, Pallas) in Mittelsteiermark.

Von **Franz Sales Bauer.**

Der 29. Juni war für mich ein Glückstag: er brachte einen Würgfalken in meine Hände.

Durch das furchtsame Benehmen des Hausgeflügels, besonders einer Bruthenne mit eben ausgeschlüpften Küchlein, aufmerksam gemacht, erblickten die Bewohner eines Bauernhofes auf dem Dachfirste einen ruhig lauernden Falken. Diese Warte sollte sein Richtplatz sein: jetzt baumt er als der einzige Würgfalke in meiner Sammlung.

Gross war meine Freude über das seltene Stück. Der Abstand der Flügelspitzen von der Schwanzspitze (6 cm), Schnabel, Augenkreise und Füsse blau und der dunkle Genickfleck bestimmten mich, den Vogel als Würgfalken anzusprechen.

Alsbald berichtete ich Herrn Dr. Baron Stefan Washington von meiner seltenen Beute, welcher bei einem Besuche in Hallein Herrn Ritter von Tschusi davon erzählte. Diese beiden gewiegten Kenner hatten die Güte den Vogel zu untersuchen und ihn als Falco sacer, Schlegel; laniarius, Pallas; ♀ juv. zu bestimmen.

Eine Verwechslung hätte nur zwischen Falco peregrinus und laniarius Pall. statthaben können. (Ich wähle den Terminus „laniarius", weil er in dem Verzeichnisse der Vögel Deutschland's von Eugen Ferdinand von Homeyer sich findet.)

Die Färbung des Vogels weist nur drei Farben in verschiedenen Nuancen auf, u. zw. braun, weiss und blau. Der Vogel hat einen chocoladebraunen Oberkopf, einen rothbraunen Hinterkopf, einen dunkelbraunen Genickfleck, deutliche, die elfenbeinweisse Kehle begrenzende, dunkle 12 mm lange, 5 mm breite Backenstreifen, dunkle, von den Augenwinkeln nach dem Rücken laufende Streifen, elfenbeinweisse Wangen mit feinen braunen Schaftstrichen, eine ebensolche Stirne und einen gleichen Streifen vom oberen Augenlide bis zum Genicke, an dem er sich erweitert. Der Rücken ist chocoladebraun mit schwach rostbraunen Federsäumen. Die Flügel sehr dunkelbraun, mit schmalen, weissen Rändern. Der stark abgestossene Schwanz hat halbmondförmige, bis 15 mm breite und 9 mm tiefe, weisse Endflecken, da sämmtliche Schäfte braun sind. Die Unterseite ist chamois, mit grossen, dunkelbraunen Schaftflecken; an den Bauchfedern seitlich der Schenkel und unter den Flügeln finden sich auf den dunklen Federn mit lichteren Säumen elfenbeinweisse Augen. Der Stoss ist wie die Hosen chamois, aber mit noch feineren braunen Schaftstrichen. Die Schwingen sind wie der Schwanz auf der Unterseite grau; jene mit vielen (12) weissen Querstreifen auf der Innenfahne; diese mit 9 chamois Querstreifen auf der Innen- und 9 Chamoisaugen auf der Aussenfahne.

Bezüglich der Maasse erlaube ich mir die Angaben des Herrn Baron Washington mitzutheilen, welche das Ergebniss dreimaliger, sorgfältiger Messung sind.

Zum Vergleiche mögen Riesenthal's Angaben über Falco sacer und peregrinus dienen.

	Falco sacer ♂ o. ♀?	Exemplar v. Rein ♀.	Falco peregr. ♀.
	Millimeter		
Totallänge	540	520	470
Flügelspitze	205	179	200
Oberflügel	205	197	185
Schwanz	200	217	175
Kopf	82	80	51
Schnabelfirste	29	28	30
Mundspalte	29	28	30
Tarsus	47	51	50
Mittelzehe ohne Kralle	47	54	57
Mittelkralle	17	17	18
Aussenzehe	32	35	41
Aussenkralle	16	19	20
Innenzehe	26	30	35
Innenkralle	22	23	23
Hinterzehe	23	21	26
Hinterkralle	22	22	23
Unbefiederter Theil d. Tarsus	30	28	33
Abstand der Flügel von der Schwanzspitze	40—50	57—60	0
Klafterbreite	110♂	111	120♀

Aus diesen Maassen ist leicht ersichtlich, dass die wichtigsten Unterscheidungsmerkmale zu Gunsten des Falco sacer sprechen.

Die Untersuchung des Cadavers ergab Folgendes: Der Vogel war wie die Wildkatze, die ich heute präparirte, sehr abgemagert. Am Rücken wollte sich der Balg nicht lösen, er war in Folge eines alten Schusses an dem verkrümmten Rückgrat angenarbt. Im Magen befand sich ausser einigen Maikäfern und Maulwurfsgrillen nichts, — wahrscheinlich vermochte er wegen Verkrüppelung seines Rückgrates keine entsprechendere Beute zu erhaschen. Der Eierstock war normal. Von einer Mauser war ausser einigen höchstens 6) kleinen Bauch- und Steissfedern keine Spur. Noch sei erwähnt, dass sämmtliche Krallen stumpf waren und abgenützt schienen, — nach Riesenthal ein charakteristisches Zeichen für den Würgfalken.

Wo sein Horst gestanden bleibt eine offene Frage; wenn er in Steiermark stand, so wird sich zu diesem ersten Exemplare, von welchem man mit Gewissheit weiss, dass es in unserem grünen Lande erlegt wurde (nach Baron Washington), bald ein zweites folgen.

Neue Arten und Formen der Ornis Austro-Hungarica,

mit genauen Nachweisen und kritischen Bemerkungen.

Von **Victor Ritter von Tschusi zu Schmidhoffen.**

Dank dem lebhaften Interesse für Ornithologie, welches sich continuirlich weiteren Kreisen mittheilt und auf diese Weise die Kenntniss der Vogelwelt erweitert und vervollständigt, bin ich in der angenehmen Lage, über einige neue Arten und Formen der Ornis Oesterreich-Ungarn's berichten zu können, welche eine Ergänzung des vom Verfasser dieses in Verbindung mit E. F. v. Homeyer zusammengestellten „Verzeichniss der bisher in Oesterreich-Ungarn beobachteten Vögel“ *) bilden.

Da es ja von besonderem Werthe ist, die Begründung für die Aufnahme der neuen Arten und Formen in unser Verzeichniss zu kennen, so wurden überall genaue Nachweise geliefert und jene Sammlungen namhaft gemacht, in denen sich die Beweisstücke befinden, und um auch jenen, die über die nöthige Literatur nicht verfügen, die Bestimmung zu ermöglichen, sind hier die Kennzeichen angegeben.

Wenn nun hier mehrere Arten und Formen, die in die Literatur eingeführt wurden, vermisst werden, so sei dadurch die Möglichkeit des Vorkommens derselben nicht geleugnet, ihr Fehlen aber dadurch begründet, dass die betreffenden Autoren ihre Angaben nicht durch Beweisstücke zu belegen vermochten.

Villa Tännenhof bei Hallein, im März 1888.

Milvus aegyptius, Gm. — Schmarotzer-Milan.

Den 10. August 1882 wurde im Ofner-Gebirge ein Exemplar im Jugendkleide erlegt, das sich gegenwärtig im ungarischen National-Museum in Budapest befindet.

Eine Beschreibung, Abbildung, sowie die Masse des betreffenden Exemplares gab Dr. Jul. v. Madarász in seinem Artikel „Der Schmarotzer-Milan (Milvus aegyptius, Gm.) in der Vogelfauna Ungarn's“. (Természtraizi Füzetek (Naturhistorische Hefte), VII. 1883, p. 131—135, Taf. I.)

Kennzeichen. Dem schwarzen Milan (M. ater, Gm.) ähnlich, aber kleiner; Stoss stärker ausgeschnitten; Schnabel und Wachshaut gelb.

Verbreitung. Der grösste Theil Afrika's, Kleinasien, selten im südöstlichen Europa.

Anmerkung. Schlegel (Kritische Uebersicht der europäischen Vögel p. X und 34) verzeichnet als Heimat des Schmarotzer-Milans Dalmatien und Afrika und bemerkt, dass ihn dort Oberst von Feldegg gesammelt habe. Fritsch (Vögel Europa's p. 27) führt ihn — wohl auf Schlegel's Angabe hin — gleichfalls aus Dalmatien an; da aber von beiden Autoren nur Angaben ohne Beweise geliefert werden und Prof. G. Kolombatović in seinen verschiedenen die Ornis Dalmatiens behandelnden Arbeiten die Art gar nicht erwähnt, so ist auf jene Citate kein besonderes Gewicht zu legen.

Nucifraga caryocatactes, Linn. — Tannenheher.

Schon Chr. L. Brehm unterschied 1823 im „Lehrbuch der Naturgeschichte aller europäischen Vögel“, pag. 102, zwei Tannenheherformen, die er Nucifraga macrorhynchos und brachyrhynchos benannte. Später beschrieb er in Oken's Isis, 1833, p. 970 fünf Subspecies, welche er, Namensänderungen ausgenommen, auch in seiner letzten die Gesammtornis Europa's umfassenden Arbeit „Der vollständige Vogelfang“ (1855, p. 66) beibehielt. Indem nun Brehm schliesslich alle diese Formen als gleichwerthig ansah, gab er die eingangs erwähnte scharfe Sonderung beider Formen auf.

Als im Herbste 1885 grosse Massen Tannenheher im mittleren Europa erschienen, die auf den ersten Blick von unseren Hehern abweichend, sich als Fremdlinge darstellten, trat die Frage nach deren Herkunft, beziehungsweise Heimat in den Vordergrund. Auf ein reiches Material von Brutvögeln aus verschiedenen Theilen Europa's und Asiens gestützt, hat nun Rud. Blasius in seiner Studie „Die Wanderung der Tannenheher durch Europa im Herbste 1885 und Winter 1885/86“ (Ornis II. 1886, p. 437—550, III Taf.) das thatsächliche Vorhandensein zweier wohl unterscheidbarer Formen von Tannenhehern nachgewiesen und selbe benannt, da die Brehm'schen Namen wegen unrichtiger Wahl zu Missdeutungen Veranlassung geben mussten.

Die Kennzeichen beider Formen sind bei im Allgemeinen gleicher Zeichnung und Färbung folgende:

N. caryoctactes pachyrhynchus, R. Blas. — Dickschnäbliger Tannenheher.	**N. caryocatactes leptorhynchus, R. Blas. — Schlankschnäbliger Tannenheher.**
Gesammtbau kräftig und plump.	Gesammtbau schlank und zierlich.
Schnabel stark, mehr oder weniger krähenartig gebogen, an der Basis breit; Oberschnabel nicht oder wenig, selten mehr den Unterschnabel überragend; Unterkieferäste von der Schnabelmitte in weitem Bogen zusammenlaufend.	Schnabel schlank, fast gerade, pfriemenförmig, an der Basis schmal; Oberschnabel gewöhnlich, oft bedeutend den Unterschnabel überragend; Unterkieferäste von dem ersten Drittel in schmalem Bogen zusammenlaufend.
Läufe kräftig u. plump.	Läufe zierlich u. schlank.
Weisse Schwanzbinde schmal.	Weisse Schwanzbinde breit.

Wohngebiet.

Der Westen der paläarktischen Region: Die Nadelwaldungen Lappland's, Skandinaviens, der russischen Ostseeprovinzen, Ostpreussens, des Harzes, Riesengebirges, Böhmerwaldes, Schwarzwaldes, der Karpathen, der Gebirge Bosniens und der Herzegowina und Dalmatiens, der Alpen in ihrer ganzen Ausdehnung und der Pyrenäen.	Der Osten der paläarktischen Region: Die Nadelwaldungen Asiens von Kamtschatka und Japan, westlich bis zum Ural und den Gouvernements Perm und Wologda.

Local-Standvogel, meist aber Strich- und Zugvogel; tritt am Zuge vereinzelt oder in kleinen Gesellschaften von wenigen Individuen auf.	Vorherrschend Zugvogel, der zuweilen in grossen Massen bedeutende Wanderzüge in südlicher und westlicher Richtung unternimmt und dann im centralen und westlichen Europa in Menge erscheint.

Picus leuconotus var. Lilfordi. Sharpe und Dresser. — Gebänderter weissrückiger Buntspecht.

Den ersten Nachweis über das Vorkommen dieses Vogels in Oesterreich-Ungarn und zwar in Dalmatien gibt Prof. H. Giglioli in seiner „Avifauna Italica", (Firenze, 1886, p. 202), der von Prof. G. Kolombatović in Spalato zwei Exemplare erhielt, die sich im Museum zu Florenz befinden. Kürzlich bekam auch das k. k. naturhistorische Hof-Museum in Wien ein Stück von Kolombatović. (Vgl. L. v. Lorenz, Verhandl. d. k. k. zool.-bot. Gesellsch. in Wien. XXXVIII. 1888, Sitzungsber. p. 19.)

In Bosnien scheint diese Form vollständig den weissrückigen Buntspecht — der bisher dort nicht aufgefunden wurde — zu vertreten. Auf Veranlassung Herrn Othm. Reiser's wurde mir im Frühjahr 1887 ein in der Gymnasial-Sammlung in Sarajewo befindliches Stück durch dessen Erleger Herrn Prof. J. Sennik zur Ansicht zugeschickt, welches ich als P. Lilfordi erkannte und das im December 1886 bei Gorazda erlegt wurde. Seitdem gelangten noch weitere Exemplare in die Hände der vorgenannten Herren. Vgl. J. Sennik „Beiträge zur Ornithologie Bosnien's und der Herzegovina". (Mitth. d. ornith. Ver. in Wien. XI. 1887, p. 143). Othm. Reiser „Vorläufige Notiz". (Ibid XI. 1887, p. 149) und Catalog des bosnisch-herzegowinischen Landesmuseums" (Sarajevo, 1888, p. 83, Nr. 103 und 104).

Kennzeichen. Dem weissrückigen Buntspechte ähnlich, aber auf dem Unterrücken und den Schultern auf weissem Grunde schwarz gebändert; Stirne und Seiten des Gesichtes mit lehmgelbem Anfluge.

Verbreitung. Südliches, beziehungsweise südöstliches Europa: Italien, Dalmatien, Bosnien, Türkei und Griechenland, wahrscheinlich noch weiter nach Osten reichend.

(Schluss folgt.)

Die ornithologische Sammlung des steiermärkisch-landschaftlichen Joanneums in Graz.

Von **Josef Talsky**.

Die ornithologische Sammlung des Joanneums, welche ich einige Tage später als die Klagenfurter *) in Augenschein genommen, gehört unter die ältesten, öffentlichen Sammlungen Oesterreichs. Sie enthält ausser zahlreichen europäischen Arten auch viele Exoten und ist überhaupt reichhaltiger, als jene des Landesmuseums zu Klagenfurt. Dass eine derartige, weit länger als ein halbes Jahrhundert bestehende Sammlung Präparate der verschiedensten Qualität aufzuweisen hat, ist selbstverständlich. Die meisten der einheimischen, aus dem Fleische gestopften, stehen tadellos da; weniger die fremdländischen, aus dem Balge präparirten, die aus einer Zeit herzurühren scheinen, in der man im Allgemeinen mit dem Aufweichen der Häute und der Aufstellung der Objecte noch zu wenig vertraut war. Allein, diesem Uebelstande kann bei vorhandenen Mitteln leicht abgeholfen werden.

Die Vögel sind systematisch geordnet und in geräumigen Glaskästen recht übersichtlich aufgestellt; doch würde eine besondere Art der Etiquettirung der aus Steiermark stammenden Species jedem Besucher, der sich über die Ornis des Landes orientiren will, sehr willkommen sein. Die, den einzelnen Arbeiten beigefügten Daten in meiner folgenden Aufzählung der selteneren europäischen Vögel der Collection verdanke ich dem dermaligen Präparator des Institutes, Herrn Anton Pastrovich, der seit dem Jahre 1870 mit Fachkenntniss die ihm anvertrauten Vögel conservirt und mit sichtlicher Vorliebe in Stand hält.

Die von mir zu besprechenden Exemplare lassen sich in nachstehende drei Gruppen eintheilen:

I. Die in Steiermark zu Stande gebrachten, selteneren Arten.

1. **Vultur monachus L. Grauer Geier.** 2 Exemplare.
2. **Gyps fulvus Gm. Brauner Geier.**
3. **Milvus regalis auct. Rother Milan.** Soll im Lande sehr selten anzutreffen sein.
4. **Cerchneis cenchris Naum. Röthelfalke.** Kommt in Unter-Steiermark öfter vor.
5. **Erythropus vespertinus L. Rothfussfalke.** Wird alljährlich, und zwar im Frühlinge beobachtet.
6. **Falco peregrinus Tunstall. Wanderfalke.** Häufig.
7. **Aquila pennata, Gm. Zwergadler.** Erlegt in Friedau, am 20. Juni 1887. Ein zweites, am 27. Juli desselben Jahres erbeutetes Exemplar wurde von Pastrovich für einen Privaten präparirt.
8. **Aquila clanga Pall. Schelladler.**
9. **Aquila chrysaëtos L. Goldadler.**
10. **Haliaëtos albicilla L. Seeadler.**
11. **Surnia nisoria Wolf. Sperbereule.** In mehreren Exemplaren vertreten. Erscheint während des Herbstzuges öfter.
12. **Athene passerina L. Sperlingseule,** volksthümlich „Schlüsselpfeife" genannt. Mehrere. Soll in den steierischen Alpen zahlreich anzutreffen sein.
13. **Nyctale Tengmalmi Gm. Rauchfusskauz.** Einige Exemplare.
14. **Syrnium uralense Pall. Ural-Habichtseule.** Zahlreich vorhanden, auch im dunklen Jugendkleide. Ist in den ebenen Feldgehölzen, vom December bis Februar, öfter zu finden.
15. **Bubo maximus Sibb. Uhu.** Kommt im Lande brutend vor, jedoch von Jahr zu Jahr seltener.
16. **Scops Aldrovandi Willughby. Zwergohreule.** Nicht so selten.
17. **Cypselus melba L. Alpensegler.** Soll auf den obersteierischen Felsengebirgen, so bei Murau, Rottenmann, Admont u. s. w. beobachtet werden.
18. **Merops apiaster L. Bienenfresser.** Soll am Leibnitzer Feld, Grazer Bezirk, öfter vorgekommen sein; erscheint aber seit Jahren immer seltener.
19. **Pastor roseus L. Rosenstaar.** Zwei Männchen und ein Weibchen.
20. **Pyrrhocorax alpinus L. Alpendohle.**
21. **Corvus corax L. Kolkrabe.** Kommt regelmässig vor.
22. **Nucifraga caryocatactes L. Tannenheher.** Brutvogel.
23. Die **Spechte** sind in allen acht Arten vorhanden. **Picus leuconotus** soll im Spätherbste hie und da beobachtet werden, **Picus tridactylus** jedoch der seltenste sein.
24. **Tichodroma muraria L. Alpenmauerläufer.** Ein Exemplar im Herbstkleide.
25. **Muscicapa parva Bechst. Zwergfliegenfänger.** Drei Stücke, wovon eines mit rothgelber Kehle.
26. **Accentor alpinus Bechst. Alpenbraunelle.** Ein bekannter, häufiger Bewohner der hohen Alpen.
27. **Monticola saxatilis L. Steindrossel.** Ein Paar.
28. **Emberiza cia L. Zippammer.** Die beiden Exemplare der Sammlung wurden seinerzeit in der nächsten Umgebung von Graz

*) Siehe: „Mittheil. des Ornithol. Vereines" Nr. 1, l. J.

gefangen. Seit der Beschränkung des Vogelfanges soll diese Ammerart nicht eingeliefert worden sein.

29. **Montifringilla nivalis L. Schneefink.** Ein Nistvogel der Steiermark, der im Winter von den Alpen häufiger herabkommt.
30. **Corythus enucleator L. Hakengimpel.**
31. **Loxia bifasciata Chr. L. Br. Weissbindiger Kreuzschnabel.**
32. **Lagopus alpinus Nills. Alpenschneehuhn.** In verschiedenen Altersstufen und Federkleidern.
33. **Perdix saxatilis M. u. W. Steinhuhn.**
34. **Syrrhaptes paradoxus Pall. Steppenhuhn.** Dieser seltene Scharrvogel wurde im Jahre 1879 bei Feldbach, aus einer Gesellschaft von drei Stücken, auf einer Wiese unweit des Wassers, erlegt und bereits ausgestopft dem Joanneum übermittelt.
35. **Glareola pratincola Briss. Halsbandgiarol.** Kommt am Durchzuge manchmal vor.
36. **Otis tarda L. Grosstrappe.**
37. **Otis tetrax L. Zwergtrappe.**
38. **Grus cinereus Bechst. Grauer Kranich.** Durchzugsvogel. Soll bei Weitenstein, in Untersteiermark, alljährlich anzutreffen sein.

II. Varietäten aus Steiermark.

1. **Cypselus apus L. Mauersegler.** In ganz aschgrauem Gefieder.
2. **Hirundo rustica L. Rauchschwalbe.** Zwei Exemplare. Das erste ganz weiss, mit gelbbrauner Schattirung am Scheitel, das zweite weiss, mit schwärzlichem Kopfe, Nacken, Rücken und eben solchem Brustgefieder.
3. **Hirundo urbica L. Stadtschwalbe.** Ein vollkommener Albino.
4. **Garrulus glandarius L. Eichelheher.** Ein ganz weisser Vogel, mit bläulich durchschimmernder Zeichnung auf den sonst hellblau gefärbten kleinen Flügeldeckfedern. Dieses interessante Stück wurde in Lanoch, Bezirk Graz, zu Stande gebracht.
5. **Lanius collurio L. Rothrückiger Würger.** Ebenfalls aus der Umgebung von Graz. Ein sehr blasses Exemplar, mit semmelgelbem Rückengefieder und graulichem Schwanze.
6. **Turdus pilaris L. Wachholderdrossel.** Mit viel Weiss im sonstigen Gefieder, bei schneeweissem Kopfe. Aus der Grazer Gegend.
7. **Parus major L. Kohlmeise.** Ein absonderliches, normal ausgefärbtes Stück, mit rechtseitigem Kreuzschnabel.
8. **Passer domesticus L. Haussperling.** In vier Ausartungen, und zwar ein fast schwarz und ein nahezu weiss befiedertes, ein semmelgelbes und ein Exemplar mit weissem Achsel- und ebensolchem Unterleibgefieder.
9. **Pyrrhula europaea Vieill. Gimpel.** Im schwarzen Gefieder.
10. **Scolopax rusticola L. Waldschnepfe.** Zwei Stücke: eines sehr hell semmelfarben, das andere mit licht gelbbräunlicher Zeichnung.

III. Seltene Vögel, die nicht aus Steiermark stammen.

1. **Gypaëtus barbatus L. Bartgeier.** 2 Exemplare.
2. **Neophron percnopterus L. Aasgeier.** Ein altes Präparat. Ein anderer Aasgeier, der in Steiermark, u. z. in St. Margarethen, am 17. Juni 1887 erlegt, und von Pastrovich ausgestopft wurde, befindet sich im Besitze der Gebrüder Odörfer, Eisenhandlung in Graz.
3. **Nyctea nivea Thunb. Schneeeule.**
4. **Strix lapponica Retz. Lappländische Eule.**
5. **Hirundo rupestris Scop. Felsenschwalbe.**
6. **Pyrrhocorax graculus L. Alpenkrähe.** Ein älteres Exemplar mit ausgeblasstem Schnabel und eben solchen Füssen.
7. **Monticola cyanea L. Blaudrossel.**
8. **Melanocorypha calandra L. Kalanderlerche.** Das vorhandene Exemplar wurde zwar in Steiermark nicht erbeutet; allein, es ist hinlänglich bekannt, dass Kalanderlerchen im Frühjahre unter den Feldlerchen auch hier vorgekommen und wiederholt gefangen wurden.
9. **Calandrella brachydactyla Leisl. Kurzzehige Lerche.** Auch von dieser Art ist es erwiesen, dass sie in Steiermark zu Stande gebracht wurde.
10. **Phileremos alpestris L. Alpenlerche.**
11. **Emberiza hortulana L. Gartenammer.** P. Bl. Hanf in Mariahof beobachtete und sammelte diese Art wiederholt in seiner Umgebung.
12. **Emberiza cirlus L. Zaunammer.**
13. **Carpodacus erythrinus Pall. Carmingimpel.**
14. **Tetrao medius Meyer. Rackelhuhn.** Zwei tadellos ausgefiederte Hähne; beide aus dem benachbarten Kärnthen. Nach Mittheilungen des Präparators Pastrovich soll der Rackelhahn auch in Steiermark erbeutet worden sein, so namentlich bei Leoben und auf der Teichalpe.
15. **Perdix rubra auct. Rothhuhn.**
16. **Endromias morinellus L. Mornell.** Männchen, Weibchen und ein Junges im Dunenkleide.
17. **Colymbus rufigularis Br. Rothbrüstiger Eistaucher.** Eine interessante Varietät mit semmelgelber Unterseite. Wahrscheinlich von Colymbus glacialis.
18. **Alca impennis L. Riesen- oder Brillenalk,** der Stolz der ganzen Sammlung. Das sehr gut aussehende Exemplar wird in einem eigenen Glaskasten aufbewahrt. Es wurde im Jahre 1834 von Prof. Brinhart in Kopenhagen dem Besitzer der Herrschaft Althofen in Kärnthen, Josef Höpfner überlassen, der damit dem Joanneum ein Geschenk machte. Siehe: Cabanis Journal für Ornithologie, Jahrgang 1884, pag. 85.

Eine reichhaltige, sorgfältig geordnete und etiquettirte Sammlung europäischer Vogeleier, die jeden Oologen erfreuen muss, bildet den Abschluss der ornithologischen Sammlung des Joanneums.

Beiträge zur Ornithologie Thüringens.

Von **Hans von Basedow.**

Entgegen der Beobachtung, dass **Chrysomitris spinus** in Thüringen nicht brütet, habe ich denselben dort oft und manchmal unter abnormen Umständen brütend gefunden. So z. B. einmal unweit des Musenwitwensitzes Weimar, kurz vor dem Schlosse Ettersburg am Saume des Waldes unmittelbar neben der Chaussee, und zweimal über der Erde auf alnus glutinosa (gewöhnlich ist das Nest in bedeutender Höhe auf Tannen und Lärchen angelegt). — In Folge des unruhigen Gebarens des ♂ entdeckte ich das Nest, das ♀ entflog bei meinem Anblick. Das Gelege bestand aus 6 Eiern. Trotz gemachter Merkzeichen gelang es mir nicht, das Nest des andern Tages wieder zu finden. Vielleicht dass es in Folge dieses Zeichens in die Hände böser Buben gefallen und nun mein armer Chrysimitris spinus auf den Modehüten des schönen Geschlechtes Weimar's als „Paradiesvogel" prangt.

Ferner fand ich bei Weimar an der Berliner Chaussee **Emberiza citrinella** lebend und brütend (sehr häufig). Ueberrascht hat mich das häufige Auftreten von **Merula vulgaris.** In der ganzen Gegend, die ich durchforschte (Naumburg, Salza, Jena, Weimar, Arnstadt, Ilmenau, Schwarzburg, Oberndorf mit Umgegend) war die Amsel fast ebenso häufig wie Passer domesticus. Im Schlossgarten zu Weimar und den sogenannten Curgärten zu Elgersburg und Arnstadt, brüteten sie vielfach in streng abgegrenzten Gebieten, die sie kühn gegen den Eindringling vertheidigten. Brutplatz meistens hohe Tanne, ein Nest in der Ruhe zu beobachten war unmöglich, da eine Tanne zu erklettern nicht gerade zu den Annehmlichkeiten gehört. Die Amseln erfreuten die Besucher der genannten Anlagen, denn ihr Sang ist einer der schönsten Vogelgesänge, klar und rein, Glockentöne voll wunderbarer Harmonie, wenn sich in diesem idealen Sang nur nicht der Realismus mischte!!

Bei Martishausen trat **Otis tarda** häufig auf und hatte man Gelegenheit unter 10 Exemplaren bei 4 den Albinismus zu beobachten, derselbe ist dort sehr vertreten — im Besitze der Jagdpächter fand ich mehrere ausgestopfte Exemplare von anno 1851 bis jetzt!

Im Gerathal soll **Scolopax rusticola** gebrütet haben. — Ob nicht Irrthum? — Ich selbst konnte nur zwei streichende Exemplare beobachten. **Anas boschas** war verhältnissmässig selten.

Zwischen Arnstadt und Tlaue, in einem bewachsenen Felsabhang fand ich ein Nest von **Turdus iliacus** mit dem brütenden ♀, welches entfloh, und nicht zurückkehrte.

Turdus musicus beobachtete ich viel bei Oberndorf, Arnstadt, Tlaue. — **T. pilaris** auf der Wasserseite. Brutbeobachtung nicht zu verzeichnen.

Sylvia curruca, cinerea et **atricapilla** fand ich brütend in Arnstadt im Garten meiner Wohnung, ebenda **Parus cyaneus**, in einem Reisighaufen brütend.

Besonders häufig fand sich in der Gera **Alcedo ispida** und **Cinclus aquaticus**. Die beiden Sippen kämpften heftig miteinander, bis sie ihr Wohngebiet abgegrenzt hatten. Vielfache Beobachtungen lassen mich der Annahme zuneigen, dass C. aquat. der Fischbrut nicht schadet.

Ebenso häufig war in der Gera: **Motacilla alba** et **sulfurea** (letztere häufiger).

Hieran knüpfe ich eine kurze Zusammenstellung der von mir und von competenter Seite in Arnstadt und Umgegend beobachteten Vögel.

Diese Zusammenstellung ist eine zwanglose und richtet sich nur nach meinen jeweiligen Notizen:

1. Emberiza citrinella.
2. Emberiza hortulana.
3. Luscinia minor.
4. Passer domesticus et montanus.
5. Turdus musicus, pilaris, iliacus et Merula vulgaris.
6. Lanius excubitor, major?, rufus, collurio et minor.
7. Sylvia curruca, cinerea, atricapilla et hortensis.
8. Calamoherpe phragmitis (zur Zugzeit sehr häufig in den Sümpfen bei Gehren).
9. Phylopneuste rufa, ob auch trochilus?
10. Muscicapa grisola.
11. Acredula caudata (in grossen Schaaren in den Garten einfallend, aber nur 3, 4 Tage anwesend, um nach 14 Tagen zurückzukehren).
12. Parus ater (häufig).
13. Poecile palustris in Thüringen selten, hier in München häufig).
14. Parus cristatus (zweifelhaft?)
15. Regulus ignicapillus (ab und zu), cristatus (von anderer Seite beobachtet).
16. Emberiza citrinella, hortulana sehr häufig.
17. Fringilla coelebs (häufig brütend), Montifringilla zweifelhaft.
18. Chrysomitris spinus (vide oben).
19. Carduelis elegans (häufig).
20. Cannabis sanguinea.
21. Ligurinus chloris.
22. Loxia curvirostris et bifasciata (letzterer entschieden nur Variante) sehr häufig.
23. Serinus hortulanus (oft brütend).
24. Pyrrhula europaea (häufig aber nicht ständig).
25. Motacilla alba et sulfurea.
26. Pratincola rubicola.
27. Anthus arboreus (nicht häufig).
28. Anthus campestris et aquaticus (zweifelhaft).
29. Alauda arvensis.
30. Galerita cristata (häufig).
31. Lullula arborea (1 Exemplar gefangen, in meinem Besitz).
32. Sterna cinerea.
33. Coturnix dactylisonans.
34. Vanellus cristatus.
35. Ciconia alba (verhältnissmässig selten).
36. Anas boschas.
37. Scolopax rusticola.
38. Otis tarda (Albinos).
39. Cinclus aquaticus } vide oben.
40. Alcedo ispida } vide oben.
41. Troglodytes parvulus (häufig).
42. Sturnus vulgaris (sehr häufig).
43. Corvus corone et cornix.
44. Pica caudata.
45. Garrulus glandarius (häufig).
46. Nucifraga caryocatactes (selten, sehr in Abnahme begriffen).
47. Sitta caesia.
48. Cuculus canorus (nicht allzuhäufig).
49. Gecinus viridis.
50. Picus major et minor.
51. Iynx torquata (1 Exemplar).
52. Upupa epops (häufig).
53. Hirundo rustica et urbica.
54. Falco subbuteo et peregrinus.
55. Accipiter nisus.
56. Astur palumbarius.
57. Buteo vulgaris.
58. Otus vulgaris et carniolica.
59. Strix flammea.
60. Syrnium aluco.
61. Bubo ignavus. (1 Exemplar soll von anderer Seite beobachtet sein. Sehr zweifelhaft, da nichts auf ein Vorkommen deutet.)

Nochmals bemerke ich, dass diese Zusammenstellung eine zwanglose und auf Vollständigkeit keinen Anspruch macht.

Es sind lediglich die von mir beobachteten Vögel. Gar manch anderer Vogel wird noch dort nisten und brüten. Wie aber Alle auffinden? Trotz redlichem Bemühen war dies in der kurzen Zeit (3 Wochen), die mir zur genauen Beobachtung blieben, unmöglich.

Was die lateinischen Namen betrifft, so habe ich die gewählt, welche durch Präcision des Ausdruckes sich auszeichnen; es sind dies wohl die allgemein gebräuchlichen, nur einige habe ich entgegen Brehm, weil sie mir richtiger erschienen, gewählt.

Vulgärnamen der Vögel Oberösterreichs.

Gesammelt von Rudolf O. Karlsberger.

(Schluss.)

VIII. Crassirostres. Dickschnäbler.

Hier ist im Allgemeinen zu bemerken, dass das Landvolk gesellig fliegende Vögel dieser Ordnung mit dem Collectiv-Namen „Staudenvögel" bezeichnet.

Emberiza citrinella Linn. Goldammer. Goldammering, Ammering, Ammerin.

Schoenicola schoeniclus L. Rohrammer. Rohrspatz.

Passer montanus Linn. Feldsperling. Feldspatz, Spatz.

Passer domesticus Linn. Haussperling. Spatz, Hausspatz.

Fringilla coelebs Linn. Buchfink. Fink. Vogel Reisherzua.

Fringilla montifringilla Linn. Bergfink. Stigawitz, Stigowitz. Bergfink.

Coccothraustes vulgaris Pall. Kirschkernbeisser. Kernbeisser. Sautreiber (Steyr).

Ligurinus chloris L. Grünfink. Grünling. Greanling.

Serinus hortulanus Koch: Girlitz. Hirngrillerl. Gabersaamzeiserl, letzteren Namen führt er, da er mit ungemeiner Vorliebe den Kanariensamen frisst.

Carduelis elegans St. Stieglitz. Stieglitz. Distlfink.

Chrysomitris spinus Linn. Erlenzeisig. Zeisig. Zeiserl. Zeisl. Erlzeisl. Birazeisl.

Cannabina sanguinea Landb. Bluthänfling. Hänfling, Haniferl, Fineln, an der oberösterr.-baierischen Grenze).

Linaria alnorum A. L. Br. nordischer Leinfink.
Linaria rufescens Schl. u. Bp. südl. Leinfink.
} Meerzeiserl. Tschetscher, rother Zeisig (im Handel mitunter gebräuchlich.) Nach dem Aberglauben des Volkes kommt der Leinfink nur alle 7 Jahre zu uns.

Pyrrhula europaea Vieill. Mitteleuropaeischer Gimpel. Gimpl.

Loxia pithyopsittacus Bechst. Föhrenkreuzschnabel.
Loxia curvirostra Linn. Fichtenkreuzschnabel.
} Krumschnabel. Krumbschnabl.

Loxia bifasciata Chr. L. Br. Weissbindiger Kreuzschnabel. Weissstriehling. Zwostriehling (oberes Mühlviertel. Peilstein).

IX. Columbae. Tauben.

Columba palumbus Linn. Ringeltaube. Wildtaub'n. Ringltaub'n.

Columba oenas Linn. Hohltaube. Holztaub'n. Wildtaub'n.

Turtur auritus Ray. Turteltaube. Wildtaub'n. Frauentauberl. (Innviertel. Schmolln nach Herrn Lehrer Bernhard Koller dortselbst.)

X. Rasores. Scharrvögel.

Tetrao urogallus Linn. Auerhuhn. Auerhahn. Auerwild. (plur.)

Tetrao tetrix Linn. Birkhuhn. Schildhahn, Spielhahn. Birkhahn.

Tetrao bonasia Linn. Haselhuhn. Haslhahn. Haslheundl. Hasenhenndl (Mühlviertel).

Lagopus alpinus Niss. Alpenschneehuhn Schneehenndl.

Starna cinerea Linn. Rebhuhn. Rebhenndl.

Coturnix dactylisonans Meyer. Wachtel. Wachtl. scherzweise „Wau-Wau".

XI. Grallae. Stelzvögel.

Oedicnemus crepitans Linn. Triel. Griesshenn.

Aegialites minor M. u. W. Flussregenpfeifer. Sandlaferl.

Vanellus cristatus Linn. Kiebitz. Kiebitz. Kiewitz. Todtenvogl (Feldkirchen an der Donau). Gauwitzl (Schmolln, nach Herrn Lehrer Bernhard Koller dortselbst.)

XII. Grallatores. Reiherartige Vögel.

Ciconia alba Bechst. Weisser Storch. Storch. In manchen Gegenden des Mühlviertels wird sein Erscheinen mit drohendem Unheil, Krieg, Seuchen etc. in Verbindung gebracht.

Ardea purpurea Linn. Purpurreiher. Rother Roager.

Ardea cinnerea Linn. Grauer Reiher. Reier. Roager. Fischroager.

Ardea minuta Linn. Zwergreiher. Klane Rohrdummel.

Botaurus stellaris Linn. Rohrdommel. Rohrdumml. Mooskuh.

Rallus aquaticus Linn. Wasserralle. Schnepferl (besonders bei den Fischern der Traun gebräuchlich). Rohrhendl.

Crex pratensis Bechstein. Wiesenralle. Wachtelkönig. Wachtelkini.

Gallinula chloropus Linn. Grünfüssiges Teichhuhn. Rohrhenndl, Teichhenndl. Duckantal.

Fulica atra Linn. Schwarzes Wasserhuhn. Blässhenndl. Blässant'n. Duckantal.

XIII. Scolopaces. Schnepfen.

Scolopax rusticola Linn. Waldschnepfe. Schnepf. Doppelschnepf. Saatvogel (Schmolln, nach Angabe des Herrn Lehrers Bernhard Koller).

Gallinago scolopacina Bp. Becassine.
Gallinago maior Bp. Grosse Sumpfschnepfe.
} Becassin oder Moosschnepf, grosser Moosschnepf.

Gallinago gallinula Linn. Kleine Sumpfschnepfe. Becassin, Moosschnepf, kleiner Moosschnepf, kleiner Gräser oder Bockerl (letztere beiden Namen im Innkreise gebräuchlich).

Die verschiedenen Totanus- und Tringa-Arten sind im Volke zu wenig bekannt, um besondere Dialectnamen zu führen. Sie werden gemeiniglich Sandläuferl oder Regenpfeifer genannt. Eine Ausnahme macht

Actitis hypoleucus Linn. Der Flussuferläufer, der auch als Meerlerche bezeichnet wird.

XIV. Anseres. Gänseartige Vögel.

Anser cinereus Meyer. Graugans.
Anser segetum Meyer. Saatgans.
} Wildgans. Schneegans.

Anas boschas Linn. Stockente. Stockant'n. grosse Wildant'n.

Anas querquedula Linn. Knäckente. Halbant'n. Kothant'n. kleine Wildant'n.

Anas crecca Linn. Krickente. Halbant'n. kleine Wildant'n.

Anas penelope Linn. Pfeifente. Pfeifant'n.

Alle nordischen Arten werden zumeist mit dem Namen „fremde Ant'n" oder Eisant'n bezeichnet. Letztere Bezeichnung führt besonders die **Schellente, Clangula glaucion Linn.**

Mergus merganser Linn. Grosser Sägetaucher. Grosser Meerrach. Meerrach.

Mergus serrator Linn. Mittlerer Sägetaucher. Rother Meerrach.

Mergus albellus Linn. Kleiner Sägetaucher. Kleiner Meerrach. Schildvogel (bei den Traunfischern üblich.)

XV. Colymbidae. Taucher.

Podiceps minor Gm. Zwergsteissfuss. Duckanterl. Lapp'ntaucher.

Colymbus L. Seetaucher: Seetaucher.

XVI. Laridae. Mövenartige Vögel.

Xema ridibundum Linn. Lachmöve. Seetaub'n. Dieser Name wird auch auf die anderen nordischen Möven angewendet.

Sterna fluviatilis Naum. Flussseeschwalbe. Kleine Seetaub'n.

Sterna minuta Linn. Zwergseeschwalbe. Fischler (im Innkreise nach Herrn Lehrer Bernhard Koller).

Die im Beobachtungsgebiete Neustadtl (bei Friedland in Böhmen) vorkommenden Vögelarten. (Nachtrag.)

Beobachtungen aus dem Jahre 1887.

Von **Robert Eder.**

Ueber die Witterung des Jahres 1887 im Beobachtungsgebiete wäre im Allgemeinen zu bemerken, dass das Frühjahr erst sehr spät eintrat, der Sommer kurz war, und dass nach einem kalten Herbste der Winter frühzeitig seinen Einzug hielt.

Einige Sommerbrutvögel waren in geringerer Anzahl wie sonst eingetroffen. Wiesenrallen und Wachteln waren sehr selten zu hören. Rothrückige Würger und Nachtschwalben dürften nur zur Zugzeit anwesend gewesen sein. Dagegen konnte man eine Verminderung der zwei Schwalbenarten und Segler, der verschiedenen Grasmücken und anderer Sänger nicht wahrnehmen. Grössere Schaaren junger Zeisige kamen im Juli und auch später in die Hausgärten, und ist daraus zu schliessen, dass mehr Erlenzeisige, wie sonst in den hiesigen Wäldern genistet haben.

Was den Herbstzug der Vögel anbelangt, so war dieser meines Dafürhaltens ebenfalls von eigenthümlicher Art. Kaum war die allerdings verspätete zweite Brut der Hausschwalben den Nestern entflogen, passirten auch schon grössere Schaaren der Haus- und Stadtschwalben hier durch; doch kamen Nachzügler bis Mitte October. Einzelne Wachteln und Schnepfen hatten sich gleichfalls auf ihrem Wanderzuge nach dem Süden verspätet. Aehnliche Beobachtungen machte Herr Karl Rudloff, Oberlehrer in dem eine Stunde von Neustadtl entfernten Gebirgsdorfe Weissbach. Auch er bestätigt den späten Herbstdurchzug mancher Zugvögel, so der Ringeltauben und der Schwalben. Er meldete die Ankunft ausnahmsweise grosser Schaaren von Rothkehlchen und Nachtschwalben längst des Wittigflusses und erwähnte auch das Erscheinen des Tannenhehers in den dortigen Wäldern.

Etwas früher wie sonst stellten sich die nordischen Gäste ein. Die Bergfinken, Weindrosseln und Tannenheher kamen zu Beginn des Octobers; nordische Leinfinken Ende des Octobers und Seidenschwänze Ende des Novembers.

Die Ebereschbeeren gediehen in diesem Jahre nicht gut und wurden die wenigen Dolden vom Sturme abgerissen. Demzufolge hielten sich die Wachholderdrosseln nicht lange hier auf.

Die nun folgenden Notizen schliessen sich dem in diesen Blättern, 11. Jahrgang, Nr. 6, 7, 8 und 9 enthaltenen Artikel: „Die im Beobachtungsgebiete Neustadtl bei Friedland in Böhmen vorkommenden Vogelarten" an und bilden eine Ergänzung bezüglich der Zugverhältnisse, des Brutgeschäftes und der biologischen Beobachtungen jener Zusammenstellung der hiesigen Vogelfauna.

Auch werden noch einige wenige Arten, welche in früheren Jahren hierorts erbeutet wurden, aber in meiner ersten Aufstellung nicht enthalten waren, angeführt.

Hypotriorchis aesalon Tunstall. Zwergfalke. Ein Zwergfalke wurde im Herbste 1884 von Herrn König in Lusdorf erlegt und von Herrn Lehrer Julius Michel präparirt.

Astur palumbarius Linn. Habicht. Diese Geisel der Taubenbesitzer trieb hier bis Ende Mai ihr Unwesen. Der Habicht hält zumeist die einmal gewählte Flugstrasse gelegentlich seiner Raubzüge ein, und so kommt es, dass er zuweilen ein und denselben Taubenschlag gänzlich entvölkert. Auch hier hatte er sich den in einem sehr belebten Fabrikshofe befindlichen Taubenschlag für seinen Beutezug auserkoren und in kurzer Zeit 30 Tauben geschlagen; die übrig gebliebenen Tauben hatten sich zum Theile verflogen, zum Theile wurden sie verkauft. Trotzdem kam der Habicht wieder und hatte am 5. Mai die Kühnheit, da er keine Tauben ausserhalb des Taubenschlages vorfand, zur kleinen Oeffnung desselben hineinzuschlüpfen, um dort zu sehen, ob nichts mehr zu holen sei. Auch holte der Räuber von meinem Taubenschlage ein werthvolles Mövchenpaar, indem er die ganz gleich gefärbten fahlen Tauben aus der Taubenschaar in zwei aufeinanderfolgenden Tagen erwählte. Endlich ereilte den Uebelthäter die längst verdiente Strafe durch einen wohlgezielten Schuss.

Pernis apivorus Linn. Wespenbussard. Ein Wespenbussard wurde von einem des Weges kommenden Bauer bemerkt, als er in einem hohlen Baume, am sogenannten Dittersbächler Wege ein Wespennest plünderte. Dem Bauer gelang es, seinen Rock über den Vogel, der so eifrig beschäftigt war, dass er das Herannahen des Mannes nicht bemerkte, zu breiten und ihn auf diese Weise zu fangen.

Buteo vulgaris Bechst. Mäusebussard. Mitte Mai wurde von dem Waldheger Stelzig ein Mäusebussard geschossen. Derselbe sass in einem Waldhane, am „Zirkel" und war so sehr in der Vertheidigung gegen die ihn angreifenden Nebelkrähen und Eichelheher vertieft, dass er den Heger, der durch das lebhafte Geschrei der Krähen und Heher aufmerksam gemacht wurde, ganz nahe herankommen liess.

Surnia nisoria Wolf Sperbereule. Herr Emil Wildner, Kaufmann im hiesigen Städtchen, besitzt ein im Herbste 1883 bei Lusdorf erlegtes Exemplar dieser seltenen Eulenart.

Caprimulgus europaeus, Linn.. Nachtschwalbe. Am 23. Mai sah ich die erste Nachtschwalbe in diesem Jahre, seither traf ich keine mehr an.

Cypselus apus, Linn., Mauersegler. Am 5. Mai die erste Thurmschwalbe beobachtet. Am 8. Mai gegen 7 Uhr Abends flogen über dem Städtchen mehrere hundert Mauersegler, Rauchschwalben und Stadtschwalben. Nach und nach verschwanden sie in der Richtung von West nach Ost. Als ich Ende August nach längerer Abwesenheit wieder zurückkam, waren die Mauersegler bereits fortgezogen.

Gelegentlich eines Kampfes des Mauerseglers mit einem Sperlingpaare um den Besitz eines Staaren-Nistkastens, hackten die Sperlinge dem Segler beide Augen aus und warfen dann den blinden Vogel aus dem Nistkasten. Auf diese Weise zugerichtet wurde der arme Vogel neben dem Baume, wo die Staarenmäste angebracht waren, aufgefunden.

Hirundo rustica und **Hirundo urbica.** Die Stadtschwalbe ist hier etwas mehr vertreten als die edlere Rauchschwalbe.

In dem Stalle eines hiesigen Bauerngehöftes nistet seit Jahren ein Pärchen Rauchschwalben. Dem Männchen fehlt der Fuss des rechten Beines, so dass das Thierchen nur auf einem Fusse und gelegentlich auf dem Stummel des anderen Beines steht; nichtsdestoweniger ist der Vogel wohlgemuth und ist ein ebenso guter Gatte als Vater.

Am 15. Juni flog die erste Brut obig erwähnten Paares aus; bei einem anderen Neste beobachtete ich den Ausflug der zweiten Brut am 14. September. Am 20. September waren grössere Schaaren beider Arten im Durchzuge begriffen, am 3. October blos Stadtschwalben; am 9. October kamen Nachzügler an; am 14. October 8 Uhr Morgens bei nur 2 Grad R. Wärme flogen circa 12 Stadt- und Rauchschwalben emsig am hiesigen Marktplatze hin und her. Ein sonderbares Bild boten diese Sommervögel zur Scenerie der Natur, da ringsum die Fluren und Wälder mit Schnee bedeckt waren. Die letzte Schwalbe sah ich in diesem Jahre bei gelindem Schneefalle am 23. October Mittags die Strasse entlang fliegen.

(Schluss folgt.)

Der Sperling in den vereinigten Staaten Nordamerikas.

Von Dr. **Leo Přibyl.**

Kürzlich erschien der officielle Bericht des Commissärs des landwirthschaftlichen Departements für das Jahr 1886, welcher sich mit aller Entschiedenheit gegen den Sperling ausspricht, über denselben gleichsam den Stab bricht und ihn der allgemeinen Vernichtung Preis gegeben haben will. Der Bericht erbringt den Nachweis, dass der Spatz ein „böser, zerstörender und theuerer Eindringling" sei, dem man im legislativen Wege in die Acht erklären und schonungslos ausrotten soll. Die Nester mit Eiern oder Jungen sollen zerstört, und es als Vergehen erklärt werden, wenn Jemand diese Vögel füttere, ausser um selbe zu vernichten; ebenso sei die Neueinführung an andere Orte zu ahnden. Der Bericht befürwortet gleichzeitig gesetzliche Erlässe, um gewisse Raubvögel zu beschützen, deren Hauptnahrung in Sperlingen besteht. Die New-Yorker Legislatur hatte bereits früher ein Gesetz zur Vernichtung der Sperlinge erlassen, ohne dass man jedoch eine besondere Wirkung, eine Verminderung der Zahl der Sperlinge, dort wahrnehmen würde.

Bis zum Jahre 1850 war der Sperling in Nordamerika unbekannt; die ersten wurden im genannten Jahre in Brooklyn (New-York) eingeführt, und mit Jubel begrüsst; doch gingen die meisten zu Grunde, so dass 1853 ein neuerlicher Import stattfinden musste. Diese Colonie gedieh ausserordentlich. 1870 war der Sperling in den östlichen Staaten bereits ganz allgemein verbreitet; seither wurden die westlichen Staaten bevölkert und auch schon die Gegenden westlich vom Missisippi erfüllt unser Spatz mit seinem Geschrei. Eine so rasche Verbreitung eines Thieres auf so weitem Gebiete steht wohl einzig in der Thiergeschichte da. Seit dem Jahre 1850 verbreitete sich der Sperling über 885.000 Quadrat-Meilen in den Vereinigten Staaten und 150.000 Quadrat-Meilen *) in Kanada. 6 Bruten im Jahre zeigen die günstigen Bedingungen, unter welchen seine Vermehrung vor sich geht, ohne weiteres Zuthun des Menschen.

Der Ornithologist des landwirthschaftlichen Departements in Washington versandte Tausende von Fragebogen an die Bewohner der verschiedenen Staaten, um wünschenswerthe Aufschlüsse durch die gestellten Fragen zu erhalten, und dann ein Urtheil über die Nützlichkeit oder Schädlichkeit des Sperlings fällen zu können. Aus den zahlreichen eingelangten Antworten wurde nun sorgfältig nachstehendes Urtheil der Bewohner gegen den Sperling geschöpft:

Der Sperling ist ein arger Feind unserer Singvögel, die er zumeist vertreibt; er ist eine grosse Plage für Gärtner und Obstzüchter, weil er die insectenfressenden Vögel verdrängt und mit Vorliebe die jungen Gemüsepflanzen und Früchte verzehrt; er schadet den Weinbergen durch die Gefrässigkeit, mit der er in den reifenden Trauben wüstet, insbesondere jedoch den Getreidefeldern, wo er die in der Milch befindlichen Aehren anpickt und bis zur Ernte grossen Schaden anrichtet. Er beschmutzt die Häuser und zerstört die Schlingpflanzen, welche daran gezogen werden. Er vertilgt keine Insecten, im Gegentheile benützen manche Arten sein Nest, um daran ihre Gewebe und Cocons zu befestigen (?). Anfangs glaubte man, dass er Insecten, namentlich Raupen vernichte. Es hat sich aber herausgestellt, dass er selbe verschmäht, und dass die Raupen gerade da am besten gedeihen, wo sich viele Sperlinge aufhalten. Der von den Sperlingen angerichtete Schaden wird in England auf 8 Millionen Gulden jährlich, in Australien noch höher berechnet; für die Vereinigten Staaten glaubt der Bericht, dass dieser Schaden jede Berechnung übersteige.

Daher muss der Sperling bekämpft, ausgerottet werden. Unter den Namen „Reisvögel" kommen die gefangenen Spatzen auf den Markt, und bilden eine gute Speise; anderseits vertreibt fortwährende Zerstörung der Nester den Sperling aus einer Gegend. Am besten geschieht die Vernichtung durch Aufstreuen von Getreidekörnern, die in schwacher Giftlösung gelegen waren.

Wenn nun von so vielen Seiten dem Sperlinge der Krieg erklärt wird, so ist zu hoffen, dass, wenn er auch nicht ganz verschwinden wird, er doch so in Schranken gehalten ist, um keine so grossen Verheerungen, wie heutzutage in den Vereinigten Staaten, anzurichten.

*) Englische Quadratmeile.

Schutz den Vögeln.

(Schluss.)

Die „Deutsche Jäger-Zeitung" hält nach dem vorstehenden Entwurfe, mit geringen Aenderungen angenommen, folgende Rückschau:

In der ersten Berathung des Gesetzentwurfes betreffend den Schutz von Vögeln am 10. Februar d. J. wurde der Antrag gestellt, den Entwurf einer Commission zu überweisen. Diesen vom Abgeordneten Dr. Hermes (dfr.) eingebrachten Antrag bekämpfen die Abgeordneten v. Strombeck (Centr.), Freiherr v. Mirbach (cons.) und Duvigneau (natlib.), während Dr. Baumbach denselben befürwortet. Der Antrag wird abgelehnt. In dieser Sitzung am 10. Februar ergreifen verschiedene Redner das Wort zu einzelnen Paragraphen des Entwurfes. Dr. Hermes empfiehlt, den Eisvogel und den schwarzen Storch unter Schutz zu stellen: ersteren seiner ausserordentlichen Schönheit, letzteren seiner Seltenheit wegen. Ein Hauptthema der Debatten ist, wie zu erwarten, der Krammetsvogelfang. Während von vielen Seiten für denselben, respective für eine geringe Einschränkung desselben gesprochen wird, wollen Dr. Baumbach und Dr. Meyer (Halle) denselben womöglich abschaffen. Der letztere Redner betont die Menge der nicht zu den Drosseln gehörigen kleineren Vögel, welche sich in

Dohnen fingen. Der Abgeordnete Henneberg (natlib.) bemerkt, dass es gestattet sei, Katzen, welche sich herumtreiben und Vögeln nachstellen, wegzufangen. Das sei ein wirksames Mittel zum Schutz der Vögel. Nachdem der Abgeordnete v. Oertzen (cons.) erklärt hat, der Krammetsvogelfang müsse aus fiscalischen Gründen gestattet bleiben, wird der Antrag Hermes auf Verweisung an eine Commission abgelehnt und damit die erste Berathung geschlossen. Die zweite Lesung fand am 24. Felanar statt. Es kommen zur Hauptsache eine Reihe von Aenderungsanträgen für einzelne Paragraphen des Entwurfes zur Sprache; dieselben werden von den Abgeordneten Baumbach und Genossen eingebracht. Für den Jäger ist es von Interesse, dass im §. 2 des Entwurfes, in welchem „das Fangen und die Erlegung von Vögeln zur Nachtzeit" etc. verboten wird, die Worte „und die Erlegung" gestrichen werden.

Für §. 5 wird folgende Fassung beantragt:

Vögel, welche dem jagdbaren Feder- und Haarwilde und dessen Brut und Jungen, sowie Fischen und deren Brut nachstellen, dürfen nach Massgabe der landesgesetzlichen Bestimmungen über Jagd und Fischerei von den Jagd- und Fischereiberechtigten und deren Beauftragten getödtet werden. Wenn Vögel in Weinbergen, Gärten, bestellten Feldern, Baumpflanzungen, Saatkämpen und Schonungen Schaden anrichten, können die von den Landesregierungen bezeichneten Behörden den Eigenthümern und Nutzungsberechtigten der Grundstücke oder deren Beauftragten, soweit dies zur Abwendung dieses Schadens nothwendig ist, das Tödten solcher Vögel innerhalb der betroffenen Oertlichkeit auch während der im §. 3, Absatz 1, bezeichneten Frist gestatten. Das Feilbieten und der Verkauf der auf Grund solcher Erlaubniss erlegten Vögel sind unzulässig ....

Ferner sollen die Behörden einzelne Ausnahmen zu wissenschaftlichen oder Lehrzwecken, sowie zum Fang von Stubenvögeln für bestimmte Zeit und bestimmte Oertlichkeiten bewilligen können. Weiter wird von Baumbach und Genossen beantragt, dass Thurmfalken, Eisvögel, Störche (weisse und schwarze), sowie Flussseeschwalben aus der Reihe der in §. 8 angeführten Ausnahmen vom Gesetz gestrichen werden und dass der Krammetsvogelfang vom 21. September bis zum 31. December gestattet sein soll. Dr. Meyer (Halle) wünscht den Krammetsvogelfang ganz zu unterdrücken oder aber, da ein diesbezüglicher Antrag doch nicht durchgehen würde, ihn wenigstens erst vom 1. October an zu gestatten. Geheimrath Dr. Thiel bemerkt, dass, wie statistisch nachgewiesen ist, die Zahl der Krammetsvögel nicht abgenommen hat. Dr. Hermes bestätigt dies und erklärt, die Hinausschiebung des Termins bis zum 1. October würde für den Osten sehr nachtheilig sein. Der Antrag Meyer wird abgelehnt, dagegen die von Baumbach vorgeschlagenen Aenderungen angenommen. Ein Antrag zum Schutze der Wachteln, von Dr. Meyer (Halle) gestellt, wird aus principiellen Gründen abgelehnt, obwohl nicht zu leugnen ist, dass dieser Vogel von Jahr zu Jahr seltener und in absehbarer Zeit bei uns ganz verschwinden wird. Zum Schlusse beantragen Baumbach und Genossen die Resolution, den Bundesrath zu ersuchen, möglichst bald internationale Verträge zum Schutze der Vögel auf Grund des vorliegenden Reichsgesetzes abzuschliessen. Staatssecretär v. Bötticher erklärt die Resolution für überflüssig, da die Regierung durch die Vorlage dieses Gesetzes bewiesen habe, internationale Verträge anbahnen zu wollen. Ueber die Resolution wird in der dritten Lesung abgestimmt. Diese fand am 27. Februar statt. Der Abgeordnete Pfafferott behauptet, dass in den unter den Dohnen angebrachten Schlingen (dem sogenannten Unterstrich) ganz besonders viele nützliche Vögel gefangen würden, worauf jedoch Freiherr v. Mirbach erklärt, dass der Unterstrich im Osten und im Norden überhaupt nicht angewendet würde. Pfafferott zieht seinen Antrag zurück. Die Gegner des Krammetsvogelfanges äussern, ihre Anträge nicht wieder einbringen zu wollen, sondern für das Gesetz zu stimmen. In der General-Discussion kommt der Kiebitz und das Sammeln von Eiern desselben zur Sprache. Insbesondere erklärt sich der Abgeordnete Schulz (Lupitz) gegen dasselbe. Dr. Windthorst macht geltend, dass das Sammeln von Kiebitzeiern vielfach ein wichtiger Erwerbszweig sei. Pfafferott hebt hervor, dass das Sammeln von Kiebitzeiern seine Grenzen haben müsse, doch würden die Kiebitze hauptsächlich durch die Trockenlegung der Moore vermindert. Dr. Meyer (Halle) meint, in dem vorliegenden Falle sollten die Einzelstaaten einschreiten. Nach Schluss der Debatte wird das Gesetz (mit den von Baumbach beantragten Aenderungen) angenommen, ebenso die in der zweiten Lesung eingebrachte Resolution. In Kraft treten wird das Gesetz am 1. Juli 1888.

Neue Hühnerarten.

Fast alljährlich begegnen wir in den Geflügel-Ausstellungen Neuheiten, welche theils der zielbewussten Sorge des Züchters, theils Neueinführungen zu danken sind, welche uns die Repräsentanten der Hühnervögel aus fernen Gegenden vor Augen führen. Zu der letzteren Art gehören die jüngst in einigen Hühnerschauen England's vorgeführten Begum Pilly Gaguzes-Hühner. Es ist dies eine Neueinführung aus Ostindien, wo selbe angeblich zahlreich gehalten werden. Unverkennbar ist eine Aehnlichkeit mit den Malayen, die bereits seit langer Zeit bei uns heimisch und bekannt sind. Nach den englischen Zeitungsberichten besitzen diese Begum Pilly Gaguzes-Hühner lange Hälse, lange und starke Beine, schwere Füsse und dichtes festanliegendes Gefieder. Die Hähne haben niedere Kämme, lange und grosse Bartlappen, die Halsfedern sind kurz, der Schwanzbesatz verhältnissmässig schwach mit feinen Sichelfedern. Die Grösse der Hühner ist bedeutend, da Hähne bis zu 30 englische Zoll Höhe erreichen; das Körpergewicht entspricht jedoch nicht dem äusseren Anscheine. 8 Monate alte Hähne wiegen circa 4 Kilogramm. Nach den englischen Berichten werden dieser Hühnerart nur wenig Vorzüge nachgerühmt, selbst bei Kreuzungen mit anderen Racen, demnach kann einer Einführung keineswegs das Wort dermalen gesprochen werden, solange nicht weitere Erfahrungen vorliegen. Eine uns zu Gebote stehende Abbildung zeigt selbe als schmächtig, langbeinig und dicht befiedert, mit einem kleinen Rosenkamm. Die Füsse erscheinen bei Henne und Hahn als ausserordentlich plump.

In Madison Square Garden zu New-York erregten bei der letzten Hühner-Ausstellung das grösste Interesse die sogenannten Downies, eine Spielart der Plymouth-Rocks. Vor 8 Jahren fand der Züchter J. V. H. Nott zu Ulster County (New-Yersey) bei einer Brut Plymouth-Rocks ein Küchlein, welches sonst zwar alle äussere Kennzeichen dieser Race aufwies, jedoch ein völlig verschiedenes Aeussere zeigte, als die Thiere sich befiederten. Alle übrigen Kücken dieser Brut wiesen die normale Färbung und Zeichnung des Federkleides auf; das Thier dagegen war statt mit Federn mit „sanften", grauen Dannen bedeckt. Statt der Halsfedern, Flügel- und Schwanzfedern erschienen kurze nackte Federkiele, die von der Dannenmasse überdeckt wurden. Im nächsten Jahre gab man dieser Henne, die von ihr gelegten Eier zur Ausbrütung; ein gewöhnlicher Plymouth-Rockhahn war der Vater. Unter den ausgefallenen Kücken fand sich ein Hahn, welcher gänzlich dem Mutterthiere gleich gebildet war und gleiches Federkleid aufwies. Nunmehr wurde mit selben die Fortzucht weiter verfolgt und im nächsten Gelege fanden sich 2 Thiere, welche den Elternthieren völlig glichen. Von diesem ursprünglichen Stamm, von 4 Thieren, welche alle das dannige Gefieder, sowie sehr kurze Flügel auszeichnete, wurde nun weitere Zucht mit Erfolg betrieben und nach und nach Constanz dieser eigenthümlichen Bildung erzielt. In Gestalt, Grösse und allgemeinen Eigenschaften gleichen die Downies den Plymouth-Rocks. Das Gefieder ist grau-schwarz, manchmal auch rein weiss. Diese Federbildung, die man eigentlich eine Federentartung nennen könnte, ermöglicht, die Downies leicht in beschränktem Raume zu halten, da selbe nicht fliegen können. Das Dannengefieder verhindert die Flugfähigkeit. Die Züchter behaupten, dass das Dannengefieder vollständig die werthvollen Dannen der Gänse- und Entenarten ersetzen kann, so dass selbe einen nicht unerheblichen wirthschaftlichen Werth besitzen würden. In den letzten Jahren waren die Züchter bestrebt, die einzelnen Stämme fortzuzüchten, um die Folgen der Inzucht zu vermeiden und sonach taugliches Zuchtmateriale zu gewinnen. In Kürze der Zeit dürften wir auch hier derartige Stämme zur Ansicht bekommen. Besonderen wirthschaftlichen Werth kann man wohl einer derartigen Hühnerart nicht zuerkennen, da selbe vermöge der besonderen Eigenthümlichkeit des Gefieders sehr empfindlich für Witterungseinflüsse, z. B. Regen, sein muss.

Dr. Leo Příbyl.

Auswahl der Bruteier.

Allgemein bekannt dürfte die Behauptung sein, dass aus spitzig geformten Eiern Hähnchen, dagegen aus mehr rundlichen Eiern Hennen ausschlüpfen; weniger bekannt ist dagegen die Widerlegung dieses eingebürgerten Aberglaubens und die Aufstellung einer neuen erprobten Behauptung. Das erstere ist sehr einfach. Unter meinem Volke findet sich eine Henne, welche auffallend spitzig geformte Eier legt und eine solche, welche kugelrunde Eier zu Tage fördert; ein Satz ersterer Sorte lieferte mir im vergangenen Jahre 6 Hennen, 2 Hahnen; zwei Gelege letzterer, also runder Eier, ergab 6 Hennen, 11 Hahnen. Daraus folgt ganz deutlich, dass sich aus der Form der Eier absolut nicht auf das Geschlecht der Insassen schliessen lässt; sonst müsste ja daraus folgen, dass die Mehrzahl der Hennen nur weibliche Küchel lieferte, denn erfahrungsgemäss legen die meisten Hühner rundliche Eier, endlich würde jede Henne entweder nur Hennen oder nur Hähne zur Welt bringen, je nachdem sie nur runde oder nur spitzig geformte Eier legt.

Anders dagegen verhält es sich mit einer neuen Behauptung mit von Erfolg begleiteter Probe! In „Baldamus" heisst es in dieser Frage unter anderem: „Vielmehr möchte man das Gegentheil behaupten (dass also rundliche Eier Hähne, spitzige dagegen Hennen geben), da die spitzigen Formen die relativ kleineren und leichteren Eier, die Hähne aber grösser und schwerer sind, als die Hennen."

In demselben Artikel ist eines Dr. Lenz erwähnt, der auf Grund positiver Erfahrung räth, die leichteren Eier ein und derselben Henne auszusuchen, wenn man Hennen, die grösseren und schwereren Eier, wenn man Hähne erzielen will. Da ich nun im vorigen Jahre gerade ganz spitzige und ganz kugelige Eier von zwei mir sicher bekannten Hennen erhielt, so machte ich eine Probe. Ich nahm also 15 spitzige Eier ein und derselben Henne, welche diese nacheinander gelegt hatte und wog jedes Ei genau, so dass ich 9 schwerere und 6 leichtere Eier feststellen konnte und richtig schlüpften 9 Hahnen und 6 Hennen aus, wie sich später zeigte; desgleichen nahm ich 15 kugelige Eier einer anderen Henne, auch hinter einander gelegt, und konnte 8 schwerere und 7 leichtere unterscheiden, nach drei Wochen hatte ich auch in diesem Falle 8 Hahnen und 7 Hennen, wie sich's in der Folge zeigte. Interessant wäre es nun, wenn mehrere Leser diese Versuche auf ähnliche Weise anstellen würden, um festzustellen, ob das Resultat in jedem einzelnen Falle ein sicheres ist; denn immerhin können ja meine beiden obigen Versuche dem Zufall unterworfen gewesen sein. Auch möchte Einer die nicht ungerechte Einwendung machen, dass unter 15 hinter einander gelegten Eiern gewiss einige waren, die erst Mittags oder gegen Abend gelegt wurden, und dass es da häufig der Fall ist, dass diese Mittagseier kleiner ausfallen, als die des Vormittags gelegten, somit eine aussergewöhnliche Gewichtsdifferenz (wenn ich mich so ausdrücken darf) entsteht. Um diesem Uebelstand zu begegnen, müsste man nur solche Eier, hinter einander gelegt, auswählen, welche Vormittags fallen, natürlich von ein und derselben Henne.

Was die Dauer der Brutfähigkeit der Eier betrifft, so ist hierüber ein grosser Federkrieg entstanden, die Einen behaupten, dass 30 Tage alte Eier noch ausgebrütet werden können, Andere, dass höchstens 10- bis 15tägige Eier zu benützen seien, wieder Andere trauen schon 8tägigen nicht mehr; sicher ist so viel, dass frische Eier den alten vorzuziehen sind; dass aber auch ältere noch brutfähig sind, beweist der Umstand, dass Hühner, welche sich selbst setzen, (wie man auf dem Lande sich ganz treffend auszudrücken pflegt), ja mindestens 25—30 Tage brauchen, um ihre 17 Eier zu legen, ebensoviel Küchlein hat schon manche Henne aus ihrem Versteck zur freudigsten Ueberraschung ihrer Herrin mitgebracht: in einem solchen Nest aber ist oft kein einziges Ei lauter! Noch erübrigt, Einiges über die Arten der Bruteier und deren Aufbewahrung anzuführen. Unstreitig sind Italiener die besten Leger und wer Gelegenheit hat, sich solche Bruteier in der Nähe selbst zu holen, der versäume dies nicht, oder lasse sich einen billigen Stamm kommen, 2 3jährige Hühner eignen sich entschieden am besten zur Nachzucht; frühe Bruten derselben legen bei vernünftiger Fütterung auch an kalten Orten den ganzen Winter. — Als Ort der Aufbewahrung von Bruteiern eignet sich am besten ein kühler, trockener Platz in Schubladen mit Spreu zur Hälfte gefüllt. Man legt sie daselbst am besten in der Lage, in welcher man sie aus dem Neste genommen hat, nieder, ohne dass sie einander berühren. Neben dem Datum (mit Blei angeschrieben) kann man auch die Henne selbst darauf notiren, welche zur Nachzucht bestimmt ist, damit man beim Setzen die richtigen Eier gleich parat hat.

D. in L.

Eine verbesserte Einrichtung im Eierhandel.

Nachdem das im württemberg'schen Wochenblatte für Landwirthschaft schon wiederholt empfohlene Verfahren, die Eier nach dem Gewichte zu verkaufen, keine Aussicht hat, zur allgemeinen Anwendung zu kommen, dürfte sich die einfache und zweckmässige Sortierungsweise, welche in den Pariser Markthallen üblich ist, mit Leichtigkeit auf unseren Märkten einführen lassen. Man benützt dort zum Sortieren der Eier 2 Ringe, von welchen der grössere einen lichten Durchmesser von 40 mm, der kleinere einen solchen von 38 mm hat. Eier, welche den ersten Ring nicht passieren können, sind solche erster Sorte; jene, welche durch den ersten, nicht aber durch den zweiten Ring gehen, sind Eier zweiter und jene, welche auch durch den kleineren Ring schlüpfen, sind Eier dritter Sorte. Im Grossverkehre dürfen nur sortierte Eier zum Verkaufe kommen.

Die Ringe sind aus Messing gedreht, stecken an einer Handhabe fest und befinden sich in entsprechender Entfernung übereinander, so dass man beim Hineinstecken eines Ei's von unten sofort sieht, zu welcher Sorte ein Ei zu zählen ist. Es zeigte sich bei versuchsweisen Prüfungen, dass die Mehrzahl gewöhnlicher Handelseier der ersten und zweiten Sorte angehörten — etwa 15 Procent sind zur dritten Sorte zu zählen.

Nach Ermittelungen, welche der Centralverein für Geflügelzucht in Hannover bezüglich des Gewichtes der Eier anstellte, wiegt ein grosses Ei durchschnittlich 75 Gramm, ein mittleres 60 Gramm, eines der kleinsten 48 Gramm. Hieraus erhellt, dass ein Schock = 60 Stück grosser Eier 4500 Gramm, eines dergleichen kleiner 3600 Gramm und kleinster 2880 Gramm wiegt. Es würden, wenn wir den Gewichtsausfall in Eiern ausdrücken, zu einem Schock grosser Eier von den mittleren 12 und von den kleinsten 20 Stück fehlen. Gilt nun das Schock grosser Eier 3 Mk., so müsste die Mittelsorte 2 Mk. 40 Pf. und die kleinen 1 Mk 92 Pf. kosten. Zieht man nun noch das Gewicht der Schalen in Betracht, so ergibt sich zunächst, dass die Schale eines Eies von 75 Gramm 7·4 Gramm, also eines Schockes von 4500 Gramm 444 Gramm Durchschnittsgewicht hat, dass ferner ein Ei zu 60 Gramm 7·2 Gramm, also ein Quantum von 4500 Gramm 600 Gramm Schalen hat und dass endlich ein Ei von 48 Gramm Gewicht 6·9 Gramm, demnach 4500 Gramm dieser Sorte 650 Gramm Schalengewicht haben. Hiernach stellt sich bei den drei Grössen ein Unterschied des Schalengewichtes von 150 Gramm oder $2\frac{1}{2}$ Stück bei der zweiten und von 260 Gramm oder 4 Stück bei der dritten heraus. Rechnet man dieses dem obigen Abgange zu, so braucht man, um den Inhalt eines Schockes grosser Eier zu ersetzen $77\frac{1}{2}$ Stück mittlerer und $97\frac{3}{4}$ Stück kleiner Eier.

Der Verkauf der Eier nach dem Gewichte ist dadurch erschwert, dass die bewegliche Form derselben das Abwiegen nicht gut gestattet und selbst in Verpackung diese Wägung nur anwendbar ist, wenn die Verpackungsmaterialien zurückgewogen werden, was in vielen Fällen ganz unthunlich ist. Es würde also das Messen viel einfacher sein.

F. M

Interessante Mittheilungen der königl. Brieftauben-station in Tönning.

Herr B. A. Mumb, Inhaber dieser Station, gibt in den „Schlesw.-Holst. Blättern“ für Geflügelzucht anlässlich an ihn gerichteter Anfragen folgende sehr bemerkenswerthe Auskünfte:

1. Die Orientirung der Tauben. Wenn die Brieftauben von dem äusseren Feuerschiffe abgelassen werden, steigen sie zunächst in die Höhe und ziehen immer weitere und höhere Kreise um das Schiff, bis sie sich über die einzuschlagende Richtung orientirt haben und in dieser fortfliegen. Aus der grossen Höhe, in welcher die Tauben kreisen, muss es den mit sehr scharfer Sehkraft begabten Thieren möglich sein, die Kuppe der sich am Strande von St. Peter und Ording hinziehenden hohen Dünenkette oder das in der Eidermündung stationirte zweite Eiderfeuerschiff (Eider-Galiote), welches mit rother Farbe gestrichen ist, in Sicht zu bekommen. Auch liegen zwischen den beiden Feuerschiffen grössere, mit lebhaften Farben gestrichene Seetonnen, welche auch wohl den Tauben mit zu ihrer Orientirung dienen. Zu bemerken ist aber noch ganz besonders, dass die Tauben immer nur in einer Richtung, von West nach Ost, geübt werden und ja auch im Depeschendienste immer nur in dieser Richtung fliegen. Dass die Tauben ein sehr starkes Orientirungsvermögen besitzen ist zweifellos, da durch Unwetter oder Falken verschlagene oder versprengte Thiere oft nach tagelangem Umherirren zerzaust und ermattet in den Schlag zurückkehren. Auch die Fahrzeuge, welche die Tauben einüben und nach den Feuerschiffen hinausbefördern, wie die Lootsenjollen und die beiden Regierungsdampfer „Triton“ und „Delphin“, sind denselben wohl bekannt, es kommt häufig vor, dass von Falken verfolgte Tauben sich an Bord dieser, im Fahrwasser befindlichen Fahrzeuge retten und von der Besatzung ruhig greifen lassen; eine so verfolgte Taube, welche ganz nordwärts verschlagen war, rettete sich an Bord des auf der Hever, dicht vor Husum fahrenden Dampfers „Delphin“ und liess sich willig einfangen.

2. Der Taubenschlag und das Läutewerk. Der Schlag ist mit zwei Fluglöchern versehen, welche so construirt sind, dass das eine nur den Ausflug, das andere nur das Einkommen der Tauben ermöglicht. Sobald eine Taube in den Schlag eintritt, schliesst sich das Flugloch selbstthätig, so dass die Taube nicht wieder hinaus kann, dieselbe setzt nun durch das Betreten eines sogen. Trittbrettes ein elektrisches, jetzt in der Gaststube befindliches helltönendes Läutewerk in Bewegung, dieses ist mit einem Fortscheller versehen, und läutet so lange, bis es abgestellt wird.

3. Das Befestigen der Depeschen. Die zu befördernde Depesche wird möglichst scharf zusammengefaltet, so dass sie eine Rolle von ca. 2 Zoll Länge und der Dicke eines Federkieles bildet und dann mittelst Umwickelung von sehr feinem Draht (Blumendraht) an den Kiel einer festen, gesunden Schwanzfeder befestigt: dadurch, dass die Depesche unterhalb der Feder befestigt wird, und die Tauben beim Fliegen die Schwanzfedern, um damit zu steuern, übereinander spreizen, wird die Depesche vor dem Nasswerden geschützt.

Um den Tauben Gelegenheit zu geben, sich auch ausser den Uebungstouren und dem Depeschendienst diese Bewegung zu machen, lasse ich sie Morgens früh, ohne sie vorher zu füttern, hinaus; nachdem sie sich dann ein paar Stunden umhergetummelt, gehen sie wieder in den Schlag zurück, werden hierauf von dem Einflugsraum abgesperrt, damit später mit Depeschen eintreffende Tauben sich vor Abnahme der Depesche nicht unter sie mischen können, und erhalten hierauf Futter.

Militärisches Brieftaubenwesen.

Aus Petersburg wird berichtet: Heute ist eine Verordnung, betreffend die Einführung des Brieftaubendienstes, veröffentlicht worden. Schon im October vorigen Jahres waren die nothwendigen Vorbereitungen für diese wichtige Neuerung getroffen, die, wie es scheint, in grossartigem Massstabe durchgeführt werden soll. Alle im Westgebiete befindlichen Festungen oder befestigte Plätze sind untereinander und mit mehreren offenen Städten nunmehr durch Brieftaubenlinien verbunden. Es gibt vier Classen von Brieftaubenstationen, je nach der Zahl der Flugrichtungen, welche jede Station erhält. Zu jeder Flugrichtung gehören 250 Tauben. Die Haupt- und Zuchtstation befindet sich in Brest-Litowsk. Doch ist in der im „Russky Inwalid" veröffentlichten Verordnung ausdrücklich gesagt, dass, falls die Umstände es erheischen sollten, die Centralstation von dort verlegt werden würde. Die Vorsteher der Stationen sind von den Festungs-Commandanten ernannte Officiere; die Aufseher, welche entweder Privatpersonen sind oder dem activen Dienststande entnommen werden, müssen jedenfalls russische Unterthanen sein. Hinzugefügt sei noch, dass zur Unschädlichmachung der feindlichen Brieftauben der Abrichtung von Falken eine grosse Aufmerksamkeit und Mühe zugewendet wird.

Aus Amstetten.

Am 14. März wurde durch den hiesigen Lehrer Herrn Leissner eine Silbermöve (Larus argentatus Brünn.: ♂ ad.) an der Ybbs erlegt. Der prachtvolle Vogel, mit der Flugspannweite eines Bussardes, ist ein Männchen im vollendetsten Alterskleide und dürfte nur äusserst selten mehr hier vorkommen. Herr Mitjagdbesitzer Olbrich aus Wien, reiht ihn seiner Sammlung ein, und wurde der Vogel deshalb zu Gebrüder Hodek geschickt.

Ein Nest des **schwarzkehligen Wiesenschmätzers** (Pratincola rubetra L.). Im Sommer des Jahres 1886 (11. Juni) fand ich auf dem Wege vom Jägerhaus zur sogenannten Cholera-Capelle (Umgebung von Baden bei Wien) in einem Brombeergebüsche ein mit 6 hellgrünblauen Eiern belegtes Nest des Schwarzkehlchens, auf das ich nur zufällig gerieth, indem ich nach einer unter dem Gebüsche verschwundenen grossen, grünen Eidechse fahndete. Das Weibchen flog erst auf, als ich es fast mit der Hand ergreifen konnte. Halmwerk mit Moos bildeten das Aussennest, Thierhaare, auf sehr feinem Gras die Mulde. Da dieser Vogel sein Nest fast nur im Wiesengrase errichtet, fiel mir dieser Fund wieder ein, als ich in letzter Woche H. Seidl's „Natursänger" mit den hübschen Bildern von H. Giacomelli (Leipzig, B. Elischer) zu Gesicht bekam, in welchem das Nest gleichfalls in einem Gebüsche befindlich abgebildet erscheint. K.

Das Schwarzkehlchen und sein Nest.

Dem Anstande eine Gasse!

Auf die mich betreffenden Ausfälle des Herrn Dr. A. Girtanner im 3. Absatze seines Artikels „Gefiederabnormität bei einem Alpenmauerläufer", März-Blatt 3 (S. 46), bezüglich dessen würdiger Beurtheilung ich den Leser einfach auf Inhalt und Ton meines Vortrages. „Populäres über unsere Geier", enthalten in Blatt Nr. 1, 2, 3, 4 d. J. 1887 verweise, vermeide ich es, dem Herrn in gleicher Weise zu erwidern, wiederhole aber kurz meine seinerzeit dort wohlbegründeten Behauptungen:

1. Barbatus zerschmettert keine Knochen durch Herabschleudern oder Fallenlassen aus der Höhe,

weil er seinen Zweck hierdurch nicht erreichen würde und kein Mensch jemals diesen Vorgang sah. Man betet da bloss eine alte Fabel nach.

2. Seine zwei etwas einwärts gestellten Zehen an jedem Fusse, tragen zum besseren Festhalten des Frasses oder Raubes nichts bei. Sie vermögen es nicht; es kommt vielmehr Aehnliches bei anderen, ganz harmlosen Geierarten auch vor.

3. Der Bartgeier ist im Allgemeinen dem Menschen ungefährlich, denn es fehlt ihm dazu die Hauptbedingung, die hinreichend starke, scharfbewehrte Klaue. Die Natur würde sie ihm sonst nicht versagt haben.

4. (Und diese Erinnerung geht an eine andere Adresse.)

Die junge, neue Feder des Barbatus kommt aus ihrem Blutkiele weiss, nicht röthlich; der rostrothe Beschlag in den älteren Federn ist erst eine Folge seiner Lebensweise.

Ich sehe nach wie vor, einer bis heute ausgebliebenen sachlichen Widerlegung entgegen.

Amstetten, am 25. März 1888.

E. Hodek sen.

Recensionen und Anzeigen.

Heinrich Seidel. Naturssänger. Mit 110 Originalzeichnungen von H. Giacomelli. Leipzig. B. Elischer. 1888. (M. 12 in Prachtband.)

Mit grossem Vergnügen machen wir alle Vogelfreunde auf dieses sehr empfehlenswerthe, durch seine trefflichen Illustrationen, sinnigen Gedichte und naturwahren Schilderungen Jeden, der nicht schon Vogelfreund ist, für die Welt der Vögel gewinnende Buch aufmerksam, das sich, wie wenig andere, zu einem werthvollen Geschenke eignet und besondere Förderung aller Vogelschutz-Vereine verdient, da derlei Schriften weit nachhaltiger im Sinne des Vogelschutzes und der Verbreitung vogelfreundlicher Kenntnisse wirken, als viele andere Anstrengungen in dieser Richtung.

Zur Behandlung kommen: Nachtigall, Goldhähnchen, Zaunkönig, Eisvogel, Grasmücken, Meisen, Buchfink, Rothkehlchen, Pirol, Sperling, Schwalben, Lerchen, Rothschwänze und Blaukehlchen, Amsel, Wasseramsel, kleiner Buntspecht, Spechtmeise, Baumläufer, Hänfling, Zeisig, Bachstelzen, Stieglitz, Drosseln, Gimpel, Schmätzer.

Jedes der 21 Capitel zeigt in anziehendsten Illustrationen eine Umrahmung (s. S. 70) eine Kopfleiste, eine Initiale, ein Vollbild (s. S. 73) und ein Schlussstück.

Einband, Papier, Druck entsprechen der ganzen glänzenden Ausstattung. Wir können nur lebhaft wünschen, dass das schöne Buch recht viele Freunde findet.

Allgemeine Encyklopädie der gesammten Forst- und Jagdwissenschaften. Unter Mitwirkung zahlreicher Fachmänner herausgegeben von Raoul Ritter v. Dombrowski. Mit zahlreichen Tafeln und Illustrationen. Wien und Leipzig. Verlag von M. Perles. 1887. II. Band (19. bis 36. Lieferung à 60 kr.)

Von diesem gross angelegten Werke, das wir unseren Lesern schon wiederholt empfohlen und von dem schon der III. Band vollendet vorliegt, bringen wir heute den II. Band (627 S.) zur Anzeige.

Die Erwartungen, die man bei der grossen Zahl und der fachmännischen Bedeutung der einzelnen Mitarbeiter bezüglich der Gründlichkeit dieses Werkes hegen durfte, haben sich auch erfüllt. Diese Encyklopädie steht in ihrer Art einzig da und ist berufen, dem Forstmanne und Jäger als ergiebigste Quelle für Aufklärung in allen in sein Fach einschlägigen Fragen zu dienen. Die sämmtlichen Artikel stehen auf dem neuesten Stande der Wissenschaft; die Literaturangaben sind erschöpfend; die Vollbilder und Textillustrationen trefflich ausgeführt und praktisch ausgewählt.

Was speciell den ornithologischen Theil betrifft, der ja unsere Leser in erster Linie interessirt, so findet der Vogelkundige gerade diese Partie besonders ausführlich und fachgemäss behandelt. Es sei u. a. nur auf die Artikel Birkhuhn (S. 42–50), Brandente (S. 165–169), Buntspecht (S. 226–239) verwiesen, welche ersehen lassen, wie eingehend die wichtigeren Arten behandelt werden.

Ausser den zahlreichen Textillustrationen bringt der II. Band neun grosse Volltafeln (Pflanzenkrankheiten I, Brut- und Frassgänge I, II, III, IV, Dachshund, Damhirschgeweih I, II, Cossidae).

Wir können dieses prächtige Werk, das überdies von anderen mühselig erscheinenden Lieferungswerken durch raschen Fortgang sich auszeichnet, allen für die Jagd- und Forstwissenschaft und deren Zweige sich Interessirenden nur bestens empfehlen und werden noch öfter Gelegenheit finden, auf dasselbe lobend zu sprechen zu kommen.

Eingelaufen:

Hans von Berlepsch: Kritische Uebersicht der in den sogenannten Bogota-Collectionen (S. O. Columbia) vorkommenden Colibri-Arten und Beschreibung eines neuen Colibri (Cyanocerbia nehikorni). (Separat aus Cabani's Journal für Ornithologie.)

— Systematisches Verzeichniss der vom Herrn Ricardo Rohde in Paraguay gesammelten Vögel und Appendix: Systematisches Verzeichniss der in der Republik Paraguay bisher beobachteten Vogelarten. (Separat aus Cabani's Journal für Ornithologie.)

Da erophrons of two new Species of Birds trans Bogota, Columbia. (Baer remon simpler, Myrmecia Bouardi.)

Dacroptrand of new Species and Subspecies of Trochilidae. (Phaëthornis Natterer: Jache Lawrenzei, Eulamps jugularis eximies, Siplogaeus iris Buckleyi, Chlorostilbon comptus, Chl. subfuscatus.)

Katalog des bosnisch-herzegowinischen Landesmuseums. Sarajevo 1888.

A. v. Homeyer: Studium über die amerikanischen Puter. Separat aus der Zeitschrift für Ornithologie und praktische Geflügelzucht.

Aus anderen Vereinen.

Verein für Naturwissenschaften in Braunschweig.

(11. Sitzung am 16. Februar 1888.)

Herr Professor Dr. Wilhelm Blasius berichtet über durch Herrn Dr. Platen und dessen Gemahlin bei Puerto-Princesa gesammelte neue Vögel von Palawan. Es wurden unter Anderem vorgelegt und kurz beschrieben:

1. Syrnium Wiepkeni nov. sp. (benannt zu Ehren des verdienstvollen Directors des Grossherzogl. Naturhistorischen Museums in Oldenburg). Diese ziemlich grosse Eule ist dem javanischen Kauze (seloputo) ähnlich, unterscheidet sich aber von demselben durch die rostbräunliche Grundfärbung der Laufbefiederung, der ganzen Unterseite und der unteren Flügeldeckfedern bei regelmässiger Ausbildung schmaler dunkelbrauner Querbänder am Leibe und an der Befiederung der Läufe. Die ganze Oberseite ist dunkelchocoladenfarbig mit zahlreichen kleinen weissen Tropfenflecken, wobei die langen Schulterfedern mehr oder weniger zu einer helleren, gelblichen oder gar weissen Färbung mit breiteren dunklen Querbändern hinneigen. Die Federn an den Seiten des Halses und an der Brust haben zum Theil bei rostbräunlicher Färbung des Grundtheiles an der Spitze mehrere ziemlich breite mit einander abwechselnde weisse und dunkelbraune Querbänder.

2. Siphia Ramsayi nov. sp. (benannt zu Ehren des englischen Ornithologen Ramsay, welcher sich grosse Verdienste um die Erforschung der Ornis der Philippinen und der malayischen Inseln erworben hat). Diese Fliegenschnäpper-Art steht in Betreff der vorzugsweise olivenartigen Rückenfärbung des Weibchens den indischen Arten rubeculoides und magnirostris nahe, unterscheidet sich aber von ersterer Form durch den bedeutend längeren Schnabel und dadurch, dass bei dem Männchen die Kehle nicht blauschwarz oder blau, sondern hell gefärbt ist, wie beim Weibchen. Von letzterer Art ist das Männchen hauptsächlich durch die dunkleren Füsse verschieden, das Weibchen dagegen durch eine

braungraue Färbung der Oberseite des Kopfes mit deutlich bläulichem Scheine, der vorzugsweise sichtbar über dem hellen Stirn- und Oberaugenstreifen hervortritt, sowie auch durch eine fast braunrothe Farbe des Schwanzes. Es ist dies die Form, von welcher bis dahin nur weibliche Individuen auf Palawan gesammelt waren und die Tweeddale fälschlich als banyumas bezeichnet, Sharpe als elegans aufgeführt und Ramsay erst kürzlich als mit rubeculoides verwandt erkannt hat. Die anderen neuerdings von Sharpe, beziehungsweise Ramsay beschriebenen Philippinen-Arten: Lemprieri und Herioti, scheinen von der vorliegenden Form wesentlich verschieden zu sein.

3. Siphia Platenae nov. sp. (benannt zu Ehren der Frau Dr. Platen) gehört im Gegensatz zu denjenigen Arten, die wenigstens im männlichen Geschlecht ein vorzugsweise blaues Gefieder haben, zu denjenigen Formen, welche in beiden Geschlechtern eine mehr oder weniger olivengelbe oder bräunliche Färbung des Rückens besitzen (strophiata, ruficauda, poliogenys und olivasea). Charakteristisch für die vorliegende Art ist die geringere Grösse, die gleichmässige hellolivenbräunliche Färbung des Rückens und der Kopf-Oberseite, der einfarbig hell rostrothe Schwanz und die zweifarbige Unterseite des Körpers mit scharfer Grenze in der Mitte, wobei die vordere Hälfte orangeroströthlich die hintere dagegen einfarbig weiss erscheint.

4. Hyloterpe Plateni nov. sp. (benannt zu Ehren des unermüdlichen Sammlers. Diese Dickkopf-Würgerart ist der malayischen Form grisola am nächsten stehend, unterscheidet sich aber durch einen längeren Schnabel, durch eine fast gleichmässig olivenbraune Färbung der ganzen Oberseite mit Einschluss des Kopfes und des Schwanzes, sowie durch eine graue Färbung der Brust, die sich an Kehle und Kinn mehr mit Weiss mischt. Jüngere Individuen haben eine braunrothe Berandung der Schwungfedern und statt der schwarzen eine bräunliche Färbung des Schnabels.

Derselbe Vortragende legte, zugleich im Namen des Herrn Garten-Inspectors Hollmer, einige Exemplare des kürzlich herausgegebenen neuen Sämereien-Verzeichnisses des Herzoglichen Botanischen Gartens vor und stellte dieselben zur Verfügung.

Aus unserem Vereine.

Auszug aus dem Protocolle der Ausschusssitzung am 13. April 1888.

Anwesend: 1. Vicepräsident A. v. Pelzeln, 1. Secretär Dr. Friedrich Knauer, 2. Secretär Dr. Hans v. Kadich, Cassier Dr. Carl Zimmermann; Ausschüsse: Alfred Haffner, Hubert Panzner, Dr. Othmar Reiser, Georg Spitschan, Julius Zecha. (Zu Beginn der Monatsversammlung erschienen noch Prof. Dr. Victor Langhans und Leopold Pianta. Ihre Verhinderung zeigten schriftlich an Herr Präsident Adolf Bachofen von Echt und 2. Vicepräsident Fritz Zeller.)

1. Es wurden fünf neue Mitglieder in den Verein aufgenommen. (Siehe weiter unten.)

2. Der siebenbürgische Verein für Naturwissenschaften in Hermannstadt sucht um Schriftenaustausch an. (Eingegangen.)

3. Die Gesellschaft zur Verbreitung wissenschaftlicher Kenntnisse in Baden stellt dasselbe Ansuchen. (Vertagt.)

4. und 5. Bezüglich der Einladung zur Beschickung der ornithologischen Ausstellungen in Rom und in Düsseldorf wird diesmal von einer Beschickung abgesehen.

6.—17. Dr. F. Knauer referirt über eingelaufene Beiträge für die Mittheilungen.

18.—21. Erledigung verschiedener Anfragen.

Hierauf Beginn der Monatsversammlung (im grünen Saale der **k. k. Akademie der Wissenschaften**).

Herr Dr. Friedr. Knauer spricht über die Vogelwelt der Alpen; Herr Dr. H. v. Kadich verliest in Abwesenheit Herrn J. Talsky's dessen eingehenden Bericht über seine Reiseerlebnisse in Steiermark und Kärnthen; Herr Dr. H. v. Kadich ergänzt seinen letzten Vortrag über die Waldhühner durch interessante Mittheilungen über die Nahrung des Schnee- und Birkhuhnes im strengen Winter; Herr Dr. Georg Bleyer liest über einige Beobachtungen aus dem Vogelleben der Moore.

Als neue Mitglieder sind beigetreten:

1. Ornithologischer Verein in Danzig.
2. Verlagsbuchhändler B. Elischer in Leipzig.
3. Der Jagd-Club „Diana" in Bielitz-Biala.
4. Herr J. C. Hannstrup in Kopenhagen, Hollbergegade 4.
5. Herr J. Kalmann, Director der Weinbauschule in Marburg a. Dr. (Angemeldet durch A. Haffner.)

Nächste **Monatsversammlung**, Freitag, den 11. Mai 1888, im grünen Saale der k. k. Akademie der Wissenschaften in Wien (I., Universitätsplatz 2), um ½7 Uhr Abends.

Programm:

Ober-Lieutenant Hubert Panzner: „Beobachtungen im Occupationslande".

Dr. Friedrich Knauer: Ueber nicht fliegende Vögel und die Consequenzen zu weit getriebener Anpassung.

Ausweis des Secretariates über den Einlauf der Mitgliederbeiträge.

Bis 8. d. M. sind an Jahresbeiträgen eingelaufen:

I. Beim Cassier Dr. Carl Zimmermann (I., Bauernmarkt 13).

1. Nr. **83**. Ad. B. v. E. j.; 2. Nr. **94**. Graf M. D. j.; 3. Nr. **149**. Frl. S. G.; 4. Nr. **220**. Dr. K.; 5. Nr. **253**. C. N.; 6. Nr. **301**. W. S.; 7. Nr. **308**. G. S.; 8. Nr. **336**. J. Z. Sämmtliche à 5 fl.; 9. Nr. **130**. J. E. j. 4 fl.

II. Beim Secretariate (VIII., Buchfeldgasse 19).

1. Nr. **103**. Dr. C. Cl.; 2. Nr. **112**. C. D.; 3. Nr. **131**. H. E.; 4. Nr. **141**. W. Fr.; 5. Nr. **172**. E. H. j.; 6. **194**. Graf Chr. K. s.; 7. Nr. **199**. Dr. Bl. K.; 8. Nr. **204**. W. K.; 9. Nr. **205**. Dr. C. v. K.; 10. Nr. **215**. A. W. K.; 11. Nr. **236**. J. M.; 12. **262**. A. P.; 13. Nr. **309**. Dr. F. St.; 14. N. **317**. E. U.; sämmtliche à 5 fl.; 15. Ornith. Verein Danzig 6 fl. 17 kr.

Correspondenz der Redaction.

Wir bestätigen mit vielem Danke den Einlauf nachfolgender Aufsätze für die Mittheilungen: 1. Ein Bastard von Anas boschas domestica ♂ und Cairina moschata ♀. Von A. Pichler, Assistent am zool. Institut der k. Universität in Agram. — 2. Falco peregrinus in Prag. Von Dr. Wladislaw Schier in Prag. — 3. Mittheilungen über den Fischreiher. Von Dr. Georg Bleyer. — 4. Zwei seltene Gäste des Erzgebirges. Von W. Peiter.

Herren **F. Z....r**, hier; **J. C. H........p**, Kopenhagen; **J. H...r**, St. Andreasberg; Löbl. Jagdclub: „**Diana**", Bielitz; **H. R....r**, Geldern — bestätigen Ihre Sendungen.

Herren **R. A. Ka..........r**, Linz. Jüngster Zeit gehen auffallend viele solcher Sendungen verloren; hoffentlich haben Sie die neuerliche erhalten. — Herrn Dr. **F. K....f**, hier. Haben von Ihrer Mittheilung Notiz genommen. — Herrn Baron **R.......g**, s'Gravenhage. Haben die schon gedruckte Mittheilung abgesetzt und sehen der geänderten entgegen. — Herrn **L...... St.......r**, Washington. Danken bestens für die freundlichen Mittheilungen. Ein ausführlicher Brief folgt im Laufe des Monates. Herr Baron R. hat uns in dieser Angelegenheit bereits Mittheilung zukommen lassen. — Herrn Baron Dr. **St. W........n**, Lussingpiccolo. Für den Schluss bestens dankend, sind wir der seinerzeitigen Mittheilungen mit grossem Interesse gewärtig. Wir hoffen zuversichtlich, dass diese Nr. Ew. Hochwohlgeboren schon in bester Gesundheit trifft. —

Herrn **H...r**, St. Andreasberg a. H. Auf Ihr soeben einlangendes ausführliches Schreiben folgt nächster Tage Antwort. — Herrn **B. H...h**, Frankfurt a. M. Vorläufig Ihr Anerbieten mit bestem Danke acceptirend, bitten wir zu ausführlicherer Mittheilung uns noch einige Zeit zu gestatten. — Herrn Präparateur **A. Z.......r**, Klagenfurt. Den von Ihnen erwähnten Artikel haben wir nicht erhalten. Nach der ganz unrichtigen Adresse (zu Handen des Herrn Mudarazky oder Stellvertreter) Ihrer Karte zu schliessen, dürfte dieser Artikel in ganz andere Hände gelangt sein. — Löbl. **Academia de Lincei**, Roma. Wir konnen nur den Wunsch bezüglich Nr. 1 und 2 v. J. erfüllen; bezüglich aller früheren Nummern kommt die Reclamation leider zu spät. Sollte es später vielleicht möglich sein, die verlangten Nummern zu senden, so wird es gewiss geschehen. Herrn **Z.......r**, St. Gallen. Brief folgt nächster Tage. — Herr **F. E..r**, hier. Vorläufig nicht. — Herrn **R. E..r**, Neustadl. Wollen entschuldigen, dass wir, mit Arbeit überbürdet, erst nächste Woche zur Beantwortung Ihres gef. Schreibens vom 29. v. M. kommen werden. — Herrn Custos **O. R....r**, Sarajevo. Bestätigen den Empfang von 11 kr. Mit dem Artikel meinten wir den an Sie gesandten Aufsatz, den Sie bei Ihrem Hiersein als für die Mittheilungen bestimmt uns zeigten und nur mit einigen Zusätzen versehen wollten. Die Kartenangelegenheit R. K. war schon zwei Wochen vor Anlangen Ihres geehrten Schreibens erledigt. Vielleicht sehen wir uns im Sommer dort. Beste Grüsse, auch an Prof. S. — Löbl. **Ornithologischer Verein**, Danzig. Nr. 1-4 an Ihre Adresse abgegangen. — Löbl. **Siebenbürgischer Verein für Naturwissenschaften**. Desgleichen. — An **mehrere Herren Correspondenten**. Wir bitten um gütige Nachsicht, wenn wir bei bestem Willen mehrfache Anfragen noch nicht zu beantworten vermochten; wir werden uns bemühen, die Rückstände in den nächsten 2 Wochen zu erledigen.

☞ Frühere Jahrgänge der „Mittheilungen" sind, so lange der Vorrath reicht, zu dem ermässigten Preise von à 4 fl. 8 Mark durch das Secretariat (VIII., Buchfeldgasse 19) zu beziehen. Alle eilf Jahrgänge werden zu dem Preise von 40 Mark abgegeben, doch sind nur mehr wenige Exemplare vorhanden. ☜

Herausgeber: Der Ornithologische Verein in Wien (verantwortlich: **Dr. Fr. Knauer**). Druck von J. B. Wallishausser.

Commissionsverleger: Die k. k. Hofbuchhandlung **Wilhelm Frick** (vormals Faesy & Frick) in Wien, Graben 27.

Sitz des Vereines: Wien, VIII., Buchfeldgasse 19.

XII. Jahrg. Nr. 5.

Blätter für Vogelkunde, Vogel-Schutz und -Pflege, Geflügelzucht und Brieftaubenwesen.

Redacteur: Dr. Friedrich K. Knauer.

Mai | 1888.

Die „Mittheilungen" des unter dem Protectorate Seiner kaiserlichen und königlichen Hoheit des durchlauchtigsten Kronprinzen **Erzherzog Rudolf** stehenden **„Ornithologischen Vereines in Wien"** erscheinen in der Stärke von 2 Bogen **am 15. jeden Monates. Abonnements** à 6 fl., sammt Franco-Zustellung 6 fl. 50 kr. = 13 Mark jährlich, werden in der k. k. Hofbuchhandlung **Wilhelm Frick** in Wien, I., Graben Nr. 27, entgegengenommen, und einzelne Nummern à 50 kr. = 1 Mark daselbst abgegeben. **Inserate** 6 kr. = 12 Pfennige für die 3fach gespaltene Nonpareille-Zeile oder deren Raum. — **Mittheilungen** an das **Präsidium** sind an Herrn **Adolf Bachofen von Echt** in Nussdorf bei Wien, die **Jahresbeiträge** der Mitglieder an Herrn **Dr. Karl Zimmermann**, I., Bauernmarkt 11, alle anderen für die **Redaction**, das **Secretariat**, die **Bibliothek** u. s. w. bestimmten Briefe, Bücher, Zeitungen, Werthsendungen, an die **Redaction der „Mittheilungen des Ornithologischen Vereines"**: Wien, VIII., Buchfeldgasse 19, zu senden. — **Vereinslocale**: (Bibliothek, Sammlungen, Redaction) VIII., Buchfeldgasse 19, I. Stiege, III. Stock 11. — Die mit Vorträgen verbundenen **Monats-Versammlungen** finden im grünen Saale der k. k. Akademie der Wissenschaften: I., Universitätsplatz 2, statt. — **Sprechstunden** der **Redaction** und des **Secretariates**: Dienstag und Freitag, 2—4 Uhr.

Vereinsmitglieder beziehen das Blatt gratis.

Beitrittserklärungen (Mitgliedsbeitrag 5 fl. jährlich) sind an das Secretariat zu richten.

Reiseerinnerungen aus Steiermark und Kärnthen.

Von **Josef Talský.**

Um einer freundlichen Einladung des um die vaterländische Vogelkunde hochverdienten, allgemein geachteten Pfarrers P. Blasius Hanf in Mariahof nachzukommen, und überdies neue, mir bisher unbekannte Gegenden kennen zu lernen, unternahm ich während der vorjährigen Hauptferien eine Reise nach Steiermark und Kärnthen. Die Erfahrungen, die ich auf dieser meiner Wanderung gesammelt, enthalten zwar des Neuen nicht viel, dürften aber dessenungeachtet doch manchen verehrten Leser unserer Zeitschrift interessiren und darum sei einer ungeschmückten Darstellung derselben hier ein Plätzchen vergönnt.

I.

Wien. — Admont.

Nach einer mehrstündigen Eisenbahnfahrt, vom Regen verfolgt, langte ich am 22. August 1887 in Wien an. So wie immer, wenn ich in unserer Haupt- und Residenzstadt einkehre, zog es mich auch diesmal an, dem hocherfahrenen, durch seine Zuvorkommenheit und herzgewinnende Freundlichkeit ausgezeichneten Custos der zool. Abtheilung des k. k. naturhistorischen Hofmuseums, Herrn August von Pelzeln, einen Besuch abzustatten. Dies Vorhaben führte ich denn auch am nächsten

Tage durch und war nicht wenig erfreut, Herrn von Pelzeln in dem neuen grossartigen Museum, nach glücklich überstandenem Aufgange über eine freitragende Treppe, an deren Geländer soeben gearbeitet wurde, inmitten der ihm anvertrauten, fast vollzählig eingereihten Thierpräparate, im besten Wohlsein angetroffen zu haben. Auf das Freundlichste aufgenommen, besichtigte ich sodann an seiner Seite die prachtvollen Säle und war über das neue Arrangement der unterschiedlichen Thierclassen in hohem Maasse überrascht. Die berühmte ornithologische Sammlung, deren Uebersicht ich die meiste Zeit gewidmet, ist in mehreren, unmittelbar aufeinander folgenden Sälen systematisch und in einer für den Besucher möglichst zugänglichen Art aufgestellt. Die alten Bekannten vom Josefsplatze hätten es sich niemals träumen lassen, dass ihre irdischen Hüllen einst in so vornehmen Schränken dem wissbegierigen Publicum zur Schau ausgestellt werden. Sie haben insgesammt neue, dunkelbraune Standbrettchen erhalten und nehmen sich in den luftigen, lichten Räumen sehr vortheilhaft aus. Eine neue zweckmässige Einrichtung habe ich in dieser Abtheilung mit besonderem Beifalle begrüsst. Selbe betrifft nämlich die in Oesterreich-Ungarn gesammelten Vogelarten, welche in einem eigenen Saale zusammen gestellt werden. Diese Special-Sammlung ist schon gegenwärtig sehr reichhaltig und dürfte mit der Zeit ein vollständiges Bild der Ornis unseres grossen Reiches zur Anschauung bringen. Eine andere Novität bildet auch die ansehnliche, in einem Nebensaale aufgestellte Sammlung einheimischer, vornehmlich kleinerer Vögel, die von Herrn Victor Ritter von Tschusi zu Schmidhoffen meisterhaft präparirt und dem k. k. Hofmuseum zum Geschenke gemacht wurden.

Bei Betrachtung der aufgespeicherten Naturschätze wurde ich unwillkürlich an den grossen Aufwand von Zeit und Mühe gemahnt, der dazu erforderlich sein musste, um die Uebersiedlung und Neuaufstellung der Objecte zu bewältigen. Und noch ist die Arbeit nicht vollendet, noch hat hier die ordnende Hand Vieles zu schaffen, bevor sie zur verdienten Ruhe kommen wird. Mit der vollen Ueberzeugung, dass jeder Oesterreicher das neue k. k. Hofmuseum mit gerechtem Stolze begrüssen wird, verliess ich nach drei genussreichen Stunden das monumentale Gebäude.

Am 24. August brach ich, vom herrlichsten Wetter begünstigt, von Wien auf und fuhr ohne Unterbrechung über Amstetten bis Admont, wo ich übernachtete. Die Fahrt bot in landschaftlicher Beziehung des Interessanten ausserordentlich viel, namentlich in dem vielgenannten „Gesäuse", dessen wildromantische Landschaftsbilder mich geradezu in Erstaunen versetzt hatten. Vögel konnte ich trotz meines bevorzugten Platzes im Aussichtswaggon nur selten wahrnehmen, dafür aber auffallend bekleidete Touristen, deren Zahl, je weiter wir in dem Gebirge vordrangen, desto mehr zugenommen hatte.

Einzelne von ihnen machten auf mich, infolge ihrer auf das Sorgfältigste zusammengestellten Ausrüstung den Eindruck von „Sonntagsjägern", die als sogenannte „schöne Jäger" in der Umgebung grösserer Städte alle Jagden unsicher zu machen pflegen. Andere hingegen waren weniger „schön", manche wettergebräunt, ja sogar etwas verwildert aussehend, wie z. B. jene drei abenteuerlichen Gestalten in der Station Gstatterboden, die offenbar von einer beschwerlichen Hochtour angelangt, unseren Zug bestiegen hatten. Diese Letzteren sagten mir besonders zu, obwohl ich gestehen muss, dass ihre Erscheinung unter den Bewohnern irgend eines Dorfes meines Heimatlandes Mähren, einen kleinen Auflauf verursacht haben würde.

Die Gegend von Admont blieb für mich länger, als ich es gewünscht, ein verhülltes Bild. Ein dichter Nebel lagerte über den umstehenden Bergriesen, die sich erst in vorgerückter Morgenstunde mit stark beschneiten Gipfeln meinen Blicken entfaltet hatten, für einen Reisenden, der so wie ich unmittelbar aus der weiten Hanna-Ebene in das Hochgebirge versetzt wurde, ein überraschender Anblick. Ich durchschritt den schön gelegenen Markt bis zur Ennsbrücke, betrachtete die sich ruhig dahinwälzenden Wasserfluthen, die in kurzer Zeit zwischen zerklüfteten Felsmassen eingepresst, stöhnend und sausend das gewaltige Gebirge durcheilen müssen, — ging dann eine kurze Strecke stromab bis „zu den Eichen" (eigentlich „Oachen", wie ich gehört), — traf aber nirgends einen nennenswerthen Vogel an. Die lieben Thierchen schienen sich infolge des Nebels und der empfindlichen Kühle zurückgezogen zu haben. Dass es mir nachher möglich geworden ist, die grösste Sehenswürdigkeit Admonts, nämlich die berühmte Stiftsbibliothek, sehen zu können, verdanke ich nur der wohlwollenden Einsicht des hochw. Herrn Bibliothekars, der so freundlich war, mich zu einer aussergewöhnlichen Zeit, d. h. vor 10 Uhr Vormittags in den Saal zu geleiten; denn nach dieser für die Fremden bestimmten Stunde hatte ich schon wieder einen bequemen Sitz in einem Waggon des Schnellzuges der Kronprinz Rudolf-Bahn inne und rollte durch früher nie gesehene Landschaften meinem nächsten Ziele, der Station Neumarkt entgegen.

(Fortsetzung folgt.)

Neue Arten und Formen der Ornis Austro-Hungarica,

mit genauen Nachweisen und kritischen Bemerkungen.

Von **Victor Ritter von Tschusi zu Schmidhoffen.**

(Schluss.)

Merula torquata. Boje. — Ringamsel.

In neuerer Zeit hat L. Stejneger in einer Arbeit „On Turdus alpestris and Turdus torquatus, two distinct species of european Thrushes" Proced. of United Stat. Nation. Mus. Washington. 1886. p. 365—373 die schon von unserem Altmeister Chr. L. Brehm (Handb. d. Naturgesch. aller Vögel Deutschl. 1831. p. 377) als Merula alpestris unterschiedene und beschriebene Alpenringamsel der Vergessenheit entrissen und durch genaue Untersuchung und Vergleichung einer grösseren Reihe von Ringamseln aus verschiedenen Theilen Europas die Berechtigung der Sonderung festgestellt. Wenn wir auch mit Stejneger in der Trennung als „Species" nicht übereinstimmen, so betrachten wir sie doch als eine gut zu unterscheidende Varietät.

Kennzeichen der Art.

Gefieder schwarz (♂) oder in's Braune (♀) ziehend, ohne oder mit weissen oder schmutzigweissen Federrändern auf der Unterseite und weissem (♂) oder schmutzigweissem (♀) Halsring.

Merula torquata var. septentrionalis, v. Tsch.*) — Nordische Ringamsel.

♂ im Frühling schwarz, ohne oder nur mit schwachen Resten von weisslichen Federrändern auf der Unterseite.

♂ im Herbst mit schmalen Federrändern.

♀ im Frühling u. Herbst mit lichten Federrändern, die breiter als beim ♂ im Herbstkleide, aber immer schmäler als bei der var. alpestris sind.

Merula torquata var. alpestris, Chr. L. Br. — Alpen-Ringamsel.

♂ im Frühling mattschwarz, stets mit weissen Federrändern auf der Unterseite; die Federn besitzen einen weissen, durch den schwärzlichen Schaftstreif unterbrochenen Mittelfleck, wodurch der Unterkörper ein gescheektes Aussehen erhält.

♂ im Herbst mit breiten Federrändern, daher noch mehr gescheckt.

♀ im Frühling u. Herbst mit sehr breiten Rändern, so dass, besonders im Herbst, mehr die weisse als dunkle Grundfarbe vorherrscht.

Verbreitung.

Nördlich vom Riesengebirge.

Die böhmisch-mährisch-schlesischen Gebirge, die Karpathen, Alpen, Pyrenäen, die Gebirge Bosniens und der Herzegowina und des Kaukasus.

Wandern im Herbste südlich.

Turdus Swainsoni, Cab. — Swainson's Drossel.

Bisher nur in einem Exemplar aus Oesterreich-Ungarn bekannt, welches nach A. Bonomi „Avifauna Tridentina" (Roveredo, 1884, pag. 24) 1878 in der Umgebung Roveredo's erbeutet wurde und sich im dortigen Museum befindet.

Kennzeichen.

Lerchengrösse; Färbung und Zeichnung drosselartig; 3. und 4. Schwinge aussen verengt.

Beschreibung. Oberseite (im Herbst) gelblichgraubraun oder (im Frühjahr) gelblichgrau; Zügel und Augenring rostgelblich; Kinn, Kehle und Halsseiten rostgelblich überflogen, an der Oberbrust ziemlich deutlich abgegrenzt; übriger Unterkörper weiss oder schmutzigweiss, an den Seiten grau, beziehungsweise gelblichgrau überflogen; Fleckung vom unteren Schnabelrand — das Kehlschild grösstentheils freilassend — schmal beginnend, längs der Halsseiten und dem Kropfe sich verkürzend und zu schwärzlichen Flecken verbreitend, welche vor der Oberbrust die grösste Anhäufung zeigen, von da über die Brust nach den Seiten hinziehend sich verlieren und allmählich verblassen; Schwung- und Steuerfedern, wie der Oberkörper, im Herbst mit rostgelblichen, im Frühling mit blässeren Aussensäumen; Oberschnabel hornbraun, Unterschnabel mit gelblicher Wurzel; Tarsen horngelb.

Beide Geschlechter zeigen im Allgemeinen die gleiche Färbung.

*) Da für den nordischen Vogel keine Bezeichnung als Varietät existirt, so schlage ich obige für selben hier vor.

Verbreitung.

Vereinigte Staaten bis Mexico und Mittelamerika.

Saxicola stapazina var. melanoleuca, Güldenst. — Schwarzkehliger Steinschmätzer.

Den ersten Nachweis des Vorkommens dieser östlichen Varietät des weisslichen Schmätzer's bei uns lieferte Prof. G. Kolombatović in Spalato, der sie in einigen Individuen unter S. stapazina, Temm. in Dalmatien auffand. Vgl. darüber G. Kolombatović, „Imenik Kralješnjaka Dalmacije. II. Dio Dvoživci. Gmazovi, i Ribe. 3. e Aggiunte ai vertebrati della Dalmazia". (Split [Spalato] 1886, p. 21.)

Kennzeichen.

Der Saxicola stapazina, Temm. ähnlich, aber mit viel weiter herunterreichendem schwarzen Kehlfleck.

Beschreibung. ♂ Das ganze Kleingefieder weiss, mit Ausnahme des schwarzen Kehlfleckes, welcher sich nach unten zu bis gegen die Oberbrust, seitlich über die Hals- und Kopfseiten, bis über das Auge erstreckt; Schwingen, Ober- und Unterdecken und Schulterfedern schwarz; Schwanzfedern, die zwei mittleren ausgenommen, welche nur an der Wurzel weiss, sonst ganz schwarz sind, weiss, mit schwarzen Enden, die sich nach den äusseren zu vergrössern; Schnabel und Beine schwarz.

♀ Kopf, Nacken und Rücken graubraun; Bürzel und obere Schwanzdecken rein weiss; Kehlfleck schwärzlich, durch graubraune Ränder getrübt; Unterkörper weiss, mit schwachem gelblichen Anfluge; Schwingen schwarzbraun; Schwanzfedern wie beim ♂.

Heimat.

Südliches und südöstliches Europa, Nord-Ost Afrika, Klein-Asien, Persien.

Budytes melanocephalus, Lichtenst. — Schwarzköpfige Schafstelze.

Prof. G. Kolombatović hat bereits in seinen „Osservazioni sugli uccelli della Dalmatia" (Spalato, 1880, p. 27) des Vorkommens dieser Schafstelze in Dalmatien Erwähnung gethan, da aber bisher sichere Beweisstücke fehlten, die früheren Dalmatien-Reisende Michahelles, Feldegg und Pregl zwar Budytes cinereocapillus (Feldeggii, Mich.), Sav., nicht aber melanocephalus mitbrachten und ausserdem die schwarzgrauköpfigen Schafstelzen vielfach mit den schwarzköpfigen verwechselt wurden, so nahmen wir vorläufig den Budytes melanocephalus nicht in unsere Liste auf. Nun hat aber Herr Dr. L. von Lorenz von seiner Reise nach Dalmatien im Frühjahre 1887 aus Salona und Fort Opus unzweifelhafte B. melanocephalus mitgebracht und dadurch das thatsächliche Vorkommen derselben in Dalmatien constatirt. Vgl. Dr. L. v. Lorenz „Reisebericht" (Annal. d. k. k. naturhist. Hofmus., II. Bd., 1887, Notizen p. 75 und 96).

Kennzeichen.

♂ Oberkopf, Kopfseiten und Nacken tief schwarz; Rücken lebhaft gelbgrün; Unterseite goldgelb.

Heimat.

Dalmatien, Italien, Griechenland, Egypten und Klein-Asien, weiter nach Osten durch nachstehende Formen vertreten.

Budytes Rayi. Bp. — Grünköpfige Feldstelze.

Unter dem Namen Motacilla flava flavicapilla beschrieb Petényi in seiner Arbeit: „Von der neueren Bereicherung der vaterländischen Vogelfauna" (Jahrb. d. kgl. ung. naturw. Ges. 1841—1845. I. p. 193, in ung. Spr.) ein von ihm im Turóczer Comitate (Ob.-Ung.) erlegtes ♂, das sich im ungarischen National-Museum in Budapest befindet, und welches er zu B. Rayi, Bp. zog.

Herr v. Madarász (Die Singvögel Ungarn's. — v. Madarász. Zeitschr. f. d. ges. Orn. I. 1884, p. 137) zieht gelegentlich der Besprechung dieses Exemplares selbes zu B. campestris, Pallas, welche früher als gesonderte Varietät von B. Rayi betrachtet wurde. Nachdem aber die Pallas'sche Beschreibung auf diese Art überhaupt nicht passt und die gleichen Färbungsverschiedenheiten, welche dieser zugeschrieben wurden, auch im Westen vorkommen, so ist eine Trennung der westlichen und östlichen Feldstelze unthunlich.

Kennzeichen.

♂ Oberkopf, Nacken, Hinterhals, Rücken und Bürzel olivengrüngelb; vom Schnabel zieht sich unter dem Auge ein an der Ohrengegend sich verbreitender dunklerer Streif, der im Nacken verläuft; Augenstreif und ganzer Unterkörper sammt den Schwanzdecken goldgelb.

Bei manchen Männchen wird die grüngelbe Färbung des Oberkopfes und Nackens durch Gelb verdrängt und finden sich zwischen diesen beiden Färbungs-Extremen alle Uebergänge.

♀ dem ♂ ähnlich, aber in allen Theilen blasser.

Heimat.

Die britischen Inseln, Frankreich, Spanien, S.-Russland, Turkestan und das nördliche West-Afrika.

Euspiza aureola, Pall. — Weidenammer.

Herr Jos. Želisko, erzherzoglicher Förster in Dzingelau bei Teschen in Schlesien, erlegte dort am 7. December 1886 ein ♂, das durch die Freundlichkeit des Genannten in meine Sammlung gelangte. Näheres darüber in meiner Arbeit: „Der Weidenammer (Euspiza aureola, Pall.) in Schlesien erlegt, nebst einigen Bemerkungen über denselben". (Mittheil. des orn. Ver. in Wien. XI. 1887, p. 25—26.)

Kennzeichen.

Oberflügel mit grossem weissen Fleck.

♂ Oben rostbraun, unten gelb, mit rostbraunem Querband unter der Kehle; Stirn, Zügel, Gesichtsseiten und Kinn schwarz.

♀ Oben, mit Ausnahme des rostrothen Unterrückens und Bürzels, gelblichgraubraun, am Kopf fein-, am Oberrücken grobgestrichelt; unten weisslich, gelblich-, an der Kehle rostfahl überflogen; über den Augen ein weisslicher, beziehungsweise gelblichweisser und über diesem ein rostbrauner Streif.

Totallänge circa 15 mm.

Heimat.

Die nördliche paläarktische Region, vom nördlichen Russland bis Kamtschatka.

Ardea bubulcus, Aud. — Kuhreiher.

Das erste Exemplar bei uns schoss Herr Graf Sam. Teleki 1881 in der Obedská bara bei Kupinowo in Slavonien. Vgl. Ed. Hodek: „Ein für Europa neuer Pelikan und die Geschichte seiner Erlegung" (Mittheil. d. orn. Ver. in Wien. X. 1886, p. 3). 1886 erlegte, wie mir Herr Ed. Hodek sen. mittheilt, dessen Sohn Eduard ebendort zwei weitere Stücke. Auch Herr L. Baron Kalbermatten erbeutete den 9. Juni des abgelaufenen Jahres 3 Exemplare.

Kennzeichen.

Der A. ralloides ähnlich, aber die Kopffedern zerschliessen, röthlichgelb und der Schnabel gelb.

♂ weiss; Kopf-, Unterrücken- und Unterhalsfedern verlängert, zerschliessen, röthlichgelb; Augen, Schnabel und Beine gelb. Im Winter bis auf die verlängerten Kopffedern ganz weiss; Beine dunkelbraun oder schwärzlich.

♀ dem ♂ ähnlich, aber kleiner und matter gefärbt, die verlängerten Federn kürzer.

Heimat.

Süd-Europa, Afrika und ein kleiner Theil Asiens.

Pelecanus Sharpei, du Bocage. — Sharpe's Pelikan.

Wie mir der Entdecker dieser für unsere Ornis neuen Art, Herr Dr. Stef. Baron von Washington, mitzutheilen die Freundlichkeit hatte, wurde ein einzelnes Exemplar Ende Juni 1887 auf einer nahe der Donau gelegenen, mit Rohr bewachsenen Wiese bei Dubowa nächst Ogradina in Ungarn flügellahm geschossen und eingefangen. Da der Vogel keine Nahrung zu sich nehmen wollte, tödtete man ihn und sandte ihn an den Sohn des Präparators A. Pimper nach Graz, wo Herr Baron von Washington das Exemplar sah und erkannte.

Näheres darüber in dem obengenannten Artikel: „Ueber ein Vorkommen des Pelecanus Sharpei, du Bocage in Oesterreich-Ungarn". (Annal. d. k. k. naturhist. Hofmus. III. Bd. 1888, p. 63—72 m. 1 Abbild.)

Kennzeichen.

♂ Stirnschneppe schmal und spitz auslaufend wie bei P. onocrotalus. Schnabelfärbung: Basalhälfte und Culmen schwärzlich, Spitzenhälfte gelb, Nagel und Ränder des Oberkiefers roth; Kehlsack gelb; Gesichtshaut fleischfarben; Tarsen gelbröthlich.

Oberseite des Körpers weiss, kaum merklich rosenfarben überhaucht; Unterseite lebhaft rostgelb, auf der Oberbrust ein lebhaft rostbrauner Fleck, der die ganze Brustbreite einnimmt; Schwingen schwarz, Schwanz weiss; Länge circa 168 cm.

Heimat.

Süd- und Central-Afrika, sehr selten in Europa, Bulgarien (Hodek), Ungarn (Bar. v. Washington).

Sterna macrura, Naum. — Silbergraue Meerschwalbe.

Das einzige mir bekannt gewordene Stück wurde nach Joh. v. Csató — vgl. dessen: „Ueber den Zug, das Wandern und die Lebensweise der Vögel in den Comitaten Also-Fehér und Hunyad" (v. Madarász, Zeitschr. f. d. öst. Orn. II. 1885, p. 515) am 10. Juni 1863 bei Zeykfalva am Sztrigyflusse in Siebenbürgen erlegt, kam in die Samml. Ad. v. Buda's und befindet sich jetzt in der von Csató's in Nagy-Enyed.

Kennzeichen.

Der Sterna fluviatilis Naum. ähnlich, aber durch Folgendes unterschieden:

Alt: Schwanz länger, im Sommerkleid weit die Flügel überragend; Schnabel schlanker, fast ganz hochroth, ohne schwarz auf der Firste; der Lauf stets kürzer; grauer Streif längs des Schaftes auf der Innenseite der ersten Primarien schmäler.

Heimat.

Die nördliche paläarktische und nearktische Region.

Die im Beobachtungsgebiete Neustadtl (bei Friedland in Böhmen) vorkommenden Vögelarten. (Nachtrag.)

Beobachtungen aus dem Jahre 1887.

Von **Robert Eder.**

(Fortsetzung.)

Alcedo ispida, Linn. Eisvogel. Im October wurden zwei Eisvögel am Lomnitzbache unterhalb Lusdorf vom Fabriksbeamten Herrn Stelzig gesehen.

Sturnus vulgaris, Linn. Staar. Vom 8. Mai an waren die Staare in grösserer Thätigkeit, Atzung für die erste Brut herbeizuholen; auch traf ich schon am 18. Mai junge Staare auf den Wiesen an. Am 15. Juni beobachtete ich ein Paar, das Vorbereitungen zur zweiten Brut traf; am 17. Juli war bereits die zweite Brut ausgeflogen. Gegen Ende October waren keine Staare mehr hier.

Lycos monedula, Linn. Dohle. Das Pärchen, welches sich im Frühjahre einige Zeit auf dem hiesigen Kirchthurme aufhielt, hat denselben, ohne dort zu brüten, wieder verlassen.

Corvus cornix, Linn. Nebelkrähe. Durch Abschuss auf der Uhuhütte wurde diese schädliche Krähenart sehr vermindert.

Cornix corone, Linn. Corvus frugilegus, Linn. Einen besonders grossen Zug schwarzer Krähen am 14. October um 9 Uhr Früh in der Richtung von Ost nach West beobachtet.

Garrulus glandarius, Linn. Eichelheher. Ein Eichelheher wurde im Herbste beobachtet, als er wiederholt Kartoffel vom Felde holte und dem Walde zutrug. Er hatte wahrscheinlich Vorrath eingetragen.

Nucifraga caryocatactes, Linn. Tannenheher. Anfangs October trafen die Herren Excell. Graf Clam-Gallas'scher Revierjäger Klusch und Förster Rotter im Neustadtler Reviere Tannenheher an. Herr Oberlehrer Karl Rudloff berichtete zur selben Zeit aus dem nahen Weissbach gleichfalls über deren Ankunft. Die Tannenheher scheinen sich jedoch nur sehr kurze Zeit hier aufgehalten zu haben.

Lanius excubitor, Linn. Raubwürger. Im Herbste wurde ein Raubwürger auf dem Vogelheerde in dem nahen Badeorte Liebwerda gefangen.

Lanius collurio, Linn. Rothrückiger Würger. Am 14. Mai sah ich ein Weibchen, sonst habe ich in diesem Jahre keine Dorndreher angetroffen.

Lanius rufus, Briss. Rothköpfiger Würger. Herr Lehrer Julius Michel sah im Herbste einen rothköpfigen Würger bei der hiesigen Schule auf einem Gartenzaune sitzen.

Bombycilla garrula, Linn. Seidenschwanz. Ende November hielt sich eine Schaar Seidenschwänze in den hiesigen Hausgärten auf. Am 21. December waren wieder 10 Stück hier. (Am 12. Jänner 1888 sah ich 4 Stück, welche durch den fortgesetzten Angriff der Sperlinge fortzufliegen gezwungen wurden. Am 10. März 1888 wurden drei Stück geschossen, welche auf einem, bei einem Hausgiebel herausgesteckten Ebereschbeerenbusche sassen. Von diesen erhielt ich 2 Exemplare.

Troglodytes parvulus, Linn. Zaunkönig. Am 3. Juli wurde mir ein Nest mit fast flüggen Jungen gezeigt. Dasselbe befand sich in einem Erdloche eines umgestürzten Fichtenwurzelstockes. Am 10. Juli waren die Jungen ausgeflogen.

Parus ater, Linn. Tannenmeise. Ein Nest dieser Waldmeise befand sich in einem Loche des Steingefüges einer am Waldrande befindlichen Brücke. Nach Entfernung eines Steines konnte man am 5. Juni ziemlich grosse Dunenjunge sehen. Ein zweites Nest befand sich in einem Erdloche, etwa 25 cm tief, mit kleinem Einflugloche unter einem flachen Steine, der die Höhle bedeckte. Die Jungen waren am 5. Juni bereits ausgeflogen. Die unterste Lage des Nestes bestand aus Moos, auf diesem war eine dichte Schichte Hasenhaare mit Rehgrannen untermischt gebettet.

Phyllopneuste trochilus, Linn. Fitislaubvogel. Am 1. Mai das kugelförmige Nest, mit seitlichem Eingange am Fusse einer kleinen Tanne, ganz nahe dem Erdboden, ähnlich einem dürren Blätterhaufen, gefunden. Am 6. Mai war das Nest vollendet, am 8. Mai lag das erste Ei in demselben.

Am 7. October beobachtete ich noch zwei Fitislaubvögel.

Hypolais salicaria, Bp. Gartenspötter. Am 5. Mai hörte ich den ersten Sprachmeister. Am 28. Mai sah ich mehrere Paare beim Nestbau beschäftigt. Am 7. Juli waren die Jungen aus dem einen Neste geflogen.

Einem Sprachmeister-Gesange konnte ich unter anderen Vogelstimmen-Imitationen auch den Ruf des Schwarzspechtes, der Wachtel, der Goldamsel, des Sperlings und den Angst- oder Zornruf der Schwalbe entnehmen.

Sylvia atricapilla, Linn. Schwarzköpfige Grasmücke. Am 7. Mai hörte ich den ersten frischen Schlag des Mönchs im Walde.

Sylvia hortensis, auct. Gartengrasmücke. In diesem Jahre waren viele dieser guten Sänger im gestrüppreichen Jungholze zu hören. Die erste Gartengrasmücke habe ich am 18. Mai in einem hiesigen Garten vernommen.

Merula torquata, Boie. Ringamsel. Die Ringamsel kommt nach Behauptung des Herrn Jäger Kluch auf der Tafelfichte vor, und wurde daselbst auch ein Nest dieser Amsel gefunden. Jedenfalls trifft sie im Durchzuge hier ein, und wurden auch in diesem Herbste mehrere Ringamseln im „Gliezbusche" erlegt.

Turdus viscivorus, Linn. Misteldrossel. Am 4. Juni waren die Jungen dem, auf einer Fichte in der Höhe von circa 8 Meter befindlichem Neste entflogen.

Turdus musicus, Linn. Singdrossel. Am 15. Mai trugen Singdrosseln den Jungen Atzung zu. Am 12. October traf ich noch eine Singdrossel an.

Turdus iliacus, Linn. Weindrossel. Am 14. October wurden mir mehrere Weindrosseln, welche im Dohnensteig gefangen waren, gebracht.

Ruticilla tithys, Linn. Hausrothschwanz. Am 12. October waren noch einige Hausrothschwänze hier.

Ruticilla phoenicura, Linn. Gartenrothschwanz. Am 18. Mai beobachtete ich ein Männchen in einem hiesigen Garten, welches aber bald wieder verschwand. Im benachbarten Grenzdorf in preussisch Schlesien traf ich Gartenrothschwänze zur Sommerszeit an.

Dandalus rubecula, Linn. Rothkehlchen. Am 1. Juni war die erste Brut eines Nestes ausgeflogen, am 10. Juli noch ein Nest mit Eiern gefunden. Am 12. October das letzte Rothkehlchen gesehen.

Motacilla alba, Linn. Weisse Bachstelze. Ein Bachstelzenpaar ging von seiner Gewohnheit als Höhlenbrüter ab. Herr Stelzig machte mich auf ein Nest der weissen Bachstelze, das sich auf einer Weihmuthskiefer in einem hiesigen Garten befand, aufmerksam. Auch Herr Lehrer Julius Michel überzeugte sich von dieser seltenen Nistweise. Das Nest war in einer Höhe von circa 6 Meter, mit einer Seite an den Stamm angelehnt, auf zwei Seitenästen aufliegend, freistehend wie etwa ein Finkennest, gebaut. Der Napf war aus Reisig, Wurzeln, Wolle und anderem Material zusammengefügt, fest genug um die siebenköpfige Brut zu halten. Am 7. Juli waren 4 Junge ausgeflogen, nachdem ich einige Tage vorher drei Junge dem Neste entnommen hatte, um dieselben mit dem Neste in gleich seltener Lage präpariren zu lassen.

Am 24. August war die 3. Brut eines anderen Paares ausgeflogen. Am 8. November sah ich die letzte weisse Bachstelze.

Alauda arvensis, Linn. Feldlerche. Am 9. October einen grossen Zug von Ost nach West beobachtet.

Fringilla coelebs, Linn. Buchfink. Einige Männchen blieben über den Winter hier.

Fringilla montifringilla, Linn. Bergfink. Am 9. October und später noch einige Male mehrere Bergfinken in Gesellschaft von Fringilla coelebs angetroffen.

Serinus hortulanus, Koch. Girlitz. Ankunft 15. April, die letzten Girlitze am 7. October gesehen.

Chrysomitris spinus, Linn. Erlenzeisig. Die Angabe der hiesigen Vogelsteller, dass es hier zweierlei Zeisige gibt, nämlich Zeisigmännchen mit schwarzer Kehle und solche ohne schwarze Kehle bestätigt sich. Ich sah hier im Sommer eingesperrte Männchen mit und ohne schwarze Kehlen, und waren diese beiden verschieden gefärbten Zeisigmännchen schon jahrelang in Käfigen.

Dafür aber, dass hier die Zeisige ohne schwarze Kehlen nisten, dürfte der Beweis dadurch erbracht sein, dass zwei junge Zeisige, die zu Anfang des Juli 1887 im Jugendgefieder gefangen wurden, und welche ich seit dieser Zeit im Käfig halte, sich heute als gut singende Männchen mit schwarzer Kopfplatte, doch ohne den schwarzen Kehlfleck präsentiren.

Wenn ich nun erwäge, erstens, dass es hier unter den Vogelfreunden von altersher bekannt ist, dass es zwei abweichend gefärbte Zeisige gibt und diese demzufolge zwei Namen „Tannenzeisig", „Fichtenzeisig" führen, zweitens, dass ich mich selbst überzeugte, dass man hier sowohl Männchen mit schwarzem Kehlflecke als auch solche ohne denselben in der Gefangenschaft hält, und drittens, dass sich junge noch im ersten Jugendkleide befindliche Zeisige zu Männchen ohne schwarzen Kehlfleck ausbildeten, so glaube ich zur Annahme berechtigt zu sein, dass diese hier vorkommenden Zeisige ohne schwarze Kehlflecke eine constante Localart der Zeisige sei.

Carduelis elegans, Steph. Stieglitz. Es werden hier zur Herbstzeit Stieglitze mit 4 Spiegeln im Schwanze und solche mit 6 Spiegeln gefangen. Letztere, als die selteneren nennen die hiesigen Vogelsteller „russische Stieglitze". Ich besitze beide Varietäten. Schon in „Gründliche Anweisung alle Arten Vögel zu fangen etc., Nürnberg, Georg Peter Monath 1754" werden auf Seite 530 Stieglitze mit 4 Spiegeln und auch solche mit 6 Spiegeln im Schwanze erwähnt.

Cannabina sanguinea, Landb. Bluthänfling. Ein Hänfling erreichte hier das hohe Alter von 21 Jahren im Käfige.

Linaria alnorum, Ch. L. Br. Nordischer Leinfink. Ende October wurden hier Leinfinken gefangen, von denen ich zwei während des Winters im Käfige hielt.

Loxia curvirostra, L. Fichtenkreuzschnabel. Mitte Juli waren viele Kreuzschnäbel in den hiesigen Wäldern zu hören.

Ein gefangener Kreuzschnabel gewöhnte sich den üblen Zeitvertreib an, seine Federn auszureissen, und als er mauserte, zog er sogar die Blutkielen aus. Er war dadurch bald ganz nackt und musste getödtet werden.

(Schluss folgt.)

Aus Niederösterreich. Zwischen der Ybbs und Donau.

Von **Eduard Hodek** sen.

Amstetten, im April 1888.

Jetzt sind es fünf Vierteljahre, dass ich mich hier niedergelassen und finde vollauf bestätigt, dass es die Thalmulden grösserer Flüsse allein nicht sind, nach denen sich der Vogelzug im Herbste und Frühjahre bewegt, sondern dass solche Thäler und wären sie selbst von einer Bedeutung, wie jene unserer Donau von der baierischen Grenze bis Wien kaum Bruchstücke jener Bewegung abzulenken vermögen, die sich doch hauptsächlich in der Richtung Nord-, Ost- und Süd-West und vice-versa vollzieht. Es kommt auf die Richtung dieser grossen Thalzüge an, ob sie der Hauptstrasse der Wanderer günstig, d. h. halbwegs parallel sich anfügen, oder dieselbe kreuzen.

Letzteres ist bei dem in Rede stehenden oberen Donaugebiete von Wien bis Passau der Fall und daher kommt die Erscheinung, dass unsere Gegend unstreitig arm an Wandergästen genannt werden kann.

Während die Wiener Gegend, bedingt durch den Mannhardsberg-Zug westlich und den der Karpathen östlich, längs der March, eine Art Passage bildet für die, aus dem Norden Kommenden und eine Durchbruchsstation der Wandervögel aus der weiten mährisch-böhmischen Ebene nach den ungarischen, dem Platten- und Neusiedlersee zu, über Oedenburg weg, liegenden und so den Süden weiter zu führenden Heerstrassen, folgt selten eine abschiednehmende Zugsgesellschaft der aus dem Westen kommenden Wasserstrasse der Donau aufwärts.

Dem Wasser- und dem Sumpfvogel bietet auch von Krems bis Enns und Linz die Donau nur wenig Verlockendes; der Auen sind nicht allzu viele, Sümpfe ganz ausgeschlossen und die Nebenflüsse der Donau in dieser Strecke, die Ybbs und Enns und Traun, sind über Kies führend, rasch fliessende Bergwässer, die selbst an ihren, das Fliesstempo stauenden Mündungen ausser etlichen Sand- und Kiesbänken als Ruheplatz für Möven keinerlei Ressource bieten.

Das Ybbsthal, von oben bis Ulmerfeld eigentlich nur ein in steilen Felsufern liegendes Bett, öffnet sich erst bei Ulmerfeld als Thal bis zur Ybbsmündung, hat von dort die unbedeutende Länge von bloss 15 Kilometern und eine Breite von durchschnittlich 2 Kilometern. Ein altes Flussbett der Ybbs, vom jetzigen Strombette nach Süden in der Bahnstationslänge Amstetten—Blindenmarkt abbiegend, bildet etliche, auch im Winter warme Quelltümpel und Adern, hier „Laben" genannt, wo sich etwas Sumpf- und Wasserzugwild aufzuhalten vermag; viel zu unbedeutend und allzu beunruhigt jedoch, um als Brutstätte für mehr als etliche Paare Wasser- und Rohrhühner, Rallen- und Zwergtaucher zu dienen. Zwei bis drei Paar Stockenten bringen, wenn es hoch kommt, ihre Gelege zum Ausfallen, aber andere Enten finden sich selten da ein, ausser im Winter, wenn die Donau Eis führt, Stockenten, daneben die Schell- und die Knäck-Ente. Sogar der Kiebitz ist ziemlich selten und erinnere ich mich bloss zweimal Herbstflüge davon auf einer nahen Wiese gesehen zu haben; hie und da kam bei der Hühnerjagd im September einer einzeln oder paarweise zum Schuss.

Das lustige Volk der übrigen Charadriiden, der ewig beweglichen und mit ihrem Gepfeife jede umkreiste Wasserlache im Herbst und Frühjahr angenehm belebenden Tringiden und Totaniden, die sucht man hier vergebens. Wenn es hoch kommt, hört man bei Nacht über den Kopf weg in den Lüften der Wasserhuhnes Ruf, einen kleinen Flug Brachschnepfen (Numi arquatus) oder die Stimme des Triel's.

Die brüchigen, moosigen Stellen des früher genannten Terrains der „alten Ybbs" sind so wenig umfangreich, dass ich ganz erstaunt war, an einem warmen Octobertage dort fünf Stück Becassinen anzutreffen, wovon ich ein ♀ (Gall. scolopacina) schoss, aber die nächsten Tage vergebens dieselben Stellen absuchte, um ein ♂ davon zum Ausstopfen zu erlegen. Zwei von den fünf obigen waren Gallinulen, kleine Sumpfschnepfen und besitze ich noch heute davon keine ausgestopfte. Totanus glottis, der hellfarbige Wasserläufer, ♀ adult; den ich am 27. August erlegte, war ein Ereigniss, trotzdem ich mich auf diesem, dem Ybbs-Terrain, fleissig einfinde, um aus den Vertretern der hiesigen Ornis etwas für die Sammlung zu ergattern, die ich mir jetzt zum eigenen Vergnügen zusammenstelle, sie einmal, wenn's mit dem Schiessen und Ausstopfen nichts mehr ist, der hiesigen Schule zu schenken. Vorläufig aber ärgern mich die verteufelten Jungen der hiesigen Population weidlich durch unbezähmbare Zerstörungswuth alles dessen, was da kriecht und fliegt und tragen, nebst einem ansehnlichen Contingent von revierenden Katzen, deren ich allerdings eine erkleckliche Zahl vom Schauplatze wegfegte, zur Entvölkerung der Wälder und Büsche von Sylvien und Drosseln mit trauriger Consequenz bei. Und dieses unverbesserliche Gelichter lässt sich natürlich erstens doch nicht wie die Katzen behandeln, zweitens in Anbetracht seiner heiligen Scheu vor meiner Wenigkeit als „Wau-Wau", drittens bei seiner sehr ausgebildeten Windhunds-Rennfähigkeit auch schwer fangen, um nebst corpus delicti dem competenten Classenlehrer eingeliefert zu werden. So lebe ich denn mit diesen gott- und rechtvergessenen Rangen in fortwährender Fehde, im Stillen zu ihrer besseren Orientirung in der Naturgeschichte, Vögel präparirend. Verzeihung: Ich bin von der Vogelzugsstrasse etwas abseits gerathen und will sogleich wieder einlenken. Also: An Zugvögeln ist unsere Gegend ziemlich arm, wenn man ihre sonst so vortheilhafte Lage, zwischen zwei Flussgebieten, ihrer Abwechslung von wohlcultivirten Feldern ohne Wasserarmuth und mit ihren hügelichen, theils kleinen, aber auch wieder namhaften und mitunter pittoresk gelegenen Wäldern anderer darin ärmer dotirten Gegenden entgegen hält.

Wenn es nun schon mit dem Zugwilde aus den Familien der Sumpf- und Wasservögel schlecht bestellt ist, wofür ich mir eben erlaubte, das Hinderniss, besser gesagt, die Ursache in der von West nach Ost streichenden Richtung der Flussthäler zu erkennen, so stellt sich die Frage: Wesshalb ist es mit den Raubvögeln ebenso? weit berechtigter heraus, denn es ist ein Factum, dass wir im Jahre überhaupt und zur Zugzeit insbesondere daran wirklichen Mangel haben. Das heisst: der Ornithologe spricht so, der Jäger in mir sagt: Gott sei Dank!

Als ich gleich nach meinem Eintreffen hier, mir einen Uhu anschaffte und Hütten errichtete, machten mich hiesige Jagdfreunde aufmerksam, dass diese Jagdart auf Raubvögel in hiesiger Gegend wenig Spass und Nutzen gewähre, weil — es fast keine gibt. Wie war das möglich? Ringsum und von West nach Ost auf viele Meilen Länge dehnen sich bestcultivirte Ackergelände aus mit Busch- und Anholzgruppen besetzt, von bewaldeten Hügeln unterbrochen und mit Niederwild ziemlich reichlich dotirt. Der, die Höhenzüge der hiesigen Donauufer und die Rücken der von der Donau bei Grein bis zu uns in einer Breite von 12 Kilometern krönende Wald, theils gemischter, theils Nadelwald, beherbergt der gefiederten Sänger, der Wildtauben und Hühnervögel genug, um für Falken als gedeckter Tisch zu gelten. Schliesslich bietet die wundervolle Waldvegetation, die in langschäftigen und dichten Tannen- und Fichtenbeständen mit circa 60 Percent der hiesigen Gegend zwischen Ybbs und Donau einen wirklichen, landwirthschaftlichen Reiz verleiht, die denkbar schönste Brutgelegenheit für Raubvögel und der Umstand, dass fast jedes Bauern-Nadelwäldchen, wenn es nur einige Hectaren beträgt, mit Fasanen dotirt ist, selbst bis in die höheren Lagen, z. B. das Kollmitzberger von 469 Metern hinauf, trägt, sollte man meinen, doch dazu bei, dem Falken, Habichte und Sperber, wie dem gemeinen Bussarde, einen solchen Aufenthalt zum Brutgeschäfte ganz reizvoll zu gestalten. Aber sonderbar genug nichts von alledem, wie ich mich bisher gründlich zu überzeugen Gelegenheit hatte.

Ich muss vorausschicken, dass im Laufe eines Jahres mit Ausschluss einer kurzen Zeit im Juli, die ich in Wien verbringen musste, dann einiger kurzen nie über dreitägigen Excursionen in die Umgebung, fast kein Tag dieses Jahres verstrich, den ich nicht auf dem eben in Rede stehenden Terrain wenigstens in den Morgen- und Abendstunden im Freien zugebracht hätte. Die Jagd im engeren Sinne, d. h. das Erlegen von essbarem Wilde, obwohl mit grosser Vorliebe in allen ihren Nuancen frequentirt vom Mai bis Ende Jänner, bildet bei weitem nicht den vornehmsten Anziehungspunkt in meinem freigewählten Aufenthalte ausserhalb der Stadt, sondern jene Stunden und Tage sind es, die ich allein, bloss in Gesellschaft von Hund und Büchse, im schrankenlosen Wohlbehagen im weiten Dome der Mutter Natur verbummeln darf. Und ich geniesse diese Freiheit als Geschenk für früher geleistete lange und mühevolle Arbeit vollauf innerhalb eines, für alte Füsse immerhin weitgesteckten Terrains von mindestens 200 Quadratkilometern der abwechslungsreichsten Art. Es ist mir nämlich durch die Freundlichkeit der Besitzer oder Pächter das Begehen der Jagdbezirke von Kematen, Ulmenfeld, Haag, Wincklarn, Schönbichl, Amstetten, Ober- und Unter-Preinsbach, St. Georgen mit Krahof, von Kloster und Markt Ardagger mit Kollnitzberg, von Stefanshart, Zeillern, Oeling und Aschbach gestattet und die meisten derselben frequentire ich fleissig, unbeschränkt von der Zeit, die mir gehört und bloss verkümmert durch die Rücksicht auf meine, doch nicht mehr wie einst elastischen Knochen.

Ich musste mir diese persönliche Bemerkung erlauben, um darzuthun, dass mir in der That die Möglichkeit geboten ist, über Vorkommen oder Fehlen dieser oder jener Vogelart in unserer Gegend zu sprechen.

Es wird den geehrten Leser, wie die gemachte Erfahrung mich selbst und es muss jeden fernestehenden Jagdfreund überraschen, wenn ich betreffs der Raubvögel Folgendes mittheile:

Mein Uhu, ein im wilden Zustande leicht geflügeltes Männchen, ist brav und gerne beweglich, die Hütten sind nicht schlecht situirt und namentlich eine davon, mitten in der weiten Feldebene an der Bahnstrecke Amstetten—Blindenmarkt mit grosser Fernsicht und ganz in der Erde, mit einer dürren Tanne als Hagbaum, angelegt, sohin alle Bedingungen zum Erfolge vorhanden, schon auch deshalb, weil in dieser Feldebene unsere meisten Rebhühner vorkommen, von welcher Wildgattung in der letzten Saison 900 Stück erlegt wurden. Trotzdem ich also diese Hütten (nach meinem Tagebuche) bisher 61 mal, meist selbst besuchte, oder, dieser primitiven Jagdart wegen, die mich nur wegen der Aussicht auf Exemplare für die Sammlung anzieht, Andere statt mir dort sitzen liess, erlegte ich nicht mehr, als einen jungen Lerchenfalken (subbuteo) und einen alten Thurmfalken (Tin. alaudarius). Das ist stark! Nie kam ein Habicht, ein Wanderfalk oder Sperber, nie ein Zwergfalke, eine Weihe oder dergleichen zum Schuss; am auffallendsten aber ist, dass nicht ein einziger gemeiner oder Rauhfussbussard beikam, also Vögel, von welchen der Letztere leider die häufigste Beute der Uhuhüttenjäger anderswo bildet. Auch auf den, in der Ebene gestellten Schlageisenstangen, wurden bloss — und diese stehen das ganze Jahr „fängisch" (recte „fängig") — 3—4 Weihen, leider auch etliche Thurmfalken und Eulen gefangen. Diese Letzteren waren: Athene noctua, Syrnium aluco und 1 Stück Strix flammea.

Während der diversen Gesellschafts-Jagden im Herbste und Winter in Feld und Wald, die ich innerhalb der oben beschriebenen Gebiete fast alle mitmachte, wurden bloss zwei junge Sperber ♂ und ♀ erlegt, nicht ein Bussard, und ausser den Jagden, bei meinen eigenen Streifereien, erlegte ich für die Sammlung nicht mehr, als ein altes Sperber-Weibchen und einen jungen Baumfalken (subbuteo). Es wurde mir auch nicht bekannt, dass irgend anderswo auf den Nachbarjagden etwas aus dieser Vogelfamilie erlegt worden wäre. Im Reviere Oeling wurde im Februar ein jähriges Habicht-Weibchen im Eisen gefangen, das einem Marder zugedacht war. In der ganzen grossen, aus der Nähe von Amstetten bis an's Donauufer vor Grein reichenden, theils eigenen, theils Pachtjagd des Reichsraths-Abgeordneten Herrn Alfred Eltz, auf Schloss und Kloster Ardagger, wo von Seite der Jagdleitung dem dort sehr ansehnlichen Fasanenstande gewiss aufmerksamster Schutz gewidmet wird, kam im letzten Jahre weder Habicht noch Bussard vor das Rohr und wird mir die Erlegung eines grösseren Raubvogels als Seltenheit bezeichnet. Aus dem umfangreichen Jagdgebiete von Kematen und Ulmenfeld mit Greinsfurt an der Ybbs, dem Herrn Carl Ellissen gehörig, hat man mir dasselbe mitgetheilt und auch dort bleiben Fasane, Hühner und Hasen von grösseren Raubvögeln unbehelligt. Schon ein erlegter Sperber bildet ein Vorkommniss, das besprochen wird und der letzterlegte, in der reizend gelegenen Wohnung des Jagdbesitzers, am Corridor von Theresienthal ausgestopft paradirende Habicht ist schon mehrere Jahre alt.

In den, unter der hiesigen Jagdleitung stehenden Revieren schliesslich, von Schönbichl, Amstetten, Ober- und Unter-Preinsbeck, St. Georgen a. Walde und Krahof, wo bei einem guten Wildstande von Feld-Hühnern und Fasanen gewiss ebenfalls nichts unterlassen wird, dem Schädlichen nachzustellen, kamen Habicht, Wanderfalke und gemeiner Bussard seit Jahren schon gar nicht zu Schusse und bloss einmal geschah es, dass der Jagdleiter und ich zu verschiedenen Zeiten wohl, aber dennoch auf denselben Vogel, auf einen Rauhfuss (B. lagopus) erfolglos schossen.

(Fortsetzung folgt.)

Ein Bastard von Anas boschas domestica ♂ und Cairina moschata. ♀

Von **A. Pichler**, Assistent am zoolog.-zootom. Institut der k. Franz Josephs-Universität in Agram.

Als ich anfangs Mai 1887 ein in der Nähe Agrams befindliches Gehöfte besuchte, in dem sowohl Haus- als auch Bisam-Enten gezogen werden, machte ich die Beobachtung, dass sich allabendlich, wenn die Bisam- und Haus-Enten gleichzeitig von dem nahe gelegenen Materialgraben heimkehrten, der Haus-Enterich mit eigener Dreistigkeit den Bisam-Enten in einer kaum zweideutigen Weise näherte, aber von dem noch rechtzeitig einschreitenden Bisam-Enterich in die Flucht geschlagen wurde. Auf meine Frage an die Hausfrau, ob es dem Haus-Enterich doch hie und da gelänge, die Bisam-Enten zu treten, erwiderte mir dieselbe, dass sie dies schon mehrmals beobachtet, und ich rieth ihr darauf die Nachkommenschaft der Bisam-Enten sorgfältig zu beobachten, ob nicht welches von den Jungen Spuren von Hausententypus zeigen würde.

Nach längerer Zeit, als ich wieder im Gehöfte einkehrte, wies die Frau sofort auf ein von einer Bisam-Ente ausgebrütetes Entchen hin, das sich ganz eigenthümlich benahm, sich lieber im Wasser als am Lande aufhielt, die Gesellschaft der jungen Bisam-Enten mied und auch in der Form des vorderen Theiles des Körpers einer Haus-Ente glich. Es wuchs alsbald heran, blieb seinen früheren Gewohnheiten treu und gesellte sich schliesslich den Haus-Enten zu; jetzt ist die Ente schon vollständig entwickelt und befindet sich im zoologischen Museum zu Agram, für welches sie Herr Prof. Sp. Brusina käuflich erworben, und sie mir zur Beschreibung gütig überlassen.

Ich berücksichtigte diesen Bastard nicht besonders, da ich der Meinung war, dass dergleichen Fälle häufiger vorkommen dürften, sah mich aber dennoch in der Fachliteratur einigermassen um und fand allgemein, dass Bastarde zwischen diesen beiden Species vorkommen, aber nur solche, wo der Vater nachweisbar ein Bisam-Enterich, die Mutter eine Haus-Ente war.[1]) Ferner solche, wo das Geschlecht der Eltern nicht bestimmt bekannt ist, die schlechterdings nur als Bastarde der beiden Arten erwähnt werden, welche zum Theil wie jene, deren Fritsch gedenkt, von der Stock-Ente abstammen sollen: Anas purpurea viridis, Schinz. Dies sind grosse Bastarde der Stockente mit Cairina moschata, welche im halbwilden Zustande angetroffen werden.[2])

Eines im November 1803 in Schlesien geschossenen männlichen Bastardes, der sich im zoologischen Museum zu Breslau befindet, erwähnt Fr. Tienemann.[3]) Welcher von beiden Arten der Vater dieses Bastardes angehörte, ist selbstverständlich hier auch nicht nachweisbar.

Ferner erwähnt Ch. Darwin der Bastarde zwischen Haus- und Moschus-Enten mit dem Bemerken, dass dieselben als Folge der Kreuzung keine besondere Wildheit zur Schau tragen.[4])

Herr Dr. Fr. K. Knauer hatte die Güte mich auf einen in Radde's „Ornis caucasica" beschriebenen und daselbst abgebildeten Vogel ♂ Geschlechtes, aufmerksam zu machen, der Anfang Jänner 1873 auf dem Chramflusse erlegt wurde, den Radde als einen Bastard von A. boschasanas und Cairina moschata femina ausspricht.[5])

Der Umstand, dass in der mir bekannten Literatur keine Erwähnung eines mit meinem Falle nachweisbar gleichen Falles geschieht, sowohl als auch der Wunsch, die von Radde ausgesprochene Meinung über jenen Bastard richtig zu begründen, bewog mich auf diesen Gegenstand näher einzugehen.

Dieser Bastard hat die Grösse einer mittelgrossen Haus-Ente, deren Hintertheil und Füsse stark an die Bisam-Ente erinnern. Kopf, Kehle, Nacken und die oberen Halsseiten sind bleigrau, unten lichter, überall mit bräunlichem Anfluge. An der Stelle, wo sich um den Hals des Stock-Enterichs eine zarte weisse Zone schlingt, befindet sich ein vorn breiter, hinten schmälerer weisser Ring. Der Halstheil unter dem Ringe ist wie beim Wild-Enterich braun, aber durch die bedeutend lichteren Federsäume theilweise bedeckt. Die weiteren Partien der Unterseite sind lichter bleigrau mit starken braunen Federsäumen, welche gegen den Bauch hin immer lichter werden, an den Seiten sowie an den unteren Schwanzdeckfedern dagegen erhalten bleiben. Ober- und Hinterrücken, Bürzel, obere Flügel- und Schwanzdecken sind aschgrau mit mattem Glanze. Die Handschwingen weiss, die Armschwingen in der Nähe der Vorigen an der Basis mehr minder weiss melirt. Die unteren Flügeldeckfedern aschgrau mit weisser verschwommener Querbinde und weissem Saume. Schliesslich ist dieses Gesammtkleid am Oberrücken und in der Aftergegend mit einigen weissen Federgruppen gescheckt.

Die Mutter des Bastardes ist eine mittelgrosse Bisam-Ente von schön schwarzer Farbe mit intensivem Metallglanz, weisser Unterseite und einigen weissen Federpartien am Hinterhalse und Oberrücken.

Der Vater, ein gewöhnlicher Haus-Enterich von gleichmässig schmutzigweisser Farbe mit zimmetbraun überflogenem Gefieder.

Die hier folgenden Maasse zeigen vom gegenseitigen Grössenverhältnisse der Eltern und des Bastardes.

	Bisam-Ente	Bastard	Haus-Enterich
Total-Länge	68·0	64·0	67·0
Länge des Schnabels, auf dem Firste gemessen	5·8	5·5	5·9
Länge der Mundspalte	6·1	6·6	7·8
Breite des Schnabels in der Höhe der Nasenlöcher	2·4	2·4	2·8
Grösste Breite des Schnabels vor dem Ende	2·3	2·5	2·8
Länge des Flügels	45·0	43·0	44·0
Länge der mittleren Schwanzfedern	14·2	12·6	9·9
„ der Tarse	4·5	4·3	6·0
„ der Innenzehe	4·5	4·4	4·6
„ der Mittelzehe	6·5	5·2	6·0
„ der Aussenzehe	6·6	5·4	5·8
Grösste Höhe des Schnabels . .	2·6	2·5	2·9
Zahl der Schwanzfedern	16	16	20

Der nähere Vergleich der Eltern mit dem Bastarde weist, ausser den in den Maassen enthaltenen Angaben noch einige interessante Details auf, deren Erwähnung vielleicht angezeigt sein dürfte.

Was die Farbe des Bastardes anbelangt, so ist dieselbe eine launige Verschmelzung der Farben beider Eltern. Das tiefe Schwarz der Mutter wurde durch das schmutzige Weiss des Vaters zu einem bleigrauen Farbenton herabgedämpft, doch erhielt sich mehr minder am ganzen Körper der zimmetbraune Anflug des Vaters. Das schöne Kastanienbraun, das die Brust des Wild-Enterichs ziert, kam hier, trotzdem es dem Vater mangelte, beim Bastarde wieder zum Vorschein; Ein interessanter Beleg der Neigung zur Wiedererlangung eines durch die Domestication verloren gegangenen Charakters der wilden Urform bei Bastardirung. Dagegen haben sich einige weisse Federn des Oberrückens der Mutter am Bastarde an derselben Stelle erhalten.

Kopf und Hals ähneln mit Einschluss des an der Stirne von geringen Warzen umrahmten Schnabels bedeutend der Haus-Ente, Die Flügel aber sowohl als der ganze Hintertheil, um so mehr der Bisam-Ente. Die Flügel bedecken nur die Basis des keilförmigen Schwanzes, der in der Gesammtgestalt und der Zahl der Federn der Bisam-Ente gleicht, in der Gestalt und Länge der Federn dagegen die Charaktere der beiden Arten in sich vereinigt: Die Schwanzfedern stehen in Bezug auf Grösse im Mittel zwischen jener der Eltern, zeichnen sich aber nebenbei durch die keilförmig zugespitzte Form der Schwanzfedern des Haus-Enterichs aus. Die aufgekrümmten oberen Schwanzdeckfedern fehlen. Die Form als auch

---

[1]) Neigung der Entenarten zur Vermischung durch Begattung mit einander von Dr. C. W. L. Gloger in Journal für Ornithologie 1853, p. 409.

[2]) Naturgeschichte der Vögel Europas, p. 418.

[3]) Journal für Ornithologie 1865, pag. 219.

[4]) Gesammelte Werke „Das Variiren der Thiere und Pflanzen im Zustande der Domestication" 1. Bd., Cap. 13, p. 22.

[5]) C. c. p. 453. Daselbst befindet sich unter **) eine Anmerkung mit Bezug auf die in Cabanis Journal für Ornithologie von Gloger publicirte Abhandlung, wo es augenscheinlich aus Versehen „Wildentenmännchen" statt „Bisam-Enterich" heisst, wie dies von Gloger besonders hervorgehoben wird.

die Maasse der Füsse, woselbst die Tarse bedeutend kürzer ist als die Mittelzehe, tragen genau das Gepräge des Bisam-Entenfusses.

Im grossen Ganzen stimmt der von Radde abgebildete und als Bastard der Bisam-Ente mit einem wilden Stock-Enterich angesprochene Vogel mit dem hier beschriebenen überein, nur scheint bei unserem Exemplare an den schwachentwickelten Stirnwarzen und den typischen Bisam-Entenfüssen der Character der Mutter zu prävaliren. Dass die Affection des Bisam-Enteneies durch das Sperma des wilden Stock-Enterichs eine andere sein müsse, als jene eines verschieden gefärbten Haus-Enterichs auf ein gleichartiges Ei ist vollkommen klar, sowie, dass das Product mit Bezug auf Farbe ein verschiedenes sein wird, gleichfalls. In Anbetracht dagegen, dass bei Bastardirungen die einzelnen Individuen desselben Geleges trotz derselben Eltern die Charactere derselben auf den verschiedenen Körperregionen in verschiedenem Verhältnisse aufweisen, wie dies sattsam bekannt ist, glaube ich auf Grund des hier beschriebenen Bastardes, dessen Eltern nachweisbar sind, die Richtigkeit der Deutung Radde's mit Bezug auf das erwähnte und in der Freiheit geschossene Exemplar, hiemit bestätigen zu können.

Schliesslich erachte ich es als meine angenehme Pflicht, dem Director des zoologischen National-Museums, Herrn Prof. Sp. Brusina, für die gütige Ueberlassung des Vogels als auch für die mit liebevollster Bereitwilligkeit zur Verfügung gestellte Literatur, ferner Herrn Dr. Fr. K. Knauer für den geneigten Hinweis auf die erwähnte Literatur, meinen besten Dank abzustatten.

Agram, am 8. März 1888.

Einwanderung des Steppenhuhnes (Syrrhaptes paradoxus, Pall.)

Wie das Jahr 1863 hat uns auch das jetzige diesen Gast in grösserer Menge gebracht. Der seither erfolgten Verbreitung ornithologischen Wissens in weiteste Kreise entsprechend, darf man wohl auf verlässliche Beobachtungen über diesen Vogel von allen Seiten rechnen. In diesem Sinne veröffentlichen wir die uns in den letzten Tagen zugekommenen Mittheilungen und richten auch unsererseits an die Leser unserer „Mittheilungen" die Bitte, sowohl genaue Beobachtungen über die Zeit des Erscheinens, Dauer des Aufenthaltes, Lebensweise u. s. w. mittheilen, als auch für den Schutz des Einwanderers eintreten zu wollen.

Die erste Mittheilung kam uns von Herrn Custos Dr. Julius Madarász in Budapest zu, welcher schreibt:

„Das ungarische National-Museum erhielt am 29. v. M. einen Syrrhaptes paradoxus, Pall. ♀ ad. aus Siebenbürgen, unweit von Hermannstadt erlegt.

Es mag sein, dass dieser interessante Wanderer auch dieses Jahr unsere Länder betretend in Vorschein kommt.

Im Frühjahre 1863—1864 waren dieselben Gäste hier in grösserer Zahl anzutreffen, und erhielt das Museum 3 männliche und 1 weibliches Exemplar".

Wenige Stunden später erhielten wir vom Präsidenten des perm. intern. ornithol. Comités, Herrn Prof. Dr. R. Blasius in Braunschweig, die wörtliche Mittheilung einer Zuschrift des Herrn L. Taczanowski in Warschau, in welchem dieser zur Kenntniss bringt, dass am 24. und 25. April das Steppenhuhn in grösserer Zahl im Gouvernement aufgetreten sei, und den lebhaften Wunsch ausspricht, es möge diesmal Alles gethan werden, den Einwanderer zu schützen. Herr Dr. Blasius theilt dann weiter mit:

Soeben schreibt mir Herr Dr. Rey aus Leipzig:
28. April 1888.

„Soeben werden mir 2 Syrrhaptes paradoxus überbracht, welche sich gestern bei Paunsdorf (5 Kilometer östlich von Leipzig) am Telegraphendraht tödtlich verletzt hatten. Mit bestem Grusse, gez. Dr. E. Rey."

Es scheint demnach eine starke Einwanderung des Steppenhuhns stattzufinden und schliesse ich mich voll und ganz den Wünschen unseres verehrten Mitgliedes L. Taczanowski an, mit allen Kräften dahin zu wirken, dass die Einwanderer gastfreundlicher behandelt werden möchten, als 1863, und möglichst geschont werden, um ihnen Ruhe und Zeit zu geben, sich in Europa häuslich niederzulassen. — Eventuelle Fälle des Vorkommens bitte ich mir gütigst mittheilen zu wollen, um dieselben aus ganz Europa zusammenstellen zu können.

Braunschweig, 29. April 1888.

Dr. R. Blasius
Präsident des permanenten internationalen ornithologischen Comité's.

Tags darauf traf von Herrn Victor Ritter v. Tschusi zu Schmidhoffen (Villa Tännenhof bei Hallein) eine auf vorstehende Publication bezugnehmende Mittheilung ein: „Herr Dr. Rud. Blasius in Braunschweig theilt mir eben mit, dass laut Bericht Herrn L. Taczanowski's in Warschau im letzten Drittel des April einzelne Flüge Steppenhühner, wovon der stärkste über 200 Exemplare zählend, beobachtet und einzelne Individuen erbeutet wurden. Auch in Deutschland und Oesterreich-Ungarn wurden bereits einzelne Exemplare constatirt. So erhielt Herr Dr. Rey in Leipzig am 27. April 2 in der Umgebung durch Anfliegen an die Telegraphendrähte tödtlich verletzte Stücke und das ungarische National-Museum in Budapest bekam, wie ich einem eben zugekommenen Schreiben Herrn Dr. Jul. v. Madarász's entnehme, den 29. April ein ♀ aus der Umgebung Hermannstadt's.

Nachdem wir wohl, ähnlich wie im Jahre 1863, das Erscheinen von Steppenhühnern in grösserer Menge auch bei uns zu gewärtigen haben, so möchten wir einerseits ersuchen, behufs Feststellung des Zuges, der Zeitdauer des Aufenthaltes, der Lebensweise etc. möglichst genaue Beobachtungen zu sammeln,*) andererseits aber die Fremdlinge dem Schutze der Jägerwelt zu empfehlen, da durch Schonung derselben ein neues interessantes Jagdobject gewonnen werden dürfte".

Gleichzeitig lief eine neuerliche Mittheilung von Herrn Dr. Julius v. Madarász ein:

„Gestern, am 1. Mai, erhielt das ungarische National-Museum wieder 2 Syrrhaptes paradoxus ♂ und ♀ ad. Beide prachtvoll gefärbt; sind am 29. April im Marmaroscher Comitat erlegt worden".

*) Herr V. v. Tschusi zu Schmidhoffen ersucht, die bezüglichen Mittheilungen an ihn einzusenden.

Darauf traf folgende Mittheilung des Herrn J. v. Csató ein:

„Vor einigen Tagen erhielt ich einen Brief von dem ältesten Ornithologen Ungarn's Alexius v. Buda, worin er mir mittheilt, einen ihm ganz unbekannten Vogel erhalten zu haben, welchen ich nach der Beschreibung für Syrrhaptes paradoxus halten musste; natürlich ersuchte ich den alten Herrn mir den Vogel mit der nächsten Post einzusenden, und erwartete ganz aufgeregt das Einlangen desselben.

Heute erhielt ich den Vogel. Derselbe ist in der That Syrrhaptes paradoxus, u. zw. ein Weibchen, welches mir von Alexius v. Buda für meine Sammlung überlassen wurde.

Die Fausthühner erschienen in Europa meines Wissens zuletzt im Jahre 1863, in welchem Jahre mehrere auch in Ungarn erlegt wurden und auch ich ein Weibchen aus der Umgebung von Andornok erhielt; in Siebenbürgen aber wurden sie bis jetzt noch von Niemandem angetroffen; das in meinen Besitz gelangte Stück ist das erste Exemplar aus diesem Lande; dasselbe wurde von einer Bäuerin bei dem Dorfe Tartaria im Alsofehérer Comitate in einem Saatfelde lebendig gefangen und nach Alvincz getragen, wo mein Schwager dasselbe übernahm; es lebte noch zwei Tage.

Ich glaube auch hier bei Nagy-Enyed vier Stück gesehen zu haben; da es aber bereits Abend war, konnte ich die vor mir auffliegenden Vögel nicht sicher ansprechen.

Ferner erhielt ich heute von meinem Freunde Dr. v. Madarász ein Schreiben mit der Mittheilung, dass ein Fausthuhn-Weibchen aus der Hermannstädter Gegend vor vier Tagen dem National-Museum in Budapest eingeschickt worden sei.

Es freut mich hiemit das Vorkommen dieses interessanten Vogels in Siebenbürgen constatiren zu können, und sei zugleich durch diesen Bericht die Aufmerksamkeit der Ornithologen auf diesen Vogel gelenkt, indem derselbe auch in anderen Gebieten anzutreffen sein wird“.

Nagy-Enyed, am 2. Mai 1888.

–

Einige Tage später kam uns folgende Mittheilung zu:

„Am 7. d. M. legte man mir zwei Vögel zum Ankaufe vor, welche Tags zuvor geschossen worden waren: es sind dies zwei sehr seltene Exemplare, nämlich ein Männchen und ein Weibchen vom Fausthuhn, Syrrhaptes paradoxus, dessen eigentliche Heimat die Dsungarei und die mongolischen Steppen sind. Seit ungefähr 30 Jahren soll das Huhn die Mongolei verlassen haben und sich bisweilen auch auf europäischem Boden zeigen. Bereits am 28. April wurde von Herrn Dr. E. Rey aus Leipzig das Vorkommen eines Fausthuhnes in der dortigen Gegend constatirt und auf diese Erscheinung aufmerksam gemacht. Der Kropfinhalt des, in meinen Besitz gelangten Paares bestand aus Weizenkörnern, anderen Gesämen und frischen Pflanzenspitzen, welche Nahrung den Vögeln auch ganz zugesagt zu haben schien, denn sie waren gut beleibt, sogar fett. (Es dürfte die Möglichkeit nicht ausgeschlossen sein, dass sich dieses Huhn auch hier fortpflanzen könnte.)“

Haida in Nordböhmen, 10. Mai 1888.

Fritz Kralert.

Der Vorstand der Allgem. Deutschen Ornithologischen Gesellschaft zu Berlin erliess in dieser Sache folgenden Aufruf an alle Jagdbesitzer, Jagd- und Vogelschutzvereine.

„Aus allen Theilen Deutschlands kommt die Kunde, dass die asiatischen Faust- oder Steppenhühner, welche schon einmal, im Jahre 1863, in unserem Vaterlande sich gezeigt, wiederum in zahlreichen Schaaren eingetroffen seien. Durch irgend welche Ursachen aus ihrer östlichen Heimat, den Steppen Centralasiens vertrieben, suchen diese Vögel geeignete Wohnstätten in den deutschen Gefilden. — Mögen sie gastliche Aufnahme bei uns finden.

Die Steppenhühner (Syrrhaptes paradoxus) führen unseren Rebhühnern ähnliche Lebensweise, halten sich in trockenen Ebenen, auf Aeckern und Brachfeldern auf, nisten auf dem Erdboden und nähren sich in der Hauptsache von Sämereien. Sie sind Strichvögel, d. h. sie wandern nicht regelmässig zur Winterszeit nach dem wärmeren Süden, sondern streichen während des Winters, durch örtliche Verhältnisse, Schneefall und dadurch bedingten Nahrungsmangel, veranlasst, innerhalb weitere Grenzen ihres Heimatsgebietes umher. Aus diesen Umständen ergiebt sich die Möglichkeit, die Vögel an geeigneten Oertlichkeiten Deutschlands heimisch zu machen und somit dem Waidmann zur Freude und zum Nutzen, ein neues schätzbares Flugwild bei uns einzubürgern.

Um diese Einbürgerung zu erreichen, ist aber ausgedehntester Schutz der Vögel während der ersten Jahre dringendes Erforderniss.

Wir richten deshalb an alle Grund- und Jagdbesitzer in deren eigenen Interesse die dringende Bitte, den Steppenhühnern durch Vermeidung jeglicher Nachstellung und durch Fütterung im Falle schneereichen Winters Schutz angedeihen zu lassen. Die Jagd- und Vogelschutz-Vereine insonderheit mögen diese Angelegenheit zu der ihrigen machen und durch geeignete Schritte auch den Schutz der Behörden für unsere gefiederten Gäste erwirken.

Da es von wissenschaftlichem Interesse ist, die Verbreitung der Steppenhühner in Deutschland, die Zeit ihrer Ankunft, etwaigen Brütens und dergleichen festzustellen, so bitten wir alle Ornithologen und Jäger, bezügliche Beobachtungen mit genauen Orts- und Zeitangaben an den stellvertretenden Secretär der unterzeichneten Gesellschaft, Dr. Reichenow, Custos am königlichen zoologischen Museum in Berlin, gelangen zu lassen. Ueberlassung etwaiger Exemplare, welche durch Anfliegen gegen Telegraphendrähte getödtet wurden, ist behufs Aufstellung derselben in der vaterländischen Sammlung des königlichen zoologischen Museums sehr erwünscht.“

Von anderer Seite erfahren wir, dass am 27. April in Deutschland (bei Bukow in der Mark) etwa 20 Stück gesehen wurden, von denen eines erlegt wurde, und dass ein Exemplar bei Hannover erlegt wurde. In nächster Nähe von Wien wurde ein Exemplar am Tullnerfelde todt aufgefunden; zwei wurden aus einer Schaar von etwa 30 Stücken in Enzersdorf am Walde erlegt. Seither mehren sich von allen Seiten die Nachrichten über das Auftreten dieses Huhnes in Mitteleuropa. Von den seit 1863 zahlreich entstandenen Jagdschutz-Vereinen ist wohl zu erwarten, dass sie für den Schutz dieses interessanten Einwanderers kräftig auftreten werden.*)

*) Soeben kommt uns eine sehr ausführliche Mittheilung über das Auftreten des Steppenhuhnes bei Anclam und seine Lebensweise daselbst zu (von R. Tancré), die wir in Nr. 6 veröffentlichen werden.

Beobachtungen aussergewöhnlicher Nistplätze einiger Vogelarten.

Gesammelt von Freifrau von **Ulm-Erbach**.

> Ein tiefer Blick in die Natur:
> Hier ist ein Wunder, glaubet nur!
>
> **Goethe.**

Obgleich die verschiedenen Vogelarten, im Durchschnitt, ziemlich systematisch nach bestimmten Naturgesetzen zu handeln scheinen, sowohl in der Wahl ihrer Nistplätze, als auch in der Weise, wie sie ihre Nester construiren, so gibt es doch häufig Ausnahmen von dieser Regel, wonach einzelne Vogelpaare nach ihrem e i g e n e n Instincte zu handeln scheinen.

Daher sagte mit Recht unser Altmeister Goethe, zu dessen Lieblingsstudium auch die Naturgeschichte gehörte: „Natur hat zu nichts gesetzmässige Thätigkeit, was sie nicht gelegentlich zu Tage brächte".

Denn mancher Vogel ist ganz unberechenbar, indem er einer willkürlichen Laune und seinen eigenem Geschmacke zu folgen scheint, um sich für sein Nest einen ganz abnormen Ort zu wählen. Dabei überwindet er vollständig seine Scheu, und alle sonst störenden Hindernisse, sowie sein Misstrauen vor den Menschen, um sich oft ganz in deren Nähe häuslich niederzulassen, gleichsam, als ob er sein Liebstes unter deren Schutz stellen möchte.

Es grenzt fast an das Wunderbare, wie stark der Ortssinn bei den Vögeln entwickelt ist! Mit welcher Sicherheit finden die Zugvögel, von ihren weiten Flügen heimkehrend, stets ihr altes Nest wieder, um dort mit Vorliebe zu nisten, wo sie im letzten Sommer ihre Brut ungestört aufgezogen haben.

Wie gern lässt sich das gleiche Storchenpaar, alljährig, auf sein altgewohntes Nest nieder, es ganz als sein Eigenthum betrachtend, um dasselbe häufig nach heftigen Kämpfen, gegen fremde Eindringlinge zu vertheidigen. Eigenthümlich ist es, dass fast jede Vogelsippe nicht nur ihre Nester ganz verschieden im Bau und aus anderem Material ausführt, sondern auch mehr oder weniger Fleiss und Geschicklichkeit dabei verwendet.

Bekanntlich ist der Kuckuck der e i n z i g e Vogel, der überhaupt kein Nest baut, sondern seine Eier in die der anderen Vögel legt, aber auch der Sperling macht es sich als ächter Proletarier bequem und benützt gern a l t e Nester für seine Brut.

Wenn im Frühling die Staare zurückkehren, so entstehen zwischen diesen und den Spatzen öfters heftige Streitigkeiten, bis die letzteren, als der schwächere Theil, die von ihnen occupirten Hauschen, ihren früheren Besitzern überlassen müssen. Es ist schon vorgekommen, dass ein Spatzenpaar das Nest einer Hausschwalbe annectirte und, als es sich nicht aus demselben vertreiben lassen wollte, die rechtmässigen Besitzer, mit unglaublicher Geschwindigkeit und mit Hilfe der übrigen Schwalben, die Oeffnung ihres Nestes förmlich zumauerten, so dass die frechen Eindringlinge in demselben verhungern mussten. Während einige Vogelarten, wie die Tauben, Störche etc., mit einem sehr primitiven Nest vorlieb nehmen, sowie es auch bei den Horsten der Raubvögel der Fall ist, so scheuen dagegen wieder andere keine Mühe, um ihre Nistplätze so behaglich wie nur irgend möglich herzustellen. Man muss staunen, wie solch' ein zartes Wesen nur mit Hilfe seines Schnabels solch' künstliches Gewebe von Moos, Fasern und Federn zu Stande bringt. So zeigten die munteren Staare sogar viel Schönheitssinn, indem sie ihre Jungwiege mit Blumen, wohlriechenden Kräutern und Blättern geschmackvoll decorirten, und werden besonders unsere Pensées (viola tricolor), welche zu der Zeit blühen, wo sie ihre Nester bauen, mit Vorliebe zu diesem Zwecke von ihnen gewählt.

Um der leider merkbaren Abnahme, der eben so nützlichen, als lieblichen, befiederten Sänger etwas entgegenzusteuern, unterstützt man besonders die Höhlenbrüter, Cavernicolae, dadurch, dass man ihnen als Ersatz für Baumhöhlen und Mauerlöcher, k ü n s t l i c h e Nistkästen aufhängt, welche sie gerne bewohnen, da ihre Brut in denselben vor Katzen und anderem Raubzeug geschützt ist. Ich habe auch bemerkt, dass solche Holzkästchen von einigen Vögeln dazu benutzt wurden, indem sie ihre Nester a u f denselben anbrachten.

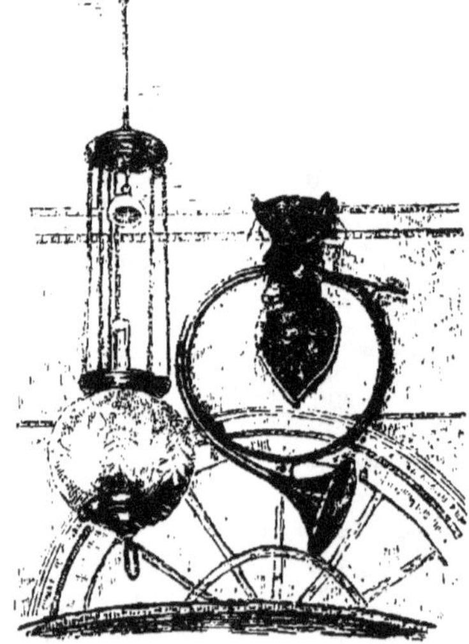

Nach dieser Einleitung möchte ich auf den eigentlichen Zweck meiner kleinen Abhandlung kommen, der darin besteht, einige, theils selbst gemachte Beobachtungen, theils solche von Bekannten mir mitgetheilte, authentisch nachgewiesene, interessante Fälle, über die oft eigenthümliche Wahl von Nistplätzen, welche häufig von verschiedenen Vogelarten getroffen werden, zu veröffentlichen. Um mit der Beschreibung obiger Abbildung zu beginnen, so ist dieselbe nach einer, nach der Natur aufgenommenen Photographie gezeichnet und vergegenwärtigt uns das Nest unserer Rauchschwalbe — Hirunda rustica —, welches ein Paar in dem Hausflur eines Schlosses in Brabant, Belgien, auf einem Rehkopfe, zwischen dessen Geweih, gebaut hat. Während der Brutzeit wurde täglich die Hausthüre schon vor 5 Uhr geöffnet, damit die Schwalben für sich und ihre Jungen die nöthige Nahrung suchen konnten.

Nachdem die Brut flügge geworden, liess sich dieselbe sammt dem Elternpaare, bis zu ihrem Abzuge im Herbste, stets auf der Laterne, welche vor ihrem Nistplatze hing, nieder. Die Rauch- sowie die Hausschwalbe Chelidon urbica gehören überhaupt zu den zuthunlichsten Vögelarten und da sie bekanntlich zu den „glückbringenden“ gezählt werden, weil man behauptet, dass sie das Haus, in dem sie nisten, vor Feuersgefahr behüten, so wehrt man es ihnen nicht, wenn sie auch manchmal durch die Wahl ihres Nistplatzes unbequem werden können. In der Dienstwohnung meines Schwagers in Ludwigsburg (Württemberg) nisteten regelmässig nicht nur mehrere Paar Rauchschwalben in den Gängen, sondern auch in einem sehr frequentirten Wohnzimmer, so dass stets ein Fenster offen sein musste, damit die lieben, gefiederten Mitbewohner ungehindert ein- und ausfliegen konnten. Sie liessen sich durch nichts in ihrem friedlichen Familienleben stören und zeigten sich für die ihnen bewiesene Gastfreundschaft dankbar, indem sie das Zimmer von Fliegen und Mücken befreiten. Bei einem benachbarten Gutsbesitzer in Oberdischingen (Württemberg) schlug sogar ein Paar Rauchschwalben seinen Wohnsitz auf dem Zug einer Hängelampe ähnlich der, welche unser Bildchen darstellt und welche über dem Tische im Speisezimmer hing, auf. Obgleich die Lampe jeden Abend angezündet wurde, so genirte die Helle das brütende Paar durchaus nicht, eben so wenig, wie es bei dem Auf- und Abziehen der Lampe der Fall war. Das gleiche Schwalbenpaar kehrte mehrere Jahre zu seinem eigenthümlichen Nistplatze zurück, wo es seine Jungen immer glücklich aufzog.

So wird aus Brühl bei Köln am Rhein berichtet: „Seit 10 Jahren haben Schwalben im Wartesaal III. Classe des hiesigen Bahnhofgebäudes ihr trautes Heim aufgeschlagen, unbekümmert um das Leben und Treiben der Passagiere, die ersten diesjährigen Sendboten trafen am 16. April d. J. Abends hier ein und schienen sich gleich recht behaglich in ihrem alten Wohnsitze zu fühlen“. (Schluss folgt.)

Das Schwarzkehlchen (Pratincola rubicola) und sein Nest.

[Dieses Bild, welches zugleich mit dem S. 73 gebrachten für Nr. 4 bestimmt war, wurde im letzten Momente, als Raummangels wegen ein Bild zurückbleiben musste, statt des anderen ausgehoben. Wir stellen diesen Irrthum nun dahin richtig, dass wir hier die Abbildung des schwarzkehligen Wiesenschmätzers oder Schwarzkehlchens bringen und die auf Seite 73 als die des Goldhähnchens bezeichnen.]

Ueber verschiedene neue Hühnerracen.

Von Baronin Ulm-Erbach.

Durch eine belgische Zeitschrift auf eine neue Hühnerrace, die im Vorjahre zu Löwen den ersten Preis erhielt, aufmerksam gemacht, wandte ich mich an deren Besitzer Herrn L. Sas in Mecheln, dessen Güte ich jetzt einen prächtigen Stamm, aus einem Hahn und sieben Hennen bestehend, verdanke. Das Kukukssperberhuhn von Mecheln (siehe Abbild. 1a. 1b) erinnert am meisten an die gesperberten Cochin-China, doch ist es nicht so plump gebaut und zeigen die wenig befiederten grauen Beine keine Stulpen. Die Gefiederfärbung ist schön perlgrau. Beide Geschlechter haben einen einfachen, gezackten, aufrechtstehenden Kamm; die Ohrlappen des Hahnes sind sehr lang. Diese Hühner werden auffallend zahm und zutraulich, lassen sich ohne Scheu auf den Arm nehmen und streicheln. Der Hahn ist sehr friedliebend und kräht selten. Mein Hahn hat eine Höhe von 40 cm, die Henne von 35 cm. Herr Sas schrieb mir über diese Race u. a. Folgendes:

„In der Umgegend von Mecheln befasst man sich hauptsächlich mit der Zucht dieser grauggesperberten

Hühner, deren Namen sie deshalb auch nach dieser Stadt führen. Das Kukukshuhn ist sehr abgehärtet, lässt sich leicht aufziehen und mästen, und ist dessen Fleisch, weiss und zart, als Braten sehr geschätzt. Ich befasse mich hauptsächlich mit der Züchtung dieser Hühnerart, die man leider auch in Belgien selten mehr von ganz reiner Race und tadellos im Gefieder und Körperbau findet. Auf verschiedenen Ausstellungen wurden meine Kukukssperber stets mit Preisen bedacht und in Brüssel für einen prämiirten Hahn 40 Frcs. gezahlt; man glaubt, dass die Preise für diese sehr gesuchte Hühnerrasse sich noch erhöhen werden. Weniger vollkommene und jüngere Exemplare sind dementsprechend auch billiger. Mein ausgewachsener, ungemästeter Hahn wiegt 4½ Kilo. Die Hennen legen ununterbrochen 8—9 Monate recht grosse Eier, brüten sehr gut und lassen sich leicht zum Brüten zwingen, wenn man sie einige Tage einsperrt.“

Die beiden Hühner im Hintergrunde unseres Bildes (IIa, IIb) sind hübsche Haubenhühner, sogenannte Hermelin Paduaner. Leider haben diese Hühner den Nachtheil, in hohem Grade Augenkrankheiten und Schnupfen unterworfen zu sein, weil beim Trinken die langen Federn ihrer Holle und Bärte leicht in's Wasser tauchen und sie sich dadurch erkälten. Auch fallen diese Hühner, da die Augen von den Federn verdeckt werden, Raubvögeln leicht zum Opfer, sind auch wie alle Haubenhühner-Hennen keine guten Brüterinnen.

Reizende Zwerghühner sind die in (IVa, IVb) abgebildeten japanischen Zwerghühner (Katsura-ito-no Chabo), die ich seinerzeit direct aus Japan bezogen habe, mit weissem, seidenartigem Gefieder, leider sehr zart und bei uns schwierig aufzuziehen.

Das Hühnerpaar vor dem Kukukssperber (Va, Vb) stellt das Antwerpener Bausbäckchen (Barbatus d'Anvers) dar, ein Zwerghuhn, von dem ich je einen schwarzen und graugesperberten Stamm aus Belgien erhielt, wo sie als Luxushühner sehr beliebt sind. Dieses zierliche, muntere Thierchen hat viel Aehnlichkeit mit den Bantam; der dichte Bart verleiht ihnen ein komisches Ansehen und erinnert an das Thüringer Bausbäckchen. Nach Herrn Sas Mittheilungen, von dem ich auch diese bei uns noch unbekannte Race erhielt, ist dieses Zwerghuhn gar nicht empfindlich.

Der in III abgebildete einzelne Hahn stellt einen jungen, von Dr. Wingaerden gezüchteten Langshan dar; er wurde, obschon durchaus nicht schön, als Seltenheit prämiirt.

Brieflauben im militärischen Dienste in Frankreich. Das Militär-Brieftaubenwesen ist in Frankreich so sehr entwickelt wie in keinem anderen Lande. Nunmehr hat man den Militär-Brieftaubendienst auch auf den Verkehr von Schiffen mit der Küste und auf denjenigen der Küsten mit den Schiffen auszudehnen angefangen. Der Anfang damit ist in Toulon, dem Hauptkriegshafen an der Küste des Mittelländischen Meeres gemacht worden. Der Toulonner Brieftaubenverein „la Forteresse“ hat nämlich die Genehmigung erhalten, auf dem Kriegsschiff „Saint Louis“ eine Brieftaubenstation zu errichten. Der „Saint Louis“ ist ein Schiff, welches lediglich als Schiessschule für die Flotte des Mittelländischen Meeres verwendet wird und fast ununterbrochen Schiessübungen an den Hyères'schen Inseln abhält. Alle drei Monate kehrt das Schiff nach Toulon zurück, um seine Vorräthe zu erneuern. Wiewohl vom „Saint Louis“ in der Periode seiner Uebungen wöchentlich etwa 600 Kanonenschüsse abgefeuert werden, haben die an Bord befindlichen Tauben sich völlig an diesen Lärm gewöhnt. Vom „Saint Louis" nach anderen Schiffen überbracht und mit diesen weiter in See gehend, hier aber fliegen gelassen, kehren die Tauben stets wieder nach dem „Saint Louis" zurück. Auch bei lebhafter Kanonade der Schiffe scheuen die Thiere sich nicht, ihren Flug zu unternehmen und durchzuführen. Es dürfte sich wohl verlohnen, auch bei uns Versuche zur Brieftaubenverbindung zwischen der Küste und den in der Nähe derselben kreuzenden Schiffen und zwischen den letzteren untereinander einzuführen.

Verwendung von Brieftauben seitens der Italiener in Afrika. Sehr interessant gestaltet sich die ausgedehnte Verwendung von Brieftauben bei dem italienischen Corps in Massanah, wo nicht nur Stationen in Digdigha, Galata, dem Brunnen Tata und anderen Orten mit der Haupttaubenstation in Massanah in Verbindung stehen, sondern wo auch auf weitere Entfernung entsandte Streifpatrouillen Körbe mit Tauben mitnehmen und durch diese ihre Meldungen rückwärts gelangen lassen. Jede solche Patrouille nimmt 3—4 Tauben in einem leichten Körbchen mit und schickt nun ihre Meldungen nach Bedarf. Da die Entfernungen nicht sehr gross sind, kommen die Thierchen immer richtig an und man braucht deshalb für jede Meldung nur eine Taube — und nicht mehrere, wie bei grossen Entfernungen — in Freiheit zu setzen. Das Körbchen wird abwechselnd von den Soldaten getragen und Futter und Trinkwasser für die Tauben wird mitgeführt. Da die gewöhnliche Art der Verpackung der Depeschen (in Federkielen) zeitraubend ist, so begnügt man sich, bei gutem Wetter und bei minder wichtigen Meldungen ein kleines Papierblättchen einfach an die Schwanzfedern der Taube anzubinden. Auch hat man verabredete Zeichen für den Fall, dass eine Patrouille überrascht wird und keine Zeit zum Schreiben hat. Wenn z. B. mehrere Tauben gleichzeitig auf der Station eintreffen ohne Briefe und mit einigen ausgerissenen Schwanzfedern, so bedeutet das, dass die Patrouille angegriffen ist.

Nachträgliches zu: „Die Vögel von Kamschatka von Dr. Guillemard". Auf Seite 132 des vorigen Jahrganges der „Mittheilungen" gab ich die Abschrift einer Liste der Vögel Kamschatka's von Dr. Guillemard. Nun erhielt ich vor Kurzem ein Schreiben des Herrn Dr. L. Stejneger, Beamter am Nationalmuseum der vereinigten Staaten von Nordamerika in Washington, worin nachgewiesen wird, dass er schon im Jahre 1885 im Bulletin des dortigen Smitsonian-Instituts eine Uebersicht der Vögel des mehrgenannten Landes geliefert, und zumal hervorhebt, Guillemard's Liste sei nur ein Auszug dieser seiner Uebersicht. Da ich nun selbst, ohne es gewollt zu haben, Veranlassung gab zu dieser wohlbegründeten Reclame, so ist es nur meine Pflicht, dass ich Herrn Stejneger volle Genugthuung gebe. Ich hatte nämlich in meiner Abschrift als für meinen Zweck überflüssig, das Vorwort weggelassen, womit Guillemard seine Liste einleitet. Derselbe sagt darin, dass er während seines Aufenthaltes in Kamschatka ein Verzeichniss zusammengestellt der dort beobachteten und geschossenen Vögel, dass Taczanowsky schon früher eine Abhandlung ähnlichen Inhaltes veröffentlicht, dass bald darauf eine Uebersicht dieser Ornis von Dr. Stejneger erschienen und er nur einen Auszug aus dieser Letzteren wiedergäbe, mit Beibehaltung von Dr. Stejneger's Nomenclatur und ohne irgend welchen Zusatz seinerseits.

Dies zur Erklärung des Thatbestandes, womit das „suum cuique" gewahrt wäre. Nun noch einige Worte über Stejneger's vortreffliches Buch.

Auf 350 Textseiten, wovon ein jedes Blatt den Stempel trägt des beharrlichsten Studiums und einer seltenen Beobachtungsgabe, findet der Ornithologe eine ausserordentliche Fülle des Wissenswerthen vermerkt, deren Hauptheil in Anspruch genommen wird von einer gründlichen Musterung der dort heimischen Arten, deren Werth noch ein Beträchtliches erhöht wird durch Beifügung genauer Maasse, ausführlicher Synonimie und erschöpfender Literatur. Hierauf folgt eine Zusammenstellung der Arten und zum Schlusse eine Anzahl Tabellen, welche das höchste Interesse des Fachmannes fesseln. Einige Abbildungen im Texte, eine Karte und 8 Bildertafeln (Schnäbel von Seevögeln), von dem gelehrten Verfasser selbst auf das Sorgfältigste gezeichnet und colorirt, zieren das prächtige Werk.

Ohne Zweifel hat dasselbe seit seinem Erscheinen auch in Europa schon einen ausgedehnten Leserkreis sich erworben, zumal wegen der vielfachen analogen Beziehungen, welche zwischen der kamschatkalischen und europäischen Ornis bestehen. Möge das Buch bald einen Uebersetzer finden.

S'Gravenhage, April 1888.

v. Rosenberg.

Aus unserem Vereine.

In der Monatsversammlung vom 11. d. Mts. musste der erstangekündigte Vortrag „über die Vogelwelt der böhmischen Hochmoore", wegen plötzlichen Verhinderung des Herrn Oberlieutenant H. Panzner entfallen und sprach hiefür Herr Dr. Fr. Knauer, nachdem er seinen angekündigten Vortrag (über nichtfliegende Vögel und die Consequenzen zu specieller Anpassung) gehalten, über „das Steppenhuhn und seine diesjährige Einwanderung".

Correspondenz der Redaction.

Wir bestätigen bestens dankend ausser den schon in dieser Nummer zur Publication gekommenen Aufsätzen den Empfang nachfolgender Beiträge für die „Mittheilungen": 1. Die ornithologische Literatur Oesterreich-Ungarns im Jahre 1887. Von Victor **Ritter v. Tschusi zu Schmidhoffen**. 2. Ueber Anthus cervinus Pall. in der Umgebung von Sarajevo. Von **O. Reiser** jun. 3. Zwischen Donau und Ybbs. Von **E. Hodek** sen. (Fortsetzung.) 4. Das Steppenhuhn (Syrrhaptes paradoxus) bei Anclam. Von R. Tancre.

Herrn Dr. **F. K . . . f**, hier. Von der neuen Adresse Notiz genommen. — Löbl. Verlagsbuchhandlung **M. P . . . . s**, hier Bestätigen den Empfang des III. B.; Besprechung in Nr. 6. — Herrn Dr. **S . . . . . . g**, Graz. Haben auf unsere Anfrage noch keine Antwort erhalten, konnten daher in dieser Sache nichts thun. — Herrn Prof. Dr. **G. L . . . . . . dt**, Berlin. Wir sind von mehrfacher Seite bezüglich des v. B.'schen Artikels interpellirt worden. Bekannteren Autoren gegenüber halten wir unbedingt an dem Principe fest, dass sie mit ihrem Namen für ihre Artikel einzustehen haben. — Herrn **Jos. W . . . . . e**, hier und andere bezüglich des Bildes Anfragende: Das Bild auf Seite 73 stellt das Goldhähnchen dar und wurde im letzten Momente, da eines der zwei Bilder wegen Raummangel ausgeschieden werden sollte, mit dem heute auf S. 89 gebrachten verwechselt. Wir selbst schwärmen für die Giacomelli'schen Bilder, so viel Aufhebens von ihnen gemacht wird, durchaus nicht. Leider trifft man eben so selten Thierbilder, die Naturwahrheit mit Schönheit vom künstlerischen Standpunkte vereinigen. In der Regel tragen die schlecht präparirten Modelle, nach denen die Bilder gemacht werden, die Schuld. — Herrn Baron **R . . . . . . g**, s'Gravenshage. Vielen Dank für die gütige Uebersendung des Schlussbandes von Bock's Reise in Borneo. Die zwei gewünschten Nummern sind heute abgegangen. — Löbliche **C . . . . z**'sche Verlagsbuchhandlung, Magdeburg. Wir haben bis heute keine weitere Lieferung erhalten. — Herrn Dr. **v. M . . . . . . z**, Budapest, Prof. Dr. **R. B . . . . . . s**, Braunschweig, **v. T . . . . . . i**, Hallein, **v. C . . . o**, Nagy-Enyed, Prof. **K . . . . c**, Spalato: Besten Dank für die gefälligen Mittheilungen. — Herrn **Rob. S . . . . n**, Kiel. Die Sendung richtig erhalten. — Löbl. Verein für Vogelkunde in Breslau. Bestätigen den Empfang der Statuten. — Frau Baronin **U . . . E . . . . . h**, Ung. Die gewünschten Nummern sind heute abgesendet worden, Brief ging gestern ab. — Herrn **O. R . . . . . r** jun., Sarajevo. Für diese Nummer war die Publication leider nicht mehr möglich. Wir senden Ende dieses Correctur. Die gewünschten Nummern, wenn noch vorräthig, werden übermorgen abgesendet. — Herrn **R. E . . r**, Neustadtl. Besten Dank für die übersandten Notizen. — Herrn Major **A. v. H . . . . r**, Stettin. Für die Bemerkungen besten Dank; Brief folgt.

Errata.

Seite 72 in Nr. 4 soll es beim schwarzkehligen Wiesenschmätzer heissen: Pratincola rubicola (nicht rubetra).

Adolf Eitelhuber & Adalbert Weingärtner

Photozinkographie

Wien, VIII. Bez., Alserstrasse Nr. 55.

ATELIER

für

Hochätzungen von Illustrationen aller Art,

und zwar

Feder-, Kreidezeichnungen und Steinabdrücke.

Reproductionen nach Handzeichnungen, Holzschnitten, Stahl- u. Kupferstichen, getuschten Zeichnungen und Photographien.

Herstellung von Fettdrucken für Photolithographie.

NB. Wir machen besonders die Herren Professoren, welche für ihre Programmarbeiten, Monographien u. s. w. möglichst einfache und billige Illustrationen wünschen, auf unser Atelier aufmerksam. Nähere Auskunft ertheilt auch die Administration dieser Monatsschrift.

Rothgelbe

(durch Paprikafütterung) sowie naturgelbe **Holländerkanarien** sind zu verkaufen bei

Karl Novák,

VIII., [illegible] 12, 2. Stock, Thür 8.

Sehr preiswürdige und fein gearbeitete

Eierbohrer

aus bestem Stahl sind zu beziehen von

A. Bernard (Zimmermann's Neffe),

Bürgl. Messerschmied,

Wien, Stadt, Augustinerstrasse 12.

In der Zuchtstation des ornithologischen Vereines Währing, Kreuzgasse Nr. 20,

werden **Bruteier** zu **20** kr. per Stück abgegeben. Zur Zucht sind eingestellt: 1. 6. **Houdan** 86er Frühbrut, 1. 6. **Plymouth-Rock** 86er Frühbrut, 1. 6. **Silber-Bantam** 86er u. 87er Brut, 1. 6. **Schwarze Bantam** 87er Brut.

Es werden empfohlen: **Houdan** für den Sportsmen und Städter, **Plymouth-Rock** für den Landwirth als Nutzhühner, **Silber-** und **Schwarze Bantam** für den Geflügelhof als Zierhühner.

1887.

Prämien:

Copenhagen, Kaiserslautern, Rostock, Wien, Marienburg a. D., Kappeln, Schlei, Hamburg, Roskilde.

Stangenträger

für Hühnerhäuser.

Zum Ausrotten des Ungeziefers.

Preis per Paar Mark 2.50, gegen Nachnahme.

J. C. Haunstrup, Copenhagen, Dänemark.

Prospecte gratis und franco.

Eine Vogelsammlung

ist preiswürdig zu verkaufen. 530 Stück. Die meisten Exemplare im Hochzeitskleide, tadellos ausgestopft und aufgestellt, ausgezeichnet präparirt und ganz fehlerfrei.

Bei Frau **Marie Dilles,**

Bielitz, österr. Schlesien.

Mehlwürmer,

rein gemessen per Liter 3 fl. ö. W., Packung frei, liefert per Nachnahme,

Michael Hruza, in Marburg a. D.

Auf mehrfache Anfragen

theilen wir mit, dass von dem Werke

Dr. Anton Fritsch:

„Die Vögel Europas"

nur noch einige Exemplare vorhanden sind. Trotzdem ist der Herausgeber bereit, das Werk den neuen Mitgliedern des Vereines, solange der Vorrath reicht, zu dem ermässigten Preise von **40 fl.** (in Prachteinband **50 fl**) abzugeben.

In raceeinen Exemplaren habe

preiswerth abzugeben

weisse **Cochin**, helle **Brahma**, dunkle **Brahma**, schwarze und weisse **Langshan**, ein Paar vorzüglicher **Dorkings** und ein Paar importirte Emdener **Riesen-Gänse.**

Ing. Pallisch,

Erlach b. Wr.-Neustadt.

Kanarienvögel

bestens gesanglich geprüft und sortirt, à 12, 15, 20 und 25 Mark; Extravorsänger höher, habe noch in schönster Auswahl und versende stets gegen Cassa oder Nachnahme, unter Garantie für Güte und lebende Ankunft.

Julius Häger, St. Andreasberg (Harz).

Die

Vogel- und Reptilien-Handlung

von

Anton Mulser

Bozen in Südtirol

hält mit Beginn des Frühjahrs **südeuropäische** und **afrikanische Echsen, Schlangen, Schildkroten, Frosch-** und **Schwanzlurche** in allen Arten und seltenen Spielarten am Lager; diese werden nur in wohlerhaltenen Exemplaren versandt und zu billigen Preisen abgegeben. Vom October ab sind einheimische Vögel zu [illegible] von Zeit zu Zeit Exota zu sehr billigen Preisen.

☛ **Frühere Jahrgänge der „Mittheilungen" sind, so lange der Vorrath reicht, zu dem ermässigten Preise von à 4 fl. = 8 Mark durch das Secretariat (VIII., Buchfeldgasse 19) zu beziehen. Alle eilf Jahrgänge werden zu dem Preise von 40 Mark abgegeben, doch sind nur mehr wenige Exemplare vorhanden.** ☚

Herausgeber: Der Ornithologische Verein in Wien — verantwortlich: Dr. Fr. Knauer. — Druck von J. B. Wallishausser.

Commissionsverleger: Die k. k. Hofbuchhandlung Wilhelm Frick (vormals Faesy & Frick) in Wien, Graben 27.

Sitz des Vereines: Wien, k. k. Prater, Hauptallee 1.

XII. Jahrg. Nr. 6, 7 u. 8.

Mittheilungen des Ornithologischen Vereines in Wien.

Blätter für Vogelkunde, Vogel-Schutz und -Pflege, Geflügelzucht und Brieftaubenwesen.

Redacteur: Dr. Friedrich K. Knauer.

Juni, Juli, August 1888.

Die „Mittheilungen" des unter dem Protectorate Seiner kaiserlichen und königlichen Hoheit des durchlauchtigsten Kronprinzen **Erzherzog Rudolf** stehenden **„Ornithologischen Vereines in Wien"** erscheinen in der Stärke von 2 Bogen **am 15. jeden Monates. Abonnements** à 6 fl., sammt Franco-Zustellung 6 fl. 50 kr. = 13 Mark jährlich, werden in der k. k. Hofbuchhandlung **Wilhelm Frick** in Wien, I., Graben Nr. 27, entgegengenommen, und einzelne Nummern à 50 kr. = 1 Mark daselbst abgegeben. **Inserate** 6 kr. = 12 Pfennige für die 3fach gespaltene Nonpareille-Zeile oder deren Raum. **Mittheilungen** an das **Präsidium** sind an Herrn **Adolf Bachofen von Echt** in Nussdorf bei Wien, die **Jahresbeiträge** der Mitglieder an Herrn Dr. **Karl Zimmermann**, I., Bauernmarkt 11, alle anderen für die **Redaction**, das **Secretariat**, die **Bibliothek** u. s. w. bestimmten Briefe, Bücher, Zeitungs-, Werthsendungen, an die **Redaction der „Mittheilungen des Ornithologischen Vereines"**: Wien, k. k. Prater, Hauptallee 1, zu senden. **Vereinslocale**: Bibliothek, Sammlungen, Redaction k. k. Prater, Hauptallee 1. Die mit Vorträgen verbundenen **Monats-Versammlungen** finden im grünen Saale der k. k. Akademie der Wissenschaften: I., Universitätsplatz 2, statt. **Sprechstunden** der **Redaction** und des **Secretariates**: Dienstag und Freitag, 3–4 Uhr.

Vereinsmitglieder beziehen das Blatt gratis.

Beitrittserklärungen (Mitgliedsbeitrag 5 fl. jährlich) sind an das Secretariat zu richten.

Eine westliche Tour dem Pelikan (Pelicanus erythrorhynchus) zu lieb.

Von **August Koch.**

Im Herbst des Jahres 1885 brachten mehrere meiner Freunde einige Wochen in den Prairien von Minnesota zu, um dem Vergnügen der Hühnerjagd obzuliegen.

Begeistert schilderten dieselben bei ihrer Zurückkehr den ornithologischen Reichthum, der ihnen dort zu Gebote stand, der ihnen jedoch nichts nützen konnte, da sie weder zu präpariren noch zu beobachten verstanden.

Namentlich erzählte man mir, dass zwei der Schützen mit vier Schüssen acht der oben genannten grossen Vögel auf das Ufer eines See's streckten. Die Federn wurden von dem Führer zu Betten verwendet, sonst konnte kein Gebrauch davon gemacht werden.

Wohl oder übel musste ich den darauffolgenden Herbst 1886 einer der Partie sein. Solche bestand aus vier Jägern und drei Hunden, zwei englischen und meinem irischen Setter „Bang", der sich bei jedem Zugwechsel neue Freunde erwarb.

Den grossen Theil der Reise wollen wir übergehen, man kann viel bessere Berichte darüber lesen als meine schwache Feder im Stande sein würde, dieselbe zu schildern.

Natürlich machten wir einige Tage Halt in Chicago und Milkeauw, was auch unseren vierbeinigen Begleitern sehr zu Gute kam.

Eines Abends gegen 4 Uhr kamen wir in einem kleinen Städtchen in Minnesota an. Ohne Flinten machten wir einen kleinen Spaziergang in die angrenzende Prairie.

Wenige hundert Schritte von den letzten Holzhäusern entfernt erhob sich das erste Huhn (Cupidonia Cupido).

Mit lautem, dem Haushuhn ähnlichen, aber mehr dem Geklapper zweier Knochenstücke gleichkommenden Gackern, strich es etwa zwei Meter hoch über das Gras hinweg und liess sich in einem nahen Maisfelde nieder.

In der Nähe fanden wir auch sumpfige Stellen, die mit einzelnen Grasbüschen bewachsen waren, aus welchen alsbald ein Flug kleiner Enten (Querquedula discois) das Wasser peitschten, um sich desto schneller erheben zu können.

Auch Gallinago media, Wilsoni (Becassine) kletterte senkrecht mit aufrechtem Körper und gerade herabhängendem Schnabel (ihre Augen dabei klug umherschauend) in die Höhe, um bald die, dem Sonntagsjäger so unverständlichen geometrischen Figuren, beinahe mit der Schnelle des Blitzes in die Landschaft zu zeichnen, wobei der Ungeübte gewöhnlich kaum bestimmen kann, ob er eine Schnepfe oder ein halbes Dutzend der Vögel vor dem Rohre hatte und möglicherweise beide Läufe in der Gegend abdrückt, in der er den schnellen Vogel zuletzt vermuthet hatte, anstatt auf den rechten Zeitpunkt zu warten.

Ohne selbst Hühner erlegt zu haben, bekamen wir doch denselben Abend welche zur Speise.

Am folgenden Morgen ging es per Eisenbahn durch die Prairie weiter. In grasigen Wasserflächen zu beiden Seiten der Bahn, konnte man sowohl einzelne wie kleine Flüge Enten zwischen den Grasbüschen, oft ganz in der Nähe der Bahn herumschwimmen sehen.

Meistens trachteten dieselben sich zu verbergen, nur selten erhoben sie sich. Der kleine Taucher podiceps podilymbus schlüpfte hier und dort unter das Wasser, auch kleine Rallen wurden einigemal sichtbar. Auf höheren trockenen Flächen der Bahn entlang, sahen wir Prairiehühner mit hochgereckten Hälsen ausschauend, während der Zug langsam vorbeifuhr. Das Terrain war sehr steigend und Blumenliebhaber konnten ohne Gefahr die in verschiedenen Farben prangenden Prairieblumen pflücken. Wir tauften unseren Zug den Blumenzug.

Am 15. September kamen wir in einem sehr einzeln stehenden Dorfe „Lakefield" genannt an; für unser Quartier erhielten wir zwei ineinander laufende Zimmer. Unsere drei Jagdhunde mussten sich natürlich unter den Betten bequemen und damit der Frieden in der Nacht nicht gestört werden soll, wurden dieselben an die Bettpfosten gebunden. Es gab aber doch mehr oder weniger drohendes Kriegsgeschrei während der Nacht, welches immer von dem beruhigenden und beunruhigenden Rufen ihrer Gebieter begleitet wurde. Am anderen Morgen kam unser zuvor bestellter, mit zwei raschen Ponys bespannter Federwagen zu guter Zeit vorgefahren.

Unser Führer zeigte sich später als guter Schütze und war von einem Hunde von zweifelhafter Race begleitet. Dieser Hund fing öfters die Hühner, ehe sein Herr zum Schusse kam, trug aber solche demselben zu, wofür er immer sehr belobt wurde. — Jeder nach seinem Geschmack, unsere Sache wäre es nicht.

Ein aus wenigen Tönen bestehendes Geleier liess sich hören, als wir aus dem Dorfe fuhren, bald fanden wir, dass es einer etwas kleinen Varietät der Purpur-Crackel (Quiscalus purpureus) angehörte; es klang sehr angenehm in der reinen Morgenluft und dem Licht der aufgehenden Sonne, auch war es uns neu.

Der Wagen schaukelte uns lustig durch das kurze, doch oft meterlange Gras. Vor uns war die endlose Prairie, Himmel und Gras — etwa 10 bis 15 englische Meilen entfernt, konnte man einzelne Farmhäuser sehen, welche selten von einer Scheuer begleitet sind, nur wenige schwache zum Theil kränkliche Bäume umgeben dieselben, es sind gewöhnlich Pappeln. In der Nähe weidete die dazu gehörige Rinderheerde. Die meisten Ställe waren Schlupflöcher aus wenigen Pfosten mit Querstangen darauf, hergestellt, auf die etwas Heu geworfen war. Dieses war wohl der ganze Schutz gegen den fürchterlichen Winter mit seinen „Blizzards", der hier herrscht.

Die wie Seide im rosigen Morgenlichte glänzenden Setter setzten in leichten Sprüngen durch und über das Gras, dabei die hocherhobenen beweglichen Köpfe, mit den klugen braunen Augen, lustig hin und her werfend. Sieh' — dort — einer davon hält so kurz an, als ob er von einem Schuss getroffen und tödtlich getroffen wäre — beide Vorderfüsse sind vorgestelllt, langsam zieht er einen derselben, zusammengebogen an die Brust — die schön behängte Ruthe senkt sich — O wie langsam — bis die horizontale Linie mit dem Rücken hergestellt ist — die Nüstern öffnen und schliessen sich, die schönen Augen werfen nun Seitenblicke nach dem Herrn, die seidenen Ohren tragen sich höher — — er steht.

Im Bogen schleichen die anderen Hunde zurück, stellen sich auch und bilden eine Gruppe, deren Anblick für uns mehr Werth hat, als alle im Grase verborgenen Hühner.

Jeder springt vom Wagen und mit etwa zehn Schritten Abstand marschiren wir zur Point, die Hühner erheben sich etwa vier Meter — nun ist der Zeitpunkt zum Schusse gekommen.

Die unbeschossenen oder gefehlten Hühner setzen nun ihren Flug in horizontaler Linie fort, bis sie entweder dem Gesichtskreis entschwunden sind oder doch oft meilenweit entfernt sich wieder niederlassen.

Gegen Mittag kamen wir mit Beute beladen an einen See mit Namen „Heronlake" (Reihersee) ein etwa 12 englische Meilen langes und mehrere Meilen breites Gewässer, das mit schönen Bäumen umgeben ist, die hier dem Auge eine grosse Wohlthat sind.

Eine ebenfalls mit starken Bäumen und dichtem Gebüsch bewachsene und einen spitzen Winkel bildende Halbinsel wurde mir als der Platz bezeichnet, wo das Jahr zuvor die Pelikane geschossen wurden.

Eben jetzt liessen sich leider keine der genannten Vogelriesen sehen, doch war die äussere Spitze der Insel mit einer Menge grosser Vögel besetzt, welche wir von Ferne für wilde Gänse hielten.

Meine Wenigkeit mit noch einem Gefährten arbeiteten uns vorsichtig unter den Bäumen durch das dichte Gebüsch. Die meisten Aeste der Bäume enthielten grosse

Nester und waren von den scharfen Excrementen der Vögel getödtet.

Auf den Aesten sassen grosse Vögel „Phalacrocorax carbo“, welche sich sogleich entfernten.

In der Hoffnung, bald für unsere Mühe belohnt zu werden, hatten wir beinahe die Nähe der Spitze erreicht, als ein schön verfärbter Falke auf dem nächststehenden Baume, gerade vor mir Platz nahm und kühn umher schaute. Es war das erstemal, dass ich Gelegenheit hatte, diese Art lebend zu sehen. Es war Falco peregrinus naevius — der amerikanische Wanderfalke.

Wie gerne hätte ich jetzt den seltenen und stolzen Vogel, der ganz in meiner Gewalt war, herabgeschossen — aber wie konnte ich so selbstsüchtig sein und meinem Freunde (der den Falken gar nicht wahrnahm) die Aussicht auf die wilden Gänse vernichten?

Bald konnten wir in knieender Stellung die mit den grossen Vögeln besetzte Spitze sehen. — Es waren nur Scharben von der oben genannten Art. Mein Gefährte wollte sogleich einen Massenmord veranstalten, wogegen ich aber lebhaft protestirte, wir schossen nur einige Stücke.

Grosse Möven flogen über die Wellen des unruhigen See's, wir erlegten mehrere, welche die Hunde apportirten, es waren Junge von Larus delewariensis — wovon ein Paar jetzt meine Sammlung ziert. Reiher schossen wir nur zwei am See und zwar die gefleckten Jungen des Nachtreihers Nyctiardea grisea naevia.

Nochmals hatten wir das Glück, den Falken zu sehen und zwar in Gesellschaft eines, zweiten. Beide kreisten über der Insel. Das Männchen wurde mir zur Beute, als es eben die Spitze der Insel überflog, vom ersten Schusse hart getroffen, senkte es sich schnell dem Wasser zu, mein zweiter Schuss aber warf es (zum Jubel meiner Gefährten) auf den trockenen Rand des Ufers; es ziert jetzt meine Sammlung in derselben Position wie es zuerst auf dem Baume vor mir sass.

Am folgenden Morgen besuchten wir abermals die Insel in der Hoffnung, die Pelikane anzutreffen. Wir theilten uns, indem der Führer mit zwei Gefährten zu Fuss in die Prairie zog, während der Dritte die Lenkung des Wagens übernahm. Bald nahm ich wahr, dass mein Freund nicht die richtige Fährte verfolgte und dass der Boden unter uns zusehends weicher und das Gras kürzer und dünner wurde, ein gewöhnliches Zeichen von grundlosem Morast. Von meiner Warnung nahm er keine Notiz. Bald sah ich einige kurze Wasserlilienstöcke, meine diesmalige Warnung wurde von dem erschrockenen Rosselenker schnell — aber zu spät befolgt.

Das eine der Ponys war bis über die Hüften versunken — nun da hatten wir die Bescheerung — rasches Handeln konnte vielleicht noch retten.

Das andere nicht so tief steckende Pferd wurde schnell von mir gelöst und auf etwas festen Boden an einen Grasbusch gebunden. Nun löste ich das eingesunkene Pony vom Wagen, den wir zurückschoben. Es lag ganz ruhig und musste schon zuvor in gleicher Lage gewesen sein.

Jetzt nahm ich die Peitsche, knallte einige Mal und forderte das kluge Thier auf, sich herauszuarbeiten. Drei oder vier gewaltige Anstrengungen, einige Sätze und es stand wieder im Gras. Bald konnten wir lachend, aber diesesmal, unter meiner eigenen Leitung, weiter fahren. Drei grosse weisse Vögel mit schwarzen Schwingen und kurz eingezogenen Hälsen, kamen vom See hergezogen, es waren die erwünschten Pelikane, aber keineswegs für uns bestimmt — wir sahen keine weiteren mehr.

Circus hudsonius im ausgefärbten, blass bläulichgrauen Kleide sahen wir öfter kreisen, es kam uns aber keiner zum Schuss.

Was bildete den grossen bläulichen Flecken, etwa 500 Schritte vom Wagen und auf einer cultivirten Stelle? Man sieht deutlich, dass es lebende Wesen sind — es sind wilde Gänse (Anser albifrons Gambeli), welche auch bald das Weite suchten. Auch Kranichgeschrei von Grus americana klingt aus der Luft, dort ziehen drei Stücke, ein ausgefärbter, blendend weisser, mit schwarzen Schwingen (der an den europäischen Storch erinnert) und zwei andere im jungen oder grauen Kleide.

In der Nähe eines Maisfeldes lassen sich die grossen Vögel nieder, tanzen einigemale hin und her und im Kreise herum, halten aber dann mit hochgereckten Hälsen strenge Umschau, so scharf, dass es unmöglich war, ihnen gefährlich zu werden.

Gegen Mittag des zweiten Tages stöberten wir auch ein Exemplar des Prairiehasen Lepus campestris, heraus, derselbe hatte natürlich lange genug gelebt und ging bald zur Untersuchung von Hand zu Hand; auch er macht jetzt ein permanentes Männchen, unter Glas. Bei einem Farmhaus wurde im Schatten Mittag gemacht, ganz in der Nähe des Hauses war ein See, auf dem mehrere Flüge Enten so ruhig umherschwammen, als ob es gar keine blutdürstigen Menschen gäbe.

Auf meine Frage „ob der Farmer und seine erwachsenen Söhne, nie Enten hier schossen? Erhielt ich zur Antwort, dass sie keine Flinte im Besitze hätten. Auch sagten sie uns, dass es viele Hasen (Packrabbits) hier habe und dieselben viel grösser seien, als der von uns erlegte. Wie gross sind denn die grössten Hasen? — Well sir — so — so — ungefähr wie ein kleines Kalb. —

Der Leser kann sich wohl denken, dass unsere Conversation ganz in's Stocken gerieth.

Ehe wir weiter fuhren, wurden die Federn eines gerupften Prairiehuhnes wahrgenommen und daher die im Wagen liegenden übrigen Hühner gezählt. Eines davon war fort — es war uns ein Räthsel, welch' frecher Räuber das Huhn ganz in unserer Nähe verzehrte, nachdem er es geraubt hatte. Jeder strengte sich an, um dieses Geheimniss zu entziffern, nur unser Führer zwinkerte verschmitzt mit den Augen, bis er endlich in ein freudiges Gelächter ausbrach — —

Sein Hund hatte das Huhn aus dem Wagen geholt und als seinen Antheil an der Beute zu seinem Diner verzehrt, auch sagte uns der Führer ganz naiv, dass sein Hund durch den Sommer meistens von Eiern und Jungen der Prairiehühner lebe und sich sehr gut dabei befinde. Im Verlauf des Nachmittags wurde eine schöne Sumpfweihe ♀ Circus Hudsonius, geschossen, welche viel dunkler rostfarbig auf der Unterseite war als diejenigen, welche ich im Osten sah. Als wir durch eine etwas feuchte Niederung mit langem Grase fuhren, widerfuhr unseren Nasen eine schlimme Beleidigung — eines der Räder oder vielleicht ein Huf der Pferde hatte ein Stinkthier getroffen. — Ohne uns länger als nothwendig aufzuhalten, verliessen wir die abscheuliche Nachbarschaft. Was mich betrifft, hatte ich schon so oft solch' unangenehme Bekanntschaft gemacht, dass mir nicht darum zu thun war, sie hier zu erneuern. Auch habe ich oft diese Parfümkünstler im Fuchseisen gefangen, wo sie mir niemals willkommen waren. Einmal fieng ich sogar einen Albino, ganz weiss mit rothen Augen, den ich leider damals nicht präpariren konnte, da mir die Entfernung des schrecklichen Geruches noch nicht bekannt war.

Eine besondere Erfahrung machten wir mit zwei Schwalbenarten *Petrochelidon lunifrons* (Klippenschwalbe) und *Tachycineta bicolor* (Weissbauchschwalbe). Eine Schaar aus beiden Arten bestehend folgte den trabenden Pferden und umschwärmten dieselben so nahe, dass es uns sehr auffiel, bis wir wahrnahmen, dass die Vögel alle die Pferde verfolgende Bremsen und Fliegen wegfingen und sich immer schnell entfernten, wenn der Vorrath zu Ende gieng.

Eine Schaar Nachtfalken wurde uns ebenfalls sichtbar, welche wahrscheinlich die Varietät *Chordeiles Popetue Henryi* war; leider flogen die Vögel zu hoch, um von uns getroffen zu werden.

An verschiedenen kleinen Seen fanden wir Massen von Enten, welche aber selten von uns belästigt wurden.

Kleine Möven, wahrscheinlich *Larus Philadelphiae* und einige Arten Stelzvögel hielten sich auch an den Seen auf. Der blaue Reiher *Ardea Herodias* war oft zu sehen, aber immer sehr scheu, dagegen stand *Botaurus Lentiginosus* oft aus nächster Nähe aus dem Grase auf, war aber keinen Schuss werth, da er im stärksten Federwechsel begriffen, was auch mit den Hühnern und den meisten anderen Vögeln (Raubvögel ausgenommen) der Fall war.

Der Gefiederwechsel war auch die Ursache, dass unsere ornithologische Sammlung keine reichliche zu nennen war.

Während unseres Aufenthaltes in der Umgebung von Lakefield hatten wir auch das Vergnügen, einen Prairiewolf in der freien Natur, doch nur aus der Ferne zu sehen.

In den Prairien des Staates Parnay machten wir uns auch einige Tage zu schaffen, hier sah ich ein Exemplar des Spechtes „*Colaptes auratus mexicanus*, welches ich leider nicht erlegen konnte. *Asio accipiterinus* trafen mir mehrmals in Stoppelfeldern an und der kleine Falke *Tinnunculus sparvius* musste hier eine andere Lebensart annehmen als im Osten; im Grase konnte er natürlich keine Umschau halten, er hielt sich daher in der Nähe von cultivirten Feldern auf, wo er die höchsten Erdschollen zu seinen Ruheplätzen wählte.

Poaecetes graminus confinis — *Spirella pallida* und *Sturnella neglecta*, eine Varietät von *Sturnella magna* erlegte ich hier ebenfalls. Von anderen Geschöpfen trafen wir nur noch das gestreifte Erdeichhorn, dort gewöhnlich „Gopper“ genannt und einige verthierte (heruntergekommene?) Sioux-Indianer, die in ihre schmutzigen Lumpen gehüllt, gewiss keine Zierde ihrer Umgebung waren.

Aus Niederösterreich. Zwischen der Ybbs und Donau.

Von **Eduard Hodek** sen.

(Schluss.)

Was endlich ich mit meinen eigenen Augen von Raubvögeln streichen sah, seit ich mich hier herumtreibe, ich kann es leicht zählen. Vom Sperber und Thurmfalken abgesehen, da diese, nebst einem Paare Baumfalken hier brüteten, mir also leicht dasselbe Individuum mehrmal unter die Augen kam; aber ich sah seit 1½ Jahren *nur einmal* einen Wanderfalken, *zweimal einen gemeinen* und bloss *zweimal* einen *Rauhfuss-Bussard!* Im vergangenen Herbste strich hoch von Wallsee her gegen Süden ein rother Milan (M. regalis) und bei den Hühnerjagden sah ich zweimal einen Zwergfalken, ohne schiessen zu können. Unlängst, kaum per Westbahn in die Nähe Wien's gelangt, sah ich einen Zwergadler das Purkersdorfer Thal überfliegen und über Schönbrunn kreisten zwei Rauhfüsse; es war, als beträte ich von einem einsamen Pürschsteige im Gebirge die Landstrasse der Zugvögel.*)

Was, frage ich nun, und frug ich mich seit jeher, mag wohl der Grund sein, dass die hiesige Gegend *von Raubvögeln förmlich gemieden wird?* Ich vermochte mir hierauf keine Antwort zu geben und habe mich bei diesem Gegenstande unter Aufführung des Terrain-Wildstandes und Bodenculturs-Verhältnisse deshalb so lange aufgehalten, um zu hören und zu erfahren, ob es analog der hiesigen, auch andere Gegenden gibt, wo die Raubvögel, scheinbar ohne Grund, ja, *trotz aller Bedingungen zu ihrer Wohlfahrt*, dennoch fast ganz fehlen, sowohl als Brut- wie als Zugvögel. U. A. w. g.

*) Obwohl nicht in den Rahmen meiner heutigen Mittheilungen gehörig, weil diese nur eine begrenzte Beobachtungs-Strecke behandeln, muss ich mir doch zu erwähnen erlauben, dass ich am 2. April oberhalb Weyer, aus dem Ennsthale kommend, einen Aquila chrysaëtos, Goldadler, kreisen und mit dem Glase deutlich seine spiegellosen Schwingen sah.

Der einzige, sich alljährlich, (wie mir auch von früheren Jahren her Gewährsmänner versichern) einstellende Zug-, sagen wir Strichvogel, ist die *Saatkrähe* (C. frugilegus).

Zwischen dem 16. März und 3. April v. J. passirten Hunderttausende Saatkrähen den Waldhügel oberhalb Amstetten, auf dem ich im Reitbauernhofe wohne.

Meistens trafen sie um 8, 9, 10, auch erst 11 Uhr Vormittags ein und es ging dann in unregelmässiger Folge und bei loser Verbindung, wohl auch mit Unterbrechung der Colonnen und Intervallen von etlichen Secunden bis zu einer Minute, fort und fort durch etwa eine Stunde, länger selten; im Frühjahre zur genannten Zeit aus West nach Ost, im Herbste dagegen mit Ende September von Ost nach West zurück.

Der Herbstzug erfolgt nicht so ununterbrochen und hastig, wie der Marsch nach dem Osten im Frühjahre und erscheint bei weitem nicht so an Stunden gebunden und die Schaaren benützen am Rückzuge nicht nur die südlichen Waldbahnen, sondern man kann sie unter Tag's wann immer, die Felder und Ybbsauen der Thalsohle, zu kleineren oder grösseren Schwärmen vereinigt, den Flug nach der Westrichtung, behufs Nahrungserwerbung für kürzere, oder, wenn starker Westwind eintritt, auch für längere Zeit unterbrechen, oder doch verzögern sehen. Natürlich, am Hinwege drängt die Zeit zum Nistgeschäfte und schwellt die — wenn auch schwarze — Vogelbrust die Ahnung der Frühlingswerdung mit ihren Freuden wie den kleinen und grossen Leiden des neuzubeziehenden Hausstandes für Alt- und Neuvermählte.

Da wird eben geeilt und gehastet, ohne sich mehr als die nöthigste Rast für's Nahrungssuchen zu gönnen. Am Rückwege, da *kann* es nicht anders als langsamer und unordentlicher gehen, es fliegt ja da die liebe Jugend mit und das weiss man ja, die Jüngsten werden bald müde und müssen angeeifert werden; anderen Unbotmässigen erscheint ein frisch bestellter Weizenacker zu verlockend und sie verspüren Appetit; etliche vorwitzige, junge Racker, haben in der Ferne, etwas abseits von der Wander-Richtung, einen seltsam geformten Vogel mit grossen gelben Augen und Katzenkopf erblickt und stürzen krächzend, eine weitere Schaar unerfahrener Waghälse mitreissend, der abenteuerlichen Erscheinung zu. Die Colonne schwankt. Die Alten stürmen, die Gefahr erkennend, diesen tollen, jungen Brauseköpfen, sie möglichst überholend, nach, denn deutlich sehen sie, wie eine helle Schnur den, zur Lockung hingesetzten Uhu mit seinem Sitz verbindet und nahe daran, unweit eines dürren Baumes — wie gemacht zum Ausruhen und doch noch weiter schreien — da entdeckt das geübte und ebenso gewitzigte, reifere Gehirn im Gebüsche jene Erderhöhung, aus deren grinsenden Scharten schon so oft dem Unvorsichtigen der Tod entgegen blitzte.

Es ist umsonst, zu spät, der Alten Warnungsruf verhallt im Donnerschlage zweier, rasch gefolgten Schüsse, während zwei der ärgsten Schreier neben dem erschreckten, innerlich aber hocherfreuten Uhu, sterbend am Boden zappeln. Wieder eine Salve auf die, alles, ausser dem Uhu um sich her vergessenden Tollköpfe, wieder wälzt sich einer, während ein anderer der Vögel mit zerrissener Montur in schwerer Flucht sein Heil versucht; noch ein Schuss — und der ging fehl. Jetzt erst wird die Schaar der Schreier stutzig, stäubt in die Höhe und es gelingt den hoch oben rufenden Eltern, mit ihrem Warnungskrächzen durchzudringen. Bald ist die Colonne der, um eine Erfahrung reicheren Jugend vom Wahlplatze abgeführt und — um drei Genossen ärmer; der Invalide vermag nur mühsam dem weiterziehenden Schaaren zu folgen und wer weiss, erlebt er noch den Morgen.

Die Saatkrähen — wie jeder Vogel — streichen ungerne andauernd mit starkem Winde und deshalb sieht man, wenn im Frühjahre starker Westwind bläst, den Strich oft tagelang unterbrechen; sie warten dann in den Donauauen den ärgsten Windgang ab, wo sie auch bei jedem Wetter, auch bei normal guten nachten.

Man sieht sie in den Auen zwischen Tulln und Wien, dann bei Wallsee sich Abends sammeln und Früh Morgens weiterziehen.

Unterhalb Wien sind es die Auen von Fischamend, wo ich sie zu Tausenden kommen und gehen sah und dieser Platz dürfte ihre erste Nachtstation nach ihrem Einbruche aus den ungarischen Ebenen beim Westwärtszuge sein, die zweite circa Klosterneuburg, die nächste, wahrscheinlich letzte auf österreichischem Boden, die Auen bei Wallsee, dann ergiesst sich der Strom der schwarzen Gesellen, die mir immer, weil unschädlich der Wildbahn, sympathisch waren, in die Ebenen von Bayern, um weiter über Württemberg und den Rhein nach den wärmeren Gegenden Frankreichs als ihrer Winterstation zu gelangen. In unseren Bergwäldern sah ich niemals noch eine Strich-Gesellschaft Saatkrähen von grösserer Anzahl übernachten; sie scheinen hiezu ausschliesslich die Auen zu wählen, wo sich auch ab und zu — je tiefer ostwärts, destomehr ein Bruchtheil — von den Schaaren zum Brüten ansiedelt. Mit unserer, hier heimischen Rabenkrähe (c. corona) vermischen sie sich gesellschaftlich ungerne und Bastardchen kenne ich unter diesen zwei Arten keine.

Der beste Beleg dazu, wie eilig namentlich, wenn der Zug durch übles Wetter vorher irgendwo Halt machen musste — diese Krähen im Frühjahre ihren Rückflug bewerkstelligen und — wie ernst sie es mit dem Vorwärtskommen nehmen, bietet die Thatsache, dass aus einer Colonne, wenn sie, bei Wind z. B. noch so nahe an der Erde und bloss etliche Meter über einem Uhu hinstreift, sich kaum etliche, wahrscheinlich jüngere Individuen herbeilassen, krächzend einige Kreise um ihn herum zu drehen; die Anderen eilen weiter und die Säumigen, nachdem ein oder der andere die Zeche für Neugier bezahlt hat, rasch den ersteren nach. Zum Nahrungsuchen wird bestimmt die geringste Zeit verwendet — vielleicht die um Mittag — denn ich sah sie Morgens von ihren Ruheplätzen auf- und gerade ihrer Wander-Richtung zufliegen, auch bei der Ankunft fallen sie direct in die hohen Bäume der Auen ein und weder die früher Ankommenden, noch die, oft schon im Abenddunkel spät Eintreffenden kommen von den Feldern, sondern aus der Zugsrichtung daher in derselben Formation, der regellosen, schütteren Colonne, worin selten mehr als 2—3 Individuen nahe beisammen fliegen, aber in schier endloser Folge, wie ich sie heuer hier und im Vorjahre an meinen Fenstern über den Tannenwipfeln ostwärts hasten sah.

Eine ganz andere Individualität als ihre eben besprochene und fast zutrauliche harmlose Verwandte, ist unsere, hier einheimische Rabenkrähe (Corus corone L.).

Wenn man den Kolkraben mit einem wegelagernden Strauchritter, die Nebelkrähe mit einem diebischen Buschklepper und die Saatkrähe mit einem bettelnden Landstreicher vergleichen kann, so ist diese Quintessenz des Rabenthums, die Rabenkrähe, der schlaue Beutelschneider und freche Einbrecher.

Ich musste mir eigens die Feder spitzen (in Gift und Galle eingetaucht über dieses Prototyp vom „Rabenvieh", ist sie ohnedies), müsste, als Jäger, weit über den Rahmen des heutigen Vorwurfes hinausgreifen, wollte ich die Schand- und Missethaten dieser und mit allen Salben geschmierten „Species" alle hier zusammenfassen; ja, glaubte ich sie endlich wirklich — soweit meine Bekanntschaft mit dieser sauberen Race reicht — würdig zum Ausdrucke gebracht zu haben, ich bin überzeugt, auch dann nur ein lückenhaftes Stückwerk geliefert zu haben, denn was Alles weiss ich von ihr noch lange nicht? Der Straf-Codex erschöpfte sich und — vogelfrei — sollte sie das Blei treffen, wie den Habicht, wo und wie man — kann! Da aber steckt „der Has' im Pfeffer", man kann ihr schwer beikommen, denn ihre Schlauheit und Verschlagenheit stellt jene der Elstern (bei uns) noch in den Schatten und dass sie den Jäger vom Unbewaffneten genau zu unterscheiden vermag, gehört bei ihr zum ersten, einfachsten, elementarsten Wissen, das ihre Erzeuger und Ernährer ihr im Dunenkleide schon im Neste meisterlich beigebracht haben. Ja, ja; ohne Scherz oder Uebertreibung. Wenn mir auch der Gram über diese ihre Sinnes-Ausstattung durch Mutter Natur die Feder führt, von der strengen Wahrheit entferne ich mich deshalb nicht um einen Schritt, und wenn ich mir die Freiheit nehme, bei meinen ornithologischen Mittheilungen an den Leser, von der pädagogisch knappen Form abzuweichen, so bitte ich, dies „als meine Art" nachsichtig hinzunehmen. Ich erzähle aber gerne und unter Umständen so gründlich, als ich glaube, dass es dem Zwecke frommt.

Hier den Beweis für diesen — bei keinem Vogel sonst noch, selbst nicht beim Adler schlechtweg, beobachteten — Erstlings-Unterricht an die noch wollige Brut.

Wenn es gelingt, selbst ungesehen von den Alten, aus der Ferne ein mit Jungen besetztes Krähennest zu beobachten und zu behorchen, so wird man des Morgens, wenn die Alten Futter bringen, im Neste ein leises Gackern, von den Alten einen eigenen kurz knarrenden Ton hören können; nie ein Schreien, auch wenn die Eltern ihr Nest noch unentdeckt wähnen und bisher ungestört waren. Dieses „Gackern“ erklingt auch trotz des am Schlagrande hantirenden Arbeiters, ungeachtet holzklaubender Kinder.

Es ist nicht nöthig, sich zu geniren; schiessen können die da unten nicht und die himmelhohe, bis zum oberen Drittel astlose Fichte gilt als unersteiglich. Das weiss die Krähe, denn sie hat den fruchtlosen Versuchen der Buben im Vorjahre zugesehen und deshalb heuer dasselbe Nest gewählt*), das sie übrigens nur zu restauriren brauchte und welches derart umsichtsvoll zwischen den dichtesten Gipfelästen situirt ist, dass man um es durch die Kugel zu erreichen, beim aufmerksamsten Suchen mit dem Glase es nicht findet, trotzdem es knapp an der Wand eines Kohlschlages steht. So verborgen angebracht sind sie durchschnittlich alle und werden im Gebirgswalde nie auf einen Laubholzbaum gesetzt, ausser in Auen, oder solchen Beständen, wo es weder Fichten noch Tannen gibt; wenigstens sah ich hier noch kein Rabenkrähennest auf einem anderen, als auf Nadelholze.

Wenn nun die Alten im Beitliegen das mindeste Verdächtige bemerken, so bleibt es im Neste still und zwar consequent stille, selbst stundenlang: man hat nur etliche Rufe der Alten gehört, die einmal hoch über die Fichte streichen und sich dann auf einen ziemlich entfernten anderen Baumgipfel aufpflanzen, von wo aus die ganze Umgebung scharf abgeäugt wird, ohne weiteres Schreien um die eigene Anwesenheit nicht zu verrathen. Dieses Benehmen der Alten gilt für den Fall, dass die Krähe bloss Verdacht schöpft; hat sich dieser aber bestätigt und sie den Jäger entdeckt, so steigt sie in die Höhe, setzt sich von einem dominirenden Gipfel auf den andern und verfolgt — stets ausser Schussweite — den Jäger unausgesetzt mit Geschrei so lange, bis er sich entfernt hat und zwar factisch entfernt hat, wozu sie ihm das Geleite gibt und ihn auch später im Auge behält. Verbirgt sich der Jäger bloss und sei es anscheinend noch so vollständig, so weiss dies der Vogel dennoch und verlässt seinen Beobachtungsposten, sich jetzt auch wieder still verhaltend, halbe Tage lang nicht, bis er seinen Zweck erreicht hat und sich davon überzeugt hat. Das zweite vom Elternpaar, vielleicht erst später hinzukommende, benimmt sich genau so und wenn es selbst den Jäger nicht sah, erkennt es aus dem Benehmen des einen, wie es sich zu verhalten hat. Es mögen noch so oft andere Krähen über das Nest streichen, von den hungernden Jungen wird kein Laut hörbar. Wiederholen sich solche Störungen, so bleiben die Jungen auch dann ganz ruhig, wenn die Alten wirklich fütternd wieder zum Neste geflogen kommen und das „Knarren“ der Alten beim Fütterungsacte erfolgt kaum hörbar. Die Alten warnen auch später nicht mehr: Alles spinnt sich ruhig ab und der Jäger sitzt im Verstecke umsonst so lange er mag, denn während derselben ganzen Zeit wurde er von der sich schlau und ungesehen in der Nähe aufgepflanzten Alten genau beobachtet.

Ich habe es auch herausgebracht, durch welche Maxime die alten Rabenkrähen ihren Jungen diese Disciplin für ihr Verhalten im Neste beibringen. Freilich, die Corrections-Mittel dabei blieben mir bis jetzt unbekannt. Wenn nämlich die Krähe hoch hergeflogen kommt und sich aus der Höhe von der Ungefährlichkeit der Situation überzeugt hat — was sie nie unterlässt, so setzt sie sich immer zuerst auf einen Gipfel in der Nähe, dann, nach abermaligem Auslugen, fliegt sie in die Mittelbaumhöhe herab und erreicht so immer von Ferne ungesehen, selbst aber das Unterholz scharf beobachtend, in höchstens Gipfelhöhe ihr Nest; sie stösst dann ihr bekanntes „Knarren“ hervor und die Jungen benehmen sich beim Willkomm etwas ungenirter, jedoch nie laut, wie alle anderen Rabenvögel. Gilt's aber Gefahr, so — wie gesagt — kommt die Alte gar nicht und ist Erstere geschwunden, kommt sie aus grösserer Höhe, umkreist den Nistbaum öfters und kommt von ihrem Interimsposten nach 2—3maligem Aufsitzen in halber Baumhöhe, nach nochmaligem kurzen Erheben über die Wipfel, mäuschenstill zum Neste. Sie gibt keinen Laut von sich beim Füttern und ebenso ruhig bleiben die Jungen. Das Nest verlässt sie dann ebenfalls wieder in halber Baumhöhe zwar, aber unaufhaltsam durch den Wald fliegend, bis sie an passender Stelle daraus hervortaucht und ihre Wege weiter zieht. So wissen die Jungen, wie sie sich zu verhalten haben, lernen der Gefahr begegnen, noch ehe sie diese selbst erschauen können und verharren dabei in solcher Selbstverleugnung, dass sie selbst dann nicht rufen, wenn sie noch so hungrig sind. Ich sass einst früh Morgens vor dem ersten Füttern unter einem Krähenneste wohl verborgen. Die Alten witterten mich dennoch aus und wollten durch 4 Stunden lang, mir den Gefallen nicht erweisen, sich auch nur sehen zu lassen; oben blieb auch Alles lautlos und nachdem die Tanne unschwer zu ersteigen war, rief ich — mit meiner Geduld fertig — meinen Emerich, der bei einem anderen Neste, in der Leiten vis-à-vis, Beobachtungen machte; der stieg hinauf und erst als er in's Nest langte, kamen die beiden Alten hoch daher und brüllten wie — andere Krähen auch. Es waren vier nicht ganz halbgewachsene Junge darin und ich wäre erbötig gewesen zu wetten, dass das Nest tagszuvor durch wen anderen ausgehoben wurde. Uebrigens so schlau, als sich die Rabenkrähe beim Nisten, Brüten und Füttern benimmt, ebenso genial versteht sie sogar schon beim Nestbauen den Ort zu maskiren, wo dieses geschieht. Sie fliegt schon mit dem Material — falls sie es von weitem herbringt — nie direct zum betreffenden Baume, ja nicht einmal in dieselbe Gruppe, sondern setzt sich damit stets zuerst auf fernestehende Nachbarbäume; am liebsten holt sie die dürren Aeste vom Waldboden oder nächst dem Nistbaume, oder, wie ich zusah, bricht sie direct vom Stamme selbst; das entspricht ihrer Heimlichkeit am vollständigsten.

Ich kenne ja, Gott sei Dank, den Nestbau des Kolkraben und der Nebelkrähe und ihr Verhalten beim Brutgeschäfte auch und Erstere ist dabei auch nicht „auf den Kopf gefallen“; die Saatkrähe ist wegen ihrer Sorglosigkeit, die Elster, weil sie glücklicher Weise vorzüglich, ja fast ausschliesslich auf Laubholz baut, gar nicht zu erwähnen, aber dem ingeniösen Gehirn der Rabenkrähe reicht hierin keines das Wasser.

Die Scham über meine geringe Findigkeit als Jäger zurückdrängend, muss ich eine Capitalleistung dieser schwarzen Teufel in Vogelgestalt der Welt bekannt geben, die auf meinem waidmännischen Selbstgefühle*) brennt, wie ein glühender Funke, trotzdem ich später fürchterliche Genugthuung nahm.

Die Front meiner Wohnung steht nach Süden und ein Rasen-Plateau mit alten Obstbäumen, die mit Nist-

*) Hatte aber die Rechnung dennoch ohne Wirth gemacht, denn der harmlose Waldarbeiter hatte seine Bemerkung dem Jäger mitgetheilt.

*) Vergönnen Sie mir diese Schwäche, sie ist bereits 50 Jahre alt mit mir geworden.

kästchen bespickt sind, umgibt das Haus nach Süden zu in einer Breite von 60 Metern, wo es durch eine ziemlich schroffe, mit gemischtem Holze bestandene Berglehne unterbrochen wird, über die ich auf einem Steige in 6 Minuten in das, zu Füssen liegende Amstetten gelange.

Der Wald lehnt sich nach Westen ganz an den Markt und ist direct vor dem Hause kaum 80 bis 100 Meter breit, aber mit hübschen Gruppen von Föhren, Fichten und Tannen, dann wieder etlichen herrlichen, starken Eichen bestanden.

Am oberen Rande des Abhanges, also 60 Meter von meinen Fenstern, aus denen ich über die Wipfel weg, eben als ich dieses schreibe, bei 50 Berges-Rücken und -Gipfel der nieder- und oberösterreichischen, der steirischen und selbst Salzburger-Alpen, von der Schneeberggruppe und dem Oetscher bis zum Traunstein, Dachstein und Hohen Priel, schneeglänzend und im Abendroth erglühend, überblicke, da stehen etliche, besonders hohe Tannen und wenn ich im letzten Frühjahre Morgens um 7, 8 oder 9 Uhr aus dem Walde heimkam und am offenen Fenster frühstückte, sassen auf den Gipfeln dieser Tannen ein oder zwei Rabenkrähen und spendeten mir, so lange ich sichtbar blieb, ihr krächzendes Morgenconcert.

Genau der Tonfall, Tact und Modulation, wie wenn sie mich im Walde oder Feld entdecken. Es war unzweifelhaft Hohngelächter über meine Ohnmacht. Sowie ich an's Fenster trat, ohne das Gewehr, blieben sie ruhig sitzen, zeigte ich mich mit dem Gewehre, flogen sie bloss um etliche Bäume weiter, ohne das Schreien sonderlich zu unterbrechen; sobald ich aber aus ihrem Gesichtskreise verschwand oder gar, wenn unten die Hausthüre sich öffnete, waren sie fort und kamen nie früher wieder auf diese bewussten Gipfel, als zur nächsten Frühstückszeit. Für Schrote war zu einem sicheren Schusse, die Tannen waren hoch, mir die Entfernung zu gross und einen Kugelschuss anzubringen, so reizvoll es erschien, war ausser Möglichkeit, denn, im Bogen fallend, hätte die Kugel leicht die Bahnlocalitäten oder gar einen Menschen treffen können; die Entfernung ist circa 600 Meter. Mir blieb also nichts übrig als List. Ich verbarg mich im dichten Gebüsche und liess im Zimmer meinen Burschen die Fenster öffnen und sich zum Frühstückstische setzen.

Durch 3 Tage zeigte sich keine Krähe. Dann ging mir die Geduld aus und ich setzte den Burschen mit Gewehr auf meinen Platz, während ich bei offenem Fenster mein Frühstück hielt. Ganz und gar umsonst! Am ersten Tage dagegen, wo Niemand von uns beiden auf der Lauer und wegen Regenwetters sogar die Fenster geschlossen blieben, da sass, wie der leibhaftige Asmodi, die Krähe wieder höhnisch krächzend auf ihrem Wipfel. Endlich gewöhnte ich diesen Vorgang, zollte solcher Verschlagenheit meine Bewunderung und lachte schliesslich darüber, die Faust im Sacke.

Dabei muss ich erwähnen, dass sich, 180 Schritte von diesen Tannen, am westlichen Ende der Berglehne, eine meiner Uhuhütten befand, aus der ich mittlerweile so manche Krähe herabschoss; wie sich später zeigte, niemals eine der sekanten zwei Schlauen. Schliesslich — es war im Anfange Mai — ereignete sich Folgendes und das brachte mich ausser Rand und Band. Mein Emerich berichtete mir, dass in der Hausleiter (also unter meinen Fenstern) ein Nest junger Krähen abgeflogen sei und als er das Mittagsessen von der Bahnrestauration holte, habe er auch die alten beifliegen gesehen. Die wurden nämlich durch die immerwährende Nähe von Menschen endlich so kirre und setzten ihre Vorsichtsmassregeln, die sie sonst im Walde beobachteten und bloss mir gegenüber sorgfältig durchführten, derart bei Seite, dass er, ohne trotz seiner Luchs-Augen, das Nest zu erkennen, doch die muthmassliche Nestfichte herausfand und ich muss bei dieser Relation ein höchst verblüfftes Gesicht gemacht haben!

Mein Plan stand fest und ich ruhte nicht eher, als bis er gründlich durchgeführt war. Beim nächsten Morgengrauen schoss ich das Weibchen (nur in Weiberkleidern wurde es mir möglich) um 6 Uhr flatterte das schwerverwundete Männchen mitten in den Markt und wurde dort von Hunden gefangen und bis 7 Uhr hatte ich von den 5, bereits streckenweit fliegenden Jungen 4 in der Hand, das 5. entkam in's Nest und wurde darin mit der Kugel erschossen. Ich hatte mich für so viel Hohn und Schande endlich revanchirt.

Es ist sonst ein ziemlich sicheres Axiom dafür, dass ein aufgefundenes Nest besetzt sei, wenn man unter demselben die Excremente der Vögel findet; ausser beim Uhu und den Eulen überhaupt, fand ich vom Adler bis zum Häher dieses Anzeichen vor, die Rabenkrähe aber bietet selbst diesen Anhaltspunkt zur Ausfindigmachung ihres Nestes nicht: ich fand nur äusserst selten etwas davon unten.

Sei es, weil ihr Nest grösser, als das der anderen Krähen ist und deshalb alles davon am Nestesrande bleibt, oder, weil es im dichtesten Nadelholzgeäste sitzt, von den unteren Aesten aufgefangen wird, kurz, auf dieses Zeichen darf man sich da nicht verlassen.

Man müsste ein Buch nur von der Raben-Krähe schreiben, wollte man alle Extravaganzen in der Lebensweise dieser Art erschöpfen.

Ihr verwundbarster Lebens-Moment ist allerdings der, wenn sie die ausgeflogenen Jungen mit Futter versorgen muss, aber auch da verfährt sie mit einer unglaublichen Schlauheit, ihre, sich dann auch ganz ruhig verhaltende, noch schlecht flügge Brut für den Jäger unauffindbar zu machen, indem sie dieselbe rasch in die Gipfel der Bäume lockt, oder, sobald sie nur halbwegs vorwärts können, ganz aus der Nistgegend entführt, ohne früher, als knapp vor Nacht dorthin zurück zu kehren.

Was sie raubt, wodurch sie der Wildbahn, ja Allem was sie bewältigen kann und was im Wald und Felde lebt, vom jungen Singvogel im Neste bis zum halbgewachsenen Hasen, gefährlich wird, mit welcher Ausdauer sie ihre Angriffe bis zum Erfolge fortsetzt und wenn es angeht, mit welcher Frechheit selbst am Bauernhofe unter dem Hausgeflügel, wie unter schwachen Fasanen aufräumt, darüber kann ich mich für heute unmöglich zur Genüge verbreiten; das kann ich aber verbürgen, dass ihre Schädlichkeit eine eminente ist, denn ich sah sie alte Eichhörnchen und sogar Ringeltauben im Walde, wie ein Habicht nach ihnen stossend, angreifen und deren Junge aus den Nestern holen. Diese Praxis hätte bei den Hörnchen allerdings keinen Einspruch hervor zu rufen, allein den Raub junger Wildtauben, den braucht man sich doch nicht gefallen zu lassen, ohne die Urheberin zu brandmarken.

Es genügt der Raben-Krähe nicht, wie etwa eine Weihe, über die jungen Saaten hinzuschweben und mitzunehmen, was an Eiern und jungem Wilde darinnen steckt, nein, sie macht diese Revision gründlicher, sie geht per pedes alle Furchen ab und ist so sicher, nichts übersehen zu haben. Dass sie nebstbei eine Maus, oder deren etliche, eine Worre oder Kerbthiere vertilgt, das vermag die Schale ihres Sündenregisters nicht zu halten:

dagegen wiegt sie den Glücksfall für den hiesigen Wildstand, dass wir wenig Raubvögel besitzen, vollgiltig auf.

Ich schliesse diesen Entwurf einer ehren- und verdienstreichen Monographie für die Raben-Krähe mit Anführung jenes perfidesten Charakterzuges, weswegen sie es moralisch eigentlich zunächst verdient, befehdet zu werden.

Wenn sie schon stiehlt und raubt und verdirbt und übervortheilt um zu leben und ihre Brut zu erhalten, so sei es darum, es ist einmal ihr Naturell und sie erhält schliesslich sich und ihre Sippschaft dadurch, obwohl es andere auf anständigere Weise thun; aber was soll man dazu sagen, dass sie die Niedertracht so weit treibt, consequent die Anwesenheit des Jägers dem anzupürschenden Rehbocke, wie dem im Dunkel schleichenden Wilddiebe zu verrathen?!

Fort mit ihr, wo man sie trifft!

Reiseerinnerungen aus Steiermark und Kärnthen.

Von **Josef Talský.**

(Schluss.)

II.

Neumarkt. — Mariahof. — St. Lambrecht.

Nachdem der dahinbrausende Zug die kleine Bahnstation St. Lambrecht passirt hatte, empfand ich ein ausgesprochenes Gefühl der Sicherheit, da ich wusste, dass ich mich nunmehr in dem Pfarrsprengel und zugleich Beobachtungsgebiete meines hochverehrten Freundes P. Blasius Hanf befinde.

Seine Schriften und die Publicationen seiner Verehrer, die ihn schon in früheren Zeiten aufgesucht hatten*), haben Sorge dafür getragen, dass Mariahof sammt Umgebung dem Ornithologen nicht unbekannt geblieben ist. Aus dem Waggon blickend, gewahrte ich alsbald zur Linken einen auf einer Anhöhe gelegenen Ort mit Kirche und Thurm, der nichts Anderes als Mariahof sein konnte; kurz darauf gings rasch an einem grösseren Gewässer vorbei, das ich ohne weiters als den viel genannten Furtteich erkennen musste. Und ich hatte mich nicht getäuscht.

Die Zahl der Besucher des in der Einsamkeit wirkenden Gelehrten mag wohl keine unbedeutende sein, denn kaum dass ich im Bahnhofe Neumarkt den Eisenbahnzug verlassen und mich nach einem Wagen nach Mariahof umgesehen hatte, empfing mich ein Ursteirer, der Besitzer eines solchen, mit den Worten: „Aha, Sie san g'wiss so a Profess'r, der die Vögel studirt und woll'n zum Herrn Pfarrer; solche Herrn hab' i schon viel' hin g'führt". Nun ja, lieber Freund, Sie haben es errathen, aber zunächst bringen Sie mich in die Stadt und dann zum Herrn Pfarrer. Ich benützte Neumarkt, resp. Kotlers Gasthaus „zum Wachszieher" als „Rast- und Futterstation" und nachdem ich mich überdies daselbst einer Unterkunft für die nächsten Tage versichert, ging's erst weiter nach Mariahof, das ich in der vierten Nachmittagsstunde erreicht hatte.

Mit dem freudigsten Gefühle trat ich in den Pfarrhof und wurde von dem gastfreundlichen Hausherrn ebenso freudig begrüsst und empfangen. Mein Erscheinen um diese Zeit war eigentlich eine kleine Ueberraschung für den Herrn Pfarrer, da ich verabredetermassen erst mit dem Abendzuge in der Station St. Lambrecht ankommen und daselbst abgeholt werden sollte. Diese kleine Abweichung von dem ursprünglichen Reiseprogramme brachte mir jedoch den Vortheil, dass es mir möglich geworden, noch an demselben Tage Pfarre und Umgebung in Augenschein zu nehmen und am nächsten Tage in Gesellschaft meines Wirthes einen Ausflug nach St. Lambrecht unternehmen zu können.

Das Pfarrhaus ist ein hochgelegenes, einstöckiges Gebäude aus früherer Zeit. Gleich bei dem Eintritte in dasselbe wurde ich von einzelnen Rauchschwalben umflogen, die im Vorhause, in den Gängen, ja selbst im Anstandsorte ungestört nisteten. Wie ich gleich darauf gesehen, versteht es unser praktischer Vogelkenner auch andere freilebende, sonst scheue Vögel an seine Behausung zu fesseln, indem er ihnen zwischen dem Doppelfenster seines Arbeitszimmers, Sommer und Winter allerlei Futter bietet. Da kommen sie nun von allen Seiten herbei, picken das Beste auf und fliegen wieder aus, bis auf diejenigen ausserordentlichen Erscheinungen, deren längeres Verweilen dem Sammler erwünscht wäre.

Für diese ist in dem gastfreien Raume eine heimtückische Falle, in der Gestalt eines grösseren Käfiges, vorhanden, an dessen offenem Thürchen eine Schnur angebracht ist, welche bis zum Sitze des Beobachters reicht. Hat nun so ein begehrter Ankömmling, durch das gebotene Futter angelockt, den Käfig betreten, so genügt ein leichter Zug an der Schnur, um sich seiner zu versichern. Während wir in dem gedachten Zimmer verweilten, leisteten uns am offenen Fenster verschiedene kleine Vögel, darunter der Rothschwanz, die Sumpfmeise und ein Müllerchen (Sylvia curruca), Gesellschaft. Im Winter mehrt sich die Zahl der befiederten Kostgänger und es stellen sich ab und zu selbst grössere Arten ein, so der Grauspecht, der, wie mir soeben (30. Jänner) der Herr Pfarrer schreibt, sich das Mal. „Semmelschmollen in Rahm" sehr gut schmecken lässt.

Das Interessanteste, was die bescheidene Landpfarre birgt, ist bekanntlich die Sammlung einheimischer Vogelarten, welche P. Bl. Hanf während eines halbhundertjährigen, rastlosen Schaffens zusammen getragen hat. Diese Collection, welche geradezu als das Ideal (wie H. von Kadich richtig schreibt) einer ornithologischen Local-Sammlung anzusehen ist, ist durch P. Bl. Hanf's Publicationen, insbesondere aber durch sein Werk: „Die Vögel des Furtteiches" in Fachkreisen allgemein bekannt, so dass eine Besprechung derselben hier füglich unterbleiben kann. Jedermann, der sie gesehen, wird über die in Gruppen lebenstreu aufgestellten Vögel, sowie über ihre Menge und Mannigfaltigkeit seine Freude haben; der vaterländische Ornithologe aber überdies mit H. von Kadich von dem Wunsche erfüllt sein, dass diese für die Wissenschaft so werthvolle Sammlung heute oder morgen nicht in fremde Hände wandern, sondern unserem Vaterlande erhalten bleiben möge. Die Mariahofer Sammlung enthält

*) Victor Ritter v. Tschusi: Ein Besuch bei Pfarrer Bl. Hanf in Mariahof. Mittheilungen des Ornith. Vereines in Wien, 1878, pag. 113.

Hans von Kadich: Wanderskizzen aus Steiermark. Ibid. 1885, pag. 3.

aber trotz ihrer Reichhaltigkeit doch nicht alle von Hanf gesammelten und präparirten Vogelexemplare. Sie bildet nur die grössere Hälfte derselben; die kleinere, auf welche ich noch zu sprechen kommen werde, ist im Stifte St. Lambrecht untergebracht.

Der Herr Pfarrer geleitete mich auch in seine eigentliche Sommerwerkstätte, d. h. in einen geräumigen Saal, in welchem er die Vögel während der wärmeren Jahreszeit zu präpariren pflegt. Zu meinem Erstaunen fand ich hier in einem besonderen Kasten eine nicht unbedeutende Anzahl sauber hergestellter Vogelbälge aus Amerika. „Ja, was ist denn das, Herr Pfarrer, seit welcher Zeit befassen Sie sich mit dem Sammeln exotischer Vögel?" Mit sichtlicher Freude erzählte mir der Befragte, er habe diese Präparate von Herrn A. Koch aus Williamsport, Pa. in Nordamerika erhalten, mit dem er auf folgende Art bekannt geworden sei: Eine Dame, welche im Jahre 1884 als Sommerfrischlerin in Neumarkt verweilte und während dieser Zeit P. Hanf besucht hatte, lieferte der allgemein verbreiteten Zeitschrift „Gartenlaube" eine Notiz über seine Sammlung und bald darauf trug Herr Koch unserem Ornithologen einen Tauschverkehr an. Der amerikanische Vogelfreund war in seinen Sendungen überaus coulant, so dass der Herr Pfarrer, der sonst niemals in ein derlei Verhältniss treten wollte, der Liebenswürdigkeit des Antragstellers nicht widerstehen konnte. Nun ist ihm Herr Koch ein sehr lieber Freund geworden und seine rege Correspondenz bereitet ihm in seiner ländlichen Zurückgezogenheit viel Abwechslung und Vergnügen. Diese Mittheilung interessirte mich und ich gestehe, dass es mich sehr angenehm berührt hatte, Herrn A. Koch in der diesjährigen Nr. 1 unserer „Mittheilungen" als den Verfasser eines anziehenden Reiseberichtes und Mitglied unseres Vereines gefunden zu haben.

Die Sonne stand schon ziemlich tief am Horizonte, als wir mit der Besichtigung der Sehenswürdigkeiten im Pfarrhause zu Ende waren und noch stand uns ein Gang zum Furtteiche bevor, zu jenem Wasserbecken und interessanten Punkte Obersteiermarks, dem unser Forscher und Sammler die werthvollsten Beobachtungen und seltensten Sammelobjecte zu verdanken hat. Der Weg dahin ist zwar nicht lang, jedoch uneben und stellenweise recht abschüssig. Darum ging es mit dem bejahrten Herrn etwas langsamer, aber es ging doch, ungeachtet seiner 79 Jahre. Zudem hielten wir alle Augenblicke inne, weil der Herr Pfarrer bei jedem Schritte Stellen zu bezeichnen wusste, wo einst der oder jener seltene Vogel während des Brutgeschäftes beobachtet oder sonst gesehen oder gesammelt wurde. Er zeigte mir sogar das Feld, wo er Tags zuvor Rebhühner, und zwar, wie er in seiner Herzensgüte beisetzte, zu dem Zwecke geschossen hatte, um mir, dem werthen Gaste, eine Kostprobe von seinem Reviere vorsetzen zu können.

Den Furtteich überblickten wir zu einer Zeit, wo die Abenddämmerung ihre kühlen Lüfte leise über die Gegend auszubreiten begonnen. Vollkommene Ruhe lagerte über dem klaren Wasserspiegel; wir bemerkten kein lebendes Wesen in seinem Bereiche; — und doch kehrte ich befriedigt um, denn ich hatte den Boden betreten, auf welchem sich ein Mann der mir so lieb gewordenen Wissenschaft die Lorbeeren geholt hatte. Inzwischen langte der Wagen des Herrn Pfarrers in der Nähe des Teiches an und brachte uns wieder in den gastlichen Pfarrhof zurück. Bei dem hierauf abgehaltenen Nachtmahle wurde mir das Vergnügen zu Theil, den derzeitigen Cooperator des Herrn Pfarrers, P. Roman, einen würdigen Jünger seines Herrn in der Kunst des Ausstopfens der Vögel, kennen und schätzen zu lernen. Wir verbrachten den Abend in freundschaftlichem Gespräche auf das Angenehmste.

Unter Anderem wurde auch mein geplanter Ausflug auf den in der Nähe von Neumarkt sich erhebenden „Zirbitzkogel" in Betracht gezogen. Ein jeder Ornithologe, dem die Arbeiten Hanf's nicht unbekannt geblieben sind, muss sich von dieser höchsten Spitze der Weitthaler-Alpe angezogen fühlen. Wohl öfter als 200 mal in seinem Leben, hat P. Bl. Hanf den 2397 Meter über dem Meere gelegenen Kogel bestiegen, zu jeder Jahreszeit und nie ohne Schusswaffe. Hier hat er das Leben des Alpenschneehuhnes, wie nicht bald ein Anderer, kennen gelernt und die zahlreichen Exemplare dieses Vogels in den verschiedensten Alterskleidern, die seine eigene und die Sammlungen der Museen in Graz, Klagenfurt und anderwärts schmücken, oft mit grossen Anstrengungen geholt. Was Wunder, dass auch ich von dem Wunsche beseelt war, die Heimstätten dieses beschwingten Alpenbewohners mit eigenen Augen betrachten zu können. Ich nahm mir deshalb vor, die Gegend nicht zu verlassen, ohne zuvor den Zirbitzkogel bestiegen zu haben. Die nöthigen Vorbereitungen hiezu sollten erst in Neumarkt getroffen werden. Der Herr Pfarrer fand meinen Entschluss ganz in der Ordnung, wollte aber durchaus nicht zugeben, dass ich die Partie, ohne ein Gewehr mitzunehmen, mache. Er bot mir sein Eigenes an, mit der Bemerkung, es könnte „dort oben" vielleicht doch etwas zum Sammeln Geeignetes vorkommen. So verlockend der Vorschlag auch klingen mochte, ich konnte mich als Fremdling und mit den Jagdverhältnissen des Landes gänzlich Unbekannter doch nicht entschliessen, eine bewaffnete Excursion zu unternehmen und lehnte dankend ab.

Der Zeiger meiner Uhr war für ländliche Verhältnisse bereits sehr weit vorgerückt, als wir unser gemüthliches Gespräch abgebrochen und uns zur Ruhe begeben hatten.

Am nächsten Morgen fand ich Musse genug, um die entzückende Aussicht aus dem Fenster meines Gemaches zu geniessen. Um 7 Uhr begab ich mich in die Kirche und wohnte einer, vom Herrn Pfarrer gelesenen stillen Messe bei. Ausser dem ergrauten Sacristan, dem langjährigen Diener des würdigen Priesters, und einigen andächtigen Ortsbewohnerinnen, deren Kopfbedeckung (umgebundenes Tuch und aufgesetzter, dunkler Filzhut) mir aufgefallen ist, hatte ich in dem Gotteshause einen Theil der lieben Schuljugend zu Gesichte bekommen, die mich an meinen Beruf als Lehrer, erinnerte. Wie überall, rückten die Burschen zur Schulmesse entschieden voran, die Mädchen dagegen bescheiden nach; erstere mit ihren stark genagelten schweren Bergschuhen, ein für mein Ohr ungewohntes Geklapper auf dem Pflaster verursachend. Ich sah mir die muntere, pausbackige Schaar, mit vorherrschend klugen Gesichtern, mit Wohlgefallen an.

Die Zeit bis 10 Uhr brachten wir mit einer nochmaligen, eingehenden Durchsicht der Vogelsammlung zu, worauf die Fahrt nach St. Lambrecht, dem Geburtsorte P. Hanf's, erfolgte. Wir erreichten den Markt in der Mittagsstunde und begaben uns sofort in das Benedictinerstift. Ich wurde dem Vorstande desselben vorgestellt, der mir nicht nur die Besichtigung des grossartigen Gebäudes gestattete, sondern mich in zuvorkommender Weise einlud, an dem Mittagstische theilzunehmen. Bald darauf befand ich mich in dem prächtigen Refectorium und nahm an der Seite des Hochw. Herrn den mir angewiesenen Ehrenplatz ein. Der hohe lichte Saal, die lange weissgedeckte Tafel, die ansehnliche Zahl von Tischgenossen im Priestergewande, die anregende Conversation, die aufmerksame Bedienung während des Speisens und alles Uebrige, was ich noch ausserdem in dem Stifte erfahren, übte auf mich den günstigsten Eindruck, so dass mir der Aufenthalt in St. Lambrecht stets in angenehmer Erinnerung bleiben wird.

Nach dem Mahle folgte die Besichtigung des Stiftes und der naturhistorischen Sammlungen. Dieselben befinden sich in einem höheren Stockwerke und enthalten Mineralien, Insecten, Säugethiere und Vögel, letztere durchwegs Präparate von der Hand des P. Bl. Hanf. Nach meiner Uebersicht dürfte ihre Zahl über 200 Stücke betragen, welche der Sammler während seiner Stellung als Caplan in Mariahof, zwischen den Jahren 1833—1843, ohne besonderen Zweck verfolgt zu haben, zusammen gebracht hatte. In dem letztgenannten Jahre wurde P. Hanf als Curat nach Zeitschach, einer Ortschaft unterhalb der Grebenzen, nächst St. Lambrecht, versetzt. Er nahm jedoch seine Vogelsammlung nach Zeitschach nicht mit, sondern übergab sie dem Stifte, wo sie seither aufbewahrt wird. Die Präparate, welche einheimische Vogelarten aus allen Ordnungen aufweisen, sind tadellos gearbeitet und sehr gut erhalten. Die Alpenvögel, namentlich Schneehühner sind besonders gut vertreten; der Kranich (Grus cinerea), in drei Prachtexemplaren, sämmtlich aus Obersteiermark, vorhanden. Bei den Spechten fand ich ein nicht uninteressantes Object, nämlich ein ausgestemmtes Stammstück eines grösseren Baumes mit einer vom Spechte ausgehackten und vom Kleiber (Sitta europ.) umklebten Oeffnung; bei der Gruppe der Raubvögel eine Schwungfeder erster Reihe von einem ihrer gewaltigsten Angehörigen. Dieselbe ist bisher noch nicht näher untersucht, beziehungsweise mit den Federn einer bestimmten Art verglichen worden. P. Hanf, der in den ersten Jahren seiner priesterlichen Thätigkeit, also vor mehr als 50 Jahren, öfter zur Aushilfe nach Mariazell reisen musste, erhielt sie in Aflenz von einem alten Waldmeister, Namens Wallner. Wie der Spender zu dieser Feder gekommen, ist nicht bekannt; allein, dass dieselbe in der Gegend von Mariazell gefunden wurde, kann umsomehr mit Bestimmtheit angenommen werden, als es kaum wahrscheinlich erscheint, dass ein Waldmeister aus der alten Zeit sich eine Vogelfeder aus der Ferne hätte kommen lassen. Die an und für sich geringfügige Sache scheint mir doch von einigem Interesse zu sein, insoferne die Möglichkeit nicht ausgeschlossen ist, dass die fragliche Feder das einstige Eigenthum eines Bartgeiers (Gypaëtus barbatus) gewesen, und den Beweis liefern könnte, dass dieser, in unseren Alpen nunmehr so gut wie ausgerottete Geieradler, vor 50 Jahren noch in Obersteiermark zu finden war.

Wengleich die St. Lambrechter Collection reichhaltig genug ist, um als selbstständige Localsammlung angesehen werden zu können, so erscheint ihre Einverleibung in die weit grössere Mariahofer Sammlung doch als wünschenswerth. Die zufällig getrennten Theile bilden ja erst in ihrer Vereinigung das ganze grosse Werk, an dem der Sammler sein Leben hindurch gearbeitet hat, und das unsere volle Bewunderung verdient.

Mein Besuch im Stifte wurde unverhoffterweise für mein nächstes Unternehmen, die Besteigung des Zirbitzkogels, von einem sehr angenehmen Erfolge begleitet. Ein junger Capitularherr, P. Gabriel Schmidbauer, dessen Bekanntschaft ich am Mittagstische gemacht, hatte die Freundlichkeit, mit Zustimmung seines Vorgesetzten, mir seine Begleitung auf die Alpe anzutragen. Hocherfreut, einen intelligenten und mit den Ortsverhältnissen vertrauten Gesellschafter gefunden zu haben, nahm ich das Anerbieten dankbar an.

Der Plan war rasch gemacht. Wir beschlossen, die Partie von Neumarkt aus in Einem, und zwar gleich dem nächstfolgenden Tage auszuführen. Der geistliche Herr hatte überdies die Güte, die Verpflegung zu übernehmen, so dass mir selbst keine weitere Sorge übrig blieb, als die, die weite Fusswanderung, meine erste Hochtour in den Alpen, mit Ehren zu vollbringen.

Nachdem ich alles Sehenswerthe im Stifte gesehen, wurde ein Rundgang im Markte selbst unternommen, wobei der Herr Pfarrer den Cicerone machte. Er zeigte mir auch sein Geburtshaus, ein einfaches, stockhohes Gebäude am Marktplatze.

Mittlerweile ward es Zeit, an die Heimkehr, eigentlich an die Fahrt nach Neumarkt, dem Ausgangspunkte meiner morgigen Excursion zu denken. Ich sah es dem Herrn Pfarrer an, dass er mit meinem kurzen Besuche nicht ganz zufrieden war. Allein, mein Reiseprogramm gestattete es nicht, bei ihm länger zu verweilen und so ging's denn kurz darauf an Mariahof vorbei nach der genannten Stadt. In dem bekannten Gasthause „zum Wachszieher" angelangt, fanden wir zum allgemeinen Erstaunen meinen neuen Reisegefährten, P. Gabriel, der uns als tüchtiger Fussgänger voraus geeilt war, bereits am Platze. Nach kurzer Rast verliess uns P. Bl. Hanf, nicht ohne vorher einen herzlichen, bewegten Abschied von mir genommen zu haben. Mit Wehmuth sah ich den hochverdienten Ornithologen, meinen langjährigen, hochbetagten Freund, scheiden. Es sollte doch nicht das letzte Mal gewesen sein, dass er mir die Hand gedrückt?!

III.

Der Zirbitzkogel.

Kaum dass der Morgen des neuen Tages (27. August) zu grauen begonnen, verliess ich mein Lager, verwahrte meine Reisesachen und trat in gewöhnlichem Anzuge, mit meinem bewährten Fernglase an der Seite und nur mit einem mächtigen Bergstocke, den mir die aufmerksame Wirthsfrau zugedacht, ausgerüstet, vor das Gasthaus, um meinen Führer, den ich mit seiner Erlaubnis kurzweg P. Gabriel nennen werde, zu erwarten. Nachdem er erschienen war und wir ein Frühstück eingenommen hatten, hängte er seinen wohlgefüllten Rucksack um, griff zum Stocke und unsere Tour auf den vielbesprochenen Zirbitzkogel nahm ihren Anfang. Es war nach der fünften Stunde. Wir lenkten unsere Schritte, einen Pfad im hügeligen, grünen Wiesenlande verfolgend, den Vorbergen zu. Je weiter wir vordrangen, desto heller wurde der Tag, desto reger das Leben in der Natur. Zahlreiche Nebel- und Rabenkrähen, welch' letztere Bl. Hanf bloss als locale Spielarten der ersteren ansieht, flogen krächzend umher und bäumten abwechselnd auf den nahen Lärchen auf; ihnen gesellte sich in der Tiefe die Elster bei. Kleinere Vögel machten sich weniger bemerkbar; ich sah nur Goldammer und einzelne Hausrothschwänze, aber keine Sperlinge. Rauchschwalben trafen wir erst bei einem Gehöfte der Häusergruppe Peischg, woselbst ich an dem Giebel eines Holzschoppens die Ueberreste eines Sperbers hängend bemerkt hatte. So rächt sich der Landmann an dem Räuber seines Geflügels und warnt gleichsam seine umherstreichenden Genossen vor gleichem Schicksale.

Die Sonne stand schon hoch am Firmamente als wir bei Penger's Wirthshaus im Orte See angelangt waren. Es war ein überaus angenehmer Spaziergang, den wir in der kühlen, erquickenden Morgenluft zurückgelegt. P. Gabriel, der mir im Bergsteigen weit überlegen war, hatte die Güte, sich meinem Schritte zu accomodiren und so kam es, dass ich trotz des nahezu dreistündigen Ganges nicht die geringste Ermüdung empfand. Das Einzige, was mich daran gemahnte, dass ich im Begriffe stehe, eine Alpentour zu machen, war der schwere Bergstock, dessen praktischen Werth ich bisher nicht einsehen konnte. Wir stärkten uns in der Bergschänke mit einem Glase Wein und einem Imbiss, den P. Gabriel aus der Tiefe des von befreundeter Hand reichlich versorgten Rucksackes hervorgeholt hatte. Ungeachtet der eindringlichen Beschäftigung sind mir die Rauchschwalben doch nicht entgangen, die über unseren Köpfen hinweg in dem Blockhause, wo sie nisteten, ein- und ausgeflogen waren. Ganz wie in der Mariahofer Pfarre!

Vom Penger ging's nun einige Minuten bergab weiter, mitten durch eine von einem Bache linksseitig berieselte ebene Wiese, sodann aber steil hinauf zum „Bacher“, dem letzten Ansassen von See, dessen Hof wir von einer munteren Dirne mit einem freundlichen: „Auf d'Alm!“ begrüsst, — passiren mussten. Gleich darauf betraten wir den Bergwald und stiegen in allem Ernste der luftigen Höhe zu. Wir hielten die von dem Touristenclub vorgezeichnete Richtung ein und folgten sorglos der weiss-rothen Markirung an den unterschiedlichen Baumstämmen, die wir als verlässlichen Führer oftmals mit Freude begrüsst hatten. Von Vögeln war nicht viel zu bemerken. Nur hie und da liess sich von den schlanken Nadelbäumen die Stimme einer Schopf- oder Schwanzmeise vernehmen. Tannenheher (Nucifraga caryocatactes), Vögel, die ich in der Freiheit noch niemals gesehen, fanden sich erst in weiterer Höhe ein. Sie flogen rufend umher und statteten ihren Lieblingsbäumen, den Zirbelkiefern, die üblichen Besuche ab. In diesem Augenblicke hätte ich es gewünscht, die Büchse des Herrn Pfarrers Hanf zur Hand gehabt zu haben, um wenigstens Ein Stück zu erbeuten, das ich als Erinnerung an meine Excursion gerne mitgenommen hätte. Doch ich widmete den krächzenden Gesellen auch ohne Gewehr so viel Zeit, dass ich befürchten musste, die Geduld meines Begleiters, der mit meinen Beobachtungsgelüsten überhaupt sein liebes Kreuz hatte, zu missbrauchen. Deshalb gab ich sie auf und folgte ihm mit dem schwerfälligen Stabe in der Rechten, nach.

In den höchsten Lagen der Waldregion, wo der Baumwuchs klein, die Bäume schütter geworden, traten uns hohe, rohgebaute, sogenannte „Bauernzäune“ als Hindernisse, die übersetzt werden mussten, entgegen. Da lernte ich den Werth meines „langen Beistriches“ zum erstenmale schätzen: denn ohne seine kräftige Stütze wäre ich nicht so leicht weiter gekommen. Die erwähnten Zäune begrenzen oft unübersehbare Bergflächen auf denen das Weidevieh, zumeist Ochsen der Mariahofer Race, grasfest gemacht, den Sommer über, grösstentheils ohne alle Aufsicht zubringen. Es waren wohlgestaltete, schöne Thiere, von semmelgelber bis weisser Farbe. Sie sahen uns neugierig an und kamen ohne Scheu bis in unsere Nähe.

Die Bergregion, welche wir mittlerweile erreicht hatten, gab mir, der ich auf meinen Excursionen gewohnt bin, alles Neue, Auffallende in den Bereich meiner Betrachtungen zu ziehen, sehr viel zu schaffen. Ein Ueberblick über den vom tiefblauen Himmel überwölbten, vor uns sich weit ausbreitenden, baum- und strauchlosen, mit aschgrauen Steinmassen, stellenweise auch mit frischem Schnee bedeckten Bergabhang, liess mich vermuthen, dass es noch viel Mühe kosten werde, die im Hintergrunde hoch aufragenden Bergkuppen, unser Ziel, zu erklimmen. Und in der That gestaltete sich dieser Theil unserer Tour zu einem recht beschwerlichen Marsche. Die wirr durcheinander liegenden Steine nahmen mit der Höhe an Zahl und Grösse zu, so dass wir es endlich nur mit gewaltigen Blöcken, die sich uns trotzig entgegengestellt, zu thun bekamen. Die Pfad-Markirung hatte uns auch hier nicht verlassen; doch kostete es nicht selten Mühe genug, um selbst mit Hilfe des Glases das ersehnte, roth-weisse „Oelgemälde“ auf irgend einem der zahllosen Felsentrümmer zu entdecken.

Wenngleich der Boden dieser Region aus der Ferne betrachtet, den Stempel der Sterilität an sich trägt, so ist er in der Wirklichkeit doch nichts weniger als unfruchtbar. Abgesehen von den Flechten und Moosen, die das Gestein bedecken, finden in der dünnen Humusschichte, zwischen dem Gerölle, eine Menge lieblicher Alpenpflänzchen, die das Herz des Botanikers erfreuen müssen, ihr Fortkommen. Wir bewunderten viele der noch blühenden Arten, blieben aber schliesslich nur einer treu, nämlich dem Speik (Valeriana celtica), welcher häufig anzutreffen war. Selbstverständlich nahm ich eine Handvoll des Krautes mit, und erfreue mich noch heute an seinem würzigen Geruche, der mich lebhaft an den Fundort, sowie an alle Umstände erinnert, unter denen ich die Pflanze gesammelt.

Meine Erfahrungen, die als Ornithologe während des Aufstieges in der Alpenregion gemacht, beschränken sich auf die Beobachtung von zahlreichen Steinschmätzern, die sich in gewohnter Weise auf den Blöcken umhertrieben und zur Belebung der steinreichen Landschaft ihr möglichstes beitrugen. Ausser diesen bemerkte ich noch einige Trupps von 3—5 Stücken kleinerer Vögel, die an mir vorüber geflogen waren. Höchstwahrscheinlich waren es Leinfinken (Linaria rufescens), eine für unsere Länder seltene Art, die auch H. von Kadich auf dem Zirbitzkogel seinerzeit beobachtet und gesammelt hat. Von Schneehühnern konnte ich trotz aller Aufmerksamkeit nichts entdecken. Ich hätte es nur für einen glücklichen Zufall ansehen müssen, wenn dieser mein Wunsch in Erfüllung gegangen wäre. Weiss ich doch aus eigener Erfahrung, wie schwierig es oftmals wird, Rebhühner in der Ebene, ohne Hund, aufzutreiben, um wie viel schwieriger muss es erst sein, Schneehühner, diese achtsamen, zwischen Felsen und Steingeröll wohlgeschützten Geschöpfe, zu Gesichte zu bekommen.

Unser Weg schien endlos zu sein. Wir hatten schon sogar einige Schneemulden in der höchsten Lage überwunden, und noch immer erhob sich die Spitze des Kogels über unseren Häuptern. Endlich, es war nahezu die Mittagsstunde hatten wir das Schutzhaus erreicht und nach wenigen Minuten standen wir unterhalb der Triangulirungspyramide, am Gipfel der Alpe. Ich fühle mich nicht berufen die Aussicht, welche ich genossen, zu beschreiben. Es war ein Panorama, wie es mein Auge noch nie gesehen! — Wir hatten klaren Ausblick, der nur vorübergehend von Haufenwolken unterbrochen wurde. Sie stiegen aus der Tiefe empor und zogen mit grosser Schnelligkeit an uns vorüber. Lautlose Stille beherrschte den Berg; lautlos umkreisten ihn, hoch über uns, die vier Kolkraben, die ersten die ich je in der Freiheit beobachtet hatte. Mit voller Befriedigung stand ich da, in Bewunderung des grossartigen Rundgemäldes und vernahm mit Interesse die Auseinandersetzungen meines Gefährten, der den Zirbitzkogel schon mehrmals bestiegen, und mir die erwünschten Aufklärungen zu geben verstanden hatte. Hierauf kehrten wir, um auszuruhen und uns zu erfrischen, zum Schutzhause zurück, wo wir von einer älteren Frau höflich empfangen und bedient wurden. Da sich in den Räumlichkeiten des aus Bruchsteinen aufgeführten Gebäudes eine empfindliche Kühle bemerkbar machte, hielten wir unser Mahl, das durch die Vorräthe des mehrerwähnten Rucksackes in ausgiebiger Weise vervollständigt wurde, vor dem Schutzhause ab. Die mittheilsame Wirthin leistete uns Gesellschaft. Nach ihrer Aussage sind die einzigen Vögel, welche sich dem hochgelegenen Gebäude nähern, die Hausrothschwänze. Die „Brauterl'n“, wie man sie hier nennt, sollen nebenbei verlässliche Wetterpropheten sein, indem sie bei herannahendem Regen so zutraulich werden, dass sie bis an die Fenster des Schutzhauses kommen, ja sogar Miene machen in das Innere desselben einfliegen zu wollen. Im weiteren Gespräche entpuppte sich die wettergebräunte Aelplerin auch als Käfersammlerin eines Entomologen aus einer Stadt Kärnthens. Zum Beweise dessen, brachte sie ein sachgemässes Sammelglas mit Spiritus und einer Anzahl von auf der Alpe gesammelten Käfern. Ich bat mir einige hievon aus und übergab sie in der Heimat einem meiner Freunde, der sie als recht seltene Laufkäfer mit grosser Freude seiner Sammlung einverleibt hatte.

Das herrliche Wetter, weit mehr aber die Alpe selbst, die wir nach überstandenen, ungewöhnlichen Strapazen erklommen hatten, liessen uns nicht lange ruhen. Wir wollten den Zirbitzkogel nach Möglichkeit geniessen. Deshalb machten wir uns bald auf die Beine und krochen, im buchstäblichen Sinne des Wortes, nicht nur den höchsten Gipfel, sondern auch die angrenzenden Kuppen ab. Ich hatte nämlich noch immer nicht die Hoffnung aufgegeben, in dem Gerölle ein Schneehuhn aufzuscheuchen, — doch umsonst, alle unsere Mühe war vergeblich! — des nutzlosen Umhersuchens müde, stiegen wir nochmals zur höchsten Spitze, um nach kurzer Rast den Rückweg anzutreten. Es mochte drei Uhr gewesen sein. Wir nahmen noch Abschied von dem Schutzhause, trugen unseren Besuch in das Touristenbuch ein und dann, — „lebe wohl!“ Zirbitzkogel, mein Fuss wird deinen Scheitel wohl niemals mehr betreten!

Der Abstieg ging rasch von statten. In der Bergregion hatte ich ausser den vorgenannten Vogelarten noch den Thurmfalk einzutragen, der einige Male über den Steinhalden rüttelnd, beobachtet wurde; in der Waldregion, wo der Tannenheher wieder zahlreich anzutreffen war, eine Amsel und mehrere Gimpel, die sich auf niedrigen Lärchen sehen liessen.

In See erwartete uns ein Wagen, der uns dann über St. Georgen nach Neumarkt brachte, das wir gegen 8 Uhr Abends im besten Wohlsein erreicht hatten. Die überaus lohnende Partie auf den Zirbitzkogel wird mir unvergesslich bleiben. Ich empfehle sie Jedermann, der über eine gesunde Lunge und kräftige Beine zu verfügen in der Lage ist: — Gefahren sind hier keine zu befürchten.

Die Zeit bis zur Nachtruhe verbrachte ich mit P. Gabriel, dem ich für seine angenehme Begleitung bestens danke, am Stammtische meines Gasthauses. Meine Leistung als Tourist fand bei den anwesenden, freundlichen Herren allgemeine Anerkennung.

IV.

Villach. — Die Weissenfelser Seen. — Tarvis. — Pontafel. — Pontebba. — Pörtschach am See. — Wien.

Am nächsten Tage, es war ein Sonntag, musste ich das gemüthliche Neumarkt und die ganze Gegend, die mich so angeheimelt hatte, verlassen. Ich hatte mir vorgenommen, meine Vergnügungsreise auf Karnthen auszudehnen und benützte den ersten Eisenbahnzug, um nach Villach und nach kurzem Aufenthalte daselbst weiter nach Tarvis zu fahren. Allerdings hatte ich die landschaftlichen Bilder der zurückgelegten Strecke nur im Fluge genossen; doch, ich gewann die Ueberzeugung, dass Kärnthen ein schönes Land sei. Wohl öfter hätte ich es gewünscht, den Bahnzug verlassen zu können, um ein oder das andere, besonders in ornithologischer Richtung viel verheissende Gelände mit Musse zu durchstreifen; allein, es war unmöglich. Am meisten regte sich dies Verlangen in mir, als unser Zug längs des Ossiacher See's dahin brauste. Das grossartige Gewässer mit seinen häufiger bestockten Ufern und dem reichlichen Rohrwuchse, inmitten einer fruchtbaren, schönen Gegend gelegen, wäre wohl eines längeren Aufenthaltes werth. Ein Ornithologe von dem Schlage des P. Bl. Hanf müsste sich auf diesem Stück Erde glücklich fühlen!

Die einzige Beobachtung, die ich während der ganzen Fahrt notirt, betrifft eine kleinere Falkenart, welche unweit der Station Treibach—Althofen in einer von mir noch niemals gesehenen, namhaften Stückzahl, über den Feldern schwebend und rüttelnd, zu sehen war. Es war unmöglich, die Art zu unterscheiden. Der Grösse nach dürften es entweder Thurm- oder Rothfussfalken gewesen sein.

In Villach, dessen Lage mir ausserordentlich gefallen hatte, kam ich mit einem Freunde, Professor J. Apih aus Neutitschein, einem gebürtigen Krainer, zusammen. Er schloss sich mir an und ich hatte das Vergnügen, mit ihm von Tarvis aus, einen Ausflug zu den Weissenfelser Seen unternehmen zu können. Ohne mich in eine Schilderung dieser hochinteressanten, von der schönsten Witterung begünstigten Tour einzulassen, will ich nur erwähnen, dass wir den Weg dahin durch einen Theil des Schlitzathales, über den sogenannten „Karls-Steig“ genommen hatten. Wer diese enge, durch zusammengerückte Felsen begrenzte, stellenweise schauerlich schöne Schlucht, mit ihrem blaugrünen, krystallhellen Wasser und dem, drei langen Silberbändern gleichenden, vom Felsen herabgleitenden Wasserfälle, zum ersten Male auf dem keck angelegten, zumeist in der Luft schwebenden Pfostensteige begeht, wird seine Ueberraschung und Bewunderung kaum unterdrücken können. Die Vögel scheinen die düstere Schlitzaschlucht zu meiden; ich hatte keine bemerkt, nicht einmal die Gebirgsbachstelzen, die mir in dieser Gegend sonst zahlreich untergekommen sind.

Mit dem Besuche der Weissenfelser Seen hatte ich eigentlich die kärnthnerische Grenze überschritten und das Heimatland meines Begleiters betreten. Doch, der Naturfreund übersieht derlei von den Menschen gezogene Schranken. Ich fühlte mich deshalb auch hier wie zu Hause und staunte nur die neue, grossartige Gegend an. Die Lage der nach allen Seiten hin malerisch geschmückten Seen ist unvergleichlich. Geradezu überwältigend war der Eindruck, den die obere, den Fuss des riesenhaften Mangart bespülende Wassermasse auf mich gemacht. Diese Ruhe, dieser Ernst! — So abgeschieden der See auch liegt, er hat doch seine befiederten Bewohner gefunden. Mit Hilfe des Glases war es mir möglich, am jenseitigen Rande, unterhalb des mächtigen Berges eine Gesellschaft von Stockenten zu entdecken, die in voller Sicherheit gründelnd und umherschwimmend den glatten Wasserspiegel in Bewegung brachten, während auf unserer Seite eine muntere Gebirgsbachstelzenfamilie die aus dem Wasser emporragenden Steinblöcke zu ihrem Tummelplatze auserkoren hatte. Von den bewaldeten Hängen des Mangart drang Glockengeläute des Weiderich's an mein Ohr, — aus dem den See umschliessenden Nadelholze der Schlag des Buchfinken, der Pfiff der Meisen, das leise Piepen der Goldhähnchen und das Gekrächze der Krähen.

Am unteren See fanden wir ein Holzhäuschen, in dem eine Erfrischung zu bekommen war. Um uns zu bedienen, bestieg der Wirth, ein Slovene aus dem nahen Ratschach, einen Kahn und ruderte ein Stück weit in den See. Wir sahen ihm verwundert zu, bemerkten aber, dass er alsbald bei einer Art Holzgestell anhielt, in die Tiefe des Wassers griff und das von uns begehrte Flaschenbier hervor holte. Sein Hut war geschmückt mit einem Flügel einer jungen Lachmöve. Auf meine Anfrage, ob denn der Vogel, von dem sein Hutschmuck herrühre, vielleicht auf dem See erbeutet worden wäre, gab er zur Antwort, dass dem nicht so sei. Der Flügel stamme von einem ihm ganz unbekannten Vogel, den die Knaben „da unten" am Felde angeschossen gefunden und abgerupft hätten. Am See lassen sich, wie er hinzufügte, nur manchmal ganz weisse Vögel mit langen Beinen sehen.

Sehr gerne hätte ich ein Gespräch über Vögel mit einem anwesenden Schafhirten angeknüpft, der den ganzen Sommer über bei seiner Heerde am Mangart zubringt. Allein der baumlange, knochige Mann mit der hölzernen Fussbekleidung (coklje), der seit Wochen einmal seinen luftigen Aufenthalt gewechselt hatte und in die Tiefe kam, um sich einen „guten Tag" zu bereiten, hatte des „Guten" eben so viel genossen, dass er unfähig war, mir zu antworten. Er lachte nur über meine Schnürschuhe, mit denen er, wie er lallend zu verstehen gab, bei seiner Arbeit im Gebirge in zwei Tagen fertig werden würde.

Am Rückwege fing ich auf der Strasse in Weissenfels ein vollkommen ausgefiedertes, lädirtes Junge einer Gebirgsbachstelze. Ich balgte es in Tarvis ab und nahm es als Andenken mit. Ueberdies bemerkte ich in dea Maisfeldern einige junge schwarzkehlige Wiesenschmätzer (Pratincola rubicola).

In Tarvis selbst, fielen mir in dem Auslagefenster des Raseurs Franz Zaveský mehrere ausgestopfte Vögel auf. Dieser Umstand, sowie der nach der Heimat klingende Name, bestimmten mich einzutreten. Und siehe da, ich fand in Herrn Zaveský einen eingewanderten Böhmen, der es neben seinem Geschäfte versteht, Vögel und Säugethiere recht gut zu präpariren. Er besitzt neben den auf Bestellung ausgestopften Vögeln eine eigene Sammlung, die ich in Augenschein genommen hatte. Sie enthält durchgehends Vögel, die in Kärnthen und in dem angrenzenden Theile von Krain erbeutet wurden, worunter folgende Arten: den Habicht (Astur palumbarius), den Mäusebussard (Buteo vulg.), beide als gemeine Nistvögel des Gebietes; den Alpenmauerläufer (Tichodroma muraria), die Alpendohle (Pyrrhocorax alpinus), den Tannenheher (Nucif. caryocatactes), die Ringdrossel (Merula torquata), Alpenvögel, die bekanntlich theils im Winter, theils im Frühjahre in der Tiefe erscheinen; die Elster (Pica caudata), aus dem Gailthale; die Stein- und Blaudrossel (Monticola saxatilis et cyanea), letztere viel seltenerer als erstere zu haben; Steinhühner (Perdix saxatilis), aus den Steinhalden des Predil, wo sie jedoch nicht so häufig zu finden sind; den Kibitz (Vanellus cristatus), aus dem Schlitzagebiete unweit Tarvis, wo er Ende April sichtbar zu werden pflegt; die Mantel- und Lachmöve (Larus marinus et Xema ridibundum), junge Exemplare von den Weissenfelsen, oder wie man sie auch nennt, Ratschacher Seen, nebst Stockenten (Anas boschas), eben von dort; die Zwergmöve (Xema minutum) und den Nordseetaucher (Colymbus septentrionalis), im Jugendkleide, vom Ossiacher See und den Zwergsteissfuss (Podiceps minor), aus dem Schlitzaflusse unterhalb Tarvis.

Der braune Geier (Gyps fulvus), der Stein-, See- und Fischadler (Aquila chrysaëtus, Haliaëtus albicilla und Pandion haliaëtus), sollen nach Aussage meines Gewährsmannes in der Gegend öfter vorkommen. Bezüglich der Blaudrossel theilte mir ein zufällig bei Zaveský angekommener Jagdpächter aus dem Gailthale mit, dass er vor nicht langer Zeit zwei Stücke dieses interessanten Vogels, die in seinem Reviere unter den Staaren angetroffen wurden, geschossen habe.

Der hübsch gelegene Markt Tarvis ist, wie bekannt, als Mittelpunkt zahlreicher Touren in die herrliche Umgebung für den Reisenden ein überaus anziehender Ort. Es kostete mich darum einige Ueberwindung, ihn ohne die günstige Gelegenheit mehr ausgenützt zu haben, verlassen zu müssen; doch es zog mich diesmal weiter, u. zw. nach Pontafel, wo ich mit einem, mir seit Jahren in Freundschaft gewogenen Herrn, dem Landesadvocaten Dr. Adolf Kaul, derzeit in Graz, ein Zusammentreffen verabredet hatte. Bei meiner Ankunft in dem interessanten Grenzorte wurde ich zu meiner grossen Freude von dem Herrn Doctor und seiner Frau Gemahlin am Bahnhofe bereits erwartet. Die beneidenswerthen Reisenden waren nach längeren Fahrten in der weiten Welt über Udine angekommen, und mir sollte nun das Vergnügen zu Theil werden, sie nach Hause zu begleiten und an ihrer Seite einige Tage in alter Freundschaft zu verleben.

Der erste Spaziergang, den wir gemeinschaftlich unternommen, galt dem durch eine Brücke von Pontafel getrennten venetianischen Orte Pontebba. Es war das erste Mal, dass ich den Boden Italiens berührt hatte, und war nicht wenig erstaunt, als ich an vielen Häusera unterhalb der Fenster Käfige mit unterschiedlichen Vögeln, als: Canarien, Stieglitzen, Kohlmeisen, Buchfinken, ja sogar Girlitzen hängen sah. Diese Thatsache widerspricht der allgemein verbreiteten Meinung, dass der Italiener auf den Vogel in der Gefangenschaft nicht viel gibt und ihn lieber im Topfe, als im Käfige hat. Nun möglich, dass die Pontebbaner in dieser Hinsicht eine Ausnahme bilden. Der Ort interessirte mich ausserdem durch sein ungewöhnliches, ich will nicht sagen verwahrlostes, sondern „malerisches" Gepräge. Mit dem Wunsche einmal im Leben auch jene Gegenden des vielbesungenen Landes bereisen zu können, wo die Citronen thatsächlich blühen, kehrte ich von Pontebba zurück in unser Potafel und fuhr noch dieselbe Nacht in meiner neuen Gesellschaft nach Pörtschach am See. Während des mehrtägigen Aufenthaltes daselbst war mir unter der liebenswürdigen Führung des Herrn Doctors Gelegenheit geboten, alle Annehmlichkeiten des vielbesuchten Modebades kennen zu lernen. Der Wörthersee, dessen Spiegel ich zum Theile schon von der Höhe des Zirbitzkogels erglänzen sah, wurde von uns nach allen Richtungen befahren; ich konnte aber ausser einigen Zwergmöven welche sich ab und zu sehen liessen, keinen anderen Wasservogel bemerken. Auch die gewöhnlichen Arten unserer Landvögel traten, mit Ausnahme der Schwalben nur in höchst bescheidener Zahl auf, was mich einigermassen befremdet hatte.

Ueber die ornithologischen Erfahrungen, welche ich gelegentlich meines Ausfluges von hier in das nahe Klagenfurt gemacht, habe ich bereits in Nr. 1 unseres Vereinsblattes Bericht erstattet.

Von Pörtschach am See begaben wir uns, mit einer kleinen Unterbrechung in Marburg, nach Graz. Ich hatte die Hauptstadt der grünen Steiermark zum ersten Male besucht, und muss gestehen, dass ich sowohl von ihrer anmuthigen Lage und weiten Ausbreitung, als auch von der musterhaften Ordnung, die in allen ihren Theilen herrscht, überrascht war. Der mit schattigen Anlagen geschmückte Schlossberg, in Verbindung mit dem unvergleichlich schönen Stadtparke, müssen das Herz eines jeden Naturfreundes erfreuen. Hier findet insbesondere der zartfühlende Vogelliebhaber seine Lieblinge in grosser Zahl, gehegt und gepflegt von thierfreundlicher Hand. Er wird mit Befriedigung die auf Schritt und Tritt angebrachten Futterkästchen betrachten, die selbst den Sommer über mit Futter versehen, allerlei Singvögeln ein sorgenloses, scheinbar beneidenswerthes Dasein sichern. Der Ornithologe jedoch dürfte bei aller Anerkennung der Bestrebungen um die Vermehrung der Vögel, an derlei, von der naturgemässen Lebensweise abgelenkten, durch den Einfluss der Menschen zumeist verwöhnten und ausgearteten Schützlingen kein sonderliches Wohlgefallen haben. Manche Parkvögel haben im Laufe der Zeit von ihrem ursprünglichen Betragen so viel eingebüsst, dass sie es nicht mehr verdienen, den Namen ihrer guten Art zu tragen. Oder soll man etwa die trägen, auf den kunstgerecht gemähten Rasenplätzen, gleich Haushühnern umhertrippelnden, den herantretenden Menschen kaum beachtenden, schwarz befiederten Vogelgestalten, mit schlaff herabhängenden Flügeln und eingezogenem Halse auch noch für unsere flinken, äusserst scheuen und vorsichtigen Amseln ansehen?

Unter den Sehenswürdigkeiten der Stadt war es besonders das Joanneum mit seinen reichhaltigen Sammlungen, die mein Interesse in Anspruch genommen hatten. Der ornithologischen Sammlung widmete ich selbstverständlich auch hier meine volle Aufmerksamkeit, wie aus meiner diesbezüglichen Arbeit in Nr. 4 dieser Blätter zu ersehen ist.

Nachdem ich mich überdies mit meinen Grazer Freunden in der Umgebung der Stadt umgesehen und manche fröhliche Stunde verlebt hatte, trat ich in vollster Befriedigung über meine, in jeder Hinsicht gelungene Rundfahrt die Rückreise an und fuhr über Wien direct meinem lieben Heimatslande wieder zu.

Bei dem Antritte meiner Reise in die Alpenländer hatte ich mich zunächst mit Bergtouristen beschäftigt. Der Zufall wollte es haben, dass ich mit diesen munteren Reisenden auch auf meiner Heimreise, zumal auf der Strecke über den Semmering, in Berührung gekommen war. Sie fanden sich schaarenweise auf den einzelnen Bahnstationen ein und besetzten unseren Zug. Der Waggon, in dessen Mittel-Coupé ich meinen Platz eingenommen, war von Touristen erfüllt. Alle waren in der besten Laune, wenngleich viele in Schweiss gebadet und ermüdet; alle hatten das Herz auf der Zunge und wussten von ihren Erlebnissen auf der vollbrachten Tour zu erzählen. Der Inhalt der lebhaft geführten Gespräche hatte mich weniger interessirt, dagegen aber einzelne, öfter wiederholte Schlagwörter und Phrasen, die ich notirt, und als gewissenhafter Reiseberichterstatter meinen geneigten Lesern nicht vorenthalten will. Sie lauten:

„Diese Erfrischung oben! — ein reizendes Zimmer; — dort wird geschnürt; — oben sehr gut aufgehoben; — da wird man billig bedient; — war so gemüthlich; — sehr hübsch; — colossal; — prachtvoll; — wunderbar; — aber schön; — wunderschön; — grossartig; — gutes Auge; — schwindelfrei; — Vorsicht; — kann nichts passiren; — Bergfex; — Sonne; — Auf- und Untergang; — was für Leute man da oben sieht! — zwei Engländer; — die Hauptsache, dass man möglichst rasch reist, jeder Tag kostet Geld; — sehr leicht zu besteigen; — so was Schönes gibt's ja nirgends; — ein Meer von Nebel; — reizend; — wenn man das Gebirge verlassen hat, fühlt man eine beängstigende Luft; — mein Führer; — ich brauche keinen Führer; — der erste Eindruck; — ich war enttäuscht; — es war zu heiss; — es ist nicht so schön, aber sehenswerth? — Edelweiss; — das kann man sich ja ansehen; — Bädecker; den Punkt kann man auslassen; — man fühlt sich wieder sehr wohl, wenn man nach Hause kommt".

Ornithologisches aus Tirol.

Von Prof. Dr. **K. W. von Dalla Torre** in Innsbruck.

6.*) **Schwarzkehlige Bergfinken in Tirol.** In der reichen und in echt wissenschaftlichem Geiste angelegten Vogelbalg-Sammlung des Herrn Baron Ludwig Lazarini hier fällt dem Beschauer sofort eine Suite von schwarzkehligen Bergfinken (Fringilla montifrigilla, L.) auf, die in reichem Masse in derselben vertreten ist. Sämmtliche Stücke stammen aus Tirol und wurden theils von ihm selbst erlegt, theils auf dem Vogelmarkte gekauft. Im Zusammenhalte der Exemplare mit den von ihm gewissenhaftest geführten Notizen, die er mir in bekannter Freundlichkeit für den Zweck dieser Veröffentlichung zur Verfügung stellte, ergibt sich folgende Reihe:

♂ Typus:	Kehle von derselben Färbung wie die Brust . . .	23. Oct. 1887.	Masse a) 16·7	b) 9·2	c) 2·8 cm.*)
	Einzelne graue Federchen an der Kehle	11. Nov. 1887.	16·3	9·3	2·6
	Mittellinie unter dem Schnabel schwarz, Seiten braun .	14. Nov. 1887.	16·9	9·2	2·9
	Linke Hälfte der Kehle schwarz, rechte normal . .	11. Nov. 1887.	16·5	9·4	2·8
	Kehle weiss mit einzelnen schwarzen Federchen . .	10. Nov. 1887.	16·6	9·0	2·6

*) Nr. 4 vergl. diese Mittheilungen Jahrgang XI. 1887, p. 116–117.

*) Die Messung a) ist das Längenmass (Schnabelspitze bis Schwanzfederspitzen); b) Flügellänge (Flügelbeuge bis Flügelspitze); c) Abstand der Flügelspitze von der Schwanzspitze.

Kehle braun mit mehrreihigem schwarzen Bande . .	12. Dec. 1887. Masse	a) 16·5	b) 9·1	c) 3·1 cm.
Kehle deutlich schwarzfleckig, mehr nach links . .	31. Oct. 1887.	16·6	9·0	3·5
Etwas mehr schwarzfleckig, einzelne braune Federchen	20. Dec. 1887.	16·3	9·15	2·8
Ebenso, tief gegen die Brust herabziehend . . .	8. Nov. 1887.	17·3	9·4	2·8
Kehle vollständig schwarzfleckig	4. Nov. 1887.	16·5	8·8	3·0

An diese Reihe schliesst sich nun die der weisskehligen an, welche bereits Naumann kennt, sowie ♀, deren Kehle kleinere dunklere Längsfleckchen zeigen, in 2 Stücken vorhanden; das eine erlegt am 8. November 1887 mit den Massen 16·4, 8·7, 2·7, das andere erlegt am 10. November 1887 mit den Massen 15·9, 8·5, 2·8.

Bezüglich der schwarzkehligen Form ist bisher nur äusserst wenig bekannt. Die erste Notiz hierüber stammt von Gurney, welcher*) Folgendes bemerkt: „Im letzten Herbste wurden zu Yarmouth 3 schwarzkehlige Bergfinken erlegt. Ich habe vorher in Norfolk kein Stück dieser Form gesehen und auch diese war mehreren auf Tennen gefangenen Vögeln entnommen worden, ehe diese Art des Fanges noch ungesetzlich war. Der schwarze Flecken an der Kehle mass über ½ Zoll. In Dr. H. Gaetkes Sammlung befindet sich ein sehr schönes Stück aus Helgoland, in welchem der schwarze Fleck etwa ½ Zoll misst. Meines Wissens wurde diese Farbenabänderung bei dieser Art bisher noch nicht beobachtet; sie ist gut abgebildet in Rowley's Ornithol. Miscell. I. p. 90"**). Angeregt durch diese Notiz schreibt hierüber H. A. Macpherson †): „Mr. J. H. Gurney's interessante Mittheilung über den schwarzkehligen Bergfinken veranlasst mich einige Worte hiezu zu bemerken. Das erste Stück eines Bergfinken mit schwarzer Kehle von etwa ¼ Zoll Ausdehnung erhielt ich durch einen Vogelfänger in Ost-London; doch habe ich vergessen, wo er es gefangen hatte. In meinem Tagebuche finde ich, dass ich am 25. März 1884 über 15 Dutzend Bergfinken unter Einem untersuchte aus den Läden in Spitalfields, alles frisch geschossene Vögel aus Cambridgeshire. Unter allen diesen konnte ich nur 5 Weibchen und 1 Männchen entdecken, welche Neigung zu dieser Abänderung zeigten; die schwarzen, den Hals unregelmässig besprenkelnden Federn dieses Vogels zeigen nach meiner Ansicht, dass die Anwesenheit der schwarzen Federn auf Kinn und Hals von der Ausdehnung des schwarzen Gesichtes über die Halsfläche herzuleiten ist. Es ist sowenig Melanismus, wie die Anwesenheit eines weissen Kinnes beim Stieglitz als Albinismus zu deuten ist; auch glaube ich nicht, dass sie mit schlechter Körperbeschaffenheit zusammenhänge; ich halte sie vielmehr für ein Zeichen von Kraft, als irgend etwas Anderes. Wenn aber, wie ich geneigt bin zu denken, dies nur eine Erweiterung der schwarzen Farbe des Kopfes ist, so ist es klar, dass wir sie bei braun- oder grauköpfigen Weibchen nicht erwarten dürfen. Ein drittes Exemplar zeigt einen ganz vollständig schwarzen Hals; den allgemeinen Körperausmassen nach zu schliessen, ist es wahrscheinlich ein alter Vogel. Es war bei Carlisle im November 1882 erlegt."

*) Gurney J. H. jr., Varieties of the Brambling in: Zoologist 3. Ser., Vol. IX. p. 346.

**) Ein Werk, das in der königlichen Hofbibliothek in München, wo ich dieser Literatur nachgieng, leider fehlt.

†) Macpherson H. A., Black-Mianed Brambling in: Zoologist 3. Ser., Vol. IX. p. 389.

Schliesslich bemerkt J. H. Gurney nochmals*): „Im Zoologist 1885, p. 346 und 389 waren einige Notizen über schwarzkehlige Bergfinken. Zwei von diesen Vögeln mit weissem Kinn fanden sich bei Yarmouth, der eine vom 12. October 1882, der andere vom 3. Februar 1886. Beides waren Männchen, die im übrigen Federkleid nicht von der gewöhnlichen Färbung abwichen. Dieser Mangel einer Färbung erscheint in gleichem Masse merkwürdig, wie das Uebermass derselben in starken Exemplaren mit schwarzer Kehle und schwarzem Halse. Beide Vögel wurden von M. G. Smith beobachtet. Obwohl die Ausdehnung des Weiss klein ist, ist es doch ganz rein. Die meisten Vögel scheinen mehr geneigt zu sein, am Kopfe buntscheckig zu sein, als anderswo und bei den jungen Krähen sind weisse Federn an der Kehle nicht ungewöhnlich, wie Mr. R. M. Christy (Zoologist 1886, p. 339) nachgewiesen hat: ich sah sie in Verbindung mit weissen Nasenborsten, dem letzten Rest von der der regelmässigen Befiederung. Auch der Distelfink hat oft eine weisse Kehle und wird dann „Cheverel" genannt. Prof. Newton hat interessante Beobachtungen gemacht über den Ursprung dieses Namens (Yarrells British Birds 4. Edit II. p. 124): er fand, dass die Ausdehnung des Weiss bei verschiedenen Exemplaren, welche er untersucht hatte, stark variert; doch brüten weisskehlige stets auch wieder weisskehlige Formen aus."

Aus diesen vorangeführten Daten ergibt sich demnach, dass diese schwarzkehlige Form, die zur weiteren Unterscheidung vom Typus den Namen Fringilla montifringilla var. atrogularis erhalten mag, bisher nur in Britannien, auf Helgoland und in Tirol beobachtet wurde; da sie aber zweifelsohne auch noch weiter verbreitet ist — etwa in den Sudeten, Kjölen u. s. w., so mögen diese Zeilen zur weiteren Nachforschung angeregt haben.

*) Gurney J. H. junior: Varieties of the Brambling in: Zoologist 3. Ser. Vol. XI, p. 74—75.

Beobachtungen über Ankunft und Zug einiger Zug- und Strichvögel

in der Gegend von Angermund, Rheinpreussen zwischen 51. und 52. Breitegrad und 24 und 25° östlicher Länge von Ferro, vom 27. Februar 1888 ab.

Von **Dr. F. Kumpf.**

27. und 28. Februar ein Männchen von Fringilla coelebs.
27. und 28. Februar mehrere von Parus major.
 . . . . Corvus corone.
1. März circa 20 Stück von Parus caudatus.
3. März . . . . . Turdus pilaris.

Die Temperatur während dieser Tage meist unter 0°, Windrichtung Nordost, mehrere Zoll Schnee.

7. März. Wind aus West-Süd-West; Temperatur, Mittags + 6°, Abends mehrere Turdus merula.

8. März. Abends auf einem kleinen Teiche ein Stagnicola chloropus.

9. März. Morgens ½9 Uhr bei starkem Süd-West und + 6° einen Flug Sturnus vulgaris in der Windrichtung ziehend. Mittags + 12°. Abends + 9°.

10. März. Bei Besuch einer seit vielen Jahren bestehenden Colonie von Ardea cinerea auf Schloss Helldorf, $^{3}/_{4}$ Stunden vom Rhein dieselben schon von circa 30 Stück besetzt gefunden.

11. März. Regnerisch, West-Süd-West. Morgens $6^{1}/_{2}$, Abends $7^{1}/_{2}{}^{0}$ +. Von 3—5 Uhr streichen fortwährend Trupps von Corvus frugilega in bedeutender Höhe in der Richtung Nord-Ost. Die schon am 27. anwesenden Corv. corone zeigen keine in die Augen fallende Vermehrung ihrer Anzahl.) Eine Schaar von mehreren Hundert Sturnus vulgaris auf einer Sumpfwiese.

13. März. Fringilla coelebs, lauter Männchen, in Flügen von 30—40 Stück auf den Feldern Nahrung suchend; zeitweise etwas Schnee, Temperatur 0°, Nord-Ost.

14. März. Wurde die erste Scolopax rusticola in der Gegend erlegt. (Die letzte am 16. April.) Parus coeruleus und palustris.

15. März. Morgens 3° +, feucht und trübe, Süd-West, in den Vorhölzern sehr belebt. Schwärme von Meisen, Staaren, Finken, Grauammern. Gegen Mittag hellt sich der Himmel bei starkem Süd-West in den oberen Schichten auf. Von $^{1}/_{2}$12—$^{1}/_{2}$1 Uhr ziehen Lerchen in Trupps von 10 und weniger so hoch, dass sie nur am Gesange erkennbar, nach Nord-Ost, ebenso Corvus frugilega.

Vom 17. bis 22. März. Temperatur fast immer unter 0°, Nordostwind, zeitweise Schnee.

Am 17. März eine Sylvia rubecola im Garten.

Am 18. März einen Accentor modularis im Hause gefangen. Rothkehlchen zeigen sich mehrere in der Nähe der Häuser. Staare, Schwarzamseln, Haubenlerchen, Finken kommen sehr ermattet ganz zu den Häusern und werden vielfach eingefangen.

Vom 22. März an ein Umschlag der Witterung, Temperatur steigt über 0°, Süd-West, der Schnee verschwindet in 2 Tagen.

23. März. Nachts das Geschrei von Vanellus cristatus gehört.

24. März. 2 Stück nach Nord-Ost ziehend gesehen.

28. März. Abends ziehen Grus cinerea nach Nord-Ost, eine Motacilla alba gesehen.

1. April. Mehrere Ruticilla tythis.

15. April. Die erste Hirundo rustica.

17. April. Cuculus canorus gehört.

29. April. Abends die erste Sylvia luscinia.

9. Mai. Oriolus galbula gehört.

22. Mai. Die erste Coturnix communis.

Am 14. Mai wurde in Kalkum, Dorf 1 Stunde rheinabwärts von Düsseldorf von dem Ortsvorsteher daselbst ein Exemplar von Merops apiaster erlegt. Die Vögel zeigten sich am genannten Tage Vormittags in einem Fluge von etwa 10 Stück in den Obstgärten des Ortes und verschwanden noch am selben Tage.

Das Steppenhuhn, Syrrhaptes paradoxus Pall., bei Anklam.

Von **R. Tancré.**

„Auch fangen die Steppenhühner mal wieder an zu wandern, ich habe meinen Jägern Auftrag gegeben, welche zu schiessen; sie ziehen von Nord nach Süd". So lautete ein Passus in einem am 28. April empfangenen, vom 19. April datirten Briefe meines alten Sammlers in Sarepta, Südost-Russland.

Wenn mir diese Nachricht auch ganz angenehm war, da damit die Wahrscheinlichkeit vorhanden war, im Herbste wieder einige Bälge dieser Thierchen zu bekommen, so schenkte ich derselben doch weiter keine Beachtung. Da erschien am 30. April das Circulär des Herrn Dr. Blasius, und noch hatte sich die Aufregung, welche sich meiner hierüber bemächtigt hatte, nicht gelegt, als auch schon am 1. Mai von meinem verehrten Freunde Herrn Eug. von Homeyer aus Stolp ein Exemplar bei mir eintraf, welches sich dort am Telegraphendraht todtgeflogen hatte. Von nun an verging kein Tag, ja fast keine Post, welche mir nicht neue Mittheilungen über unsere Einwanderer brachte.

Auch bei Anklam, im Umkreise bis zu 7 Kilometer, wurden zwischen dem 1. und 5. Mai allenthalben ziehende oder ankommende Steppenhühner gesehen, geschossen oder meist am Telegraphendraht getödtete aufgefunden, so dass ich mit noch zwei weiteren, von Herrn E. von Homeyer aus Stolp gesendeten, bis jetzt mehr wie ein Dutzend davon in Händen hatte, meistens Weibchen.

Jetzt scheint es, als hätten die einzelnen Schwärme den ihnen zusagenden Platz gefunden und sich festgesetzt und gehört auch mein Jagdgebiet zu dem von denselben hierzu auserwählten.

Ich will nun in Nachstehendem die Eindrücke zu schildern versuchen, welche mein Zusammentreffen mit diesen Vögeln vom 8. bis 10. Mai bei mir hinterlassen hat.

Vom 30. April bis zum 7. Mai besuchte ich wiederholt mein Jagdrevier, konnte dabei jedoch nur feststellen, dass das Steppenhuhn dort vorhanden sein müsse. Durch den Kropfinhalt der Präparirten veranlasst, welcher stets zum weitaus grössten Theile aus Roggenkörnern, dann Wicken, Kleesamen und Hafer bestand, suchte ich besonders die frisch bestellten Saaten ab und fand an verschiedenen Stellen die so charakteristischen Fussspuren, welche als pfotenartige Eindrücke viel länger sichtbar bleiben, wie diejenigen der drei dünnen Zehen von Tauben und Hühnern.

Vorgestern nun endlich wurden meine Bemühungen von Erfolg gekrönt, indem ich auf einem bisher nicht besuchten Sommer-Roggenschlage plötzlich eine ganze Anzahl, etwa 50 Stück, unserer Vögel vor mir sah, die nach Aussage der Hirten schon seit acht Tagen sich dort aufhielt. Meine Beobachtungen, die ich mit einem Feldstecher bewaffnet nun an drei Tagen mehrere Stunden lang wiederholte, ergaben zunächst, dass die Thierchen durchaus nicht so scheu sind, wie vielfach behauptet wird. Meist liessen sie mich bis auf 60 bis 80 Schritte nahe kommen und flogen, aufgescheucht, im Bogen 10 bis 20 Fuss hoch, über der Erde kaum tausend Schritte weit, um am andern Ende des Roggenfeldes wieder einzufallen. Allerdings wird sich ihr Betragen ändern, sobald sie Nachstellungen zu erleiden haben oder denselben, wie auf Borkum seligen Angedenkens, der Krieg auf Leben und Tod erklärt werden sollte.

Auf der Erde machen sie auf mich viel mehr einen tauben- wie hühnerartigen Eindruck. Der trippelnde, mitunter hüpfende Gang, das Vorwärtsstreben in breiter Reihe, das fortwährende Aufpicken von Nahrung, wobei der ganze Vorderkörper vorne niedergebeugt und der Hinterleib hoch aufgerichtet wird, erinnert durchaus an die Tauben. Ab und an, jedoch nur selten, hörte ich dabei ein sanftes körr als Lockton, wogegen ein scharf ausgestossenes kweck oder kwiek als Warnungsruf zu dienen scheint, der sich hören liess, wenn ich, auf der Erde liegend, mich bewegte, oder eine andere Lage einnehmen musste und hierdurch die Aufmerksamkeit der Thierchen wieder auf mich lenkte.

Sobald das Steppenhuhn sich auf dem frisch besäten noch grau erscheinenden Acker niedergedrückt hat, ist es selbst mit einem guten Glase auf 60 Schritte absolut nicht zu sehen; ich glaube auch, wenn man bis auf 30 Schritte herankommen würde, auch dann noch nicht, wogegen eine grössere Anzahl beim Futtersuchen schon in einer Entfernung von mehr als 200 Schritten zu entdecken ist, da in Folge des Aufrichtens des Hintertheiles der schwarze Bauch oft sichtbar wird.

Im Augenblicke des Auffliegens einer grösseren Schaar hört man zuerst kürr — ru und kerr — ru durcheinander — die erste Silbe wird gedehnt, die zweite kurz ausgestossen — dem bald ein allgemeines kürr — ru oder küll — le folgt und ebenso wird dieser Laut auch oft beim Niederlassen hörbar, wenn man eben nahe genug und mit guten Ohren ausgerüstet ist; er erinnert dabei sehr an die entsprechenden Töne von Numenius arcuatus, grossen Brachvogel.

Der Flug selbst ist weder mit dem der Tauben, noch weniger aber mit dem der Hühner zu vergleichen, sondern ähnelt durchaus demjenigen der Goldregenpfeifer, Charadr. auratus, besonders wenn ein Schwarm quer vorbeizieht, so dass man die helle Unterseite mit dem schwarzen Bauche sehen kann; ebenso auch in grösserer Entfernung. Ich habe sogar wiederholt bemerkt, dass kurz vor dem Auffliegen das eine oder andere Stück die Flügel ausreckte, wie man dies vom Goldregenpfeifer gewöhnlich sieht.

Das Fleisch der Präparirten, welches ich natürlich verspeist habe, schmeckt sehr gut, sieht gebraten nicht so weiss aus wie das der Hühner, sondern wie das der Tauben.

Dass nun diese Vögel hier brüten werden, unterliegt für mich keinem Zweifel. Waren doch die Eier der abgebalgten Weibchen, ebenso wie die Hoden der Männer schon über Erbsengrösse ausgebildet, und fand ich mehrmals Paare, welche sich vom grossen Schwarm schon abgesondert hatten. Leider gehört mein in Rede stehendes Jagdrevier zu dem Bauerndorfe Görkl, in Folge dessen meine Syrrhaptes vielen Störungen durch Hirtenknaben und Ackersleute ausgesetzt sind, wogegen sie auf dem Nachbarrevier, einem grossen Rittergute, mehr Ruhe haben. Auf Letzterem schätzte ich bei meiner gestrigen Anwesenheit die Zahl der Steppenhühner, welche aus 3 Flügen besteht, auf mehr wie hundert, und haben sich solche eine ähnliche Oertlichkeit zum Aufenthalte auserwählt, wie auf meinem Revier; coupirtes, bis hügeliges Terrain, mit leichtem, fast Sandboden, welches das Peenethal begrenzt. Jedenfalls werden sich an anderen Orten in der Nähe von Anklam, wo die Steppenhühner in den ersten Maitagen gesehen, auch solche angesiedelt haben, besonders auf dem gegenüber gelegenen Landrücken, der anderen Nordseite, des Peenethals, worüber mir heute schon Nachricht zuging, so dass sich die Zahl derselben in einmeiligem Umkreise von Anklam gewiss auf mehrere Hunderte belaufen dürfte.

Die von verschiedenen Seiten mit so grosser Zuversicht ausgesprochene Annahme, dass sich die Steppenhühner bei uns einbürgern würden, kann ich bei dem wanderungslustigen Charakter und der unstäten Lebensweise dieser Thiere leider durchaus nicht theilen; sie werden ebenso plötzlich und räthselhaft wieder verschwinden, wie sie erschienen sind. Geschieht es doch in ihrer eigentlichen Heimat, Süd-Sibirien, dass die Steppenhühner in einem Jahre irgendwo plötzlich in grosser Anzahl auftauchen, dort brüten und sich Jahre lang nicht wieder sehen lassen. So hat mein Sammler Rückbeil im Jahre 1881 mir an 100 Eier und 30 Bälge aus Tschingistai, Altaï-Gebiet, eingesandt, in den ferneren 4 Jahren seines Aufenthaltes daselbst diese Art nicht wieder, wenigstens nicht brütend, angetroffen.

Schon jetzt irgend welche Vermuthungen aufstellen zu wollen über die Gründe, welche die Steppenhühner zu dieser grossartigen, jedenfalls in ungeheuerer Zahl stattgehabten Auswanderung nach Westen, und zwar so weit nach Westen, veranlasst haben könnten, halte ich für ganz zwecklos, bevor uns nicht hierauf bezügliche Nachrichten aus Sibirien vorliegen, und auch dann noch werden es immer nur Vermuthungen — sehr vage Vermuthungen bleiben.

Hoffentlich wird es mir möglich sein, Näheres über das Brutgeschäft folgen zu lassen.

Anklam, den 11. Mai 1888.

Ornithologische Beobachtungen aus dem Aussiger Jagd- und Vogelschutzvereine 1877 — 4. Theil.

Von **Anton Hauptvogel.**

Ankunft und Durchzug von mir beobachteter Vögel:

39. Wiedehopf. Am 20. Mai am Zuge auf den Elbewiesen in P. gesehen.

40. Wachtel. Am 16. Mai um ½11 Uhr Abends hörte ich sie am Zuge schlagen. Sie flog in der Richtung von W. gegen O. Es war trübes, regnerisches Wetter.

41. Wachtelkönig. Am 18. Mai das erstemal rufen gehört, doch soll er schon früher dagewesen sein.

42. Turteltaube. Das erste Mal am 18. Mai gehört.

43. Zeisig. Das ganze Jahr sah ich in P. 3—4 Stück, welche sich meist auf den das Dorf umgebenden Zwetschkenbäumen aufhielten, und wahrscheinlich dürften sie dieses Jahr auch hier gebrütet haben, denn Anfang August waren erst an 15—20 beisammen, dann alle Tage mehr, so dass Ende August einige hundert beisammen waren. Dann waren sie auf einmal fort. Man sah und hörte keinen mehr. Im Niederlande (Kreibitz, böhm. Leipa) sollen im Herbste grosse Züge gewesen sein, wie seit vielen Jahren nicht.

44. Grünfüssiges Teichhuhn. Am 18. August wurde auf der Bahn in P. ein Junges gefangen, welches sich am Telegraphendrahte gestossen hatte und verwundet war.

45. Becassinen. Mitte August zogen auf der Elbe viele von O. gegen W. Besonders am 14. August waren auf der Elbe bei Schwaden 30—60 Stück beisammen.

46. Flussregenpfeifer. Am 15. August um 9 Uhr Abends zogen sie in der Richtung gegen S. bei Pömmerle die Elbe aufwärts, klarer reiner Himmel. Am 2. September sah ich ihrer noch bei Grosspriesen auf der Elbe.

47. Stockente. Am 11. November ein Zug bei P. in der Richtung von O. gegen W. an 100 Stück. Am 12. November 2 Stück auf der Elbe bei Schwaden.

48. Der kleine Taucher. Am 23. November M. und W. in der Wolfsschlinge geschossen.

49. Brandseeschwalbe. Am 11. November sollen 6 Stück bei Nostersitz gesehen worden sein. Ich sah am 12. November 2 Stück, von denen am 16. 1 Stück geschossen und dadurch die Art constatirt wurde. Später wurden 2 Stück in Grosspriesen geschossen. Es soll überhaupt das erstemal sein, dass ihre Anwesenheit in Böhmen beobachtet wurde.

50. Rauhfussbussard. Am 23. December wurde bei Brüx 1 Stück geflügelt, welches jetzt in der Villa Müller hier im Garten, in einem grossen Käfige sich ganz wohl befindet.

Anmerkung: 1. Der im 3. Theile angegebene Zug Vögel dürfte derselbe gewesen sein, den ich am 23. October um 4 Uhr Nachmittags in bedeutend grösserer Anzahl am Rückzuge beobachtete. Vormittags war viel Nebel, Nachmittags sehr schön. Richtung N.-O. gegen W.

2. Der in demselben Theile 3 angegebene Vogel war der Steinschmätzer.

3. Am 14. Mai hatte ich in meinen Staarkästen in P. schon viele Junge. Am 1. September Früh kamen die Staare auf der Bahn in P. von der Mauser zurück, welche sie wahrscheinlich auf den sumpfigen Wiesen und Teichen hinter Dux (5 Meilen) abhalten. Gewöhnlich Mitte Juli verlassen sie uns und kehren Anfangs September wieder. Am 30. December, wo massenhafter Schnee lag und bedeutende Kälte war, erschienen in P. plötzlich 4 Staare. Sie hielten sich auf den Futterplätzen auf, dann auf Düngerstätten und in dem an den Häusern wachsenden Wein, von dessen unreifen und erfrorenen Beeren sie sich nährten. Nach einigen Tagen war einer weniger und in kurzer Zeit sah man keinen mehr; wahrscheinlich wurden sie von Katzen abgefangen. Die Möglichkeit wäre aber auch vorhanden, dass sie weiter gezogen sind. Recht traurig sahen die armen Burschen aus und waren bestrebt ihr kümmerliches Dasein fortzufristen.

4. Am Marienberge, an dessen Felsen frühere Jahre Hunderte von Stadtschwalben nisteten und die durch einige Jahre nicht mehr zu sehen waren, bauten und nisteten heuer wieder eine beträchtliche Anzahl. Sehr viel Eindruck macht aber der Haussperling, der die fertigen Nester immer sogleich in Empfang nimmt; aus diesem Grunde wurden auch in P. im heurigen Jahre fast alle Haussperlinge abgeschossen. Der in Nr. 3 angegebene Ankunftszug am 12. Mai, ruhte bloss am Dache aus, zog dann wieder weiter. Die meisten und der Schluss kamen in P. zwischen dem 22. und 28. Mai an. Am 26. August (sehr schön, hell) zogen gegen 5 Uhr Abends die Stadtschwalben in P. fort. Am anderen Tage aber sah ich wieder eine gleiche Anzahl, welche dasselbe Manöver gegen Abend fortzufliegen vollführten; daher nehme ich an, dass sie bloss auf einen entfernten (einige Meilen) schilfbewachsenen Teich flogen, um dort Nachtruhe zu halten. Mir wäre es sehr angenehm, wenn ein Beobachter mir diese Annahme bestätigen würde. In Kleinpriesen ist von dieser Schwalbe eine ordentliche Colonie; denn an der Mühle allein waren in diesem Jahre 45 Nester und am Hause des sogenannten Richterbauers auch 45 Nester. Von der Rauchschwalbe sah ich die letzten 4 Stück in Pömmerle am 29. October, bei einer bedeutenden Kälte.

5. Die Mauersegler verliessen Pömmerle am 25. Juli, Aussig am 30. Juli. Am 10. August flog von P. ein 2. Zug fort und blieb bis 14. noch ein Stück hier, die sich bei den anderen Schwalben aufhielt. Am 15. October erschienen plötzlich wieder in P. 4 Stück, welche sich einige Tage daselbst aufhielten und in den Fensterlöchern übernachteten. Dies neuerliche Erscheinen war sehr auffällig. Eine Merkwürdigkeit war auch, dass am Gebäude des Kindergartens der chemischen Fabrik in Aussig ein Amselpaar in diesem Jahre 4mal Junge hatte. Die vierten Jungen flogen am 28. September aus. Interessant ist, dass am 22. Juli in Klinge beim Müllerteiche von einer Pappel ein Papagei geschossen wurde. Derselbe ist ausgestopft in der Schule in Tauscherschin. — Am 19. November bemerkte ich, was ich noch nie gesehen hatte, bei Schönpriesen einen Zug Blaumeisen von über 30 Stück. Sie flogen von Baum zu Baum, in der Richtung von NO. gegen SW. Weiter auf meinem Weg gegen P. (2 Stunden) sah ich nur Blaumeisen, welche aber mehr vereinzelt waren und wahrscheinlich dem ersten Zuge nachflogen.

Im heurigen Jahre waren sehr viele Sprachmeister, Muscicapa grisola, Mauersegler, Rauchschwalben, Staare, weisse und gelbe Bachstelzen, Finken, Kohlmeisen, Wendehälse, wenig Uferschwalben, sehr wenig Kuckucke, Sumpfmeisen, Möven, keine Wachtel, und nur einzeln Wachtelkönige und Regenpfeifer. Im Herbste gab es mehr Stadtschwalben und am Zuge Regenpfeifer. Der Zug der Vögel im Niederlande unterhalb Tetschen gegen Warnsdorf, wo noch die Vogelsteller existiren, wird berichtet, war im Herbste von kurzer Dauer, dafür waren aber alle Gattungen vertreten und in grosser Anzahl. Der Zug der Leinfinken Ende November dauerte 10 bis 12 Tage. Im Sommer waren viele Kreuzschnabel. Zum Schlusse erwähne ich noch, dass in P. die Schwanzmeisen, deren Nest durch die Krähe (Nebelkrähe), den ärgsten Feind der Singvögel, zerstört wurde, nicht mehr gesehen wurden.

Aussig, im Mai 1888.

Normal-Tag der Ankunft unserer Zugvögel.

Nach den Beobachtungen aus dem Quinquennium 1884–1888 für die Gegend von Oslawan Mähren bestimmt.

Von V. Čapek.

Art	Frühestes Erscheinen	Spätestes Erscheinen	Normal-Tag
Alauda arvensis	12. 2. 84	2. 3. 86	20. 2.
Motacilla alba	21. 2. 84	10. 3. 88	1. 3.
Anser segetum	18. 2. 86	31. 3. 87	2. 3.
Sturnus vulgaris	22. 2. 88	10. 3. 84	4. 3.
Lullula arborea	20. 2. 85	9. 3. 88	4. 3.
Columba oenas	20. 2. 85	13. 3. 88	6. 3.
Columba palumbus	17. 2. 85	14. 3. 88	7. 3.
Vanellus cristatus	26. 2. 85	13. 3. 88	9. 3.
Anthus pratensis	5. 3. 86	15. 3. 88	10. 3.
Schoenicola schoeniclus	10. 3. 87	15. 3. 88	13. 3.
Turdus musicus	8. 3. 85	21. 3. 86	14. 3.
Pratincola rubicola	5. 3. 85	22. 3. 88	14. 3.
Dandalus rubecula	9. 3. 87	18. 3. 86	14. 3.
Ruticilla tithys	12. 3. 85	21. 3. 86	16. 3.
Xema ridibundum	16. 3. 84	28. 3. 88	21. 3.
Phyllopneuste rufa	18. 3. 85	25. 3. 84	22. 3.
Scolopax rusticola	13. 3. 84	29. 3. 86	23. 3.
Ardea cinerea	18. 3. 88	31. 3. 86	24. 3.
Saxicola oenanthe	22. 3. 88	29. 3. 85	25. 3.
Aegialites minor	13. 3. 87(!)	29. 3. 86	25. 3.
Cerchneis tinnunculus	22. 3. 85	1. 4. 86	26. 3.
Cyanecula leucocyanea	19. 3. 85	3. 4. 88	27. 3.
Serinus hortulanus	14. 3. 87(?)	2. 3. 84	27. 3.
Accentor modularis	25. 3. 84	7. 4. 88	29. 3.
Anas querquedula	29. 3. 86	2. 4. 87	31. 3.
Totanus calidris	21. 3. 86	10. 4. 85	31. 3.
Phyllopneuste trochylus	30. 3. 88	4. 4. 86	1. 4.
Turdus iliacus	28. 3. 86	7. 4. 87	2. 4.
Ciconia alba	24. 3. 87	20. 4. 85	4. 4.
Upupa epops	27. 3. 86	9. 4. 84	4. 4.
Hirundo rustica	1. 4. 86	11. 4. 84	4. 4.
Totanus ochropus	30. 3. 84	10. 4. 88	4. 4.
Junx torquilla	29. 3. 88	9. 4. 84	4. 4.
Ruticilla phoenicura	29. 3. 84	10. 4. 85	5. 4.
Budytes flavus	2. 4. 85	12. 4. 86	6. 4.
Anthus arboreus	2. 4. 84	11. 4. 86	6. 4.
Actitis hypoleucos	29. 3. 88	19. 4. 85	7. 4.
Muscicapa albicollis	7. 4. 87	17. 4. 88	12. 4.
Cuculus canorus	11. 4. 86	16. 4. 88	13. 4.
Phillopneuste sibilatrix	13. 4. 86	22. 4. 87	16. 4.
Muscicapa luctuosa	12. 4. 85	28. 4. 87	17. 4.
Luscinia minor	16. 4. 84	23. 4. 87	18. 4.
Monticola saxatilis	16. 4. 85	24. 4. 87	18. 4.
Hirundo urbica	11. 4. 85	23. 4. 87	19. 4.
Emberiza hortulana	18. 4. 88	22. 4. 87	19. 4.
Pratincola rubetra	19. 4. 88	30. 4. 87	20. 4.
Sylvia curruca	18. 4. 88	24. 4. 87	20. 4.
Hirundo riparia	19. 4. 88	26. 4. 85	22. 4.
Caprimulgus europaeus	11. 4. 86(!)	30. 4. 84	22. 4.
Sylvia atricapilla	21. 4. 84	26. 4. 88	22. 4.
Sylvia cinerea	19. 4. 88	27. 4. 84	23. 4.
Agrodroma campestris	19. 4. 88	28. 4. 87	23. 4.
Lanius rufus	20. 4. 85	30. 4. 88	25. 4.
Coracias garrula	20. 4. 85	16. 5. 84	25. 4.
Acrocephalus turdoides	17. 4. 84	8. 5. 87	26. 4.
Turtur auritus	20. 4. 88	2. 5. 86	26. 4.
Oriolus galbula	25. 4. 86	30. 4. 84	27. 4.
Falco subbuteo	23. 4. 84	30. 4. 85	28. 4.
Sylvia nisoria	24. 4. 88	3. 5. 85	28. 4.
Lanius minor	23. 4. 85	3. 5. 87	29. 4.
Cypselus apus	27. 4. 84	7. 5. 86	1. 5.
Coturnix dactylisonans	26. 4. 85	9. 5. 86	2. 5.
Crex pratensis	26. 4. 85	7. 5. 87	2. 5.
Muscicapa grisola	29. 4. 88	8. 5. 85	3. 5.
Lanius collurio	1. 5. 87	8. 5. 86	4. 5.
Hypolais salicaria	3. 5. 87	7. 5. 84	4. 5.
Spatula clypeata	8. 5. 86	15. 5. 88	10. 5.

Anmerkung. Bei der Zusammenstellung dieser Tabelle wurde natürlich bloss das erste Erscheinen berücksichtigt. Dass hiezu eifriges Beobachten, gutes Auge und Gehör, genaue Kenntniss der Art und ihrer Lebensweise, so wie die Kenntniss der von der Art mit besonderer Vorliebe aufgesuchten Localitäten unbedingt nothwendig ist, braucht nicht an dieser Stelle erörtert zu werden.

Obzwar das Constatiren des ersten Ankömmlings (resp. Ankömmlinge) oft nur vom glücklichen Zufalle abhängt, gelang es mir doch in den meisten Fällen das wirkliche erste Erscheinen zu notiren; ausserdem wurde ich von einigen verlässlichen Beobachtern in meinem Streben freundlich unterstützt.

Der Umstand, dass einige Arten (Alauda, Cerchneis, Ardea cinerea, Accentor modularis, Dandalus) öfters in einzelnen Individuen überwintern, wurde gehörig berücksichtigt. Arten, über welche mir nur einzelne Beobachtungen zur Verfügung standen, so wie Diejenigen, die zwar theilweise zu den Zugvögeln gerechnet werden, bei mir jedoch regelmässig auch im Winter anzutreffen sind, wurden weggelassen.

Was endlich die einzelnen Daten anbelangt, nach denen der Normaltag berechnet wurde, so ist es genügend bekannt, dass die Differenz zwischen den Ankunftszeiten desselben Vogels in verschiedenen Jahren desto grösser ist, je früher der Vogel zu erscheinen pflegt und umgekehrt; die Vergleichung des frühesten und spätesten Ankunftstages wird dies beweisen. Im Allgemeinen wird jedoch jeder eifrige Beobachter die alte Erfahrung bestätigen können, dass Zugvögel die Zeit und den Raum in bewunderungswürdiger Weise innehalten.

Die ornithologische Literatur Oesterreich-Ungarns 1887.

Von Victor Ritter von Tschusi zu Schmidhoffen,

mit Beiträgen von Ludwig Baron Lazarini und Stefan Chernel von Chernelháza.

Čapek W. Emberiza hortulana, Brutvogel in Mähren. — Mittheil. d. orn. Ver. in Wien. XI. 1887. p. 141—142.
— Príspevek k poznani ptactva moravského. Ein Beitrag zur Kenntniss der mährischen Vogelwelt. — Časop. mus. olom. Zeitschr. d. Olmützer Museumsver. IV. 1887. p. 140.
Vgl. Jahresber.: Mähren.

Chernel v. Chernelháza Stef. A honi madártan történetéből. Aus der Geschichte der einheimischen Ornithologie. — Kőszeg és Vidéke. VII. 1887. Nr. 1 et 2.
Torzcsőrü madarak. Vögel mit difformen Schnäbeln. — Vadászlap. VIII. 1887. p. 57—59 m. Abbild.
Einige Beobachtungen über den Zwergfliegenfänger. Musicapa parva. L. — Mittheil. d. orn. Ver. in Wien. XI. 1887. p. 20—21.
— Örvös ludak Ersek-Ujvár vidékén. Ringelgänse in der Umgebung von Neuhäusel. — Vadászlap. VII. 1887. p. 126.
— Bernicla torquata. Bechst. bei Neuhäusel in Ungarn erlegt. Mittheil. d. orn. Ver. in Wien. XI. 1887. p. 55.
— Madártani megfigyelések Pozsony vidékén 1885ben. Ornith. Beobachtungen in der Umgebung von Pressburg. 1885. — Sep. aus d. Verh. des Ver. f. Naturk. in Pressburg. 25. pp.
— Adatok Vass, Soprons, Pozsony- és Fehérmegye madárfaunajához. (Beiträge zur Vogelfauna des Eisenburger-, Oedenburger-, Pressburger- und Weissenburger Comitates.) — Vadászlap. VIII. 1887. p. 175—178.

Chernel v. Chernelháza Stef. Sammlung von Vögeln, Nestern und Eiern während eines mehrwöchentlichen Aufenthaltes behufs ornithologischer Beobachtungen und Forschungen beim Velenczeer See (Weissenburger Com. in Ungarn. — Mittheil. d. orn. Ver. in Wien. XI. 1887. p. 106—107.
A velenczei tóvidék életéből. (Aus dem Leben d. Velenczeer Seegegend. — Vadászlap. VIII. 1887. p. 374—377 mit Abbild.
A honi madártan történetéből. A madártan fejlődése a kir. magy. természettudományi társulat megalapitásáig. Aus der Geschichte der einheimischen Ornithologie. Die Entwicklung der Ornithologie bis zur Gründung des kön. ung. naturwissenschaftlichen Vereines.) — Ibid. XIX. 1887. p. 415—418, 456—460.
Kérelem a havasi szajkó vándorlásának megfigyelése ügyében. Bitte, bezüglich der Beobachtung des Tannenheherzuges." — Vadászlap VIII. 1887. p. 433.
Vgl. Tschusi.

Csató Joh., v. A bukdárok. Die Taucher, Colymbinae. — Vadászlap. VIII. 1887. p. 102—103.
— Ueber Locustella luscinioides, Savi. — Mittheil. d. orn. Ver. in Wien. XI. 1887. p. 105—106.
Vgl. Jahresber.: Siebenbürgen.

Czynk Ed. v. Zur Naturgeschichte des Steinadlers Siebenb. — N. Deutsch. Jagdzeit. VII. 1886/87. p. 235, 243.
Reminiscenzen (Gypaëtus). — Ibid. VII. 1886/87. p. 341.
— Vgl. Jahresber.: Siebenbürgen.

Dalla Torre K., v. Ornithologisches aus Tirol. V Eine interessante Thiersammlung im gräflich Enzenberg'schen Schlosse Tratzberg im Unter-Innthale. — Mittheil. d. orn. Ver. in Wien. XI. 1887. p. 116—117.
— Ueber die Nahrung des Tannenhehers Nucifraga caryocatactes L. — Biol. Centralbl. VII. 1887. p. 464—466.
— Vgl. Tschusi.

Deschmann K., v. Vgl. Jahresber.: Krain.

Dicović Vig. Vgl. Jahresber.: Croatien.

Dombrowski E., Ritter v. Seetaucherzug. — Weidm. XIX. 1887. p. 90.
Ein Höckerschwan, Cygnus olor, in Ungarn erlegt. — Ibid. XIX. 1887. p. 116.

Dombrowski Rob., Ritter v. Eine Ringelgans, Bernicla torquata, Bechst., am Neusiedlersee erlegt. — Mittheil. d. n.-ö. Jagdsch.-Ver. 1887. p. 80.

Eder Rob. Die im Beobachtungsgebiete Neustadtl bei Friedland in Böhmen vorkommenden Vogelarten. — Mittheil. d. orn. Ver. in Wien. XI. 1887. p. 90—92, 107—110, 128—130.
Ein Rackelhahn Tetrao tetrix urogallus, M. (Böhmen. — Ibid. XI. 1887. p. 170.

Eisensammer Vict. Vgl. Jahresber.: Salzburg.

Enderl Jos. Ornithologische Seltenheit Falco peregrinoides' in Beraun Böhmen erlegt. — Waidmannsh. VII. 1887. p. 100.

Findenigg. Der Kukuk. — Oesterr. Forstzeit. V. 1887. p. 142.

Fischer Em. Ed. Kreuzschnabelbrut in der böhmischen Schweiz. — Gefied. Welt. XVI 1887. p. 104.

Fischer Ludw., Baron. Jagdlicher Jahresbericht aus dem Hanság. — Hugo's Jagdzeit. XXX. 1887. p. 5—10.
— A „Hanságból" Vom „Hanság". — Vadászlap. VIII. 1887. p. 94—96.

Fritsch Ant. Ueber einen Auer-Rackelhahn aus Böhmen. — Mittheil. d. orn. Ver. in Wien. XI. 1887. p. 127—128. m. Abbild.; Hugo's Jagdzeit. XXX. 1887. p. 692—693.

Gans Joh. Emanuel Urban. Biographische Skizze. — Not. Bl. d. hist.-stat. Sect. d. k. k. mähr.-schles. Ges. z. Beförd. d. Ackerb.-, d. Nat.- u. Landesk. in Brünn. XII. 1887. p. 89—90.

Gaunersdorfer J. Vgl. Jahresber.: N.-Oesterreich.

Geschwind A. Vergiftung von Raubthieren mit Strychnin im Jahre 1887 im Kreise Travnik 2 Aquila fulva, 2 Haliaetus albicilla, 1 Gypaëtus barbatus. — Centralbl. f. d. ges. Forstw. XIII. 1887. p. 526.

Geyer Jul. Vgl. Jahresber.: Ungarn.

Geyer K. Turdus pilaris, die Wachholderdrossel als Stand- und Brutvogel im oberen Mühlviertel an den Ausläufern des Böhmerwaldes. — Mittheil. d. orn. Ver. in Wien. XI. 1887. p. 42.

Grabler Gust. Weisse Rebhühner Böhmen. — Waidmannsh. VII 1887. p. 246.

Gredler P. Vinc. Die Thurmschwalbe (biol.). — Mitth. d. orn. Ver. in Wien. XI. 1887. p. 157.
Langes Verweilen von Hirundo im Herbste bei Bozen. — Ibid. XI. 1887. p. 166.

Greisiger Mich. Vgl. Jahresber.: Ungarn.

Grossbauer Fr. v. Grausamkeit des Hühnerhabichts. — Hugo's Jagd-Zeit. XXX. 1887. p. 668.

Hanf P. Blas. Ornithologische Beobachtungen am Furtteiche und dessen Umgebung vom Juni bis December 1886. — Mittheil. d. naturw. Ver. f. Steierm. 1886—1887. p. 69—73.
— **& Baumgartner** P. Rom. Vgl. Jahresber.: Steiermark.

Hauptvogel Ant. Ornithologische Beobachtungen aus dem Aussiger Jagd- und Vogelschutzvereine. 1886. II. Th. — Mittheil. d. orn. Ver. in Wien. XI. 1887. p. 45; III. Th. p. 92—93.
— Notizen aus der Thierwelt. 1885. Aussig a. E.) — Mittheil. d. Jagd- und Vogelsch.-Ver. in Aussig a. E. 1887. Nr. VII. p. 13—14.
— Das Wichtigste aus der Vogelwelt im Jahre 1886 (Aussig a. E. — Ibid. 1887. p. 15.

Hawlik Jos. Der Eisvogel Alcedo ispida). — Mittheil. d. orn. Ver. in Wien. VII. 1887. p. 137—138.

Hodek Ed. Populäres über unsere Geier. — Mittheil. d. orn. Ver. in Wien. XI 1887. p. 4—6, 26—27, 37—39, 58—60.

Höfner F. Vgl. Jahresber.: Salzburg.

Hönig K. Catalog der zoologischen Sammlung im Jagdschlosse „Ohrad" nächst Frauenberg in Böhmen mit Ende Juni 1887. — Budweis. 1887. Kl. 8°. 24 pp.

Hoffmann H. Ein Rackelhahn Böhmen. — Hugo's Jagd-Zeit. XXX. 1887. p. 281.

Hohn Heinr. Ein Steinadler (in Krain) gefangen. — Waidmannsh. VII. 1887. p. 137—138.

Homeyer Alex. v. Ornithologische Studien und Mittheilungen aus dem Jahre 1886 (Grödig und Hallein — v. Tschusi's Samml. — Zeitschr. f. Orn. und prakt. Geflügelz. in Stettin. XI. 1887. p. 133—136, 149—153.

Haydin Emr. Egy kis ornithologia. Etwas Ornithologisches. — Pozsonyvidéki lapok. XV. 1887. Nr. 80.

Hurdalek A. Vgl. Jahresber.: Böhmen.

Jackwerth Fr. Ornithologisches Oedicnemus in Mähren. — Mittheil. d. n. ö. Jagdsch.-Ver. 1887. p. 434.
— Vgl. Jahresber.: Mähren.

Jahresbericht III. 1884 des Comité's für ornithologische Beobachtungsstationen in Oesterreich-Ungarn. Redigirt von Vict. Ritt. v. Tschusi zu Schmidhoffen und K. v. Dalla-Torre. — Ornis. III. 1887. p. 1—156, 161—360; separ.: Wien. 1887. Gr. 8°. 356 pp.

Enthält Berichte aus: **Böhmen**: **Aussig** (A. Hauptvogel), **Klottendorf** (Fr. Schnabel), **Böhmisch-Leipa** (Fr. Wurm), **Böhmisch-Wernersdorf** (A. Hurdalek), **Klattau** (V. Stejda v. Lovecǎ), **Liebenau** (E. Semdner), **Nepomuk** (P. R. Stopka), **Oberrokitai** (K. Schwalb), **Přibram** (Fr. Stejskal), **Rosenberg** (T. Zach), **Wirschin** (A. Wend).
Bukowina: **Illischestie** (J. Zitny), **Katzman** (A. Lustig), **Kuczurmare** (C. Myszkiewicz), **Kupka** (J. Kubelka), **Petroutz** (A. Stranský), **Solka** (P. Kranabeter), **Straza** (R. R. v. Popiel), **Tereblestie** (O. Nahlik), **Toporoutz** (J. Wilde).
Croatien: **Agram** (Sp. Brusina, Vig. Dicović, Alex. Smit), **Krispolje** (Ant. Magdić), **Varasdin** (A. E. Jurinac).
Dalmatien: **Spalato** (G. Kolombatović).
Kärnten: **Mauthen** (F. C. Keller).
Krain: **Laibach** (C. v. Deschmann).
Litorale: **Monfalcone** (B. Schiavuzzi), **Triest** (L. C. Moser).
Mähren: **Fulnek** (J. Weisheit), **Goldhof** (W. F. Sprongel), **Kremsier** (J. Zahradnik), **Mährisch-Neustadt** (F. Jackwerth), **Oslawan** (W. Čapek), **Römerstadt** (Ad. Jonas).
Nieder-Oesterreich: **Melk** (P. V. Staufer), **Mödling** (J. Gaunersdorfer).
Ober-Oesterreich: **Ueberackern** (A. Krager).
Salzburg: **Abtenau** (F. Höfner), **Hallein** (V. Ritt. v. Tschusi zu Schmidhoffen), **Saalfelden** (V. Eisensammer).
Schlesien: **Dziegelau** (J. Želisko), **Ernsdorf** (J. Jaworski), **Jägerndorf** (E. Winkler), **Lodnitz** (J. Nowak), **Troppau** (E. Urban).
Siebenbürgen: **Fogaras** (E. v. Czynk), **Nagy-Enyed** (J. v. Csató).
Steiermark: **Mariahof** (P. Bl. Hanf, P. R. Baumgartner, F. Kriso), **Pikern** (O. Reiser), **Schloss Pöls** (Stef. Freih. v. Washington).
Tirol: **Innsbruck** (L. Baron Lazarini).
Ungarn: **Mosócz** (R. Graf Schaffgotsch), **Oravitz** (A. Koryay), **Szepes-Béla** (M. Greisiger), **Szepes Iglo** (J. G. Geyer), **Ungarisch-Altenburg** (S. v. Bakkessy).

Jaworski J. Vgl. Jahresber.: Schlesien.

Jonas Ad. Vgl. Jahresber.: Mähren.

Juninac A. L. Vgl. Jahresber.: Croatien.

K. Seltene Beute (V. cinereus (Kärnten). — Waidmannsh. VII. 1887. p. 244.

Kadich H., v. **Hundert Tage** im Hinterlande. Eine ornithologische Forschungsreise in der Herzegowina. — Mittheil. d. orn. Ver. in Wien. XI. 1887. p. 6—14. 23—25, 39—41, 61—63, 71—73, 85—86, 102—105, 121—123, 139—140, 154—157; separ.: Wien. 1887. 8°. 106 pp.

— Erstlingsbeobachtungen aus dem Frühjahre 1887. Mittheil. d. orn. Ver. in Wien. XI. 1887, p. 56.

Kalbermatten, L. Bar. v. Sumpfleben in Ungarn. Bosnien und Slavonien. — N. Illustr. (Wiener) Zeit. XV. 1887. p. 356—357. m. Abbild.

Karlsberger R. O. „Lämmergeier im See" (Pandion, Ob.-Oesterr.) — Mittheil. d. orn. Ver. in Wien. XI. 1887. p. 28; Gefied. Welt. XVI. 1887. p. 275.

— Beobachtungen über den Herbstzug der Schwalben. — Mittheil. d. orn. Ver. in Wien. XI. 1887. p. 171.

— Ornithologisches aus Oberösterreich. — Monatsschr. d. deutsch. Ver. z. Schutze d. Vogelw. XII. 1887. p. 221—227.

— Das zweimalige Brüten des grauen Fliegenfängers. (Ob.-Oest.) — Ibid. XII. 1887. p. 286—287.

Kašpar P. R. K. Ornithologie moravské (zur Ornithologie Mährens). — Časop. mus. olom (Zeitschr. d. Olmützer Mus.-Ver.) IV. 1887. p. 89.

Keller F. C. Ein Rallen- oder Mähnenreiher (Kärnten). — Waidmannsh. VII. 1887. p. 161.

— Zum Tannenheherzuge (Kärnten und Böhmen). — Ibid. VII. 1887. p. 313.

— Eine Rackelhenne in Kärnten. — Ibid. VII. 1887. p. 327.

— Einige kleine Beobachtungen aus den Alpen. — V. Madarász, Zeitschr. f. d. ges. Orn. III. 1886. p. 252—266.

— Der Zug der Vögel. — Jahresber. d. nat.-hist. Land.-Mus. v. Kärnten. 19. H. XXXVI. 1887; separ. 18. pp.

— Vgl. Jahresber.: Kärnten.

Kivana J. Podzimní tah ptačí (Herbstzug in der Umgebung von Ung.-Hradisch im Jahre 1886). — Časop. mus. olom. IV. 1887. p. 38.

Knauer F. K. Irrgäste in unserer Vogelfauna. — F. K. Knauer. Der Naturhist. VIII. 1887. p. 27—31.

Knobloch. Seltene Jagdbeute (Gyps fulvus in Croatien.) — Waidmannsh. VII. 1887. p. 244.

Kocyan Ant. Vgl. Jahresber.: Ungarn.

Kolombatović G. Utamania torda, Leach. — Alca torda, Linn. (in den dalmatinischen Gewässern beobachtet). — Mittheil. d. orn. Ver. in Wien. XI. 1887. p. 51.

— Vgl. Jahresber.: Dalmatien.

Kopecký K. Ze života ptáků (aus dem Leben der Vögel). — Prag. 1887.

Kotz Baron A. Turdus pilaris im Böhmerwalde. — Mittheil. d. orn. Ver. in Wien. XI. 1887. p. 17—20; Hugo's Jagd-Zeit. XXX. 1887. p. 344—345.

— Ueber Turdus pilaris im Böhmerwalde. — Mittheil. d. orn. Ver. in Wien. XI. 1887. p. 134.

Kragora A. Vgl. Jahresber.: Oberösterreich.

Kranabeter P. Vgl. Jahresber.: Bukowina.

Kubelka J. Vgl. Jahresber. Bukowina.

Lakatos R. v. Az erdei szalonka természetrajzi leirása. (Folyt.) (Die naturhistorische Beschreibung der Waldschnepfe.) (Forts. — Vadász lap VIII. 1887. p. 7. 44—45.

— Difformis csőrü madarak. (Vögel mit difformen Schnäbeln.) — Ibid. VIII. 1887. p. 140—141.

— Az erdei szalonkák párosodása. (Das Paaren der Waldschnepfen.) — Ibid. VIII. 1887. p. 149—150, 162—163. 232—233.

Lakatos R. v. Hány válfaja van az erdei szalonkának s mi által külömbözik külsőleg a him a tojótól? Wie viel Gattungen Waldschnepfen gibt es und wodurch unterscheidet sich äusserlich das Männchen vom Weibchen? — Ibid. VIII. 1887. p. 241—242, 271—272.

— Ragadozómadaraink magyar elnevezéseinek kérdéséhez. (Zur Frage der ungarischen Namengebung unserer Raubvögel.) — Ibid. VIII. 1887. p. 346—348. 362—363. 390—391. 401—402. 478—479.

— A kardcsőrü gulipán snepf. (Recurvirostra avocetta.) (Der Säbelschnäbler.) — Ibid. VIII. 1887. p. 416—417.

Lazarini Ludw. Bar. Erlegung eines Buteo desertorum, Daud. in Tirol. — Mittheil. d. orn. Ver. in Wien. VII. 1887. p. 74.

— Buteo desertorum, Daud. Steppenbussard. Wüstenbussard. — Zeitschr. d. Ferdinand. III. Folge. 31. H. 1887. p. 239—241.

— Vgl. Jahresber.: Tirol.

Lorenz Ritt. v. Liburnau. Ludw. Reisebericht Dalmat. u. Herzegowina. — Annal. d. k. k. naturh. Hof-Mus. II. 1887. p. 74 bis 75. 96—98.

— Ueber das Auftreten der Alca torda in der Adria. — Verhandl. d. k. k. zool. Gesellsch. in Wien. XXXVII. 1887. Sitzungsber. p. 55—57.

Vgl. Pelzeln.

Lovassy Alex. Dr. Ragadozó madaraink magyar elnevezései. (Die ungarischen Benennungen unserer Raubvögel. — Természettud. közl. XIX. 1887. p. 283—290. 327—335.

— Adalékok Magyarország ornithologiajához. Beiträge zur Ornithologie Ungarns. — Math. és Természettud. közlemények (kiad. A magy. tud. akad.) XXII. 1887. Nr. 5. p. 213—240.

— Adalékok Gömörmegye madár faunájának ismeretéhez. Beiträge zur Kenntniss der Vogelfauna des Gömörer Comitates.) — Ibid. XXII. 1887. Nr. 6. p. 243—268.

Lustig A. Vgl. Jahresber.: Bukowina.

Magdić Ant. Vgl. Jahresber.: Croatien.

Málek Joh. Der erste Rackelhahn (Tetrao medius) in den Forsten der k. k. Militär-Invaliden-Fonds-Domaine Horitz in Böhmen. — Mittheil. d. n. ö. Jagdsch.-Ver. 1887. p. 218.

Meyer A. B. Unser Auer-, Rackel- und Birkwild und seine Abarten. Mit einem Atlas von 17 color. Tafeln (von Mützel). — Wien. 1887. Fol. 95 pp. (part.).

Miszkiewicz C. Vgl. Jahresber.: Bukowina.

Mittheilungen des ornithologischen Vereines in Wien. — Wien. XI. 1887. 4°. 12 Nr. jährl. Redigirt von Dr. F. K. Knauer.

Mojsisovics von Mojsvár. Aug. Einige seltene Erscheinungen in der Vogelfauna Oesterreich-Ungarns. — Mittheil. d. naturw. Ver. f. Steierm. 1886 (1887.) p. 74—86.

— Literaturbericht pro 1886. I. Die zoolog. Literatur der Steiermark. — Ibid. 1886 (1887.) p. LXXXIII—LXXXVII.

— Zoologische Uebersicht d. österreichisch-ungarischen Monarchie, in: Die österreichisch-ungarische Monarchie in Wort u. Bild. — Wien. 1887. p. 249—328. m. Abbild.

Moser L. K. Vgl. Jahresber.: Litorale.

Nahlik Oct. Vgl. Jahresber.: Bukowina.

Nowak J. Vgl. Jahresber.: Schlesien.

Pelzeln Aug. von. Geschenke für die ornithologischen Sammlungen d. k. k. Hof-Mus. — (Gyps fulvus aus Cherso von Kronprinz Rudolf und Sammlung 554 ausgest. Vögel aus Oesterr.-Ung. v. V. Ritt. v. Tschusi zu Schmidhoffen. — Annal. d. k. k. naturh. Hof-Mus. II. 1887. p. 78—79.

— und **Lorenz** von Liburnau. Ludw. Typen der ornithologischen Sammlung des k. k. naturhistorischen Hof-Museums. — Ibid. II. 1887. II. Th. p. 191—216. III. Th. p. 339—352.

Pfannl Edm. Der Tannenheher als Brutvogel bei Lilienfeld N.-Oesterr.). Mit oologischem Anhang von Othm. Reiser. — Mittheil. d. orn. Ver. Wien. XI. 1887. p. 69—70, 83—85.

Pfeiffer P. Ans. Die Vogelsammlung in der Sternwarte zu Kremsmünster. (Separatabdr. a. d. XXXVII. Progr. d. k. k. Ob.-Gymn. zu Kremsmünster f. d. Schulj. 1887.) Linz. 1887. 8°. 47 pp.

Pillersdorff Freih. v. Eine abnorm befiederte Schnepfe. — Hugo's Jagd-Zeit. XXX. 1887. p. 279—280.

Popiel R. Ritt. v. Vgl. Jahresber.: Bukowina.

Putz Ign. (Hahnenfedrige Fasanhenne mit legereifem Ei im October bei Amstetten erlegt.) — Mitth. d. n. ö. Jagdsch.-Ver. 1887. p. 234.

Reiser Othm. Vorläufige Notiz (über Picus Lilfordi, Parus lugubris und borealis.) — Mittheil. d. orn. Ver. in Wien. XI. 1887. p. 149.

— Briefliche Notiz über eine ornithologische Excursion nach N.-Bosnien.

— Vgl. Pfannl.

— Vgl. Jahresber.: Steiermark.

Riegler W. Zum Zuge der Wachtel. — Waidmannsh. VII. 1887. p. 13

— Puncto weisse Rebhühner (Aufzähl. versch. Var.). — Ibid. VII 1887. p. 313—314.

S. Ein einsamer Pelikan (in Krain erlegt). — Waidmannsh. VII. 1887. p. 255.

Schaffgotsch Rud., Graf. Vgl. Jahresber.: Ungarn.

Schier Wladisl. Verbreitung der gänseartigen Vögel (Anseres) in Böhmen. — Mittheil. d. orn. Ver. in Wien. XI. 1887. p. 21—23, 42—44.

— Verbreitung der reiherartigen Vögel (Grallatores) in Böhmen. — Ibid. XI. 1887. p. 94—96. 114—115.

— Die Verbreitung der Tauben (Columbae) in Böhmen. — Ibid. XI. 1887. p. 133.

— Die Verbreitung der Stelzvögel (Grallae) und der Scharrvögel (Rasores) in Böhmen. — Ibid. XI. 1887. p. 142—143.

— Die Verbreitung der schnepfenartigen Vögel (Scolopaces) in Böhmen. Ibid. XI. 1887. p. 158—160.

Schier Wladisl. Die Verbreitung der Taucher (Colymbidae) in Böhmen. Ibid. XI. 1887. p. 172—173.

Schiavuzzi, Bernh. Vgl. Jahresber.: Littorale.
Materiali per un'avifauna del Litorale austro-ungarico. — Bollet. della soc. adr. di sc. nat. in Trieste. X. 1887.

Schimpke J. Wanderhühner in Steierm. — Waidmannsh. VII. 1887. p. 133.

Schmidl Fr. Ein Sperberhorst (Accipiter nisus) in Brentenmais bei Pressbaum. — Mittheil. d. orn. Ver. in Wien. XI. 1887. p. 133.

Schnabel Fr. Vgl. Jahresber.: Böhmen.

Scholt A. P. Mischlingsbruten von Raben- und Nebelkrähen (Böhmerwald). — Gefied. Welt. XVI. 1887. p. 35.

Schwalb K. Vgl. Jahresber.: Böhmen.

Schweitzer O. Fischadler (N.-Oesterr.) — Waidmannsh. VII. 1887. p. 10.

Seemann W. Ein kühner Angriff des Steinadlers (Krain). — Mittheil. d. orn. Ver. in Wien. XI. 1887. p. 14—15.

Semkowicz. Eine Seltenheit (weisser Rabe in Schlesien erlegt). — Waidmannsh. VII. 1887. p. 100.

Seunik J. Beitrag zur Ornithologie Bosniens und der Herzegowina. — Mittheil. d. orn. Ver. in Wien. XI. 1887. p. 76—78, 143—145.
Nachtrag. — Ibid. XI. 1887. p. 182.
Die Vogelwelt Bosniens. — F. K. Knauer. Der Naturhist. VIII. 1887. p. 19—21, 102—105, 207—209, 284—286.

Semdner E. Vgl. Jahresber.: Böhmen.

Sprongel W. F. Vgl. Jahresb.: Mähren.

Stejda von **Lovcić**, V. Vgl. Jahresber.: Böhmen.

Stejneger L. Supplementary Notes of the Genus Acanthis. (Ueber Linaria rufescens in Salzb. und Steierm.) — The Auk. IV. 1887. p. 144—145.

Stejskal Fr. Jahresber.: Böhmen.

Slopka P. R. Vgl. Jahresber.: Böhmen.

Stránský A. Vgl. Jahresber.: Bukowina.

Strasser. Aus Wien. Ornithologisches. — Illustr. Jagdzeit. XIV. 1886—1887. p. 176, 303.
Abnorme Schnabelbildung bei Rebhühnern (Mähren). — Centralbl. f. d. ges. Forstw. XIII. 1887. p. 474.

Szikla Gabr. Ueber das Forttragen junger Stockenten durch das Weibchen. — Mittheil. d. orn. Ver. in Wien. XI. 1887. p. 115—116.

Talský Jos. Ornithologisches aus Karlsbad. — Mittheil. d. orn. Ver. in Wien. XI. 1887. p. 1—4.

Tschusi zu **Schmidhoffen** Vict. Ritt. v. Der Weidenammer (Euspiza aureola, Pall.) in Schlesien erlegt, nebst einigen Bemerkungen über denselben. — Mittheil. d. orn. Ver. in Wien. XI. 1887. p. 25—26.
Anormal gebildete Krähenfeder (Corvus corone). — Waidm. XVIII. 1887. p. 215. Abbild.
— Beiträge zur Geschichte der Ornithologie in Oesterreich-Ungarn. III. Schlesien. — Mittheil. d. orn. Ver. in Wien. XI. 1887. p. 46—48.
— Ruticilla tithys var. Cairii. Gerbe. Richtigstellung des Artikels „Ein hennenfedriges Vogelmännchen". — Cab. Journ. f. Orn. XXXV. 1887. p. 216—217.
— Zum Brüten der Wachholderdrossel (Turdus pilaris, L.) im südlichen Böhmen. — Mittheil. d. orn. Ver. in Wien XI. 1887. p. 149—150.
Tannenheherzug. — Ibid. XI. 1887. p. 150; Waidmannsh. VII. 1887. p. 283.
Briefl. Notiz (H. rustica). — Mittheil. d. orn. Ver. in Wien. XI. 1887. p. 166.
— Vom Alpenmauerläufer (Tichodroma muraria, L.) — Ibid. XI. 1887. p. 169—170.
— Vgl. Jahresber.: Salzburg.
— und K. v. **Dalla-Torre**. Vgl. Jahresbericht.
— und Stef. **Chernel v. Chernelháza**. Die ornithologische Literatur Oesterreich-Ungarn's 1886. — V. Madarász', Zeitschr. f. d. ges. Orn. III. 1886. p. 271—282.

Urban Em. Vgl. Jahresber.: Schlesien.

Vandas K. Příspěvek K orn. poměrum smečenským. (Ein Beitrag zu den ornithologischen Verhältnissen von Smečno.) — Vesmir. XVI. p. 102, 126, 150, 174.

Vaněk Wlad. Aufbaumen der Rebhühner. — Waidmannsh. VII. 1887. p. 135.
— Vorbote eines strengen Winters (Colymbus arcticus in Mähren). — Mitth. d. n. ö. Jagdsch.-Ver. 1887. p. 435.
— Die Wettermacher in der Thierwelt (Erlegung eines Colymbus arcticus in Mähren). — Hugo's Jagd-Zeitung. XXX. 1887. p. 729—731.

W. Begegnung mit einem Steinadler (Mähren). — Waidm. XIX. p. 15.

W. Ein verstrichener Pelikan (Krain). — Hugo's Jagd-Zeit. XXX. 1887. p. 602.

Warosch Jos. Triel- oder Brachhuhn (Oedicnemus crepitans, L.) in Bosnien. — Mittheil. d. orn. Ver. in Wien. XI. 1887. p. 166.
Triel's in Bosnien. — Ibid. XI. 1887. p. 182.

Washington. Stef., Baron v. Notiz über zwei für die Ornis Steiermark's neue Arten (Tadorna cornuta und Loxia bifasciata). — Mittheil. d. orn. Ver. in Wien. XI. 1887. p. 182.
— Vgl. Jahresber.: Steiermark.

Weisheil G. Vgl. Jahresber.: Mähren.

Wend A. Vgl. Jahresber.: Böhmen.

Widter Fr. Zug von Schwänen und Pelikanen bei Pancsova. — Mittheil. d. orn. Ver. in Wien. XI. 1887. p. 64.

Wilde G. Vgl. Jahresber.: Bukowina.

Winkler E. Vgl. Jahresber.: Schlesien.

W. O. Mein erster Steinadlerhorst (Tirol). — Waidmannsh. VII. 1887. p. 31—32.

Wurm Fr. Vgl. Jahresber.: Böhmen.

Wokřal Th. Ornithologische Plaudereien aus dem Marsthale. — Hugo's Jagd-Zeit. XXX. 1887. p. 146—149.

Zach Fr. Vgl. Jahresber.: Böhmen.

Zahradnik. Nucifraga caryocatactes (Mähren). — Mitth. d. orn. Ver. in Wien. XI. 1887. p. 150.
— Noch ein Hybrid Tetrao und Phasianus (Mähren). — Ibid. XI. 1887. p. 143—154.
— Vgl. Jahresber.: Mähren.

Zelisko J. Zughühner in Schlesien. — Waidmannsh. VII. 1887. p. 134.
— Vgl. Jahresber.: Schlesien.

Zeppitz J. Strichhühner (Steiermark). — Waidmannsh. VII. 1887. p. 134.

Zerdik L. Erdei szalonkavadászatok Slavoniaban. Waldschnepfenjagden in Slavonien. — Vadasitap. VIII. 1887. p. 152.

Z i. Bosniaból. Egy ismeretlen madár és ismeretlen fészkek. Ein unbekannter Vogel und unbekannte Nester. — Ibid VIII. 1887. p. 154.

Zifferer A. Uraleule und Bilch. (Kärnten.) — Waidmannsh. VII. 1887. p. 283.

Zitný J. Vgl. Jahresber.: Bukowina.

Anonym erschienene Notizen.

Rapaces.

Ein Riesengeier (Gyps fulvus) Ljubinje (Herzegowina). — N. W. Tagbl. 4. X. 1887. p. 3.

Jochgeier (Gyps fulvus) in den Tauern erlegt. — Der Deutsch. Jäg. IX. 1887. p. 224.

Waidmännische Ueberraschungen (Gypaëtus, recte Gyps fulvus) in Croatien und Kärnten erlegt. — Hugo's Jagdzeit. XXX. 1887. p. 538.

Ein Mönchsgeier (Vultur fulvus in Kärnten erlegt). — Oesterr. Forstzeit. V. 1887. p. 156.

Jagdliches aus Bosnien. Erbeutung eines Gypaëtus barbatus. — Ibid. V. 1887. p. 239.

Ornithologische Seltenheit. Falco perigrinoides in Böhmen erlegt. — Ibid. V. 1887. p. 52.

Ein Flussadler (Pandion haliaëtus in Böhmen erlegt). — Ibid. V. 1887 p. 234.

Ein Flussadler (Böhmen) erlegt. — Ibid. V. 1887. p. 240.

Seltene Jagdbeute (Pandion haliaëtus in Böhmen). — Ibid. V. 1887. p. 217.

Seltene Jagdbeute (Haliaëtus albicilla in Croatien). — Ibid. V. 1887. p. 29.

Eine seltene Jagdbeute (Aquila sp.? in Syrmien). — Ibid. V. 1887. p. 59.

Ein Steinadler (Krain) gefangen. — Ibid. V. 1887. p. 228.

Seltene Jagdbeute (Aquila fulva in Steiermark). — Ibid. V. 1887. p. 151.

Erfolgreiche Adlerjagd (Aquila fulva in Vorarlberg). — Der Deutsch. Jäg. IX. 1887. 195.

Die Entführung von Kindern durch Adler (Vorarlberg). — Illustr. Jagdzeit. XIV. 1886/87. p. 26.

Einen Goldadler (N.-Oesterreich) erlegt. — Oesterr. Forstzeit. V. 1887. p. 59.

Ein Steinadler (Steiermark) erlegt. — Waidmannsh. VII. 1887. p. 233.

Insessores.

Zur Naturgeschichte des Kukuks. — Oesterr. Forstzeit. V. 1887. p. 203.

Coraces.

Ein weisser Rabe (Schlesien). — N.W. Tagbl. 17. I. 1887. Nr. 16. p. 2.

Albino (weisser Rabe in der Herzegowina erlegt). — Oesterr. Forstzeit. V. 1887. p. 29.

Fissirostres.

Eine weisse Schwalbe (H. rustica in Oberösterr. — Linzer Tagesp. 22. IX. 1887. Nr. 216. p. 3.

Rasores.

Ein Rackelhahn (Böhmen). — Hugo's Jagdzeit. XXX. 1887. p. 247.
Abermals ein Rackelhahn (Böhmen). — Ibid. XXX. 1887. p. 278.
Ein Rackelhahn (von Kronprinz Rudolf in Neuberg, Steierm.) erlegt. — Ibid. XXX. 1887. p. 310—311; Oesterr. Forstzeit. V. 1887. p. 120.
Rackelhähne (Böhmen). — Weidmannsh. VII. 1887. p. 144.
Rackelhähne in Steiermark und Böhmen erlegt. — Weidmannsh. XVIII. 1887. p. 321.
Ein mit Rackelhähnen gesegnetes Revier (Böhmen). — Hugo's Jagdzeit. XXX. 1887. p. 342.
Eine fruchtbare Rackelhenne (Schlesien). — Der Deutsch. Jäger. IX. 1887. p. 8.
Ein Rackelhahn (Böhmen) erlegt. — Oesterr. Forstzeit. V. 1887. p. 96.
Seltene Beute (Rackelhahn in Böhmen). — Ibid. V. 1887. p. 78.
Bastard zwischen Birkhuhn und Fasan (Mähren). — Waidmannsh. XIX. 1887. p. 90.
Weisses Rebhuhn in N.-Oesterreich erlegt. — Mittheil. d. n.-ö. Jagdsch.-Ver. 1887. p. 394.

Grallae.

Seltene Jagdbeute (Oedienemus crepitans in Mähren). — Oesterr. Forstzeit. V. 1887. p. 301.

Grallatores.

Seltene Jagdbeute (Ciconia alba, Ob.-Oesterr.). — Linz. Tagesp. 21. VIII. 1887. Nr. 190. p. 4.
Seltene Zugvögel (Ciconia alba, Ob.-Oesterr.). — Ibid. 25. VIII. 1887. Nr. 193. p. 3.
Seltener Zugvogel (Ibis falcinellus in Krain). — Oesterr. Forstzeit. V. 1887. p. 254.

Scolopaces.

Schnepfenjagd (211 Waldschnepfen in Mihedjac, Croatien, in 8 Tagen.) — Oesterr. Forstzeit. V. 1887. p. 101.

Anseres.

Ringelgänse (in Ungarn). — Hugo's Jagdzeit. XXX. 1887. p. 313.
Sägetaucher (Kärnten). — Klagenfurt. Zeit. 28. I. 1887. Nr. 22.
Seltene Jagdbeute (grosser Säger, Ob.-Oesterreich). — Linz. Tagesp. 27. I. 1887. p. 3.

Colymbidae.

Eine seltene Beute (Podiceps cristatus, Ungarn). — Oesterr. Forstzeit. V. 1887. p. 120.
Seetaucherzug (Ungarn und N.-Oesterreich). — Waidm. XIX. 1887. p. 90.
Ein seltener Gast (Colymbus arcticus, Croatien). — Oesterr. Forstz. V. 1887. p. 22.
Seltene Jagdbeute (Colymbus und Carbo cormoranus am Traunsee). — Oesterr. Forstzeit. V. 1887. p. 29.
Cormorane am Traunsee. — Hugo's Jagdzeit. XXX. 1887. p. 119.
Seltene Jagdbeute (Kormoranscharbe, Ob.-Oesterreich). — Linz. Tagesp. 27. I. 1887. p. 3.
Seltene Jagdbeute (Pelecanus onocrotalus, Krain). — Oesterr. Forstzeit. V. 1887. p. 181.
Pelikane in Galizien. — Hugo's Jagdzeit. XXX. 1887. p. 28.

Die im Beobachtungsgebiete Neustadtl (bei Friedland in Böhmen) vorkommenden Vögelarten. (Nachtrag.)

Beobachtungen aus dem Jahre 1887.

Von **Robert Eder.**

(Schluss.)

Columba palumbus, Linn. Ringeltaube. Die erste Ringeltaube am 1. Mai gehört, am 1. Juni ein Nest gefunden, am 5. Juni war dasselbe wahrscheinlich durch Eichhörnchen zerstört; zerbrochene Eierschalen lagen auf dem Boden.

Turtur auritus. Ray. Turteltaube. Am 8. Mai die erste Turteltaube girren gehört.

Coturnix dactylisonans, M. Wachtel. In diesem Jahre waren hierorts sehr wenige Wachteln zu vernehmen. Am 6. November wurden noch Wachteln im Durchzuge angetroffen und einige erlegt.

Ciconia alba, Bechst. Weisser Storch. Am 23. und 28. August passirten grosse Züge hier durch; am 29. Aug. übernachtete ein Storch auf einem Fabriksschlote.

Ciconia nigra, Linn. Schwarzer Storch. In hiesiger Schule wird ein seinerzeit in dem eine Stunde entfernten Bärnsdorfe erlegtes Exemplar aufbewahrt.

Crex pratensis, Bechst. Wiesenralle. In diesem Jahre nur eine Wiesenralle bei Lusdorf und zwar am 5. Juli gehört.

Scolopax rusticola, Linn. Waldschnepfe. Am 9. October und 6. November Waldschnepfen angetroffen.

Allgemeine Beobachtungen und Notizen.

Nach der freundlichen Mittheilung des Herrn Oberlehrers Karl Rudloff haben in unmittelbarer Nähe der grossen Iserquelle Enten genistet. Er hörte für diese Entenart den Namen „kleine Schnarrente"; dürfte vielleicht die Knäckente, Anas querquedula, Linn. gewesen sein. Wildgänse wurden Ende October nach demselben Berichte in grösseren Schaaren im Durchzuge gesehen.

Noch erwähnt Herr Oberlehrer Rudloff, dass Herr Förster Fuchs bei einer Streifung in Wilhelmshöhe (kleine Iser) einen Steinadler antraf, auf denselben geschossen, ihn aber leider gefehlt habe. Nachdem vor circa 15 Jahren in hiesiger Gegend ein Steinadler erlegt wurde, so ist es immerhin möglich, dass auch dieser Adler ein Steinadler gewesen sei.

Ein Seeadler wurde im November d. J. bei Trachtenberg in preuss. Schlesien erlegt. Das sehr schöne Exemplar, welches 2 m 25 cm Flügelspannweite zeigte, wurde vom Herrn Lehrer Julius Michel präparirt und befindet sich hier in dem Besitze des Herrn Franz Bayer.

In diesen Blättern berichtete ich bereits in Kürze über die Tollheit eines Auerhahnes. Ich erlaube mir nochmals ausführlicher mit genauer Angabe des Ortes, wo sich die interessante Begebenheit zutrug und der Namen der Personen, welche die Richtigkeit des Mitgetheilten bezeugen, auf diesen Gegenstand zurückzukommen, indem ich der gefälligen Zuschrift des Herrn Josef Heinz, Forstcontrolor der gräfl. Desfour'schen Domänen in Antoniwald bei Gablonz a. d. N. Folgendes entnehme:

In dem Reviere der gräfl. Desfour'schen Domaine, genannt „Morchensterner Lahne", hat sich das Auerwild seit ungefähr 12 Jahren bemerkbar gemacht, obwohl die örtlichen Verhältnisse dieses von den übrigen herrschaftlichen grösseren Waldcomplexen isolirten Revieres, welches in einem schmalen, langen Streifen meist geschlossener Altbestände besteht und von vielen Wege durchzogen wird, dem Stande des Auerwildes nicht zuträglich sind.

Jedes Jahr wurden seither vom gräflichen Forstpersonale Hähne und Hühner angetroffen, ferner wurde ein alter Hahn vom gräflichen Herrn Besitzer in der Balz abgeschossen, ein anderer Hahn von einem Knaben an dem sogenannten „Priebsch-Wege" in der Mauserzeit gefangen und an das Forstamt lebend abgeliefert.

An demselben Wege hat es sich in der ersten Woche des Mai 1887 mehrere Male ereignet, dass Frauen, welche den genannten Fusssteig passirten, von einem starken Auerhahne angefallen wurden, aber stets aus Furcht die Flucht ergriffen.

Am 8. Mai desselben Jahres ging nun die robuste Frau des Hammerdorfer Waldhegers Bolda desselben Weges und auch ihr kam der Auerhahn auf den Kopf geflogen. Frau Bolda ergriff den Vogel, steckte ihn in den Rückkorb und brachte ihn nach Hause. Auf Anordnung des Herrn Grafen wurde der Hahn in dem kleinen Parke beim Forstamte, nachdem ihm die Flügel gestutzt wurden, gefangen gehalten, doch ging er nach einiger Zeit ein.

Auerwild scheint sich in Böhmen auszubreiten. Nach obigem Berichte siedelte sich Auerwild vor 12 Jahren in einem Reviere an, wo früher keines war, ebenso hält seit einigen Jahren Auergeflügel auf der Tafelfichte Stand.

Vielleicht ist bei dieser Gelegenheit die Angabe des Federwildabschusses in Böhmen vom Jahre 1886 von Interesse. Es wurden abgeschossen: 867 Auer-, 1060 Birkhähne, 496 Haselhähne, 26.660 Fasanen, 421.891 Rebhühner, 8.521 Wachteln, 1.116 Waldschnepfen, 1.527 Becassinen, 238 Wildgänse und 13.624 Wildenten.

Schliesslich will ich noch berichten, dass ungefähr zur Zeit, als hier sich Tannenheher aufhielten, mir Herr Eduard von Hetzendorf aus Torna bei Kaschau in Ungarn die Mittheilung machte, dass sich auch dort viele Tannenheher im Herbstzuge einfanden.

Anthus cervinus, Pall., der rothkehlige Pieper, bei Sarajevo.

Von **Othmar Reiser.**

Wenn auch der heurige Winter so manchen nordländischen Gast in der Ebene von Sarajevo Halt machen liess, wie zum Beispiel Plectrophanes nivalis im Jänner und Februar, so musste es mich dennoch überraschen, diesen Pieper plötzlich vor mir zu sehen und zwar offenbar auf dem Rückzuge aus Afrika, da er ja laut A. Brehm in Egypten überwintert. Es gereicht mir zum besonderen Vergnügen, dieses jüngste Vorkommniss, den pag. 267, des Jahrg. 1886, dieser Blätter von Herrn v. Tschusi aufgeführten Fällen der Beobachtung und Erlegung dieses Vogels innerhalb der Grenzen unserer Monarchie anreihen zu können.

Am 28. April durchstreifte ich nach längerer Pause wieder einmal mit Präparator Zelebor die Ebene von Sarajevo, und zwar längs der beiden Flüsse Miljadzka und Dobrinja bis zu deren Einmündung in die Bosna. Ausser ein Paar Totanus glareola, Bruchwasserläufer, auf den überschwemmten Wiesen bot sich unserem Blicke gar nichts Bemerkenswerthes dar. Erst als man den Weg zur Station Ilidze-Crnotina einschlugen, fesselte unsere Aufmerksamkeit ein starker Schwarm von Schafstelzen (Budytes), welche sich knapp bei den Köpfen von weidendem Vieh aufhaltend, auf ungestürztem Brachfelde von Scholle zu Scholle hüpfte. Rasch hatten wir 4 Stücke in Händen, von denen sich zwei als ♂ des B. cinereocapillus erwiesen. Durch die Schüsse endlich ausser Fassung gebracht, erhob sich die Gesellschaft, um hoch über der umschliessenden Hügelkette zu verschwinden.

Ganz in der Nähe des Stationsgeländes war in den tieferen Ackerfurchen noch ziemlich viel stehendes Wasser zurückgeblieben und aus dem dichten Steppengrase daselbst stiegen bei unserem Nahen 2 Gallinago major, Doppelschnepfen, auf. Später lenkten 3, durch die denselben vergebens nachgesandten Schüsse, aufgeschreckte Vögel, die sich durch den eigenthümlichen, absatzweisen Flug sogleich als Pieper verriethen, unsere Aufmerksamkeit auf sich. Da sie bei Zelebor einfielen, schoss er, in der Meinung, es seien Wiesenpieper, auf einen und streckte ihn auch nieder. Wie gross war meine Freude und Ueberraschung, als ich ein schönes Exemplar des rothkehligen Pieper in wenigen Secunden in Händen hielt.

Zu den beiden, in weitem Kreise umherfliegenden Vögeln, gesellte sich bald ein dritter und alle senkten sich, wie es ja auch der Wasserpieper thut, plötzlich pfeilschnell zu Boden, um im Sumpfgrase zu verschwinden. Trotzdem sie uns ganz nahe herankommen liessen, so wussten sie sich doch immer so gut zwischen Gestrüpp und dichtem Graswuchs zu verbergen, dass es nur mit knapper Mühe gelang, unmittelbar vor Einbruch der Dämmerung noch einen Vogel zu erlegen.

Des andern Tages liess es mir keine Ruhe und ich wanderte, in Begleitung des Jägers meines Vaters Alois Wutte, um ½6 Uhr Früh nochmals den 2½ Stunden weiten Weg zurück, um zu sehen, ob die beiden Ueberlebenden noch da wären.

Unterwegs trafen wir Erythropus vespertinus, den Abendfalken, auf den Telegraphenstangen sitzend und mussten zusehen, wie eine Nebelkrähe vor unserer schussmässigen Annäherung, den zierlichen Falken, von seinem Aussichtspunkt herabstiess und ihn nöthigte, in die Ebene hinauszustreichen.

Von den Doppelschnepfen trafen wir nur mehr eine, und fanden die andere durch die gemeine Becassine (Chell. scolopacina) ersetzt.

Zu meiner grossen Freude vernahm ich aber bald wieder in der Luft den Lockton des Rothkehlenpiepers und sah wie sich die zwei noch zum Glück anwesenden Vögelchen hoch ober mir gegenseitig jagten und miteinander tändelten. Beide fielen im Fluge getroffen von dem Blei Wutte's und erwiesen sich später richtig als ein Paar, während die am Vortage erlegten Stücke beide Männchen waren. Ich lasse die Masse der 4 Exemplare zum Schlusse folgen und bemerke nur noch, dass ich bezüglich des Vorhandenseins und der Beschaffenheit der Schaftstriche an den zwei längsten der unteren Schwanzdeckfedern beobachtete:

Bei Nr. 1: Das Ende der dunklen Färbung der beiden längsten Unterschwanzdecken (kaum als Schaftstrich zu bezeichnen) ist durch die kürzeren oberen Federn verdeckt und von der Federspitze 15 mm entfernt.

Bei Nr. 2: Ist diese dunkle Färbung nur **sehr** undeutlich vorhanden.

Bei Nr. 3: Sind diese Federn vom Schusse abgerissen.

Bei Nr. 4: Laufen die dunklen Schaftstriche sehr deutlich bis zur Federspitze.

	28. April		29. April	
	♀	♂	♀	♂
Totallänge	15·9	15·6	15	14·5
Flügellänge	8·6	8·1	8·5	8·2
Entfernung d. Flügel von der Schwanzspitze . .	3·7	2·9	3·2	2·7

Junge Zwergohreulen (Strix scops) in der Gefangenschaft ausgebrütet.

Von **Franz Schmidt.**

Schon das dritte Jahr pflege ich drei Exemplare: zwei Weibchen und ein Männchen, der possirlichen Zwergohreule in der Absicht, dieselben zum Brüten zu bringen.

Von den ersteren ist ein Weibchen grau, das andere röthlicher gefärbt, das Männchen ebenfalls grau.

Ueber das Geschlecht meiner Pfleglinge war ich lange im Ungewissen, doch da dieselben sich zu vertragen und kein Futterneid herrschst, liess ich alle drei im Käfige beisammen, und brachte in einer Ecke desselben einen Nistkasten an. Die Lebensweise der Eulen berücksichtigend, füttere ich dieselben gegen Abend mit feingeschnittenem Rinderherz, dem ich als angenehme Beigabe so oft als möglich Mäuse hinzufüge. Trink- und Badewasser darf nicht fehlen.

Bei dieser Kost befinden sie sich recht wohl, wie ich an ihrem lebhaften Gebaren und regem Appetit bemerke.

Im vorigen Jahre, Monat April, sah ich bei Anbruch der Dämmerung die Eulen in lebhafterer Bewegung und konnte die Nacht hindurch den weit hörbaren schrillen Schrei bis in mein Zimmer vernehmen.

Selbst am Tage sassen sie nicht mehr so regungslos auf der Spitzstange an eine Wand des Käfiges gedrückt, vielmehr sah ich selbe nach Taubenart schnäbeln und gegenseitig am Gefieder nesteln, welches mit einem leisen wohlklingenden Pipsen begleitet wurde.

Anfangs Mai fand ich ein zerbrochenes Ei am Boden des Käfiges, später nachsehend, bemerkte ich zwei Stück im Nistkasten, nach einiger Zeit weitere drei.

Die beiden Weibchen hatten, wie ich mich überzeugt, sechs Eier friedlich in denselben Nistkasten gelegt.

Leider wurden selbe nicht bebrütet.

Im heurigen Frühjahre legte das graue Weibchen das erste Ei den 27. Mai. Das braungefärbte legte das erste den 30. Mai, blieb sofort fest sitzen, beherrschte den Nistkasten allein und hatte, wie ich sah, die gelegten Eier des anderen Weibchens vor das Schlupfloch geschoben.

Von da an wurde das brütende Weibchen vom Männchen und merkwürdiger Weise auch vom Weibchen geatzt.

Wenn ich das Futter hinstelle, fliegt das Männchen herab, übergibt den Brocken dem meist neben dem Nistkasten sitzenden Weibchen, dieses schlüpft in den Kobel und kommt leer heraus und umgekehrt atzt auch das Männchen mit Eifer.

Drollig ist es zu sehen, wenn man sich dem Käfige nähert, fliegt das Weibchen sofort vor das Schlupfloch und bedeckt den Eingang.

Trotz aller Aufmerksamkeit bemerkte ich erst am 8. Juli Morgens Eierschalen im Käfige und sah zu meinem Vergnügen blinde junge Eulchen an den Federn der Alten hervorlugen.

Bemerken muss ich noch, dass die Alte mit den Jungen auch am Tage geatzt wird.

Falco peregrinus in Prag.

Von Med. Dr. **Wladislaw Schier.**

Wie den Ornithologen allgemein bekannt ist, besucht der Wanderfalke besonders im Winter auch grössere Städte, wo er sich auf Kirchthürmern aufhält und von Haustauben ernährt. In Prag habe ich ihn seit dem Jahre 1847 beobachtet, meistens auf der Altstädter Theinkirche, an den Thürmen von der St. Heinrich-, St. Stephan- und Emaus-Kirche, auf der Neustadt, dann von St. Niklas und St. Veit auf der Kleinseite.

Vor fünf Jahren beobachtete ich einen Wanderfalken noch Ende Mai, als er über dem Stadtparke eine Taube erwischte und selbe auf den Heinrichsthurm davongetragen hat, was mich vermuthen liess, dass der Wanderfalke selbst in Prag auf irgend einem Thurme nisten dürfte; bis jetzt wurde jedoch nirgends sein Nest aufgefunden; immerhin wäre es aber möglich, denn Tauben gibt es hier in Fülle, sehr viele werden von Liebhabern gezüchtet und sehr viele nisten herrenlos, halb verwildert auf Kirchthürmen und hohen Wohngebäuden, in Mauerlöchern, Nischen, hinter Statuen u. s. w.

Merkwürdigerweise betrieb der Wanderfalke so viele Jahre hindurch unbehelligt seine Taubenjagd in Prag und erst im Januar d. J. hat seine Gegenwart die Taubenzüchter in grosse Aufregung gebracht; täglich haben sie nämlich beobachtet, wie der Wanderfalke eine Taube davongetragen hat; tagtäglich standen auch Hunderte von Menschen auf dem Altstädter Platze und betrachteten den Wanderfalken, welcher stets auf der Theinkirche und zwar auf einem hervorspringenden, am rechten Thurme (der Zeltnergasse zu) angebrachten steinernem Giebelwappen seinen Lauersitz hatte und dort auch stundenlang zusammengekauert sass und wartete, bis sich eine grössere Taubenschaar hoch in den Lüften über den freien Ringplatze sehen liess und ihre Vergnügungsflüge ausübte. Erst jetzt verliess er seinen Sitz und flog in gerader Richtung unterhalb derselben, um ihr den Rückzug nach den Wohnhäusern abzusperren; in der Nähe der Taubenschaar angelangt, überstieg er dieselbe seitwärts mit unbeschreiblicher Geschwindigkeit, manchmal flog er auch durch ihre Mitte und brachte die Tauben in noch grössere Angst und Verwirrung. Bevor sich die Tauben von ihrem Schrecken erholt hatten, kreiste schon der Wanderfalke einige Meter hoch über ihnen und stürzte sich dann von oben herab auf eine derselben.

Einmal beobachtete ich eine Taubenschaar hoch in der Luft und über derselben einen Wanderfalken; jeden Augenblick erwartete ich den Angriff, der Falke verliess jedoch nach 10 Minuten seinen kreisförmigen Flug, zog eiligst in gerader Richtung davon und verschwand hinter den Dächern aus meinem Gesichtskreise; vielleicht gewahrte er in der Nähe eine andere Taubenschaar, welche er mit besserem Vortheile angreifen konnte.

Einigemale sah ich einzelne, 2—3 Tauben knapp an der Theinkirche, und zwar bloss 3—4 Meter unterhalb dem lauernden Wanderfalken vorbeifliegen, so dass es meiner Ansicht nach für ihn leicht gewesen wäre, eine von ihnen zu fangen, er hat sie jedoch nicht verfolgt und schien die Jagdlust erst dann bekommen zu haben, wenn er einen Flug von Purzeltauben hoch über den Thurmspitzen in der Luft wahrgenommen hatte.

Dasselbe haben auch die Taubenzüchter im Jänner l. J. mit Entsetzen wahrgenommen und haben auch alle möglichen Schritte gethan, um den Raubvogel entweder schiessen oder fangen zu dürfen.

Allgemein wurde der Raubvogel für einen Sperber (Krahulа) gehalten und einige haben ihn für einen Habicht erklärt. Niemand wollte jedoch glauben, dass es ein Wanderfalke ist.

Nachdem auch die Localblätter über den Raubvogel Vieles veröffentlicht hatten, wurde einige Tage lang bloss von dem raubsüchtigen und blutdürstigen Sperber gesprochen.

Ein alter Kleiderputzer, zugleich Taubenliebhaber und erfahrener Vogelsteller, Herr Mathies **Pokorný** hat sich schliesslich angetragen, den Raubvogel zu fangen, hat auch 13 Tage hindurch verschiedene Fangapparate am betreffenden Orte, jedoch stets umsonst aufgestellt. Einmal war zwar der Raubvogel in eine Schlinge gerathen, hatte jedoch selbe zerrissen und war wieder davongeflogen.

Darauf hin verfertigte Herr **Pokorný** einen Fangapparat, wie er nachfolgend abgebildet und beschrieben ist.

Fig. 1.

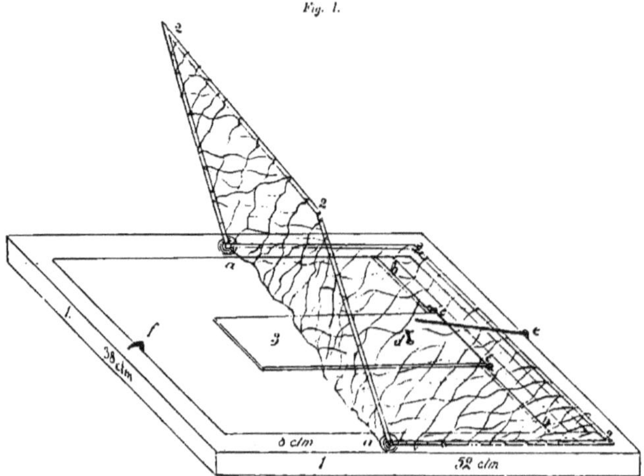

Abbildung des halbgeöffneten Fangapparates.

1. Ein Rahmen (8 ctm Durchmesser) von starkem Eisenblech, 52 ctm lang, 38 ctm breit, auf der rechten oberen Hälfte mit einer Rinne versehen, in welche das, den ganzen Rahmen bedeckende Netz beim Aufspannen zusammengelegt wird.

2. Ein Federkiel starker, mit einem festen Spagatnetz locker umflochtener Eisendraht, dessen rechte Hälfte am Boden der Rahmenrinne befestigt, die linke jedoch beweglich ist und in der Mitte des Rahmens mit zwei starken Spiral-Stahlfedern *a*, *a* zusammenhängt. Die bewegliche Drahtnetz-Hälfte wird beim Aufspannen von links in die Rinne nach rechts gelegt.

3. Das ebenfalls aus Eisenblech construirte Sitz- oder Sprungbrett, welches auf der unteren Seite des Rahmens an einem Querholze *b*, *b*, und zwar wieder auf der unteren Fläche desselben zwischen zwei Eisenringen *c*, *c*, lose eingesetzt und beweglich ist. Auf der oberen Fläche des Sitzbrettes, vor dem Querholze, befindet sich ein eiserner Haken *d*, welcher beim Aufspannen des Apparates die Spitze des beweglichen, an der äusseren Seite des Rahmens befestigten Eisenstäbchens *e* aufnimmt, welches zugleich die aufschnellbare linke Netz-Drahthälfte in der Rinne zurückhält.

Fig. 11.

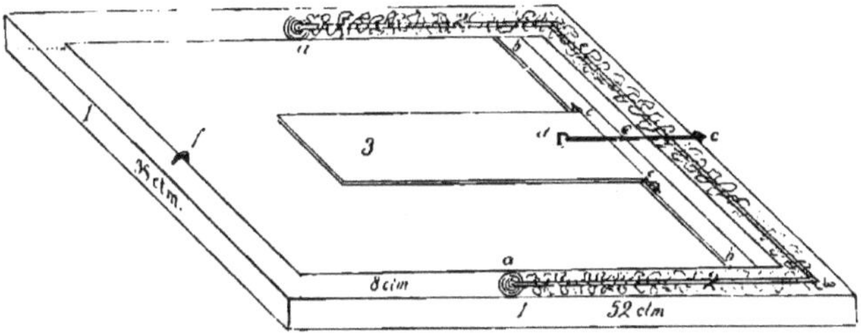

Abbildung des aufgespannten oder zum Fange vorbereiteten Apparates.

Beim Aufspannen wird der Haken *d*, der Spitze des Eisenstäbchens *e* näher gerückt und das freie Ende des Sitzbrettes 3 emporgehoben, sammt der über den ganzen Rahmen locker gespannten Leinwand. Setzt sich nun ein Vogel auf das Sprungbrett 3, so wird dasselbe niedergedrückt, zugleich aber auch der Haken *d* gehoben, wobei das Eisenstäbchen *e* frei und von dem aus der Rinne durch die Spiralfedern *a*, *a* mit Gewalt hervorspringenden und nach der linken Rahmenhälfte überschlagenden Netzdrahte, nach Oben und Aussen geschlendert wird. — Die hakenförmig gekrümmte, in der Mitte der linken inneren Rahmenseite befestigte Stahlfeder *f*, lässt sich beim Aufspannen mit der Hand ein wenig nach rückwärts drängen, hält aber den zugeklappten Netzdraht zurück, so dass er selbst bei grosser Anstrengung des gefangenen Vogels nicht gehoben werden kann.

Der Fangapparat muss immer so viel als möglich maskirt und dem Platze, wo er aufgestellt wird accomodirt werden. In diesem Falle war die ganze, den Rahmen bedeckende Leinwand, ähnlich dem alten Thurmgesims-Mauerwerke, schmutzig grau angestrichen, nebstdem mit ähnlichem Sande bestreut und mit Taubenfedern beklebt, welche besonders dicht oberhalb der Rinne angebracht waren und das zusammengelegte Netz verdeckten.

Am 28. Februar gegen Mittag kam der Wanderfalke mit einer erbeuteten Taube auf die Theinkirche und setzte sich mit derselben auf den gewohnten, nun aber mit dem Fangrahmen bedeckten Platz, jedoch nicht auf das Sprungbrett 3, sondern zwischen dessen freiem Ende und der links angebrachten Stahlfeder *f* auf, wo er die Taube zur Hälfte aufgefressen hatte und dann fortgeflogen war. Daraufhin bestieg der Vogelsteller den Thurm und legte die übriggebliebene Hälfte der Taube auf das Sprungbrett. Am selben Tage um halb fünf Uhr Nachmittag erschien der Wanderfalke abermals, flog stracks auf seine zurückgelassene halbverzehrte Beute, wurde jedoch in demselben Augenblicke vom Schlagnetze überdeckt. Bald darauf erschien der überglückliche Vogelsteller mit dem gefangenen Raubvogel auf dem Platze und wurde von zahllosen Neugierigen über den Altstädter Ring bis zu seiner Wohnung in die Enge Gasse Nr. 45 begleitet. Tags darauf, den 29. Februar, erschien er mit dem Vogel im Altstädter Rathhause, bei welcher Gelegenheit ich auch den Anwesenden das gefangene alte Männchen von Falco peregrinus demonstriren konnte. Dabei schüttelte jedoch der Vogelfänger fortwährend zweifelnd den Kopf und blieb bei seiner Ansicht, dass es ein Sperber dritter Sorte sei und wollte den Vogel nicht einmal um 50 fl. verkaufen, welche man ihm angeboten hatte. Einige Herren waren nämlich von dem majestätisch ruhigen Verhalten des im Käfige eingesperrten schönen Wanderfalken, welcher bloss ihre Handbewegungen mit seinen ausdrucksvollen, dunkelschwarzbraunen Augen verfolgte, so ergriffen, dass sie beschlossen, ihn zu kaufen und wieder loszulassen; einige wollten ihn für den Stadtpark ankaufen und andere wieder zum Ausstopfen als Andenken, für das Museum, den Turnverein etc.

Am 29. März hielt mich der Inhaber des Wanderfalken auf der Gasse an und sagte: Man gibt mir schon 100 fl. für den Vogel, ich gebe ihn aber nicht her; ich bin fast jeden Tag in irgend einer Gesellschaft eingeladen, um ihn zu zeigen und habe schon auf diese Art über 60 fl. eingenommen, es kann auch weiterhin so fortgehen, denn der Vogel ist frisch, munter und frisst jeden Tag in meiner Gegenwart eine Taube auf, welche mich 15, höchstens 20 kr. kostet.

Die Freude der Taubenzüchter über die Gefangennahme des verhassten Wanderfalken hat jedoch nicht lange gedauert, denn drei Tage später erschien auf der Theinkirche wieder ein anderer und noch um etwas grösserer Wanderfalke, wahrscheinlich ein Weibchen.

Der Wanderfalke kommt in Böhmen viel häufiger als der Habicht (Astur palumbarius) vor und ich habe gewöhnlich für ein Stück, ob lebend, gefangen oder geschossen, einen Gulden gezahlt.

Ein Fischadler (Pandion haliaëtus Linn.) bei Linz a. d. Donau erlegt. Am 22. April 1888 wurde oberhalb Buchenau (etwa eine Stunde westlich von Linz) von einem Bauern im Reviere des Herrn Viehböck ein Fischadler erlegt. Der stark ausgeprägten braunen Fleckung an der Brust und der helleren Rückenfärbung nach dürfte es ein jüngeres Exemplar sein.

Auch im Vorjahre wurde vom Sohne des Herrn Viehböck wiederholt ein Pärchen Fischadler über der Donau fischend in jenem Reviere getroffen und des Oefteren — aber ohne Erfolg — beschossen. Vor mehreren Jahren hat ferners ein Fischadlerpaar versucht, am Pfeningberg bei Linz zu nisten, wobei beide Exemplare erlegt oder gefangen wurden und am 20. März 1886 wurde ein Exemplar im Reviere des Grafen Althan in der Gemeinde Leonding in einem Habichtsbaume nächst dem Pulverthurme bei Hart gefangen. Damals lag unter dem Baume ein noch lebender Asch von circa ¾ Klgr. Gewicht, den sich der Adler aus der nahen Traun geholt haben mag.

R. v. Karlsberger.

Bozen. Freiin von Ulm-Erbach erwähnt in Nr. 5 dieses Jahrganges, Seite 88, einiger aussergewöhnlicher Nistplätze. Hier ein paar ähnliche Fälle von der Hausschwalbe.

In einem den Reisenden nicht unbekannten Hôtel in Bozen (zum „Stiegl") schlug eine Hausschwalbe im unruhigsten Theile desselben, im Hausflur, ihr Nest auf, und zwar — in der Hand eines grossen Crucifixes. In der That ein frommer Gedanke, seine Pflegebefohlenen in die Hand des Schöpfers zu geben, der selbst, für seine Creaturen sterbend, den Geist in die Hand des himmlischen Vaters empfahl. Da jedem eintretenden Gaste dies sinnige Bild entgegentritt, bat ich den Gastgeber zur allgemeinen Erbauung derer, die hier ihr Nest und Nachtquartier aufschlagen, dasselbe belassen zu wollen.

Als das Privatgymnasium in Bozen vor mehreren Jahren noch genöthigt war, einen Lehrcurs in eine grössere Klosterzelle zu verlegen, fand sich daselbst auch ein Schwalbenpaar ein, baute in einer Ecke ohne weitere Befugniss das Nest und schwätzte in unmittelbarer Nähe des Professors so lange, so laut, dass dieser „sein eigenes Wort nicht verstand". Der Director glaubte dem Unfug steuern zu sollen, gab jedoch der vereinten Vorstellung der Lehrer und Schüler nach: „Dass ein Inspector daraus entnehmen könne, welch' sittsame Jungen in dieser Klosterschule nisten". Dankbar kehrte das Pärchen auch im zweiten Jahre wieder und warf die Kothschlingel zum Schlingel herab, der jeweilig zur Strafe in der Ecke postirt war.

(Gelegenheitlich sei hier noch bemerkt, dass Cypselus melba heuer am 25. April, C. apus am 2., Oriolus galbula am 6. Mai in Bozen anlangte. Das Steppenhuhn stellte sich in der Umgebung noch nicht ein, wenngleich ein Stück im nachbarlichen Fleimserthale (bei Cavalese) soll erlegt worden sein. Im Cabinete des Benedictiner-Stiftes Gries bei Bozen befindet sich ein Exemplar, das wahrscheinlich 1863 dahier geschossen worden.)

Gredler.

Mittheilungen über den Fischreiher (Ardea cinerea).

Meine Streifzüge durch die Heiden und Moore der norddeutschen Ebene haben mich oft mit diesem Räuber der Gewässer zusammengeführt. Ich traf den Reiher an den Ufern unserer Flüsse und Seen hier ruhend und lauernd im Weidegebüsch und in der Nähe der Flüsse auf grasreichen Weiden und Wiesen auf einem lehmig-sumptigen Terrain. Seine Brutstätte waren dann hohe Pappeln und Weiden in diesen Gegenden. Ferner und ebenso häufig fand ich den Reiher inmitten der grossen Moore, hier an sumptigen Stellen, welche durch die einsinkende, grünende Moosdecke (Sphagnum) charakteristisch sind, oder auch an verlassenen Gruben mit üppigem Schilfwuchs und durchwehtem Wollgras (Eriophorum), wo der dunkle, schwarze Torf gegraben worden. Wälder und Sumpfstrecken wechseln inmitten der Moore und diese dichten Wälder sind es, welche dann dem Reiher eine Niststätte bieten. Hohe einzeln stehende Eichen mit verzweigter dichter Krone bergen oft 4—6 Nester. Das meist unmittelbar an den Waldesrand grenzende Moor bietet dem Reiher eine reichbesetzte Tafel. Am häufigsten unter den Fischen wird von unserem argen Räuber der Hecht erbeutet, welcher oft in grosser Menge das dunkle, braunschwarze Wasser der Gruben und kleinen Flüsse bevölkert. Fast ebenso häufig wurden auch die Karausche, der Karpfen und der Wetterfisch (Cobitis) seine Beute, zumal im Hochsommer, wenn stellenweise das Wasser ausgetrocknet ist und nur kleine Lachen in den sumpfigen Betten vorhanden sind. Oft ist es mir gelungen, hier dem Reiher einen derben Schrotschuss zu geben, selten konnte ich den Reiher am Horste selbst erlegen, meist streicht der Räuber zu früh ab und die nachgesandte Büchsenkugel schlägt nur durch das Geäst, kleine Zweige von der Höhe niederwerfend. Stundenweit von einer grösseren Sumpfstrecke entfernt habe ich 1884 im Sommer den Reiher brütend in einem Wildparke, dem „Thiergarten bei Hannover" beobachtet. Dort ragen in einem Tannengehege Eichen hoch auf und diese waren von den Reihern in Besitz genommen. Von hier aus zogen die Reiher nach den wohl 2 Stunden entfernt liegenden Mooren, denn ich habe oft von einer Ebene aus gesehen, wie sie am Nachmittage wieder von dort her ihren Flug nach dem Forste zu nehmen. Ueber die Zugzeit vermag ich anzugeben, dass ich am 16. März 1884 schon einen Zug von neuen Reihern auf dem Anderter Moore bei Hannover bemerkt habe. Schon der Monat Februar des genannten Jahres war bei uns ein sehr zeitiger und warmer: am 9. Februar beobachtete ich Lerchen und Bachstelzen, am 10. März trafen schon Kibitze ein und am 15. März habe ich schon die Becassine (Scolopax gallinago) geschossen. Meist trifft aber der Reiher anfangs April bei uns ein und zieht Ende October nach dem Süden. Im Jahre 1888 habe ich sogar den Reiher als Standvogel bei uns beobachtet. Es war am 3. Jänner — weit und breit waren die Felder mit Schnee bedeckt — als ich pürschend die Landwehr, einen sehr langen Wassergraben, hinaufging. Plötzlich erhob sich vor mir vom Eise aus ein staatlicher Reiher und dann nochmals vier Reiher, an einer Stelle des breiten Grabens, wo ein zweiter einmündet. Diese Reiher habe ich den ganzen Jänner hindurch bis zu meiner Abreise beobachtet. Interessant war es mir zu betrachten, wie die Reiher das Ufer des eisbedeckten Grabens durchwühlten und die Erde hochaufwarfen, zumal an solchen Stellen, wo muthmasslich warme Quellen vorhanden sind. Oft bin ich auf dem Eise niedergekniet und das „Geschmeist" zeigte mir, dass Insecten aller Art reichlich in demselben vorhanden waren, auch Ueberreste von Pflanzen (Wasserlinsen und kleine Schilfstücke) fand ich vor, welche bei dem Verzehren der Beute mit hinunter gelangt sein müssen.

Wien, den 24. März 1888.

Beyer.

Zwei seltene Gäste des hohen Erzgebirges.

Haust der Winter mit unerbittlicher Strenge in den Gefilden Nordeuropas, so dass selbst in den spärlichen Fichten- und Birkenwaldungen der Schnee die niedrigen Strauchbäume einzuhüllen droht, trotzdem ihre freien Theile schon in undurchdringlichen Eispanzern ruhen, dann rüsten sich zwei seiner Bewohner zur Abreise nach dem Süden. Ihre Kost ist so schmal geworden, dass sie verhungern müssten, wenn sie länger blieben. Der erste, der in solchen Tagen seiner Heimat den Rücken kehrt, ist der Tannen- oder Nusshäher (Nucifraga caryocatactes L. oder Corvus caryocat.).

Der Tannenhäher vertauscht nur in den Tagen der grössten Noth seine nordische Heimat mit den Wäldern der Gebirge Oesterreichs und Deutschlands. Jeder noch so aufmerksame Forstmann wird wenig Jahrgänge in seinen Dienstjahren verzeichnen können, in denen er diesen Vogel in grösseren Schaaren in seinem Schutzgebiete auf einige Zeit antraf. Auch das hohe Erzgebirge wird sehr gern als Exil von dem Tannenhäher gewählt. Daselbst muss es einigen Pärchen gut gefallen haben, denn sie haben sich für ständig angesiedelt. Der Tannenhäher ist seit einigen Jahren Standvogel des hohen Erzgebirges. In den dunklen Fichtenwaldungen daselbst baut er auf hohen Bäumen, besonders in der Nähe von Lichtungen, aus grünem Reisig, aus Moos und Halmen seinen Horst, der in Bezug auf seine Grösse mit jenen der Raben zu vergleichen wäre. In das weichgepolsterte Innere desselben legt das Weibchen vier bis sechs Eier, die auf grünlichem Grunde braune Flecken besitzen. Ueber die Länge der Brutzeit und über die Fütterung der Jungen lässt sich infolge Mangels an Beobachtungen der äusserst selten auf dem hohen Erzgebirge vorkommenden Nistungen nichts Näheres angeben.

Der Tannenhäher ist im allgemeinen ein munterer Vogel, doch liebt er die Einsamkeit und vor allem abgeschiedene Gegenden, wo er auch öfters seine Stimme hören lässt. Seine Nahrung besteht in Insecten, Schnecken, Eicheln, Bucheckern, Fichtensamen und dergleichen. Man beschuldigt ihn, dass er die Nester der kleinen Singvögel plündere, und dass er an Grausamkeit seinen Vetter, den Eichelhäher, weit übertreffe. Er nimmt auch kleinere erwachsene Vögel an, die er ganz sicher durch einen Schnabelhieb, meist auf den Kopf, tödtet und sich sodann Stück für Stück abtrennt und verzehrt, wobei er das dem Eichelhäher ähnliche, aber etwas hellere und nicht durch so kreischende Töne verunstaltete Geschrei von Zeit zu Zeit ausstösst.

Wegen seines seltenen Auftretens hat sich im Jägerleben der Aberglauben eingelebt, dass er nur alle sieben Jahre eine Gegend besuche.

Der zweite winterliche Gast des hohen Erzgebirges kommt noch seltener als der Tannenheher hieher. Er liebt seine Heimat, die Wälder Nordrusslands und Skandinaviens zu sehr, um wegen ein wenig Hungers gleich den Wanderstab zu ergreifen. Es ist dies der Seidenschwanz Bombicilla garrula L. Sein seltenes Erscheinen hat im Volke noch einen grösseren Aberglauben geboren, Krieg, Pestilenz, Hungersnoth u. dgl. soll sein Erscheinen bedeuten. Dass dies nicht der Fall ist, zeigt das Jahr 1887, denn im Winter 1886 auf 1887 war er im Erzgebirge zu sehen.

W. Peiter.

Literarisches.

Dr. Karl Russ. „Lehrbuch der Stubenvogelpflege, Abrichtung und Zucht". Neue Ausgabe. Mit 111 Farbendrucktafeln und 96 Abbildungen im Text. in 17 Lieferungen à M. 1.50. (Magdeburg, Creutz'sche Verlagshandlung.)

Die 2. Lieferung bringt zunächst die Fortsetzung des Abschnittes Wohnungen für die Vögel. Hier bietet das Werk nicht allein eine sachgemässe Beschreibung aller verschiedenen Käfige überhaupt, sondern auch Abbildungen derselben und aller ihrer mannigfachen Einrichtungen und der dazu gehörigen Vorrichtungen, des Drahtgitters, der Sitzstangen, Futternäpfe u. a. m. Dann folgt die Beschreibung von Gesellschaftshaus, Voliere, Vogelhaus, Vogelstube, ferner aller übrigen Hilfsmittel der Vogelpflege und -Zucht, immer erläutert durch zahlreiche Abbildungen, vom einfachsten Futternapf im Harzer Bauerchen bis zur grossartigen Futtervorrichtung mit Fangkasten für die Vogelstube.

In der 3. Lieferung wird die Beschreibung der Hilfsmittel der Stubenvogelpflege und -Zucht fortgesetzt und dem Springbrunnen für die Vogelstube folgt die ganze Ausstattung der letztern bis zur dazu gehörigen Eierquetschmaschine und Hanfmühle. Dann sind sämmtliche Nistgelegenheiten vom einfachsten Nestkörbchen bis zu allen verschiedenen Nistkasten, Nistbauern u. a. beschrieben und grösstentheils auch abgebildet. An die Schilderung der gesammten Einrichtung der Vogelstube reiht sich die Besprechung der Heizungs-, Beleuchtungs- und Lüftungsvorrichtungen, und dann beginnt der grosse Hauptabschnitt über die Ernährung der Vögel.

Jean Bungartz, „Kaninchen-Racen". Illustrirtes Handbuch zur Beurtheilung der Kaninchen-Racen, enthaltend die Racen der Kaninchen, deren Behandlung, Zucht, Verwerthung, Krankheiten u. s. w. Mit zahlreichen Illustrationen im Text. Preis Mark 2. (Magdeburg, Creutz'sche Verlagshandlung.)

Das vorliegende Buch bringt zuerst Allgemeines über die Kaninchen, beschreibt das Aussetzen derselben und geht sodann auf die bisher bekannten Racen näher ein, welche auch in bildlicher Darstellung vor Augen geführt werden, gibt Anweisung zur Behandlung und Verpflegung, zur Unterbringung in die verschiedenen Arten von Ställen, zur Wahl der Zuchtthiere, zur Zucht, Aufzucht und Fütterung, sowie zur Mast. Weitere Abschnitte behandeln die Verwerthung des Fleisches, der Felle, des Düngers, geben Recepte für Zubereitung des Kaninchenfleisches, besprechen die Rentabilität der Kaninchenzucht, die Kaninchenzucht als Sport, Krankheiten der Kaninchen, geben Schilderung und Abbildung der den Kaninchen schädlichen Pflanzen. Wir können das Buch allen Interessenten empfehlen.

Aus unserem Vereine.

Auszug aus dem Protocolle der Ausschusssitzung am 17. Juli 1888.

Herr Präsident A. v. Bachofen bringt zur Mittheilung, dass die Herren A. v. Bachofen, Fritz Zeller und Dr. Friedrich Knauer das bisherige Aquarium im k. k. Prater gekauft, zu demselben einen angrenzenden Gartenraum erworben haben und dieses Institut nach vollständiger Adaptirung und Renovirung zu einer sehenswürdigen zoologischen Anstalt umzugestalten beabsichtigen. Die dem Publikum zu bietende Schaustellung von lebenden Säugethieren, Vögeln, Kriechthieren, Lurchen, Fischen und verschiedenen Kleinthieren in geräumigen Säugethierhäusern, Volièren, Terrarien, Aquarien, Insectarien u. s. w. wird ganz besonders die heimische Fauna in Betracht ziehen. Ein möglichst niedrig gestellter Eintrittspreis soll auch dem minder Bemittelten öfteren Besuch des Institutes ermöglichen. Dasselbe wird am 18. Juli l. J. als

„Wiener Vivarium"

eröffnet. Die Direction wurde Herrn Dr. Friedrich Knauer anvertraut.

Abgesehen von der Absicht, Wien ein dieser Stadt würdiges wissenschaftliches Institut solcher Art zu schaffen, leitete die Unternehmung auch der Wunsch, dem ornithologischen Vereine ein Beneficium zu schaffen, derart nämlich, dass diesem Vereine mit seinen Sammlungen und seiner Bibliothek unentgeltlich ein Heim gegeben, die Auf- und Schaustellung seiner schönen Vogelsammlung ermöglicht und überdies den Mitgliedern des Vereines der Eintritt in das im Entstehen begriffene Vivarium gratis gestattet werde.

Die Unternehmung richtet nun an den Ausschuss die Anfrage, ob derselbe geneigt sei, von diesem Anerbieten Gebrauch zu machen. Der Antrag wird einstimmig angenommen und sprechen die Herren Dr. O. Reiser, v. Pelzeln, Dr. K. Zimmermann den Proponenten sowohl für das im Interesse der Stadt Wien freudigst zu begrüssende Unternehmen überhaupt, wie speciell für das dem Vereine gebotene Beneficium, durch welches das Budget desselben ausserordentlich entlastet wird, in warmen Worten den Dank aus und bringen dem Unternehmen, die besten Glückwunsche entgegen.

An die P. T. Mitglieder des ornithologischen Vereines.

Unter Berufung auf obigen Ausschussbeschluss werden die sehr geehrten Mitglieder, welche von ihrem bezüglichen Rechte des freien Eintrittes in das Wiener Vivarium Gebrauch zu machen wünschen, ersucht, ihre auf der Rückseite mit der eigenhändigen Namensfertigung versehene Photographie (Visitkartenformat) an das Secretariat des ornithologischen Vereines einsenden zu wollen.

Bitte an die P. T. Mitglieder und Freunde des ornithologischen Vereines.

Im Vorjahre hatten viele s. g. Herren die Güte, dem Vereine lebende Thiere unentgeltlich anzubieten, konnte aber von diesem Anerbieten in vielen Fällen kein Gebrauch gemacht werden. Nun, da für naturgemässe Unterbringung solcher Thiere Raum vorhanden ist, werden solche gütige Offerte gewiss mit grossem Danke acceptirt. Wir sind aber auch zu Dank verpflichtet, wenn uns seltene Kleinsängethiere, Vögel, Fische u. s. w. zu annehmbaren Preisen offerirt würden. In dem einen oder anderen Falle wären die Sendungen und Offerten an die Direction des Wiener Vivariums (Wien, Prater, Hauptallee Nr. 1) zu richten.

Die P. T. Herren Mitglieder, welche mit ihrem Jahresbeitrag noch im Rückstande sind, werden gebeten, den Jahresbeitrag per fünf Gulden für das Jahr 1888 an den Vereins-Cassier Herrn Dr. Karl Zimmermann, Hof- und Gerichtsadvokaten, I., Bauernmarkt Nr. 11 einzusenden.

Correspondenz der Redaction und des Secretariates.

Mit Arbeit jeglicher Art in einer Weise überbürdet, dass ich auch das Dringlichste erst nach und nach zu erledigen vermag, bitte ich alle s. g. Herren Correspondenten ob der unerledigt gebliebenen Anfragen u. s. w., um gütige Entschuldigung; ich hoffe in den ersten Tagen des Septembers alle Einlaufe aufarbeiten zu können.

Die Rubriken: „Vogelzucht und Vogelschutz", „Geflügel- und Brieftaubenwesen" werden in Nr. 9 wieder fortgesetzt.

Dr. Fried. Knauer.

Als neues Mitglied ist beigetreten:

Leopold Seiler, Hotelbesitzer, Wien, Hotel „Kronprinz von Oesterreich", II., Praterstrasse.

Herausgeber: Der Ornithologische Verein in Wien. — Verantwortlich: Dr. Fr. Knauer. — Druck von J. B. Wallishausser.

Commissionsverleger: Die k. k. Hofbuchhandlung Wilhelm Frick vormals Faesy & Frick in Wien, Graben 27.

☛ Sitz des Vereines: Wien, k. k. Prater, Hauptallee 1. ☚

XII. Jahrg. Nr. 9.

Blätter für Vogelkunde, Vogel-Schutz und -Pflege, Geflügelzucht und Brieftaubenwesen.

Redacteur Dr. Friedrich K. Knauer.

September 1888.

Die „Mittheilungen" des unter dem Protectorate Seiner kaiserlichen und königlichen Hoheit des durchlauchtigsten Kronprinzen Erzherzog Rudolf stehenden „Ornithologischen Vereines in Wien" erscheinen in der Stärke von 2 Bogen am 15. jeden Monates. Abonnements à 6 fl., sammt Franco-Zustellung 6 fl. 50 kr. = 13 Mark jährlich, werden in der k. k. Hofbuchhandlung Wilhelm Frick in Wien, I., Graben Nr. 27, entgegengenommen, und einzelne Nummern à 50 kr. = 1 Mark daselbst abgegeben. Inserate 6 kr. = 12 Pfennige für die 3fach gespaltene Nonpareille-Zeile oder deren Raum. Mittheilungen an das Präsidium sind an Herrn Adolf Bachofen von Echt in Nussdorf bei Wien, die Jahresbeiträge der Mitglieder an Herrn Dr. Karl Zimmermann, I., Bauernmarkt 11, alle anderen für die Redaction, das Secretariat, die Bibliothek u. s. w. bestimmten Briefe, Bücher-, Zeitungs-, Werthsendungen, an die Redaction der „Mittheilungen des Ornithologischen Vereines": Wien, k. k. Prater, Hauptallee 1, zu senden. Vereinslocale: (Bibliothek, Sammlungen, Redaction) k. k. Prater, Hauptallee 1. Die mit Vorträgen verbundenen Monats-Versammlungen finden im grünen Saale der k. k. Akademie der Wissenschaften: I., Universitätsplatz 2, statt. Sprechstunden der Redaction und des Secretariates: Dienstag und Freitag, 2—4 Uhr.

Vereinsmitglieder beziehen das Blatt gratis.

Beitrittserklärungen (Mitgliedsbeitrag 5 fl. jährlich) sind an das Secretariat zu richten.

Einige Bemerkungen über den Pirol (Oriolus galbula).

Von **Guido v. Bikkessy jun.**

Bekanntlich gilt gewöhnlich die Meinung, dass der Pirol erst im Laufe des Maimonates als Zugvogel bei uns eintreffe; manche setzen sogar die eigentliche vollzählige Ankunft dieses Vogels in die zweite Hälfte desselben Monates, woher wahrscheinlich auch die volksthümliche Benennung „Pfingstvogel" herrühren dürfte; dies ist jedoch wenigstens in Bezug auf die südlichere Hälfte Mitteleuropas unbedingter Irrthum. Da ich schon seit einer Reihe von Jahren die Ankunft dieses Vogels möglichst genau beobachtete, kann ich auf Grund eigener Wahrnehmungen versichern, dass derselbe bei uns bereits in den letzten Tagen des April eintrifft und Anfangs Mai schon vollzählig da ist, da man um diese Zeit schon allenthalben seinen klangvollen Ruf vernimmt. Auch bezüglich der vermeintlichen Schädlichkeit des Pirols existiren viele irrthümliche Vorurtheile; es herrscht nämlich bekannterweise vielfach der Glaube, dass dieser Vogel ein arger Obstdieb sei und namentlich den süssen Kirschen sehr nachstellt, sowie dass er auch reife Birnen nicht verschont. Dass nun der Pirol reife Kirschen sowie

Lebenszähigkeit eines Storches.

Von **Ignaz Du-ek.**

Im Meierhofe Kestřan (bei Písek in Böhmen), wo sich zwei alte Ritterburgen und ein Schloss aus neuerer Zeit befinden, nistet fast alljährlich auf dem Thurme der einen Burg (Malyhrad) ein Storchpaar. So war es auch heuer. Die Alten brachten drei Junge auf, welche nunmehr schon flügge sind. Einer der drei jungen Störche unternahm am 8. August um 5[1]/, Uhr früh einen grösseren Flugversuch, umkreiste das Schlossgebäude und wollte sich endlich auf einem der hohen Kamine niederlassen, fiel jedoch dabei mit den Füssen in den oben offenen Schornstein.

Vergeblich bemühte sich der Storch durch Flügelschläge emporzukommen, sank plötzlich vor den Augen mehrerer Zuseher in die Tiefe und blieb ausser Zweifel im Schornsteine stecken.

Nachdem der so verunglückte Storch einen ganzen Tag und eine ganze Nacht hindurch nicht zum Vorschein kam, wurde am 9. August früh um einen Kaminfeger geschickt, welcher Nachmittags kam, den Schornstein untersuchte, aber den Storch nicht auffinden konnte, weil der viele aufsteigende Rauch eine genaue Prüfung aller Stellen unmöglich machte; besagter Schornstein befindet sich nämlich ober der Gesindestube, in welcher den ganzen Tag über geheizt und gekocht wird. Endlich am 10. August früh 7 Uhr fiel der Storch zur Kamin-Einsteigthür im ersten Stockwerke herab, wurde hervorgeholt und lebendig — wiewohl sehr matt — befunden. An der freien Luft erholte er sich ein wenig und es wurde ihm sodann Nahrung eingestopft.

Am nächsten Tage wurde der rauchgeschwärzte Storch von einem Zimmermann auf das Radnest gesetzt, aber kaum wurde er von den übrigen Störchen bemerkt, so stürzten diese über ihren unglücklichen Verwandten her und warfen ihn mit Gewalt vom Neste herab. Einige Tage darauf flog der noch immer geschwärzte Storch selbst auf das Nest und es wiederholte sich dieselbe Scene.

Um den vereinsamten Storch zu retten, gab der Schreiber dieser Zeilen den armen Verlassenen in seinen Garten, wo sich derselbe bei einer Fütterung mit Fleischabfällen, Fischchen, Fröschen und Mäusen ganz wohl befindet, schon recht zahm ist und fleissig sein Gefieder reinigt.

Die Verbreitung der Dickschnäbler (Crassirostres) in Böhmen.

Von **M. Dr. Wladislaw Schier.**

Emberiza citrinella ist ein häufiger und überall in Böhmen bekannter Standvogel, welcher im Herbste in grösseren Gesellschaften selbst Meilen weit von seinem Nistorte an Feldern herum streicht und im Winter in allen Dörfern und Städten mit Sperlingen, Schopflerchen und Buchfinken zu finden ist.

Miliaria europaea ist bei uns nicht selten, hält sich besonders in fruchtbaren Ebenen auf, wo auf den Feldern und Wiesen nebst Gestrüpp auch einzelne Bäume sich vorfinden; in Wäldern und im Gebirge kommt sie nicht vor.

Emberiza hortulana ist viel seltener als vorige; erscheint im März und zieht im September wieder fort; hält sich am liebsten an Waldrändern, in Hainen und auch in Sträuchern, besonders in der Nähe des Wassers und an Wiesen auf.

Emberiza cia wird wenig in Böhmen beobachtet wenigstens bekam ich über selbe keine gründlicheren Berichte. Wahrscheinlich wird sie wie auch die anderen Ammerarten wenig beachtet. In der Umgebung von Gitschin habe ich bloss einmal 1 Exemplar erbeutet.

Emberiza cirlus lässt sich dann und wann, jedoch selten sehen.

Emberiza melanocephala ist ein sehr seltener Gast.

Schoenicola schoeniclus ist in Böhmen genug bekannt, manche überwintern auch daselbst, die anderen ziehen im November oder erst auch im December in südlichere Gegenden und kommen Anfangs April wieder zurück. Im Gebirge hält sie sich nicht auf, dafür kann man sie aber in Ebenen und Niederungen überall an Teichen und Sümpfen, die mit Schilf und Binsen bewachsen sind, finden; selbst an feuchten, mit Erlen- und Weidenruthen bewachsenen Wiesen ist sie anzutreffen, besonders wenn Wassergräben und Bäche daselbst vorkommen.

Schoenicola pithyornus verirrt sich sehr selten nach Böhmen.

Plectrophanes nivalis kommt gewöhnlich im Monate Jannar zu uns, jedoch nur, wenn ein strenger Winter herrscht.

Plectrophanes lapponicus ist eine grosse Seltenheit; im Jahre 1880, Anfang Jannar, wurde ein Exemplar auf der Strasse bei Branik in der Nähe von Prag unter Schopflerchen beobachtet und auf Leimruthen gefangen.

Passer domesticus ist ein bekannter Standvogel in Böhmen. In grosser Menge kommt er in jenen Gegenden vor, wo Weizen und Gerste gedeihen, wo auch mehrere Obstbäume sind und wo er von den Bewohnern geliebt und geschont wird. Häufig oder genug sind die Sperlinge an solchen Orten, wo sie Nahrung, nämlich Getreide und Insecten an Bäumen, besonders Obstbäumen finden, jedoch von den Wirthen verfolgt werden. Wenig Sperlinge findet man an unfruchtbaren, besonders an den genannten

Getreidearten und Laubbäumen armen Orten. Ich habe 2986 Berichte durchgelesen und erfahren, dass an 1433 Orten in Böhmen die Sperlinge in Menge und an 843 Orten genug zu finden sind, an 67 Orten wenig und an 289 Orten gar nicht vorkommen. Letztgenannte Orte sind nicht nur an den Kämmen unserer Grenzgebirge, sondern auch in den Vorgebirgen und in den durch das Land sich hinziehenden Gebirgsketten, einzelne auch im Flachlande oder in der Ebene, entweder von ausgedehnteren Wäldern, Haiden, Hutweiden, Wiesen oder Teichen umgeben.

Passer montanus ist als Standvogel über ganz Böhmen verbreitet, jedoch weniger bekannt als domesticus, weil er sich mehr auf freiem Felde, Wiesen und in Laubwäldern aufhält und bloss im Winter näher zu den menschlichen Wohnungen kommt.

Fringilla coelebs nistet überall in grossen und kleinen Laub- und Nadelwäldern, in Obstanlagen und Gärten. Viele Buchfinken, besonders alte Männchen, überwintern bei uns, die anderen fliegen mit Anfang des Winters in südlichere Länder und kommen Ende Februar, gewöhnlich aber Anfangs März wieder zurück.

Fringilla montifringilla kommt jedes Jahr im Herbste in grossen Schaaren von N. nach Böhmen und überwintert hier, wobei sehr viele abgefangen werden.

Coccothraustes vulgaris ist in Böhmen als Standvogel ziemlich verbreitet und hält sich am liebsten in Laubwäldern hügeliger Gegenden auf, besucht auch alle Obstgärtenanlagen und Gärten, besonders wo Kirschen und Grünzeug sind.

Ligurinus chloris ist an manchen Orten ein genug bekannter Standvogel, besonders in jenen Gegenden, in welchen Gärten, Haine, Fasanerien und kleine Waldungen zwischen Feldern und Wiesen vorkommen.

Serinus hortulanus erscheint Ende März oder Anfangs April und zieht im October wieder fort. Vor 38 Jahren war der Girlitz bei uns noch als grosse Seltenheit bekannt, jetzt ist er im ganzen Lande mehr oder weniger verbreitet; besonders viele nisten in der östlichen Hälfte von Böhmen. Der Girlitz hält sich am liebsten in Obstanlagen und Gärten auf, siedelt sich aber auch an Waldrändern in der Nähe von Feldern und Wiesen an und nistet dann sowohl an Nadel- als auch Laubbäumen. Wird von Niemandem verfolgt und vermehrt sich stark.

Chrysomitritis spinus ist als Stand- und Strichvogel überall bekannt, besonders an jenen Orten, wo Erlenbäume vorkommen.

Carduelis elegans ist in ganz Böhmen als Standvogel bekannt, hält sich besonders an Waldrändern, in Hainen, Obstanlagen und Gärten auf, wo er am liebsten an Aepfel- und Birnbäumen nistet; Nadelwälder liebt er nicht. Im Herbste und Winter streicht er herum und erscheint manchmal in ziemlich grosser Gesellschaft auch in Gegenden, wo er nicht nistet und selbst im Sommer nicht beobachtet wird.

Cannabina sanguinea ist bei uns überall zu finden, in manchen Gegenden weniger; liebt gebirgige Orte und lichte Wälder zwischen Wiesen und Feldern, mit jungem Nadelholz oder anderem Gestrüpp bewachsene Hügel und Berge.

Cannabina flavirostris erscheint manchmal am Zuge bei uns und hält sich dann gewöhnlich vom November bis Februar hier auf.

Linaria alnorum kommt zu uns nur im Winter in grossen Schaaren, wie z. B. im Jahre 1880 und 1882, erscheint jedoch nicht jedes Jahr.

(Fortsetzung folgt.)

Arten der Ornis Austriaco-Hungarica auf der Insel Teneriffa.

Nach **Bony de St. Vincent** u. A. von **Guido v. Bikkessy** jun.

Die durch ihre berühmten Vulcane sowie auch als die ursprüngliche Heimat der Kanarienvögel für den Naturforscher so sehr merkwürdige Insel Teneriffa besitzt, obwohl am Ende unserer östlichen Erdhälfte gelegen und auch dem Wendekreise ziemlich nahe, mancherlei Arten der österreichisch-ungarischen Ornis, wie aus folgendem Verzeichnisse ersichtlich wird:

Cerchneis tinnunculus, Lin.
Accipiter nisus, Lin.
Corvus corone.
Corvus monedula.
Corvus pyrrhocorax.
Upupa epops.
Turdus merula (auch auf Madeira und den Azoren einheimisch).
Silvia atricapilla.
Silvia cinerea.
Motacilla alba.
Motacilla flava.
Troglodytes parvulus.
Hirundo urbica.
Hirundo rustica.
Cypselus apus.
Anthus arboreus.
Anthus campestris.
Anthus pratensis.
Parus major.
Fringilla carduelis.
Fringilla cannabina.

Die beiden letzten Körnerfresser sind besonders zahlreich anzutreffen.

Fringilla petronia.
Emberiza citrinella.
Alauda arvensis.
Columba turtur.
Sterna cinerea.
Sterna minuta.

Von Bony de St. Vincent bloss auf dem Strande bei Sarha kurz beobachtet.

Vögel von den Molukken, Neu-Guinea und umliegenden Inseln*).

Gesammelt durch F. H. H. Guillemard. Excerpt aus: „The Cuise of the Marchesa to Kamtschatka and New-Guinea."

Mitgetheilt von **Baron H. v. Rosenberg.**

(Schluss.)

Salwatti.

Cacatua triton. Temm.
Microglossus aterrimus. Gm.
Tanygnathus megalorhynchus. Bodd.
Aprosmictus dorsalis. Q. et G.
Cyclopsittacus occidentalis. Salvad.
Lorius. lory. Linn
Chalcopsittacus ater. Scop.
Trichoglossus cyanogrammus. Wagl.
Nesocentor menebiki. Garn.
Ceyx solitaria. Temm.
Syma torotoro. Less.
Sauromarptis gaudichaudi. Q. et G.
Sauloprocta melaleuca. Q. et G.
Paecilodrias hypoleuca. G. R. Gr.
Graucalus papuensis. Gm.
Cracticus cassicus. Bodd.
Cracticus quoyi. Less.
Rhectes uropygialis. G. R. Gr.
Ptilotis chysotis. Less
Pitta novae guineae. Müll. et Schleg.
Pitta mackloti. Temm.
Calornis metallica. Temm.
Calornis cantoroides. G. R. Gr.
Melanopyrrhus anais. Less.
Corvus orru. Müll.
Seleucides nigricans. Shaw.
Diphyllodes magnifica. Penn.
Cinnurus regius. Linn.
Aeluredus buccoides. Temm.
Megaloprepia puella. Less.
Carpophaga rufiventris. Salvad.
Phlogaenas rufigula. Puch. et Jacq.
Calaenas nicobarica. Linn.
Talegallus cuvieri. Less.
Demiegretta sacra. Gm.
Nycticorax caledonicus. Gm.
Cinnyris frenatus. S. Müll.
Myzomela eques. Less.
Ptilotis sonoroides. G. R. Gr.
Pitta novae guineae. Müll. et Schleg.
Pitta mackloti. Temm.
Pomatorhinus isidori. Less.
Calornis metallica. Temm.
Calornis cantoroides. G. R. Gr.
Corvus orru. Müll.
Manucodia chalybeata. Penn.
Manucodia atra. Less.
Paradisea minor. Shaw.
Cicinnurus regius. Linn.
Ptilopus superbus. Temm.
Ptilopus pulchellus. Temm.
Ptilopus pectoralis. Wagl.
Megaloprepia puella. Less.
Carpophaga rufiventris. Salvad.
Carpophaga pinon. Q. et G.
Goura coronata. Linn.
Orthorhamphus magnirostris. Geoffr.
Tringoides hypoleucus. Linn.
Microcarbo melanoleucus. Vieill.

Neu-Guinea.

Astur leucosoma. Sharpe.
Astur melanochlamys. Salvad.
Cacatua triton. Temm.
Microglossus aterrimus. Gm.
Nasiterna bruyni. Salvad.
Aprosmictus dorsalis. Q. et G.
Psittacella brehmi. Rosenb.
Dasyptilus pesqueti. Less.
Lorius lory. Linn.
Eos fuscata. Blyth.
Trichoglossus cyanogrammus. Wagl.
Trichoglossus rosenbergi. Schleg.
Neopsittacus muschenbroeki. Rosenb.
Coriphilus wilhelminae. Meyer.
Oreopsittacus arfaki. Meyer.
Charmosynopsis pulchella. G. R. Gr.
Charmosyna papuensis. Gm
Charmosyna josephinae. Finsch.
Chrysococcyx meyeri. Salvad.
Nesocentor menebiki. Garn.
Tanysiptera galatea. G. R. Gr.
Sauropatis saurophaga. Gould.
Melidora macrorhina. Less.
Eurystomus orientalis. Linn.
Podargus papuensis. Q. et G.
Podargus ocelatus. Q. et G.
Aegotheles albertisi. Sclat.
Aegotheles wallacei. G. R. Gr.
Peltops blainvillei. Less. et Garn.
Monarcha frater. Sclat.
Monarcha melanonotus. Sclat.
Sauloprocta melaleuca. Q. et G.
Monachella mulleriana. Schleg.
Marchaerorhynchus albifrons. G. R. Gr.
Marchaerorhynchus nigripectus. Schleg.
Malurus alboscapulatus. Meyer.
Graucalus caeruleogriseus. G. R. Gr.
Edoliisoma montanum. Meyer.
Lalage atrovirens. G. R. Gr.
Artamus maximus. Mayer.
Chibia carbonaria. S. Müll.
Cracticus cassicus. Bodd.
Rhectes dichrous. Bp.
Rhectes cerviniventris. G. R. Gr.
Rhectes ferrugineus. S. Müll.
Pachycephala soror. Sclat.
Pachycephala schlegeli. Rosenb.
Pachycephala rufinucha. Sclat.
Pachycephalopsis hattamensis. Meyer.
Pachycare flavogrisea. Meyer.
Climacteris placens. Sclat.
Sitella papuensis. Schleg.
Cinnyris aspasiae. Less.
Dicaeum pectorale. Müll. et Schleg.
Pristorhamphus versteri. Finsch.
Oreocharis arfaki. Meyer.
Myzomela rosenbergi. Schleg.
Myzomela adolphinae. Salvad.
Melipotes gymnops. Sclat.
Melidectes torquatus. Sclat.
Melirrhophetes leucostephes. Meyer.
Ptiloptis cinerea. Sclat.
Euthyrhynchus griseigularis. Schleg.
Losterops novae. guineae. Salvad.
Pitta novae guineae. Müll. et Schleg.
Pitta mackloti. Temm.
Pomatorhinus isidori. Less.
Eupetes coerulescens. Temm.
Melanopyrhus orientalis. Schleg.
Mino dumonti. Less.
Corvus orru. Müll.
Manucodia atra. Less.
Parotia sexpennis. Bodd.
Lophorbina superba. Penn.
Paradigalla carunculata. Less.
Astrapia nigra. Gm.
Epimachus speciosus. Bodd.
Drepanornis albertisi. Sclat.
Drepanornis bruyni. Oustal.
Craspedophora magnifica. Vieill.
Paradisea minor. Shaw
Diphyllodes chrysoptera. Gould.
Cininnurus. regius. Linn.
Xanthomelus aureus. Linn.
Aeluredus buccoides. Temm.
Ptilopus ornatus. Rosenb.
Ptilopus bellus. Sclat.
Carpophaga rufiventris. Salvad.
Carpophaga chalconota. Salvad.
Gymnophaps albertisi. Salvad.
Macropygia nigrirostris. Salvad.
Phlogaenas rufigula. Puch. et Jacq.
Entrygon terrestris. G. R. Gr.
Otidiphaps nobilis. Gould.
Goura coronata. Linn.
Megapodius duperreyi. Less. et Garn.
Tallegallus cuvieri. Less.
Rallicula rubra. Schleg.
Scolopax rosenbergi. Schleg.
Ardetta sinensis. Gm.

Jobi.

Geoffroyus jobiensis. Meyer.
Eudynamis rufiventer. Less.
Halcyon nigrocyanea. Wall.
Eurystomus orientalis. Linn.
Podargus ocellatus. Q. et G.
Arses insularis. Meyer.
Microeca flavovirescens. G. R. Gr.
Graucalus papuensis. Gm.
Edoliisoma melanura. S. Müll.
Edoliisoma incertum. Meyer.
Rhectes jobiensis. Meyer.
Cinnyris jobiensis. Meyer.
Cinnyris frenatus. S. Müll.
Gymnocorax senex. Less.
Manucodia jobiensis. Salvad.
Paradisea minor. Shaw.
Diphyllodes chrysoptera. Gould.
Cininnurus regius. Linn.
Aeluredus buccoides. Temm.
Ptilopus geminus. Salvad.
Gymnophaps albertisi. Salvad.
Goura victoriae. Fraser.
Talegallus jobiensis. Meyer.
Tadorna radjah. Garn.

Aru.

Baza reinwardti. Müll. et Schleg.
Astur poliocephalus. G. R. Gr.
Cyclopsittacus aruensis. Schleg.
Eclectus pectoralis. P. L. S. Müll.
Chalcopsittacus scintilatus. Temm.
Trichoglossus nigrigularis. G. R. Gr.
Cuculus canoroides. S. Müll.
Sauromarptis gaudechaudi. Q. et G.
Sauloprocta melaleuca. Q. et G.
Cracticus cassicus. Bodd.
Cracticus quoyi. Less.
Rhectes aruensis. Sharpe.
Cinnyris aspasiae. Less.
Cinnyris frenatus. S. Müll.
Myzomela nigrita. G. R. Gr.
Myzomela erythrocephala. Gould.
Myzomela obscura. Gould.
Glyciphila modesta. G. R. Gr.
Trobidorhynchus novae guineae. Salvad.
Calornis metallica. Temm.
Mino dumonti. Less.
Paradisea apoda Linn.
Cicinnurus regius. Linn.
Ptilopus wallacei. G. R. Gr.
Carpophaga zoeae. Less.
Carpophaga muelleri. Temm.
Carpophaga pinon. Q. et G.
Myristicivora spilorrhoa. G. R. Gr.

---

*) Siehe Nr. 1 I. J. S. 11.

Die Vogelwelt Europas.

Von Dr. J. Palacký.

Die Vögel sind in Europa nicht zahlreich. — die Zahl derselben hält nicht einmal den Vergleich mit Australien (749 Ramsay), viel weniger mit Afrika (2400), mit Amerika (4500) oder mit Asien (über 3000) aus; denn man zählt höchstens 5—600 Arten (420 Blasius, 481 Frič, 471 Gould, 531 Degland u. Gerbe, Dresser im Allgemeinen 628 palearktische).

Die einzelnen Länder weisen gewöhnlich 2—300 Arten auf (ausser den Küstenländern), mehr oder weniger, je nach der Ansicht der verschiedenen Schriftsteller darüber, was eine Art heisst und je nachdem ob Fremde und zufällig Vorkommende einbezogen werden [1]).

Die bisher noch wenig bekannten geologischen Entdeckungen oder die stückweisen Ueberreste entziehen sich der Beurtheilung. Der älteste Archaeopteryx soll einen Uebergang zu den Sauriern bilden, mit welchen deshalb Huxley die Vögel in die Klasse der Sauropsiden vereinigte. Es fehlen die Odontorhithinen der amerikanischen Kreideperiode, obwohl auch die ältesten europäischen Vögel Zähne hatten (Archaeopteryx, Odontopteryx, Toliapicus). Spärlich sind die vortertiären Ueberreste wie der böhmische Cretornis. Erst in der tertiären Periode existiren namhafte beschriebene Reste und das hauptsächlich in Frankreich (Milne Edwards allein etwa 94, Sausan 33 Arten), welche aber zum grössten Theile die Beschaffenheit der gegenwärtigen, zum Theile der afrikanischen (Serpentarius, Psittacus, Strauss, Pterocles), weniger der amerikanischen Vögel aufweisen (Ortyx).

Wir kennen vielerlei Raubvögel: Haliaetus piscator, Aquila (3 in Frankreich (prisca, minuta, gervaisi), fossilis in Sardinien), Milvus deperditus, Vultur fossilis (Devin), Lithornis vulturinus (Owen), Paleocircus cuvieri, Serpentarius robustus (Frankreich).

Von den Eulen kennen wir in Frankreich die Bubo arvernensis, poisseti, Strix antiqua, ignota, und die in Höhlen überall verbreitete Nyctea nivea (nördlich).

Wenige Singvögel (im weiteren Sinne) in Deutschland (Schwalbe bei Quedlinburg), in Sardinien (Picus, Alauda, Corvus, Fringilla), in England (Halcyornis), in der Schweiz (Protornis glarisiensis ?) aber bereits häufiger in Frankreich (Motacilla hamata major, Sitta gervaisi, Palegithalus cuvieri), Lanius, Cypselus, Collocalia francica, Trogon gallicus, Passer, Corvus larteti, Picus archiaci, Homalopus picoides. Es fehlten auch die Tauben nicht (Columba calcarea, Frankreich).

Reichhaltiger waren im Allgemeinen die Läufer Pterocles, 3 Perdix, 4 Ortyx (jetzt amerikanisch), die Wachtel, der Hahn (Gallus bravaisi), 3 Fasane in Frankreich (Phasianus archiaci), Tetrao (Taoperdix) poisseti (P. Gervais) in Armissan — der Otus berviceps bei Quedlinburg wie der Strauss (Gastornis parisiensis), Dasyornis und Melagornis in dem Lehm der tertiären Schichte bei London u. s. w.

Aber am zahlreichsten waren die Wasservögel — Milne Edwards beschrieb ihrer allein 34 Arten aus dem tertiären Frankreich und es fehlen dieselben schon in der Kreide nicht (Cimoliornis diomedeus Owen in der engl. Kreide), in dem Londoner Lehm (Odontopteryx, Toliapicus Owen = Mergus), weder in Böhmen (Anas basaltica), noch in Deutschland (Fulica, Rallus major, Scolopax (Oeningen), Ardea, Ibis, Anas, Pelecanus, Larus). Am häufigsten allerdings in Frankreich (8 Ralliden, 3 Grus, Ardea, Ibis, 5 Flammingos, Paleolodus, 2 Totanus, Tringa, Numenius, 3 Larus, Colymbus, 7 Anas, Pelecanus, 2 Sula, 3 Graculus u. s. w.). In den Höhlen verbreitet sind die Vögel von heute und der kalten Zone (Nyctea nivea, Colymbus), im Süden war noch der Auerhahn (Tetrao urogallus) im nördlichen Spanien.

Bemerkenswerthe Andenken der älteren geologischen Periode sind die hiesigen tropischen Monotypen — einzelne Vögel afrikanischer Familien — so der Coracias (garrula), Eisvogel (Alcedo ispida), Merops (apiaster), Upupa (epops), Oriolus (galbula), Kukuk, Ziegenmelker, Cypselus, Sturnus oder amerikanischer Familien (Troglodytes borealis und Ampelis garrulus).

Die grösste Seltenheit unter der europäischen Vogelwelt ist die Ruticilla mourieri, 1853 vom nördlichen Afrika nach Spanien gekommen, welche zu den indischen Thamnobien (Pinarochroa Seebohm) gehört.

Gäste kommen — ausser dem atlantischen Ocean[2]) — von drei Seiten nach Europa, vom Süden aus Afrika (am meisten in die Mittelmeerländer),[3] vom Osten aus Asien (am meisten nach Russland),[4]) vom Westen aus Amerika[5]), gewöhnlich nur in die nächstgelegenen Gegenden. Im Uebrigen ist der Unterschied zwischen den einzelnen europäischen Ländern um Vieles geringer (ausser den arktischen Inseln) als man glaubt. Nur dass gegen Süden die Sylvien, Fringilliden, Laniiden und Alandiden, gegen

[1]) Das Kaiser Franz Josefsland 17, Spitzbergen 27, Nowaja-Zemlja 48 Heuglin, 50 Theel, 46 Jan Mayen, Island 80 Newton, 109 Preyer, die Faroer-Inseln 124 Müller, der nördliche Ural 70, Lappland 75, Grönland 62, Skandinavien 280, das östliche Finland 140, Norwegen 218, Schweden 260 (Nilson), Christiania 224 (Collett), Jütland 110 (Seebohm), 113 Harwie Brown, das nördliche Russland 249 (derselbe), das nordwestliche Russland 210 (Petersburg, Archangel), Holland 225 Schlegel, Belgien 335 Dubois, England 311—376 Sklater, 380 Clarke, (die zufälligen mitgerechnet), 395 Harting, 403 Cray, Dewon 268 (Rowe), Norfolk 293 (Stevenson), Middlessex 225 (Harting), Jork 307 (Clarke), Helgoland 400 (Gätke, mit den zufälligen und Zugvögeln). — Deutschland 357 Homeyer, Brandenburg 259—267 Schalow, Preussen 259 Ratke, die obere Lausitz 267 (Tobias), Halle 253 Rey, Mähren und Schlesien 290 (Heinrich), Böhmen 297 Frič, Wien 288 Pelzeln, Oesterreich 393 Tschusi, Ungarn 345 Madarász, Siebenbürgen 297 Harwie Brown, Vorarlberg 262, das südliche Tirol 283 (Salvadori), Istrien 285 Schiavuzzi, Galizien 307 Zawadzki, Polen 304 Tačanowski, Russland 425 Pallas, Bessarabien, Moldau, das östliche Rumelien 203, Italien 390 Bonaparte, 411—464 Salvadori, Lombardei 260 Bethoni, 303 Salvadori, Piemont 294, Modena 250 Döderlein, Toscana 308, Sicilien Malherbe 290, Salvadori 303, Sardinien 263 Salvadori, 266 Brooke, Malta 266 Salvadori, 308 Wrigth, Spanien 325 Brehm, das südliche Spanien 321 Saunders, Gibraltar 335 Irby, Türkei 318 Elwes, Kaukasus 369 (Radde), Dobrudscha 254 Homeyer, Bulgarien 178 Finsch, Griechenland 331 Heldrich, 345 Lindermeyer, Griechischer Archipel 223 Ehrhard.

[2]) Puffinus major, fuliginosus, Procellaria capensis, haesitata, Diomedea exulans (Dieppe), Phalacrocorax pygmaeus.

[3]) Merops aegyptius, Hubara undulata, Ixos obscurus, Chenalopex aegyptiaca, Milvus govinda (bis in die Provence), Hoplopterus spinosus, Telefonus tschagra, Sterna bergii, Alauda duponti etc.

[4]) Anthus gustavi, Parus Kamtschatkensis, Pratincola indica, Phylloscopus tristis, Phyllopneuste Otis m'queeni, im Jahre 1863 und heuer Syrrhaptes paradoxus, Accentor montanellus, Geocichla sibirica.

[5]) Z. B. am Meisten nach England, Ectopistes migratorius, Turdus swainsoni, migratorius, Alcedo alcyon (2 Exempl.), Nauclerus furcatus, Coccyzus americanus (4 Exempl.), Linota hornemanni (1 Exempl.), Zonotrichia albicollis, Progne purpurea, Anthus ludovicianus.

Osten die Pariden (durch die Wälder) und Emberiziden sich häufiger finden.

Es ist bekannt, dass die Winterreise der Sing- und Wasservögel nach dem nördlichen und Centralafrika geht, und man kann sich daher nicht gut zu der Ansicht des Elwes bekennen, nach welcher unsere Vögel nach der Eisperiode aus Asien gekommen sein sollen, sondern sie kehrten vielleicht nach derselben aus Afrika zurück, denn es gibt in der Steppen- und Höhlenperiode wenige asiatische Arten.

Die meisten Gattungen haben die afrikanischen Raubvögel (45 Degland, 35 Gould, 44 Sharpe, 47 Dresser) und sind am zahlreichsten in den Mittelmeerländern (Gyps, Neofron, Milvus, Elanus, Circus). Einige Gattungen sind kosmopolitisch (Falco peregrinus, Pandion haliaëtus); in den Circumpolarländern der einzige Archibuteo lagopus (? — dem nordamerikanischen Sti. Johannis).

In Mitteleuropa nehmen sie mit der Menschenzunahme ab und sind jetzt nur an der Küste und im Gebirge häufiger, von wo sie manchesmal in die Umgebung ausfliegen, so der Gypaëtos barbatus, der vermuthlich bald aussterben wird (im Balkan, schon weniger in den Alpen). Vulturiden (4), gegenwärtig nur mehr im Süden. Der Vultur fulvus unternimmt häufig Züge auf Wahlstätten (1854 in die Krim, 1866 noch Böhmen, 1868 nach Marrokko, er zog auch beständig hinter dem abessinischen Heere des Theodor.

Eulen (14 bei Degland, 13 Sharpe, 16 Dresser, 15 Gould) sind zum grössten Theile weit verbreitet, mit Ausnahme des nordöstlichen (Ptynx) Syrnium uralense und Noctua tengmalmi (auch im nördlichen Amerika). Auf diese Weise sind fast kosmopolitisch der Otus brachyotus (Falkland und die Sandwichinseln, China), Strix flammea (Angola, Indien, Madagaskar, Java, Australien, die Samojedeninseln, Californien, Mexiko, Peru, Brasilien, Patagonien). Diese letztere Art wurde bei Norwich fossil gefunden, wie überhaupt die Eulen in der Tertiärformation häufiger waren, noch mehr in der Höhlenperiode, in welcher auch die Schnee-Eule existirte — bis nun der am weitesten gegen den Nordpol zu vorgedrungene Raubvogel (nur im Sommer im Franz Josefsland).

Von den Singvögeln sind die grössten Familien die Sylviden, Fringilliden, Alaudiden, Turdiden und Emberiziden. Am zahlreichsten allerdings überall im Süden und Westen (mit Ausnahme der Emberiziden (15 Gould, 17 Gerbe, 20 Gray Handlist mehr asiatische). Aus dieser Familie sind die arktischen Plectrofanen die zahlreichsten und verbreitetsten (P. nivalis findet sich von Novaja-Semlja bis zu den Azoren, Bermudasinseln, Nieder-Karolina, Tanger).

Die Sylviiden (59 Gerbe, 53 Gould) kommen in den Mittelmeerländern und im Südwesten in Sträuchern vor, allein auch in Russland fehlen einige asiatische Gattungen nicht (Hypolais, Phylloscopus) und die Cisticola schoenicola geht von Japan, von den Nikobaren und von Zanzibar bis Savojen. Die Saxicolen berühren auf ihren Wanderungen bisweilen unseren Süden. (S. aurita, leucura das südliche Frankreich), aber der Norden besitzt nur die circumpolären S. oenanthe (Gronen). Sharpe zählt 14 Sylvien, 4 Phylloscopus, 6 Hypolais, 6 Acrocephalus, 3 Locustella, 1 Lusciniola, 1 Cettia, 6 Erithacus, 2 Monticola, 2 Ruticilla, 5 Saxicola (Luscinia ist bei ihm Turdus).

Die Fringilliden (29) sind theils Waldvögel (Loxia), theils im Felde und immer mehr im Süden zu Hause. So reicht der Coccothraustes vulgaris aus der Familie, welcher am häufigsten auf den Gallopagosinseln vorkommt und von Mexiko bis zu uns, sowie nach Japan und in den Hymalaja. Die im Gebirge lebenden Fringilliden (Montifringilla nivalis) fehlen aber ebensowenig.

Turdiden hat Gerbe 19 eigentliche (Gerbe 17, Gould 12, Sharpe hat hier die Luscinien), Sharpe hat 1 Geocichla (streift unsere Gegenden von Sibirien), 4 Turdus, 6 Merula (4 zufällige aus Asien), im Allgemeinen 9 zufällige (T. migratorius aus den U. S. bis in der Nähe von Wien). Seebohm bekräftigt, dass die T. nach der Eisperiode von Afrika über Europa nach Mexiko übersiedelten.

Alaudiden (Handlist 15, Gerbe und Dresser 21, Gould 14), deren Maximum ($^2/_3$) in Afrika, sind darum hauptsächlich in den Ebenen des Südens zu Hause, wie die Catandrella baetica (Dresser), dann die Ramfocoris clotbey, Otocoris bilopha und Certhilanda desertorum, (diese häufig in den nordwestlichen Steppen Asiens und die Melanocorypha calandra wandert von dort nach Russland, sowie die M. tatarica, Otocoris albigula). Diese Familie hat aber auch eine circumpolare Untergattung (Otocoris alpestris — Novaja-Semlja — Kaukasus, Japan, Mexiko).

Pariden und Corviden haben bei Gerbe und Gould eine gleiche Zahl von Arten (je 12 und Sharpe 13, Dresser aber hat 20 mit den zufälligen (umbrinus, tingitanus). Spanien und Nordafrika haben die Cyanopica cooki gemeinsam, Russland mit Kleinasien den Graculus Krynickii. Die Pariden als Waldbewohner (das Maximum besitzt der Hymalaja und China) kommen deshalb durch Steppen und arktische Gegenden zu uns.

Weitere schwächere Familien sind die Picidae, Malherbe, Degland, Gould je 8, Gray-Handlist 9, Dresser 14 (mit Hinzuzählung der zufälligen); aus Afrika die Vaillanten, aus Asien die pipra (und die neue Gattung aus Westen P. lilfordi), dann die Laniiden (5 Gould, 7 Gerbe, 8 Gray, von welchen 2 zufällige aus Nordafrika (L. nubicus und Telefonus tschagra); endlich die Schwalben (6 Gould, 5 zum Theile sehr weit verbreitet, so dass sie kosmopolitisch sind), H. rustica (Afrika, von Asien bis Cochinchina, zu den Andamanen, Irkutsk, Kamtschatka, Amerika (Guatemala, Peru, Brasilien, Roraima, Guyana, Niagara), weiters ist die Cotyle riparia in Brasilien und Grönland zu finden, die rupestris von China, Indien bis Tanger und das südliche Europa (bis Bern), die Hirundo rufula (vom südlichen Europa bis Abessynien, Palästina, Turkestan; die beiden letzten Gattungen kommen nicht nach Mitteleuropa).

Noch schwächere Familien sind die Muscicapiden (4), Motacilliden (Gould 7), Sittiden, Cincliden, Certhiiden je 3 und die anderen Familien, siehe bei den Monotypen (obwohl sich einige mit manchen anderen Gattungen paaren (Sturnus unicolor Lamarmora in Sardinien, Cerile rudis manchmal im Süden u. s. w.)

Ebenso arm sind die Tauben (nur 4 Haustauben), Columba livia — nach Darwin die Mutter unserer zahmen Tauben — palumbus, oenas — C. turricola, Bnpte. (Italien) erkennen nicht alle als Art an — und Turtur auritus; zufällige sind der afrikanische T. senegalensis (Griechenland, Cařibrad, Spanien), der asiatische T. rupicola (Sibirien, Russland) oder der vermischte nordamerikanische migratorius.

Laufvögel (cursores) zählt Degland nur 23 — zum Theile im Süden, 4 Perdix, 2 Pterocles, Frankolin,

Turnix (sylvatica in Sicilien und Andalusien, Tetraogallus caspius im Kaukasus), der Fasan soll beim Kuban und an der Donaumündung wild vorkommen: oder die nördlichen (Lagopus mehr nach Osten, soweit Ebenen vorhanden sind. — Russland, Ungarn, Deutschland) — nur das Rebhuhn und die Wachtel sind überall.

Am zahlreichsten sind die Wasservögel (mit den Seevögeln 188 bei Gould, 217 bei Degland), sind meist palaearktisch (zugleich Asien und Afrika) und da am meisten Enten und unter diesen einige beinahe kosmopolitische Gattungen (Strepsilas interpres in Sibirien, Australien, Oceanien, Sandwichinseln, Afrika, Madagaskar, Azoren, Eriesee [Coues]. Squatarola helvetica — Grönland, Mexiko, Brasilien, Australien, Kamtschatka, Java, China, am Cap, Magelanstrasse — Calidris arenaria (Franz Josefsland, Grönland, Chile, Brasilien, Natal, Madagaskar, Indien, Sicilien, China, Japan u. s. w.).

Charadriden gibt es 15 nach Gray: 6 Charadrius (virginicus nur durch Zufall aus den U. S. und asiaticus, mongolicus), apricarius im nordöstlichen Europa, pyrrhothorax in Russland aus Asien); 2 Aegialitis, Oedicnemus crepitans, Aegialofilus cantianus, Vanellus cristatus (aus Ostafrika), Chetusia gregaria (Südost), Flavipes (Süden) und Hoplopterus spinosus (Südost), dann Squatarola helvetica. Weiters sind in Europa 2 Glareolen, Cursorius gallicus (Westen) und Pluvianus aegyptius (Spanien aus Afrika), von Haematopodiden H. ostralegus und Strepilas interpres, 3 Grus (cinerea überall, leucogeranus in Russland aus Asien, virgo und pavonina aus Afrika im Süden Europas).

Mehr kosmopolitisch sind die Reiher (12 nach Gerbe, 10 nach Gould, alle wenigstens auch in Afrika und Asien), so dass die Ardea garzetta in ganz Afrika, in Indien, Borneo, auf den Philippinen, in Japan, A. alba in Asien, Afrika, Australien, Tasmanien, Madagaskar, in Neuseeland vorkommt; der Nycticorax europeus ist in Asien in Japan und Java, in Afrika auf Madagaskar, in Amerika am Oregon in Guyana, Brasilien und Peru zu finden.

Von Störchen nur zwei: Der weisse und der schwarze; von den Plataleiden nur Pl. leucerodia (Sibirien, Indien, Habesch, Azoren) von den Tantaliden der Ibis falcinellus in Australien, Neu-Guinea, Indien, Madagaskar am Senegal, in Brasilien, Paraguay, Mexiko, Chile, auf den Antillen in Nordamerika; der Ibis religiosa verirrt sich nur manchmal vom Süden nach Griechenland und Russland.

Schnepfen (Scolopacidae) zählt man hier 30: Numenius, 3 Limos, 7 Totanus, Recurvirostra avocetta, Himantopus autumnalis, Philomachus pugnax, 9 Tringa, Calidris arenaria, 2 Gallinago, Scolopax rusticola — zum Theile sehr weit verbreitet wie der Calidris (v. h. Tringa canutus); Grönland, China, Australien, Brasilien, Tr. cinclus überall mit Ausnahme von Australien (Decken) und Chili, Buenos-Ayres, Nikobaren u. s. w.); Phalaropiden gibt es hier zwei, aber Ralliden (am meisten solche vom stillen Ocean) nur 5 und Gallinuliden 4 — zum Theile sehr verbreitet — so G. chloropus in Afrika, Indien, Celebes, Formosa, Brasilien, Jamaica, in Wisconsin, auf den Sandwichinseln (Dole). Porphyrio veterum kommt nur in Südeuropa vor. Ebenso ist nur im Süden der Flammingo zu finden (der Vertreter eines sonst zahlreicheren tropischen Stammes, welcher sich meist in den Mittelmeerländern aufhält und auf Albufera in Spanien geschossen wird).

Entenartige hat Gerbe 32 und 11 gänseartige (Gould 27 und 8), Dresser der ersteren 29, von welchen 6 zufällige aus Amerika, 2 aus Asien. Die übrigen sind grösstentheils weitverbreitete Arten von Anas boschas — die Mutter der zahmen Ente ist fast kosmopolitisch — in Japan, Indien, Sandwichinseln, Mexiko, auf den Antillen, in Nordafrika u. s. w.

Schwäne sind arktisch, gegenwärtig am häufigsten in Russland und Schweden (auch antarktisch) aber alt in Europa.

Gänse kommen mehr gegen Norden vor — 8 sind palearktisch, 3 circumpolar, aber Chenalopex egyptiaca, die Gans des Nil, Congo und Zambesi wird auch in Griechenland gefangen. Mergus hat 4 Arten in Europa; der Podicipiden gibt es hier 5.

Eigentliche Seevögel hat Gould 54, Gerbe 68, Dresser nur 57 (ohne der zufälligen Fremden). Am meisten kommen Möven vor (Degland 23, Dresser 22) und Stern (12—13), ferner 6 Puffinus, 15 Thalassidroma, 3 Procellaria, 3 Phalacrocrax, 2 Pelikane und Sula bassana. Einige, wie die Möven kommen im Winter weit in's Land hinein (nach Böhmen beispielsweise).

Die arktischen Meere haben Uriiden (5) und Alken (3), unter welchen Alca impennis in Island und auf den Orkaden in diesem Jahrhunderte ausstarb.

Zufällig gelangen auch tropische Arten nach Europa: Der Tropic (Phaethon aethereus) wurde in Norwegen gefangen, Fregata (aquila) im Jahre 1792 in der Weser, 1853 bei den Lofoden, 3 Exemplare Diomedea exulans in Frankreich, 2 Exemplare Diomedea chlororhynchos in Norwegen (Gerbe), Anous stolidus (Island), Procellaria capensis bei den Hyèren.

—·—

Ornithologische Mittheilungen aus dem Wiener Vivarium.

Von **Dr. F. K. Knauer.**

I.

Auch wenn nicht zwischen unserem Institute und dem ornithologischen Vereine engere Beziehungen bestünden, hielte ich es für meine Pflicht, in diesen Blättern von Zeit zu Zeit über die bei uns gehegten Vögel und an ihnen gemachte Beobachtungen zu berichten. Ich komme dieser Verpflichtung aber auch aus dem etwas egoistischen Grunde nach, dass ich durch solche öftere Mittheilungen für unser junges Unternehmen besonders in ornithologischen Kreisen Freunde zu werben hoffe, deren gütige Förderung meinen vielleicht etwas gewagten Wunsch: „nach und nach die gesammte heimische Vogelfauna zur Schaustellung zu bringen", denn doch verwirklichen helfen würde.

Ich beginne heute diese Serie zwangloser und anspruchloser Mittheilungen mit einigen allgemeinen Erörterungen und mit der Aufzählung der bis heute im Wiener Vivarium beherbergten Vogelarten.

Unser Institut rechnet in ganz erster Linie mit dem Belehrung suchenden oder Anderen an der Hand einer solchen Schaustellung Belehrung vermitteln wollenden Publicum, nur ganz nebenbei mit dem einfach neugierigen

Besucher, dem es lediglich um gewisse Schaustücke zu thun ist, die er gedankenlos mit gewöhnlicher Neugierde anstarrt. Der kundige Fachmann also, den es immer wieder freut, aus langer Beobachtung und eingehendem Studium bestbekannte Thiere vorgeführt zu sehen; der Lehrer der Naturgeschichte, dem es gerade in der Grossstadt so schwer wird, seinen Schülern die gefiederte Welt in lebenden Exemplaren zur Anschauung zu bringen; der angehende junge Zoologe, der gerne nach der Gelegenheit greift, die lebendigen Objecte seiner Wissenschaft recht oft und in recht vielen Vertretern zu Gesicht zu bekommen; der gebildete Laie, dem nicht eine verkehrte Erziehung Sinn und Interesse für das Leben und Weben in der Natur geraubt hat; der Jäger, der Tourist, denen all' die grossen und kleinen Geschöpfe der freien Gotteswelt vertrauter und näher stehen, als das unnatürliche fast naturfeindliche Getriebe und Gewoge des Grossstadtlebens — diese Alle sind es, an die unser naturhistorisches Institut insbesondere sich wendet und denen wir allmählich eine ihnen liebe Stätte der Beobachtung des Thierlebens bieten wollen, die ihnen manche vergangene Stunde angenehmer Thierbeschauung wieder wachruft, sie für das so anregende Naturstudium neue Freunde werben und den Laien durch direkte Anschauung über so viele wenig gekannte Thiere belehren lässt.

Schon daraus geht hervor, dass es unser Bestreben ist, ganz besonders die heimische Thierwelt zu berücksichtigen. Ich brauche nicht erst auf eine ganz allgemein sich aufdrängende Beobachtung hinzuweisen, dass einem grossen Theile der Bevölkerung exotische Thiere weit besser bekannt sind, als Thiere der engsten Heimat. Wie viele ganz Gebildete verrathen eine geradezu verblüffende Unkenntniss, wenn von heimischen Thieren die Rede ist, und zwar sowohl, was das Erkennen eines solchen Thieres überhaupt und speciell das Vertrautsein mit dessen Lebensweise, Nützlichkeit oder Schädlichkeit u. s. w. betrifft. Auch die Schule, die ja auch in anderer Richtung oft den Fehler begeht, den jungen Schüler wohl mit längst vergangenen Verhältnissen, nicht aber mit den Anschauungen und Bedürfnissen der Jetztzeit vertraut zu machen, versteht es so selten, der Jugend die heimische Thierwelt in der richtigen Weise nahezuführen. In dieser Hinsicht soll die Lehrerwelt uns mit besten Kräften bestrebt finden, das Vertrautwerden der lernenden Jugend mit den wichtigsten Vertretern der heimatlichen Thierwelt vermitteln zu helfen. Wir verkennen durchaus nicht die Schwierigkeit eines solchen Unternehmens; wie schwer sind viele Vogelarten überhaupt zu beschaffen, wie mühselig manche in das Gefangenleben einzugewöhnen. Wir rechnen hierbei auf allseitige Unterstützung ornithologischer Freunde und Gesinnungsgenossen und sind gewiss für jede Unterstützung, jeden Wink zum grössten Danke verpflichtet. Wir glauben auch gerade auf diesem Wege am besten für die Zwecke des Vogelschutzes zu wirken; denn gerade auf diese Weise durch wiederholte Beobachtung des Vogellebens lassen sich Freunde für die Vogelwelt gewinnen.

Diese Jünger des Vogelschutzes wirken aber durch ihr Beispiel und ihr werkthätiges Eingreifen nachhaltiger als alle strengen Gesetzesvorschriften.

Es ist wohl selbstverständlich, dass die Volière, das Vogelhaus einer öffentlichen Schaustellung nicht so eingerichtet sein kann, wie das des einzelnen Beobachters. Für eigene Beobachtungszwecke kann man sich eine grosse Vogelstube auf das Natürlichste zurechtrichten, man kann hierfür der Natur fast Alles ablauschen; da thut es Nichts, wenn man den Inwohner nicht gleich zu Gesicht bekommt, man weiss ihn leicht in dem oder jenem Verstecke zu finden. Anders steht es mit der für viele Beschauer bestimmten Vogelstube; hier heisst es auf Kosten der Anpassung an natürliche Lebensverhältnisse die Inwohner vor Allem der steten Beschauung zugänglich machen. Das vergessen Viele, wenn sie sagen: „Da haben es meine Vögel zu Hause besser; die leben wie im Freien".

Auch ein Anderes wird bei Beurtheilung der Vogelbehälter in einer solchen öffentlichen Schaustellung häufig vergessen. Man hört häufig den Wunsch, es möchten doch die Vertreter einer Familie nebeneinander untergebracht werden; dabei wird aber übersehen, dass verschiedene Arten bei all' ihrer systematischen Zusammengehörigkeit doch ganz verschiedene Lebensweise führen können und in Bezug auf Vorliebe für Sonne oder Schatten, Einzelleben oder Geselligkeit, grössere oder geringere Wärme u. s. w. ganz verschieden sein können.

Bis heute beherbergt unser Vivarium Folgendes an Vögeln:

I. Ordnung. Colymbidae (Taucher).

1. Cormoranscharbe (Carbo cormoranus, M. u. W.) Stiess am 13. September den Fischern bei den Donauinseln (Wien) in's Netz. Obwohl ein junges Thier, im Stande, auf einmal 1 Kilogramm Weissfische zu verschlingen.

II. Ordnung. Anseres (Gänseartige Vögel).

2. Stockenten (Anas boschas, L.) 1 Männchen, 3 Weibchen.

3. Caracara- oder Rostenten. Zwei hübsche Exemplare.

4. Ein Mandarin-Erpel.

III. Ordnung. Grallatores (Reiherartige Vögel).

5. Weisser Storch (Ciconia alba, Bechstein). Fünf Exemplare.

6. Löffelreiher (Platalea leucorodia, L.)

7. Grauer Reiher (Ardea cinerea, L.) Fünf Exemplare.

8. Purpurreiher (Ardea purpurea, L.) Ein Exemplar am 14. September in der Praterau gefangen.

9. Silberreiher (Ardea egretta, Bechst.).

10. Seidenreiher (Ardea garzetta, L.) Zwei Exemplare.

11. Nachtreiher (Nycticorax griseus, Strickl.). Vier Exemplare.

12. Rohrdommel (Botaurus stellaris, L.).

13. Grünfüssiges Teichhuhn (Gallinula chloropus, L.).

IV. Ordnung. Rallae (Stelzenvögel).

14. Kiebitz (Vanellus cristatus, M. u. W.) Zwei Exemplare.

V. Ordnung. Rasores (Scharrvögel).

15. Steinhuhn (Perdix saxatilis, M. u. W.) Fünf Exemplare.

16. Rebhuhn (Starna cinerea, L.). Drei Exemplare.

17. Wachtel (Coturnix dactylisonans, Meyer).

VI. Ordnung. Columbae (Tauben).

18. Ringeltaube (Columba palumbus, L.).

19. Hohltaube (Columba oenas, L.).

20. Felsentaube (Columba livia, L.).

21. Turteltaube (Turtur auritus. Ray.).
Verschiedene Haustauben.

VII. Ordnung. Dickschnäbler (Crassirostres).

22. Grauammer (Miliaria europaea. Swains.).
23. Goldammer (Emberiza citrinella. L.).
24. Zippammer (Emberiza cia L.).
25. Rohrammer (Schoenicola schoeniclus L.).
26. Haussperling (Passer domesticus. L.)
27. Buchfink (Fringilla coelebs. L.).
28. Bergfink (Fringilla montifrigilla L.).
29. Schneefink (Fringilla nivalis L.).
30. Kirschkernbeisser (Coccothraustes vulgaris Pall.).
31. Grünling (Ligurinus chloris. L.).
32. Girlitz (Serinus hortulanus. Koch).
33. Erlenzeisig (Chrysomitris spinus. L.).
34. Stieglitz (Carduelis elegans. Steph.).
(Auch Bastarde von Stieglitz und Kanarienvögel.)
35. Bluthänfling (Cannabina sanguinea. Landb.).
36. Gimpel (Pyrrhula europaea. Vieill.).
37. Fichtenkreuzschnabel (Loxia curvirostra. L.).

VIII. Ordnung. Cantores. (Sänger).

38. Fitislaubvogel (Phyllopneuste trochilus. L.).
39. Gartenspötter (Hypolais salicaria. Bp.).
40. Sumpfrohrsänger (Acrocephalus palustris. Bechst.).
41. Drosselrohrsänger (Acrocephalus turdoides. Meyer).
42. Heuschreckenrohrsänger (Locustella naevia. Bodd.).
43. Flussrohrsänger (Locustella fluviatilis. M. u. W.).
44. Zaungrasmücke (Sylvia curruca. L.).
45. Dorngrasmücke (Sylvia cinerea. Lath.).
46. Sängergrasmücke (Sylvia orphea. Temm.).
47. Gartengrasmücke (Sylvia hortensis. Aut.).
48. Sperbergrasmücke (Sylvia nisoria Bechst.)
49. Kohlamsel (Merula vulgaris. Leach.).
50. Ringamsel (Merula torquata. Boie).
51. Wachholderdrossel (Turdus pilaris. L.).
52. Singdrossel (Turdus musicus. L.).
53. Weindrossel (Turdus iliacus. L.).
54. Steindrossel (Monticola saxatilis. L.).
55. Hausrothschwanz (Ruticilla tithys, L.).
56. Gartenrothschwanz (Ruticilla phoenicura, L.).
57. Nachtigall (Luscinia minor. Chr. L. Br.).
58. Sprosser (Luscinia philomela, Bechst.).
59. Blaukehlchen (Cyanecula leucocyanea. Chr. L. Br.).
60. Rothkehlchen (Dandalus rubecula. L.).
61. Grauer Steinschmätzer (Saxicola oenanthe. L.).
62. Ohrensteinschmätzer (Saxicola aurita. Temm.).
63. Weisse Bachstelze (Motacilla alba. L.).
64. Gebirgsbachstelze (Motacilla sulphurea. Bechst.).
65. Gelbe Schafstelze (Budytes flavus. L.).
66. Baumpieper (Anthus arboreus. Bechst.).
67. Haubenlerche (Galerida cristata. L.).
68. Haidelerche (Lullula arborea, L.).
69. Feldlerche (Alauda arvensis. L.).
70. Calanderlerche (Melanocorypha calandra. L.).

IX. Ordnung Captores (Fänger).

71. Raubwürger (Lanius excubitor. L.).
72. Rothköpfiger Würger (Lanius rufus. Briss.).
73. Rothrückiger Würger (Lanius collurio. L.).
74. Schwarzrückiger Fliegenfänger (Muscicapa luctuosa. L.).
75. Seidenschwanz (Bombycilla garrulus. L.).
76. Alpenbraunelle (Accentor alpinus. Bechst.).
77. Heckenbraunelle (Accentor modularis. L.).
78. Sumpfmeise (Poecile palustris. L.).
79. Tannenmeise (Parus ater. L.).
80. Haubenmeise (Parus cristatus. L.).
81. Kohlmeise (Parus major. L.).
82. Schwanzmeise (Acredula caudata. L.).
83. Gelbköpfiges Goldhähnchen (Regulus cristatus. Koch).

X. Ordnung. Scansores (Klettervögel).

84. Mittlerer Buntspecht (Picus medius. L.).
85. Wendehals (Junx torquilla. L.).
86. Gelbbrüstige Spechtmeise (Sitta europaea. L.).
87. Alpenmauerläufer (Tichodroma muraria. L.)
In fünf Exemplaren: davon zwei in der Gefangenschaft gezüchtet. Sind in einer grösseren Volière mit künstlichen Felsen im Freien untergebracht. Haben schon das Winterkleid.
88. Wiedehopf (Upupa epops. L.). Fünf Exemplare.

XI. Ordnung. Coraces (Reiherartige Vögel).

89. Staar (Sturnus vulgaris. L.).
90. Alpendohle (Pyrrhocorax alpinus. L.)
91. Alpenkrähe (Pyrrhocorax graculus. L.).
Drei prächtige Exemplare.
92. Dohle (Lycos monedula. L.) darunter einen Halbalbino und ein ganz weisses, blauäugiges Exemplar.
93. Kolkrabe (Corvus corax. L.). In vier schönen Exemplaren.
94. Rabenkrähe (Corvus cornix. L.).
95. Nebelkrähe (Corvus corax. L.).
96. Elster (Pica caudata. Boie).
97. Eichelhäher (Garrulus glandarius. L.).
98. Tannenheher (Nucifraga caryocatactes. L.).

XII. Ordnung. Insessores (Sitzfüssler).

99. Kukuk (Cuculus canorus. L.).
100. Blauracke (Coracias garrula. L.).
101. Pirol (Oriolus galbula L.).

XIII. Ordnung. Fissirostres (Spaltschnäbler).

102. Rauchschwalbe (Hirundo rustica. L.). In drei vollständig eingewöhnten Exemplaren.

XIV. Ordnung. Rapaces (Raubvögel.)

103. Weisskopfgeier (Gyps fulvus. Gm.) in drei schönen Exemplaren.
104. Rother Milan (Milvus regalis. auct.).
105. Thurmfalke (Cerchneis tinnunculus. L.).
106. Habicht (Astur palumbarius. L.).
107. Sperber (Accipiter nisus. L.).
108. Steinadler (Aquila fulva. L.) In einem prächtigen, durch seine besonders dunkle Färbung auffallenden Exemplar vertreten.
109. Seeadler (Haliaëtus albicilla. L.).
110. Mäusebussard (Buteo vulgaris. Bechst.).
111. Sumpfweihe (Circus aeruginosus. L.).
112. Steinkauz (Athene noctua Retz.).

113. Waldkauz (Syrnium aluco, L.).

114. Schleiereule (Strix flammea, L.).

115. Uhu (Bubo maximus, Sibb.).

116. Waldohreule (Otus vulgaris, Flemm.).

117. Zwergohreule (Scops Aldrovandi), in fünf schönen Exemplaren.

Von zahlreichen anderen hier befindlichen Vögeln seien vorläufig kurz erwähnt: Seidenschwanz, Steppenhühner, Schopfwachteln, Spiegelpfau, Silber-, Diamant-, Gold- und Königsfasane, Gebirgloris, Alexander-, Mönchs-, Bunt-, Wellensittiche, Surinam-, Blaustirn- und Cuba-Amazone, Gelbhauben- und Nasen-Kakadu, Arara's, zahlreiche Astrilden, Zwergpapageien, Mozambique-Zeisige, Gelbsteissbülbül, Sonnenvogel, Epaulettstaar, Halsbandfinken, Zebrafinken, Blutschnabelweber, Madagaskarweber, Orangeweber (in vollem Nestbau begriffen), Widafinken, Elsterchen und viele andere kleine Exoten, der interessante Carancho oder Caracara-Falke (in zwei schönen Exemplaren.)*)

*) Ausser Vögeln sind hier natürlich auch die anderen Ordnungen vertreten; von Saugethieren seien: Affen, Stein-, Edelmarder, Iltis, Wiesel, Frettchen, Dachs, Baum-, Garten- und Siebenschläfer, Rollmarder, Hamster (auch ein rothaugiges, ganz weisses Exemplar), Haus- und Wanderratte, Angorakatze, Fuchs, Meerschweinchen, Hase, Kaninchen, Reh erwähnt. Sehr zahlreich sind die Kriechthiere und Lurche vertreten (darunter der sehr selten zu sehende Rippenmolch, die Fesslerkröte, die Kettennatter, grosse Riesenschlangen, der Riesensalamander, selten grosse Chamäleons. In den 17 grossen Kastenaquarien und zahlreichen Standaquarien ist insbesondere unsere heimische Fischwelt zur Schau gestellt.

Beobachtungen aussergewöhnlicher Nistplätze einiger Vogelarten.

Gesammelt von Freifrau von **Ulm-Erbach.**

(Fortsetzung und Schluss.)

In Heilbronn nisten seit vielen Jahren Rauchschwalben in einer Weinsäurefabrik zwischen Transmissionen, Rädern und dampfenden Pfannen, kamen auch den 17. Mai 1886 in das Kesselhaus der dortigen Stearinlichterfabrik, wo sie die angebrachten Stützpunkte verschmähend, zuerst auf einem Durchzugsbalken bauten, diese Stelle aber wieder verliessen und am 23. Mai auf dem Rohr der Gasleitung nisteten, gerade über der Feuerung und den Wasserstandsgläsern eines Hochdruckkessels; also bei riesiger Hitze und öfterem Zischen des Dampfes flogen hier am 12. Juli vier Junge aus, ebendort in einem Vorstall am 7. Juni desselben Jahres flügge Junge. Es ist räthselhaft, dass Vögel, welche bei dem leisesten Geräusch erschrecken und fortfliegen, plötzlich ganz unempfindlich gegen jede äussere Störung werden.

Obige Beobachtung verdanke ich unserem verehrten Gutsnachbar, dem Freiherrn Richard von König, auf Schloss Warthhausen, der als Naturforscher und speciell als bewährter Ornithologe sich einen Namen erworben hat und dem ich für manches Material, welches er mir bereitwillig zur Verfügung stellte, zu grossem Danke verpflichtet bin.

Einen merkwürdigen Platz für sein Nest hat sich ein Schwalbenpaar, Chelidon urbica auf der Insel Pellworm ausgesucht; dasselbe befindet sich unter dem Radkasten eines zwischen Pellworm — Husna fahrenden Dampfers.

Unter welchen Launen mitunter Vögel ihre Brutstätte wählen, beweist eine gemachte Mittheilung aus Winterthur, wornach ein Amselpaar, Merula vulgaris, sein Nest in ein an der Stallwand aufgehängtes Rosskummet gebaut hat. Da öfters eine Katze das Nest belauerte, wurde es von dem Knechte ziemlich hoch hinauf gehangen, was die Alten jedoch nicht veranlasste, ihr Nest zu verlassen, vielmehr haben dieselben ruhig weiter gebrütet und fünf Junge ausgebracht.

Ein reizendes Bild bietet die grosse Verkaufshalle der weltbekannten Kunst- und Handelsgärtnerei von J. C. Schmidt in Erfurt. Auf einem Lorbeerbaume hat ein Grasmückenpaar, Curruca cinerea, sein Heim aufgeschlagen und kann jeder Besucher dieser Halle sich überzeugen, mit welcher elterlichen Fürsorge das unermüdliche Vogelpaar, trotz des starken Verkehrs an dieser Verkaufsstelle sich seines Elternglückes erfreut. Durch ein offen gelassenes Fenster im Glasdach geniessen die zutraulichen Vögel ungestörten Ein- und Ausflug.

Aus Flöha in Sachsen wird auch von einem merkwürdigen Nistplatz eines Schwalbenpaares berichtet, welches sein Nest im Sitzungssaale der königl. Amtshauptmannschaft kunstgerecht auf einem Klingelzuge angelegt hat. Ungehindert und ohne Scheu trotz des häufigen dortigen Verkehrs verschiedener Menschen fliegen die befiederten Gäste im Saale ein und aus.

Wir wollen jetzt unsere liebgewonnene Hausgenossin, die Schwalbe, verlassen und zu dem ebenso zutraulichen Rothkehlchen, Rubecula silvestris, übergehen. Wenn die Schwalbe, sowohl in ihrem Fluge, als auch in der Wahl ihrer Nistplätze nach höheren Regionen strebt, so ist das Rothkehlchen dagegen bescheideneren Sinnes und nistet auch dem entsprechend, meist nahe am Boden. Man kann das liebliche Rothkehlchen so recht den Freund des armen Mannes nennen; nimmt es doch sogar mit einem abgelegten Schuh, als „Wiege für seine Jugend“, vorlieb und fühlt sich diese scheinbar ganz wohl in demselben. In unserem Garten brütete seit mehreren Jahren ein offenen Kegelbahn. Obgleich es dort durch das Kegelspiel oft recht lebhaft war, auch manchmal in der Nähe des Nestes Licht angezündet wurde, so ging das Rothkehlchen ganz unbesorgt seinem Brutgeschäfte nach.

Ueber eigenthümlich erwählte Nistplätze der Haubenlerche, Galerita cristata sind fast unglaubliche Sachen geschrieben worden und scheint dieser Vogel eine besondere Vorliebe für die Bahnschienen zu haben, wie folgende Berichte beweisen: In den 60er Jahren bauten Lerchen ihr Nest am Bahnhof zu Lundenburg in Mähren, dicht an die Schienen und liessen sich nicht im geringsten durch die über dieselben hin und herfahrenden Züge beunruhigen, eben so wenig, wenn Passagiere sich dem Neste dicht näherten, um es zu betrachten. Eben so wird von Herrn Herzog folgende wunderbare Episode von einem Lerchennest erzählt. In der Nähe von Darmstadt hatte im Sommer des Jahres 1865 ein Lerchenpaar sein Nest mitten auf die Eisenbahn, in eine Ecke, wo zwei Fahrgeleise sich kreuzten, gebaut. Bald lagen vier Eierchen in dem Neste und das Weibchen sass brütend darüber. Kam ein Zug, so bückte das Vöglein sein Haupt, bis der letzte Wagen vorüber war und schaute dann wieder heiter und munter um sich. Endlich waren drei lebendige Junge im Nestchen. Nach einigen Tagen setzte sich eines derselben auf eine der Schienen. Der Zug kommt heran, die Alten locken vergebens das naseweise Ding bleibt sitzen. Als die Gefahr fast unvermeidlich schien, flog eines der Alten rasch heran, packte das unfolgsame Kind beim Kopfbüschel und schleuderte es über die Bahn hinaus. Der Bahnwärter, welcher das alles angesehen hatte, beschloss hierauf, das Nest sammt seinen Insassen aus der gefährlichen Stellung zu erlösen und trug es in ein nahes Kleefeld. Die Alten folgten ihm auf dem Fusse nach und trillerten bald in den Lüften den Dank für seine Barmherzigkeit.

Auch Baldamus hat einen Fall veröffentlicht, wie mitten auf dem Bahnhofe in Cöthen ein Paar Haubenlerchen hart unter den Schienen im regsten Verkehr brütete.

Eine Stuttgarter Zeitung berichtet, dass in Eckartshausen in Württemberg auch Bachstelzen, Motacilla alba, ihr Nest wohlgeborgen durch die Bahnschienen, unter der Kreuzungsspitze neben einer Weiche angebracht haben und mindestens zwölf Bahnzüge täglich über die Jungen hinfuhren, ohne dass die Alten aufgeflogen wären.

Auch soll es erwiesen sein, dass Bachstelzen in leerstehende Eisenbahnwagen gebaut haben und mit diesen hin- und hergefahren wurden.

Wenn durch den regeren Verkehr, besonders durch die Telegraphendrähte, viele Vögel durch das heftige Dagegenfliegen ihr Leben lassen müssen, so sehen wir hingegen, dass sich auch die jetzige Vogelwelt mit der Cultur befreundet und sich den Neuerungen freundlich gesinnt zeigt.

Folgende reizende Begebenheit verdanke ich Baron R. König.

Vor dem Schlossportale Warthhausen stehen ziemlich frei unter kleinen Blechdächern, zwei französische Bronce-Geschütze aus der Kriegsbeute von 1870, l'Ecrivain, gegossen zu Strassburg unter König Louis Philipp und l'Alsacien eben daher, vom Präsidenten Louis Napoleon. Ein Hausrothschwanzpaar, Ruticilla tithys, welches 1883 seine erste Brut unter dem Portaldach vollendet hatte, zog zuerst in den Ecrivain, verliess aber bald die dort eingetragene Unterlage und siedelte in den heimischeren Alsacien über; hier hat es, — ein schönes Friedensbild! — im blanken Kanonenrohr 10.—15. Mai seine fünf Eier gelegt und Junge grossgezogen, die am 31. Mai auskrochen und am 14. Juni abflogen.

Die Wahl dieses Brutplatzes überrascht umsomehr, da wie ich mich selbst davon überzeugte, die Kanonen sich in einer sehr bewegten Passage befinden.

Darüber dass der Hausrothschwanz, Ruticilla tithys, beim Brüten fast jede Scheu vor dem Menschen überwindet, berichtet ebenfalls Baron R. König: Ein Hausrothschwanzpaar hat 1882 in einem seitlich offenen Brückengewölbe, das ich als Gartenhaus benütze, in einer in Brusthöhe befindlichen Mauernische, unbekümmert um mein tägliches Ab- und Zugehen seine Brut grossgezogen. In aller directester Hausgenossenschaft sind Hausröthlinge zu mir getreten, indem ein Paar, durch eine zerbrochene Fensterscheibe fliegend, jahrelang hinter dem Altarcrucifix der hiesigen Schlosscapelle, ein anderes in einem getäfelten Thurmzimmer, dessen Fenster längere Zeit offen stand, auf einer Tellerschanze hinter einer Majolica-Platte nistete. Gewisse altmodische eiserne Grabkreuze haben in der Mitte ein verschliessbares Kästchen aus Eisenblech mit einem Heiligenbild oder einer Gedenkschrift; im botanischen Garten von Tübingen, der theilweise aus einem alten Gottesacker besteht, fand ich zweimal Hausrothschwanz-Nester in solchen Kästchen, bei halbgeöffneter Thüre, eingebaut.

Auf unserer Herrschaft in Liptal in Mähren brütete im Sommer 1888 ein Paar Hausrothschwänze in einem Oekonomie-Wagen, der einige Zeit unbenützt in einer Remise stand, deren Thore meistens geöffnet waren. Die mährischen Leiterwagen sind insoferne anders construirt wie hier zu Lande, indem ringsherum ein etwa $1\frac{1}{2}$ Meter hohes Weidengeflecht angebracht ist, so dass es einem grossen Korbwagen ähnlich sieht. Es hat den Zweck, damit man in dem Wagen auch kleinere Gegenstände transportiren kann, z. B. Dachschindeln, ohne dass dieselben herausfallen. In der hinteren Ecke des Wagens bemerkte ich ganz versteckt das Nestchen eines Hausrothschwänzchen-Paares, in dem dasselbe seine junge Brut, aus sieben Stück bestehend, aufzog und sämmtlich auch munter ausflogen.

Aus Sondershausen wurde heuer von einem Rothschwänzchen-Paar auf Reisen berichtet. Unter einem Personenwagen, der auf der Tour Hohenelbe—Ebeleben täglich fünfmal verkehrt, hat ein Paar Rothschwänze sein Nest gebaut und brütete unbekümmert um das Hin- und Herfahren des Wagens. Das Pärchen ist recht eigentlich dem „Schutze des Publicums" empfohlen und geniesst denselben auch in jeder Beziehung.

Dass ein Paar Kohlmeisen, Parus major, in einem Brunnenrohr ihr Nest gebaut haben, theilt Herr H. Weisse in der „Monatsschrift des deutschen Vereines zum Schutze der Vogelwelt" im Jahre 1885, wie folgt, mit:

„In dem meine Wohnung umgebenden Obst- und Gemüsegarten befindet sich eine einfache kleine Blechpumpe mit dünnem Eisenschwengel, die seit Jahren nicht mehr benutzt wird. Dies Jahr hat sich ein Kohlmeisenpaar in dieser Pumpe häuslich eingerichtet, trotzdem es im Garten an Baumlöchern durchaus nicht mangelt.

Die Kohlmeisen haben ihr Nest ganz unten im Brunnenrohr angebracht und das Rohr in seiner ganzen Rundung ausgebaut, der Schwengel geht mitten durch das Nest. Ich habe die Meisen immer fleissig beobachtet; beim Nestbau und beim Brutgeschäft sind sie nicht gestört worden und jetzt füttern sie bereits sechs ziemlich herangewachsene Junge, die trotz der kühlen Maitage im Wachsthum nicht zurückgeblieben sind. Beim Fütterungsgeschäft sind die Alten ziemlich dreist; ich kann ruhig in allernächster Nähe stehen bleiben, sie tragen ganz ohne Scheu das Futter zu den Kleinen hinunter. Das Curiose ist aber, dass, selbst wenn man den Pumpenschwengel in Bewegung setzt, das Nest und die Kleinen durchaus nicht verletzt werden; schon beim leisesten Bewegen des Pumpenschwengels fangen die Jungen an tüchtig zu zilpen. In den nächsten acht bis zehn Tagen werden sie wohl ihr eigenthümliches Heim verlassen."

Von zwei Fällen, wo Kohlmeisen in der Brunnensäule eines Pumpbrunnens nisteten, berichtet uns auch Baron König und zwar von solchen, die noch im Gebrauch waren, doch gingen das einemal durch die Bewegung des Pumpens die Eier entzwei, während das anderemal das Weibchen auf den Eiern zerdrückt wurde."

Ende April 1886 befand sich in Göppingen (Württ.) ein Nest einer Schwarzdrossel, Turdus merula, unter dem Dachvorsprung eines Hauses, zwischen die Mauerwand und ein schräg aufsteigendes Abfallrohr der Dachrinne, eingebaut; früher hatten die Vögel im Nadelgehölz des Hausgartens genistet, nachdem aber ihre Brut öfters von Katzen gestört worden war, machte sie der Schaden klüger. Dass ein Hausrothschwanzpaar in den Post-Briefkasten einer wenig bevölkerten Stadt des württemberg'schen Unterlandes genistet haben soll, mag wohl Verleumdung sein! Doch theilt Herr Fr. Otto in der „Monatsschrift" von einem ähnlichen Nistplatze, aber in einem unbenützten Briefkasten mit: „Der Gendarm in Höhnstedt hat neben seiner Hausthür, vor welcher ein kleiner Garten ist, mitten im Dorfe einen gewöhnlichen Briefkasten angebracht, in welchem eine Kohlmeise, Parus major brütet. Der Kasten ist ungefähr 3 Zoll hoch mit Wolle, Haaren, Federn, etc. ausgefüllt, in deren Mitte eine Kohlmeise auf 14 Eiern (legt bekanntlich 8—14 Eier) brütet, so dass man sie kaum sehen kann. Beim Oeffnen des Kastens sträubt das Vögelchen die Federn in die Höhe, lässt sich aber in seinem Brutgeschäft nicht stören".

Es ist vor allem die kecke Sippe der Sperlinge, Passer domesticus, die sich nicht scheut, an den merkwürdigsten Plätzen ihre kunstlosen Nester anzubringen und zeigen sie dabei nicht die geringste Furcht vor dem Menschen.

Ist ein Fensterladen nur kurze Zeit geschlossen, so kann man beim Oeffnen desselben, fast mit Sicherheit darauf rechnen, dass einige voluminöse Spatzennester, wozu das unglaublichste Material verwendet wurde, zerstört werden; um die es aber durchaus nicht Schade ist, da das Ueberhandnehmen der Sperlinge fast zu einer Landplage geworden ist. Sie benützen nicht nur alte, fremde Nester, sondern drängen sogar, wie wir bereits bei den durch Schwalben eingemauerten Spatzen gesehen, nistende Vögel aus ihren eigenen Nestern hinaus. Es soll aber auch von zuverlässigen Beobachtern constatirt worden sein, dass auch Sperlinge so grausam waren, Staare in ihrem Nistkasten einzumauern, wie folgende Begebenheit beweist: „Ein Beamter der Kohlengrube „Constantin" in Wiedebach bei Weissenfels pflegt als Vogelliebhaber in seinem Garten die Staare mit grosser Hingabe. Die zahlreich ausgehängten Brutkästen wurden im vorigen Frühjahre sämmtlich bezogen, nur in einem Falle gelang es einem Sperlingspaar die Staarfamilie, wie angenommen wurde, zu vertreiben und von der behaglichen Wohnung Besitz zu ergreifen. Eine vor Kurzem vorgenommene Reinigung des Nistkästchens ergab indess ein ebenso überraschendes wie betrübendes Resultat. Das Nest bestand aus zwei Schichten, auf der unteren lag über vier Eiern das Skelett eines Staares, vollständig bedeckt von der oberen Schichte, dem Neste des Sperlings. Letzterer hatte somit auf den lebendigen Staar gebaut, dieser hatte muthig den Platz behauptet und seine Treue mit dem Leben bezahlt".

Mit welcher Beharrlichkeit oft das Weibchen auf ihrer Brut aushält, beweist ein rührender Fall, den Baron König in seinem naturwissenschaftlichen Jahresbericht 1886 schreibt:

„Gelegentlich meiner silbernen Hochzeit wurde am Abend des 25. Juni bengalisches Feuerwerk abgebrannt und eine Kapsel mit solchen, in die Latten eines am Schlosse befindlichen Spaliers eingeschlagen. Vier Spannen vom Drahtstift entfernt, fand sich am andern Tag ein Fliegenfänger-Weibchen, Muscicapa grisola, über den Eiern brütend, welches sich weder vom blendenden Lichte, noch vom Sprühregen des Feuerwerks hatte vertreiben lassen!"

Indem ich diese Abhandlung schliesse, hoffe ich, dass dieselbe zur Anregung dienen möchte, ähnliche Begebenheiten merkwürdiger Nistplätze zu veröffentlichen, worüber, wenn ich nicht irre, in diesen Blättern noch nichts erschienen ist. Vielleicht ist es mir vergönnt, später von neueren Beobachtungen zu berichten, da ich vorerst nur solche bekannt gemacht habe, welche mir noch frisch im Gedächtnisse geblieben waren.

Möchten doch auch die mitgetheilten Beobachtungen, die uns die treffendsten Beweise geben, wie zuthunlich sich uns oft die liebliche Vogelwelt nähert, indem sie uns ihr Liebstes, ihre Brut anvertraut, auf's Neue aneifern, sie zu schützen und zu hegen, soviel es in unseren Kräften steht, was ja zugleich zu unserm eigenen Vortheil gereicht.

Einiges aus vergangener Zeit*).

Von **Robert Eder.**

zu schreyen und doch nicht völlig durchbicken können so eröffne ihnen die Schalen fein gemach und setze eine Henne darauf.

Seite 655. Nr. 129. **Einen Ofen anzurichten / darinnen auf einmal mehr als tausend Eyer ausgebrütet werden können.**

Bei dieser Gelegenheit wollen wir aus dem Peganio / sonsten Rauter genannt angeben wie man einen Ofen zurichten könne / darinn man auf 1mal mehr als tausend Eyer könne ausbruten lassen wie folget: Erstlich lasse man einen faulen Heintzen machen nach der Kunst so hoch als man will / und zwar den Thurn viereckicht also dass man an drei Seiten gehörige Neben-Oefen anschifften kan jeden mit gehörigen Registern durch welche die Wärme aus den Thurn in die Brut-Oefen könne gelassen werden. Ein jeder Brut-Ofen kan auf die drey oder mehr Schuhe breit seyn dass man nemlich mit dem Arme an die andere Seiten reichen und also die Eyer recht legen und umlegen könne / die Höhe desselben aber kan von 3. bis 4. Schuhen seyn / dieselbige muss durch 3. eiserne Platten in 4. Theile abgetheilet werden: Das erste Fach bleibt zum Aschen-Loch / und muss die aus den Thurn fallende Aschen durch einen nahe am Thurn gelegten Rost da hinab fallen können. Das andere Fach sein etwas höher als ein Schuh und wird an das Register des Thurns zu stehen kommen: des dritte und vierte kan gleichfalls nach gut achten ein und abgesetzet werden. Ein jedes Fach muss sein eigenes Thürlein oder Loch mit einem Stöpsel haben / dass man den Arm wol hineinbringen und sie bequemlich auf und zumachen könne; oben darauf kan ein Deckel gemachet werden dardurch das oberste Fach wol bedecket werde. Die andere und dritte Platte müssen hinten an den Thurn gehörige Löcher haben / auf die 3. bis 4. quer Finger breit und so lang als die Löcher unten am Thurne gehen damit dadurch die Wärme aus dem Register des Thurns in die Höhe tretten / und dieselben Fächer erwärmen könne: auch kan man diese Löcher mit eisernen Schüben zu und aufschieben damit man die Wärme in den Fächern nach Belieben mildern könne. In die Fächer aber solle man Säge-Späne oder Häckerling streuen / und ein Tuch darauf legen auf welchem die Hünlein / wann sie ausgekrochen gehen und tretten können. In jedes Fach kann man auf die hundert und mehr Eyer legen dass das stumpffe Theil unten und das spitzige oben komme. Die Wärme des Ofens muss im Sommer geringer im Winter etwas stärcker seyn: auch muss im Anfang weniger und gegen das Ende der Brut-Zeit etwas stärckere Wärme gegeben werden man muss auch alle Tage 2. oder 3. mal Achtung geben ob die Wärme zu schwach recht oder zu gross seye welches man an den Eyern prüfen kann: dann wann ein Ey so heiss ist / dass es einen an das Auge brennet / so ist die Hitze zu gross. Kan man es aber am Auge / so man es daran hält nicht gross mercken so ist sie zu schwach darum man sie also geben und richten muss wie man befindet dass eine Brut-Henne thue wann sie auf den Eyern sitzet / welches man entweder mit einem Wetter-Glas oder wol mit der blossen Hand zur Genüge erkennen kann. Man muss auch im Anfang zu rechter Zeit die Eyer prüffen und an der Sonne besehen / ob sie tüchtig oder nicht / dann wann sie brutig sind so lässt man sie liegen: sind sie aber lauter so kann man ein solches wegthun und ein anderes unterlegen. Auch müssen die guten alle Tage umgewendet und gegen die Wärme so von den Registeren herkommt / gekehret werden: Nach neunzehen oder zwantzig Tagen im Sommer; im Winter aber nach fünff bis acht und zwantzig Tagen / muss man die Eyer gegen die Sonne halten / und den Hünlein / wann man siehet / wo sie den Schnabel hinkehren / daselbsten Oeffnung thun / und helffen / darmit ihme der Kopff heraus kommet / so wird es hernach von sich selbsten auskriechen. Indessen muss man ein warmes Zimmer in Bereitschafft haben / damit die Hünlein sich trucknen können. Mit dem Essen und Wartung wird ein fleissiger Haus-Vater der Sachen schon zu thun wissen / und kann einer dabey nicht wol Schaden leiden wann er die Hüner gleich nach dem Mass verkauffen sollte wie es in Egypten geschiehet.

Seite 661. Nr. 147. **Zu wegen zu bringen / dass eine Pfauin junge weisse Pfauen ausbrute.**

Wann die Pfauin brutet so muss man ihr ein weisses Tuch vor das Gesicht hängen so dass sie unter dem Bruten selbigen stets vor Augen habe / so bekommet sie wegen der starken Einbildung weisse Jungen und dieses ist zu öfftern practiciret worden.

Seite 661. Nr. 148. **Wie man Hennen und Fasanen zusammen werfen kann.**

Zuerst muss man mit grossem Fleiss ein Männlein von Fasanen / neben einer Hennen lassen zahm werden / dann suchet man von denen gemeinen Hünern solche aus die etwas bund von Farben / und fast einer Fasan-Henne gleichen / damit locket man ihn dann an / dass er im Frühling mit selbiger zuhalte: da dann diese Eyer über und über mit schwarzen Pünctlein leget die auch viel schöner und grösser / dann die andern seyn. Wann nun die Jungen ausgekrochen ziehet man sie mit Heydel oder Buch-Weitzen / woraus man Griess machen lässet und klein gehackten Petersilien-Kraut oder Eppich auf / weilen sie selbige Kost gar gerne fressen.

Des Curlösen Künstlers

Andern Theils

Anderes Buch

Darinnen von der allgemeinen Erkänntnus des Gewitters und allerhand schönen als Obst-Kräuter und Garten-Künsten nebenst der Vertreibung allerley Ungeziefers auf das beste abgehandelt wird.

Caput I.

Muthmassliche Kenn- und Merkzeichen worbey man spühren und erkennen könne wann Regen / nasses und dunkel weich Wetter, auch wann ein grosser Platz- oder Schlag-Regen erfolgen werde.

Seite 478. 38. An den unvernünfftigen Thieren sind auch viel Zeichen eines nassen und weichen Wetters zu observiren, als wann die Hüner in Regens-Zeiten im Mist scharren und darinnen ihr Essen suchen / ist auch ein Anzeigung langes Regen-Wetters / und wann es gleich bisweilen ein wenig innen hält so hat es doch keinen Bestand.

39. Wann der Grünspecht oder Specht wie er an etlichen Orten genannt wird sich mit Schreyen oder Ruffen hören lässet, so regnet es bald hernach.

41. Wann die Tauben sehr girren in den Hölen / so dauet es und wird warm.

42. Wann der Brach-Vogel auf den Abend schreyet und sich hören lässet so ist er ein Vorbot des Regen-Wetters.

43. Wann sich die Gänse und Endten sehr baden und unter das Wasser schiessen so ist es auch ein Zeichen nassen Regen-Wetters.

44. Die Gänse wann sie einen grossen Regen oder Platz-Regen merken, führen sie ein grosses Geschrey schlagen mit den Flügeln / lassen die obersten Federn aus einander und spreiten sich so gut sie können aus, damit ihnen der künfftige Regen nicht durchdringe / und den Leib nass mache.

45. Wann die Schwalben gerühret auf dem Wasser fliegen, und mit den Flügeln darein schlagen so regnet es bald darauf.

46. So ist auch gewisser Platz-Regen vorhanden wann die Schwalben viel emsiger als sonsten fliegen und denen Fliegen als ihrer Nahrung nachstellen und solche viel hefftiger als sonsten verfolgen: dann sie wollen sich also mit einem Vorrath versehen damit sie in währendem Regen zu leben haben, und nicht mit Ungelegenheiten dörfften ausfliegen. Will geschweigen, dass sie auch weil der Regen noch währet keine Fliegen finden / welches sie dann von Natur wissen.

Seite 479. 50. Wann die Hüner hoch auf die Gebäue fliegen / kommt auch weich Regen-Wetter.

51. Wann die Pfauen hoch auffliegen und sehr schreyen, bedeutet es auch Regen-Wetter.

52. Wann die Hanen viel nach einander und zu ungewöhnlichen Zeiten krähen, und sonderlich nach Mittag, so kommt nass und weiches Wetter.

Seite 481. 79. Wann sich die Krahen und Dahlen Winters Zeiten und sonsten zusammen häuffen und sehr schreyen / so ist sich Schnees und weiches Wetter zu versehen.

80. Wann der Storch kommt, so bringt er gemeiniglich Ungewitter mit sich.

89. Wann die Vögel im Herbste mager sind so wird ein weicher Winter.

Wie man schön hell dürr, trocken und gutes Wetter erkennen lernen solle.

2. Wann die Kraniche / wilde Gänse und andere fremde Vögel frühe im Jahre kommen so sollen sie desto länger bey uns bleiben / so folget / dass ein schöner langer Herbst seyn werde.

4. Wann die Vögel vor Michaelis nicht ziehen / so wird vor Weynachten kein harter Winter und ist sich noch eines Sommers zu versehen / welchen die Vögel wissen eilen derowegen nicht weg zu ziehen.

11. Wann die Kraniche / wilde Gänse und dergleichen Vögel hoch fliegen / so bedeutet es schön und helles Wetter und ziehen nicht fort / dann sie fühlen schön Wetter.

29. So finden sich auch etliche Vögel welche den Regen dermassen anfeinden und hassen / dass sie gleichsam aus Angaben der Natur zuvor mercken und wissen können / wann etwan einer vorhanden / thun sich derowegen nicht hervor sondern bleiben

in den Löchern und Hölen der Baume sitzen; dann wann sie der Regen betrifft werden sie nass und können nicht fliegen / als da sind insonderheit die Berg-Hüner Kautzen Nacht-Eulen und dergleichen. Derowegen wann du des Nachts dieser Vögel viel auf dem Felde schreyen und heulen hörst so seye der gewissen Hoffnung es werde sich das böse Wetter enden / und ein gutes darauf erfolgen.

30. Der Han kan mit seinen Krähen nicht warten bis etwan die Stunde oder Uhr schlagen will sondern wiederholet solchen seinen Gesang auch zwischen derselbigen Zeit offt und viel und freuet sich gleichsam sehr dass er und seine Hüner ein mal wiederum auf den Mist und Raub gehen dörffen da sie so lang den Regen gewittert und sitzen müssen und keine Übung haben können.

31. Endlich so freuen sich auch die Raben des künfftigen guten Wetters machen sich auf den Bäumen lustig schreyen und singen so gut sie es können und thun also dem Menschen die Besserung des Wetters kund.

Vorbedeutung woraus ein böss und unfruchtbares Jahr abzumerken und zu erkennen seye.

Seite 486. Wann die Vögel mit grossen Hauffen die Insuln und Wälder verlassen und sich ins Felde oder bei den Städten und Dörffern niederlassen; wann die Dahle nicht mehr in den Wäldern wohnet.

Seite 487. Wann die Vögel ihre Nester Eyer und Jungen verlassen.

Wie die Jahrs-Zeiten zu erkennen.

Seite 487. Als nemlich wann man vermercket dass die Bach-Vögel oder Bach-Steltzen die Wasser verlassen / oder die Sang-Vögel sonderlich die Männlein, vor allen andern nicht mehr singen; wann die Kraniche / Störche Schwalben sich zusammen thun und wieder dahin kehren daher sie kommen sind wann die Gänse mit grossen Geschrey um ihre Speise oder Futter streiten oder die Spatzen wider ihre Gewonheit, Morgens früh schreyen da mag man sagen dass der Winter nahe sey.

Wann die Schwalben Haufen-weiss wiederkommen; wann um das Ende des Winters die Endten eine weisse Brust haben da mag man urtheilen dass der Frühling oder Lentz vor der Thüre seye dann solche Thier empfinden und mercken gar eigentlich die Näherung Anfang und Ende der Jahres-Zeiten.

Wann man im Winter zu Anfang des Frostes mercken dass die See-Vögel sich in die Flüsse und Bäche thun welche nicht leicht zusammen gefrieren mögen; wann die kleinen Vögel sich in den Wald-Büschen verstecken und ihre Speiss und Nahrung nahe bey den Städten Flecken und Dörffern suchen so mag man für gewiss halten dass entweder die Kälte nahe seye oder dass die gegenwärtige Kälte streng und lang anhaltend seye.

Ein langer Winter wird bedeutet wann die Endten zu Ende des Winters röthliche Brüste haben.

Fortsetzung folgt.

Literarisches.

Encyklopädie der Naturwissenschaften. Erste Abtheilung. 55 bis 57. Lfg. Zweite Abtheilung. 48. Lfg. Subscriptionspreis pro Lfg. 3 Mark. Breslau. Eduard Trewendt. 1888.

Vier neue Lieferungen der Encyklopädie der Naturwissenschaften liegen wiederum vor, die von der gleichmässig fortschreitenden Entwicklung des grossen Unternehmens Zeugniss ablegen. Die weiteste Förderung hat in obigen das „Handbuch der Botanik" gefunden, von dem die 21. und 22. Lieferung erschienen sind, die den Schluss des Zimmermann'schen Aufsatzes: „Die Morphologie und Physiologie der Pflanzenzelle" und den grössten Theil einer werthvollen Abhandlung von Hofrath Prof. Dr. Schenk, dem Herausgeber des Handbuches, bringen. Letztere, den Titel „Die fossilen Pflanzenreste" führende Arbeit, deren praktischer Nutzen noch durch Beigabe zahlreicher guter Holzschnitte erhöht wird, dürfte dem lebhaften Interesse weiter Fachkreise begegnen. Vom „Handwörterbuch der Zoologie, Anthropologie und Ethnologie" liegt mit der 23. Lieferung dieser Disciplin bereits der Schluss des V. Bandes vor. Aus dem überaus reichen Inhalte derselben seien diesmal erwähnt die Artikel „Mytilus, Nanina, Nautilus" von Prof. von Martens, „Muskelsystem-Entwicklung" und „Nemathelminthen-Entwicklung" von Griesbach, „Nematoda" und „Nemertina" von Weinland beide mit Illustrationen. Ferner finden wir von Dr. R. Neuhauss, einem neuen Mitarbeiter, ausser dem Aufsatze „Menschenracen" zwei den „Kiefer von La Naulette" und den „Neanderthal-Schädel" behandelnde hochinteressante Beiträge; dasselbe gilt von Sussdorf's „Muskelfunction" und „Muskelströme" sowie den vielen Hellwald'schen Artikeln, von denen „Mzab, Naga, Neger" genannt seien. — Abtheilung II. Lfg. 48 enthält die 28. Lieferung des „Handwörterbuchs der Chemie" mit den Aufsätzen: „Kohlenstoff Schluss — Kohlenwasserstoffe — Kupfer — Lactone und Lactonsäuren". Hier ist in erster Reihe die von Prof. Biedermann verfasste und reich illustrirte Abhandlung über „Kupfer" weitergehender Beachtung zu empfehlen.

Das Buch der Schmetterlinge. Eine Schilderung der mitteleuropäischen Schmetterlinge mit besonderer Berücksichtigung der Raupen und ihrer Nahrungspflanzen. Von K. G. Lutz. 30 farbige Tafeln mit mehr als 700 Abbildungen und zahlreichen Text-Illustrationen. Vollständig in 10 Lieferungen à 1 Mark. Stuttgart. Süddeutsches Verlags-Institut vormals Emil Hänselmann's Verlag.

Es ist eine bekannte Thatsache, dass nur wenige der vielen jugendlichen Schmetterlingsfreunde ihrer Liebhaberei auch treu bleiben. Die Schätze, welche sie erbeuten, gehen meist nach kurzer Zeit zu Grunde, und nach einem eigentlichen Gewinn forschen wir vergebens. Die Ursachen dieser Erscheinung sind neben anderen insbesondere auch in der vorhandenen Literatur zu suchen. In den meisten Schriften über diesen Gegenstand wird ein allzu grosser Werth gelegt auf das blosse Erlangen der Schmetterlinge und auf das systematische Zusammenstellen derselben zu einer Sammlung. Dass eine derartige Beschäftigung nicht auf die Dauer zu fesseln vermag, liegt auf der Hand. Der Verfasser des vorliegenden Werkes hat darum einen anderen Weg eingeschlagen. Ueberzeugt davon, dass das Studium der Schmetterlinge ohne stete Berücksichtigung des Pflanzenreichs wenig fruchtbringend ist, hat er dieselben nach den Nahrungspflanzen ihrer Raupen geordnet. Auf den Tafeln sind nicht allein die vollkommenen Insecten, sondern es ist vielfach der ganze Entwicklungsgang derselben Ei, Raupe mit Nahrungspflanze, Gespinst, männlicher und weiblicher Schmetterling — abgebildet. Der Verfasser legt ganz besonderen Werth auf die Zucht des Schmetterlings aus der Raupe und spricht sich mit Entschiedenheit gegen das plan- und sinnlose Tödten derselben von Seiten der Jugend aus. Er berücksichtigt endlich die Feinde der Schmetterlinge, insbesondere die Schlupfwespen, in einer Weise, wie dies in keinem anderen Schmetterlingswerke der Fall ist. Besonders hervorzuheben ist, dass namentlich bei den schädlichen Schmetterlingen ausführlich sowohl die Entwicklungs- als Lebensweise dargelegt und stets die beste Art der Vertilgung dieser Feinde in Garten und Feld angegeben ist. Die Darstellung ist im besten Sinne populär und durch treffliche Text-Illustrationen unterstützt. Den Hauptwerth aber legen wir auf die in Zeichnung und Colorit gleich mustergiltigen farbigen Abbildungen.

III. Jahresbericht (1887) der ornithologischen Beobachtungsstationen im Königreiche Sachsen, bearbeitet von Dr. A. B. Meyer und von Dr. F. Helm, nebst einem Anhang über das Vorkommen des Steppenhuhnes in Europa im Jahre 1888. Dresden 1888.

Gegenwärtig ist der dritte Jahresbericht über die ornithologischen Beobachtungsstationen im Königreiche Sachsen für das Jahr 1887, bearbeitet von Dr. A. B. Meyer und Dr. F. Helm erschienen. Derselbe enthält im allgemeinen Theil; Verzeichniss der 122 Beobachtungsstationen nebst Notizen über ihre Lage und dergleichen, sowie ausführliche Berichte über die Witterungsverhältnisse, welche durch ihren Einfluss auf das Vogelleben von so grosser Wichtigkeit sind.

Im speciellen Theil werden reiche Daten über die einzelnen Vogelarten gegeben. Die Bearbeitung des Jahresberichtes ist, wie bei jenen der vorhergehenden Jahre, ganz vortrefflich und gewährt eine leichte Uebersicht. Von vielen Werth für die Wissenschaft ist auch der Anhang über das Vorkommen des Steppenhuhns. r.

Dr. Karl Russ, „Lehrbuch der Stubenvogelpflege, -Abrichtung und -Zucht". Neue Ausgabe. Mit III Farbendrucktafeln und 96 Abbildungen im Text, in 17 Lieferungen à 1 M. 50 Magdeburg. Creutz'sche Verlagshandlung.

In der ausserordentlich grossen Mannigfaltigkeit der Futtermittel für alle Vögel, welche wir in der Gefangenschaft halten, nehmen einige Dinge unsere ganz besondere Aufmerksamkeit in Anspruch. So behandelt der Verfasser in der fünften Lieferung mit entsprechender Gründlichkeit die Ameisenpuppen, sowohl nach ihrer Gewinnung, als auch nach ihrem Nahrungswerth und allen Verwendungen hin. Ein vorzugsweise grosses Interesse gewährt uns im Weitern die Besprechung eines verhältnissmässig neuen, sehr wichtigen Futtermittels, des Weisswurmes. Daran schliessen sich die Schilderung der Zucht und Verwendung des Mehlwurmes, Anlage der Mehlwurmhecken u. s. w. Gleicherweise ist der Maikäfer und das Maikäferschrot besprochen, und nächstdem folgen alle übrigen etwa zum Vogelfutter zu verwendenden Kerbthiere: allerlei Käfer, Schmetterlinge, Drohnen, Fliegen und deren Maden, Blattläuse u. a. Den Beschluss in dieser Lieferung machen die Vorschriften zu allen im Gebrauch befindlichen Futtergemischen.

Aus unserem Vereine.

Ausweis des Secretariates über den Einlauf der Mitgliederbeiträge.

Bis 15. d. M. sind an Jahresbeiträgen eingelaufen:

I. Beim Cassier Dr. Carl Zimmermann (I., Bauermarkt 13).

1. Nr. **90.** J. B.; 2. Nr. **95.** A. B.; 3. Nr. **101.** V. C.; 4. Nr. **128.** M. E.; 5. Nr. **184.** A. J.; 6. Nr. **196.** W. Kl.; 7. Nr. **218.** P. K.; 8. Nr. **239.** J. M.; 9. Nr. **245.** A. M. v. M.; 10. Nr. **261.** L. P.; 11. Nr. **303.** J. S.

II. Beim Secretariate (II., k. k. Prater, Hauptallee Nr. 1).

1. Nr. **97.** P. B.; 2. Nr. **124.** Dr. A. E.; 3. Nr. **127.** M. E.; 4. Nr. **166.** J. H.; 5. Nr. **182.** J. v. W.; 6. Nr. **185.** Dr. H. v. K.; 7. Nr. **223.** Dr. E. L.; 8. Nr. **227.** A. M.; 9. Nr. **233.** K. M.; 10. Nr. **276.** G. R.; 11. Nr. **288.** Dr. R. S.; 12. Nr. **291.** A. S.; 13. Nr. **323.** M. W.; 14. Nr. **331.** J. N. Graf W.; 15. Nr. **338.** F. Z.

Für das Wiener Vivarium eingelaufene Geschenke.

1. Ein ausgewachsener Iltis. Geschenk des Herrn Prater-Inspectors Friedrich Huber.

2. Eine junge Fischotter. Geschenk des Herrn Custos O. Reiser in Serajevo.

3. 10 Spitzkopfeidechsen in schönen Exemplaren. Geschenk des Herrn O. R. v. Tommasini in Görz.

Für diese Geschenke erlaubt sich den besten Dank zu sagen

Die Direction.

Correspondenz der Redaction.

Mehreren s. g. Correspondenten zur gef. Kenntnissnahme. Von jetzt ab werden wir wieder bemüht sein, die einlaufenden Briefe sofort zu erledigen. — Herrn **Z . . . . r,** St. Gallen. Brief geht morgen ab. — Herrn **Dr. A. R . . . . w,** Berlin. Wir haben von der geänderten Adresse Kenntniss genommen. — Herrn **E. G . . . h & Comp.,** Hagenau. Gewünschte Nummern gehen heute ab. — Herrn **J. W . . . . . . r,** hier. Haben die Expedition sofort verständigt. — Löbl. Hofbuchhandlung **F . . . . k,** hier. Falls Sie das Gewünschte nicht schon durch die Expedition erhalten haben, ersuchen wir um gefällige nochmalige Bekanntgabe des Fehlenden. — Löbl. südd. **Verlags-Institut,** Stuttgart. Bereits erledigt. — Herrn **J. D . . . . k,** Kostran. Die gütigst offerirten Thiere kamen uns sehr erwünscht; wir bitten auch in Zukunft um gefl. Offerten dieser Art. — Frau Baronin **U . . . E . . . . . h,** Linz. Besten Dank für das Gesandte. Bezüglich der Cliché's werden wir nach Wunsch verfahren. Dürften wir recht bald auf den gütigst zugesagten illustrirten Aufsatz über japanesische Vögel rechnen? — Herrn Custos **O. R . . . . . r,** Serajewo. Für die freundlichen Zeilen besten Dank. Die Otter ist ein recht munteres, lustiges Thierchen. Recht lieb ist es von Ihnen, dass Sie unserem Vivarium noch Manches zukommen zu lassen gedenken. Was wir beiläufig nach und nach aufzutreiben wünschen, ersehen Sie aus unserem heutigen Inserate. Bezüglich der Nummern und des Aufsatzes über das Hinterland bitten wir noch um einige Geduld; die Kisten sind noch nicht ausgepackt. Es lässt sich gar nicht sagen, wie viel noch zu thun ist, ehe eine einige Ruhe in Aussicht steht. Nochmals den besten Dank für alle Ihre Freundlichkeit. Dürfen wir bald auf Einiges für unsere Mittheilungen rechnen? — Herren **B . . . . r & W . . . . . r,** hier. Ihr Ursuchen der Expedition mitgetheilt. — Herrn **H. v. B . . . . . w,** Zürich. Ihre Briefe erst heute erhalten. Besten Dank für das Gesandte. Die Nummern sind abgegangen. — Herrn **J. M . . . . l,** Neustadtl. Das angezogene Werk von Reichenbach befindet sich nicht in unserer Bibliothek. Leider war es noch nicht möglich, die Bibliothek neu aufzustellen; wir müssen die zeitraubende Arbeit auf die Wintermonate verlegen; dann steht der Benützung nichts entgegen. — Herrn **St. Cl. v. A . . . . a,** Güns. Von der veränderten Adresse haben wir Kenntniss genommen. — Herrn **J. v. R . . . . . . r,** Leipzig. Brief folgt. — Herrn **R. E . . r,** Neustadtl. Besten Dank für Ihre freundlichen Wünsche. Die gütigst offerirten Thiere kommen uns gewiss erwünscht. 6 Exemplare der gewünschten Nummer sind heute an Ihre Adresse abgegangen. — Herrn Notar **K. D . . . . . . n,** hier, Herrn **K. P . . . . a,** hier. Die Zusendung der übersandten Permanenzkarten konnte nicht erfolgen, da sämmtliche auf einmal gedruckt werden sollen. Es genügt aber die Vorweisung der Mitgliedskarten. — Herrn **M. H . . . a,** Marburg a. Dr. Wir bitten um gefällige Uebersendung einiger Liter; Betrag wollen gefällig nachnehmen. — Löbl. Verlagsbuchhandlung **Pr. K . . . . n,** Magdeburg. Das Gewünschte folgt zugleich mit dieser Nummer. — Herrn **M. R . . . . h,** hier. Der Verein wurde neben anderen Gesellschaften (so dem Thierschutzvereine, mehrere Jagdschutzvereine) um sein Gutachten ersucht; doch erfuhren unsere seinerzeitigen Vorschläge ziemlich eingreifende Aenderungen.

Die gefertigte Direction ersucht Alle, die sich für Thierhaltungen interessiren, zeitweise diese oder jene Thierart gefangen halten oder den Handel mit Thieren berufsmässig treiben oder durch ihren Beruf wiederholt in die Lage kommen, von dem Einfangen dieses oder jenes Thieres Kunde zu erhalten, um gütige Offerte und Mittheilungen in dieser Hinsicht. Wir sind auch unsererseits gerne zur Besorgung verschiedener gewünschter Thiere bereit.

Sehr angenehm kommen uns Anbote nachfolgender Thiere:

I. Säugethiere. Spitzmäuse (die verschiedenen Arten), junge Wölfe, junger Schakal, Polar-Fuchs, junge Wildkatze, junger Luchs, Wickelbär, junge Bären, Vielfrass, Hermelin, Murmelthiere, Bobak, Zwergmaus, Feld- und Wasserratte, die verschiedenen Arten der Wühlmäuse, Springmäuse, Stachelschwein, Schneehase, Alpenpfeifhase, Gemse, Zwergziegen.

II. Vögel. Grauer Geier, Bartgeier, Aasgeier, schwarzer Milan, Röthel- und Rothfussfalke, Zwerg-, Lerchen-, Wander-, Feldegg's-, Würgfalke, Habicht und Sperber, Fischadler, Zwergadler, Schreiadler, Königs-, Schelladler, Schlangenadler, Wespenbussard, Rauhfussbussard, Kornweihe, Steppen-, Wiesenweihe, Sperbereule, Sperlingseule, Rauhfusskauz, Ural-Habichtseule, Schneeeule, Nachtschwalbe, Mauersegler, Kukuk, Bienenfresser, Eisvogel, Rosenstaar, Alpendohle, Raben- und Nebelkrähe, Saatkrähe, Tannenheher, Grün-, Grau-, Schwarzspecht, grosser, weissrückiger und kleiner Buntspecht, Dreizehiger Alpen-Buntspecht, Bachamsel, Bartmeise, Beutelmeise, Goldhähnchen, Ringamsel, Misteldrossel, Blaudrossel, Bachstelzen, Ringeltauben, Felsentauben, Auerhuhn, Birkhuhn, Rackelhuhn, Haselhuhn, Alpenschneehuhn, Grosstrappe, Zwergtrappe, Regenpfeifer, Kranich, schwarzer Storch, Sichler, Rallenreiher, Rohrdommel, Wasser- und Wiesenralle, Sumpf- und Teichhühner, Brachvögel, Schnepfen, Wasserläufer, Uferläufer, Strandläufer, Graugans, Saatgans, Löffelente, Spiess-, Mittel-, Knäck-, Krick-, Pfeif-, Moor-, Tafel-, Berg-, Reiher-, Schell-, Eis-, Sammt-, Ruderente, Säger, verschiedene Arten von Tauchern, Möven.

Ebenso kommen verschiedene andere lebende Thiere (seltene Kriechthiere und Lurche, Tarantelspinne, Scorpione) erwünscht.

Offerten mit Preisangabe und sonstigen Bemerkungen unter untenstehender Adresse erbeten. Auch Tausch nicht ausgeschlossen.

Die Direction des Wiener Vivariums,

Wien, k. k. Prater, Hauptallee 1.

Auf mehrfache Anfragen

theilen wir mit, dass von dem Werke

Dr. Anton Fritsch:

„Die Vögel Europas“

nur noch einige Exemplare vorhanden sind. Trotzdem ist der Herausgeber bereit, das Werk den neuen Mitgliedern des Vereines, solange der Vorrath reicht, zu dem ermässigten Preise von **40 fl.** in Prachteinband **50 fl.** abzugeben.

☛ **Frühere Jahrgänge der „Mittheilungen“ sind, so lange der Vorrath reicht, zu dem ermässigten Preise von à 4 fl. 8 Mark durch das Secretariat (k. k. Prater, Hauptallee 1) zu beziehen. Alle eilf Jahrgänge werden zu dem Preise von 40 Mark abgegeben, doch sind nur mehr wenige Exemplare vorhanden.** ☚

Herausgeber: Der Ornithologische Verein in Wien. Verantwortlich: **Dr. Fr. Knauer.** Druck von J. B. Wallishausser.

Commissionsverleger: Die k. k. Hofbuchhandlung **Wilhelm Frick** (vormals Faesy & Frick) in Wien, Graben 27.

☛ Sitz des Vereines: Wien, k. k. Prater, Hauptallee 1. ☚

XII. Jahrg. Nr. 10.

Blätter für Vogelkunde, Vogel-Schutz und -Pflege, Geflügelzucht und Brieftaubenwesen.

Redacteur: Dr. Friedrich K. Knauer.

October 1888.

Die „Mittheilungen" [illegible] des durchlauchtigsten Kronprinzen **Erzherzog Rudolf** [illegible] **„Ornithologischen Vereines in Wien"** erscheinen [illegible] von 2 Bogen **am 15. jeden Monates. Abonnements** [illegible] Franco-Zustellung [illegible] Hofbuchhandlung **Wilhelm Frick** in Wien, [illegible] Nr. 27, entgegengenommen [illegible] 1 Mark daselbst abgegeben. **Inserate** [illegible] **Mittheilungen** an das **Präsidium** sind an Herrn **Adolf Bachofen von Echt** [illegible] Wien, die **Jahresbeiträge** der Mitglieder an Herrn **Dr. Karl Zimmermann,** I., Bauernmarkt 11, [illegible] **Redaction, das Secretariat, die Bibliothek** [illegible] bestimmten Briefe, Bücher-, Zeitungs-, Werthsendungen, [illegible] **Redaction der „Mittheilungen des ornithologischen Vereines"** Wien, k. k. Prater, Hauptallee 1. [illegible] **Vereinslocale:** [illegible] k. k. Prater, Hauptallee 1. Die mit Vorträgen verbundenen **Monats-Versammlungen** [illegible] Akademie der Wissenschaften, I., Universitätsplatz 2, statt. **Sprechstunden der Redaction** und des **Secretariates:** [illegible]

Vereinsmitglieder beziehen das Blatt gratis.

Beitrittserklärungen (Mitgliedsbeitrag 5 fl. jährlich) sind an das Secretariat zu richten.

Aus dem Isergebirge.

Auf einer kleinen Ferienreise hielt ich mich Mitte August einige Tage in Klein-Iser auf. Daselbst erfuhr ich zu meinem grössten Erstaunen von zuverlässigen Leuten, dass bis zum Jahre 1887 keine Sperlinge hier nisteten. Zur näheren Charakteristik des Ortes und seiner Lage möge Folgendes dienen: Klein-Iser oder Wilhelmshöhe, ein ungefähr aus 40 zerstreuten Holzhäusern bestehendes Dörflein, liegt mitten im Gebirge auf einer welligen Hochfläche zwischen dem mittleren und südlichen Iserkamme. Die beiden letzteren sind ungefähr 100 Meter höher als das in seinem mittleren Theile 825 Meter über dem Meeresspiegel liegende Dorf und ganz bewaldet. Die waldfreie Fläche ist mit Gras bewachsen, das aber nur einmal im Jahre gemäht wird. Von Getreidebau ist keine Spur. Selbst die Kartoffel wird nicht angepflanzt, obwohl dieselbe noch ganz gut gedeihen würde. Die Bewohner finden in zwei daselbst befindlichen Glashütten Arbeit oder sind im Walde beschäftigt. Das Klima ist ziemlich rauh. Während des lang andauernden Winters liegt der Schnee an vielen Stellen bis mehrere Meter hoch; doch ist der Verkehr der bedeutenden Holzabfuhr wegen im Winter fast grösser als im Sommer.

Hier gab es also bis zum Jahre 1887 nur hin und wieder einige Sperlinge (Passer domesticus) als Durchzügler. Erst im Sommer des genannten Jahres siedelten sich einige hier an, hielten sich aber nur in der Nähe der Glashütte auf.

Im Spätherbste befanden sich ungefähr 30 Stück da, welche nach Verlauf des gerade besonders schneereichen Winters bis auf 10—12 Exemplare zusammengeschmolzen waren. Dagegen traf ich diesen Allerweltbürger heuer, wenn auch nicht gerade häufig, so doch bereits über den ganzen Ort zerstreut. Auch der Feldsperling (Passer montanus) wird im Herbste nur vereinzelt mit am Vogelheerde gefangen.

Lerchen (Alauda arvensis) kommen im Frühjahre am Zuge hier vor, nisten aber nicht. Eigenthümlicherweise finden wir jedoch ihre Nistplätze schon in dem gegen $1^1/_2$ Stunden entfernten, in nordnordöstlicher Richtung liegenden Gross-Iser in Preussen. Dieser genannte Ort liegt südlich von der grossen sumpfigen Iserwiese, ist in seiner Anlage Klein-Iser ähnlich und besitzt ebenfalls keinerlei Ackerbau. Vor mehreren Jahren (wahrscheinlich 1885) hielt sich sogar ein Wachtelpaar den ganzen Sommer über dort auf. Ebenso nisten die Nebelkrähen wohl in Gross-, nicht aber in Klein-Iser.

Auf den Wiesen der beiden Orte traf ich grosse Schaaren meist junger Wiesenpieper (Anthus pratensis) an, welche hier Spitzlerchen genannt werden. Dieselben gehören nebst den Hausrothschwänzchen (Ruticilla titys) zu den häufigsten Brutvögeln dieser Gegend.

Eine Streife auf den Flussuferläufer (Actitis hypoleucos), welcher auf den umfangreichen Sandbänken der grossen Iser in einer ziemlich ansehnlichen Zahl brütet, war leider fruchtlos, da derselbe wahrscheinlich in Folge der kürzlichen grossen Ueberschwemmung bereits sein Wohngebiet verlassen hatte.

In den Wäldern fand ich ausser dem lustigen Volke der gewöhnlichen Meisen (Parus major, coeruleus, ater und cristatus) nur den Fichtenkreuzschnabel (Loxia curvirostra) und Gimpel (Pyrrhula europaea) vor.

Neustadtl, September 1888.

Der Tannenheher im böhmischen Mittelgebirge.

Von **Hubert Panzner.**

In den Nummern 6, 7 und 8 der ornithologischen Mittheilungen bringt Herr W. Peiter eine Notiz über den Tannenheher, aus welcher hervorgeht, dass derselbe seit einigen Jahren Standvogel des hohen Erzgebirges geworden ist, und wird die Vermuthung ausgesprochen, dass diese Vögel rückgebliebene Wanderer seien.

Es sei mir gestattet, hier zu constatiren, dass nur wenige Meilen Luftlinie vom Erzgebirge, im sogenannten böhmischen Mittelgebirge, der Tannenheher schon in den 1860er Jahren Sommer- und jedenfalls auch Standvogel war.

Mein verstorbener Vater war von 1860 bis 1871 im Frühjahre im Revier Mersnitz auf der Domäne Bilin (böhmisches Erzgebirge) Revierförster und hatte ich damals schon Gelegenheit, anlässlich meines ersten Unterrichtes im Waidwerke die Bekanntschaft mit dem Tannenheher zu machen.

Im Jahre 1864, als ich das erste Mal auf Ferien nach Hause kam, erhielt ich diesen ersten Unterricht; auf den jeweiligen späteren Ferien wurde fleissig fortgesetzt und 1868—1870 prakticirte ich daselbst das Forstwesen.

So viel mir noch ganz gut erinnerlich, war Nucifraga dort ein recht häufiger Vogel, bei jedem Reviergange konnte man mehrere hören und sehen und war besonders der Radelstein im Centrum des kleinen Verbreitungsgebietes gelegen, wo er auch am häufigsten getroffen wurde.

Ursprünglich bildete die Birke gemischt mit allerhand Weichhölzern und dichtem Haselgestrüuche als Winterholz die vorherrschenden Bestände, die immer mehr und mehr regelrechten Fichtenculturen weichen mussten.

Diese Urbestände mochten wohl die meiste Anziehungskraft besonders zur Reifezeit der Haselnüsse geübt haben, was nicht ausschloss, dass man den Vogel eben so häufig in Fichtenbeständen antraf.

Es ist mir unmöglich, aus so langjähriger Erinnerung über die Lebensweise des Tannenhehers Mittheilung zu machen, umsomehr, als ich damals denselben höchstens als Schussobject betrachtete.

Mein verstorbener Vater, welcher als tüchtiger Jäger und Naturfreund sich jedenfalls ein Urtheil über die Schädlichkeit unseres Vogels bilden konnte, sah es sehr ungern, wenn ich einen schoss, da er ihn für harmlos und eher nützlich wie schädlich hielt.

Ich erinnere mich genau, dass ich den Tannenheher oft nasse Wege und Blössen jedenfalls nach Würmern absuchen sah. Er war durchaus nicht scheu und sehr leicht anzuschleichen.

Im Jahre 1864 schoss ich während der Sommerferien als Anfänger 1 Stück, die darauffolgenden Jahre in Folge dessen, weil es mein verstorbener Vater sehr ungern sah, nur gelegentlich, und zwar:

1866 am 1. September ein Stück } während der Ferien.
1867 „ 3. „ ein „ }
1869 „ 6. Mai ein Stück } als Forstpraktikant auf
1870 „ 15. „ zwei „ }
einen Schuss während des Begattungsactes.

Da mein verstorbener Vater im Frühjahr 1870 transferirt wurde, und in's Erzgebirge kam, hatte ich durch 13 Jahre Gelegenheit, dasselbe während verschiedener Ferien und späterer Urlaube kennen zu lernen, aber nie einen Tannenheher daselbst gesehen.

Mögen diese wenigen Zeilen als Notiz über das Verbreitungsgebiet des Tannenhehers gelten und sei zum Schlusse meinem Bedauern Ausdruck gegeben, dass es mir in jüngster Zeit nicht gelang, Herrn Victor Tschusi von Schmidhoffen einen Vogel aus dortiger Gegend auf seinen Wunsch zu verschaffen, da mir alle Verbindungen verloren gegangen sind.

Ornithologisches aus dem Glocknergebiete.

Von **Franz Schmidt.**

Den 12. August fuhren mein Freund Hans Wilhelm und ich von Lienz nach dem einsam im Walde gelegenen Wirthshause zur „Huben" in der Absicht, dort zu übernachten, nach Kals zu gehen und den Glockner zu besteigen.

Das hie und da ziemlich breite Iselthal durchfahrend, sahen wir den Thurmfalken (Falco tinnunculus) öfter rüttelnd nach Beute spähen.

Grosse Schaaren Rabenkrähen (Corvus corone) erhoben sich mit Geschrei und fielen in die am Ufer häufigen Erlengruppen ein.

Bei St. Johann im Walde in der Nähe der Brücke sass auf einer Heuschoberstange ein Lerchenfalke (Falco subbuteo), liess unseren Wagen nahe herankommen, worauf er abstrich.

Zweimal sah ich den Sperber von Schwalben verfolgt hoch oben kreisen.

Felsensegler (Cypselus melba) belebten das Thal. In der „Huben" angelangt übernachteten wir und traten am Morgen den Weg nach Kals an, der durch einen schönen Fichtenwaldbestand auf einem schlechten Wege steil nach einem am Berge gelegenen Kirchlein führt; auf demselben sass ein Hausrothschwanz fleissig lockend; weiter oben an einer Schlagwand meldete sich der Zaunkönig.

In Kals selbst sah ich häufig die gelbe Gebirgsstelze.

Am 15. August, einem Feiertage, wanderten wir morgens zum Ködnitzthal; die Felsenschwalbe war auch hier stark vertreten.

Auf dem morschen Dache der Lucknerhütte sah ich noch den Hausrothschwanz.

Von einer Felswand am rechten Ufer des Ködnitzbaches her, hörte ich den mir wohlbekannten Schrei des Steinadlers (Aquila fulva). Den Vogel selbst konnte ich trotz aller Mühe nicht entdecken.

Weit ober den Schneefeldern des Ködnitzgletschers strichen mehrere Alpendohlen; selbe ziehen nach Aussage des Bergführers Sebastian Hutter oft noch hoch über die Glocknerspitze dahin.

Auf der Adlersruhe angelangt sah mein Freund einige Alpenkrähen auf dem Schiefergerölle herumspazieren.

Bei der Besteigung der Glocknerspitze brannte die Sonne heiss, ein warmer Wind blies vom Thale herauf, Insectenschwärme mit sich führend, die am Schnee massenhaft herumlagen, und sich noch regten.

Vor und hinter uns waren Schneefinken eifrig beschäftigt, dieselben aufzulesen.

Rückblick auf die diesjährige Einwanderung des Steppenhuhnes.

Selten ist wohl einer Erscheinung im Vogelleben so viel allseitige Beobachtung zu Theil geworden wie der diesmaligen Einwanderung des Steppenhuhnes nach Europa. Ihr erstes Auftreten an den Ostgrenzen unseres Continents ward rasch nach allen Seiten signalisirt, an allen den weitverbreiteten Beobachtungsstationen harrten wissbegierig Fachmänner und ornithologische Dilettanten der Ankunft des interessanten Gastes; nicht bloss die ornithologischen und die forstlichen Fachblätter, auch die Tagesjournalistik widmeten dem Einwanderer Notizen über Notizen; allerorts wurde der Schutz dieses günstigenfalls unserer Vogelfauna zu gewinnenden Fremdlings gepredigt; selbst die Behörden traten in Action und widmeten diesen Schutzbestrebungen amtliche Mithilfe. Ob nicht gerade dieses allseitige Halloh dem Einwanderer mehr geschadet, als genützt und ihm im Jahre 1863 nicht, wenigstens stellenweise, mehr Ruhe zu Theil geworden, mindestens von Seite der nicht aus allen Zeitungen aufmerksam gemachten Laienwelt, wollen wir dahin gestellt sein lassen, wie wir ja auch den Optimismus nicht zu theilen vermögen, dass es heute, da die fortschreitende Cultur zum Leidwesen des Jägers unseren einheimischen Thieren die Existenz durch fortwährende Schmälerung ihrer Verstecke immer mehr erschwert, möglich sein sollte, fremden Einwanderern ein weit ausgebreitetes, wohnliches Heim zu bieten. Was im Einzelnen ein Grossgrundbesitzer mit reichlichem Geldaufwand in seinen weit ausgebreiteten Wäldern und Feldern ohne Berücksichtigung der Kostenfrage zu erzielen vermag, kann wohl nicht für Einbürgerungen, wie man sie neuerer Zeit im weiteren Sinne vor Augen hat, zum Massstabe dienen.

Was speciell die Einbürgerung des Steppenhuhnes betrifft, so ist wohl im Vorhinein für einen seinem ganzen Gebahen, seiner Färbung nach, ausschliesslich auf die Steppe angewiesenen Vogel die Grenze seiner Ausbreitung ziemlich enge gezogen. Eine solche Einbürgerung hat übrigens unseres Wissens schon lange in den der Heimat dieses Vogels näher gelegenen Steppen Russlands allmählich sich vollzogen.

Von diesen Gesichtspunkten betrachtet, darf es nicht Wunder nehmen, dass auch die diesjährige Einwanderung des Steppenhuhnes, so geräuschvoll sie sich in ihrem Beginne gab, nun eben so stille wieder ihrem Abschlusse zuschreitet und dass all' den zahlreichen Beobachtungen der Einwanderung nur ganz spärliche, überdies ihrem Wahrheitswerthe nach sehr fragliche Berichte von Brutversuchen gegenüberstehen.

Dank den unermüdlichen Bestrebungen der Ornithologen Dr. R. Blasius, Dr. A. B. Meyer, V. von Tschusi, Dr. E. Schäff u. v. A., die sich mit einem Heere von Beobachtern in Verbindung setzten und alle die einlaufenden Berichte kritisch sichteten, haben wir ein ziemlich klares Bild von dem Verlaufe der diesmaligen Einwanderung. Ende März und Anfangs April trafen die ersten Wanderzüge im südlichen Uralgebiete ein. Von hier wanderte der Hauptzug durch die Steppen Russlands, durch Russischpolen, Ostpreussen und Galizien nach Deutschland, Holland, Nordfrankreich und England, wo sie schon am 22. April anlangten. Von diesem Hauptzuge zweigte ein Zug südlich von den Karpathen ab und wanderte immer in der Richtung der Ebene über Schlesien, Mähren, Niederösterreich, Ungarn, Krain und Küstenländer nach Italien, woselbst sie in der Lombardei am 24. April, in Civita Vecchia am 15. Mai, im Osten Spaniens am 2. Juni eintrafen. Ebenso zweigte eine Schaar nach Norden ab: in Stockholm erschienen sie am 16. Mai, bei Bergen am

28. Mai. Von England aus wanderten die Steppenhühner nach den Shetlandsinseln und Orkneyinseln, auf diesen am 27. Mai eintreffend.

Nach kurzen Mittheilungen, die mir von Freunden aus verschiedenen Gegenden Deutschlands zugekommen, waren noch im September in Pommern, Mecklenburg, Westpreussen, Sachsen Trupps von Steppenhühnern zu treffen.

Auch bei uns in Oesterreich treffen von verschiedenen Seiten noch immer Nachrichten über ihr Vorkommen ein.

Wie schon bei der ersten Einwanderung, hat sich auch diesmal wieder gezeigt, dass das Steppenhuhn auf seiner Wanderung den Gebirgen ausweicht, respective dieselben umgeht.

Ganz unverlässig sind die Mittheilungen über die da und dort erfolgten Bruten des Steppenhuhnes. Wohl bringen verschiedene Jagdzeitungen Mittheilungen dieser Art, sie tragen aber alle das Gepräge der Unwahrscheinlichkeit. Mir sind dreimal Eier des Steppenhuhnes eingesendet worden, die sich aber sofort als Eier anderer Hühnervögel oder Sumpfvögel erwiesen. Wenn es auch durchaus nicht unglaubwürdig, dass die Steppenhühner an ihnen besonders passenden Oertlichkeiten zum Brüten geschritten, so liegen aber darüber so viel mir bekannt, keine zuverlässigen Berichte vor und kann man daher bis zur Stunde von einer auch nur ganz stellenweisen bleibenden Niederlassung nicht sprechen. Wenn irgendwo einigermassen günstige Existenzbedingungen für eine Einbürgerung des Steppenhuhnes geboten sein sollten, so wäre dies in den Steppen Südrusslands, woselbst eine Einbürgerung schon stattgefunden hat, eventuell in den ungarischen Ebenen. In den weit weniger ausgreifenden Steppen Deutschlands dürfte dieser überaus scheue Vogel wohl kaum die nöthige Ruhe finden.

So wenig definitiv unser Wissen über den diesmaligen dauernden Verbleib des Steppenhuhnes bei uns, so unklar sehen wir auch noch über die Ursachen dieser zeitweiligen Wanderungen des Steppenhuhnes. Jedenfalls hängen sie, wie ja alle diese Wanderungen der Thiere im Grossen mit plötzlich eingetretenen ungünstigen Existenzbedingungen in ihrer Heimat zusammen, in der das Steppenhuhn ja bekanntermassen alljährlich zwischen ihren nördlichen Brutplätzen und den südlicheren Wintergebieten hin und her wandert. Es mag daher die Erklärung nahe liegen, dass heuer die Steppenhühner, die noch im Vorfrühling ihren Brutplätzen zuwandern, gar zu frühe sich dahin aufmachten, hier noch Alles in Eis erstarrt fanden und einmal auf der Wanderung begriffen, dem milderen Westen sich zukehrten oder diesem sammt ihren Nachzüglern durch Wind und Wetter gewaltsam zugetrieben wurden.

Dr. F. Knauer.

Zum diesjährigen Herbstzuge des Tannenhehers.*)

Wie uns ein Vogelkenner, der aus seiner Pommerschen Heimat hier zu Gaste war, mittheilt, waren ihm dort am 19., 20. und 22. September Tannenheher aufgestossen.

Am 23. September erhielten wir ein todtes Exemplar eines Tannenhehers (Nucifraga caryocatactes congirostris) aus Preussisch-Schlesien zugesandt; dasselbe hatte sich im Dohnenstrich gefangen.

Ende September wurden Exemplare im Greifswalderkreise, im Neustettinerkreise, in Ostpreussen und in Sachsen gefangen.

Im „Weidmann" berichtet ein Förster vom Niederrhein, dass in den „Waldungen" bei Roddenberg in den letzten Tagen des Septembers ganze Schaaren von Tannenhehern erschienen seien, deren lautes Geschrei auch den Nichtkennern auffallen musste.

In der deutschen Jägerzeitung lesen wir Berichte von Dannenwald (Priegnitz), Blomberg in Lippe, Lesschütz (Kreis Cosel), Dröbel bei Bernburg i. A. Malchow (Mecklenburg), Rheydt bei Crefeld vom Erscheinen des Tannenhehers.

Unser Vereinsmitglied Herr Professor Zaharadnik aus Kremsier (Mähren) schreibt uns: „Der Nussheher (Nucifraga caryocatactes) ist schon wieder da. Am 23. September l. J. wurde ein Exemplar bei Popovic nächst Kremsier geschossen und auch von anderen Punkten des Beobachtungsgebietes kommen mir Mittheilungen über das Eintreffen des nordischen Gastes zu. Nach seinem Erscheinen in den Jahren 1885, 1887 und dem neuerlichen Anzuge desselben zu schliessen, scheint er zum „ständigen Gaste" bei uns werden zu wollen".

Auch Herr Custos O. Reiser in Serajewo berichtet uns über das Erscheinen des Tannenhehers in Bosnien.

*) Die Redaction bittet die sehr geehrten Leser und Freunde des Blattes um gütige Mittheilungen von Beobachtungen über den diesjährigen Tannenheher-Zug.

Soeben erhielten wir von Herrn v. Tschusi zu Schmidhoffen folgende Notiz:

Abermals Tannenheher. Nachdem die meisten deutschen Jagdzeitungen in letzterer Zeit Nachrichten über ein abermaliges Erscheinen von Tannenhehern brachten, erhielt ich kürzlich von Herrn Hub. Panzner in Emmersdorf die Mittheilung, dass er am 4. d. M. einen „Schlankschnäbler" erlegt habe und paar Tage darauf sandte mir Herr Vict. von Grossbauer Edler von Waldstädt einen solchen, den er am 13. Nachmittags in Mariabrunn geschossen hatte. Das Vorkommen dieser Art im „Wiener Walde" gehört bekanntlich zur grössten Seltenheit und ist es das erste Exemplar, welches der Erleger dort während seines 22jährigen Aufenthaltes gesehen hatte.

Ausser der Constatirung des Vorkommens der schlankschnäbeligen Form, wäre es von ganz besonderem Interesse auch das Auftreten der dickschnäbeligen an solchen Oertlichkeiten festzustellen, wo sie unter normalen Verhältnissen fehlt. Ganz besonders dickschnäbelige Exemplare wäre ich behufs eingehender Untersuchung gerne bereit im Fleische zu erwerben.

Ueber den Nutzen und Schaden der Eulen und anderer Mäusevertilger.

Wiederholt kommen uns Anfragen um Auskunft darüber zu, ob z. B. die Schleiereule, der Mäusebussard zu den nützlichen, also zu schützenden oder zu den schädlichen, also zu verfolgenden Thieren zu zählen seien. In den verschiedenen Zeitschriften begegnet man zumeist von sehr einseitigem Standpunkte ausgehenden Urtheilen, die je nachdem der betreffende Autor ausschliesslich Jäger, Hühnerzüchter, Landmann den unbedingten Schutz oder die Verfolgung um jeden Preis predigen. Um so besser hat uns eine kürzlich in der „Deutschen Jägerzeitung" vom Freiherrn Philipp von Böselager abgegebene Gutmeinung in dieser Sache gefallen, welches Gutachten wir hier mitzutheilen uns nicht versagen können.

Zunächst stelle ich als absolute Forderung auf, wenn man vernünftig die Herrschaft über die Natur ausüben will, dass man sich über die Folgen seiner Eingriffe klar ist und nicht nach augenblicklichen Eingebungen handelt, wie man zu sagen pflegt, das Kind mit dem Bade ausschüttet. Es darf keinem Zweifel unterliegen, dass wir ein Gegengewicht gegen die Maus lassen müssen. Rotten wir alle Mäusefresser aus, so ist es gar keine Frage, dass wir alle paar Jahre einen sogenannten Mäusefrass erleben. Man kann mir entgegnen, dass es uns auch sobald noch nicht gelingen wird, das ganze Raubzeug auszurotten. Im Allgemeinen gewiss nicht, aber local könnte das doch geschehen und der Schaden gross genug werden. Also ein Gegengewicht muss bleiben, und da ist die Frage: Was ist am nützlichsten gegen die Maus und am unschädlichsten im Uebrigen? Nun, das sind entschieden die Eulen. Ich glaube die Sache steht so: Fast alle anderen Mäusevertilger nehmen die Maus, wenn sie nichts Anderes haben können, die Eulen greifen zu anderem Raub, wenn sie keine Mäuse bekommen können. Verhungern wollen sie auch nicht. Es mag sein, dass Ausnahmen vorkommen, man muss aber nicht wegen einiger Ausnahmen die Regeln umwerfen wollen. Ich habe Hunde gekannt, die sich bei Gelegenheit in Bier berauschten, und einmal gesehen, dass ein grosser Haushahn mit vieler List eine Maus erlegte und mit grosser Anstrengung verschluckte, deshalb gehören die Hunde nicht zu den Gewohnheitssäufern und die Haushähne nicht zu den Kammerjägern. Dass nun die Eulen als Regel Mäuse fressen, steht, glaube ich, so fest, dass es sich kaum der Mühe lohnt, noch darüber zu schreiben. Ich habe in meinem Parke, wo allem sonstigen Raubzeug sehr scharf nachgestellt wird, massenhaft Eulen, und zwar: 1. den Waldkauz (Strix aluco), 2. den Steinkauz (Strix noctua), 3. die Schleiereule (Strix flammea), 4. die Waldohreule (Strix otus). Eulengewölle liegen massenhaft an vielen Stellen. Hunderte habe ich untersucht und nur ein einziges Mal Schnabel und Federn eines Goldammer gefunden.*) Fortwährend stehen Fallen mit lebendem Vogel als Köder. Sie fangen schwächeres Raubzeug ausgezeichnet. Marder und Katzen dagegen entkommen meistentheils mit Hinterlassung einer Portion Haare. In diesen Fallen haben sich gefangen: 1. Hühnerhabicht, 2. Sperber, 3. Igel (sehr viele), 4. Wiesel und Hermelin, 5. Ratten, 6. 2 Eulen. Leider kann ich nicht sagen, welche Art. Der Jäger kannte sie nicht und hatte sie nicht aufbewahrt, bis ich zurückkam. Dass sich so wenig Eulen gefangen haben, wo so viele täglich oder nächtlich Gelegenheit haben, sich zu fangen, beweist am besten ihre allgemeine Unschädlichkeit. Auch im Habichtskorb hat sich hier bis jetzt noch keine Eule gefangen. Ich glaube, so hat man auch die Mordgeschichte zu erklären, dass hier oder dort eine Eule den Taubenschlag als Jagdterrain benutzt. Das sind eben Ausnahmen. Es steht doch fest, dass Jahrzehnte hindurch die Schleiereule ruhig auf Taubenschlägen brütet, ihre Jungen auffüttert und nie Schaden gethan hat. Nun kommt ein unglückliches Exemplar auf den abnormen Geschmack, Tauben zu fressen. Natürlich wird der Sünder auf die Dauer entdeckt und dann sogleich alle Eulen in Acht und Bann gethan. Wenn man aber Alles vertilgen wollte, was unter Umständen und ausnahmsweise einmal schädlich wird, bliebe auch gar nichts übrig. Vor einigen Jahren stand im „Zoologischen Garten" eine Liste von Thierresten, die sich in den Gewöllen der Schleiereule gefunden hatten, es waren circa 29.000 Säugethiere, darunter nur 1 Häschen, circa 600 Vögel, worunter 300 Sperlinge und 140 nicht mehr zu erkennende, Wahrscheinlich also noch mehr der Spatzen, die selber überflüssig genug sind. Die Eulen fressen also Vögel. Daran hat auch noch Niemand gezweifelt, und die Vögel hassen die Eulen gewiss nicht umsonst, aber wenn die Eule 60 Säugethiere gefressen, hat sie auch einen Vogel verdient. — Ich hätte nun wohl Lust, eine unmassgebliche Scala der Schädlichkeit zu entwerfen, glaube aber nicht, dass viel dabei herauskommt, denn das Publicum kennt im Allgemeinen wohl die Eule als Eule, aber nicht die Art. Doch wenn man sie eintheilt, so stehen obenan als die nützlichsten die Sumpfohreule und die Schleiereule. Der Steinkauz ist jagdlich wohl auch ganz unschädlich, fängt aber am häufigsten kleine Vögel. Die Waldohreule ist meines Wissens auch unschädlich, ich kenne wenigstens keine Schandthat von ihr. Der Waldkauz dagegen wird am ersten sich unnütz machen. Er nimmt wohl einmal ein Feldhuhn oder eine Taube. Aber auch er ist, wie die Gewölle ausweisen, überwiegend nützlich. Es geht auch daraus hervor, dass er sich nicht öfter im Habichtskorb fängt, denn die Gelegenheit sich zu fangen, hat er sicher oft genug. Wenn also ein einzelnes Exemplar sich unnütz macht und auf böse Wege geräth, so beseitige man dasselbe. Wo fortwährend gut beköderte Fallen stehen, wird es sich rasch fangen, aber man lasse deshalb nicht die Art unter dem Frevel des einzelnen leiden. — Von der Schneeeule, der Sperbereule, der Habichtseule, dem Uhu, der Zwergohreule, dem Zwergkauz und dem rauhfüssigen Kauz habe ich nicht gesprochen. Die drei ersten sind seltene Irrgäste, und der Uhu bei uns schon zu selten, um in's Gewicht zu fallen. Diese vier wären aber sicher sehr jagdschädlich, die drei kleinen Eulen kommen vielleicht öfter vor, wie man glaubt, sind aber jagdlich sicher als gleichgiltig anzusehen.

Wenn wir nun die übrigen Mäusejäger durchgehen, so sind unter den Vögeln zu nennen: der Thurmfalk, die beiden Bussarde den Rauhfuss rechne ich als zu selten nicht, es kann sich in diesem Falle überhaupt ja nur um solche Thiere handeln, die bei uns häufig vorkommen, denn die Ausnahmen und seltenen Gäste helfen uns nichts gegen die Mäuse), die Weihen, der rothe Milan, die Raben- und Nebelkrähe, der graue Würger, der weisse Storch und der Grosstrappe.

*) Sonst immer Reste von Mäusen, Spitzmäusen, Ratten etc.

Vom Thurmfalk weiss ich nun Folgendes zu sagen: Er lebt allerdings in der Hauptsache von Mäusen. Freilich habe ich einmal erlebt, dass ein Thurmfalkenpärchen in Osnabrück die Gärten von Singvögeln reinigte. Die Jungen sassen in einer Wolke von Federn. Doch ist das, glaube ich, eine Ausnahme. Vielleicht waren damals 1861 wenig Mäuse im Lande. Viel schlimmer ist, dass der Thurmfalk bei Gelegenheit seine Jungen ausschliesslich mit jungen Hühnern füttert. Ich weiss Fälle, wo der ganze Horst mit jungen Feldhühnern garnirt war, ohne auch nur eine einzige Maus zu enthalten. Da aber (das Jahr nach einem Mäusefrass abgerechnet) auch in der besten Jagd mehr Mäuse, als Hühner im Felde sind, so müssen die Alten eben ausschliesslich auf junge Hühner gejagt haben. Ich dulde den Thurmfalk bei mir deshalb nicht. In Gegenden aber, wo die Hühnerjagd keine grosse Bedeutung hat, möge man ihn schonen, dort ist er gewiss mehr nützlich als schädlich.

Der Mäusebussard kröpft ganz gewiss mehr Mäuse wie anderes Wild, aber sicher nur, wenn er nichts Anderes erwischen kann. Er kommt regelmässig auf's Blatt, was sicher beweist, dass er Rehkälber schlägt. Ich habe ihn selbst ausgewachsene Hasen schlagen sehen und habe oft gesehen, dass er Feldhühner verfolgte. Er fängt sich auch gar nicht selten im Habichtskorb. Jedenfalls ist er der Jagd viel schädlicher als der Waldkauz. Meistens wird es ihm hoch angerechnet, dass er sich massenhaft ansammelt, wo eine Mäusecalamität entstanden ist. Dann kröpft er gewiss nichts als Mäuse. Gerade dadurch aber wird er schädlich. So paradox das klingt, so richtig ist es. Wenn einmal ein Mäusefrass begonnen hat, so können alle Bussarde der Welt die Mäuse nicht vertilgen. Dann hilft nur energisches Eingreifen durch Menschenhand, Elementarereignisse, oder das natürliche Ende einer solchen übermässigen Vermehrung, d. h. eine radical wirkende Seuche (in diesem Falle meistens Schwanzräude). Alles Fangen durch Raubzeug kann nichts helfen, wohl aber verlängert es die Plage, vor allen Dingen, wenn der Fänger ein täppischer, ungeschickter Geselle ist, wie der Bussard, denn derselbe fängt vornehmlich die kranken Mäuse. Das veranlasst mich hier einen Passus einzuschieben über die Raubthiere im Allgemeinen. Jedes Raubthier ist in der freien Natur nothwendig für das Wohlbefinden der von ihm verfolgten Thierart. Wäre kein Raubthier, so würde die betreffende Art sich so vermehren, dass die Nahrungsmittel nicht mehr reichten und Alles zu Grunde gehen müsste. Wäre kein Raubthier, so würde jede ansteckende Krankheit, die anfängt sich zu entwickeln, für die ganze Gesellschaft verderblich. In einzelnen Fällen helfen sich die Thiere selbst, indem die rudel- oder volkweise lebenden Thiere mit vereinten Kräften über einen kranken Artgenossen herfallen und ihn umbringen. In anderen Fällen ist ein krankes Thier sofort dem Angriff des Raubzeuges ausgesetzt. Ein angeschossenes Huhn oder ein Hase werden sogleich vom Raubzeug verfolgt. Ich glaube, jeder Jäger hat das schon gesehen. Wo nun der Mensch zu seinem Vortheil das Gleichgewicht stört, die Vermehrung einer Thierart fördert, um dann den Ueberschuss für sich zu nehmen, sucht er natürlich die Concurrenten sich vom Halse zu schaffen. Die Mäuse sind aber unsere Concurrenten bei Ausnützung des Pflanzenreiches, und in keiner Weise bieten sie uns ein Aequivalent für diese Concurrenz. Wir haben für sie kein Interesse, als dass sie womöglich nicht existiren möchten, und wenn sie sich stark vermehrt haben, dass sie möglichst rasch verschwinden. Wie wir sahen ist nun die Thätigkeit des Raubthieres eine zweifache, 1. eine aufhaltende, damit sich eine andere Thierart nicht zu rasch vermehrt, 2. eine erhaltende, bestehend in Beseitigung der kranken Individuen, damit nicht eine Seuche der ganzen Herrlichkeit ein jähes Ende bereitet. Nun behaupte ich, dass bei den Eulen den Mäusen gegenüber die erste Art, beim Bussard die zweite Art in den Vordergrund tritt. Wie jagt die Eule? Sie jagt vornehmlich mit dem Gehör. Sie sitzt bis 150 Schritte von ihrem Jagdplatze und lauscht. Wo sie eine Maus vernimmt (denn fangen kann sie dieselbe meistens unmöglich), streicht sie leise hin, wirft sich blitzschnell auf die Erde und kehrt mit der Beute zurück. Es liegt auf der Hand, dass eine gesunde Maus mehr herumläuft, mehr Lärm macht, mehr pfeift als eine kranke, es sei denn eine sogenannte singende. Die Eule wird also hauptsächlich die gesunden Mäuse fangen, und wenn die Sumpfohreule oder der Waldkauz sich massenhaft bei einem Mäusefrass einstellen, so werden sie doch in der Hauptsache zur Verminderung der gesunden, nicht der kranken Mäuse beitragen. Wie jagt der Bussard? Entweder er rüttelt schwerfällig in der Luft, oder er ist auf einem Grenzstein, einem Erdhaufen etc. in der Nähe aufgeblockt. Er jagt mit dem Auge und sein Angriff ist plump und schwerfällig. Ceteris paribus wird die gesunde Maus sich retten, aber die, welche den Tod in den Knochen schwerfällig dem Loche zuhinkt, wird verloren sein. Deshalb behaupte ich, der Bussard wird im Mäusejahr den Mäusen schädlich! Dasselbe gilt vom rauhfüssigen Bussard. Der Wespenbussard fängt sicher auch viele Mäuse, doch ist er ein arger Nesterplünderer, und wenn er Nester genug ausnehmen kann, lässt er gewiss die Mäuse ungeschoren. — Die vier Weihen fangen auch sicher viele Mäuse. Aber selbst die Rohrweihe, von der man es am wenigsten denken soll, kommt auf's Reizen, wie der Fuchs, wie ich aus eigener Erfahrung weiss. Doch sind sie im Uebrigen zu schädlich, als dass man ihnen das Wort reden könnte. Dasselbe gilt vom rothen Milan. — Auch die Würger, namentlich der graue, fangen manche Maus; doch bei seiner geringen Zahl und geringen Grösse fiele er als nennenswerther Bundesgenosse gegen die Maus gewiss nicht in's Gewicht, abgesehen davon, dass er durch seine sonstigen Räubereien recht schädlich wird.

Die Krähen dagegen vermögen schon ziemlich aufzuräumen, wenn sie nur nicht sonst so viel Schaden anrichteten. Dasselbe gilt vom weissen Storche. Ein junger Hase ist ihm sicher lieber als ein Dutzend Mäuse.

Schliesslich der Trappe. Der Waidmann ist solchem Hochwilde gegenüber etwas nachsichtig bei Berechnung der Sünden, und der Landwirth mag ihm immerhin bei Anrechnung des Schadens als Milderungsgrund der Mäusejagd in's Conto setzen. Wo eine Heerde Trappen von 40—60 Stück einige Tage einen Kleeacker im Winter beweiden, bleiben gewiss nicht viel Mäuse übrig.

Ornithologische Mittheilungen aus dem Wiener Vivarium.

Von Dr. F. K. Knauer.

II.

Zu den letzthin angeführten Vogelarten sind seither hinzugekommen:

I. Ordnung. Laridae (mövenartige Vögel).

1. Lachmöve (Xema ridibundum, L.).

II. Ordnung. Anseres (gänseartige Vögel).

2. Ein Stamm Rouen-Enten (1·2).
3. Ein Stamm Bisam-Enten (Zwei Männchen, zwei Weibchen, drei Junge).
4. Eine Peking-Erpel.
5. Zwei Lockengänse.

III. Ordnung. Grallatores (reiherartige Vögel).

6. Grünfüssiges Teichhuhn (Gallinula chloropus, L.). Zwei Exemplare.

IV. Ordnung. Rallae (Stelzenvögel).

7. Ein Kiebitz (Vanellus cristatus). Männchen und Weibchen.

V. Ordnung. Rasores (Scharrvögel).

8. Ein Stamm weisse Truthühner (1·2).
9. Suro-Chabo-Hühner (1·1).
10. Goldlack-Paduaner (1·1).
11. Japanesische Seidenhühner (1·3).
12. Silberlack-Bantams (1·1).
13. Siebenbürger Nackthals-Hahn.
14. Zwergkämpfer (1·1).
15. Ein Stamm Edelfasane (1·2).
16. Steinhuhn (Perdix saxatilis). Ein 6. Exempl.

VI. Ordnung. Columbae (Tauben).

17. Hohltaube (Columba oenas, L.). Ein weiteres Exemplar.

VII. Ordnung. Crassirostres (Dickschnäbler).

18. Schneefinken (Fringilla nivalis, L.). Zwei weitere Exemplare.

VIII. Ordnung. Cantores (Sänger).

19. Ohrensteinschmätzer (Saxicola aurita, Temm.). Ein weiteres Exemplar.

20. Grauer Steinschmätzer (Saxicola oenanthe, L.). Drei weitere Exemplare.

21. Braunkehliger Wiesenschmätzer (Praticola rubetra L.). Vier Exemplare.

22. Weisse Bachstelze (Motacilla alba, L.). Ein Exemplar.

IX. Ordnung. Captores (Fänger).

23. Zwergfliegenfänger (Muscicapa parva L.). Ein Exemplar.

X. Ordnung. Scansores (Klettervögel).

24. Grosser Schwarzspecht (Dryocopus martius L.). In einem grossen, prächtig ausgefiederten, sehr gut eingewöhnten Exemplare vertreten.

XI. Ordnung. Coraces (krähenartige Vögel).

25. Dohle (Lycos monedula, L.). Zwei Exemplare.

26. Eichelheher (Garrulus glandarius, L.). Ein weiteres Exemplar.

XII. Ordnung. Insessores (Sitzfüssler).

27. Pirol (Oriolus galbula, L.). Ein Exemplar.

XIII. Ordnung. Rapaces (Raubvögel).

28. Habicht (Astur palumbarius, L.). Drei Exemplare. Eines davon, ein selten prächtiges, ganz tadelloses Exemplar ging wenige Stunden nach dem Einlangen plötzlich zu Grunde. Da die Section sonst keine Verletzungen zeigte, scheint die Ursache dieses momentanen Eingehens in Irritirung des Nervensystems zu suchen sein; der Falke war nämlich, um sein Gefieder zu schonen, an Fängen und Flügeln gefesselt eingeliefert worden; als wir ihn aus der engen Haft, die etwa 24 Stunden gedauert haben mochte, befreiten, richtete sich der Vogel wohl auf, machte aber, gegen die sonstige Wildheit dieser Vogelart, nicht den geringsten Versuch fortzufliegen oder sich zur Wehre zu setzen, liess sich ruhig in die Hand nehmen, bei Schnabel und Kralle packen und starrte unverwandt nach einer Richtung, Wasser und Nahrung anzunehmen verweigerte er.

Es ist überhaupt eigenthümlich, dass Habicht und Sperber — ich kann mich da auf eine fast 20jährige Erfahrung berufen — unter unseren heimischen Raubvögeln am schwersten zu erhalten sind; ich meine da nicht bloss die bekannte schwierige Eingewöhnung frisch eingefangener Exemplare, sondern überhaupt die Erhaltung schon länger in Gefangenschaft befindlicher Thiere. Scheinbar ganz gesund, reichlich gefüttert, und zwar nicht nur mit Fleisch, sondern abwechselnd auch mit lebendem Haar- und Federvieh, die Nahrung willig annehmend, geht ganz plötzlich das eine und andere Exemplar, das noch kurz vorher Futter annahm, in wenigen Minuten zu Grunde.

29. Zwergadler (Aquila pennata Gm.). Zwei prächtige Exemplare. Dieselben wurden gleichzeitig mit 2 jungen Schreiadlern geliefert und sonderbarer Weise forderte der schon lange den Thierhandel betreibende Händler für die beiden Schreiadler das Doppelte des Preises für die Zwergadler.

Es ist überhaupt geradezu staunenerregend, wie gering die Kenntnisse selbst bezüglich der häufigst vorkommenden Raubvögel auch in Kreisen, die mit der freilebenden Thierwelt häufig genug in Berührung kommen, sind. Ein alljährlich in grossen Forsten jagender Herr offerirte mir 3 kleine Geier, die ich nach seiner Beschreibung als Schmutzgeier ansprechen musste, wofür er sie nach Besichtigung einer Abbildung bei mir auch erkannte; bei Besichtigung stellten sie sich als Hühnerhabichte heraus. Ein Jahr aus, Jahr ein mit Raubvögeln handelnder Thierhändler, sandte zweimal nach einander Steinadler, die stets Bussarde waren, vor Kurzem einen seltenen afrikanischen Falken, der ein simpler Thurmfalke war. Diese und weit drastischere Verwechslungen (so wurde ein junges geflecktes Reh für einen „Tiger", und als dem ein anderer Anwesender doch widersprach, für einen Hasen gehalten — wir waren drei Herren Zeugen dieser Episode) thuen dar, wie schlimm es um die Kenntniss unserer heimischen Thierwelt bestellt ist, und bestärken mich in der Ueberzeugung, dass in unseren Thiergärten gerade die heimische Thierwelt in ganz erster Linie zur Schau gestellt werden sollte.

30. Zwei Schreiadler (Aquila naevia, Wolf).

31. Ein Kuttengeier (Vultur monachus, L.). Ein besonders prächtig ausgefiedertes Exemplar. Herr Victor Ritter von Tschusi hatte die Güte, mich auf die Bezugsquelle aufmerksam zu machen, wofür ich hier meinen besten Dank sage.

32. Ein Lerchenfalk (Falco subbuteo, L.).

33. Vier weitere prächtige Exemplare von Uhu (Bubo maximus, Sibb.).

Ausserdem an Exoten:

2 Bronceflügeltauben,
2 rosenbrüstige Kernbeisser,
1 grossen Gelbhaubenkakadu,
1 kleinen Alexandersittich,
2 rosenbrüstige Alexandersittiche,
4 graue Cardinäle,
2 rothe Cardinäle,
1 Buntsittich.

Die übrige Thierwelt unseres Institutes hat unter anderem durch 2 Wölfe, 2 braune Bären, 2 Zwergziegen von Madras, 1 Zibethkatze, 1 Murmelthier, 4 Heidschnucken, 1 Seeschildkröte, 1 Schnappschildkröte, 3 mauritanische Schildkröten, sehr grosse Forellen, Saiblinge, Welse, viele sehr seltene Reptilien und Lurche weitere Bereicherung erfahren.

Untersuchungen über das os pelvis der Vögel.

Um die verschiedenen Auffassungsweisen über die genealogische Herleitung des os pelvis zu prüfen, unternahm E. Mehnert in dem vergleichend anatomischen Institute zu Dorpat eine Untersuchung, die er an Embryonen wild lebender Vögel, insbesondere Sumpf- und Wasservögel, anstellte.

Referent fand, dass bei der ersten knorpeligen Anlage des os pelvis der Lariden und Colymbiden sich stets 3 völlig gesonderte Theile unterscheiden lassen, die im Princip in demselben Lagerungsverhältnisse vorliegen, wie man dieses bei den 3 Bestandtheilen des os pelvis der jetzt lebenden Reptilien und sauropoden Dinosaurier vorfindet. Dieses Lagerungsverhältniss ermöglicht beim Vogelembryo in dem ventral und proximal vom acetabulum gelegenen Knorpelstabe, welcher im Laufe der weiteren intogenetischen Entwicklung sich rücklagert und so zu dem Theile wird, welcher von Marsh bei Vögeln Postpubis genannt worden ist, einem dem Pubis der jetzt lebenden Reptilien wie sauropoden Dinosaurier homologen Bestandtheil des os pelvis der Vögel zu erkennen.

Der praeacetabulare Fortsatz, der sich nur bei einigen Vögeln vorfindet und welcher von Marsh als Rudiment des ursprünglichen Pubis aufgefasst wurde, stellt sich sowohl auf Grundlage der ersten knorpeligen Anlage als auch des Ossificationsprocesses als accessorischer Fortsatz des Ileum heraus. Dieser Fortsatz tritt bei verschiedenen Vögeln verschieden spät auf und zwar um so früher, je grösser derselbe beim ausgewachsenen Vogel entwickelt ist. Bei fossilen Vögeln fehlt dieser Fortsatz entweder völlig oder er ist nur sehr gering entwickelt.

Die Thatsache, dass die Vögel kein Postpubis haben, zeigt, dass der Ahnenreihe der Vögel Formen nicht angehört haben können, welche ein os pelvis besassen, wie es den ornithopoden Dinosauriern zukommt. Die ornithopoden Dinosaurier können nicht Ahnen der Vögel sein, wie dieses von Huxley und Anderen behauptet worden ist. Sie stellen einen Seitenzweig vom gemeinsamen Sauropsidenstamme vor, welcher keine jetzt lebenden Nachkommen besitzt.

Bei 15 wild lebenden Vogelarten fand Mehnert nur 3 selbstständige Knorpel vor.

Bei Sterna hirundo, Larus canus, Larus ridibundus, Podiceps cornutus haben Ileum, Ischium und Pubis bei der ersten knorpeligen Anlage noch keine processus acetabulares. Bei einer anderen Gruppe von Vögeln und zwar bei Haematopus ostrelagus, Anas domestica, Corvus cornix, Corvus frugilegus, Authus pratensis treten schon bei der ersten knorpeligen Anlage mehr oder minder stark entwickelte processus acetabulares auf.

Bei gallus domestica findet man, dass schon bei der ersten knorpeligen Differencirung nicht nur deutliche processus acetabulares vorhanden sind, sondern in der Mehrzahl der Fälle hängt das Ileum mit dem Ischium von vornherein zusammen. Bei einigen Embryonen ist das Pubis noch vollständig selbstständig, bei anderen ist es schon mit dem Ileum oder Ischium verwachsen.

Alle diese verschiedenen Befunde lassen sich leicht durch die Annahme einer Verkürzung in der Entwicklung des os pelvis beim Hühnchen interpretiren.

Einiges aus vergangener Zeit.

Von **Robert Eder**.

(Fortsetzung und Schluss.)

vorhanden seye. Dann der Vogel soll die Art haben an ihm / dass er eigentlich mercken kann, wenn ein grosser Schnee fallen will / so isset er sich denn zuvor fett / dass er einen Tag oder etliche ungessen aus dauren kan / und verkriecht sich bis solch kaltes Wetter vorüber kommt.

Wie man aus Anzeigung und Deutung des Gewitters und anderer Sachen von Fruchtbarkeit und Unfruchtbarkeit der Früchte des Erdreiches judiciren könne.

Seite 492. 27. Wann die Gras-Mucke singet ehe der Wein ausgehet, so wird gemeiniglich ein gutes Jahr, und GOtt bescheret Wein genug.

Muttmassliche Bedeutung theurer und wolfeiler Zeiten.

Seite 491. 3. Wann der Kuckguck sich lang nach Johannis läst hören, so folget theure Zeit / berichten die Alten.

Vermeinte Vorbedeutung des Krieges.

Seite 495. 3. Wann der Bubo oder Uhu des Abends sehr schreyet so kommet Krieg oder Sterben hernach.

Wie man zufällige Krankheiten und Sterben aus den Gewittern und andere erkennen solle.

Seite 495. 2. Wann die Störche kühn sind und wenig sich für den Leuten schenen / so ist Sterb-Zeit vorhanden.

Wann sich der Brach-Vogel und die Nacht-Eulen zu Abend in Sterb-Läufften hören lassen / so hat man auf den Morgen gewis todte Leichen.

8. Wann der Uhu oder Bubo Abends sehr offt schreyet / so kommet Sterben oder Krieg hernach.

Nun folgen die Observirten Regulae von Veränderung des Gewitters und anderer Sachen.

Seite 496. 8. Wann die Gras-Mucke singet / so ist es Zeit Wein-Stöcke zu schneiden.

11. Wann die Gänse auf Martini im trockenen gehen / so gehen sie auf Weynachten im Pfuhl / gehen sie aber im Pfuhl auf Martini, so gehen sie auf Weynachten im trockenen.

Seite 497. 29. Wann die Nachtigallen so über Winter in den Stuben gehalten werden / bald nach Weynachten anschlagen und anfangen zu singen, so wird es bald Sommer: singt sie aber langsam / so wird es langsam Sommer, und ist ein grosser Nach-Winter noch darhinten.

Von Ausrottung und Vertreibung allerley Ungeziefers und schadhafften Thiere / die allen Garten Gewächsen Bäumen und Pflanzen Schaden zu thun pflegen.

Caput X.

Seite 551. Erstlich von Vertreibung und Ausrottung der Ameisen, dass man keine mehr spüren mag.

3. Etliche schreiben / als Palladius wann man ein Hertz von einer Eulen bey ihren Hauffen oder Löchern, daraus sie aus und einkriechen / leget / so werden sie damit vertrieben.

Caput XI.

Seite 564. 5. Von denen schadhafften Vögeln.

1. Dass die Vögel den gesäeten Saamen nicht auffressen / so sollt du Weitzen und weisse Niess-Wurtzel unter ein ander mischen in Wein kochen / und rings um den Garten streuen.

2. Oder solst den Saamen ehe du den säest / in einer gesottenen Krebs-Brühe wässern lassen.

Dann ist gewiss dass Alles was von solchen gewässerten Saamen aufkäumet im geringsten von den Vögeln nicht kan beschädiget werden.

3. Man mag auch den Saamen mit Wasser und Wein Trussen besprengen.

4. Oder zetle durch den gantzen Garten gesottenen Knoblauch / dann sobald die Vögel den verschlucket fallen sie nieder auf die Erden / und man kann sie mit Händen fangen und haschen.

5. Oder man nimmt zehn Krebse / und thut die in ein Gefäss voll Wasser / und läst sie zehen Tage an der Sonnen stehen, wann man nun den Saamen mit solchem Wasser / ehe man ihn säet / damit besprenget / und dann über acht Tage hernach / nach denen man ihn gesäet, noch ein mal damit besprenget / so wird solcher auf diese Weise besprengter Saamen nicht allein für den Vögeln / sondern auch für andern schädlichen Thiern und Ungeziefer bewahret und erhalten.

6. Wann man Erbsen zuvor / ehe man sie säet / in Mist-Pfützen eine Nacht weichet / so gehen dieselben nicht allein eher und gleicher auf / sondern werden auch von den Vögeln nicht aufgelesen.

An den Bäumen kan man sonsten allerley Vögel-Scheu und Klapper-Mühlen machen / die auch den Zuflug der Vögel verhindern.

Seite 565. Allerhand Arten Vögel zu fangen.

7. Nehmet solchen Saamen als die Vögel gewöhnlich zu essen pflegen / weichet ihn in Wein-Häfen mit Witscherling-Safft vermischet / ein / und wann er wol erweichet / so werffet ihn an den Ort / da die Vögel ihre Nahrung suchen / so werden sie auf der Stelle truncken / und ihren Verstand verlieren / dass man sie mit den Händen fangen möge.

8. Nehmet weisse Niess-Wurtz klein gestossen / und vermischet sie mit andern gemeinen Saamen / und werffts den Vögeln vor / wie vorgemeldet / welche darum nicht schlimmer zu essen sind.

9. Nehmet Weitzen oder ein ander Korn / und kochet ihn mit weissem Operment, und werffet das Korn an einen Ort / da die Vögel hinzu kommen pflegen, so werden sie davon sterben / und nichts desto weniger gesund zu essen seyn / als wann sie geschossen oder mit einem Netze gefangen worden.

10. Nehmet klein geschabte Zwiebeln / vermischet sie unter die Saamen oder unter die Körner / so die Vögel fressen / so macht es dieselben also bald truncken.

Die Vögel von den Früchten abzuhalten.

11. Die Vögel von den Früchten und Korn-Stengeln ab zu schrecken / hänget Knoblauch an die Bäume und Korn-Stengel so werden sie nicht darzu kommen.

Vögel mit den Händen zu fahen.

12. Nimm Bilsen-Kraut mit der Wurtzel / stosse es fein klein / vermenge es mit Gersten-Mehl oder sachten was das die Vöge gerne fressen / und schütte es an einen Ort wohin die Vögel sonsten gerne fallen. Wann sie nun darvon fressen so werden sie aller taumlend / und können nimmer darvon fliegen.

13. Oder siede ein Aass aus Rinder-Gallen / lass über Nacht stehen / und streue es an einen Ort / wo Vögel zu sitzen pflegen, wann sie nun etwas darvon fressen / so bleiben sie sitzen.

14. Oder nimm eine Galle von einem Ochsen lege Erbsen darein / und lass die Nacht über darinnen liegen / und wirff es den Vögeln vor.

15. Man nehme Bilsen-Kraut-Saamen und Wurtzel / und vermische es mit Schierling-Saamen und werffe das den Vögeln für ein Gefräss dar. Da werden sie dann umfallen als wann sie todt wären / und wieder aufwachen / wann du ihre Nasen-Löcher mit Essig benetzest.

Verschiedenes aus dem Buche.

Seite 57. Perlen wo sie in Teutschland zu finden.

. . . . Und Gesnerus lib. 4 C. de Margaritis sagt also: Es ist ein Fluss in Böhmen der bey dem Dorff Husseneez vorbey rinnet / worinnen Fojren oder Forellen, und grosse Steine häuffig zu finden, darinnen die Anwohnende grosse Menge von Muscheln im Sommer heransfischen / darvon sie theils reiffe und gläntzende Perlein heraus nehmen / die man auch in Ringe zu fassen pfleget / theils aber unreiffe / die der Medicin dienen: die Unzeitigen lassen sie bißweilen die Endten verschlingen / und wann sie von ihnen kommen / werden sie heiterer aufgelesen wenn sie aber solche heraus nehmen / lassen sie keine Lufft daran gehen sed illici ore excipiunt, salivâ enim ablutae constantius splendorem servant.

Seite 79. Wie die Pfenning und Gramm-Gewicht (auf das Niederländische Probier-Gewicht Bezug habend) sollen gemachet werden.

Mache zum ersten zwey kleine Gewicht aus Haaren oder Feder-Kielen gleich wägend / daß Granen sollen werden / nach der Weise als Du an dem andern Gewicht gethan hast / mit dem kleinesten Gewicht / und daß die gleich schwer werden / darnach lege sie in die Wag Schalen / und mache ein Gewicht / das so schwer seye als die beyde, das seynd auch zwey Gramm / und wirff der ersten zwey gleichen Gewicht eines hinweg und lasse das eine in der Wage liegen darzu lege das Stücklein das zwey Granen hält / werden drey Gränen mache ein Stück das so schwer wird als die beyde / das sind drei Gränen / die lege zu den zweyen Stücklein und hält 6 Gränen das dargegen gemachet wird / lege es zusammen werden vier Stücklein, das sind zwölff Gränen das lege zu den vier Stücken / werden fünff Stücke / dem allen gleich / wie ein Stück / das ist das sechste Stück / und hält 24 Gräne / das ist ein Pfenning / deren zwölff eine Mark thun. Nimm die vorgemeldeten Stücke alle sechs / wäge dargegen ein Stuck / das wird halten 2 Pf. nimm nun den einen Pf. und zwey Pf. die lege in eine Schale / wäge dargegen ein Stuck / das wird 3 Pf. halten / und das ist das achte Stück / lege die 3 Pf. Gewichte zum andern in eine Schale wäge dargegen ein Stück das wird halten 9 Pf. dann thue wie jetzt und lege ein Stück zu den letzten vieren das wird halten 12 Pf. das ist eine Mark oder 16 Loth.

Seite 203. Eine Büchsen zu bereiten dadurch man alles Feder-Wild durch den Hals trifft wie es Schmuckins in seinem Schatz-Kästlein angiebet.

Nimm bei einem Scharff-Richter einen Nagel sonderlich das Theil vorne mit der Spitzen darmit eines Armen Sünders Kopff auf dem Rade ist genagelt worden laß bey den Büchsen-Schmiden ein Gesicht und vornen ein Korn darvon machen im Zeichen wann der Schütz regieret darzu in der ♂ Stunde, es darff aber in das Feuer nicht kommen so hast Du ein Rohr; alles Feder-Wild gewiss durch den Halß zu schießen; so man es aber anderst brauchen wollte nach der Scheiben oder nach einen Hasen und dergleichen so ist das Rohr verderbet / dann wann Du darnach zu schießen begehrest was da Federn hat ist das Rohr verdorben und kannst es nicht treffen.

Seite 241. Nr. XXXV. Ein Hun ohne Feuer zu braten.

Wann einer auf der Reise ist und ins Wirths-Haus kommet kan er dasselbige auf folgende Weise bald fertig haben: Nemlich man lässet ein Stück Stahl glühend werden und stecket das in ein Hun das wol gerupffet und ausgenommen seye und umwindet dasselbige fein dick mit Tüchern daß die Wärme nicht heraus kan und ob es gleich einen üblen Geruch geben wird, so wird es doch gut zu essen seyn.

Nr. XXXVI. Daß eine junge Taube keine Knochen habe, wann sie aufgetragen wird.

So machet man es also: Man nimmt sie aus, und wäschet sie wol und lässet sie Tag und Nacht in einem sehr scharffen Essig ligen / wäschet sie hernach wieder aus und füllet sie mit Gewürz und Kräutern und lässet sie nach Belieben kochen oder braten so wird man durch und durch keine Beinlein oder Knochen an ihr finden.

Nr. XXXVII. Ein Ey auf dem Kopf zu sieden.

Nimm ein warmes Brod wie es aus dem Ofen kommt schneide oben ein Loch darein und lege das Ey hinein decke es mit dem abgeschnittenen Stück Brod zu halte das Brod in einem Tisch-Tuch über den Kopff so wird das Ey bald sieden.

Seite 252. Nr. LXX. Vögel mit den Händen zu fassen.

Nimm Därme von einem Thier schneide dieselbige zu Stücken streue des Pulvers von der Nuce Vomica darauf und lege es an einem Ort da Bäume sind dann sobald es die Vögel ersehen fliegen sie hinzu und fressen es auf, und kommen darauf dermassen von sich selbsten als wären sie todt. Oder man lasse die Nucem Vomicam klein stossen mit Weitzen sieden und nochmals an den Ort streuen da Vögel sind dann welche darvon fressen / die kan man ohne Mühe und mit den Händen fangen.

Nr. LXXI. Auf eine andere Art.

Nimm des Saffts vom Schierling oder Wüttrich wie viel du will thue des Saamens welchen die Vögel am liebsten fressen darein lasse es 2. Stunden also übereinander stehen und streue es an den Ort da viel Vögel sind. Dann welche darvon essen die werden tumm, und lassen sich mit den Händen greiffen und fangen. Seid es aber solche Vögel so da anders nichts als Fleisch fressen so lege Fleisch in den gemeldten Safft laß einen gantzen Tage darinnen ligen und wirff es ihnen nochmals vor alle die darvon fressen die sterben alsobald.

Seite 253. Nr. LXXIII. Daß die Frösche des Nachts nicht schreyen.

Mache ein Loch in eine Mauer lege oder schiebe einen Frosch darein / setze ein Papier auf welches ein Rab gemahlet darvor /und zünde ausserhalb ein Licht oder Feuer an so fängt der Frosch also bald an zu schreyen wie ein Rab / welches dann die anderen so es hören dermassen erschrecket daß sich ihrer keiner im geringsten üben darff.

Seite 281. Nr. CLXV. Daß allerhand Vögel weis ausschlieffen.

So nimm derselben Eyer, wo ferne du sie haben kanst / und lege sie eine Weile in den Safft des Krautes Articularis genannt, und nimm sie dann wieder heraus und lege sie dann wieder in das Nest.

Seite 297. Nr. CCXXII. Daß kein Gayer oder Falck Tauben fange und hinweg führe.

Wann du Tauben in einen Schlag thun wilst / thue es an einem Freytag und rupffe einer jeden Tauben unter dem rechten Flügel 2. Federlein aus stecke es in den Tauben-Schlag verbohre es und schlage einen Zweck dafur daß sie nicht herausfallen darnach lege den Tauben Eber-Wurtz in ihr Trincken: So lang nun die Federn im Schlage bleiben so fliegt dir keine Taube hinweg dir führet auch kein Falck oder Gayer eine davon.

Seite 303. Nr. CCXXXVII. Ein schönes Secretum Endten Gänße Huner, Tauben, rc. in kurtzer Zeit von 14 Tagen so feist zu machen daß man es kaum fur Fettigkeit essen kann.

Man sammlet wann die Nessel am zeitigsten sind dessen Saamen nach Genügen, dörrt und stösst solchen zu subtilen Pulver nimmt alsdann des Krautes Blätter so viel man haben kan dörret es an der Lufft und macht es auch zu einem subtilen Pulver: Ferner nimmt man Staub-Mehl aus der Mühle 2mal so viel als der andern beyden Pulver so in einem gleichen Gewicht seyn müssen vermischet es wol unter einander und machet es mit fettem Spühl-Wasser aus den Kuchen zu einem Teig formirt Wulgern Gliedslang daraus davon gibt man dem Gevögel des Tages einmal zu fressen so wird man in 14. Tagen Wunder sehen wie fett sie worden sind.

Seite 464. 101. Wie die Nachtigallen gefangen werden.

Es wird ein Weiblein in ein Haußlein gethan und wissen die Vogelsteller den Gesang etwas nach zu machen, dadurch wird das Männlein herbeygelocket und wann es das Weiblein ersichtet flieget es hin und wieder, und wird also mit dem Netze berücket.

Seite 596. 82. Daß die Kinder das Bett nicht naß machen.

Nimm eines Hahnen Kamm gedörrt, daß er nicht stinke lege ihn alsdann dem Kind verborgen, daß es nichts davon weiß ins Bett. Prob.

83. Vögel mit den Händen zu fahen.

Siede Korn Weitzen oder Habern oder Gersten mit Bilsen-Samen welcher Vogel das Korn frist, der hebt an zu schlaffen daß man ihn mit der Hand fahen kann.

Nota.

Bilsen-Saamen solle man keinen Menschen geben dann er todtet und bringet Vergessenheit.

Seite 616. 96. Ein weiß Pferd schwartz zu färben.

Vermische Turtel-Tauben-Blut mit ungelöschten Kalch und salbe einen weissen Gaul darmit.

Seite 647. 99. Zu machen, daß einem Pferde die schwartzen Haare ausfallen und weisse wachsen.

Von diesen giebet Fallopius nachfolgenden Bericht: man solle nemlich Hüner-Koth nehmen selbigen dem Pferde über die Stirne binden, (dieses verstehet sich auch an einem anderen Ort) und eine Nacht darob ligen lassen so werde man des künftigen Morgens weisse Haare finden.

Seite 660. 143. Ein guter Fasan-Rauch, welcher im Gebrauch alle Fasanen an sich ziehet und locket.

Nimm Haber-Stroh 2. Gebände, Hanff-Spreu 2. Strich Campher per 45. kl. Anis anderthalb ″ ein wenig Weyrauch Widertodt eine Hand voll Tausendgulden-Kraut eine Hand voll gedörrtes Maltz ein halbes Mäßlein faul Linden-Holtz etliche Stücklein 4 Roß-Kugeln oder Stercus equinum. Brenne das Haber-Stroh auf der blossen Erden, und die Haid-Spreu darauf das übrig alles aber wird unter die Hauff-Spreu gemenget man rauchet also 2. Tag und Nacht. Dieser Rauch gehet dem Winde nach wann er starck ist wol auf anderthalb Meilen wo aber nicht gehet er doch auf 3/4 Meil Wegs weit.

144. Wie die Reb-Hüner mit Luft zu fangen.

Man macht im December oder Winters-Zeit einen Korb von Hopffen-Reisicht oder Strohe in der Grösse als ein Sieb / ableitig wie ein stroherner Bauernhut oben am Gupff bleibet es offen, und wird mit Strohe wol vermachet. Von diesen richtet man etliche Stücke in einem Weitzen-Acker wird wie eine Maus-Falle mit einem Fall-Höltzlein gerichtet, bedecket den Korb etwas weniges mit Stroh und nachdem bestreuet man von weitem her des Ackers (worin man weiß daß sich die Hüner gern aufhalten, einen Strich mit Weitzen oder Stroh, bis zum Korb da lauffen die Hüner wann sie ankommen, nach dem Stroh und klauben den Weitzen auf biß sie zu dem Korb kommen: weil sie nun darunter einen Hauffen Weitz und Weitzen-Stroh darbei finden, so laufen sie alle unter den Korb und suchen die Aehren, biß sie endlich an das Höltzlein stossen und solches umwerfen / so fället der Korb nieder / und sind sie alle gefangen. Hierauf nimmt der Weyd-Mann das Strohe oben heraus / greift mit der Hand hinein / und nimmt die Hüner eines nach dem andern heraus / und verwahrt sie in Säcklein / wie man am besten kan / hernach richtet man die Körbe wieder in andere Aecker / wo man weiß / daß sich Hüner aufzuhalten pflegen.

145. Ein fürtreffliches Aas wilde Gänse zu fangen.

Nimm Nieß-Wurtzel oder den Saamen von Schierling / samt der Wurtzel / lege es Tag und Nacht in ein Wasser mit Haber und Korn / oder mit was anders / das dergleichen Vögel fressen / zu weichen / dann koche es alles mit einander / bis daß die Körner das Wasser wol in sich gedrunken / darnach lege es an einen Ort / allwo dergleichen Vögel sich aufzuhalten pflegen / dann wann sie es fressen / so entschlaffen sie / als wann sie voller Wein wären / so daß man sie mit den Händen fangen kan / damit kan man auch andere Vögel / die in grosser Menge mit einander fliegen / fangen.

Seite 661- 146. Wilde Endten mit den Händen zu fangen.

Nimm Gersten / streue sie an den Ort / wo die Vögel sonsten sich enthalten / und körne sie also damit an / dann einem Gersten-Meel / Ochsen-Gall und Bilsen-Saamen und mache ein Müßlein daraus / lege oder schmiere es auf ein Bretlein / wann es nun die Endten fressen / so werden sie davon so schwer und taumelend / daß sie nicht mehr fliegen können / und man sie also mit der Hand fangen kan.

Oder: man nimmt weisser Nieß-Wurtzel 2. Loth / Bilsen-Saamen 4. Loth / siedet es in einem neuen Hafen / in einer Maaß Wassers / lässet solches bis ohngefehr auf den dritten Theil einsieden / seihet das Wasser in ein anderes Geschirr ab / thut dann in das gesottene Wasser viel Gersten / und siedet sie darinnen / bis sie zu kännnen beginnen / giebe es den wilden Endten zu fressen / so können sie nicht mehr in die Höhe kommen / sondern müssen sitzen bleiben.

149. Daß ein Hahn gar nicht mehr krähe.

Von diesem schreibet Porta also / man darff ihm nur einen Ring von Wein-Reben oder einen andern rauschenden Ringe an den Hals hängen / so wird er das Krähen unter Wege lassen.

Seite 562.–8. Zu verhüten, daß die Wieseln die Eyer nicht aussaugen.

Nehmet Wein-Rauten / und leget sie an den Ort wo die Hüner legen / so werden die Wieseln davon bleiben.

Seite 670—14. Fische mit den Händen zu fangen.

Nimm Bever-Schmaltz und bestreiche die Hände damit / darnach greiff ins Wasser nach den Fischen.

Seite 771.–28. Kunst allerhand Vögel zu beitzen / daß sie sich lang behalten lassen.

Erstlich muß man die Vögel sauber rupfen / und butzen / die Köpffe und Krämpel abschneiden / und das Ingeweid herausnehmen / hernach setze ein saubers Wasser in einen Kessel oder Hafen zum Feuer / wann das Wasser siedet / so wirffe die Vögel hinein und laß nur einen Sud thun / darnach nimm sie heraus auf ein Bret / damit das Wasser absinkt / darnach nimm ein höltzernes Fässlein / darnach du Vögel hast / und lege es voll an / saltze es daß sie recht im Saltze seyn / lege ein wenig zerstossene Wachbolder-Beer darzwischen / giesse einen mittelmässigen Essig darein / daß über die Vögel gehet / und vermache es: wann du davon essen wilst / mache das Fässlein auf und brats. Probatum.

Um nun auch von den in dem Buche vorkommenden Heilmitteln, welche auf Vögel Bezug haben, zu sprechen, so wäre nur der Rabe zu erwähnen, welcher in Stücke zerhackt, zu Pulver zerstossen und gebrannt, wiederholt zu Heilzwecken anempfohlen wird; dem Pfau aber widerfährt die Ehre, heilbringende Federn zu besitzen und zwar werden „neun Pfauen-Spiegel (bei Kindern nur drei) sowie sie vom Stiele abgeschnitten werden (pro viro masculi) pro fœmina fœminae“ zu Pulver gebrannt als Beigabe zu anderen Medicamenten in: Herrn Grafen Wilhelm Solms bewährten „Freisch-Cur“ Seite 466 vorgeschrieben.

Indem ich mich auf das Eingangs angeführte Kunststück mit der Henne und dem Kreidestrich beziehe, verweise ich auf den in der Illustr. Zeitschrift: „Vom Fels zum Meer“ enthaltenen Artikel: „Von Schrecken starr. Eine physiologische Studie von Carus Sterne“ Seite 216, in welchem dieser Vorgang seine vollständige Erklärung findet.

Ferner erlaube ich mir auf einen Artikel in diesen Blättern, 2. Jahrgang der Section für Geflügelzucht und Brieftaubenwesen Seite 103/5: „Künstliche Bebrütung in Egypten“ hinzuweisen, worin unter Anderem gesagt wird, dass Reaumure Capaune und Hähne zur Führung der Küchlein benützte und dürfte vielleicht Reaumure dieselbe Art wie oben angeführt, angewendet haben.

Was nun die Ausbrütung der Eier mittelst Tauben- oder Hühnermist anbelangt, so wäre wohl möglich, dass diese Art der Bebrütung auch zu einem günstigen Resultate führen könnte, da ja die Natur Aehnliches aufweist. Das Buschhuhn Tellegallus Lathamis in Australien lässt seine Eier durch die sich erzeugende Wärme eines von dem Huhne selbst von Laub, Gras und Holzfasern hergestellten Haufen, in welchen es die Eier legt und bedeckt ausbrüten.

Zum Schlusse sei noch erwähnt, dass die Verschönerung der Perlen durch das Verschluckenlassen der Enten auch in ähnlicher Weise in Ceylon noch heutigen Tages durchgeführt wird. Darüber findet sich im „Wirthschaftlichen Leben der Völker“ von Dr. Karl Scherzer im Capitel „Nutzung der Wasserthiere“ Seite 487 folgende interessante Erläuterung:

„Glanzlose Perlen lassen die Ceylonesen zuweilen mit anderen Körnern von einem Huhn verschlucken, in dessen Kropf dieselben nach einigen Minuten Glanz gewinnen; der Kropf wird dann aufgeschnitten, und die Perlen werden glänzend weiss wie aus der schönsten Perlmuschel, herausgenommen“.

Gewiss beachtenswerth, dass in zwei so entfernt von einander gelegenen Perlfundorten dasselbe eigenthümliche Verfahren angewendet wird resp. wurde, um glanzlose Perlen erglänzend zu machen.

Notizen.

Zum Darwinismus. Ein interessanter Fall der Vererbung bei unserer Haus- und Hofgans (a. c. domesticus) ereignete sich vor etwa zehn Jahren auf dem Gute des Oekonomierathes Sorsche in der Nähe von Sprottau (Schlesien). Eine Gans, die im Begriffe war, die Zahl der Eier zu erhöhen, um sie dann auszubrüten, wurde von einem Kettenhunde derart in den Flügel gebissen, dass er für die Dauer wie gebrochen herabhing, und in seinen Functionen vollkommen anormal war. Die schon gelegten und die nach genanntem Ereignisse noch ferner gelegten Eier wurden in gewöhnlicher Zeit ausgebrütet. Wer beschreibt nun das Erstaunen der mit der Sache vertrauten Personen, als sie gewahrten, dass mehr als die Hälfte der ausgelaufenen Gänse ebenfalls mit anormalen Flügeln versehen war? Die Sache war interessant genug, um sie ein wenig weiter zu verfolgen. Die betreffenden jungen Gänse wurden später benützt, um ein Experiment zu machen. Und wirklich, auch von diesen stammten mehrere Gänse, welche ebenfalls verkrümmte und fast unbrauchbare Flügel hatten. Weiter wurde, so viel ich weiss, die Sache nicht verfolgt. Ich selbst schrieb an Darwin, der mir in ein paar Zeilen dafür dankte, bemerkend, dass er hoffe, dass solche Fälle dem Publicum immer mehr bekannt würden. Die wenigen Zeilen Darwin's, welche ich sicher zu besitzen glaubte, wusste mir jedoch ein sogenannter hochstehender Herr zu entlocken — natürlich für immer.

Meran-Obermais. **Dr. Ewald Haufe.**

Zweite vorläufige Mittheilung die Entenkojen betreffend. Soeben kehre ich von einer Reise durch die Niederlande zurück, welche dem Studium der dort befindlichen Entenfänge galt. Es glückte mir, mehrere derselben genau in Augenschein zu nehmen und über die übrigen (nach meinen Ermittlungen etwas über 170 an Zahl) die genauesten Nachrichten durch gütige Unterstützung seitens der Gouvernements des Königreiches, sowie durch private Beziehungen zu erhalten. — Da inzwischen die englischen Entenfänge eine ausgezeichnete und erschöpfende Bearbeitung durch den kundigen Sir Ralph Payne Galway Bart. gefunden haben, brauche ich mich bezüglich dieses Landes nur auf des genannten Verfassers Book of Duck Decoys (London 1887) zu beziehen. — Ueber die Fänge in Indien, China, Japan und dem südlichen Nord-Amerika habe ich durch Freunde und Bekannte eingehende Notizen erhalten. — Was endlich Süddeutschland betrifft, so habe ich, wie ich in meiner ersten vorläufigen Mittheilung (Monatsschrift d. Deutschen Vereines z. Schutze der Vogelwelt, Bd. XII, 1887 S. 290) versprach, inzwischen die Reste der Fänge bei Karlsruhe, und die noch bestehenden bei Gemar (Colmar) und Memprechtshofen selbst besucht. Auch die verwandten Fangeinrichtungen am Rhein, bei Strassburg, Rastatt, Illingen u. a. Orten sind genügend berücksichtigt. — Ueber die ehemaligen Fänge in Württemberg verdanke ich meinem Gönner, dem Baron Richard König-Warthausen, über eigenartige Fangvorkehrungen in Pommern Herrn Röhl in Stettin freundliche Benachrichtigung. Auch von anderen Seiten gingen mir zahlreiche litterarische Hinweise über Entenfänge zu, für welche alle ich hier einen vorläufigen Dank abstatte. Meine Absicht, im Jahre 1889 mit dem Druck meines Buches über den Entenfang in der ganzen Welt fertig zu werden, lässt sich schwerlich verwirklichen, da auch die Herstellung artistischer Beigaben geraume Zeit erfordern dürfte. Daher wiederhole ich meine Bitte um weitere gütige Unterstützung durch einschlägige Mittheilungen. Besonders dankbar wäre ich für Aufklärung, ob es in Frankreich dergleichen Einrichtungen gibt, da ich nur zwei dürftige litterarische Belege dafür bisher habe ausfindig machen können.

Hildesheim und Strassburg i. E., Anfang Sept. 1888.

Paul Leverkühn, M. C.

Das Sandhuhn in Holland. Zum zweitenmale seit einigen Jahren besuchte ein zahlreicher Flug Sandhühner (Syrrhaptes paradoxus) unser Land und nahm Quartier in den Dünen, welche die Küste säumen. Leider fiel den fremden Gästen kein freundlicher Empfang zu Theil: sie wurden bald nach Ankunft entdeckt und gejagt. Am 15. d. M. wurde bei Egmond am See ein Männchen und zwei Tage später bei Loosduinen ein Weibchen aufgefunden, beide durch Anfliegen gegen Telegraphendrähte getödtet. Am 25. wurden bei Zandvoort fünf Exemplare geschossen aus einem Flug von vielleicht 80 Stück. Von diesen kam nur eins in berufene Hände, doch leider in stark angefaultem Zustande. Dies die Fälle, welche zu meiner Kenntniss gelangten. Mit Grund kann man aber annehmen, dass noch mehr Exemplare der Mordlust zum Opfer gefallen.

'sGravenhage, Mai 1888.

H. von Rosenberg.

Ein Albino. Als hochinteressant vermag ich mitzutheilen, dass sich im Besitze des Südbahn-Restaurateurs zu Laibach, wo ich einige Wochen verweilte, ein Albino von Merula vulgaris befindet. Das Exemplar ist rein weiss, ohne den geringsten grauen, oder gar schwarzen Hauch, das Auge ist hellroth, die Füsse sind ebenfalls heller als gewöhnlich, nur der Schnabel trägt die gewöhnliche gelbe Färbung. Auf meine diesbezüglichen Erkundigungen erfuhr ich, dass der genannte Herr das Exemplar von einem Bauern gekauft, welcher es nahe der croatischen Grenze im dichten Tannenwalde jung aufgefangen und grossgezogen hat. Ich vermuthe, dass das Thier die reine Weisse nicht bewahrt hätte, sondern, wie das ja zumeist, nur stellenweise aufweisen würde, wenn es in der Freiheit aufgewachsen wäre. Bekanntlich beruht der Albinismus auf dem Fehlen des Pigments, die natürliche Lebensweise, regelmässige Bewegung, dann Naturfutter und vor Allem die Anschauung der regelrecht gefärbten Geschwister und der dadurch hervorgerufene psychologische Einfluss (ein solcher existirt, man beobachtet ihn beim Grossziehen an Thieren, bei Krankheiten etc. öfter) hätte, wenn er auch nur theilweise ersetzt, was die Natursäfte vernachlässigten, die enge Gefangenschaft jedoch, das dadurch bedingte wenn auch gute, doch nie die Natur ersetzende Kunstfutter, das Fehlen des Vorbildes, die durch die Gefangenschaft hervorgerufene Schwächung aller Säfte, vermochte das Fehlende in keiner Hinsicht zu ergänzen, so dass Merula die rein weisse, bewundernswerth hellste Färbung erhielt. Ferner erfuhr ich, dass Albinos von Merula, wie von Passer domesticus und Fringilla coelebs in Krain, namentlich Unterkrain, nicht zu den Seltenheiten gehöre.

Hans von Basedow.

Bastarde von Stieglitz und Kanarienvogel. Ueber die vieler Liebhaber sich erfreuende Zucht von Bastarden zwischen Stieglitz und Kanarienvogel schreibt uns Herr A. P. aus Stettin: „Ich züchte jetzt seit etwa 10 Jahren Stieglitz-Kanarien-Bastarde. Nach mancherlei Fehlversuchen bin ich jetzt bei dieser Zucht sehr vom Glück begünstigt. Ich habe von einem und demselben Paare 70 Junge, von einem anderen 80 Junge erhalten. Ich verschaffe mir einige jung aufgezogene Stieglitzmännchen, bringe sie in kleine Einzelkäfige in die Stube, damit sie allmählich zahm werden und lasse diese Käfige in der Nähe von solchen, die mit Kanarienweibchen besetzt sind. Als Nahrung für die Stieglitze nehme ich Glanzsamen oder Kanarienfutter. Anfangs April sperre ich je ein Kanarienweibchen mit einem Stieglitz in einem Heckkäfig zusammen; die Eingangsöffnung zu den Nistkästchen ist möglichst klein, um das Zerstören des Nestes und der Eier seitens der Stieglitze zu verhindern. Ich habe auch mit Erfolg versucht, sowie das Weibchen ein Ei gelegt hat, dasselbe wegzunehmen und durch ein hölzernes zu ersetzen. Waren dann 4 Eier gelegt, so fing ich den Stieglitz aus dem Heckkäfig und brachte ihn erst wieder in den Käfig, wenn die Jungen flügge waren. Der Gesang meiner Bastardmännchen ist sehr angenehm und singen sie sehr fleissig".

Literarisches.

Thiere der Heimat von A. und K. Müller. Mit zahlreichen Chromo-Lithographien und Original-Aquarellen von C. F. Deiker und nach Zeichnungen von Adolf Müller. 2. Auflage. Theodor Fischer, Cassel. 1. u. 2. Lief. à 80 Pf.

Eine eingehende Besprechung uns für die nächsten Lieferungen vorbehaltend begnügen wir uns heute, unseren Lesern das Erscheinen der neuen Auflage dieses trefflichen Werkes anzuzeigen, das in seiner verschönerten neuen Ausgabe mit gründlich geordnetem und erheblich bereicherten Texte gewiss rasche Verbreitung finden wird. Das ganze Werk ist auf circa 25 Lieferungen berechnet, die zusammen etwa 85 Bogen Text mit 57 chromolithographischen Tafeln geben werden. Wir werden auf dieses hübsche Werk recht oft zu sprechen kommen.

Deutschland's Vögel. Naturgeschichte sämmtlicher Vögel der Heimat, nebst Anweisung über die Pflege gefangener Vögel von Fr. Wink, klein Quart; 226 Abbildungen in Farbendruck und 22 Bogen Text mit Holzschnitten. (12 Lieferungen à 60 Pf. Verlag der C. Hoffmann'schen Verlagsbuchhandlung [A. Bleil] in Stuttgart.)

Da erst eine Lieferung des Werkes vorliegt, ist ein endgiltiges Urtheil über das neue Vogelwerk wohl nicht möglich und bringen wir daher das Erscheinen dieses Werkes hiermit zur vorläufigen Anzeige.

Lehrbuch der Stubenvögelpflege, -Abrichtung und -Zucht. Von Dr. Karl Russ. Magdeburg. Creutz'sche Verlagsbuchhandlung. In 17 Lieferungen à M. 1.50. 7.—9. Lieferung.

Dieses von uns wiederholt besprochene Werk schreitet rüstig vorwärts, indem es schon zur grösseren Hälfte fertig vorliegt.

In der **siebenten** Lieferung wird die Uebersicht der Futterbedürfnisse der Vögel fortgesetzt und zwar werden zunächst die Laubvögel oder Laubsänger besprochen. Der Verfasser gibt Auskunft über den ebenso zarten als allgemein beliebten Gartenlaubvogel und leitet zu seiner Eingewöhnung und Einfütterung an. Dann folgen die übrigen Arten, ferner die Schilf- und Rohrsänger, nebst den nächstverwandten, fremdländischen Arten, weiter die Fliegenschnepper, Bachstelzen, Pieper, Braunellen, Schmätzer, Wasserstaar, Hüttensänger, Sonnenvogel; darauf kommen die Drosseln, Spottdrosseln und Drosselvögel überhaupt, immer einheimische und fremdländische, weiter Bülbüls, Tangaren, Brillenvögel, Blattvögel, Honigsauger, Zuckervögel, Zaunkönige, Goldhähnchen, alle Meisen, Spechtmeisen, Baumläufer und Verwandten, Spechte, Eisvögel, Bienenfresser, Kukuke, Wiedehopfe, Pirole, Schwalben, Würger, die vielfältigen Staarvögel bis zu den Krähenvögeln; auch über die Kolibris u. a. sind diesbezügliche Mittheilungen gemacht.

Der Hauptabschnitt „Behandlung und Verpflegung der Vögel" bringt in der **achten** Lieferung eine der wichtigsten Uebersichten des ganzen Lehrbuchs, nämlich die aller Stubenvögel nach ihrem Werth und ihrer Bedeutung für die Liebhaberei und Züchtung. Da sind alle Vögel nach ihren Eigenthümlichkeiten geschildert und zwar ebensowohl die fremdländischen wie auch die einheimischen. Der Verfasser überblickt sie hier auf Grund seiner eigenen Kenntnisse und Erfahrungen und der einschlägigen Literatur zugleich, von den Prachtfinken, Widafinken, Webervögeln bis zu unseren Finken, Zeisigen, Girlitzen und wiederum allen deren fremdländischen Verwandten, von den Sperlingen und Ammersperlingen, Gimpeln, Kernbeissern und Kardinälen bis zu den Ammern und Lerchen, von der Gesammtheit aller Papageien bis zu der aller Kerbthierfresser in den gewöhnlichsten bis zu den seltensten und kostbarsten Arten.

Mit der Eingewöhnung frischgefangener Vögel beginnend, gibt der Verfasser in der **neunten** Lieferung, ausser der Anleitung für alle Arten, auch, nach Lofflhagen, die für die kostbarsten Weichfutterfresser, nothwendigen und zuträglichen Vorschriften; so für Blaukehlchen, alle Grasmücken, Laubvögel, Goldhähnchen, Zaunkönig, alle Meisen, Rohrsänger, Bachstelzen, selbst Schwalben, Würger, Drosseln, Pirol, Staar, ferner auch die Spechte, Kukuk, Wiedehopf, Eisvogel. Dann folgt Anleitung zum Aufpäppeln, bezuglich Füttern aus dem Nest geraubter junger Vögel. Hier aber, ebensowohl wie beim Vogelfang, geht der Verfasser immer von durchaus humanen Gesichtspunkten aus und nur, indem er vor leichtfertigem Ausrauben der Vogelnester dringend warnt, gibt er dem ernsten, wirklichen Liebhaber eine Uebersicht der bestmöglichsten Aufzucht aller Nestvögel überhaupt. Weiter beginnt in dieser Lieferung der Abschnitt über die Versorgung aller Stubenvögel, in welchem nicht allein auf die Fütterung, sondern auch auf die mannigfaltigsten anderen Lebensbedingungen Bezug genommen und zunächst die zweckmässigste Ueberwinterung besprochen ist.

X. Jahresbericht des Ausschusses für Beobachtungsstationen der Vögel Deutschlands. Separatabdruck aus Cabanis Journal für Ornithologie, Jahrgang 1887. Naumburg a. S.

Dieser von Dr. R. Blasius, dem Vorsitzenden, und den Herren Dr. A. Reichenow, v. Berg, Deditius, Leverkühn, Matschie, Dr. A. B. Mayer, Rohweder, Schalow, Wacke, Walter und Ziemer, Ausschussmitgliedern, bearbeitete Bericht umfasst die Zeit vom 1. Jänner 1885 bis 31. December 1885. Er erscheint um ein Bedeutendes reichhaltiger als der letzte Bericht, wie schon daraus zu erklären, dass die Zahl der Beobachter auf 305 gestiegen, sich also fast verdreifacht hat.

Der allgemeine Theil (S. 347—371) bringt erstens eine Beschreibung der Beobachtungsstationen, dann eine allgemeine Schilderung des Vogelzuges und der Witterung im Jahre 1885, dann beginnt der specielle Theil (S. 370—615). Im Anhange bietet der Bericht, als erste Arbeit des Unternehmens, die Verbreitung der Vögel Deutschlands in kartographischer Darstellung zu geben, einen: Versuch einer Darstellung der Verbreitung von Corvus corone, L., Corvus cornix, L., und Corvus frugilegus, L. von Paul Matschie mit einer Karte.

Wir kommen auf Einzelheiten des Berichtes noch zurück.

Dr. Wilh. Blasius: Die Vögel von Balavan.

Nach den Ergebnissen der von Herrn und Frau Dr. Platen bei Puert-Princesse auf Balawan (Philippinen) im Sommer 1887 ausgeführten ornithologischen Forschungen übersichtlich zusammengestellt. (Separatabdruck aus „Ornis" 1888.)

Dr. Wilh. Blasius: Beiträge zur Kenntniss der Vogelfauna von Celebes. II. und III.

(Separatabdruck aus der „Zeitschrift für die gesammte Ornithologie", 1886, Heft III.)

Dr. Rudolf Blasius: Mergus anatarius Einbeck, ein Bastard zwischen Mergus albellus, L. und Glaucion clangula, L. Monographische Studie mit Abbildungen.

(Separatabdruck aus der „Monatsschrift des deutschen Vereines zum Schutze der Vogelwelt", XII. Jahrg.)

Dr. Rudolf Blasius: Die Vogelwelt der Stadt Braunschweig und ihrer nächsten Umgebung.

(Verein für Naturwissenschaft zu Braunschweig. V. Jahresbericht. 1886—87.)

Victor Ritter von Tschusi zu Schmidhoffen: Die Verbreitung und der Zug des Tannenhehers (Nucifraga cariocatactes, L.) mit besonderer Berücksichtigung seines Auftretens im Herbste und Winter 1885 und Bemerkungen über seine beiden Varietäten: Nucifraga caryocatactes pachyrhynchus und leptorhynchus Rud. Blasius.

(Separatabdruck aus den „Verhandlungen der k. k. zoolog.-botan. Gesellschaft in Wien", Jahrgang 1888.

Dr. A. Girtanner: Zur Kenntniss des Bartgeiers (Gypaëtos barbatus, L.)

(Separatabdruck aus: „Der Weidmann", Band XIX, Nr. 33—36.)

Aus unserem Vereine.

Ausweis des Secretariates über den Einlauf der Mitgliederbeiträge.

Bis 15. d. M. sind an Jahresbeiträgen eingelaufen:

I. Beim Cassier Dr. Carl Zimmermann (I., Bauermarkt II).

1. Nr. **81** J. A. A. 2. Nr. **305** J. C. S. je 5 fl.

II. Beim Secretariate (II., k. k. Prater, Hauptallee Nr. I).

1. **228.** W. B. v. M. 5 fl.

†

Mit tiefstem Bedauern bringen wir unseren Mitgliedern zur Mittheilung, dass der unseren Lesern durch mehrfache Beiträge bekannte Herr Rud. Otto Karlsberger in Linz im 24. Lebensjahre nach schwerem, langen Leiden am 3. October verschieden ist. Am 29. September noch kamen wir gelegentlich eines Besuches aus Linz auf diesen unseren eifrigen Mitarbeiter zu sprechen und wurden durch die uns gewordene Mittheilung, dass er nicht zu retten sei, ebenso überrascht als betrübt. Und schon nach wenigen Tagen sollte diese private Mittheilung zur Wahrheit werden. Wir können über das Ableben dieses mit Leib und Seele der Ornithologie ergebenen Mannes nur der tiefsten Betrübniss Ausdruck geben.

Als neues Mitglied ist beigetreten:

Friedrich Theuer, Privatier, III., Hauptstrasse 67.

Für das Wiener Vivarium eingelaufene Geschenke.

1. 1 Hühnerhabicht von Herrn Wolfgang Reichsritter von Manner, Gutsbesitzer, Schlatten bei Wagstadt.
2. 6 Türkische Enten von Herrn Hofseiler Hans Petzl.
3. 2 Hühnerhabichte von Herrn Kammersecretär Konrad Schultz von Sternwald.
4. 2 wilde Kaninchen von Herrn k. k. Praterinspector Friedrich Huber.
5. 1 Pirol, } von einer ungenannten Dame.
6. 1 Schwarzblättchen }
7. 1 Eichelheher, } von Frau E. Wagner,
8. 1 Kanarienvogel } Oberstlieutenants-Witwe.
9. 1 Spechtmeise von Herrn Gastwirth Kreuleder.
10. 2 braune Bären von Herrn Regierungssecretär Freiherrn von Sedlnitzky.
11. 1 Kibitz, } von Herrn Dr. Karl Bachofen
12. 2 Teichhühner } von Echt in Swinars.
13. 1 Wolf von Herrn Custos Othmar Reiser in Serajevo.
14. 1 Angorameerschweinchen von Familie Bacher.

Die P. T. Herren Mitglieder, welche mit ihrem Jahresbeitrag noch im Rückstande sind, werden gebeten, den Jahresbeitrag per fünf Gulden für das Jahr 1888 an den Vereins-Cassier Herrn Dr. Karl Zimmermann, Hof- und Gerichtsadvokaten, I., Bauernmarkt Nr. 11 einzusenden.

Correspondenz der Redaction.

Herrn **R. T . . . . é**, Anklam. Den Betrag werden wir Ihrem Wunsche gemäss einheben. Herrn **Fr. S . . . . . x**, Pressbaum. Besten Dank für die Mittheilung. Herrn **W. P . . . r**, Stolzenhan. Noch immer nicht möglich gewesen. Herrn **Rud. W . . . . r**, bei Linz, **G. R . . . h**, Graz, **J. M . . h**, hier. Der heutige Artikel dürfte Ihnen die gewünschte Aufklärung geben. Wir kommen noch später darauf zurück. **Löbl. Secretariat d. W. Th. V.** In der nächsten Sitzung. Herrn Lehrer **J. M . . . . l**, Neustadtl. Die Notiz mit bestem Dank empfangen. Für die gütigen Wünsche gleichfalls unseren Dank. — Herrn **H. R . . l**, Stettin. Sowie wir Zeit gefunden, die Vorräthe zu sichten, werden wir die gewünschten Nummern übersenden, falls alle oder ein Theil derselben noch zu haben. Das gewünschte Cliché senden wir nächster Tage. Herrn **E. K . . . r**, Niedersachsen. Wurde regelmässig abgesandt.

Zoologischer

Präparator

J. Biering

in

Warnsdorf

(Böhmen).

Empfiehlt sein reichhältiges Lager

zoologischer Präparate.

Viele Auszeichnungen bürgen für gute Arbeit.

Preise billig.

Preisliste auf Verlangen kostenlos, nach Vereinbarung auch Ansichts-, resp. Auswahlsendungen.

Von selteneren Arten am Lager:

Strix lapponica,
Lanius phoenicurus,
L. algiriensis,
Emberiza luteola,
Serinus pusillus,
Carpodacus roseus,
C. rubricilla,
Anser ruficollis,
Anas tadorna,
A. rutila.

Sauber präparirte

Bälge

von

Syrrhaptes paradoxus

habe noch abzulassen. ♂ Mk. 12, ♀ Mk. 10 per Stück. **Ei** Mk. 20.

Anclam in Pommern, am 15. Oktober 1888.

R. Tancré.

Durch alle Buchhandlungen zu beziehen.

Meyers Volksbücher

bringen das Beste aus allen Litteraturen in mustergültiger Bearbeitung und gediegener Ausstattung.

= Preis jeder Nummer 10 Pfennig. =

Jedes Bändchen ist einzeln käuflich. Bis jetzt sind nachfolgende 456 Nummern erschienen:

Arnim, [illegible].
– Der tolle Invalide.
– Fürst Ganzgott u. Sänger Halbgott. 349. 350.
Äschylos, Der gefesselte Prometheus. 237.
Beaumarchais, Figaros Hochzeit. 298. 299.
Beer, Struensee. 343. 344.
Biernatzki, Die Hallig. 412–414.
Björnson, Arne. 53. 54.
– Bauernnovellen. 134. 135.
– Zwischen den Schlachten. 408.
Blumauer, Virgils Aeneis. 368–370.
Börne, Aus meinem Tagebuche. 234.
Brentano, Gockel, Hinkel u. Gackeleia. 235. 236.
Bülow, I. Shakespeare-Novellen. 381–383.
– II. Spanische Novellen. 384–386.
– III. Französische Novellen. 387–389.
– IV. Italienische Novellen. 390–392.
Bürger, Gedichte. 272. 273.
– Münchhausens Reisen u. Abenteuer. 300. 301.
Byron, Childe Harolds Pilgerfahrt. [illegible].
– Die Insel. – Beppo. – Braut von Abydos. 188. 189.
– Don Juan. 192–194.
– Der Korsar. – Lara. 87. 88.
– Manfred. – Kain. 132. 133.
– Mazeppa. – Der Giaur. 159.
– Sardanapal. 451. 452.
Calderon, Das Festmahl des Belsazar. 334.
Chamisso, Gedichte. 263–265.
– Peter Schlemihl. 92.
Chateaubriand, Atala. – René. 163. 164.
– Der Letzte der Abencerragen. 418.
Dante, Das Fegfeuer. 197. 198.
– Die Hölle. 195. 196.
– D. Paradies. 199. 200.
Defoe, Robinson Crusoe. 110–113.
Droste-Hülshoff, Die Judenbuche. 323.
– Die Schlacht im Loener Bruch. 439.
Euripides, Iphigenia bei den Tauriern. 342.
– Medea. 102.
Fouqué, Undine. 285.
Fichte, Reden an die deutsche Nation. 453–455.
Gellert, Fabeln und Erzählungen. 231–233.
Goethe, Clavigo. 224.
– Egmont. 57.
Goethe, Faust I. 2. 3.
– Faust II. 106–108.
– Ausgewählte Gedichte. 216. 217.
– Götz von Berlichingen. 48. 49.
– Herm. u. Dorothea. 16.
– Iphigenie. 80.
– Italien. Reise. 258–262.
– Die Laune des Verliebten. – Die Geschwister. 431.
– Die Leiden des jungen Werther. 23. 24.
– Wilh. Meisters Lehrjahre. 201–207.
– Die Mitschuldigen. 431.
– Die natürliche Tochter. 432. 433.
– Reineke Fuchs. 186. 187.
– Stella. 394.
– Torquato Tasso. 89. 90.
– Die Wahlverwandtschaften. 103–105.
Goethe-Schiller, Xenien. 203.
Grabbe, Napoleon. 338–339.
Grimmelshausen, Simplicissimus. 278–283.
Hagedorn, Fabeln u. Erzählungen. 425–427.
Hauff, Die Bettlerin vom Pont des Arts. 60. 61.
– Jud Süß. – Othello. 95. 96.
– Die Karawane. 137. 138.
– Lichtenstein. 34–38.
– Der Mann im Mond. 415–417.
– Die Sängerin. – Letzte Ritter von Marienburg. 130. 131.
– Der Scheik von Alessandria. 139. 140.
– Das Wirtshaus im Spessart. 141. 142.
Hebel, Schatzkästlein des rheinischen Hausfreundes. 286–288.
Heine, Atta Troll. 410.
– Buch d. Lieder. 243–245.
– Deutschland. 411.
– Neue Gedichte. 246. 247.
– Reisebilder: I. Die Harzreise. 250.
– Romanzero. 248. 249.
Herder, Der Cid. 100. 101.
– Über den Ursprung der Sprache. 321. 322.
Hippel, Über die Ehe. 441–443.
Hoffmann, Das Fräulein von Scuderi. 15.
– Der goldene Topf. 161. 162.
– Das Majorat. 153.
– Meister Martin. 46.
– Der unheimliche Gast. Don Juan. 120.
Holberg, Jeppe vom Berge. [illegible]. 191.
Hölderlin, Gedichte. 190.
Homer, Ilias. 251–256.
– Odyssee. 211–215.
Humboldt, W. v., Briefe an eine Freundin. 302–307.
Iffland, Die Jäger. 340. 341.
– Der Spieler. 395. 396.
Immermann, Der Oberhof. 81–84.
– D. neue Pygmalion. 85.
– Tristan u. Isolde. 428–430.
Irving, Sagen von der Alhambra. [illegible].
Jean Paul, Flegeljahre. 28–33.
– Der Komet. 144–148.
– Quintus Fixlein. 117–120.
Jung-Stillings Leben. 310–314.
Kant, Von der Macht des Gemüts. 325.
Kleist, Erzählungen. 73. 74.
– D. Hermannsschlacht. 178. 179.
– Das Käthchen von Heilbronn. 6. 7.
– Mich. Kohlhaas. 19. 20.
– Penthesilea. 351. 352.
– Der Prinz von Homburg. 109.
– Der zerbrochene Krug. 86.
Knigge, Über den Umgang mit Menschen. 291–297.
Körner, Erzählungen. 143.
– Leier u. Schwert. 176.
– Zriny. 42. 43.
Kortum, Jobsiade. 274–277.
Kotzebue, Die deutschen Kleinstädter. 171.
– Die beiden Klingsberg. 257.
Lenau, Die Albigenser. 156. 157.
– Ausgewählte Gedichte. 12. 14.
– Savonarola. 154. 155.
Lesage, Der hinkende Teufel. 69–71.
Lessing, Emilia Galotti. 39.
– Gedichte. 241. 242.
– Laokoon. 25–27.
– Minna v. Barnhelm. 1.
– Miß Sara Sampson. 209. 210.
– Nathan d. Weise. 62. 63.
– Vademekum für Pastor Lange. 318.
Luther, Tischreden. 400.
Mérimée, Colomba. 93. 94.
– Kleine Novellen. 136.
Milton, Das verlorene Paradies. 121–124.
Molière, Die gelehrten Frauen. [illegible].
– Der Menschenfeind. 165.
– Der Tartüff. 8.
Möser, Patriotische Phantasien. 422–424.
Musäus, Legenden von Rübezahl. 72.
– Volksmärchen I. 225. 226.
– Volksmärchen II. 227. 228.
– Volksmärchen III. 229. 230.
Pestalozzi, Lienhard und Gertrud. 315–320.
Platen, Gedichte. 269. 270.
Puschkin, Boris Godunof. [illegible].
Racine, Athalia. 172.
– Britannicus. 409.
– Phädra. 110.
Raimund, Der Bauer als Millionär. 436.
– Der Verschwender. 437. 438.
Raupach, Der Müller und sein Kind. [illegible].
Saint-Pierre, Paul und Virginie. 51. 52.
Sand, Franz der Champi. 97. 98.
– Der Teufelssumpf. 47.
Schenkendorf, Gedichte. 336. 337.
Schiller, Die Braut von Messina. 184. 185.
– Don Karlos. 44. 45.
– Erzählungen. 91.
– Fiesko. [illegible].
– Ausgewählte Gedichte. 169. 170.
– Der Geisterseher. 21. 22.
– Die Jungfrau von Orleans. 151. 152.
– Kabale und Liebe. 64. 65.
– Maria Stuart. 127. 128.
– Der Neffe als Onkel. [illegible].
– Die Räuber. 17. 18.
– Über Anmut und Würde. 29.
– Über naive und sentimentalische Dichtung. 346. 347.
– Wallenstein I. 75. 76.
– Wallenstein II. 77. 78.
– Wilhelm Tell. 4. 5.
Schlegel, Engl. u. span. Theater. 356–358.
– Griech. und römisches Theater. 353–355.
Schwab, Doktor Faustus. 405.
– Fortunatus und seine Söhne. 401. 402.
– Griseldis. – Robert der Teufel. – Die Schildbürger. 417. 418.
– Die vier Heymonskinder. 403. 404.
– Hirlanda. – Genovefa. – Das Schloß in der Höhle Xa Xa. 449. 450.
– Die schöne Melusina. 281.
– Kaiser Octavianus. 406. 407.
– Kleine Sagen des Altertums. [illegible].
– Der gehörnte Siegfried. – Die schöne Magelone. – Der arme Heinrich. 445. 446.
Scott, Das Fräulein vom See. 330. 331.
Seume, Mein Leben. 359. 360.
Shakespeare, Antonius u. Kleopatra. 222. 223.
– Coriolan. 374. 375.
– Hamlet. 9. 10.
– Julius Cäsar. 79.
– Der Kaufmann von Venedig. 50.
– König Heinrich IV. 1. Teil. 326. 327. 2. Teil. 328. 329.
– König Heinrich VIII. 419. 420.
– König Lear. 149. 150.
– König Richard III. 125. 126.
– Macbeth. 158.
– Othello. 58. 59.
– Romeo u. Julie. 40. 41.
– Ein Sommernachtstraum. 218.
– Der Sturm. 421.
– Viel Lärm um Nichts. 345.
– Die lustigen Weiber von Windsor. 177.
– Wintermärchen. 220. 221.
– Die Zähmung der Keiferin. 219.
Sophokles, Antigone. 11.
– Elektra. 324.
– König Ödipus. 114.
– Ödipus auf Kolonos. – Philoktetes. 307. 292.
– Die Trachinierinnen. 444.
Sterne, Empfindsame Reise. 167. 168.
Tegnér, Frithjofs-Sage. 174. 175.
Tennyson, Ausgew. Dichtungen. 371–373.
Tieck, Der Alte vom Berge. 290. 291.
– Die Gemälde. 289.
– Shakespeare-Novellen. 332. 333.
Töpffer, Rosa u. Gertrud. 239. 240.
Törring, Agnes Bernauer. [illegible].
Vega, Lope de, Kolumbus. 335.
Voß, Luise. 271.
Waldau, Aus der Junkerwelt. 376–380.
Wieland, Gandalin. 182. 183.
– Musarion. – Geron der Adelige. 166.
– Oberon. 66–68.
Zachariä, Der Renommist. 173.
Zschokke, Abenteuer einer Neujahrsnacht. – Das blaue Wunder. 181.
– Der Feldweibel. – Die Walpurgisnacht. – Das Bein. 366. 367.
– Kleine Ursachen. 363. 364.
– Kriegerische Abenteuer e. Friedfertigen. 365.
– Der tote Gast. 361. 362.

Meyers Volksbücher sind auf starkem, geglättetem Papier klar gedruckt und solid geheftet. Die Orthographie ist die neue nach „Dudens Wörterbuch“.

Bibliographisches Institut in Leipzig.

Die gefertigte Direction ersucht Alle, die sich für Thierhaltungen interessiren, zeitweise diese oder jene Thierart gefangen halten oder den Handel mit Thieren berufsmässig treiben oder durch ihren Beruf wiederholt in die Lage kommen, von dem Einfangen dieses oder jenes Thieres Kunde zu erhalten, um gütige Offerte und Mittheilungen in dieser Hinsicht. Wir sind auch unsererseits gerne zur Besorgung verschiedener gewünschter Thiere bereit.

Sehr angenehm kommen uns Anbote nachfolgender Thiere:

I. Säugethiere. Spitzmäuse (die verschiedenen Arten), junge Wölfe, junger Schakal, Polar-Fuchs, junge Wildkatze, junger Luchs, Wickelbär, junge Bären, Vielfrass, Hermelin, Murmelthiere, Bobak, Zwergmaus, Feld- und Wasserratte, die verschiedenen Arten der Wühlmäuse, Springmäuse, Stachelschwein, Schneehase, Alpenpfeifhase, Gemse, Zwergziegen.

II. Vögel. Grauer Geier, Bartgeier, Aasgeier, schwarzer Milan, Röthel- und Rothfussfalke, Zwerg-, Lerchen-, Wander-, Feldegg's-, Würgfalke, Habicht und Sperber, Fischadler, Zwergadler, Schreiadler, Königs-, Schelladler, Schlangenadler, Wespenbussard, Rauhfussbussard, Kornweihe, Steppen-, Wiesenweihe, Sperbereule, Sperlingseule, Rauhfusskauz, Ural-Habichtseule, Schneeeule, Nachtschwalbe, Mauersegler, Kukuk, Bienenfresser, Eisvogel, Rosenstaar, Alpendohle, Raben- und Nebelkrähe, Saatkrähe, Tannenheher, Grün-, Grau-, Schwarzspecht, grosser, weissrückiger und kleiner Buntspecht, Dreizehiger Alpen-Buntspecht, Bachamsel, Bartmeise, Beutelmeise, Goldhähnchen, Ringamsel, Misteldrossel, Blaudrossel, Bachstelzen, Ringeltauben, Felsentauben, Auerhuhn, Birkhuhn, Rackelhuhn, Haselhuhn, Alpenschneehuhn, Grosstrappe, Zwergtrappe, Regenpfeifer, Kranich, schwarzer Storch, Sichler, Rallenreiher, Rohrdommel, Wasser- und Wiesenralle, Sumpf- und Teichhühner, Brachvögel, Schnepfen, Wasserläufer, Uferläufer, Strandläufer, Graugans, Saatgans, Löffelente, Spiess-, Mittel-, Knäck-, Krick-, Pfeif-, Moor-, Tafel-, Berg-, Reiher-, Schell-, Eis-, Sammt-, Ruderente, Säger, verschiedene Arten von Tauchern, Möven.

Ebenso kommen verschiedene andere lebende Thiere (seltene Kriechthiere und Lurche, Tarantelspinne, Scorpione) erwünscht.

Offerten mit Preisangabe und sonstigen Bemerkungen unter untenstehender Adresse erbeten. Auch Tausch nicht ausgeschlossen.

☞ Wir haben **Uhu's** (vier prächtige Exemplare), **Alpenkrähe** (ein tadelloses Exemplar), einen sehr schön ausgefiederten **Gänsegeier,** diverse Exoten in Tausch oder gegen Zahlung abzugeben. ☜

Die Direction des Wiener Vivariums,

Wien, k. k. Prater, Hauptallee 1.

☞ **Frühere Jahrgänge der „Mittheilungen" sind, so lange der Vorrath reicht, zu dem ermässigten Preise von à 4 fl. — 8 Mark durch das Secretariat (k. k. Prater, Hauptallee 1) zu beziehen. Alle eilf Jahrgänge werden zu dem Preise von 40 Mark abgegeben, doch sind nur mehr wenige Exemplare vorhanden.** ☜

Herausgeber: Der Ornithologische Verein in Wien (verantwortlich: **Dr. Fr. Knauer**). Druck von J. B. Wallishausser.

Commissionsverleger: Die k. k. Hofbuchhandlung **Wilhelm Frick** (vormals Faesy & Frick) in Wien, Graben 27.

☞ Sitz des Vereines: Wien, k. k. Prater, Hauptallee 1. ☜

XII. Jahrg. Nr. 11.

Mittheilungen des Ornithologischen Vereines in Wien.

Blätter für Vogelkunde, Vogel-Schutz und -Pflege, Geflügelzucht und Brieftaubenwesen.

Redacteur. Dr. Friedrich K. Knauer.

November 1888.

Die „Mittheilungen“ des unter dem Protectorate Seiner kaiserlichen und königlichen Hoheit des durchlauchtigsten Kronprinzen Erzherzog Rudolf stehenden „Ornithologischen Vereines in Wien“ erscheinen in der Stärke von 2 Bogen am 15. jeden Monates. Abonnements à 6 fl., sammt Franco-Zustellung 6 fl. 50 kr. = 13 Mark jährlich, werden in der k. k. Hofbuchhandlung Wilhelm Frick in Wien, I., Graben Nr. 27, entgegengenommen, und einzelne Nummern à 50 kr. = 1 Mark daselbst abgegeben. Inserate 6 kr. = 12 Pfennige für die 3fach gespaltene Nonpareille-Zeile oder deren Raum. Mittheilungen an das Präsidium sind an Herrn Adolf Bachofen von Echt in Nussdorf bei Wien, die Jahresbeiträge der Mitglieder an Herrn Dr. Karl Zimmermann, I., Bauernmarkt 11, alle anderen für die Redaction, das Secretariat, die Bibliothek u. s. w. bestimmten Briefe, Bücher-, Zeitungs-, Werthsendungen, an die Redaction der „Mittheilungen des Ornithologischen Vereines“: Wien, k. k. Prater, Hauptallee 1, zu senden. — Vereinslocale: (Bibliothek, Sammlungen, Redaction) k. k. Prater, Hauptallee 1. — Die mit Vorträgen verbundenen Monats-Versammlungen finden im grünen Saale der k. k. Akademie der Wissenschaften: I., Universitätsplatz 2, statt. — Sprechstunden der Redaction und des Secretariates: Dienstag und Freitag, 2—4 Uhr.

Vereinsmitglieder beziehen das Blatt gratis.

Beitrittserklärungen (Mitgliedsbeitrag 5 fl. jährlich) sind an das Secretariat zu richten.

Mergus merganser americanus.

Auch um eines Vogels Willen.

Von **August Koch.**

Jeder Jagd- und Vogelfreund, der schon Enten zwischen dem Eise, auf strömendem und dabei tiefem Wasser geschossen hat, kennt wohl die damit verbundenen Gefahren. Besonders der Jäger kennt auch die Gefahr des ihn begleitenden Hundes, wenn solcher zum apportieren aus dem Wasser gerichtet ist.

Vor Jahren, ehe meine Sammlung einen der oben genannten Säger ♂ im Hochzeitskleide enthielt, hatte ich oft Gelegenheit, diesen anziehenden Vogel, mit der lachsfarbigen Brust, schwarz und weiss gestreiftem Rücken, glänzend dunkelgrau betresstem Kopfe und hochrothem Schnabel, in den sogenannten „Luftlöchern“ des Flusses „Susquehannah“ ruhig umher schwimmen zu sehen.

Im stolzen Bewusstsein seiner Schönheit legt er den rothen Schnabel auf den blendend weissen, zusammengebogenen Hals. Ruhig, ohne sichtbare Bewegung hält er sich gewöhnlich am oberen Theil der Öffnung oder Luftloches auf, taucht öfter's die Spitze des Schnabels in's Wasser, um hervorschwimmende Kleinigkeiten aufzunehmen und schüttelt dann sanft die anhängenden Wassertröpfen wieder ab. — Die Tressen des Hinterkopfes kommen dabei sehr zur Schau.

In Gesellschaft meines, mehrere Jahre jüngeren Bruders und von einem etwas über sechs Monate alten leberbraunen Springer begleitet, unternahm ich im Februar eine Jagd auf Wasservögel, wobei obengenannter Vogel die Hauptbestimmung war.

Etwa 8—12 engl. Meilen von unserer Wohnung entfernt hatten sich mehrere lange Oeffnungen im Eise gebildet, wo die Winterenten regelmässig gegen Abend einfielen.

Auf dem spiegelglatten und schneefreien Eise schliffen wir rasch den Fluss hinab und kamen gegen fünf Uhr Abends an der ersten Oeffnung an, dieselbe hatte etwa zweihundert Schritte Länge. Am untern Ende der Oeffnung, wo überfliegende Enten auf starkes Eis fallen mussten, (im Fall solche geschossen wurden) fasste mein Bruder Posto.

Ich selbst zog weiter zu einer ähnlichen Stelle, welche sich weiter unten befand. Nach einiger Zeit hörte ich mehrere Schüsse, als mir aber keine Enten zugeflogen kamen, beschloss ich nachzusehen, was mein Bruder gefunden haben möge.

In der ersten Oeffnung schwamm ein geflügelter Mergus merganser americanus ♂ ad. in vollem Hochzeitsschmuck. —

Sobald der junge, daher sehr eifrige Hund, den Vogel wahrnahm, stürzte er sich trotz meinem Pfeifen in's Wasser und verfolgte ihn.

Der Säger trieb rasch dem unteren Ende der Oeffnung zu, wo alsbald die starke Strömung ihn unter das Eis führte, der arme Hund konnte der Strömung nicht widerstehen, mit Fang und Vorderläufen fasste er den Rand des Eises, wo er im Kampf um sein Leben noch hing.

„Wir müssen etwas thun, um den Hund zu retten", rief mein Bruder.

Kein Menschenleben um ein Thier, war meine Antwort.

Doch hingerissen von der Macht des Augenblicks, schliff er schnell dem Rande des Eises, in der Richtung des Hundes zu, der sich noch immer für sein Leben wehrte. Das Wasser war hier 8—10 Fuss tief. — Ich selbst schliff meinem verwegenen Bruder schnell nach, um ihn wenn nicht anders, mit Gewalt zurückzubringen, ein kurzes Zerren, ich brach durch und mein leichterer Bruder erreichte noch stärkeres Eis. Keinen Augenblick verliess mich die Geistesgegenwart. — Im Fallen stiess ich den, ausgestreckten Arm, mit der quer übergehaltenen Flinte, auf's Eis, dabei die Füsse so schnell als möglich wie beim Schwimmen an die Oberfläche bringend, arbeitete ich mich mit schlingenden Bewegungen platt auf die treulose Rinde, schnell sprang mein Bruder wieder herzu, schleifte mich einige Fuss zurück, und ich war in Sicherheit.

Das arme Thier war unterdessen unter dem Eise verschwunden.

Vier Meilen mussten noch zu Fuss zurückgelegt werden, um die besprochene Stelle, wo uns unser Schlitten erwartete, zu erreichen. Es wurde rasch dunkel und die Kälte nahm schnell zu, meine Kleider waren bald einer eisernen Rüstung des Mittelalters ähnlich. Am Platze unserer Bestimmung angekommen that ein heisser Punsch sofort seine Schuldigkeit. —

In einige wollene Decken gehüllt und die Büffelhaut darüber ging es mit bester Leistung der Pferde im Schlitten nach Hause. — Mein Bruder sagte der Entenjagd am Eise ganz ab; was mich betrifft, gehe ich nun immer allein.

Der ertrunkene Liebling wurde sehr zu Hause betrauert und ich muss mich immer mit Bedauern desselben erinnern, wenn ich per Eisenbahn an der Stelle des fatalen Luftloches vorbeizufahren habe.

Bald spuckte der böse Mergus merganser wieder, neue Jagdpläne wurden entworfen — eines warmen Tages im März bestieg ich Morgens den, den Fluss entlang fahrenden Zug und verliess denselben etwa zehn Meilen weiter unten. Die Mitte des Flusses war nun frei von Eis, an verschiedenen Stellen des Ufers bildete das theilweise geschmolzene Eis kleine Buchten. Auf solche Stellen hatte ich nun meine Hoffnung gesetzt, indem Mergus merganser, Clangula albeola und Clangula glaucium americana dort ihre Nahrung in Gestalt von grossen und kleinen Fischen nebst zu erlangenden Krebsen einnahmen.

Im Verlaufe des Tages schoss ich nun mehrere dem Ufer entlang fliegende Enten, unter welchen auch ein ausgefiedertes ♂ des gewünschten Mergus merganser war. Leider stürzte derselbe erst in grosser Entfernung in ein dichtes, mit aufgeschwemmtem Laub und trockenem Gestrüpp angefülltes Erlengebüsch hinab, wo ich denselben trotz anhaltendem Suchen nicht finden konnte. Endlich wurde es Abend, noch war ich etwa 6 Meilen vom Hause, aber am Rande des Eises sah ich eine kleine Gesellschaft der erwünschten Tauchenten in raschem Schwimmen herankommen, sofort arbeitete ich mich an eine der kleinen Buchten, wo ich auf dem Bauche liegend hinter einem Erlenbusch Deckung fand. Als die Enten an dieser Stelle ankamen, war es beinahe dunkel und die Vögel (gewöhnlich tief schwimmend) zogen so nahe am Rande des Eises hin, dass die Dicke desselben die Körper ganz verdeckte. Aufspringend alarmirte ich die Enten und schoss zwei Stück herab — ein besonders schönes ♀ Mergus merganser americanus fiel am Rande des Ufers und wurde leicht erreicht, das andere war ein schönes ♂ derselben Entenart, das mir aber vom neidischen Flusse entführt wurde.

Etwa auf dem halben Wege heimwärts musste ich die Mündung eines kleinen Flusses, hier „Creek" (Grieg) genannt, überschreiten, um das andere Ufer zu gewinnen. Man denke sich meine Ueberraschung, als ich dort angekommen, beim schwachen Lichte von Schnee und Eis, die Mündung und ganze „Creek" mit etwa neun Zoll Wasser überströmt fand. Während des Tages hatte eine sich weiter oben befindende Sägemühle das aufgestaute Wasser eines grossen Dammes benützt und also meine natürliche Brücke unter Wasser gesetzt. Durch das vorhergehende Thauwetter war das Eis morsch und war daher solchem wenig zuzutrauen, hinüber musste ich aber doch, oder meine nächtliche Reise würde sich um einige weitere Stunden verlängert haben. Trotz dem schwachen Lichte fand ich glücklich ein etwa 4 Meter langes Brett, welches ich in der Mitte fasste und unter dem Schutz desselben überschritt ich das morsche, mit Tausenden von Tonnen beschwerte und oft meinem Fusse nachgebende Eis. Glücklich erreichte ich das gegenüber liegende Ufer und schaute mit leichtem Grausen über das dunkle Wasser zurück.

Als ich mit meiner nicht sehr geschätzten Beute quer durch Wald und Feld der Heimat zuschritt, zeigte meine Uhr die zehnte Stunde. Von den Meinigen vor Einbruch der Nacht erwartet, waren dieselben nicht wenig in Unruhe versetzt, denn mein letztes Eisbad mit Verlust des Hundes war noch frisch im Gedächtniss Aller.

Am nächsten Tage wiederholte ein Freund den gleichen Jagdplan mit Umgehung der gefährlichen Creek. Er überraschte mich bei seiner Heimkehr am Abend mit einem Prachtexemplar des Mergus merganser americanus ♂ und wollte mich belehren, an welcher Stelle er den schönen Vogel erlegte — da ich aber, wie ich es gewohnt bin, nach den Augen sah, fand ich solche eingesunken und bleifarbig.

Du hast den Enterich nicht geschossen. Nein, gestand er offen, habe ihn aber gefunden, wo er Dir verloren ging, im Gestrüpp des langen Erlengebüsches.

Hiemit verlor sich meine, beinahe für mich verhängnissvoll werdende Begierde für den fatalen Mergus merganser americanus. — Doch erweckt das hübsche, schon lange meine Sammlung zierende Exemplar oft meine Erinnerung jener Tage und liefert den Beweis, wie ein wahrer Vogelfreund durch einen Vogel gereizt werden kann.

Zum heurigen Erscheinen der Steppenhühner (Syrrhaptes paradoxus, Pall.) in Ungarn.

Von **Stephan Chernel von Chernelháza.**

Vom 30. April datirt erhielt ich ein Schreiben meines geehrten Freundes Dr. Jul. von Madarász, in welchem er mich auf die Einwanderung der Steppenhühner aufmerksam macht.

Leider gelang es mir nicht, trotz meiner Nachforschungen in den zwischen der Donau und Theiss liegenden Ebenen und auf den Salzebenen des Weissenburger Comitates, die interessanten Gäste unserer Ornis zu Gesicht zu bekommen, und so kann ich, in Ermangelung eigener Beobachtungen, nur die Daten und Erfahrungen Jener mittheilen, die mich in Folge meines Aufrufes in der ungarischen Jagd-Zeitung über das Auftreten des Syrrhaptes freundlichst benachrichtigten.

Aus diesen Daten wird dann einestheils die geographische Ausdehnung des Steppenhuhn-Zuges, anderntheils die Masse der Einwanderer beiläufig ersichtlich.

Anfangs April sahen in der Herrschaft Kis-Jenö Feldarbeiter 10—12 unbekannte Vögel, welche in einem Strassengraben gegen den Sturm Schutz suchten. Sie waren so wenig scheu — wahrscheinlich ermattet — dass die Arbeiter drei Stück von ihnen erschlugen. Baron Wildburg erfuhr diese Thatsache nach einer Woche und sah einige Federn und einen Ständer der erbeuteten Exemplare, aus welchem corpus delicti er sogleich erkannte, dass diese Vögel Steppenhühner gewesen sind. Ende April erschienen auf demselben Orte 30 Stück. Und Anfangs Juni sah der Genannte unweit diesem Platze, gelegentlich eines Spazierrittes, 18 Stück.

Mitte April erschien ein Schwarm von 30—40 Stück bei Bértz (Zempliner Comitat) auf Baron Alexander von Vecsey's Besitz. Sie trieben sich hier drei Tage auf Brachfeldern herum, gaben sonderbare Töne von sich. Schönes Wetter ohne Frost.

20. April. Joh. von Csató traf 4 Stück bei Nagy-Enyed, welche er zwar nicht bestimmt als Syrrhaptes ansprach, jedoch ist es fast ausser Zweifel, dass es keine anderen Vögel waren. Er bekam am 26. April ein Exemplar, welches im Orte Tartaria (Siebenbürgen, Unter-Weissenburger Comitat) durch eine Walachin lebend gefangen wurde. Aus Torda (Siebenbürgen) schickte man ihm ebenfalls ein frisches Exemplar zu, wo ausserdem noch ein zweites erlegt wurde.

Vom 25. April an konnte man in Sepsi-Szent György (Háromszéker Comitat) einen Schwarm beobachten.

Ende April sah man in Bereg-Ujfalu (zur Herrschaft Munkács gehörend) beim Sumpfe Szernye 12 Stück. Eines davon flügellahm geschossen, gerieth lebend in die Gefangenschaft.

Von der Umgebung von Hermannstadt bekam das ungarische National-Museum am 30. April ein altes ♀ zugeschickt; vom Marmaroser Comitate aber anfangs Mai zwei schöne Exemplare.

Im Biharer und Temeser Comitate ist ebenfalls in der ersten Woche des Monats Mai je ein Stück geschossen worden, welche ich in der Hand hatte. Wenn ich recht glaube, ist das letzte Stück eine Beute des Grafen Franz von Zichy, der es in Ferendio geschossen hat.

In Bajes (Neutraer Comitat) erlangten die Herren Jul. Rédly und Jul. Szilárd am 4. Mai ein Steppenhuhn aus den Krallen eines Raubvogels.

Im Szabolcser Comitate sind in der ersten Hälfte Mai 15 Stück constatirt worden.

Bei Sátoralja-Ujhely wurde ein Exemplar am 20. Mai in der „Czékeer Remise“ lebend gefangen und kam in den Besitz des Herrn Adalb. Félegyházy.

Wie aus dem Gömörer Comitate durch F. J. berichtet wird, sind auch dort die Fremdlinge beobachtet worden.

In Simánd fingen die Bauern im Monate Mai lebend ein Steppenhuhn, welches in die Gefangenschaft des dortigen Apothekers gerieth. Im Käfige schien es sich wohl zu fühlen, nahm Futter zu sich, aber entfloh eines Tages ohne Spur.

Herr Ludw. Baján schreibt mir aus Oedenburg Folgendes bezüglich des Syrrhaptes: „Ich fuhr am 12. Mai in St. Margarethen (Oedenburger Comitat) bei dem vor drei Jahren entwässerten „Sulzteich“ vorüber. Die Strasse führte auf einer kleinen Hochebene, als ich ungefähr 20 Schritte neben dem Wagen eine Kette mir unbekannter Vögel erblickte. Bei genauerer Beobachtung erkannte ich sie — nachdem ich die Beschreibung des Steppenhuhnes schon in den Zeitungen gelesen — dass es diese seltenen Wanderer sind. Die Vögel sassen auf einem Kornstoppelfeld, an Zahl 22 und schienen sehr ermattet zu sein, denn erst ganz nahe kommend flogen sie auf, machten einen Halbkreis vor dem Wagen und fielen nach kaum 50 Gängen wieder auf ein anderes Stoppelfeld ein. Sie standen sehr ungern auf und liessen im Fluge sonderbare Töne hören. Weder an den vorhergehenden, noch an den folgenden Tagen sah man sie in der Umgebung. Am selben Tage wurden auch in Kreisbach (unweit von Oedenburg) in einem sehr lichten Walde fünf Stück

Steppenhühner angetroffen. Die Witterung war während dieser Tage kühl, regnerisch, mitunter heiter".

Auf der Insel Schütt (Pressburger Comitat) sah der Lehrer Carl Kunszt anfangs Juni bei Schütt-Somerein zwei Paare, welche wie die Rebhühner aus einem Kornfeld aufstanden.

Im Honter und Árvaer Comitate erschien das Steppenhuhn im Mai. Bei Ipoly-Nyék schossen die Herren Franz Haydin und Bert. Fischer sechs Stück. Ein Exemplar wurde in Medvezse, eines in Tasnéd, ein drittes noch in Gömes erbeutet. Das erstere Exemplar gelangte in die Kocyan'sche Sammlung.

Herr Karl Flatt schrieb der ungarischen naturwissenschaftlichen Gesellschaft, dass im Körösthale auf dem Besitze seines Schwagers in Merő Telegd Ende April 25—30 Stück gesehen wurden. Eines der Ankömmlinge verletzte sich am Telegraphendraht.

Im Weissenburger Comitate sprach ich mit Herrn Stefan von Végh, der mir erzählte, dass er Ende Juni auf seinem Gute Vereb eine merkwürdige mit fasanähnlichem Schweife besonders charakterisirte „Taube" sah. Es scheint mir annehmbar, dass der fragliche Vogel ein Steppenhuhn war.

Das letzte Vorkommen wurde in Böny (Raaber Comitat) constatirt, wo Herr von Mihalyfi auf einem Brachfelde am 20. Juli ein Stück schoss. Dieses ist präparirt im Eigenthum des Erlegers.

Aus diesen Daten ist ersichtlich, dass der Hauptzug im Mai Ungarn berührte; die Vorzügler kamen bis 25. April — dann die Masse — endlich Anfangs Juni die Nachzügler. Die Zahl der erbeuteten Exemplare beläuft sich auf 25; die der beobachteten auf 170—180. Also war der heurige Zug viel bedeutender als der im Jahre 1863, um so mehr, weil man ja annehmen muss, dass vielen Orts die Wanderer nicht gesehen, oder doch gesehen, jedoch als Steppenhühner nicht erkannt, oder aber erkannt, ihre Beobachtung nicht zur Kenntniss gebracht wurde.

Anderseits wieder ist es unleugbar, dass vor 25 Jahren die befiederten Gäste eine intensivere Lust zur Ansiedelung mit sich brachten, denn sowohl ihr Brüten, als auch das Ueberwintern ist nach Aufzeichnungen festgestellt.*)

Heuer ist von einem Brüten bei uns zu Lande nichts bekannt, obgleich das die Daten von Schütt-Somerein und Böny vermuthen lassen. Positives bezeugen sie aber nicht.

Es scheint, dass sie diesmal durch Ungarn bloss gezogen sind, sich nicht sehr lange bei uns aufhielten, sind ja die Daten über ihr Vorkommen schon nach Mai sehr spärlich und vom August an fehlen sie ganz. Ebenso wurde kein Rückzug wahrgenommen und spätere Beobachtungen werden es aufhellen, was eigentlich mit den Reisenden von Tarai-noor geschehen ist.

*) Vadasz-és Versenylap. 1864. VIII. Pag. 290. — Fasel István: Sopron madarai. A soproni kath. fögymn. Értesitöje 1882 83. Pag. 20.

Zur diesjährigen Einwanderung des Steppenhuhnes.

Am 18. September stiess man zu Lisch in Oberhessen noch auf 5 Stück Steppenhühner.

Am 20. October wurden 2 Ketten von Steppenhühnern (jede zu 5—6 Stück) bei Nordlada (Regierungsbezirk Stade) angetroffen.

Am 22. October traf der grossherzogliche Revierjäger C. Schütt auf der Stadtfeldmark von Malchow (Mecklenburg) 3 Steppenhühner.

Unter dem 28. October wird aus Altefähre gegenüber von Stralsund berichtet, dass dort auf dem Drammendorfer Felde noch vor Kurzem ein Trupp Steppenhühner gesehen worden sei.

Herr Edm. Pfannenschmid berichtet über eine am 27. October bei Emden angetroffene Kette von 13 Stück Steppenhühnern.

Wenn man den Mittheilungen mehrerer Präparatoren glauben darf, so erhalten diese von verschiedenen Seiten Mitteleuropa's auch junge, ohne Zweifel hier ausgebrütete Exemplare von Steppenhühnern.

Bei jüngst untersuchten todten Exemplaren fanden sich die Kröpfe mit Grassämereien, Weizenkörnern und Vogelwicken angefüllt.

Nach neuerlichen Mittheilungen ist das Steppenhuhn auch ganz im Norden Europa's, so z. B. in Esthland erschienen.

Zum diesjährigen Tannenheherzug.

Unter dem 20. v. M. schreibt uns Herr Constantin v. Ow aus Hruschau (österr. Schlesien): „Eben lese ich das Heft Nr. 10 Ihrer Mittheilungen und finde darin die Bemerkungen über den diesjährigen Herbstzug des Tannenhehers (Nucifraga caryocatactes) und erlaube mir nun, als Beitrag hiezu Ihnen die Mittheilung zu machen, dass ich gestern den 21. October d. J. in dem Reviere des Fabriksbesitzers Dr. Heinrich von Miller zu Aichholz hier (auch Mitglied Ihres Vereines) in den Auen an der Oder zwischen Oderberg und Hruschau einen Tannenheher (wie ich glaube, der schlankschnäbeligen Form) geschossen habe.

Nachdem ich dieses Revier schon seit 28 Jahren jagdlich kenne und oft besuche und mir dieser Heher, den ich aus meiner Heimat (Salzburg) gut kenne, bis jetzt noch nicht hier untergekommen ist, so wäre es ja möglich, dass es in Bezug auf die Herbst-Wanderung oder sonst in ornithologischer Beziehung von Interesse ist, dass sich heuer ein Exemplar hier zeigte und deshalb erlaubte ich mir, Sie hievon in Kenntniss zu setzen.

Ich habe, in Abwesenheit des Herrn von Miller, der sich alle bemerkenswerthe hier vorkommenden Vogelarten präpariren lässt, den Vogel an die Herren Präparatoren Gebrüder Hodek in Wien zum Ausstopfen gesandt, sonst würde ich Ihnen denselben zur Verfügung gestellt haben".

Unter dem 23. v. M. schreibt Herr Anton Kubelka in Gross-Wisternitz: „Seit 21. October sind die Tannenheher wieder hier und halten sich in den umliegenden

Gärten und Waldungen auf. Auch voriges Jahr war um diese Zeit eine grössere Anzahl dieser Thiere hier."

In den verschiedenen Forstzeitungen finden wir die Ankunft des Tannenhehers bei Neuburg a. d. Donau (als grosse Seltenheit), zu Dieburg in Hessen (zum ersten Male seit 20 Jahren), bei Züsch, Regierungsbezirk Trier zum ersten Male angemeldet). Zahlreiche andere Berichte melden das Erscheinen des Tannenhehers in Vogtland, in Cassel, in Hessen, in Schlesien, Westphalen, Sachsen, Pommern, Posen.

Im Harz erscheinen die Tannenheher in den Gärten.

Eine naturhistorische Ausstellung in Neustadtl bei Friedland in Böhmen.

Von **Robert Eder.**

Ende Juli des Ausstellungsjahres (so können wir wohl mit Fug und Recht unser laufendes Jahr nennen) fand auch in Neustadtl eine an und für sich zwar kleine, für unsere Verhältnisse jedoch wieder grosse und interessante ornithologische Ausstellung statt.

Das hiesige Mitglied des ornithologischen Vereines, der approbirte Bürgerschullehrer Herr Julius Michel*) veranstaltete nämlich im Anschlusse an die Handarbeits- und Lehrmittelausstellung eine naturhistorische Ausstellung, welche ausser den kleineren Thieren des Bezirkes auch nahezu alle Vögel unseres Beobachtungsgebietes, sowie eine grössere Anzahl seltener Exemplare umfasste.

Die ganze Ausstellung hatte nicht bloss den Zweck, durch eine Zusammenstellung unserer einheimischen Thiere die Kenntnis zu fördern, sondern sollte hauptsächlich ein Bild aus dem Leben derselben vorführen und dadurch das Interesse für die Thierwelt, ganz besonders aber für die meist so nützlichen Vögel in immer weitere Kreise tragen und so einen möglichen vielseitigen Schutz derselben anbahnen.

Demgemäss bestand dieselbe nicht bloss aus einer Summe auf Tischen aneinander gereihter Einzelnpräparate, sondern vielmehr aus einer grossen Anzahl lebensvoller Gruppen und Zusammenstellungen, welche ein vollständiges Bild des Vogellebens, vom dunenbedeckten Jungen bis zum Tode des erwachsenen Vogels, vor den Augen des Beschauers entrollten.

Da die Art und Weise der Durchführung dieser Ausstellung eine so eigenartige und schöne war, so will ich es versuchen, dieselbe durch einige flüchtige Striche anzudeuten.

Längs der Wände des geräumigen Turnsaales unserer grossen Volksschule war ein förmlicher Wald in der Breite von circa 1—1½ Meter aus frischen Tannen und Fichten aufgebaut; dazwischen erhoben sich aus dem Moose kleine Felsen, alte vermoderte Baumstümpfe, dürres Gestrüpp und Laubbäume; Sandplätze und Wasserlachen wechselten malerisch mit einander ab, während frische Farnkräuter mit ihren lichtgrünen Wedeln sich zierlich aus dem dunklen Grün abhoben und so das Bild der freien Natur vollendeten. Inmitten derselben herrschte das regste, nur wie durch ein Zauberwort gleichsam zum Stillstande gebrachte Leben. Von den vielen anziehenden Gruppen seien nur einige erwähnt.

Auf einem Felsen throuten drei gewaltige Adler, ein Stein- und zwei Seeadler (Aquila fulva, Linn., Haliaëtus albicilla, Linn.), welche hocherhobenen Fittig's bereit schienen, aufeinander loszustürzen, um sich im heissen Kampfe ein Anrecht auf die Beute zu erwerben.

Unweit davon bemerkte man den Horst einer Waldohreule (Otus vulgaris, Flemm.) mit den durch Hässlichkeit ausgezeichneten Jungen.

In den Zweigen des benachbarten Baumes spielt sich eine andere Scene ab. Ein Waldkauz (Syrnium aluco, Linn.) ist von losen Meisen, Rothschwänzchen und Anderen umringt und scheint keineswegs von dieser Aufmerksamkeit erbaut.

Hoch in den Zweigen eines anderen Baumes sehen wir den einer Schlachtbank gleichenden Horst des Sperbers (Accipiter nisus, Linn.), in welchem weissflaumige Strauchdiebe zu neuem Schrecken der Vogelwelt heranwachsen. Ein Thurmfalkenhorst mit Alten und Jungen ist der zweite Vertreter dieser Vogelraubschlösser.

Friedlich vereinigt am erquickenden Quell finden wir Schmätzer, Bachstelzen, Pieper, sowie Herbstzugvögel, während das Verderben in Gestalt eines heranschleichenden Marders und einer kreisenden Weihe bereits droht. Hoffentlich wendet die soeben erscheinende Amsel das drohende Geschick durch ihre Wachsamkeit ab. Schnepfen, Rallen, Wasserhühner, Regenpfeifer, Kibitze etc. beleben das kleine Moorgebiet. Gravitätisch schreitet Meister Langbein in der schwarzen Ausgabe (Ciconia nigra, Linn.) zum Angriffe auf eine harmlose Ringelnatter.

Balzende Auer- und Haselhähne erfreuen unser jägerliches Herz, indess dort zwei Birkhähne „wuthentbrannt" um der Minne Sold kämpfen, dass die Federn stieben. Eine Zaunkönigfamilie beim Neste, brütende Rothkehlchen, Rebhühner sammt den allerliebsten Küchlein, die Geniste der Pirole, Laubsänger u. A. m. boten ebensoviele allerliebste Scenen aus dem anheimelnden Familienleben unserer Lieblinge. Am dürren Fichtenstamme hämmern des Waldes Zimmerleute (Dryocopus martius, L., Gecinus viridis, L., Picus major, L., Sitta europaea, L. und Certhia familiaris, L.), während das Volk der Tauben (Columba palumbus, L., oenas, L. und Turtur auritus, Reg.) eine prächtige Fichte als Sitz erkiesen hat.

Auf einem Felsen sind einige Wintergäste der Ostseeküste, wie: Alken, Polartaucher, Silbermöven, Gänsesäger und Tauchenten (Berg-, Reiher-, Trauer- und Eisente) versammelt, während unsere Vertreter der Schimmvögel, wie Stock-, Krick- und Knäckente in nächster Nähe idyllischer Ruhe pflegen.

Das waren die am meisten auffallenden Gruppirungen. Auch einige seltenere Vögel waren vertreten. Davon seien erwähnt: Das Steppenhuhn (Syrrhaptes paradoxus, Pall.), ein Rackelhahn (Tetrao hybridus medius, Meyer), sowie Schnee- und Sperbereule (Nyctea nivea, Thunb. Surnia nisoria, Wolf).

Der Vollständigkeit halber seien auch ganz kurz die hervorragenden Säugethiergruppen angegeben. So fiel ganz besonders eine prächtige Fuchsfamilie, bestehend aus zwei Alten und vier Jungen, auf. Auch eine zahlreiche Iltisfamilie, streitende Marder, unsere einheimischen

*) Genannter Herr erhielt auf der Ende October l. J. in Berlin abgehaltenen grossen Ausstellung des Berliner Vereines der Vogelfreunde „Aegintha" für eingesendete, wirklich künstlerisch ausgeführte Gruppen aus dem Thierleben den ersten Preis, bestehend in einer silbernen Vereins-Medaille.

Nager von der Zwergmaus bis zum Hasen, die Spitzmäuse, Schläfer etc. vervollständigten das Bild unserer Fauna.

Im Ganzen waren 142 Vogelarten[*]) in circa 200 Exemplaren und 30 Arten kleinere Säugethiere in etwa 50 Stück vertreten. Alle diese Vögel und Säugethiere hat Herr Michel im Laufe einiger Jahre in vorzüglicher, lebensgetreuer Weise präparirt und nur durch die Hand eines so gewandten Conservators, der in der Natur selbst unermüdet Studien macht und diese fleissig durch Skizzen festhält, konnte ein so schönes und lehrreiches Bild, wie dies die Ausstellung bot, geschaffen werden.

In einem zweiten Saale befand sich eine kleine Sammlung der ornithologischen Literatur der Neuzeit, sowie auch Werke aus früheren Jahrhunderten, unter Anderen: C. Gesner, Thierbuch 1606, Vogelbuch 1600, Fischbuch 1598, Schlangenbuch 1613. Caii Plinii secundi des weltberühmten Naturkundigen, Bücher und Schriften. Frankfurt 1600. P. de Crescentius (14. Buch handelt vom „adeligen Weydwerk, Falknerey, Reyger, Federspiel“). Strassburg 1602. M. Joh. Coleri Oeconomiae oder Hausbuchs 4. Theil, Wittenberg 1604, 5. Theil, Wittenberg 1603. Ulyssis Aldrovandi, Bononiensis Ornithologiae u. s. w. Bononiae 1637. Conrad Aitinger, vollständiges Jagd- und Weydbüchlein. Cassel 1681. Weydwergh. Vögel zu fahen u. s. w. (Strassb.) 1531 etc., durch welche die Entwicklung der Jagd- und Vogelkunde von der Mitte des 16. Jahrhundertes bis zur Jetztzeit zur Anschauung gebracht wurde. Sehr hübsch repräsentierten sich in Naturrahmen die herrlichen Bilder des Meyer'schen Prachtwerkes „Unser Auer-, Rackel- und Birkwild und seine Abarten“, welche die Wände des Saales schmückten.

Der Besuch aus Nah und Fern war in Anbetracht der exponirten Lage Neustadtl's ein recht reger, da gegen 1000 Personen, darunter sehr viele Sommerfrischler aus den benachbarten preussischen Badeorten, die Ausstellung besichtigten. Es ergab sich bei 10 kr. Entrée und einigen Ueberzahlungen ein Reinerträgniss von 200 fl., welcher Betrag zur Anschaffung neuer Lehrmittel für die Ortsschule verwendet wurde. Die hiesigen Schüler hatten freien Eintritt.

Rühmend sei noch hervorgehoben, dass sich der gesammte Lehrkörper mit Herrn Oberlehrer Knesche an der Spitze der Mühe unterzog, während der Ausstellung, die bereits in die erste Woche der Ferien fiel, den Besuchern die naturhistorischen Objecte und die zahlreichen Lehrmittel, welche in einem dritten Saale ausgestellt waren, zu erklären, wodurch der Werth der Ausstellung in lehrreicher Hinsicht noch bedeutend erhöht wurde.

Der ungetheilte Beifall aller Besucher zeigte, dass diese Ausstellungsweise in naturgetreuen Lebensbildern die richtige ist, um Sympathien für die Bewohner der Natur zu wecken und zu nähren und es wäre nur zu wünschen, dass auch ornithologische Sammlungen[*]) (wenigstens zum Theil) nach derartigen Ideen eingerichtet würden.

[*]) Ich erlaube mir in Betreff der in der Ausstellung vorgeführten Stand-, Sommerbrut- und Durchzugvögel der hiesigen Gegend auf meine diesbezügliche Zusammenstellung: „Die im Beobachtungsgebiete Neustadtl bei Friedland in Böhmen vorkommenden Vogelarten“, II. Jahrgang, Nr. 6, 7, 8 und 9, und Nachtrag, Nr. 4, 5, 6 bis 8 dieses Jahrganges hinzuweisen.

[*]) In Nr. 1 und 2 der in Reichenberg erscheinenden „Nordböhmischen Vogel- und Geflügel-Zeitung“, herausgegeben vom ornithologischen Verein für das nördliche Böhmen in Reichenberg, hat Herr Julius Michel seine Erfahrungen und Wünsche auf diesem Gebiete in einem kleinen Artikel niedergelegt.

Ornithologische Mittheilungen aus dem Wiener Vivarium.

Von Dr. F. K. Knauer.

III.

An neuen Vögeln sind seit der letzten Mittheilung hinzugekommen;

I. Ordnung. Grallatores (reiherartige Vögel).

1. Wasserhuhn (Fulica atra L.).

II. Ordnung. Rasores (Scharrvögel).

2. 4 Rothhühner (Caccabis rufa, Gray.).
3. 1 Zwergkämpfer.

III. Ordnung. Columbae (Tauben).

4. 2 japanesische Seidentauben.

IV. Ordnung. Cantores (Sänger).

5. 1 Rothkehlchen (Albino).
6. 3 Zaunkönige.
7. 5 Goldhähnchen (safranköpfige).

V. Ordnung. Coraces (krähenartige Vögel).

8. 1 Tannenheher (Nucifraga caryocatactes, L.) dickschnäblige Spielart.

VI. Ordnung. Rapaces (Raubvögel).

9. 1 Kuttengeier (Vultur monachus, L.), älteres Exemplar.
10. 1 Bartgeier (Gypaëtos barbatus, Cuv.) Ein altes Exemplar von ganz seltener Schönheit.
11. 1 Steinadler (Aquila fulva, L.), junges Exemplar. Mit besonders grossen, kräftigen Zehen und Krallen.
12. 1 Lerchenfalke (Falco subbuteo, L.)
13. 1 Röthelfalke (Cerchneis cenchris, Naum.).
14. 2 Waldkäuze (Syrnium aluco, L.).
15. 1 Steinkauz (Athene noctua, Retz.).

An Exoten sind neu zu verzeichnen:

16. 4 Kuhstaare.
17. 2 Maskenweber.
18. 8 Textorweber.
19. 2 Rosakakadu's.
20. 2 Paar Gelbbauchsittiche.
21. 2 „ Blumenausittiche.
22. 1 Alexandersittich.
23. 4 Nymphensittiche.
24. 1 gelbbrüstiger Blau-Ara.
25. 5 Gürtelgrasamandinen.
26. 1 Spottdrossel.
27. 1 Pfefferfresser.
28. 18 Zebrafinken.
29. 5 Sperbertäubchen.
30. 2 Schopftäubchen.
31. 2 Pflaumenkopfsittiche.

Ausserdem sind an anderen Thieren zugewachsen:

1 Fliegender Hund; 1 Wickelbär; 2 Malayenbären; 1 Fuchs; 1 Angorakatze; 1 Wildkatze; 1 Frettchen; 2 Steinmarder; 4 Haselmäuse; 1 Wildschwein; 1 Gemse; 2 weisse Damhirsche; 1 Hirschkuh; 2 Felsenkängurubs. Viele sehr seltene Lurche und Kriechthiere, eine Collection schöner Seethiere.

Das eine von den drei in unserem Besitze befindlichen Exemplaren der Alpenkrähe (Pyrrhocorax graculus, L.), ein ganz überraschend zahmes Thier, befindet sich jetzt im Besitze Sr. kaiserlichen Hoheit des Kronprinzen, unseres durchlauchtigsten Protectors, dem das Thier, als er die Anstalt das erste Mal seines Besuches würdigte, so ausnehmend gut gefiel, dass er sofort den Wunsch äusserte, dasselbe zu besitzen. Man kann dieses Thier ohne Gefahr im Freien auslassen; es setzt sich sofort auf die Schulter seines Herrn, nimmt das Futter aus dessen Munde, fliegt von ihm weg und ihm wieder zu, ruft, wenn man ihm längere Zeit keine Aufmerksamkeit schenkt, ein deutliches „Papa" in jämmerlichstem Tone, liebt es, beständig am Kopfe gekraut zu werden, und zeigt sich auch gegen Fremde auffallend zutraulich. Im grellen Gegensatze zu dieser Anhänglichkeit an den Menschen steht sein wildes Betragen gegen andere Thiere. Gleich zu Beginn des vorjährigen Winters in unseren Besitz gekommen, musste es sofort von Alpendohlen und Tannenhehern, mit denen es gemeinsam angekommen war, getrennt werden, weil es dieselben auf das Schlimmste behandelte. Als ich nach etwa 2 Monaten glaubte, die längere Gefangenhaltung würde das Thier sanfter gestimmt haben und es mit einem sehr kräftigen Steinhuhne zusammenbrachte, musste ich die unangenehme Erfahrung machen, dass das Steinhuhn schon am ersten Tage der Krähe zum Opfer fiel. Vor etwa drei Monaten brachte ich eine grosse Auerhenne mit ihr zusammen, in der Voraussetzung, ein so grosser Vogel würde ihr imponiren; auch diese ward noch am selben Tage von der Krähe getödtet; in beiden Fällen genügten der Krähe wenige Secunden, den Genossen zu tödten und kam ich, nachdem ich den Käfig eben erst verlassen, gerade dazu, als das Steinhuhn resp. die Auerhenne noch zuckend den Hieben der Krähe erlag. Immer trafen die Hiebe direct die Hirnschale, nie machte die Krähe auch nur den geringsten Versuch, den getödteten Vogel zu zerfleischen — sie ignorirte den Cadaver vollständig. Nach solcher Mordthat schien die Krähe wie von einem Wuthanfall besessen, hastete ganz erregt im Käfig umher und machte den Eindruck, als wollte sie sich auf ein neues Opfer stürzen. Auch mit ihresgleichen verträgt sie sich nicht, während zwei andere Exemplare dieser Art sich bis jetzt auf das Beste miteinander vertragen. Durch eine Unvorsichtigkeit der Wärter, welche bei der Einquartierung der Alpenkrähe übersahen, dass das ihren Wohnraum von dem zweier Alpenflurvögel trennende Gitter zu grobmaschig sei, kamen durch dieses mordlustige Thier auch diese zwei Vögel um; sie wurden vor den Augen des Zuschauers in geradezu überraschender Schnelligkeit, ehe ein rettender Eingriff möglich war, von der Krähe durch das Gitter hindurch gepackt und getödtet. Wer gleich darauf diesen Vogel auf das Ruhigste sich bei den Federn zupfen und streicheln lassen sah, konnte nicht glauben, dass dieses Thier gegen Vögel so blutgierig sich zeigen sollte.

Unsere beiden Steppenhühner (Syrrhaptes paradoxus), von denen wir das Eine schon im Frühling aus der Umgebung von Troppau, das Andere im Juli aus Mähren erhielten, befinden sich ganz wohl. Sie werden von mir, wie alle entweder aus rauheren Klimaten stammenden oder auch bei uns im Winter nicht fortwandernden Vögel Tag und Nacht im Garten belassen. Die Thiere sind recht langweilige Geschöpfe, ohne jede frischere Bewegung. Würden sie nicht ab und zu Futter auflesen, oder wenn man etwas rascher auf sie losgeht, in eigenthümlich zitterndem Schritt weiter trippeln, man könnte sie für todt halten. Fast nie richten sie sich aus der in sich gebückten Haltung auf. Nur selten vernimmt man ihren Ruf, der dumpf, wie aus einem Sumpfe herauf klingt und wie von einem viel grösseren Thiere herzurühren scheint; nicht musikalisch ist es mir nicht möglich, diesen eigenthümlichen, aber nicht unangenehmen Ruf onomatopoëtisch wiederzugeben; er hat mich in etwas an die Töne der Schopfwachteln, aber auch an den Ruf unserer Teichunke (Pelobates fuscus) erinnert. Unsere Steppenhühner nehmen verschiedenes Kleingesäme, ausserdem das Mischfutter der Insectenfresser. Sie trinken wie die Tauben, deren Koth auch dem ihren gleicht. Obschon sie auf Zweigen aufsitzen oder auf erhöhtem Gesteine Platz nehmen könnten, bleiben sie gleichwohl beständig auf dem sandigen Boden sitzen.

Als wir das neue Exemplar des Steinadlers erhielten, hatte ich anfänglich gezögert, das neue Individuum mit dem alten zusammenzuthun. Das neue ist viel stärker und kräftiger, aber bedeutend jünger, noch lange nicht ausgefiedert. Unser altes Exemplar, in seinem selten reinen, einfärbigen Schwarzbraun, sieht viel schmucker aus. Anfangs ignorirte der alte den Ankömmling ganz. Nach einigen Tagen schien es, dass ihm die Gesellschaft unangenehm; er verliess immer wieder seinen gewohnten Sitzplatz und hielt sich stundenlang auf dem Boden auf. Wieder einige Tage später begannen Zwistigkeiten zwischen beiden während der Fütterung; der neue frisst gieriger, hastiger, verschlingt das Fleisch in grossen Stücken, während unser altes Thier gewohnt ist, seinen Antheil mit grosser Ruhe in kleinen Partien abzureissen und ohne alle Hast zu verschlingen. Da nun ersterer auf diese Weise viel früher fertig wird, versucht er dem letzteren seinen Theil abzujagen, was dieser mit aller Heftigkeit abwehrt; doch ist auch öfters der letztere der angreifende Theil. Sehr auffallend an dem neuen Thier ist die Gewohnheit, den Kopf und Hals nach Hinten zurückzubiegen und so den Beschauer zu betrachten. Es wurde mir dies von einem Vogelkenner als eine Krankheit gedeutet, während ich darin eine Art spielender Bewegung eines noch jungen Thieres erblicken möchte, überdies diese Bewegung bei einem anderen Raubvogel, dem Carancho oder Caracara Südamerikas geradezu charakteristisch ist. Beide Adler erhalten etwa alle Wochen einmal eine lebende Taube; diese ist stets, obschon der Käfig sehr geräumig ist, fast momentan gefangen und getödtet, wird dann sorgfältig entfedert und stückweise verzehrt; beide Adler verschlangen bisher immer den Kopf der Taube zuerst; von der Taube, die dem grösseren Exemplar zufällt, bleibt ausser den anfänglich abgezupften Federn auch nicht ein Stückchen über; die Füsse sammt Krallen werden ebenso gierig hinabgeschluckt wie das Uebrige.

Zur Verbesserung der Hühnerzucht auf dem Lande.

Von Freifrau von **Ulm-Erbach.**

Mit Illustration.

Obgleich in den letzten Jahren sehr viel zur Hebung und Förderung der Geflügelzucht geschehen, so ist dies doch bisher fast nur Sache der Liebhaberei geblieben, ohne den eigentlichen Zweck erreicht zu haben. Ich meine nämlich die allgemeine Verbreitung von rationellen Hühnerrassen auf dem Lande; denn Jedermann wird es begreiflich finden, wie nothwendig und vortheilhaft es wäre, wenn an Stelle unseres so sehr verkommenen Landhuhnes, ein besseres, rentableres treten würde. Glücklicherweise ist der Bauer jetzt nicht mehr so gegen Neuerungen eingenommen und der alte Spruch:

Wer verderben will und weiss nicht wie,
Der halte recht viel Federvieh!

hat auch bei ihm an Geltung verloren. Sein bestandenes Vorurtheil fand ich auch insoferne gerechtfertigt, da er nur das höchst unwirthschaftliche Huhn hielt, dessen Verpflegung eine Verschwendung der Abfälle war, welche er durch Verfütterung an seine übrigen Hausthiere besser verwerthen konnte. Dass der Erlös seines Hühnerhofes kaum den eigenen Gebrauch in der Wirthschaft deckte, ohne ihm einen reellen Gewinn einzubringen, musste den Landmann nur gegen die Geflügelzucht einnehmen.

Gewiss würde er aber seine ungünstige Meinung über dieselbe ändern, sobald er durch Einführung einer gewinnbringenden Hühnerrasse, durch eine Verbesserung des verkümmerten Landhuhnes erst den wahren Nutzen und Vortheil einer rationellen Geflügelzucht kennen gelernt hätte. Ganz besonders sollte sich die Hausfrau auf dem Lande derselben annehmen, denn für die gemachte Mühe oder den unbedeutenden Kostenaufwand würde sie durch einen hübschen Nebenverdienst reichlich belohnt werden.

In Frankreich, Italien und England, wo bekanntlich die Federviehzucht eine bedeutende Rolle spielt, trägt dieselbe sehr zum allgemeinen Wohlstande der Landbevölkerung bei und bringt enorme Summen ein. So lange es aber noch Thatsache ist, dass jährlich grosse Beträge allein für Eier über unsere Grenzen gehen, steht es bei uns noch schlecht mit der Geflügelzucht und sollte derselben mit allen zu Gebote stehenden Mitteln aufgeholfen werden, damit wir wenigstens den eigenen Bedarf nicht nur an Eiern, sondern auch an Mastgeflügel selbst decken könnten.

Es hat allerdings seine Schwierigkeiten für den Landmann, der begreiflicher Weise die Unkosten scheut und gegen jede Neuerung etwas misstrauisch ist, unter den vielen bekannten Hühnerarten gerade diejenigen herauszufinden, welche sich für seine Verhältnisse am besten eignet.

Ich halte es daher für die Pflicht, nicht nur aller Geflügel-Vereine, sondern speciell eines jeden grösseren Grundbesitzers, dem Bauer auch darin mit Rath und That beizustehen und womöglich durch Errichtung eines Muster-Geflügelhofes mit gutem Beispiele voranzugehen.

Zu diesem Zwecke habe ich mit den verschiedensten Hühnerrassen Versuche angestellt und die Ueberzeugung gewonnen, dass wohl keine so sehr zu empfehlen sei, als die aus Italien importirte, welche in jeder Beziehung die vorzüglichsten Eigenschaften in sich vereinigt. Das italienische Landhuhn, auch Leghorn genannt, welches wahrscheinlich von der Insel Delos stammt, deren Bewohner sich schon frühzeitig eifrig mit der Hühnerzucht abgegeben hatten, wurde nach Plinius schon wegen seiner Fruchtbarkeit von den Römern gezüchtet, und dürfte vermuthlich auch bei den lukullischen Gastmählern eine Rolle gespielt haben.

Das italienische Huhn zeichnet sich durch eine feste Gesundheit aus und hat sich daher vollkommen an unser Klima gewöhnt, obgleich dasselbe viel rauher ist, als seine südliche Heimat. Unstreitig sind die „Italiener“ von allen Hühnerarten diejenigen, welche am fleissigsten legen, in einem wärmeren Stalle fast unaufhörlich, so dass eine Henne jährlich bis zu 200 Stück Eier producirt, und man daher im Winter stets mit frischen Eiern versehen ist. Diese sind zwei Drittel grösser, als die Eier unseres gewöhnlichen Haushuhnes, wiegen oft bis zu 75 Gramm und haben einen auffallend dunkelgelben Dotter, welcher durch Fütterung mit Salatabfällen, wie dieses in Italien allgemein geschieht, erzielt wird, da das italienische Huhn das Grüne besonders liebt. Dasselbe ist ausserordentlich genügsam, nimmt mit jeder Nahrung vorlieb und sucht sich dieselbe bei freiem Lauf, mit grosser Emsigkeit fast alle selbst. Das Gefieder der „Italiener“ kommt in den verschiedensten Färbungen vor, da sie ja in ihrer Heimat das eigentliche Landhuhn repräsentiren. Es gibt daher weisse schwarze, gelbe, rebhuhnfarbige und graugesperberte italienische Hühner, und finde ich es zweckmässig, jedes Jahr diese von einer anderen Farbe anzuschaffen, um dadurch das Alter derselben zu kennzeichnen. Nach meinen Erfahrungen halte ich die dunklere Sorte für abgehärteter und leichter aufzuziehen, obgleich sich die weissen, hier zu Lande einer grösseren Beliebtheit erfreuen, ungeachtet sie durch Raubvögel, die sie aus der Ferne bemerken, öfters geholt werden.

Besonders zu beobachtende Kennzeichen der echten Italiener sind beim Hahn ein aufrechtstehender tiefgezackter Kamm, der bei der Henne auf einer Seite umliegt, gelbe Schnäbel und glatte, gelbe Läufe, welche aber auch bei der reinen Rasse manchmal dunkel sind, da sie sich in der Jugend vom Hochgelben später grünlich verfärben, was besonders bei den schwarzbefiederten Hühnern vorkommt. Die beigegebene Illustration veranschaulicht auf das Beste einen Stamm graugesperberter oder sogenannter kukukfärbiger italienischer Hühner, mit seinen verschiedenen Rasse-Merkmalen, und gibt uns ein naturgetreues Bild von der stolzen Haltung des Hahnes und den graziösen Bewegungen der Henne. Der Italiener-Hahn ist sehr kampflustig und vertheidigt muthig gegen jede Gefahr die ihm anvertraute Schaar. Den jüngeren Hennen fehlt die Brutlust, was der zahlreicheren Eierproduction nur zu Statten kommt, die älteren dagegen sind zuverlässige Brüterinnen und führen ihre Küchlein auf's Sorgfältigste. Diese lassen sich leicht aufziehen, entwickeln sich auffallend schnell und kräftig, so dass die Hennen schon nach vier Monaten mit dem Legen beginnen und man im Herbst Eier von denjenigen, die man zeitig im Frühjahre hat ausbrüten lassen, erhält.

Die Hähnchen sind bald an ihren rothen Kämmen zu erkennen und liefern einen vorzüglichen zarten Braten. Da der Italiener-Hahn sich auch zur Kreuzung mit der gemeinen Landhenne, zur Verbesserung derer wirthschaftlichen Eigenschaften sehr eignet, so vertheile ich gerne die schöneren Exemplare meiner Hähne unter die ländliche Bevölkerung, die sich nicht in der Lage be-

findet einen „Italiener“ zu kaufen und gebe ihnen bereitwillig Bruteier derselben, so dass im hiesigen Marktflecken fast jeder Bauer italienische Hühner hält. Der Preis für einen solchen Stamm ist auch verhältnissmässig viel niedriger, als für einen der nicht so nützlichen Hühner-Rassen als z. B. Spanier oder Houdan, die in ihrer Eierproduction fast ebenso ergiebig sind, aber deren Aufzucht bedeutend schwieriger ist, da sie sich nicht so leicht acclimatisiren. Zu meiner Freude ist es mir auch bereits gelungen in hiesiger Gegend das äusserst wirthschaftliche, italienische Huhn vielfach einzuführen, und ich bin überzeugt, dass dasselbe mit der Zeit eine immer grössere Beliebtheit und Anerkennung finden wird, da es jedem Geflügelhofe nicht nur zum grössten Nutzen, sondern auch zur besonderen Zierde gereicht. Gewiss würden wir durch Verbreitung der als so sehr rentabel erprobten italienischen Hühner unseren eigenen Bedarf an Eiern und Schlachtgeflügel reichlich decken und in Folge dessen nicht mehr genöthigt sein, unser Geld hiefür anderen Ländern zukommen zu lassen. In Italien wird die Hühnerzucht als rationelle Erwerbsquelle betrieben, ganze Dörfer leben von dem Ertrage ihres Federviehes, der noch bedeutend durch die Massen-Ausfuhr von Eiern und jungen Hühnern nach dem Auslande, an Umfang gewonnen hat. Weshalb sollten wir nicht diesem guten Beispiele folgen?

Anfangs machten die Landleute gern von der Erlaubniss Gebrauch, sich unentgeltlich aus meinem Geflügelhofe Bruteier von Italienern oder anderem wirthschaftlichen Land- und Wassergeflügel zu holen; doch hat dies in letzterer Zeit wieder nachgelassen, ein Beweis, dass sie die Erfahrung gemacht, durch den Verkauf der g r ö s s e r e n Eier würde doch kein h ö h e r e r Gewinn erzielt. Erst seitdem die edleren Hühner-Rassen sich mehr bei uns eingebürgert haben, ist der Unterschied in der Grösse der Eier hervorgetreten, deshalb muss die Victualien-Marktordnung, um Allen gerecht zu sein, den Verkauf der Eier nach dem Gewichte einführen: eine bestimmte Taxe für das Pfund bestimmen, die je nach der Jahreszeit, in welcher die Hennen mehr oder weniger legen, variirt, wie es ja auch bei den anderen Lebensmitteln gebräuchlich ist. Vor Kurzem noch scheute die Bäuerin auf dem Markte die kleine Mühe, z. B. grüne Bohnen nach Hunderten abzuzählen, während diese jetzt ebenso wie der Spargel und das Kernobst gewogen werden.

Was nun die Verkaufsweise nach dem Gewichte betrifft, so ist es meiner Ansicht nach das Praktischeste, wenn die Händlerin dieselben v o r den Augen des Käufers abwiegen; um das Zerbrechen der Eier zu verhüten, könnte man leicht ein Netz oder Körbchen an der Waage anbringen, um dieselben hineinzulegen. Bei dem Detail-Verkaufe liesse sich der Preis in der Art regeln, dass, wenn z. B. das Pfund Eier 50 Pfg. kostet, auf 1 Pfg. 10 Gramm zu stehen kommen; wiegt ein Ei 54 Gramm, so berechnet man nur 5 Pfg., ist es dagegen 56 Gramm schwer, so würde es 6 Pfg. kosten.

Diese kleine Differenz nach oben oder nach unten abgerundet, würde beide Theile nicht schädigen und sich leicht ausgleichen. In diesem Verhältnisse müssten auch die Eier im Sommer, wo sie billiger sind, berechnet werden, wo z. B. 12 bis 14 Gramm auf 1 Pfennig kommen, im Winter dagegen nur 6—8 Gramm. Es ist aber nicht nur für den producirenden Landwirth vortheilhaft, seine Eier nach dem Gewichte zu verkaufen, sondern auch für den Concurrenten, denn bei 8 oder 12 Eier aufs Pfund, muss auch das Gewicht der Schale in Betracht gezogen werden, was nicht ganz unbedeutend ist, da die Eierschalen der Racehühner, mit Ausnahme derjenigen der Cochins und Brahmas, viel dünner sind als die des gewöhnlichen Haushuhnes. Das Gewicht eines Eies von Letzteren beträgt durchschnittlich 35 bis 40 Gramm, während dasjenige einer Spanier- oder Italiener-Henne 70—80 Gramm wiegt, ausserdem auch wegen des grösseren Dotters schmackhafter ist und mehr Nährstoff enthält. Deshalb wollen wir hoffen, dass in Kurzem bei den Eiern, ebenso wie es bei den übrigen Lebensmitteln der Fall ist, nicht nur die Quantität, sondern auch die Qualität berücksichtigt werden wird. Wäre der Verkauf der Eier nach dem G e w i c h t e g e s e t z l i c h g e b o t e n, so würde mit demselben nicht mehr stückweise oder in grösserer Anzahl, wie es in den verschiedenen Gegenden üblich ist, nach Mandel (15), Schilling (30) oder Schock (60 Stück) gehandelt. Der Verkauf der Eier nach dem Gewichte, anstatt des bisher üblichen nach der Zahl ist nämlich von unberechenbarem Werthe zur Hebung der Geflügelzucht, besonders auf dem Lande, denn so lange für ein kleines Ei ebensoviel bezahlt wird, als für ein doppelt so grosses, wird der Bauer sich nicht leicht entschliessen, sein verkommenes Huhn gegen eines von besserer Race zu vertauschen, welches ihm nach den jetzigen Verhältnissen doch nicht mehr einbringt. Auch der rationelle Züchter, der keine Unkosten scheut, sich gute Hühnersorten anzuschaffen, hat durch diese keinen reellen Vortheil, da die Einnahmen für Bruteier zu unbedeutend ist um in die Waagschale gelegt zu werden. Wie jede Neuerung, so wird auch diese Anfangs mit manchen Schwierigkeiten zu kämpfen haben, aber ebenso wie das Gewicht seit einiger Zeit beim Verkauf des Getreides, der Kartoffeln, des Obstes, selbst beim Schlachtgeflügel eingeführt ist, so würde es bei den Eiern auch bald eingebürgert, wenn es nur erst g e s e t z l i c h angeordnet würde. Es ist ganz klar, dass es unrichtig ist, wenn auf den Märkten ein Normalpreis für das e i n z e l n e Ei bestimmt wird, während es für das Pfund allein massgebend wäre; eine bessere Waare repräsentirt einen grösseren Werth und kann demnach auch einen höheren Preis beanspruchen.

Ich hege den Wunsch, die Regierungen, denen sich die Geflügelzüchter wegen Verleihungen von Staatsprämien auf Ausstellungen etc. schon zu grösstem Danke verpflichtet fühlen, möchten auch die Einrichtung des Eierverkaufs nach dem Gewichte unterstützen, wodurch einem längst gefühlten Bedürfnisse abgeholfen und zur Förderung und Hebung der Geflügelzucht entschieden beigetragen würde.

Oder sollten wir uns durch das intelligente Volk im fernen Japan beschämen lassen, das uns schon längst mit gutem Beispiele vorangegangen ist, welches durch Einführung des Verkaufes der Eier, der dort nach dem Gewichte geschieht, den Beweis geliefert hat, dass dieses das allein Richtige und Zweckentsprechende sei.

„Die Verbreitung rationeller Hühner-Racen auf dem Lande“ geht mit „der Einführung des Verkaufes der Eier nach dem Gewichte“ Hand in Hand; wir wollen hoffen, dass Letzterer recht bald gesetzlich verordnet werde, um unsere Geflügelzucht auf derselben Höhe stehen zu sehen, wie es schon in den benachbarten Ländern der Fall ist, damit der Wunsch König H e i n r i c h s IV. von Frankreich auch bei uns in Erfüllung gehen möge: „Dass jeder Bauer am Sonntage sein Huhn im Topfe habe.“

Zur Erinnerung an heimgegangene Ornithologen.

Von **Victor Ritter von Tschusi zu Schmidhoffen.**

I.

Rudolf Otto Karlsberger.

Rudolf Otto Karlsberger wurde den 10. Januar 1865 zu Perg in Oberösterreich, wo sein Vater k. k. Bezirksgerichts-Adjunct war, geboren und verlebte die ersten Kinderjahre in Haag, wohin sein Vater bald darauf, zum k. k. Bezirksrichter befördert, übersetzt wurde. Nachdem derselbe hier wenige Jahre später gestorben war, übersiedelte die Familie nach Linz a. D., wo er die Volksschule und das Staats-Gymnasium besuchte und absolvirte. Im Herbste 1884 unterzog er sich einer mit Auszeichnung abgelegten Prüfung aus der Staats-Verrechnungskunde und wurde darauf als Buchhaltungspraktikant in den Beamtenstand der oberösterreichischen Landesverwaltung aufgenommen, welche Stelle er bis zu seinem Tode bekleidete.

Karlsberger war lungenleidend. 1884 stellte sich zuerst ein heftiges Blutbrechen ein. Zwei Jahre blieb er dann davon verschont, bis auf einmal das alte Leiden mit erneuerter Heftigkeit wieder hervorbrach und ihn am 25. August dieses Jahres auf's Krankenlager warf, das er nicht mehr verlassen sollte, bis sich ihm am 3. October der Tod als Erlöser nahte.

Von einem lebhaften Interesse für die Thierwelt beseelt, war es insbesondere die Ornithologie, die ihn fesselte. Die Vogelwelt Oberösterreichs im Allgemeinen und die der Umgebung von Linz im Speciellen waren das Gebiet, auf dessen Erforschung er sich in seinen Mussestunden mit allem Eifer warf. Es ist dies um so lobender anzuerkennen, als Karlsberger mit seinen Studien im Grunde doch nur auf sich selbst angewiesen war, da Oberösterreich seit Hinterberger und Brittinger Niemanden besass, der sich eingehender mit Ornithologie befasst hätte. Das Interesse für die Vogelwelt beschränkte er nicht auf sich allein, sondern er war auch bemüht, selbes auf Andere zu übertragen und durch Wort und That anregend zu wirken. Bei den schönen Anfängen und dem grossen Eifer Karlsberger's durfte man ihm mit Recht eine schöne Zukunft in Aussicht stellen. Leider sollte sich die Hoffnung, die wir in diesen strebsamen jungen Mann setzten, nicht erfüllen, indem ihn der Tod im 24. Lebensjahre seiner Wirksamkeit entriss.

Karlsberger war Mitglied des „Museums Francisco-Carolinum" in Linz a. D., des „Ornithologischen Vereines" in Wien und des „Deutschen Vereines zum Schutze der Vogelwelt" in Halle a. S.

In den Journalen der beiden letztgenannten Vereine veröffentlichte er verschiedene Arbeiten, deren Liste als Anhang hier folgt.

Auch die Jahresberichte des „Comité's für ornithologische Beobachtungs-Stationen in Oesterreich-Ungarn", welchem er als Beobachter vom Jahre 1886 an angehörte, und das er durch Gewinnung neuer Kräfte zu fördern bemüht war, enthalten von ihm zahlreiche Beobachtungen aus der Vogelwelt der Linzer Gegend.

Sein zwar kurzes, immerhin aber verdienstvolles Wirken auf ornithologischem Gebiete sichert ihm für immer einen ehrenden Namen unter den heimischen Vogelkundigen.

Karlsberger veröffentlichte folgende Arbeiten:

1. Ein Brutplatz der Zwergohreule (Scops Aldrovandi, Willughbi) in Niederösterreich. — Mittheil. d. orn. Vereines in Wien. X. 1886. p. 294.
2. „Lämmergeier im See" (Pandion haliaëtus). — Ibid. XI. 1887. p. 28.
3. Beobachtungen über den Herbstzug der Schwalben. — Ibid. XI. 1887. p. 171.
4. Ornithologisches aus Oberösterreich. — Monatsschrift d. deutsch. Vereines z. Schutze d. Vogelw. in Halle a. S. XII. 1887. p. 221—227.
5. Das zweimalige Brüten des grauen Fliegenschnäppers. — Ibid. XII. 1887. p. 286—287.
6. Nordseetaucher (Colymbus septentrionalis, L.) an der Donaubrücke in Linz a. D. — Mittheil. d. ornith. Vereines in Wien. XII. 1888. p. 5—6.
7. Vulgärnamen der Vögel Oberösterreichs. — Ibid. XII. 1888. p. 27—28, 54, 66—67.
8. Ein Fischadler (Pandion haliaëtus, L.) bei Linz. — Ibid. XII. 1888. p. 119—120.
9. Eine Rauchschwalbe als Pflegemutter von jungen Hausrothschwänzchen. — Zeitschrift d. deutsch. Vereines z. Schutze d. Vogelw. in Halle a. S. XIII. 1888. p. 54—55.
10. Ornithologisches aus Oberösterreich. — Ibid. XIII. 1888. p. 74—76.
11. Steppenhuhn in Oberösterreich. — Ibid. XIII. 1888. p. 172.
12. Steppenhuhn in Oberösterreich. — Ibid. XIII. 1888. p. 250.

Ausserdem lieferte er für den V. (1886) und VI. (1887) Jahresbericht des Comité's für ornithologische Beobachtungs-Stationen in Oesterreich-Ungarn Beiträge aus der Umgebung von Linz a. D.

—

Aus unserem Vereine.

Ausweis des Secretariates über den Einlauf der Mitgliederbeiträge.

Bis 15. d. M. sind an Jahresbeitragen eingelaufen:

I. Beim Cassier Dr. Carl Zimmermann (I., Bauernmarkt 11).

1. Nr. **80.** O. A. T.; 2. Nr. **85.** Dr. L. B. E.; 3. Nr. **86.** O. B.; 4. Nr. **88.** A. B.; 5. Nr. **89.** F. B.; 6. Nr. **100.** Sp. B.; 7. Nr. **104.** Gr. P. C.-M.; 8. Nr. **108.** W. Cz.; 9. Nr. **113.** A. D.; 10. Nr. **115.** Gr. D. D. d'A.; 11. Nr. **150.** Grf. Gr. W.; 12. Nr. **154.** J. G.; 13. Nr. **161.** Fr. d. P. Gr. z. H.; 14. Nr. **169.** G. H.; 15. Nr. **180.** Fr. J. 16. Nr. **198.** J. Kl.; 17. Nr. **203.** A. K.; 18. Nr. **207.** A. Fr. K. v. D.; 19. Nr. **213.** A. K.; 20. Nr. **221.** Dr. K. L.; 21. Nr. **226.** Dr. J. v. M.; 22. Nr. **231.** K. F. M. v. M.; 23. Nr. **242.** H. R. M. A.; 24. Nr. **252.** J. N. O.; 25. Nr. **269.** Dr. Chr. R. je 5 fl. pro 1888; 26. Nr. **126.** J. E. 1 fl.; 27. Nr. **144.** E. E. F. z. F. 2 fl. Rest pro 1888; 28. Nr. **115.** Dr. D. v. A.; 29. Nr. **126.** J. E.; 30. Nr. **207.** A. Freih. v. D. je 5 fl. pro 1889.

II. Beim Secretariate (II., k. k. Prater, Hauptallee Nr. 1).
1. Nr. 255. C. P.: 2. Fr. Th[illegible]r je 5 fl.

Die P. T. Herren Mitglieder, welche mit ihrem Jahresbeitrag noch im Rückstande sind, werden gebeten, den Jahresbeitrag per fünf Gulden für das Jahr 1888 an den Vereins-Cassier Herrn Dr. Karl Zimmermann, Hof- und Gerichtsadvokaten, I., Bauernmarkt Nr. 11 einzusenden.

Für das Wiener Vivarium eingelaufene Geschenke.

1. Zwergkampfer. Von Frau A. Held in Puntigam;
2. 1 weisses Frettchen. Von Herrn J. Bongar in Wien;
3. 1 Thurmfalke. Von Herrn J. W. in Wien;
4. 1 Lerchenfalke. } Von Herrn Friedrich Theuer in
5. 1 Rothelfalke. } Wien;
6. 1 Tannenheher. Von Herrn v. Tschusi zu Schmidhoffen in Hallein;
7. 1 Fuchs. Von Herrn Custos O. Reiser in Sarajewo;
8. 1 Wildkatze. } Von Sr. kaiserl. Hoheit Herrn
9. 2 Steinmarder. } Erzherzog Franz;
10. 1 Eisvogel. Von Herrn Dr. Karl Bachofen v. Echt in Prag;
11. 1 Angora-Meerschweinchen. Von Herrn X. Y.

Correspondenz der Redaction.

L. [illegible] **Soc. royale d. Z. A**[illegible]**.** Die gewünschte Nummer [illegible] **U. E . . . . h.** Werden [illegible] **O. R . . . . r,** [illegible] Besten Dank [illegible] **Vog. und Gefl. Zeit.** [illegible] **C. P. . . . . h,** [illegible] **Ch. v. Ch . . . . a,** [illegible] Besten Dank für den gesandten Betrag [illegible] **Dr. H. v. B . . . . w,** [illegible] **A. H . . . . . r,** [illegible]

Auf mehrfache Anfragen

theilen wir mit, dass von dem Werke

Dr. Anton Fritsch:

„Die Vögel Europa's"

nur noch einige Exemplare vorhanden sind. Trotzdem ist der Herausgeber bereit, das Werk den neuen Mitgliedern des Vereines, solange der Vorrath reicht, zu dem ermässigten Preise von **40 fl.** (in Prachteinband **50 fl.**) abzugeben.

☞ **Frühere Jahrgänge der „Mittheilungen" sind, so lange der Vorrath reicht, zu dem ermässigten Preise von à 4 fl. 8 Mark durch das Secretariat (k. k. Prater, Hauptallee 1) zu beziehen. Alle eilf Jahrgänge werden zu dem Preise von 40 Mark abgegeben, doch sind nur mehr wenige Exemplare vorhanden.** ☜

Herausgeber: Der Ornithologische Verein in Wien, verantwortlich: **Dr. Fr. Knauer**. Druck von J. B. Wallishausser.
Commissionsverleger: Die k. k. Hofbuchhandlung **Wilhelm Frick** vormals Faesy & Frick in Wien, Graben 27.

☛ **Sitz des Vereines: Wien, k. k. Prater, Hauptallee 1.** ☚

XII. Jahrg. Nr. 12.

Blätter für Vogelkunde, Vogel-Schutz und -Pflege, Geflügelzucht und Brieftaubenwesen.

Redacteur: Dr. Friedrich K. Knauer.

December 1888.

Die „Mittheilungen" des unter dem Protectorate Seiner kaiserlichen und königlichen Hoheit des durchlauchtigsten Kronprinzen **Erzherzog Rudolf** stehenden „**Ornithologischen Vereines in Wien**" erscheinen in der Stärke von 2 Bogen **am 15. jeden Monates. Abonnements** à 6 fl., sammt Franco-Zustellung 6 fl. 50 kr. — 13 Mark werden in der k. k. Hofbuchhandlung **Wilhelm Frick** in Wien, I., Graben Nr. 27, entgegengenommen, und einzelne Nummern à 50 kr. — 1 Mark daselbst abgegeben. **Inserate** 6 kr. — 12 Pfennige für die 3fach gespaltene Nonpareille-Zeile oder deren Raum. **Mittheilungen** an das **Präsidium** sind an Herrn **Adolf Bachofen von Echt** in Nussdorf bei Wien, die **Jahresbeiträge** der Mitglieder an Herrn Dr. **Karl Zimmermann**, I., Bauernmarkt 11, alle anderen für die **Redaction**, das **Secretariat**, die **Bibliothek** u. s. w. bestimmten Briefe, Bücher, Zeitungen, Werthsendungen, an die **Redaction der „Mittheilungen des Ornithologischen Vereines"**: Wien, k. k. Prater, Hauptallee 1, zu senden. **Vereinslocale**: Bibliothek, Sammlungen, Redaction: k. k. Prater, Hauptallee 1. Die mit Vorträgen verbundenen **Monats-Versammlungen** finden im grünen Saale der k. k. Akademie der Wissenschaften: I., Universitätsplatz 2, statt. **Sprechstunden** der **Redaction** und des **Secretariates**: Dienstag und Freitag, 2—4 Uhr.

Vereinsmitglieder beziehen das Blatt gratis.

Beitrittserklärungen (Mitgliedsbeitrag 5 fl. jährlich) sind an das Secretariat zu richten.

Einige nordische Gäste im Iser- und Lausitzergebirge.

Von **Jul. Michel.**

I. Colymbus septentrionalis, Nordseetaucher.

Am 24. November l. J. begegneten mir im Walde bei Neustadtl zwei Männer, welche mir schon von Weitem zuriefen, dass sie einen fremden Vogel gefangen hätten. Als sie die ziemlich umfangreiche Hocke öffneten, erblickte ich zu meiner grossen Verwunderung einen lebenden Nordseetaucher. Sie hatten denselben mitten im Walde am Abhange der Tafelfichte in der Lomnitz, einem auf dem genannten Berge entspringenden Gebirgsbache gefangen. Der genannte Bach stürzt über zahlreiche grosse und kleinere Felstrümmer ziemlich reissend herab und bildet von Zeit zu Zeit ungefähr 2—5 Quadratmeter grosse, höchstens 60—80 Centimeter tiefe Becken, in denen sich Forellen in geringerer Anzahl tummeln. Bereits am 28. d. Mts. brachte man mir ein zweites Exemplar zur Ansicht, welches ebenfalls an demselben Orte von mehreren Holz sammelnden Weibern erbeutet worden war. Beide Vögel trugen noch das Jugendkleid.

Dieselben erregten ein nicht geringes Aufsehen in dem Städtchen, so dass ich unzählige Male von Leuten um den Namen dieses „curiosen Vogels" befragt wurde. Gerne hätte ich das erste Exemplar, das trotz alles

Nahrungsmangels einige Tage am Leben blieb, angekauft, um es zu beobachten, allein der Werth desselben war in den Augen der Fänger ein so enormer, dass ich vor jeder weiteren Unterhandlung zurückschreckte. Das zweite Stück verendete schon in der ersten Nacht in Folge erhaltener Verletzungen.

Meiner unmassgeblichen Meinung nach dürfte dies wohl ein seltener Fall sein, dass Seetaucher in einen ganz im Walde verborgenen Gebirgsbache einfallen und daselbst verweilen, umsomehr, als das Wetter in den vorhergehenden Tagen wohl regnerisch und kalt war, aber keineswegs grosse Nebel aufwies.

2. Colymbus arcticus, Polarseetaucher.

Angeregt durch den seltenen Fang, begab ich mich zu dem mir bekannten Susdorfer Jäger, Herrn Düllmann, von dem ich wusste, dass er einen ausgestopften Seetaucher besitzt.

Bei genauer Betrachtung erwies sich derselbe als ein vollständig ausgefärbter, grosser Polartaucher im Hochzeitskleide. Ueber die Erbeutung desselben erfuhr ich Folgendes:

Genannter Herr war noch vor einigen Jahren in der Nähe von Nordgabel stationirt. Dieses liegt nahe den südlichen Ausläufern des Lausitzergebirges. Im April 1883 sah sein Sohn auf dem Markersdorfer Teiche 16 Stück Polartaucher, von welchen er jedoch bloss einen erlegte, da die anderen tauchend gegen die Mitte des mehrere Schrotschussweiten langen Teiches zogen und ein Kugelschuss wegen der umliegenden Häuser nicht möglich war.

Noch nie waren vorher derartige Taucher auf dem in Rede stehenden Teiche, noch in der Umgebung bemerkt worden.

3. Mergus merganser, grosser Säger.

Gelegentlich erfuhr ich bei einem Besuche, dass in Haindorf, einem eine Stunde weiter gegen Süden gelegenen Marktflecken im heurigen Frühjahre auf einem kleinen Teiche eine grössere Anzahl fremder Wasservögel bemerkt wurde, von welchen glücklich ein Exemplar erlegt wurde, das sich als Männchen vom grossen Säger erwies. Bemerkenswerth erscheint, dass Haindorf unmittelbar am Fusse des südlichen Iserkammes liegt und auch gegen Norden durch kleinere Höhenzüge abgeschlossen ist.

Neustadtl, December 1888.

Das Steppenhuhn und der Tannenheher im Jahre 1888 in Mähren.

Von **Josef Talský**.

Als Anfangs des Monates Mai 1888 die Wanderung des Steppenhuhnes signalisirt und sein mögliches Eintreffen in unseren Ländern erwartet wurde, da traf auch ich alle Vorbereitungen, um über seine Verbreitung in Mähren sichere Nachrichten zu erlangen. Nicht nur, dass ich in einem, im Nordosten des Landes verbreiteten Blatte eine diesbezügliche Notiz veröffentlichte, wandte ich mich auch an viele meiner Freunde, von denen ich voraussetzen konnte, dass sie mir, im Falle der Vogel im Lande erscheint, von seiner Gegenwart sofort Mittheilung machen werden. Ja, das Interesse für die befiederten Wanderer aus Asien war ein so reges und allgemeines, dass später sogar die politischen Behörden, der mährische Jagdschutzverein, die Forst-Inspection und fast sämmtliche Zeitschriften im Lande die Aufmerksamkeit der Bevölkerung auf den Vogel und seine gastliche Aufnahme richteten.

Doch die Schaaren des begehrten Steppenhuhnes schienen sich von unserem, an Feldern so reichen Lande ferne gehalten zu haben; denn nur überaus spärlich sind die Nachrichten, dass einzelne Exemplare oder wohl gar Gesellschaften der Fremdlinge hier gesehen wurden. Mir selbst wurde von keiner Seite das Auftreten des Steppenhuhnes gemeldet, noch viel weniger ein in Mähren erbeutetes eingesendet.

Wohl drang, jedoch erst im Monate Juli, eine Mittheilung aus Hochwald in die Oeffentlichkeit, der gemäss ein Jagdpächter einen Flug Steppenhühner, aber bereits im Monate Mai gesehen zu haben, vermeldet. Diese Nachricht, die nebenbei bemerkt, grosse Verbreitung gefunden hatte, musste mich, der ich den Vogelverhältnissen Mährens volle Aufmerksamkeit zuwende, umsomehr überraschen, als Hochwald nur wenige Wegstunden von Neutitschein, meinem Bestimmungsorte entfernt ist, und mir ein Vorkommen dieser Vögel in jener Gegend weder im Monate Mai, noch später, selbst über directes Befragen einzelner benachbarter Jagdfreunde, bestätigt werden konnte. Trotzdem will ich aber doch nicht behaupten, dass der Hochwälder Beobachter im Irrthume berichtet hat, da ja das Wiener Vivarium, wie ich selbst gesehen, im Besitz eines lebenden Steppenhuhnes ist, das im Frühling (Mai?) in der Umgebung von Troppau in Schlesien, also auch nicht gar so weit von Hochwald gefangen wurde. Das genannte Institut beherbergt überdies ein zweites, gleichfalls lebendes Steppenhuhn, das aber aus dem südwestlichen Mähren, im Monate Juli eingeliefert wurde.

Ein anderes Exemplar des Steppenhuhnes, und zwar ein ausgewachsenes Weibchen, befindet sich ausgestopft in der Sammlung des „Mährischen Jagdschutz-Vereines" in Brünn. Wie mir der Vorstand-Stellvertreter des Vereines, Herr Peter Oswald schreibt, wurde Ende des Monates September anlässlich einer Feldhühnerjagd im Löscher Reviere (in der nächsten Nähe von Brünn), eine Kette Steppenhühner bemerkt. Die Vögel waren scheu, zogen weit ab und konnte die Richtung ihres Weiterzuges, des hügeligen Terrains halber, nicht länger beobachtet werden. Doch scheint es, dass der Flug die Gegend nicht sogleich verlassen hatte; denn als der Baron Offermann'sche Heger Anfangs October das unter seiner Aufsicht stehende Feldrevier bei Latein, etwa 1½ Stunde südlich von Lösch, eines Nachmittags beging, stiess er abermals auf eine, und zwar wie allgemein dafürgehalten wird, auf dieselbe Steppenhühnerkette. Diesmal hielten die Vögel aus, der Heger kam ihnen ganz nahe an und schoss das in Rede stehende Stück ab. — Nach dem Schusse zog die Gesellschaft in südlicher Richtung weiter und es wurde nicht bekannt, ob und wo sie wieder gesehen wurde. Das erbeutete Weibchen soll im Gefieder sehr schön sein.

Der Jagdschutzverein erhielt ausserdem noch die Meldung, dass Steppenhühner, und zwar einzelne Stücke und ganze Ketten zwischen Joslowitz und Bonitz (südwestl. Mähren), am 11. und 18. August, dann

Anfangs September, also wiederholt beobachtet worden sind.

Weitere Beobachtungen über den jüngsten Wanderzug des Steppenhuhnes in meinem Heimatslande sind mir nicht bekannt; den Behörden, die doch ihr Möglichstes gethan, soll, wie es heisst, kein einziger diesbetreffender Fall angezeigt worden sein.

Der zweite hier zu besprechende Vogel, nämlich der zur Herbstzeit öfter im Lande vorkommende Tannenheher, kam bei uns im Jahre 1888 nur sehr vereinzelt vor. Im nordöstlichen Mähren scheint er gar nicht eingekehrt zu sein; ich beobachtete ihn nicht und hörte auch von keiner Seite etwas über sein etwaiges Auftreten. Das einzige Exemplar, das mir im Laufe des Jahres in die Hände gekommen, wurde mir aus Brünn zur Präparirung eingesendet. Selbes wurde gelegentlich einer Treibjagd in der zur oben angeführten Herrschaft Lösch bei Brünn gehörigen Waldstrecke Skalka allein angetroffen und von dem Gutsinhaber H. Grafen Egbert Belcredi am 19. October erlegt. Es war ein jüngeres Männchen von nachstehenden Grössenverhältnissen: Länge = 32.5 cm; Flügel = 18 cm; Schwanz = 12 cm; Tarsus = 4.5 cm; Entfernung der Flügelspitze vom Schwanzende = 2.5 cm; der Oberschnabel von der Stirne zur Spitze = 4.6 cm. — vom Nasenloche zur Spitze = 3.8 cm. — vom Astwinkel zur Spitze = 4.8 cm; Schnabelhöhe in der Mitte = 1.2 cm. — seine Breite in der Mitte = 0.9 cm; der Unterschnabel von der Mundspalte = 4.6 cm; das Weiss am Schwanzende längs des Schaftes = 2.2 cm.

Die Magenwände des Hehers zeigten eine stark rothe Färbung, ähnlich der der Früchte des Vogelbeerbaumes. Der geringe Mageninhalt bestand in stark verdauten Insectenresten (Käfern) und harten Schalentheilchen irgend einer Frucht, nebst einem Kerne von der Grösse eines kleinen Kirschkernes.

Zum Zuge des Tannenhehers.

Von **Jul. Michel.**

Auch im Isergebirge und seinen nördlichen Ausläufern liess sich heuer wieder der Tannenheher und zwar wie früher die schlankschnäbelige Art (Nucifraga caryocatactes leptorhynchus) sehen. Doch schien derselbe nur in geringer Anzahl auf dem Durchzuge begriffen zu sein, da meist nur vereinzelte Exemplare beobachtet wurden.

Die ersten Tannenheher erschienen in Klein-Iser*), also ziemlich am Kamme des Gebirges, in der Zeit vom 20.—25. September.

Ein mir befreundeter Förster traf einmal 3 Stück im sogenannten Wolfsnest und erlegte sie; ein andermal sah er gegen 8 Stück, welche immer kurze Strecken flogen, um sich dann wieder niederzulassen.

Seine angrenzenden Collegen hatten nichts vom Durchzuge bemerkt.

Mitte October wurden in dem benachbarten preuss. Orte Grenzdorf Tannenheher bemerkt. Der dortige Ausstopfer erhielt 3 Stück, wovon 2 in der Umgegend, das dritte in der preuss. Provinz Posen erlegt wurde. Am 28. October wurde mir ein lebendes Männchen übergeben, welches von dem Vogelfänger mit der an einer Stange befestigten Leimruthe vom Baume „gestochen" wurde. Ausserdem wurde am 1. November von einem Fuhrmanne ein Stück auf der Friedländer Strasse bemerkt, welches denselben bis auf wenige Schritte herankommen liess. Im angrenzenden Lusdorfer Reviere wurde ebenfalls ein Tannenheher erlegt.

Bemerkenswerth dürfte es sein, dass bereits Ende October ein zweiter nordischer Gast, der Seidenschwanz (Bombycilla garrula) in kleiner Anzahl im benachbarten Preussen, sowie auch in unserer Nähe gesehen wurde.

Schliesslich seien noch einige Bemerkungen über den gefangenen Tannenheher angeführt.

Der genannte Vogel, den ich mehrere Tage lebend erhielt, war nicht im mindesten scheu. Nachdem er die ersten Versuche, ihn anzugreifen, durch einige kräftige Schnabelhiebe belohnt hatte, frass er sofort Ebereschbeeren aus der Hand und trank aus dem vorgehaltenen Napfe Wasser. Hasselnüsse, Eicheln und Buchecken kannte derselbe nicht, denn er nahm sie wohl in den Schnabel, knapperte einige Zeit daran herum, warf sie aber schiesslich immer weg. Selbst geöffnete beachtete er nicht. Dagegen nahm er eine vorgeworfene todte Maus mit sichtlichem Vergnügen an. Wasser trank er viel und gern. Da mein Tannenheher ganz mit Leim verschmiert war, putzte ich sein Gefieder in Ermanglung eines anderen Mittels mit Benzin. Nachdem diese Procedur, welche der Vogel anstandslos über sich ergehen liess, vollzogen war, blieb der Vogel gerade so in der Hand liegen, wie ich ihn gehalten hatte. Anfänglich glaubte ich, es sei eine Schreckwirkung, bemerkte aber bald, dass er von dem Benzindampfe förmlich trunken sei. Auf die Stange gesetzt, hielt er sich krampfhaft fest, nickte mit dem Kopfe immer tiefer, bis er endlich herabfiel. Am Boden stand er eine Zeit lang breitbeinig da, blickte duselig in die Welt und fiel schliesslich auf die Seite. So dauerte es eine halbe Stunde, ehe er sich völlig wieder erholte. Der Vogel war aber auch „ein Ritter sonder Furcht". Als ich nämlich zufällig den Käfig mit meinem zahmen Mauswiesel neben seine Behausung setzte, wurde der sonst ruhige Gesell wie elektrisirt, folgte allen Bewegungen des Wiesels, soweit es sein Käfig erlaubte, und griff dasselbe fortwährend mit dem Schnabel an. Auch grössere Thiere, wie ausgestopfte Rehe, Krähen etc. flössten ihm durchaus keine Furcht ein, sondern wurden mit Schnabelhieben begrüsst.

Da ich gerade sehr beschäftigt war und in Folge dessen das Thier wenig beobachten konnte, so verendete dasselbe leider schon nach wenig Tagen. Wahrscheinlich war Mangel an passender Nahrung Ursache seines Todes, indem er ausser Beeren nur wenig Fleisch verzehrt hatte.

In der Gegend von Haindorf und Liebwerda, welche südlich von Neustadtl ebenfalls im Gebirge liegen, scheinen sich mehr Tannenheher gezeigt zu haben, da der dortige

*) Näheres über die Lage dieses Ortes in voriger Nummer der Mittheilungen.

Zum Schutze der Lachmöve*).

Von **Hanns Neweklowski.**

Mein fast unausgesetzter Verkehr mit der Natur, in welcher ich als Landwirth und Pomologe seit meiner Jugend thätig bin, hat mir, ich kann es nicht anders sagen, ein mit nichts austilgbares Interesse für die mich umgebende Vogelwelt anerzogen. Alles, was mich als Kind auf dem schön gelegenen Landsitze meiner Eltern, in Mitte eines reichen, vielgestaltigen Vogellebens umgab, fand in mir eine wahrhaft begeisterte Aufnahme.

Die Bilder meines Heims von damals mögen vielleicht an vielen ungestörten Orten des östlichen und nordöstlichen Europas heute noch in ähnlicher oder grossartigerer Mannigfaltigkeit sich finden, aber das, was in meiner Heimat (südl. Böhmen, Budweis und Umgebung) einstens war, was als Brut- und Wandervogel heute noch in meiner Erinnerung fortlebt, ist, so viel ich bei meinem letzten Besuche des südlichen Böhmens zu meinem Entsetzen wahrnahm, auf ein schreckhaft geringes Maass herabgesunken.

Empfangen Sie, hochgeehrter Herr Secretär, diesen tief empfundenen Schmerzensruf, aus dem Herzen eines treuen Freundes der Vogelwelt kommend, theilnehmend und nehmen Sie es mir nicht ungütig, wenn ich in Mitte meiner Meisenfutterplätze, umgeben von fast halbzahmen Buchfinken, Specht-, Kohl-, Tannen- und Blaumeisen, nebst anderen treuen Lieblingen, welche die jetzt dargereichte Gnadengabe mir in splendider Weise durch sorgfältiges Reinhalten meiner Obstbäume von Ungeziefer vieler Art zurückzahlen, an einen nicht minder guten Freund unserer Culturen mich erinnere, dessen hohen Werth der Welt bekannt zu geben mir bis jetzt nicht glücken wollte.

Der ornithologische Verein in Wien hat wohl meine hierüber gebrachte Mittheilung zur Kenntniss genommen, aber sie wurde, ohne geprüft zu werden, ad acta gelegt und ist heute vielleicht schon vergessen. Dass die Worte eines Einzelnen in einem solchen Falle nicht ausreichend sein können, um zur Unfehlbarkeit erhoben werden zu können, ist mir vollkommen einleuchtend.

Darum stelle ich an die geehrte Leitung dieses Vereines, im Interesse der ackerbautreibenden Bevölkerung, die ergebene Bitte, sie möge durch ihre Beobachtungsstationen über die Nützlichkeit der Lachmöve (L. Xema ridibundum) Erkundigungen einziehen. Anderentheils wäre es für diesen nicht unwichtigen Gegenstand von hohem Interesse und der guten Sache gewiss förderlich, wenn über die Orte der im Gesammtstaate Oesterreich bestehenden Brutcolonien der Lachmöve ein Verzeichniss bestünde, um von allen Orten Nachrichten sammeln und zusammenstellen zu können.

Es sollen, wie mir ganz zufällig bekannt wurde, in österreichisch wie preussisch Schlesien die dort bestehenden, theilweise ganz bedeutenden Brutcolonien dieses Vogels zur Albumingewinnung alljährlich abgeerntet werden, dass solche Eingriffe in den Naturhaushalt der anwohnende Landmann allein bezahlt, aus dessen Grundeigenthum der Vogel auf Kosten der Insectenwelt sich nährt, ist ausser Frage.

Kommen Sie, hochgeehrter Herr Secretär, zur Brutzeit dieses Vogels mit mir in jene Gegenden Böhmens, wo ich meine Erfahrungen über die Nützlichkeit dieses Vogels in einer Reihe von vielen Jahren eingehendst gesammelt habe und ich bin überzeugt, dass Sie nach kurzer Wanderung in diesen Gefilden meine Worte ausnahmslos alle zur vollsten Genüge bestätigt finden werden.

Sie haben der baumlosen Ebene bis heute kein Geschöpf g e b e n, n e n n e n können, welches mit so entschiedener Macht einer Verheerung, wie sie durch die Maikäfer leider nur zu häufig sich findet, entgegenwirken könnte, wie durch Beweise erhärtet, die Lachmöve zu thun vermag.

Dieser Vogel ist aber bei gutem Schutze sehr leicht vollkommen dienstbar, unseren Zwecken überall leicht zugängig zu machen, wo sich nur halbwegs passende Orte für seine Brutstätten finden. Wir haben die Höhlenbrüter an unsere Scholle zu fesseln gewusst, wir haben ihnen Nistkästchen ausgehängt, um sie zu jener Zeit in unserer Nähe zu haben, wo sie für sich und ihre Nachkommenschaft das meiste Futter der Insectenwelt abfordern. Damit haben wir aber nur jene glücklichen Landstriche geschützt, wo der Baum, der Strauch nicht gänzlich mangelt. Die baumlose Ebene steht schutzlos da und eben sie, welche die ausgiebigste Spenderin an Ernteerträgen sein soll, kämpft erfolglos gegen ihre Feinde aus der Insecten- und Kerbthierwelt. Die Zahl der einst auch hier Leben und Bewegung bringenden Geschöpfe aus der Reihe der befiederten Welt schrumpft auf nur wenige Arten zusammen und der Drahtwurm in trockenen, die Limaxarten in nassen Jahrgängen, Miriaden von Maikäfern verwüsten das Eigenthum stellen- und jahrgangweise, ohne im geringsten Einbusse zu erfahren und stellen unsere Ernten in Frage.

Statt, dass man den besten Freund, den Kibitz, den eminentesten Ackerschneckenvertilger, überall, wo er nur brüten mag, freie Wohnstätten und ungestörten Frieden liesse, wird seinen Eiern von Alt und Jung nachgestellt und einer lächerlichen Gourmandise alle Jahre eine schwere Menge dieser werthvollen Embryonen zum Opfer gebracht.

Wüsten wir nur so fort; es wird eine Zeit kommen, wo man diese grossherrliche Liebhaberei wird schwer büssen müssen.

Welche Schadenziffer müsste im heurigen Jahre allein im ganzen Reiche zusammenkommen, wollte man nur den Zeitungsberichten nach urtheilen. Oberhollabrunn und Korneuburg haben allein Hunderte von Gulden für Maikäfereinbringung an Kinder und sonstige Personen verausgabt. In den Fünfziger-Jahren reiste ich an einem Maitage von Sarospatak nordwärts in die Karpathen. In einer Längenausdehnung von über 4 Meilen, bis an

*) Wir publiciren dieses an uns gerichtete Schreiben mit dem lebhaftem Wunsche, den warmen Worten zum Schutze der Lachmöve weiteste Verbreitung und Unterstützung zu schaffen und ersuchen ausdrücklich alle Leser, welche Gelegenheit haben, im Sinne des Herrn Verfassers zu wirken, dies zu thun und uns über ihre Bemühungen zeitweise berichten zu wollen. Die Redaction.

die ersten Erhebungswellen der Karpathen bei Nagy Mihaly waren alle laubtragenden Gehölze vom Maikäfer kahl gefressen. Die Menge der Käfer, welche den ganzen Tag die Luft durchschwirrten, war so gross, dass wir, im offenen Wagen fahrend, Sacktücher über das Gesicht binden mussten.

Die Nester der vielgerühmten Engerlingvertilger, Corvus frugilegus, standen colonienweise in den Wäldern und dutzendweise auf den Bäumen der Ortschaften: das dem Grafen Julius Andrassy gehörende Dorf Derebess hatte die zahlreichste Colonie dieser Krähe aufzuweisen, aber eben hier wie überall standen im herrschaftlichen Schlossparke alle laubtragenden Bäume wie in Mitte Winters kahl gefressen da. Was wollte hier die Menschenhand anfangen, und welches Geschöpf in der ganzen Reihe der Vogelwelt hat jene Ausdauer, jenen Heisshunger, jene Flugleichtigkeit, jene Individuenzahl und schliesslich jene eminenteste der Eigenschaften für diesen Zweck, ihren ganzen colossalen Nahrungsbedarf aus der frisch aufgerissenen Bodenfurche den ganzen Tag hindurch durch fast 4 Monate des Jahres zu entnehmen. Welches Quantum von Insecten in allen Stadien ihrer Entwicklung fällt dieser rastlosen Thätigkeit täglich zum Opfer. Diese Eigenschaft besitzt nur dieser eine Vogel, von dessen Treiben in der Flur ich Sie, hochgeehrter Herr Secretär, sich zu überzeugen dringendst bitte. Ich bitte im Interesse der Landwirthschaft und aller Culturzweige dieses Gebietes. Nicht eine blosse Liebhaberei für diese leichtbeschwingten Elfen unserer Vogelfauna, nicht ein kindliches Erinnerungsgefühl, auch nicht die Sucht, einen Namen anzustreben, sind es, die mich bestimmen, diese Zeilen zu schreiben, sondern um der Wahrheit und der guten Sache einen Werth in den Augen jener Herren zu erringen, welchen sie schon lange verdient hätte. Ich bitte Sie auch, diese Zeilen in's Vereinsblatt in ihrem für dieses möglichen Theile nicht aufzunehmen, mein Streben geht, wie Sie sehen, einem praktischen Ziele zu und bin ich jederzeit bereit, Ihnen hier, soferne es gewünscht wird, ganz ausführliche Mittheilungen zu bringen. Es ist Zeit, ein Geschöpf von so eminenten Eigenschaften für die Landwirthschaft auf denkbar möglichste Weise überall dort zu schützen, wo es brütet. Ich selbst verzichte wie gesagt herzlich gerne auf jeden Namen und jede Anerkennung, gestehe aber offen, dass es eben dem Landwirthschaft treibenden Naturfreunde nicht übel ansteht, über den Werth nützlicher Geschöpfe im Haushalte der Natur ein Wort mitzusprechen und bitte diese Stimme einer Beachtung für werth zu halten.

Beiträge zur Kenntniss der Vogelwelt des Neusiedlersees in Ungarn.

Von **Ernst Ritter v. Dombrowski.**

Lange schon war es mein sehnlicher Wunsch gewesen, das in ornithologischer Beziehung so hochinteressante Gebiet des Neusiedlersees in Ungarn, über welches ich durch die Arbeiten der Herren Pfarrer Jukovits, Julius Finger, Hermann Fournes, Othmar Reiser, P. Faszl und Ludwig Baron Fischer theilweise informirt war, aus eigener Anschauung kennen zu lernen, und als mein Bruder Robert im Mai 1886 von einer achttägigen dahin unternommenen oologischen Excursion heimkam, stand mein Entschluss fest. Eine Reihe von Umständen schob dessen Ausführung indess hinaus und erst im folgenden Jahre wurde es mir möglich, einige Touren in jenes Terrain zu unternehmen, von welchem ich schon als Knabe geschwärmt und geträumt. Ich verdanke diese Möglichkeit wesentlich der Güte der Herren Ladislaus von Sólymosy, Ludwig Baron Fischer und Julius von Simony, welche mir ihre am südöstlichen Theile des Sees gelegenen Reviere mit der grössten Liebenswürdigkeit zur Verfügung stellten und ich genüge einer angenehmen Pflicht, indem ich denselben an dieser Stelle nochmals meinen wärmsten Dank ausspreche. Ich weiss dieses Entgegenkommen umsomehr zu schätzen, als die Loyalität der Besitzer ähnlicher herrlicher Jagdgründe leider gar oft von Leuten in Anspruch genommen wird, die unter dem Vorwande wissenschaftlichen Sammelns nicht nur selbst förmliche Raubzüge nach Eiern, Nestern und Dunenjungen insceniren, sondern womöglich auch die Bevölkerung hiezu veranlassen und sie so förmlich planmässig zum Wildern abrichten, weshalb es den betreffenden Herren nicht als Unfreundlichkeit auszulegen ist, wenn sie so manche diesfällige Bitten rundweg ablehnen. Ich hatte, wie gesagt, mehr Glück als manche Vorgänger, und wenn es mir auch anderweitige Verhältnisse verwehrten, so lange und so oft in dem Gebiete zu verweilen, als es im Interesse der Sache gut und wünschenswerth gewesen wäre, so darf ich gleichwohl mit Befriedigung auf die zum Theile höchst werthvollen und anderwärts nicht leicht anzustellenden Beobachtungen zurückblicken, mich mit Freuden an die vielen dort verlebten schönen Stunden erinnern und im Hinblick auf die relativ kurze Dauer meiner Excursionen das Gesammtergebniss derselben getrost der Fachwelt vorlegen. — Ich hätte das längst gethan, wenn ich mich nicht gescheut, den Schleier zu lüften, weil damit alles, was ich dort gesehen und gehört, alles, was ich mir oft mit schwerer Mühe und unsäglichen Strapazen erkauft, nochmals lebendig und klar vor meine Augen tritt und jenes unnennbare Sehnen weckt, das Jeden mit schier unwiderstehlicher Gewalt fassen muss, der die freie Natur so liebt wie ich, der, die Freuden der Grossstädte geringschätzend, so voll und ganz in dem Genuss aufgeht, welchen die freie Gotteswelt in ihrem jungfräulichen Urzustande in unerschöpflicher Fülle bietet und dann auf unbestimmte Zeit hinaus eben an die verhassten Culturstätten gebannt wird. Wer es versteht, in der Natur nicht nur als Forscher, Jäger oder Tourist, sondern als ihr echter, durch Hypercivilisation nicht entfremdeter Sohn zu lesen und an ihrer Brust wenigstens für kurze Zeit zu vergessen, wie weit das Schicksal oft die Jahre hindurch mit glühender Leidenschaft erstrebten Ziele dem sehnenden Schaffensdrang entrückt, — der wird es begreifen, dass ich mich erst jetzt und nur deshalb entschloss, die alten Tagebücher durchzustöbern und die lieben Bilder nochmals zu wecken, weil ich wenn diese Mittheilungen in unserem lieben Blatte erscheinen, schon oder doch bald in Arbeit begriffen sein und der Studierstube wieder für einige Monate den Rücken gekehrt haben werde.*) Wie es dann sein wird, wenn ich heimkomme? . . . .

*) Der Herr Verfasser wird am 1. März u. J. eine grössere Studienreise durch Bosnien, Dalmatien und die vorgelagerten Inseln antreten. Die Red.

Zum erstenmale besuchte ich den Neusiedlersee vom 18. bis 29. Januar, dann vom 17. März bis 2. April, vom 17. September bis 1. October, 3. bis 17. October, 5. bis 12. November 1887, jedesmal mit Ausnahme des März, wo mich mein Bruder Robert begleitete, und des October, wo mein Vater einige Tage bei mir zubrachte, allein. Das Wetter war im Januar zwar bitter kalt (bis 20° R.), aber schön, im Uebrigen dagegen so schlimm als nur irgend möglich. Am 17. März lag der Schnee noch fusshoch und alles war gefroren; als es am 21. zu thauen begann, setzte ein Sturm ein, welcher bis zu meiner Abreise anhielt, zweimal schweren Hagel, am 30. neuerliche Schneemassen herbeiführte und sich an einigen Tagen Mittags zum förmlichen Orkan erhob. Nicht besser war es im September, wo gleichfalls Regengüsse mit Stürmen wechselten, und am schlimmsten im October; am 4. steigerte sich der Sturm derart, dass ein Befahren des Sees unmöglich schien und als ich es trotz aller Warnungen mit einem gegen hohes Entgelt gedungenen Fischer dennoch versuchte, schwebten wir beide die ganze Tour über in Lebensgefahr; aber nachgegeben wurde eben nicht, — wir kamen nach siebenstündiger Fahrt glücklich heim und ich brachte unter anderem eine Heringsmöve und einen isländischen Strandläufer mit. Im November wieder Sturm, Regen, schliesslich Hagel und endlich Schnee, — man hätte verzweifeln können, denn es schien, als hätten sich alle schlimmen Wettergeister gegen mich verschworen, trotzdem sie mich kennen müssen und wissen, wie wenig ich auf ihr Toben gebe. Täglich brach ich noch in der Morgendämmerung auf, kehrte mit sinkender Nacht erst heim, und wenn auch meist durchnässt bis auf die Haut und zitternd vor Kälte, — meine Beute lohnte fast jedesmal die gehabten Mühen.

Bevor ich zu dem speciellen Theile meiner Arbeit, der kurzen Besprechung der einzelnen Vogelarten hinsichtlich ihres Vorkommens schreiten kann, muss ich eine flüchtige Skizze des Gebietes voraussenden, in dem ich die Beobachtungen gesammelt. Dasselbe wird beiläufig durch die Dörfer Széplak, Fertö Szt. Miklos, Csapód, Himód, Hövej, den Lauf der Repce, den Lobler- und Dorfsee, Walla, Apetlon und den Neusiedlersee selbst begrenzt, umfasst also das Südostende des letzteren, die Westhälfte des Sumpfes Hanysag, einen Theil des sogenannten Kapuvárer Erlenwaldes (soweit derselbe zur Herrschaft Süttör gehört) und die Culturstrecken und Puszten zwischen Eszterháza und Csapód. Mein Standquartier bildete Eszterháza, wo ich an dem Revierjäger Anton Rosenstingel einen liebenswürdigen Wirth fand; nur einige Nächte verbrachte ich in Pamhagen und den beiden hart am See gelegenen Höfen Mexiko- und Piringer-major. Das Gebiet zerfällt in sechs Regionen: den See selbst, den Hanysag, den Kapuvárer Erlenwald, die kleineren sogenannten Seen, die trockenen gemischten Wälder bei Eszterháza (Park), Csapód und Vitnyed, und das offene, trockene, theils bebaute, theils als Puszta brachliegende Terrain.

Der See hat am Ostufer durchwegs flache, lehmige, aber mit Ausnahme des sogenannten Csikes beim Piringer-major nicht sumpfige Ufer, die von Czéplak bis Mexiko-major kahl, von da ab nach Norden mit einem theilweise fast eine halbe Stunde breiten Rohr- und Schilfgürtel bestanden sind. Das Rohr, welches eine Höhe von 3 Meter erreicht und stellenweise von freien Blänken unterbrochene förmliche Wälder bildet, hat als speciell typische Bewohner aus der Vogelwelt namentlich Panurus biarmicus, Schoenicola schoeniclus, Acrocephalus turdoides, Fulica atra, Gallinula porzana, Rallus aquaticus, Himantopus rufipes, Ardea purpurea, Botaurus stellaris, Fuligula nyroca, Podiceps cristatus und minor aufzuweisen, während die südlichen freien Ufer von Aegialites hiaticula und cantianus bewohnt und zur Zugzeit von Tausenden von Strandläufern (Hauptrasse Tringa alpina, einzeln auch cinerea, subarquata, minuta und Temminski) besucht werden. Auf dem freien Spiegel sind zur Zugzeit neben Xema ridibundum auch Xema minutum, Larus fuscus und canus zu treffen.

Der Sumpf Hanysag ist, Dank einer freilich noch unvollständigen Canalisation, in trockenen Jahren nur bis Juli in seinem ganzen Umfange ein solcher, während er sich im Herbst in seinen meisten Theilen als nasse, ja theilweise sogar trockene Wiese, beziehungsweise Hutweide darstellt. Nur einige gegen den See zu, dann in der Nähe des Erlenwaldes und nördlich von Szergenj gelegene Partien sind eigentlicher, zu allen Jahreszeiten grundloser und absolut unpassirbarer Sumpf. Diese Stellen, sowie auch einige der trockeneren sind mit dichtem Rohr bewachsen, theilweise aber auch — und diese Puncte sind die gefährlichsten — fast völlig vegetationslos. Im Frühjahre steht das Wasser auf der ganzen Fläche etwa 1 Meter hoch; das Terrain ist dann der nicht sichtbaren tiefen Canäle wegen ohne genaue Localkenntniss gar nicht und selbst mit dieser nicht ganz gefahrlos gangbar. Der Hanysag beherbergt unzählbare Mengen von Enten, dann namentlich Totanus calidris, Ardea purpurea, Botaurus stellaris, in den trockeneren Theilen Vanellus cristatus, Numenius arquatus, Gallinago scolopacina, Budytes flava und Circus aeruginosus als charakteristische Brutvögel. Im Herbst, wenn alles trocken ist, beleben nur grosse Schaaren von Vanellus cristatus, Numenius arquatus, Sturnus vulgaris, dann zahlreiche Coturnix dactylisonans, Anthus pratensis, Alauda arvensis, Circus cineraceus, sowie, wo einzelne Sträucher vorhanden sind, Miliaria europaea die sonst öde Flur. Im Winter vollends sieht man oft ringsum keinen einzigen Vogel als höchstens einen Bussard oder einzelne Nebel- und Saatkrähen.

Der sogenannte Kapuvárer Erlenwald ist ein fast zusammenhängender riesiger Erlenbruch, welcher von der Repce und der Kis Rába durchströmt, von zahlreichen grundlosen, stagnirenden Altwässern unterbrochen und wegen dieser, sowie wegen zahlreicher kleiner Sumpf- und Moorstrecken zur Zeit des Frühjahrshochwassers absolut und auch später meist nur schwer, ja in manchen Jahren mit Ausnahme der strengsten Wintertage, wo selbst die schwer zufrierenden Sumpfwässer mit starker Eisdecke versehen sind, gänzlich unpassirbar ist und nur mit einem Kahn auf der Repce oder dem Einsercanal durchquert werden kann. Da meinem Besuche im Januar anhaltende Kälte bis zu 20° R. voranging und der Sommer überaus trocken war, hatte ich die in einem Jahre nicht oft wiederkehrende Gelegenheit, dieses hochinteressante Gebiet sowohl im Winter als auch im Herbste nach allen Richtungen hin zu durchstreifen*). Es trägt in einzelnen Partien nahezu Urwaldcharakter und besitzt stellenweise eine fast tropisch üppige Vegetation; welche Dimensionen hier jede Pflanze annimmt, mag die eine Thatsache illustriren, dass die alten lichten Bestände oft als Unterwuchs förmliche Dickichte von Brennnesseln aufweisen, welche die fabelhafte Höhe von 2 Meter, sage

*) Allerdings, wie schon erwähnt, nur die kleinere westliche, zur Herrschaft Süttör gehörige Hälfte. Der Verf.

zwei Meter, erreichen; ebenso urwüchsig wuchert natürlich alles Andere und die moorgrundigen, gefährlichen Stellen, welche ausser den mit dem Wurzelstocke hoch über den Boden emporragenden Erlen meist gar keine Vegetation tragen, sondern nackte tiefschwarze Erde zeigen, bilden hiezu einen eigenartigen Contrast. Als typische Brutvögel des Erlenwaldes sind zu nennen: Haliaëtos albicilla, Falco laniarius, Aquila naevia, Buteo vulgaris, Aegithalus pendulinus, Dandalus rubecula, Ardea cinerea, Rallus aquaticus, Anser cinereus, Anas boschas und crecca, Carbo cormoranus.

Die kleineren sogenannten Seen tragen einen ihrer Lage, Tiefe und der Uferbeschaffenheit nach wesentlich verschiedenen Charakter. Der grösste, der sogenannte Loblersee, hat eine sehr bedeutende Tiefe, bodenlosen Moorgrund und ist von einem breiten Schilf- und Rohrgürtel umgeben. Er ist ein Hauptplatz der Podiceps-, zur Zugzeit auch der Colymbusarten. Der Dorfften ist als Hauptzugsstation der Tringaarten, die eigentlich schon ausserhalb des engeren Beobachtungsgebietes gelegene Ciklake als einziger Brutplatz von Recurvirostra avocetta bemerkenswerth.

Die trockenen Wälder. Zu diesen gehört in erster Reihe die sogenannte Les, der ehemalige Park zu Eszterháza, welcher zur Hälfte aus hochstämmigen Laubholzbestande (meist Eichen), zur Hälfte aus remisenartigen dichten Mittelwald besteht. Er beherbergt ein Heer von kleineren Vögeln, besonders Coracias garrula, Cuculus canorus, Upupa epops, Gecinus viridis, Picus major und minor, Junx torquilla, Sitta caesia, Muscicapa grisola, Parus major und coeruleus, Poecile palustris, Acredula caudata, Phyllopneuste trochilus, Sylvia cinerea und hortensis, Merula vulgaris, Turdus musicus, Ruticilla tithys, Luscinia minor, Cyanecula leucocyanea, Dandalus rubecula, Anthus arboreus, Emberiza citrinella, Fringilla coelebs, Ligurinus chloris, Serinus hortulanus, Carduelis elegans und Cannabina sanguinea. — Zwischen den Orten Vituyéd und Agyagos liegt der Megyaros, eine ehemalige, seit Jahren aber als solche aufgelassene Fasanerie, welche zu zwei Drittheilen aus älteren, grösstentheils von Kiefern und Buchen gemischten hohen Beständen, zu einem Drittel aus Dickungen und Schlägen besteht. Hier ist die Vogelwelt ziemlich arm, noch viel ärmer aber erscheint sie in den Wäldern um Csapód, die aus alten Eichenbeständen mit einem stellenweise fast undurchdringlichen Unterwuchs von Weissdorn und Wachholder gebildet sind; doch bergen sie zur Zugzeit grosse Massen von Turdus pilaris und viscivorus. Noch vor circa 12 Jahren waren sie theilweise sumpfig und damals als vorzügliche Waldschnepfenlage berühmt.

Die Culturstrecken und Puszten. Die Felder, die durchschnittlich vorzüglichen Boden besitzen und relativ wenig mit Cerealien, vielmehr vorzugsweise mit Mais, Rüben und Raps bebaut sind, werden von Starna cinerea, Coturnis dactylisonans, Alauda arvensis und Galerida cristata in einer Menge bewohnt, die namentlich in Bezug auf das Rebhuhn aus dem Grunde in Erstaunen setzt, weil in der Gegend weder an eine planmässige Vertilgung des zahlreichen Raubzeuges, noch an Winterfütterung gedacht wird. Die Puszten, deren es eigentlich nur eine grössere, die Szt. Miklósi Puszta, gibt, sind naturgemäss vogelarm; nur Oedicnemus crepitans und Otis tarda sind regelmässige und, was den Grosstrappen betrifft, massenhaft auftretende Bewohner derselben.

Die vorstehende kurze Schilderung des Beobachtungsgebietes zeigt wohl deutlich, wie ausserordentlich vielgestaltig dasselbe ist, und in dieser Verschiedenartigkeit des Terrains liegt wohl auch der Grund einerseits zu der im Allgemeinen sehr reichen Ornis, anderseits zu der auffallend scharfen Abgrenzung des Vorkommens einzelner Arten, welche so weit geht, dass z. B. manche bei Pamhagen ganz gemeine Vögel in Eszterháza selbst alten und guten Jägern gänzlich unbekannt sind, oder doch hier als besondere Seltenheit gelten; dies ist um so bemerkenswerther, als alle Jäger, die ich in der Gegend kennen lernte, selbst wenn sie einen nur niedrigen Bildungsgrad besitzen, die in ihren Revieren vorkommenden Arten in allen Alterskleidern selbst in der Freiheit auf Entfernungen und mit einer Sicherheit unterscheiden, die mich oft geradezu in Erstaunen setzte, da man anderwärts sehr oft auf viel gebildetere Berufsjäger stösst, die einfach von grossen und kleinen Enten, grossen und kleinen Geiern sprechen und von einer näheren Unterscheidung nicht nur nichts wissen, sondern auch oft nichts wissen wollen. Bei den dortigen Leuten ist das Gegentheil der Fall, sie sind stolz auf ihr auf empirischem Wege erworbenes Wissen, aber nicht dünkelhaft, nehmen vielmehr Belehrungen dankbar an und verstehen es, dieselben sofort in die Praxis zu übertragen. Namentlich sind es die beiden Baron Fischer'schen Jäger Anton Krämmermaier und Mathias Salomon in Pamhagen, dann der von Solymosy'sche Revierförster Anton Rosenstingl in Eszterháza, die eine von Natur aus scharfe Beobachtungsgabe, lebhaftes Interesse für die Vogelwelt und einen Schatz von Erfahrungen besitzen, dem ich manche werthvolle Anregung verdanke. Rosenstingl hat überdies eine kleine Localsammlung, in der sich manches interessante und seltene Stück befindet.

Im Hinblick auf die relativ geringe Zahl von 193 Arten, welche im folgenden besprochen sind, sei bemerkt, dass ich lediglich jene anführe, die ich selbst beobachtet, oder über die ich ganz positive, noch nicht veröffentlichte Daten erfahren habe. Die Literatur, mit Hilfe welcher sich leicht noch weitere 50 sicher nachgewiesene Arten zusammenbringen liessen, habe ich gar nicht in Betracht gezogen, da ich ja nur Beiträge zu einer Ornis des Neusiedlersees, nicht eine solche selbst zu liefern gedenke. Findet sich einmal ein Bearbeiter für eine geschlossene, allgemeine Ornis, so werden ihm diese Nachrichten, die ich hier biete, als Hilfsmaterial um so erwünschter kommen, als sie eben keine Compilation aus dunklen Quellen bilden, vielmehr ausschliesslich aus eigenen, gewissenhaft angestellten Beobachtungen entspringen.

Noch erwähne ich, dass ich am Neusiedlersee circa 250 Bälge sammelte, welche bei Aufgabe meiner Sammlung in den Besitz des Herrn Dr. A. Girtanner in St. Gallen übergingen.

Ornithologische Mittheilungen aus dem Wiener Vivarium.

Von Dr. F. K. Knauer.

IV.

Da mit dem Beginne der kälteren Jahreszeit eine Eingewöhnung sowohl in den Tag und Nacht geheizten Innenräumen wie in den den Unbilden der Witterung preisgegebenen Thierräumen des Gartens mit grossen Schwierigkeiten verbunden ist, sind zur Zeit nur spärliche Bereicherungen des Thierstandes zu verzeichnen.

Es sind seit unserer letzten Mittheilung neu hinzugekommen:

An einheimischen Vögeln:

I. Ordnung. Gänseartige Vögel (Anseres):

1 Saatgans (Anser segetum, Meyer).

II. Ordnung. Scharrvögel (Rasores):

1 prächtiges Männchen vom Birkhuhn (Tetrao tetrix, L.).

III. Ordnung. Fänger (Captores):

2 gelbköpfige Goldhähnchen (Regulus cristatus, Koch).

IV. Ordnung. Sänger (Cantores):

1 Singdrossel (Turdus musicus, L.); 1 Steindrossel (Monticola saxatilis, L.).

V. Ordnung. Raubvögel (Rapaces):

1 Sumpfweihe (Circus aeruginosus, L.).
1 Habicht (Astur palumbarius, L.).
Sehr altes Männchen mit vollständiger Sperberzeichnung.
2 Waldkäuze (Syrnium aluco, L.).
2 Zebrafinken.

An Exoten:

1 Muskatfink.
1 Japanesisches Mövchen.
5 Wellensittiche.
7 Bastarde (siehe weiter unten).

In den Volièren kamen Junge zur Welt:

5 kleine Elsterchen.
4 Halsbandamandinen.
6 Silberschnabelamandinen.
3 Malabaramandinen.

An anderen Thieren wurden seither erworben:

1 Gazelle (überaus zahm).
1 Wildschwein.
1 Bastard von Frettchen und Iltis.
1 Nasenbär.
1 Eisbär.
2 Ichneumons.
1 Biberratte.
1 Aguti.
2 Alligatoren.

Freunde und Kenner von Exoten seien besonders auf die oben erwähnten Bastarde aufmerksam gemacht, von denen zwei Exemplare sogar Doppelbastarde sind, indem der Vater ein Bastard zwischen Silberschnabelamandinen-Männchen mit japanesischem Mövchen-Weibchen, die Mutter ein Bastard von Muskatamandinen-Männchen mit japanesischem Mövchenweibchen ist. Die 5 weiteren Exemplare sind Bastarde von Muskatamandinen-Männchen mit japanischen Möven-Weibchen.

Bezüglich der vorerwähnten hier ausgebrüteten Jungen verdient der Umstand immerhin Erwähnung, dass die Thiere nicht nur bei Tage durch das Aus- und Eingehen der Besucher, sondern auch bei Nacht, durch die bei so grossen Thierhaltungen in einem ringsum von Wiesen und Gärten umgebenen Gebäude unvermeidlichen Mäuse gestört sind und dass die brütenden Thiere und die Jungen nur das übliche Körnerfutter, keine sonstige Kostaufbesserung erhielten. Es zeigt dies, wie ganz verschieden eben einzelne Individuen physisch veranlagt sind, bei den einen bringt der verständigste Pfleger, bei sorgsamster Wartung kein Zuchtresultat zu Stande, bei den anderen geht Alles, selbst bei den ungünstigsten Umständen, wie von selbst von Statten. Ich musste vor einigen Monaten drei mittlere Buntspechte, weil sie sich arg befehdeten, von einander trennen, beliess das erst angelangte Exemplar in dem alten Käfig und brachte von den beiden andern das eine in einen vollständig geschützten Käfig, das andere Exemplar provisorisch in einen Gitterkäfig, in welchem Marder angekommen waren. Im Rummel der Einrichtungsarbeiten blieb dieser letzte wähnte Specht in seinem, weder gegen Regen noch gegen Zug geschützten Hause über zwei Monate, wurde manchmal auch bei der Fütterung übergangen, hatte nicht Gelegenheit an einem Aste oder sonst an Holz die gewohnte Zimmermannsarbeit zu thun, während dem anderen die sorgsamste Pflege zu Theil ward; der gut Gepflegte ging nach einigen Wochen ein, der arg vernachlässigte hat sich auf das Prächtigste ausgefiedert und befindet sich noch heute munter und gesund in unserem Besitze. Unsere grauen Cardinäle, um ein anderes Beispiel zu geben, sind gleichfalls im Garten untergebracht und der Kälte, wie dem Winde preisgegeben; sie singen munter darauf los und befinden sich ersichtlich wohl.

Ganz räthselhaft ist das vor Kurzem erfolgte plötzliche Eingehen unserer zwei Tannenheher, von denen das eine Exemplar eben den dritten Winter in Gefangenschaft befindlich gewesen und beide bis zum letzten Momente ersichtlich wohl sich befanden. Beide Thiere gingen im Zeitraume von kaum einer Stunde zu Grunde. Ein Besucher des Vivariums hatte in der ganzen Front den Krähen, Elstern, Dohlen, Raben, Eichelhehern und den beiden Tannenhehern Hanf vorgeworfen; während die übrigen von diesem Futter nur wenig nahmen, fielen die beiden Nucifraga mit grossem Behagen über die Körner her und waren bald darauf Leichen.

Bei den Besuchern unseres Institutes findet der kürzlich erworbene Bartgeier wegen der Schönheit seiner Färbung und Zeichnung viel Bewunderung. Es ist dieses Exemplar dasselbe, über welches Dr. Girtanner in Nr. 6 des Jahres 1881 unserer Mittheilungen berichtete. Im Jänner 1881 am hinteren Kohl auf der Rauchecke (Gemeinde Pfunds in Tirol) gefangen und damals nach Färbung der Iris und sonstiger Zeichnung auf 2 Jahre geschätzt, ist dieser Vogel also heute nahe an 10 Jahre alt. Es ist dies, wenn man von den Angaben einiger Touristen, dass in den letzten Jahren Bartgeier noch in der Rhätikonkette gesehen worden seien, absieht, das letzte nachgewiesenermassen in den österreichischen Alpen erbeutete Bartgeierexemplar. In der Schweiz wird wohl das im Februar des Vorjahres in den Lötschthaleralpen vergiftet aufgefundene „Alte Wyb", ein seit 28 Jahren dortselbst von den Jägern beobachtetes Weibchen, aller Wahrscheinlichkeit nach die Witwe des vor einem Vierteljahrhundert an dieser Stelle erlegten Bartgeiermännchens — das letzte Bartgeier-Individuum gewesen sein.

Unser Exemplar misst von der Schnabel- bis zur Schwanzspitze 105 cm, während die Flugweite fast 3 m beträgt; der Oberschnabel misst von der Hakenspitze bis zum Mundwinkel 11 cm, Unterschnabel 10·3 cm, der Bart 4 cm, die Mittelzehe sammt Klaue 10 cm. Kopf, Hals, Brust, Bauch und Unterschenkel sind schmutzigweiss; längs der oberen Augenwölbung läuft über den Zügel, den Oberschnabel, schräg zum Bart hin ziehend und gleichsam in diesem sich fortsetzend, ein dunkelschwarzer Streifen; mit diesem beiderseits deutlich sichtbaren Streifen steht jederseits ein schwächerer schwarzer von den Augenbrauen zum Scheitel hinziehender Streifen in Verbindung, so dass ein Theil des Scheitels und die weisse Stirn innerhalb dieser Vierecksfigur zu liegen kommt. Ein schwärzlicher Anflug ist auch längs der Mundränder bis in die Mundwinkel hinein sichtbar. Der Flügelbug ist weiss, nur am oberen Rande ragen bräunliche Schaftflecke in das Weiss hinein. Zwischen Kehle und Oberbrust machen einige aneinander sich reihende braune Flecken den Eindruck, als wenn der Vogel eine Halskette um hätte. Rücken, Flügel, Schwanz sind dunkelaschgrau mit schönen weissen Schaftflecken prächtig gezeichnet. Die Iris ist weiss, kaum mit einem gelben Ton, stellenweise gewölkt, der Skleralring menniggroth. Bart- und Schnabelborsten sind schwarz. Schnabel hornfarbig, Fänge bleigrau.

In seinem ganzen Gehaben ist unser Exemplar vollständig Adler; nichts von der typischen Unruhe, der Gefrässigkeit und Gier des Geiers. Selbst, wenn schon geraume Zeit seit der letzten Fütterung verflossen, stürzt er nie mit der gefrässigen Hast anderer Geier über seinen Antheil her, sondern holt sich sein Futter in aller Ruhe. Er ist auffallend zahm, lässt sich ruhig streicheln; wir konnten ihm obige Maasse ganz ungestört abnehmen; hebt man ihn in die Höhe, so lässt er einen für einen so grossen Vogel auffallend feinen Ton, der lebhaft an den Angstruf aufgeschreckter Hühnchen erinnert, hören. Bei Eintritt der kalten Witterung fängt er an zu baden und soll dies, wie uns sein früherer Besitzer schrieb, den ganzen Winter so machen. Er bekommt Füsse und Schädel von Hasen, Rehen, Lämmern, verschmäht rohes, knochenloses Fleisch, frisst überhaupt nicht viel; wenn er den vorgeworfenen Knochen bearbeitet und die Fleischtheile ruhig und sorgsam loslöst, so macht dies fast den Eindruck, als wenn es ihm weniger um das Fleisch als um die Skelettirarbeit zu thun wäre. Schon sein früherer Besitzer theilte uns mit, dass er immer auf demselben Platze sitze; auch jetzt lässt er von dem einmal erwählten Platze nicht; er hat zwischen dem Sitze auf einem platten Steine und dem auf einem entsprechend abgesägten und geglätteten dicken Aste die Wahl; er wählt stets den ersteren. Nach den Mittheilungen des früheren Besitzers liebt er wohl die Morgensonne, nicht aber Sonne während der anderen Tageszeit.

Es fehlte nicht viel, so wäre dieser letzte Bartgeier der österreichischen Alpen ins Ausland gekommen; ich hoffe noch öfter über unseren Bartgeier berichten zu können und werde gelegentlich eine photographische Aufnahme desselben bringen.

— — —

Notizen.

Ornithologische Beobachtungsstation Lomnic (J. Spatný).

Am 14. November d. J. wurden 2 Stück Tadorna vulpanser (1 ♂ und 1 ♀) auf dem Steinröhrner Teiche erlegt, welche für das fürstlich Schwarzenberg'sche Museum in Frauenberg als die ersten Exemplare eingeliefert worden sind und eine Seltenheit dieser Gegend bilden.

Es dürfte für sämmtliche Mitglieder und Leser unseres Blattes von besonderem Interesse sein, dass uns am 29. October d. J. das sehr seltene Exemplar eines Zwergschwanes (Cygnus minor ♂), altes Männchen, zum Präpariren zugekommen ist. Es ist dies das erste Exemplar dieser Species, welches wir seit dem 23jährigen Bestande unseres Geschäftes zum Präpariren erhalten. Der Schwan ist geschossen und wurde uns aus Chlumec bei Wittingau von der Herrschaft des Herrn Erzherzog Franz Ferdinand zugesendet, und dürfte auf einem der vielen dortigen Teiche erlegt sein; der Vogel wird für das Museum Sr. kaiserl. Hoheit präparirt.

Ed. Hodek jun.

Literarisches.

Von der Capstadt in das Land der Maschukulumbe. Reisen im südlichen Afrika in den Jahren 1883–1887 von Dr. Emil Holub. Mit circa 180 Original-Holzschnittten und 2 Karten. Hölder, Wien, 8. Lieferung, 1 und 2, 1888.

Von Dr. Holub's Werk über seine zweite Reise in Südafrika sind nunmehr die ersten Lieferungen erschienen. Diese höchst interessante Publication bietet in fesselnder, anziehender Weise die Schilderung seiner Erlebnisse, den Aufenthalt in der Capstadt, die dortigen politischen und administrativen Zustände, die von Dr. Holub daselbst veranstaltete Ausstellung, seine Weiterreise nach Colesberg und in den Orangestaat, gibt Mittheilungen über die Ergebnisse seiner wissenschaftlichen Forschungen auf ethnographischem, geologischem und botanischem Gebiete. In ornithologischer Hinsicht sind besonders die Berichte über den Heuschreckenkranich, den Kaffraria-Sichler, den Ohrengeier, den Hammerkopf (scopas) hervorzuheben.

Wer die Gefahren und Leiden dieser Expedition, die unerschütterliche Standhaftigkeit und Ausdauer, mit welcher die Zwecke derselben unter derartigen Umständen verfolgt wurden, in's Auge fasst, wer erwägt, dass unter solchen Verhältnissen Sammlungen gemacht worden sind, wie sie kein anderer Afrikaforscher in diesen Massen zu Stande gebracht, kann ermessen, wie Vieles und in den verschiedensten Richtungen Wichtiges das Werk bieten wird.

Dasselbe wird ohne Zweifel in den weitesten Kreisen Verbreitung finden und den wärmsten Antheil erregen.

Die Holzschnitte, nach Dr. Holub's an Ort und Stelle angefertigten Zeichnungen ausgeführt, sind vorzüglich. Die Ausstattung ist sehr elegant.

P.

Encyklopädie der Naturwissenschaften. Erste Abtheilung 58. Lfg. Zweite Abtheilung, 49. und 50. Lfg. Subscriptionspreis pro Lfg. 3 Mark. Breslau. Eduard Trewendt. 1888. Die neuesten drei Lieferungen des vortheilhaft bekannten, grossen Unternehmens bringen in Lieferung 58 der ersten Abtheilung die Fortsetzung des „Handbuchs der Botanik", und in den beiden Lieferungen 49 und 50 der II. Abtheilung den Abschluss des VI. Bandes des „Handwörterbuchs der Chemie". In der botanischen Lieferung liegen uns der Rest des Schenk'schen Aufsatzes „Die fossilen Pflanzenreste", dieses hervorragenden Beitrags des bekannten Leipziger Gelehrten, und der Anfang der „Pilze" von Prof. Dr. W. Zopf vor. Letztere reich illustrirte Abhandlung verspricht gleich den früheren Encyklopädiebeiträgen desselben Verfassers „Spaltpilze" und „Schleimpilze" eine für weitere Fachkreise hochinteressante Arbeit werden. — Von den Chemie-Aufsätzen heben wir diesmal als besonders beachtenswerth hervor: „Lanolin" von Prof. Liebreich, „Leuchtgas" von Dr. H. Drehschmidt in Berlin, einem neuen Mitarbeiter, und „Licht" und „Lösungen" von Prof. Eilhard Wiedemann. Auch diese beiden Lieferungen, denen, soweit es zum Verständniss nöthig erschien, gute Illustrationen beigegeben sind, lassen wiederum den hervorragenden, wissenschaftlichen und praktischen Werth dieses neuen Handwörterbuches der Chemie deutlich erkennen, dessen gleichmässig fortschreitendes Erscheinen dabei besondere Beachtung verdient.

Catalogue of the Birds in the British-Museum XII. Fringillidae by Bowdler Sharpe 813 S. (1888). Dieses ausgezeichnete Werk schreitet endlich etwas rascher vorwärts, da ihm weitere Mittel bewilligt wurden. Der vorliegende Band enthält die Fringilliden incl. Emberiziden mit 559 Species, die bis auf 6% alle im britischen Museum vertreten sind. Dies giebt dem Werke den hauptsächlichsten Werth, da beinahe 10.000 Exemplare verglichen wurden, darunter 125 Originaltypen. Da in der Handlist von Gray 1871 555 Species aufgezählt werden (7166—7733), so ist der Zuwachs an neuen Species ein sehr geringer. Es werden eher manche aus der Handlist zusammengezogen. So sind neu Geospiza difficilis (Sclater), Loxiquilla propinqua, grandis, Spermolila albitorques, Amaurospiza equatorialis, axillaris, Chrysomitris Sclateri (alle neotropisch), Passer yatii (Afghanistan), Pipilo mendozae, Rhodospingus mentalis (Guyaquil), und einige Varietäten, aber ein Theil hievon ist nur umgetauft. Eingezogen werden z. B. Coccothraustes japonicus (als var. Cardinalis igneus etc.).

Die Eintheilung ist eine ganz andere als in der Handlist, statt der 8 Gruppen der eigentlichen Fringilliden bleiben hier nur 3 Coccothraustinen, Fringilliden und Emberiziden.

Die ersten behalten die Geospizineen der Galogapos (3 g. 18 Species) ohne Certhideae, und die Species 7286—7296 und erhalten dazu Chloris chl. L. (= aurantiiventris Cab. 7218 sinica, kowarahiba und von den Spermolileen Grays 7531 bis 7630, alle bis auf Uragus), dann Fonipara und Volatinis aus den Cyanospizinen. In die Synonymie der genannten Spermolileen wollen wir hier nicht eingehen.

Die Fringillineen haben die übrigen, eigentlichen Fringilliden incl. Uragus aus den Spermolileen, die Pyrrhulinen der Handlist zugetheilt, so dass Sharpe nachfolgende Fringilliden zu den Emberiziden zutheilt, als: die Passerelinen (neotropisch), die Cyanospizineen, endlich Saltatricula multicolor (7100) Burm., aus den Tanagriden, Spodiornis jardinii Sclat. 14951 aus den Caerebiden der Handlist und Idiopsar brachyurus Cass. (6543) aus den Icteriden der Handlist. Paradoxornis entfällt aus den Fringilliden.

Geographisch interessant ist der endemische Monotyp der Acunhainsel, Nesospiza acunhae Cab. (= Emberiza brasiliensis Carmichael).

Interessant sind die Vögel aus Marokko, Afghanistan, Hinterindien und anderen Ländern ohne eine specielle gedruckte Ornis.

Die Emberizenarten haben eine ganz eigenthümliche Verbreitung, deren Centrum Asien ist, von wo einzelne Species nach Europa und Afrika ausstrahlen. So ist Emberiza aureola in Archangel und auf den Nikobaren und der Malaiischen Halbinsel (Johor) gefunden worden, Emberiza cirlus von Kleinasien über Macedonien und Algier bis Portugal und Marokko, Emberiza pusilla (die im Osthimalaya wintert) von Archangel bis zu den Andamanen, Emberiza schoeniclus von Kamtschatka bis Valencia (Spanien) und im Pendjab etc. Fringillaria tahapisi vom Cap ist auf Socotra von Balfour gefunden worden. Plectrophanes lapponicus in der Enge des Blauen Flusses bei Itschang (China).

Auf den Sandwichinseln wurden echte Fringilliden gefunden, deren Beschreibung Sharpe erst ankündigt, da die Fringilla annae (Dole 1880) nicht weiter bekannt ist.

Eigenthümlich ist, dass so wenige Species der festländischen Autoren bestehen, was wohl in dem ungenügenden Material liegt, das sie zur Vergleichung benützen können. So sind von Reichenow alle Species reducirt, obwohl z. B. von Taćanovski und Pievalski viele Species bestehen bleiben. Es zeigt dies nebenbei gesagt dem Referenten, dass er wohlgethan, sich in seiner Verbreitung der Vögel nicht zu weit von der Handlist als einzigem vollständigem Vögelverzeichniss zu entfernen. Ein Geograph hat weder Beruf noch Mittel sich den Urwald zweifelhafter Synonyme zu lichten, umsomehr, wenn er im Raume beschränkt ist, da nirgend die Kürze zu so vielen unheilvollen Confusionen Anlass geben kann, wie hier. So hat er nie behauptet, dass die Fringilliden ubiquitär seien, sondern S. 37, dass sie den Menschen, soweit er Felder und Früchte baut, begleiten, dass sie jetzt in Australien sind, erhellt aus den gegen sie dort und in Neuseeland erlassenen Gesetzen. Uebrigens hat H. Reichenow entweder Walden's „Vögel der Philippinen" und die Nr. 6612, 6761 und 6766 der Handlist nicht gelesen oder er redet Unwahres.

Dr. Palacký.

Aus unserem Vereine.

Auszug aus dem Protokolle der Ausschusssitzungen vom 17. Juli, 9. November, 17. December l. J.

I. Sitzung vom 17. Juli l. J.

Anwesend: Präsident A. von Bachofen; I. Vice-Präsident A. von Pelzeln; 2. Vice-Präsident F. Zeller; I. Secretär Dr. F. Knauer; Cassier Dr. K. Zimmermann; Dr. O. Reiser.

1. Der Präsident bringt zur Mittheilung, dass die Unternehmung des „Wiener Vivarium's" das ehemalige Aquarium im k. k. Prater käuflich erworben habe und hier dem ornithologischen Vereine für seine Sammlungen und seine Bibliothek ein unentgeltliches Heim anbiete, dass sie auch sämmtlichen Mitgliedern des ornithologischen Vereines, so lange deren Zahl 600 nicht überschreite, freien Eintritt in die Ausstellungsräume des Vivarium's concedire. Dr. O. Reiser dankt dem Unternehmen für dieses dem Vereine gewidmete Beneficium, welches eine ganz bedeutende Entlastung des jährlichen Budgets im Gefolge habe, wärmstens und begrüsst die Gründung des Institutes, das für Wien schon lange ein Bedürfniss, auf das Freudigste. Desgleichen sprechen die Herren Dr. K. Zimmermann und A. von Pelzeln im Namen des Ausschusses ihren Dank aus.

2. Als neues Mitglied wird Herr Hôtelier Leopold Seiler angemeldet von Herrn F. Zeller aufgenommen.

II. Sitzung vom 9. November l. J.

Anwesend: Präsident A. von Bachofen; I. Vice-Präsident A. von Pelzeln; 2. Vice-Präsident F. Zeller; I. Secretär Dr. F. Knauer; Cassier Dr. K. Zimmermann; Dr. O. Reiser; G. Spitschan; Hofrath A. Watzka; Jul. Zecha. Seine Verhinderung zeigt an Dr. Leo Přibyl.

1. Der Secretär bringt die Permanenzkarten zum Eintritt in das Wiener Vivarium für die Ausschussmitglieder zur Vertheilung.

3. Mit tiefem Bedauern wird von dem Ableben des verdienstvollen Mitgliedes Herrn Rudolf O. Karlsberger in Linz Kenntniss genommen.

6. Ein Gesuch des Herrn Bureauchef Z. um Ueberlassung von Brieftauben wird dahin beantwortet, dass eine solche Abgabe nur nach Massgabe der vorhandenen Thiere und nur an Mitglieder erfolgen könne.

7. und 8. Es gelangt ein Bericht des Herrn E. Hodek jun. über einen in Oesterreich erlegten Zwergschwan, und der Bericht eines anderen Herrn über ein bei einem Lori nach 20jähriger Gefangenschaft erfolgtes Ablegen eines Eies zur Mittheilung.

11. Die Redaction berichtet über die für die Mittheilungen eingelaufenen Beiträge der Herren und Frauen: R. Eder, V. Ritter von Tschusi, A. Koch, Baronin Ulm-Erbach, C. v. Ow., Kubelka, Hübner, H. Panzner, Ch. von Chernelháza.

12. Der Cassier berichtet über den Stand der Einnahmen und Ausgaben.

13. Bezüglich der Frage, was mit den trotz Reclamation (und obschon dieselben die Nummern der Mittheilungen regelmässig zugesandt erhielten) mit ihrem Jahresbeitrage im Rückstande befindlichen Mitgliedern zu geschehen habe, wird nach lan-

gerer Debatte beschlossen, von dem statutarisch zustehenden Klagerechte Gebrauch zu machen.

Sub 2., 4., 5., 9. und 10. gelangen verschiedene Anfragen zur Erledigung.

III. Sitzung vom 17. December l. J.

Anwesend: Präsident A. von Bachofen; 1. Vice-Präsident A. von Pelzeln; 2. Vice-Präsident F. Zeller; 1. Secretär Dr. F. Knauer; Cassier Dr. K. Zimmermann; Custos O. Reiser; Hofrath A. Watzka; Julius Zecha. Die Verhinderung zeigt schriftlich an: Rath G. Spitschan.

1. Herrn Chefredacteur E. von Dombrowski in Blasewitz (Dresden) wird für eine von diesem Ende Februar n. J. zu unternehmende längere Studienreise nach Bosnien, der Hercegovina, Dalmatien und den vorliegenden Inseln eine Subvention in der Weise gegeben, dass ihm ein für neue eingesandte grössere Arbeit verlangtes Honorar bewilligt wird.

2. Mit grossem Bedauern wird die Anzeige des erfolgten Ablebens des langjährigen Mitarbeiters und corr. Mitgliedes Benj. H. Freiherrn von Rosenberg in Gravenshage vernommen.

3. Als neue Mitglieder wurden in den Verein aufgenommen: Sr. Excellenz Reichsgraf Schaffgotsch in Warmbrunn und Stud. jur. Reiser hier.

Sub 4., 5. und 6. gelangen einzelne Anfragen und Einläufe zur Erledigung.

Hierauf Monatsversammlung im grünen Saale der k. k. Academie der Wissenschaften.

Herr Custos A. von Pelzeln bringt interessante Mittheilungen über den ausgestorbenen Brillenalk (Alca impennis), dessen Eier überhaupt und speciell über in der Sammlung des Baron d'Hamonville befindlichen Eier dieses Vogels. Darauf spricht der aus Sarajevo hier weilende Custos O. Reiser über mehrere interessante Erscheinungen der bosnischen Ornis, die einzelnen Mittheilungen mit mitgebrachten Präparaten demonstrirend.

Ausweis des Secretariates über den Einlauf der Mitgliederbeiträge.

Bis 19. d. M. sind an Jahresbeiträgen eingelaufen:

I. Beim Cassier Dr. Carl Zimmermann (I., Bauernmarkt 11).

1. Nr. **99**. A. Graf B.; 2. Nr. **109**. H. Cs. pro 1889; 3. Nr. **121**. J. D.; 4. **135**. B. Fr. v. F.; 5. Nr. **146**. L. G.; 6. Nr. **148**. C. G.; 7. Nr. **189**. D. K. v. H.; 8. Nr. **193**. A. K.; 9. Nr. **212**. M. K. 10. Nr. **216**. G. K.; 11. Nr. **232**. Th. B. v. M. M.; 12. Nr. **235**. E. Fr. M. v. M.; 13. Nr. **237**. G. M.; 14. Nr. **248**. O. M.; 15. Nr. **250**. J.; N. 16. Nr. **257**. M. P.; 17. Nr. **259**. F. P.; 18. Nr. **265**. L. Gf. P. L.; 19. Nr. **278**. H. Graf S. G.; 20. Nr. **282**. R. Gf. Sch.; 20. Nr. **283**. G. Sch.; 21. Nr. **284**. M. Sch.; 22. Nr. **294**. N. Sch.; 24. Nr. **295**. F. Sch.; 25. Nr. **302**. O. Graf S.; 26. Nr. **306**. Dr. O. S.; 27. Nr. **307**. J. Sp.; 28. Nr. **313**. P. Graf Sz.; 29. Nr. **316**. J. T. pro 1889; 30. Nr. **330**. W.; 31. Nr. **332**. H. W.; 32. Nr. **340**. W. Z.; 33. A. H.; 34. Gesellsch. der Vogelfreunde in Frankfurt a. M.

II. Beim Secretariate (II., k. k. Prater, Hauptallee Nr. 1).

1. Nr. **279**. Verein für V. in S. pro 1889 5 fl.; 2. Excellenz Reichsgraf v. Schaffgotsch 6 fl. pro 1888; Nr. **241**. techn. admin. Mil. Com. pro 1889. Nr. **335**. E. Z. pro 1889 je 5 fl.

Dem Vereine sind neu beigetreten:

1. Sr. Excellenz Reichsgraf Schaffgotsch in Warmbrunn.
2. Stud. jur. Reiser in Wien, IV. Bezirk.

In der Administration und Expedition unserer Mittheilungen sollen von Jänner ab zum Zwecke exacterer und rascherer Expedition des Blattes und sofortiger Erledigung der Bestellungen und Anfragen mehrfache Aenderungen Platz greifen.

Wir bitten behufs Einrichtung eines bezüglichen zuverlässigen Adressenbuches um gütige Bekanntgabe etwaiger, in der letzten Mitgliederliste (ausgegeben mit Nr. 1 des Jahrganges 1888) noch nicht rectificirter Aenderungen in Bezug auf Wohnort, Titel u. s. w.

Wien, II., k. k. Prater, Vivarium.

Dr. Fr. Knauer,
d. Z. 1. Secretar.

Wir ersuchen um gefällige Offerten (mit Preisangabe) nachfolgender Thiere:

Luchs, Wiesel, Dachs, Fischotter, Eisfuchs, Schakal, Vielfrass, Hermelin, Lemming, Schneehase; Königsadler, Sperber, Wanderfalke, Schmutzgeier, Schneeeule; Uraleule, Zwergkauz, Tannenheher, Rabenkrähe, Saatkrähe, Seidenschwanz, Auerhuhn, Birkhuhn, Haselhuhn, Schneehuhn.

Direction des Wiener Vivariums,
Wien, k. k. Prater.

Die P. T. Herren Mitglieder, welche mit ihrem Jahresbeitrag noch im Rückstande sind, werden gebeten, den Jahresbeitrag per fünf Gulden für das Jahr 1888 an den Vereins-Cassier Herrn Dr. Karl Zimmermann, Hof- und Gerichtsadvokaten, I., Bauernmarkt Nr. 11 einzusenden.

Correspondenz der Redaction.

Herrn **E. v. D**........i, Blasewitz. Vor der Sitzung war die Beantwortung des Anfrageschreibens nicht möglich; mittlerweile wird wohl Herr Dr. K. Zimmermann Alles erledigt haben. Sehr freuen wir uns auf die seinerzeitigen Berichte. — Herrn **J. O. R**.....r, Dresden. Hoffentlich nach Wunsch erledigt. — Löbl. Redaction des **Bl. f. Geflügelzucht**, Dresden. Sandten Ihnen Cliché und Artikel aus Nr. 11 unter der gewünschten Adresse. — Löbl. Verwalt. d. nordböhm. **Vogel- u. Gefl. Zeit.**, Reichenberg. Auf den vorgeschlagenen Zeitungstausch konnten wir, da unser Blatt jetzt wöchentlich erscheinen soll, nur unter gewissen Bedingungen eingehen, die wir uns demnächst mitzutheilen erlauben werden. — Herrn **C. F**.......u, St. Elden. Das Wiener Vivarium treibt keinen geschäftsmässigen Handel mit Thieren und überlässt nur wie andere Thiergärten in Ausnahmsfällen oder im Tauschwege ein oder das andere Exemplar. Die von Ihnen bezeichneten Vögel sind absolut nicht abgebbar. — Löbl. **bayr. Verein f. Geflügelzucht** in München. Wir erhalten Ihre Blätter ebenfalls nicht direct, sondern auf Umwegen. Mit 1. Jänner wird ein neues Adressenbuch angelegt und werden dann alle angemeldeten Adressenänderungen richtiggestellt. Wir ersuchen Ihre Zeitschrift unter der Adresse: **Ornithol. Verein, Wien, II., „Vivarium“** an uns gelangen zu lassen. — Herr **Fr. T**.....r, Hof. Dringliche Arbeiten lassen uns Ihre Anfragen erst im Laufe der nächsten Woche beantworten. — Herr Dr. **F. K**...f, Stockholm. Bitten sehr um Entschuldigung, das Ihre erste Reclamation nicht sofort erledigt wurde, aber es war in den letzten Wochen enorm viel zu thun. — Herr **I. M**.....l, Neustadl. Wir bitten recht sehr uns mitzutheilen, wie lange Sie das fragliche Werk benöthigen würden, da wir nur 1 Exemplar besitzen und häufig darnach gefragt wird. — Herrn **H. v. B**......n, Zürich. Alle Ihre Wünsche finden in den nächsten Tagen Erledigung. — Sr. Excell. Geheimr. Dr. **G. R**...e, Tiflis. Vielen Dank für die gütige Erwiderung und die unserem Institute zugedachten Geschenke. Ein längeres Schreiben folgt auf dem Fusse. — Herrn **St. v. Ch**.....l, Oedenburg. Wir fürchten, dass von den abgebbaren Sachen kaum etwas Ihren Beifall finden würde, doch dürften in nächster Zeit einige seltenere Bälge einlaufen und dann werden wir uns erlauben, die betreffende Liste zu übersenden.

www.ingramcontent.com/pod-product-compliance
Lightning Source LLC
Chambersburg PA
CBHW021803190326
41518CB00007B/425

* 9 7 8 3 7 4 3 3 4 2 4 3 9 *